中国黍稷

种质资源研究

王纶 王星玉◎著

中国农业科学技术出版社

图书在版编目（CIP）数据

中国黍稷种质资源研究／王纶，王星玉著．—北京：中国农业科学技术出版社，2018.12

ISBN 978-7-5116-4007-9

I.①中… II.①王…②王… III.①糜子-种质资源-研究-中国 IV.①S516.024

中国版本图书馆 CIP 数据核字（2018）第 297614 号

责任编辑	王更新
责任校对	贾海霞

出 版 者　中国农业科学技术出版社
　　　　　北京市中关村南大街 12 号　邮编：100081
电　　话　（010）82106639（编辑室）　（010）82109702（发行部）
　　　　　（010）82109709（读者服务部）
传　　真　（010）82106650
网　　址　http://www.castp.cn
经 销 者　各地新华书店
印 刷 者　北京建宏印刷有限公司
开　　本　787mm×1 092mm　1/16
印　　张　28.75　彩页　8 面
字　　数　736 千字
版　　次　2018 年 12 月第 1 版　2018 年 12 月第 1 次印刷
定　　价　268.00 元

序

  黍稷是起源于我国的一种古老作物。在人类历史的特定阶段，它曾对人类的繁衍生存发挥过重要作用。时至当代，黍稷在人类生活中的位置虽然被小麦、水稻、玉米等高产作物所取代，但仍然是人们生活中不可缺少的调剂食粮。特别是我国北方干旱地区，黍稷特有的抗旱、耐瘠、耐盐碱和生育期短的特性，对我国旱作农业、盐碱地开发利用和救灾补种发挥着不可替代的作用。

  我国有组织的黍稷科研虽然起步比较晚，始于20世纪80年代初，由山西省农业科学院作物品种资源所牵头，组织全国黍稷种质资源科研攻关协作队伍，到"七五"期间正式列入国家科技攻关项目，历经30余年，系统完成了黍稷种质资源的收集、保存、研究、创新和利用的各项研究任务。从收集和保存的情况来看，到2017年12月底，国家长期种质库保存黍稷种质9 885份，国家中期种质库保存黍稷种质8 043份，居世界第一位。种质资源的类型繁多，丰富多彩，包括野生种、野生近缘种、地方品种、选育品种、品系、遗传材料等。仅粒色就有17种之多，堪称世界上最完整的黍稷种质资源基因库。从研究、创新和利用的情况来看，均完成或超额完成了合同规定的各项任务指标，出版了《中国黍稷（穈）品种资源目录》1—5册，农艺性状鉴定由原来的16项补充完成到50项。出版了《中国黍稷（穈）品种志》。完成了6 000余份黍稷种质资源的品质鉴定、耐盐性鉴定和抗黑穗病鉴定，筛选出254份优异种质资源提供育种、生产利用，建立了黍稷种质资源数据库和图像数据库，编写出版了《中国黍稷》《中国黍稷论文选》《中国黍稷种质资源特性鉴定集》和《中国黍稷优异种质资源的筛选利用》等专著。创新的新种质和鉴定筛选出的优异种质有些直接提供育种、生产利用，有些提供全国育种单位利用后，又相继培育出60余个新品种在全国各地大面积推广利用。2006年和2013年相继制定、编写和出版了《黍稷种质资源描述规范和数据标准》和《黍稷种质资源繁殖更新技术规范》，在我国首次完成了黍稷种质资源标准化、规范化平台建设。为今后黍稷种质资源的共享利用提供了更加快捷、方便的条件。

近40年来，黍稷种质资源研究课题组持续不断地、系统地完成了国家规定的各项任务指标，出版和发表了大量相关的论著，获得了省部级以上的10余项成果，多次受到上级主管部门的表彰和奖励，并在山西太原的黍稷种质试验现场多次召开国家攻关项目专题示范验收总结会。2006年王星玉同志获中国农学会遗传资源分会国家农作物种质资源突出贡献奖，2012年山西省农业科学院农作物品种资源研究所和王星玉同志获第一次国际黍稷学术会议颁发的黍稷研究杰出贡献奖。

黍稷种质资源研究任重而道远，本书的出版对黍稷种质资源的研究有重要的参考价值，对规范和丰富我国黍稷种质资源的研究内容，促进我国黍稷种质资源的创新、利用和提高黍稷生产水平及产业链的延伸，具有积极的推动作用。本书也将成为我国黍稷研究的重要历史文献。

刘旭

中国工程院院士

2018 年 6 月 27 日

黍稷起源于我国，是一种比粟还要古老的作物，从古到今一直对我国人民的生活发挥着不可替代的作用。新中国成立以来，我国黍稷的科学研究一直处于分散状态，直到1982年由中国农业科学院和中国作物学会联合在沈阳召开的全国"三小作物"（小杂粮、小杂豆、小油料）会议后，由中国农业科学院委托山西省农业科学院农作物品种资源研究所牵头组织全国黍稷科研协作攻关组，1983年4月在太原召开全国第一次黍稷科研工作会议，主要议题是黍稷种质资源的收集、保存、编目和编志等项工作，从此拉开了黍稷种质资源收集、保存、研究、创新和利用的序幕。到"七五"期间，黍稷种质资源研究项目正式列入国家科技攻关计划，直到今天，黍稷种质资源的国家攻关项目历经八个五年计划，一直持续不断地由山西省农业科学院农作物品种资源研究所主持完成，其间繁种入国家长期库保存黍稷种质9 885份，居世界第一位。繁种入国家中期库种质

8 043份，可随时提供利用。在不同时期的研究阶段，均发表了阶段性的研究论文，出版了阶段性的相关著作。为了把黍稷种质资源在30余年中的研究资料全面、系统地进行汇总，以供今后在黍稷研究领域中参考利用，特撰写此书。

本书以作物种质资源研究的十字方针即"收集、保存、研究、创新、利用"贯穿全书。黍稷种质资源的收集、保存是黍稷种质资源研究、创新和利用的基础，黍稷种质资源的收集、保存一直都没有停止过，因此在黍稷种质资源的研究、创新和利用上也是紧紧围绕黍稷种质资源的收集、保存而进行的。由于黍稷种质资源的数量逐年变化，本书各章节研究资料中提到的黍稷种质的数量也各有差异，其统计分析的数量结果也会随之而变。《中国黍稷（穈）品种资源目录》及续编一、二、三、四和《中国黍稷（穈）品种志》相关的农艺性状鉴定资料也是本书最基础的研究资料。全国参与黍稷种质资源编目、编志和繁种入库的省（区）共23个，单位38个，人员73人。在他们的协作攻关下，才使我国黍稷种质资源的保存数量居世界第一位，才使我们获得了最基础的原始资料，为后来黍稷种质资源的研究、创新和利用奠定了基础。在黍稷种质资源的研究、创新和利用的漫长过程中也有众多同人和企业家的参与。因此，本书的出版实际上是全国黍稷科研工作者共同协作攻关的劳动成果，也是众多参与者与全体课题人员心血和智慧的结晶。在这里我们衷心地向他们致以诚挚的谢意。同时感谢国家科委、农业部和中国农业科学院作物科学研究所30余年来持续不断的对黍稷种质资源的立项支持，也感谢各级领导和众多专家学者对黍稷种质资源研究项目的关注、支持和帮助。

由于作者水平有限，在撰写过程中一定会出现许多不足之处，敬请各位同人志士批评指正。

著者

2018 年 5 月 18 日

目 录

第一章

黍稷的起源和演化

第一节　世界农业种植业的历史及作物起源的环境

一、世界农业种植业的历史

从原始人类至今已有 200 万年的历史，最初的原始人类以采集野生植物和狩猎为主，由于人口稀少，靠狩猎和采集野生植物已可以维持人类的生活，有意识地种植作物仅在 1 万年前才开始，在这一段相对比较短暂的历史时期中，由于冰河时期大陆上冰块的融化，带来了气候的回暖，引起了海平面升高和动植物生存环境的改变，几种主要的猎物灭绝了。猎物日益稀少，迫使原始人类转向加强野生植物种子和块茎的收获，赖以生存。在接近新石器时代开始的时候，农耕引出了人类生活革命性的变化，出现了改进野生植物种植、种子收集的方法出现了贮藏食物的筐子和脱去种子皮壳及粉碎种子的石臼，开始了一个介于野生植物种子采集和作物驯化栽培的过度阶段。到新石器时期，由狩猎、采集以及作物驯化栽培的初级阶段，进化到作物系统生产被称为"新石器时代的革命"诞生了。这个人类作物生产的革命从开始到农业获得成就，以致城市生活的出现，大约经历了四千多年的漫长岁月。

二、作物起源的环境

对作物种植起源的地域环境，世界上主要有两种截然不同的观点。一种认为作物起源于具有良好自然环境的地域，最早的说法是作物起源于大河流域的平原地区，这些地区自然条件良好，植物资源丰富，人口相对集中，也是古代文明的发展中心，这种观点被认为是传统的观点，如俄国学者瓦维洛夫（Николай Иванович Вавилов）的作物起源中心理论。1952 年美国地理植物学家 Causer C O 在其《农业起源及传播》一书中进一步提出了作物起源于理想的生态环境下，认为选择和驯化改良动植物只能靠那些生活比较富裕的原始人类群体来完成。生活处于饥饿状态的原始人群体根本没有办法和精力去从事驯化动植物的事业。

随着考古事业的不断发展，广泛地发掘出大量早期的农耕遗址。于是，出现了另外一种完全不同的观点，即作物起源于自然环境较差的生态环境。1962 年美国考古学家布雷伍德（R. J. Braidwood）和韦利（G. R. Willey）提出，作物起源于半干旱的高原和丘陵地区。这一观点已被西亚、中美洲和埃及等许多早期的原始农耕遗址所证实。这些地区一般来说自然生态环境较差，地势较高，气候干燥，土壤肥沃，植物完全靠天然降水生长。这种认识上的差别，可能与不同地区条件下起源的作物种类不同有关。例如，在我国就存在着北方黄河流域黍稷、粟作农业起源系统和南方长江流域稻作农业起源系统的差异。

第二节　黍稷的起源

一、国内外学者关于黍稷起源的几种论述

关于黍稷的起源，国外学者有 3 种论述，一是以著名博物学家林奈为代表，认为黍稷原生于印度。林奈是在 1753 年出版的《植物种志》一书中提出这个论点的。今天看来，无论是从考古的角度还是野生祖本的角度，原生于印度的论点，根据是不足的，现代学者已无人支持这个论点。二是认为黍稷原生于埃及—阿拉伯地区，然后传至印度，再由印度传入中国。这一论点的早期代表是德康多尔（De Candolle），他是以野生黍的分布作为依据的。与德康多尔意见相近的是丹麦古植物学家赫尔拜克（H. Halback）的观点。他认为黍稷的野生祖先是 *Panicum. callosum* Hochst，而这种植物分布在埃塞俄比亚，因而把黍稷的起源地定位为北非沿海地区。但是 *Panicum. callosum* Hochst 作为黍稷的野生祖先只是一种推断，缺乏科学依据，何况北非黍稷的考古资料都是近期的，根本没有早期的记录。第三种意见以原苏联学者瓦维洛夫（Николай Иванович Вавилов）为代表，他对来自各大洲近 60 个国家的数万份品种资源进行了详细的研究，用植物地理学区分法提出栽培植物起源中心学说。关于黍稷的起源，他认为中国是古代初生起源中心，并认为黍稷从中国广泛地传播到整个欧洲，甚至到意大利的北部。美籍华人学者何柄棣在《黄土与中国农业起源》与《东方的摇篮》两文中，也认为黍稷原生于中国，但是，他把黍稷与粟混为一谈，统称为"小米"，这是不太确切的。与第三种意见相近的还有日本学者星川清亲的论点，他认为黍稷原产地是靠近中亚的东亚大陆性气候地区，随着古代民族向西迁移把黍稷传入西方。

我国现代黍稷研究专家魏仰浩、王星玉通过毕生对黍稷的研究，以更加翔实和充分的证据说明了黍稷起源于中国。

二、中国是黍稷的起源地

（一）中国的考古发现

黍稷的考古发现早而丰富。以黄河中下游为中心，西到新疆维吾尔自治区（全书简称新疆），北到黑龙江省的新石器遗址中，多处发现黍稷的遗迹。迄今为止，年代最早的是甘肃东部渭水上游的秦安大地湾一期文化遗址，在那里发现少量的黍稷炭化种子。此种子经甘肃师范大学植物研究所鉴定，确认是黍稷（*P. miliaceum*）。经北京大学考古研究

室内用 C^{14} 测定，其时间为公元前 5200 年，考古资料同时还发现石器、骨器、角器等生产工具 60 余件。石器多为打制和磨制，琢制较少，说明当时的农业生产已有一定基础。其次是 1977—1979 年在河南省新郑县裴李岗遗址发掘中，发现有炭化的黍稷种子，经 C^{14} 测定距今上限为 9 300±1 000 年，这两地的考古说明黍稷在中国的栽培历史至少已有 7 000 ~ 8 000 年了。黍稷的考古发现年代比较早的还有辽宁省新乐遗址发现炭化籽粒，距今 6 000 年。山东长岛县北庄遗址发现黍壳标本，时间为公元前 3500 年。陕西临潼姜寨遗址史家层中发现黍壳及灰色朽粉，经西北农学院专家鉴定确认是黍。灰色朽粉经黄其煦先生用灰象法鉴定，证明是黍稷的遗迹，距今 5 000 ~ 5 500 年。甘肃东乡马家窑遗址出土的黍稷是迄今为止年代较早最为完整的考古标本。黍储存在袋状窖穴中，一个窖穴内的堆积层厚 0.4m，体积 1.8m³。叶及带着小穗的圆锥花序虽然已经炭化，但保存得相当完好。经西北师范学院植物研究所用扫描电子显微镜观察标本的根、茎、叶、籽实的形态特征，发现与西北地区种植的现代黍基本相似，因而确定为 *Panicum miliaceum*。从堆积物中判断当时收割的方法是用较锋利的刀类工具把带小穗的花序细枝割下来，再精心地用黍的细秆分别捆成小把，晒干后整齐堆放于窖穴之中。陶罐中还发现黍的籽粒，可见当时的农业生产水平已大大提高。同时也证实，黍稷是当时人们赖以生存的主要粮食作物。马家窑遗址距今约 5 000 年。

除上述 6 例外，据文献报道还有以下几例：辽宁省北票丰下夏家店遗址发现黍粒；甘肃青岗岔遗址发现黍及其草秸；青海民和核桃庄遗址发现黍粒（鉴定时只剩下黍壳了）；新疆和硕新塔拉遗址发现炭化黍粒；黑龙江省东康遗址发现炭化黍粒；我国长江以南的新石器遗址中，至今还未发现黍稷，但在湖南汉代马王堆墓中发现黍的籽粒。根据鉴定，籽粒外形完好，长椭圆形，顶端稍尖。籽粒长度为 2.84±1.4mm，证实是黍。时间为公元前 168 年。从马王堆出土的古文字判断，当时黍稷在湖南还占重要地位。

以上是我国到目前为止所发现的黍稷最重要的考古资料。除我国外，世界上还有其他国家发现黍稷遗迹的考古资料。如欧洲中部的湖上居民遗存，曾发现粟、黍的痕迹。这是世界上著名的遗存，距今只有 4 000 年的历史。据黄其煦提供的资料，希腊塞萨利中部的阿尔基萨（Argissa）的前陶期地层中发现炭化的黍稷籽粒，时间为公元前 5 000 ~ 6 000 年。中欧线纹文化晚期的德国朗威勒（Langweiler）遗址发现了黍稷，时间为公元前 3 000 年左右。综上所述，中国确实是世界上黍稷考古发现年代最早、资料最丰富的国家。值得注意的是中国现存的黍稷考古发现，中心地区年代较早，四周较晚，说明中国的黍稷不可能是从外地传入的。

（二）中国古籍中的论述

黍稷在中国栽培历史悠久，文字记载早，品种类型多，是黍稷起源于中国的重要证据。大家一致公认我国最早的文字是 3 000 多年前的殷商甲骨文，据统计，甲骨文出现次数最多的粮食作物是"黍"，其他谷类作物出现字数均较少。商代的活动区域在黄河流域，甲骨文的记载说明黍稷是黄河流域当时的主要农作物。《尚书》是中国上古历史文献和追述古代事迹著作的汇编，其中提到的农作物主要是黍稷。《诗经》是反映我国西周到春秋时代的一部古诗，是我国现存古籍中最早而可靠的经典，被视为反映先秦的社会资料。该书提到最多的也是黍稷，这说明黍稷仍是《诗经》时代最主要的农作物。西汉的一部古农书《广志》记载的黍穄（稷）品种已有14个，这说明早在2 000年前的中国，黍稷不同品种类型已有文字记载了。据统计，中国最早的历史文献《尚书·盘庚》记载："隋农自安，不昏作劳。不服田亩，越其罔有黍稷。"；《尚书·君陈》第二十三记载："至治馨香，感于神明，黍稷非馨，明德非馨。"；春秋时期的《诗经》中的篇章《唐风·鸨羽》记载"王事靡盬，不能蓺稷黍，父母何怙。"；《小雅·出车》记载："昔我往矣，黍稷方华。"；《华黍·时和》记载："岁丰，宜黍稷也。"；《周颂·良耜》记载"荼蓼朽止，黍稷茂止，获之挃挃，积之栗栗，其崇如墉，其比如栉。以开百室。"；《魏风·硕鼠》记载："硕鼠硕鼠，无食我黍。"；《曹风·下泉》记载："芃芃黍苗，阴雨膏之。"；《周颂·丰年》记载："丰年多黍多稌，亦有高廪，万亿及秭。"；东周春秋时期左丘明撰的《国语》中的晋语第十中也记载："黍稷无成，不能为荣。黍不为黍，不能蕃庑。稷不为稷，不能蕃殖。所生不疑，唯德是基。"；孔子撰的《礼记》记载："曲礼上，饭黍毋以箸。"；《吕氏春秋·仲夏纪》记载："仲夏之月，……农乃登黍。是月也，天子乃以雏尝黍，羞以含桃，先荐寝庙食黍与彘。"；孔子撰的《论语》也提到黍："止子路宿，杀鸡为黍而食之。"；孟轲撰的《孟子》中也说："葛伯率其民，要其有酒食黍稻者夺之，不授者杀之。有童子以黍肉饷，杀而夺之。"；管夷吾撰的《管子》中记载："以夏日至始，数四十六日，夏尽秋始而黍熟。天子祀于太祖，其盛以黍。黍者，谷之美者也；祖者，国之重者也。"；《山海经》记载："大荒北径，有胡不与之国，列姓，黍食。有人名曰大人，有大人之国，厘姓，黍食。……西北海外流沙之车，有国曰中轮，颛顼之子，食黍。"；《神农书》记载："黍生于榆，出于大梁之山左谷中，生六十日秀，四十日熟，凡一百日成。"由此可见，在中国2 500年前的古文献中大都均提到了黍稷或黍，说明黍稷与中国古人的生活是密不可分的。

到了公元前二世纪的西汉时期，焦延寿撰的《焦氏易林》也记载："仓盈庾亿，宜稼黍稷，国家富有，人民蕃息。操耜乡亩，祈贷稷黍。饮食充中，安利无咎。忉忉怛怛，如将不活。黍稷之恩，灵辄以存。黍稷苗稻，垂秀方造。中旱不雨，伤风枯槁。黍稷醇醲，敬奉山宗。神嗜饮酒，甘雨嘉降，黎庶蕃殖，独蒙福祉。"这一时期还有董仲舒撰的《春秋繁露》四祭六十八仍记载："古者岁四祭，四祭者因四时之所生，而祭其先祖父母也。故春曰祠，夏曰礿，秋曰尝，冬曰蒸，此言不失其时，以奉祭先祖也。过时不祭，则失为人子之道也。祠者，以正月始食韭也；礿者，以四月食麦也；尝者，以七月尝黍稷也；蒸者，以十月进初稻也。"刘安撰的《淮南子》记载："渭水多力而宜黍。西方高土，川谷出焉，日月入焉，其地宜黍。""仲夏之月，天子以雏尝黍，孟冬之月，天子食黍与彘，仲冬之月，天子食黍与彘。"司马迁撰的《史记》记载："古之封禅，鄗上之黍，北里之禾，所以为盛。"氾胜之撰的《氾胜之书》记载："黍者，暑也，种者必待暑，先夏至二十日，此时有雨，疆土可种黍，天子以雏尝黍，孟冬之月，天子一亩三升。黍心未生，雨灌其心，心伤无实。黍心初生，畏天露。令两人对持长索，搜去其露，日出乃止。凡种黍，覆土锄治，皆如禾法，欲疏于禾。"这说明在2 000年以前，黍稷不仅在古人生活中占有重要的地位，而且我们的祖先在长期的生产实践中摸清了黍稷的特征、特性和生长规律，还总结出一套黍的比较先进的栽培管理技术。这些珍贵的历史文献资料，都为黍稷起源于中国提供了有力的证据。世界上没有任何一个国家有这样早而丰富的文字记载。

（三）野黍及其论述

研究近缘野生植物，是研究农作物起源的重要根据之一。黍稷的野生种首先引起我们重视的是广泛分布于中国的野穄子。野穄子又名野黍、野稷，别名亳穄、穄黑子。据汉代许慎的《说文解字》："稗，黍属也。"段玉裁注："稗之于黍犹稗之于禾也。"据清代程瑶田的《九谷考》："余目验之，穗与谷皆如黍。"说明这种野穄子中国文字记载的历史至少已有 2000 年了。野穄子的常用学名和黍稷相同，即 *Panicum miliaceum* L.。日本植物分类学家北川政夫根据在中国东北地区的考察，于 1937 年首次把野黍定为黍稷的一个变种 *P. miliaceum Var. rucerale* Kitag。苏联禾草学家茨维列夫（И. И. Чвелев）于 1968 年承认了北川政夫的命名，并把它提升为亚种，改名为 *P. miliaceum subsp. ruderale*（Kitag）Tzvel。刘慎谔主编，1995 年出版的《东北植物检索表》把它作为一个种独立出来，学名是 *Panicum ruderale*（Kitag）Chang comb. nov.。我国黍稷专家魏仰浩先生认为，根据野黍的综合性状，定为亚种较好。笔者根据野生黍与栽培黍染色体和酯酶同工酶的研究结果，认为野生黍与栽培黍亲缘关系很近，应该属一个种。

1. 野黍的分布

野黍广泛分布于中国华北、东北、西北地区。在内蒙古自治区（以下简称内蒙古）、山西、河北、陕西、宁夏回族自治区（全书简称宁夏）、甘肃等省（区）是栽培黍稷的伴生杂草，在野外也有分布。据《东北植物检索表》一书记载，野黍生于东北南部地区林缘地或草地上。在新疆布尔津河岸和新源巩留林场的林缘地也普遍生长着野黍。笔者2013 年也发现，在河北省崇礼县长城岭一带原始森林的林缘草地上分布有疑似野黍的群落，在山西省管涔山原始森林的林缘地也发现有同样疑似野黍的分布。其株高 80cm 左右，穗型和栽培黍稷相似，但籽粒很小，我们暂把它定为是原生境的野生黍稷。究竟和栽培黍稷是同种还是异种，还有待进一步的细胞遗传学研究才能定论。

2. 野黍的类型

野黍只有粳型，没有发现糯型。穗型都属散穗型，较栽培种更疏散。花序颜色有紫色和绿色两类。籽粒只有黑条灰和褐色两种。与栽培黍稷相比，类型要少得多。野黍与栽培种能够天然异交，田间可以发现多种类型的异交后代。

3. 野黍的特征、特性

野黍是一年生草本。株高随地力而异，一般株高 100cm 左右，灌溉水地可达 200cm 左右。叶片扁平，色深。初生几片真叶与栽培种相似，拔节以后的叶片宽 6~14mm，较栽培种略窄。茎秆较细，分蘖、分枝能力强。茎叶和栽培种一样也布满茸毛，但茸毛较稀疏。根系发达，较栽培种更容易生不定根。花序多数为紫色，也有绿色的。穗形为散穗形和周散穗形。种子以黑条灰色占多数，也有褐色的。籽粒粳性，长 2.5~3.0mm，宽 1.3~2.0mm，厚 1.0~1.6mm。千粒重较低，一般为 5.0g 左右，比栽培种低 2g 以上。种壳较厚，皮壳率高达 30% 左右，较同样粒色的栽培种高 10% 左右，较白粒栽培种高 20% 左右。米粒暗黄色，而栽培种为淡黄色或黄色，有人认为米色为识别栽培种和野黍最可靠的特征。苗期生长势强，成熟期较当地主体栽培种略早。小穗柄顶端全部或部分具关节，种子随熟随落。同年成熟的种子休眠期长短不一。内蒙古西部地区自然条件保存的风干种子，次年 6 月的发芽率只有 40%左右，而栽培品种在正常条件下发芽率可达 95%以上。野黍不能发芽的种子，经多次干湿交替即能打破休眠，分批正常发芽。

4. 野黍与栽培种的亲缘关系

野生黍稷的染色体数与栽培种相同 2n = 36。据内蒙古伊克昭盟农科所和甘肃省农科院作物所会宁糜谷组的实践，野黍稷与栽培种能正常杂交，杂交一代结实正常，杂种二代产生多种中间类型。在落粒与不落粒一对性状中，杂种一代为中间型。

据内蒙古、山西、黑龙江等省（区）有关科学研究所对栽培种生态性状的研究表明，在人工选择的条件下，栽培黍稷是从小粒向大粒、厚壳向薄壳、易落粒向不易落粒、胚乳粳性向胚乳糯性方向进化的。上述研究表明，栽培黍稷正是以具有各种原始性状的野生黍稷或其近缘种进化而来的。

据高俊山等用聚丙烯酰胺凝胶电泳法研究了栽培黍稷多个品种、野黍干种胚及胚乳的酯酶同工酶谱。研究结果表明：稷（粳型）栽培品种的基本谱带由 7 条组成，即 A 带 2 条、B 带 1 条、C 带 4 条；黍（糯型）栽培品种的基本谱带由 9 条组成，即 A 带 2 条、B 带 3 条、C 带 4 条，即黍栽培品种的基本谱带较稷栽培品种多 2 条。研究结果还说明，凡是类型丰富、变异广泛而复杂地区的栽培品种，酯酶同工酶谱带较多，反之较少。研究说明，粳型为初级类型，糯型为高级类型，糯型是由粳型进化而来的。此结论与品种生态性状的研究结果是一致的。野黍的谱带由 7 条组成，与稷栽培品种的基本谱带完全相同。

（四）中国黍稷的遗传多样性

中国黍稷的品种类型十分丰富。世界上较为常用的黍稷品种分类是苏联波波夫（И. В. Попов）的五个类群分类法，该分类法不超过 100 个变种。但是中国很多黍稷品种如糯型、双粒型、某些复色粒型，该分类法却都没有包括进去，仅仅增加一个糯型，变种总数就要翻一番。

中国的黄土高原地区（山西、陕西）是黍稷的遗传多样性中心。据高俊山等对欧洲各国和印度的 25 份黍稷品种以及中国的 93 份黍稷品种，酯酶同工酶谱类型地理分布的研究，酯酶同工酶谱类型最丰富，变异最广泛而复杂的是中国的黍稷种质，最多出现了 6 种酯酶同工酶谱表型（山西、陕西、甘肃）。而欧洲各国和印度的品种最多出现了 2 种酯酶同工酶表型，说明中国黍稷种质栽培历史悠久，遗传多样性系数最大。而在中国栽培历史最久远、遗传多样性系数最大的地区当属黄河流域的黄土高原地区。

由此可以看出，中国黍稷的遗传多样性中心在黄河流域的黄土高原地区。

（五）黍稷在中国悠久的栽培历史

黍稷起源于我国，是我国驯化最早的作物。我国最早的农师后稷，最先教稼于民的就是黍稷。后稷的原名叫"弃"，因为他种稷的技能很高，因此被尊称为后稷。《左传》记载："周弃亦为稷，自商以来祀之。"《诗经》记载："俾民稼穑有稷有黍。"后稷与尧舜是同代人，可见黍稷在 4 000 多年前就作为农作物的代表了。我国古代农书中也有大量有关这方面的记载。《楚茨》《信南山》《甫田》等追述了以往农业兴盛时也是以黍稷长势之好作为庄稼茂盛标志的。《尚书·盘庚》以"不服田亩，越其罔有黍稷"列入训诂。《酒诰》有："妹土，嗣尔股肱，纯其艺黍稷"的话，都以黍稷作为农作物的代表。《小雅·甫田》记载："以御田祖，以祈甘雨，以介我黍稷。"说的是为求黍稷丰收而祭祀农神。《黄鸟》记载："无啄我粱，无啄我黍"，表达了对黍稷的珍惜。

商代的甲骨文中，黍稷出现的次数特别多，据于省吾写的《商代的谷类作物》一文统计，黍出现了 300 多次，稷出现 40 多次。有人认为这与商代的嗜酒风气有关，因为当时多用黍米来酿造。当然，这也反映出黍在商代人民生活中的重要地位。到了周代，我国农业日趋发达，种植的粮食作物越来越多，这时的五谷为黍、稷、麻、粟、豆，黍稷的位置仍然十分重要，周族的兴起在今陕西省的中部偏西，从后世的文献中可以知道那一带种植糜子（粳性的稷）是很多的。自古以来从西北到东北，大多沿着长城一带的居民，主要就是种植黍稷。这种情况古人多有记载，例如，唐朝陈藏器写的《木草拾遗》中有"塞北最多"这样的话；南宋初郑刚中写的《西征道里记》也有"歧山之阳，盖固原也……农家种𪎭尤盛"的记载。"𪎭"字音"糜"，他所记载的就是糜子。他还说："西人饱食面，非𪎭犹饥。将家云，出战糗粮，不可不食，嚼𪎭半㪺，则津液便生。余物皆不咽。"这个记载说明，周代人在他们的"周原"上由于适应自然条件而大种糜子，并且成为军事和政治上发展的一个有利因素。黍稷的种植在商周时期最为兴盛。由于地位的重要，又把稷（谷神）和社（地神）合在一起，叫作社稷，成为国家的代名词。《诗经》提到最多的也是黍（28 次）稷（10 次）。从这部诗的一些篇章中也可以看出黍稷在当时的重要性。《豳风七月》记载"九月筑场圃，十月纳禾稼，黍稷重穋，禾麻菽麦。"《周颂·丰年》记载："丰年多黍多稌"。《子颖达疏》记载："以黍稷为民食之本"。到了汉代，种植的粮食作物已多达十几种，其中主要是黍、麦、粟、稻和豆等。从汉代古墓出土的陶器上书写的食粮名称来看，"黍"的出现次数占首位。说明黍在汉代仍然是最主要的作物。在汉代古墓中，发现黍稷的地方有河南的洛阳、新安，河北的满城，陕西的咸阳、宝鸡，甘肃的武威、居延、敦煌，新疆的民丰，内蒙古的乌兰布和、扎赉诺尔，山东的临沂，江苏的连云港，湖南的长沙，广东的广州等地。说明在汉代黍稷的种植范围仍然很广。

古人为什么要大种特种黍稷呢？一方面与古代嗜酒风气有关，但更主要的是因为黍稷具有抗旱、耐瘠、生育期短、分蘖力强、生长旺盛并且比较耐盐碱的特点。在当时耕作技术粗放落后、缺乏施肥灌溉知识、土壤未得到很好的改良、田野杂草丛生的情况下，黍稷是最容易栽培的作物。这样也就形成了古代人们的主要食粮。黍稷的抗旱耐瘠性在古代文献中也有大量记载，例如，《孟子》中提到"夫貉（北方地名）五谷不生，唯黍生之。"《齐民要术》第四中也讲道："凡黍稷田新开荒为上……"。

到了唐代，黍稷在人们生活中的地位虽不像以前重要，但仍具有代表性，诗人杜甫就有"禾头生耳黍穗黑，农夫田父无消息"的诗句。到明清时期，人口急剧增长，粮食需要量不断增加，又从国外引进了玉米、甘薯、马铃薯等作物，黍稷在人们生活中的位置就有所下降了。明代的《天工开物》记载："今天下育民者。稻居什七。而来牟黍稷什三。"说明黍稷原有的位置已被水稻所取代，但仍然是不可缺少的搭配食粮。

三、山西是黍稷的起源中心

（一）山西的地理生态特点最适宜野生黍稷的生长

大凡农作物都是由野草进化而来的，黍（粟）类作物的特点反映出它在诸类作物中更具有"野草性"，对环境要求不严，说明它在驯化道路上更容易踏进农业的"门槛"。山西地处黄土高原，黄土特别有利于各种野草的生长，正如美国黄土学家普姆皮利（Raphael pumpelly）所指出：黄土在人类历史上发挥过重要的作用，特别是中国的黄土。因为黄土的土层深厚，物理性能好，保蓄水分的能力强，从而可以保证野草顺利完成生长、发育、繁育后代的全过程。美国芝加哥大学何炳棣教授也说黄土是中国黍（粟）农业的摇篮。山西的地理位置正好是黄河流域的黄土高原，从气候特点来看，山西襄汾丁村遗址出土的动物化石中，有喜欢冷凉的野驴、野马，也有喜欢温热的剑齿象和水牛。这些化石表明，在15万年前山西气候和现在差异并不很大，冬夏温差较大，降水量较少，是典型的半干旱大陆性气候，高海拔地区气候比较冷凉，低海拔地区气候比较温和。而野生黍稷具有生育期短、抗寒和抗旱、耐瘠的特点，这样的地理生态特点正好为野生黍稷的生存繁衍提供了良好的生态条件。直到现在，山西各地还广泛分布着野生黍稷，并且成为栽培黍稷的伴生杂草长期生长在田间地头。

（二）山西是发现古人类生存最早的地区

山西的古人类最早可以追溯到180万年以前，当时在黄河流经晋西南拐弯处的芮城县境内，生活着西侯度人，西侯度是中条山南麓黄河北岸的一个小村庄。当时这里过着女人采集、男人狩猎的生活。西侯度文化遗址属更新世早期的文化遗址。从出土的文物看，西侯度人有两个特点：一是应用石片技术在中国最早。众所周知，旧石器文化最主要的特征就是应用石片、石器。该遗址出土的刮削器、砍砸器和三棱大尖状器等石器工具有数十件，均是经过人工打造的，器身为单面加工而成。就连大型的石片和砾石等石器，单面加工的比例也很大。二是用火的时间最早。所出土的那些经过砍砸和刮削的鹿角、兽骨化石都是经火烧过的。过去考古学家曾断言：中国古人类用火最早的是50万年前的北京人。但事实上，北京人当时不仅用火，而且已懂得了用篝火保存火种了，但北京人并非中国用火最早的原始人。西侯度人用火比北京人早130多万年，而处在同一时期的云南元谋人、河北泥湾人等其他原始人，在工具制作和用火等方面都远不如西侯度人。因此，山西的西侯度人是我国迄今考古发现年代最早的原始人，也是我国用火最早的原始人。

在距西侯度3.5km处，居住着距今60万年前的匼河人。匼河遗址离黄河更近，出土的肿角鹿、剑齿象、披毛犀等动物化石就多达11处。从出土的石器来看，匼河人的制石技术又比西侯度人有了更大的进步。在汾河流域的襄汾县境内，有丁村人遗址，为更新世纪晚期的原始人，距今10万~15万年，他们不仅集中分布在汾河两岸南北长15km的范围内，而且在汾河上、中、下游均有他们活动的足迹。出土的大量石器更加精细，表明他们在制作技术上，采用相互打击的方法，比单面加工更为进步，石器的形状、大小多种多样，表现出明显的进步。在晋南黄河东岸的 13.5km 范围内，发掘出旧石器时代的遗址就有 13 处之多，平均 1km 左右即有一处遗址，可想而知当时这里原始人类的数量之多。

（三）山西是原始农耕的起源地

旧石器时代大量古人类的生存，为原始农耕的起源奠定了基础，而作物的起源与原始农耕的起源息息相关。世界农耕的起源有三个中心，一是近东中心地；二是中美州中心地；三是中国北部中心地。山西地处中国北方的黄土高原黄河流域，1970 年考古发掘证明，我国至今出土年代最早的石磨盘是山西省沁水县下川遗址发现的，距今已有 2.4 万~1.7 万年的历史，说明下川人当时已有加工食粒的实践。地处黄河边上的吉县，被国家公布为 2001 年中国考古十大发现，"柿子滩旧石器时代遗址"中出土了石磨盘和石磨棒，并发现了篝火遗址，距今约 1 万 2 千年。这进一步说明山西吉县柿子滩的古人已具备了原始采集、加工谷物的能力，原始农耕在这里开始萌芽。从新石器时代开始，原始农耕开始，这一时期的大自然还是一个原始的状态，人类改造自然的能力很低，在这种情况下孕育的农耕技术，还是原始粗放的，生产上只重视耕种和收获，使用刀耕火种技术，农具主要是翻土用的耒耜和收获用的镰刀，都是用木、石和骨类制成的，生产效率很低，生产的主要是作为粮食用的谷物，在中国北方主要种植的谷物是黍稷。黍稷的特点是在诸类作物中更具有抗旱、耐瘠、生育期短和对环境要求不严的特性，地处黄河流域的山西先民们是在一个颇为独特的环境中，创造出一种具有强烈而鲜明特色的农耕文化。

（四）华夏民族的始祖最早在山西发展黍作农业

华夏民族最早的祖先是炎帝和黄帝，距今大约有 6 000 多年的历史了，相当于传说中的神农氏时期。炎黄时期对农业的发展就非常重视，除了在农耕上种植以黍稷为主的农作物外，另一方面种桑、养蚕，创造了蚕桑丝绸这一文明瑰宝。那时，我们的祖先就开始了男耕女织和种植、养殖业的生活。又过了两千年，到了尧、舜、禹时期，从尧帝开始就继承祖先炎、黄的农桑思想，也十分重视农业生产，并以当时种植的主要粮食作物"稷"作为主管农业的行政官名，任命周弃为"后稷"，专门管理农业生产，推广农业技术，成为我国第一个农官（《史记·周本记》）。不难看出，黍稷是当时人们赖以生存的主要食粮。而山西不论是从炎帝、黄帝开始，一直到尧、舜、禹时期均是这些氏族部落联盟领袖活动、居住和建都的地方，使以黍稷为主的农作物在这里进一步得到了驯化和发展。

炎黄二帝是最原始的氏族部落首领，最初的势力范围都在陕西，以后逐步扩张，沿渭水东下，经黄河到达山西南部。在山西的夏县，黄帝的妃子嫘祖开始了对野生蚕桑的驯化养殖。在 1926 年 10 月发掘的山西夏县西荫村新石器时代彩陶文化的遗址中，发现了距今 6 000 多年前的蚕茧化石和抽丝用的纺锤，经我国最早的考古学家李济先生证实和推断，山西是世界蚕桑的起源地。山西的夏县是华夏民族之"华"的源头。

炎帝，其德火纪，以火师而命名，故曰炎帝。他以农耕为主，教民稼穑，故而被后世尊称为神农炎帝。在山西的许多地方都有炎帝始祖和后世炎帝的活动遗迹，仅晋东南地区就有炎帝庙、炎帝陵等 10 多处，在高平市羊头山的山洼里有一块小平地，相传是炎帝的五谷畦。在附近的故关村，有炎帝的行宫，至今在左庙门的门楣上仍有四个石刻大字"炎帝行宫"，羊头山上尚存有炎帝的上古庙、中古庙和下古庙。距故关村一里之遥的庄里村，坐落着明万历三十九年所建的炎帝陵，石碑上"炎帝陵"三个大字仍然清晰可见。据《泽州府志》记载："上古炎帝陵相传在县北 40 里的换马村，炎尝五谷于此，后人思之乃作陵，陵后有庙，春秋供祀。"高平炎帝陵是炎帝始祖和二世炎帝的陵寝。在此期间，炎帝在山西最早开创了我国的黍作农业。2001 年 8 月 28 日在羊头山的清化寺内挖掘出石碑，现立羊头山清化寺内，为唐代牛之敬撰并书，立石时间为唐天授 2 年（公元 691 年）。碑文曰："炎帝之所居也，炎帝遍走群山，备尝百草，届时一所获五谷焉。炎帝在此创立耒耜，兴始稼穑，调药石之温毒，取黍稷之甘馨，充虚济众。"碑文还记载了第一代炎帝"轨公"的儿子"柱子"出生在羊头山，与父一起教民稼穑，除療延龄，播生嘉谷，柱出兹山矣。

到了尧、舜、禹时期，山西晋南成为人口集中居住的地方，也是尧、舜、禹氏族部落联盟政治和农耕文化的中心。尧都建立在平阳（今临汾市），舜都建立在蒲阪（今永济市），禹都建立在安邑（今夏县）。至今，山西临汾市尚有晋代始建的尧庙，唐代修建的尧陵；在永济市蒲州旧城现仍保存有舜庙，城外有舜宅及二妃坛；在夏县西北仍有禹王城的遗踪。尧、舜、禹继承了祖先炎、黄的农桑思想，十分重视农业生产。尧帝为发展黍作农业，建立了以后稷为农官的一整套管理体制；舜帝时期不仅为发展黍作农业创造了许多条件，而且命后稷教民稼穑，说："弃！黎民阻饥，汝后稷，播时百谷（《玉桢农书》）。"同时，舜本人也勤于躬耕，史称"舜耕于山西芮城历山"；到了禹帝时期疏通河流，兴修水利，进一步促进了黍作农业的发展，而且与后稷一起勤于稼穑。《论语·宪问》记载："禹稷躬稼，而有天下。"禹是氏族部落社会末期的领袖，因原系夏氏后代部落，习称夏禹。夏禹废除了部落联盟的选举制度，建立了我国历史上第一个奴隶制王朝——夏朝，并建都于山西的安邑（即今夏县西北的禹王城）。由于安邑在 4 500 年前夏禹在此建都，后改为夏县，号称华夏第一都。据《竹书纪年》的记载，夏王朝历经 17 位帝王，执政 470 多年。在此期间，以山西的晋南地区为起点，疏通河道，兴修水利，使汪洋泽国变成富饶的良田，为黍稷的生产创造了良好的生态条件，大大地促进了黍作农业的发展，这一时期有个叫仪狄的人，又发明了用黍子酿造黄酒的方法，首先在都城夏县做出了世界最早的粮食酒。这说明山西不仅是黍稷的起源中心，也是黍子的深加工产品黄酒的起源地。

后稷，是尧、舜、禹时期的农官，后稷善于农耕与其母姜嫄的关系极大，姜嫄是炎帝之后有邰氏的女儿，继承了炎帝的农耕之业。华中农业大学教授郭开源先生称其是"我国古代农业的创始人之一"。由于尧、舜、禹时期均建都于山西晋南，三都相距各100km，所以后稷教稼于民的活动中心也在晋南。稷山县原名高凉县，隋开皇十八年（公元 598 年）改为稷山县，这与后稷在这里教民稼穑是分不开的。《上医本草》记载说："稷熟最早，做饭疏爽香美，或云，后稷教稼穑，首种于稷山县，县名取此。"《稷山县志》的序言里就说："稷山是稷王教民稼穑和农业的发祥地。"并记载有"稷山县有稷神山，后稷始教稼穑地也，俗呼稷王山，跨闻喜、万荣、夏县界。"《读史方舆记要》记载说："稷王山，相传上古后稷教民稼穑于此，上有稷祠，下有稷亭。"直到现在，稷王山上仍有古老的后稷塔，在塔周的土壤里，人们也经常发现形状似黍稷粒的各色"五谷石"。在县城仍保留有规模宏大的"稷王庙"，在庙中的石碑上有诗云："古庙荒祠峙远空，一湾螺黛叠千重。地偏人重名偏重，德并山高祀应隆。圳亩勤劳资粮食，黍禾蓬勃想遗踪。年年社酒鸡豚会，为报当年教稼功。"这进一步说明了在距今四千多年的尧、舜、禹时期，后稷在稷山教民稼穑的作物主要是黍稷和禾（谷子）。由后稷培育出许多嘉种，以山西的稷山为中心向周边地区扩散。由此可见，后稷始于在山西发展黍作农业，进而推广至全国各地，为我国的农业发展作出了巨大贡献。至今，和稷山相邻的闻喜县东镇一带，几乎村村都建有稷王庙和稷王娘娘庙，后人世世代代相传下去，永远不忘这位伟大的农业先驱当时在这里教民稼穑的功绩。

（五）山西万荣县荆村新石器时代遗址中发现炭化的黍稷

新石器时代遗址中发现的作物，对于研究作物起源具有重要的价值。位于晋南和稷山县相邻的万荣县荆村在解放前发现的新石器时代遗址中，发现有炭化的黍稷和黍稷的皮壳，这一发现为"山西是黍稷的起源中心"又提供了一项有力的证据。当时主持发掘的董兴忠先生在报告中说："此外在瓦渣斜遗址之发现中，又有数事可作为引证者，即黍稷及黍稷之皮壳。"这一发现得到了美国弗利尔博物馆的比肖普（C. W. Bishop）的重视，他在一篇《华北的新石器时代》的文章中说："在那里大部分土地上种植最广的谷物，看来是 millet 中的普通的一种。黍（*Panicum miliacenm*）已在中国的新石器时代遗址中发现。在早期文献中，这是主要的谷物，是唯一具有宗教意义的作物——其本身就是最古老的标志"。比肖普的结论在西方至今仍受到重视，具有一定的权威性。如美籍华人学者何炳棣教授就曾特别指出比肖普对"荆村的小米"有过科学的定名，并以此判定，其他出土粟的记录，也有可能不尽是粟，而是黍。英国汉学家华生（W. Watson）在《中国的早期栽培作物》一文中引证了比肖普的意见。再如美籍植物学家李惠林也持同样的看法。

（六）山西各地方志有关黍稷的记载

1. 山西各地方志关于稷的记载

"稷者，五谷之长，故陶唐之命名农官以后稷称""。《山西介休县志》，清乾隆35年；

"教民稼穑者，以后稷称。"《山西潞安府志》，清乾隆35年；

"稷，礼称明粢，一名稷，谓光滑明洁，是以祭祀，故古者称谷神曰稷。"《山西阳城县志》，清乾隆12年；

"其祀古谷之神与社稷相配，亦以稷为名。"《山西介休县志》，清乾隆35年；

"稷，别名穄，穄有谓之糜，有黄黑两种，诗曰维糜维秬，即是较别谷早熟，故寒家皆种之，为早接食也。"《山西安邑县志》，民国23年；

"稷似黍而小，春种夏熟，苗似芦有毛，高三四尺，结穗殊疏散，粒有壳似粟而巨光滑，过之先诸谷熟，刹欲早，过熟即风落米，米色特黄，故古人称黄米。"《山西霍州府志》，清道光6年；

"高诱曰：关西谓之糜，冀北谓之黍，即诗维糜维秬转音也，《说文》糜，穄也，《广雅》糜，穄也，然则稷，也穄，也糜也，各殊而一物也。"《山西绛县志》，清乾隆 30 年。

2. 山西各地方志关于黍的记载

"黍苗穗似稷而大，实圆重，土高燥宜之，似大暑种，故谓之黍，刈割湿打，则秭易脱。"《山西霍州府志》，清道光 6 年；

"黍有黄、白、赤、黑四种，米皆黄，可酿酒。明李时珍《本草纲目》云，黍稷一类二种，黏者为黍，不黏者为稷。黏者可做甑糕，其穗枝似芦毛可缚帚。"《山西安邑县志》，民国 23 年；

《通志》云："羊头山有黍二畔，其南阴地黍白，其北阳地黍红，因之以定黄钟，阴地黍白乃高平界也。随律曰：上党之黍有异他乡，其色至乌，其形圆重，用之为量定不徒然。"《山西高平县志》，清乾隆 35 年；

"秬黍出羊头山，定黄钟之律，以生度量权衡，今则无异凡黍矣。"《山西潞安府志》，清乾隆 35 年。

从山西在清代和民国年间的地方志记载中，也可以看出黍稷一直源远流长，在历代山西人民的生活中发挥着不可替代的作用。

四、山西是黍稷种质资源的遗传多样性中心

进入 20 世纪，黍稷仍然是山西的主要杂粮，每年种植面积约 20 万公顷。在漫长的农耕历史中形成了大量丰富多彩、类型多样的种质资源。据统计，到目前为止，山西共收集到黍稷种质资源 2 470 份，占全国黍稷种质资源的 29.1%，是全国拥有黍稷种质资源最多的省份。根据 2 470 份黍稷种质资源不同的特征、特性进行分类，结果如下。

1. 以粳糯性分类

粳性的稷 870 份，占 35.2%；糯性的黍 1600 份，占 74.8%。

2. 以花序色分类

绿的 1 986 份，占 80.4%；紫的 484 份，占 19.6%。

3. 以穗型分类

侧穗型 1865 份，占 75.5%；散穗型 534 份，占 21.6%；密穗型 71 份，占 2.9%。

4. 以米色分类

黄的 1251 份，占 50.7%；淡黄 1154 份，占 46.7%；白的 65 份，占 2.6%。

5. 以粒色分类

红粒 474 份，占 19.2%；黄粒 682 份，占 27.6%；白粒 625 份，占 25.3%；褐粒 257 份，占 10.4%；灰粒 204 份，占 8.3%；复色粒 228 份，占 9.2%。

6. 以粒型分类

6g 以下的小粒型种质 515 份，占 20.85%；6~8g 的中粒型种质 1929 份，占 78.1%；8g 以上的大粒型种质 26 份，占 1.1%。

7. 以茎叶茸毛分类

茸毛多的 954 份，占 38.6%；中等的 842 份，占 34.1%；少的 674 份，占 27.3%。

8. 以生育期分类

90d 以下的特早熟种质 1 265 份，占 51.2%；91~100d 的早熟种质 985 份，占 39.9%；101~110d 的中晚熟种质 112 份，占 4.5%；111~120d 的晚熟种质 108 份，占 4.4%。

从以上的结果可以看出，山西黍稷种质资源类型是十分丰富的。和同处黄土高原地区的其他黍稷主产省（区）比较，陕西共收集黍稷种质资源 1 663 份，其中黍 621 份，稷 1 042 份；内蒙古 1 055 份，其中黍 422 份，稷 633 份；甘肃 779 份，其中黍 75 份，稷 704 份。可以看出，山西种质资源不仅在数量上居多，而且在类型上仅从黍和稷的比例差异看，就山西以黍为主，陕西、内蒙古、甘肃均以稷为主。稷是黍稷演化的初级阶段，黍是由稷进化来的。由此说明，山西栽培黍稷的历史要比其他省（区）久远，在黍稷的遗传多样性上和其他省（区）比较，占有明显优势。

在采用生化或分子标记技术分析我国黍稷遗传多样性结果中，据高俊山等对中国的 93 份黍稷种质资源的酯酶、同工酶谱进行了类型和地理分布的研究，在黄土高原（山西、陕西、甘肃）、内蒙古高原（内蒙古、宁夏）、东北平原（辽宁）、华北平原（山东）、长江中下游（湖北、湖南、江苏）、西部（新疆、青海、西藏自治区）等地区的种质类型中，以黄土高原地区种质酯酶、同工酶谱类型最为丰富，变异广泛而复杂。而黄土高原的省（区）中又以山西的酯酶、同工酶类型最为丰富（排在首位），出现了 6 类酯酶、同工酶表型。其他地区，如内蒙古高原只有 3 类，东北平原 1 类，华北平原 1 类，长江中下游 4 类，西部地区 2 类。表型的遗传多样性系数根据 Kahler（1980 年）提出的公式估算，以山西为代表的黄土高原为 0.69，其他地区为 0.29~0.62。大体上可以看出这样的趋势：栽培历史悠久的遗传多样性系数较大；栽培历史较短的遗传多样性系数较小。2008 年南京农业大学农学院作物遗传育种与种质创新国家重点实验室对全国 23 省（区）的黍稷种质资源进行遗传多样性指数的测试表明：平均遗传多样性指数介于 0.742~1.102。总体来说，黄土高原地区的遗传多样性指数高于内蒙古、东北、长江中下游和西部地区，遗传多样性指数最高的省（区）是山西，为 1.102。以上结论又进一步证明了地处黄土高原的山西是黍稷种质资源的遗传多样性中心。

综上所述，黍稷起源于中国黄河流域黄土高原地区，山西是黍稷的起源和遗传多样性中心。

第三节　黍稷的演化

一、黍稷的演化过程

黍稷属同一种作物，粳者为稷，糯者为黍。黍稷是由野生黍稷进化而来，从其进化过程来看，最初作为野草的野生黍稷，籽粒是粳性的，没有糯性的，只能叫作野生稷。由野生稷进化为栽培稷，再由栽培稷进化为栽培黍。作为野草的野生稷，在各类禾本科野草中，不论其生育期、抗旱耐瘠性和籽粒产量上都有明显的优势，由此推断，被当时原始人类作为最早赖以生存的采集植物。又根据现代遗传学的研究，野生稷的染色体和栽培黍稷的染色体完全相同，都是 2n = 36，又经脂酶、同工酶的研究，结果表明，野生稷的谱带和栽培黍稷的谱带也基本相同，由此确定，野生稷和栽培黍稷亲缘关系很近，均属同一个种，学名和栽培黍稷一样，也是 *Panicum miliaceum* L.。

　　黍稷有两种类型，糯者为黍，粳者为稷。内蒙古、山西、黑龙江等省（自治区）对栽培黍稷生态性状的研究表明，在人工选择的条件下，栽培黍稷是从小粒向大粒、厚壳向薄壳、易落粒向不易落粒、胚乳粳性向糯性方向进化的，说明栽培黍稷是从具有原始性状的野生稷进化而来。同时，细胞学和遗传学的研究也进一步使这一论断得到证实。

二、细胞学和遗传学研究结果的验证

　　通过细胞学和遗传学的研究，进一步验证了野生稷与栽培黍稷之间的亲缘关系很近，说明黍稷是由野生稷进化来的。

（一）野生稷与黍稷染色体的研究

　　野生稷的染色体和栽培黍稷的染色体数完全相同，都是 2n＝36，其核心模式也基本相同。染色体的组型和 Giemsa C-带型模式也相同，说明野生稷与栽培黍稷的近缘关系。

　　1. 染色体组型模式

　　据王润奇采用 Levan 的标准，先测出染色体长臂和短臂长度，AR（臂长比，arm ratio）＝L（长臂）/S（短臂）。臂比等于 1.0~1.7 的为中部着丝点染色体，以 M 表示；臂比在 1.7~3.0 的为近中部着丝点染色体，以 SM 表示；臂比在 3.0~7.0 的为近端着丝点染色体，以 ST 表示。根据试验结果，染色体组型分为 3 组：A 组为中部着丝点染色体，有第 1、3、7、10、11、12、13、14、15、16 共 10 对；B 组为近中部着丝点染色体，有第 2、5、6、8、9、17、18 共 7 对；C 组为近端着丝点染色体，有 1 对，即第 4 对。染色体组型以下列公式表示：K（zn）＝36＝14A^{SM}+20B^{M}+2CST。根据测量数据，绘制染色体组型模式图（图 1-1）。

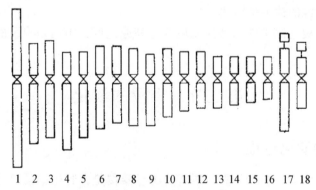

1　2　3　4　5　6　7　8　9　10　11　12　13　14　15　16　17　18

图 1-1　黍稷与野生稷染色体组型模式

　　2. Giemsa C-带型模式

　　由 3 种带型组成，一是染色体长臂和短臂着丝点带，共 13 对，分别为 1、3、4、5、6、7、8、11、12、13、14、15、16，以 C/C 表示；二是染色体的短臂为全着色，长臂为着丝点带，共 3 对，分别为 2、9、10，以 W/C 表示；三是染色体的带型为次缢痕带，共 2 对，分别为 17、18，以 CN/C 表示。染色体的带型以下列公式表示：

$$2n = 36 = 26\frac{C}{C} + 6\frac{W}{C} + 4\frac{CN}{C}。$$图 1-2 为 Giemsa C-带型模式图。

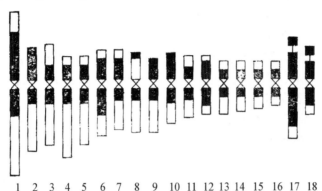

图 1-2　黍稷与野生稷染色体 Giemsa C-带型模式

（二）野生稷与栽培黍稷的酯酶同工酶研究

用聚丙烯酰胺凝胶电泳法，研究了野生稷与栽培黍稷的干种胚及胚乳的酯酶同工酶谱，研究结果是共获得 9 条谱带，由负极到正极依次分为慢带区（ESt-A）、中带区（ESt-B）和快带区（ESt-C）。结果表明，野生稷的基本谱带为 7 条，分别为 A 带 2 条、B 带 1 条、C 带 4 条；栽培黍稷的基本谱带为 9 条，即 A 带 2 条、B 带 3 条、C 带 4 条（见图 1-3）。但其中有些栽培稷的谱带与野生稷的谱带相似或相同，为 7 条，而栽培黍的基本谱带为 9 条，说明野生稷是栽培黍稷的祖本，栽培稷由野生稷进化而来，而栽培黍又由栽培稷进化而来。即粳型是初级类型，糯型为高级类型。由此确定，野生稷和栽培黍稷有很近的亲缘关系，均属同一个种，学名和栽培黍稷一样，也是 Panicum miliaceum L.。

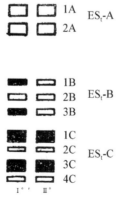

图 1-3　黍稷（Ⅰ）、野生稷（Ⅱ）的酯酶同工酶谱表型

三、黍稷是人类最早驯化的作物

（一）黍稷是五谷之长，百谷之主

由于野生稷和栽培稷有很近的亲缘关系，导致了栽培稷成为人类最早的、也是最容易驯化的作物，也是起源于中国最早，比粟的起源还要早的作物。为此，古人又把稷列为五谷之长，百谷之主，作为祭祀祖先的供品，以表达不忘先祖给后代带来赖以生存食粮的恩德。公元1世纪东汉班固撰《白虎通义》记载："人非土不立，非谷不食。土地广博，不可偏敬也，五谷众多，不可一一而祭也，故封土立社，示有土也。稷，五谷之长，故立稷而祭之也。"公元1世纪东汉的《汉书》记载："稷者，百谷之主，所以奉宇宙，共粢盛，古人所食以生活也。"公元11世纪末期北宋的《毛诗名物解》记载："稷，祭也，所以祭，故谓之穄。"穄和稷同音，由于稷作为祭祀祖先的供品，所以后人又以稷引申出穄来，其实都是指同一种作物，但说明稷在人类历史长河中年代的久远。我国各个朝代的京城也相继修建"社稷坛"，作为皇帝祈求神灵保佑，在新的一年风调雨顺、五谷丰登、百姓平安的地方。这里的稷，也是谷神的意思。直到现在，北京城天安门旁的中山公园里仍然保留着规模宏大的"社稷坛"。由于稷是人类最早驯化栽培的作物，黍和稷是同一种作物，只是不同类型而已，说明在较短的时期内稷就进化成黍，黍稷也就成为古人最早栽培的作物了。我国古农学家胡锡文先生在《粟、黍、稷古名物的探讨》一书中说："在先秦两汉时，黍在当时通称黍，稷也通称稷，由于黍稷在早先是人民大众的食粮，因而在文献中常以黍稷同时出现。"至于在先秦两汉时为什么把黍和稷当作两种作物，分开对待？我们推测野生稷最主要的形态特征是散穗型的，早期驯化后的栽培稷也主要保持了散穗的特征，而进化了的黍，又出现了穗分枝聚在一起的侧穗类型，所以就有后来"黍穗聚，而稷穗散"的记载，作为黍和稷的区分。另一种原因是食用方法的不同，稷籽粒粳性只能米饭用，而黍籽粒糯性，除作黏糕食用外，还能酿酒，所以，以两种作物对待，出现了那时主要栽培的五谷为黍、稷、稻、麦、菽。

（二）华夏民族的始祖以黍稷教稼于民

华夏民族最早的祖先是炎帝和黄帝，距今有6 000多年的历史了。炎帝以农耕为主，教民稼穑，故而被后世尊称为神农炎帝，山西高平市羊头山的山洼里有一块小平地，相传是炎帝的五谷畦。在附近的故关村，有炎帝始祖和二世炎帝的陵寝。在此期间，炎帝在山西最早开创了以黍稷为主的农耕生产。

（三）中国最早的农官后稷，以稷命名

后稷是尧、舜、禹时期我国最早的农官，后稷，原名叫"弃"，由于他种植稷的技能很高，因而被尊称为后稷。《左传》记载："周弃也为稷，自商以来祀之。"北宋的《毛诗名物解》记载："杜预言黍稷曰粢，降食以为酒，贵食次之，故稷者，粱也。所以稷明尊矣，故五谷之官，以稷官名之。"山西晋南的稷山县是后稷出生和教稼于民的活动中心。稷山县原名高凉县，隋开皇十八年（公元598年）改为稷山县。与后稷在这里教民

稼穑是分不开的。明代（1620 年）赵南星撰写的《上医本草》就记载："稷一名穄，又名粢，黍稷稻粱，禾麻菽麦，此八谷也……稷熟最早，做饭疏爽香美，或云，后稷教稼穑，首种之于稷山县，县名取此。"

四、我国甲骨文、《诗经》和其他农书有关黍稷的记载

甲骨文是我国最早的文字，甲骨文中出现农作物的名称也以黍稷最多，前面提到，据于省吾写的《商代的谷类作物》一文统计，黍出现 300 多次，稷出现 40 多次，说明黍稷在 3 000 多年前仍然是古民的主要食粮。黍的地位更为重要，有人认为这与商代嗜酒的风气有关，因为当时已经发明了用黍米来酿造黄酒，并且成为当时在民众生活中不可缺少的佐饭饮料，这就进一步提升了黍比稷在人民生活中还要重要的地位。

《诗经》是反映我国西周到春秋时代的一部古诗，是我国现存古籍中最早而可靠的经典，被视为反映先秦的社会资料。前面也提到，这部古诗提到最多的也是黍（28 次）稷（10 次）。从这部诗的一些篇章中还可以看出黍稷在当时的重要性。《豳风七月》记载："九月筑场圃，十月纳禾稼，黍稷重穋，禾麻菽麦。"《鲁颂·闭宫》记载："有稷有黍，有稻有秬。"《王风·黍离》记载："彼黍离离，彼稷之苗，彼黍离离，彼稷之穗，彼黍离离，彼稷之实。"说明黍和稷的苗、穗、籽粒的形态是一样的。《唐风·鸨羽》记载："不能蓺稷黍，不能蓺稻粱。"《小雅·出车》记载："昔我往矣，黍稷方华"。《小雅·华黍》记载："时和岁丰，宜黍稷也。"《小雅·楚茨》记载："我蓺黍稷，我黍与与，我稷翼翼。"《小雅·莆田》记载："黍稷稻粱，农夫之庆。"还记载了"以御田祖，以祈甘雨，以介我黍稷。"强调了为求黍稷丰收而祭祀农神。除甲骨文和《诗经》之外，还有其他古农书也追述了以往农业兴盛时也是以黍稷长势之好，作为标志的。如商周时期的《尚书》就记载了："隋农自安，不昏作劳。不服田亩，越其罔有黍稷。""黍稷非馨，明德惟馨。"东周春秋时期的《国语》记载说："黍稷无成，不能为荣，黍不为黍，不能蕃庑，稷不为稷，不能蕃殖，所生不疑，唯德之基。"西汉的《焦氏易林》记载："仓盈庚亿，宜稼黍稷，国家富有，人民蕃息。操粔乡亩，祈贷黍稷，饮食充中，安和无咎。忉忉怛怛，如将不活，黍稷之恩，灵辄以存。黍稷苗稻，垂秀方造，中旱不雨，伤风枯槁。黍稷醇礼，敬奉山宗，神嗜饮酒，甘雨嘉降，黎庶蕃殖，独蒙福祉。"这些古农书，是继甲骨文和诗经之后，记载了在公元前 1 世纪前黍稷在人民生活中的地位，可以看出，从商周到西汉的1700 年间黍稷仍然是古人赖以生存的主要食粮。直到公元 1 世纪《汉书》仍然记载着："河南曰豫州，其谷宜 5 种（师古曰，黍稷菽麦稻）河东曰兖州（山东），谷宜 4 种（师古曰，黍稷稻麦也），正西曰雍州（湖北西北部、陕西南部），谷宜黍稷，东北曰幽州（山东），谷宜 3 种（师古曰，黍稷稻），河内曰翼州（河北），谷宜黍稷，正北曰并州（山西中部），谷宜 5 种（黍、稷、菽、麦、稻）。"说明到东汉时地处黄河流域的先民们仍然把黍稷作为主要食粮。东汉以后由于粟、麦、豆等粮食作物，在栽培技术方面得到很大发展，栽培面积越来越大，黍稷在人们生活中的位置才有所下降。

五、黍稷的名实考证及规范

黍稷（*Panicum miliaceum* L.）是起源于中国最古老的农作物。黍稷同种，籽粒糯者

为黍，粳者为稷。但对黍稷的称谓长期以来各地不能统一，归纳起来，除黍稷称谓之外的名称还有软糜和硬糜、糜黍、糜子、黍子等。对"稷"的称谓从古至今在农史界一直争论不休，不能定论。有的学者引经据典，单纯以《诗经》谷物名称分类推求，并以稷字形义演变过程，论证稷即今之谷子。持同样观点的学者也以上古文献所记载的穗形、播种期和生育期，或是稷的古音、字源和五谷之长的地位等证明稷是粟（谷子）。但不论是古文献还是当代学者中持稷不是黍的同类，而是谷子的人，他们大多都没有从事种植黍稷的实践，更谈不上对黍稷的研究了，只靠单纯地从文字来推敲，这样难免以讹传讹。其实不论黍稷也好，谷子也好，类型是十分繁多的，如果脱离实际，单从只言片语的古文献记载的穗形、播种期和生育期来判断稷就是谷子，更是无稽之谈。笔者长期从事黍稷研究，主持国家黍稷的攻关课题多年，从黍稷的起源演化、种质资源的收集、整理、鉴定到新品种的培育、推广和深加工等，均进行了系统的研究。针对当前学术界对黍稷的称谓还一直不能定论和统一的情况，撰写此章节，以翔实的论据说明，稷就是稷，不是谷子；以软糜和硬糜、糜黍、糜子、黍子等代替黍稷的称谓，带有地域和含义上的局限性，不能完全表达黍稷作物的全部，也不符合黍稷的起源演化规律和古老传统的称谓，应该还原黍稷称谓的原貌，还是以黍稷作为规范称谓的好，这样也就不会造成黍稷称谓的混乱和误解了。关于黍稷的称谓，魏仰浩先生在20世纪90年代就撰文指出，黍稷名称规范化的建议，其论点也倾向于稷指黍的同类，黍稷的称谓也以黍稷作为首选，但缺少必要的论据，难以定论。本章节从黍稷的起源和演化过程、现代细胞和遗传学的研究、黍稷是人类最早驯化的作物和我国甲骨文、《诗经》和其他农书有关的黍稷记载等方面比较全面系统地论证了黍稷发展的全过程，为黍稷名称的规范提供了科学的依据。稷不是粟（谷子），而是黍的同类。黍稷应作为今后科研、生产和学术研究的规范称谓。至于各地的叫法，如糜子、黍子、糜黍、软糜和硬糜等习惯性的称谓，仍可在各地保留。

（一）视"稷"不是稷，是"粟"的说法

黍稷同源，是同一种作物的两种类型，是不能分开的。既然如此，历代学者为什么争论不休呢？视稷为粟的学者论点归纳如下：①《孟子》及汉代文献中提到的5谷主要有两说，一说为黍、稷、麦、豆、麻，另一说为黍、稷、稻、菽、麦。若黍稷是同一种作物，把古代最主要的粮食作物粟排除在5谷之外，是不合逻辑的；②粟在中国的考古发现早于黍稷；③从《诗经》的某些诗篇推断稷即粟。随着科学的发展和实践的验证，这些论点是不能成立的。首先我们强调应该以栽培实物为对象进行系统的研究，单纯从文字的考证，是得不到科学结论的。从本章节的文字中可以看出，黍稷是我国起源驯化最早并且早于粟的作物。从粟的起源不难看出，粟起源于青狗尾草，而青狗尾草与粟虽说是属同一个属，但却不同种，青狗尾草的学名 Setaria viridis（L.）Beauv.，而粟的学名 Setaria italica（L.）Beauv.，在亲缘关系上明显不如野生稷和黍稷的亲缘关系近；再则野生的青狗尾草籽粒很小，不能作为最初原始人类直接采集用以充饥的食物，由此导致了粟的起源演化过程和时间明显地在黍稷之后，直到汉代之前粟在人们生活中的位置仍然代替不了黍稷，甚至在产量和面积上连麦、菽、稻、麻的位置都不及，在当时也就不可能列入5谷之内了。至于黍稷虽是同一种作物，却在5谷中以两种作物出现，只能说当时

的古人在黍和稷植物学形态上、食用方法以及深加工上的差异，就把黍和稷作为两种作物对待了，这在当时科学技术还不发达的情况下，也是完全可以理解的。

至于粟在中国的考古发现早于黍稷的说法，完全是人们的误解，对于考古发现中黍稷和粟年代久远的问题，在本章的前面也提到，在解放前山西万荣县荆村新石器时代遗址中发现有炭化的黍稷籽粒和皮壳，这一发现得到了美国弗利尔博物馆的 C. W. 比肖普（Bishop）的重视，他在一篇《华北的新石器时代》的文章中说："在那里大部分土地上种植最广的谷物，看来是 millet 中普遍的一种。黍（*Panicum miliacenm*）已在中国新石器时代遗址中发现。在早期文献中，这是主要的谷物，是唯一具有宗教意义的一种作物——其本身就是最古老的标志"，比肖普的结论在西方至今仍受到重视，具有一定的权威性。例如，美籍华人学者何炳棣教授就曾特别指出，比肖普对"荆村的小米"有过科学的定名，并以此判定，其他出土粟的记录也有可能不尽是粟，而是黍。英国汉学家 W. 华生（Watson）在《中国的早期栽培作物》一文中引证了比肖普的意见。再如美籍植物学家李惠林也是采取同样的看法。无独有偶的是，2009 年中国科学院地质地球物理所和美国路易斯安那州大学等单位对河北武安县磁山遗址的炭化谷粒进行了同位素鉴定，结果是黍稷的驯化栽培为 10 300 年，粟为 8 700 年。同年甘肃兰州大学国家重点实验室和美国戴维斯加州大学等单位对甘肃大地湾遗址的炭化谷粒也进行了同位素鉴定，结果是黍稷在当地的驯化栽培为 7 200~7 900 年，而粟为 5 900 年。由此来看，从考古的角度也说明黍稷的起源演化早于粟。

对于以《诗经》的某些篇章来推断稷即是粟的说法更不能存在，在《诗经》中出现黍稷连称的地方共有 17 次，说明黍稷的关系是十分密切的，也说明黍稷在当时的重要性，也出现了禾 4 次，粟 2 次，说明黍稷和禾、粟在当时是同时存在的、不同的两种作物。禾、粟是同一种作物，只不过在西周至春秋之前在人民生活中还没有提升到比黍稷还重要的位置。有人还引用《诗经》中《小雅·楚辞》的一句话："我黍与与，我稷翼翼"就得出结论说："连称和对称说明两种作物在同时同地出现，其性状和生育期必然相近。在我国的传统作物中，只有黍子和谷子才有这种密切关系。黍子和谷子生长期均在 120~160d，其形态和苗期酷似，播种期也不相上下。"其实在从古到今的生产实践中，黍稷和谷子（粟）的生育期和播种期相差是较大的。一般来说，黍稷的生育期很短，大多数品种为 80d 左右，最长的也不超过 120d，播种期也较晚，在芒种前后，甚至更晚；谷子的生育期较长，大多数品种在 120d 左右，播种期也比黍稷提前 15~30d。苗期的形态也并不酷似，不论在叶色上、叶宽上和叶的上举度上都有较大的差异。看来任何事物脱离实际往往会得出错误的结论。由此看来，《小雅·楚辞》中这句话指的黍和稷正是黍稷，只有在生育期、播种期和苗期黍稷形态才极其相似，甚至是完全一样的。

在先秦两汉之前黍稷和粟的名称是比较清楚的，视稷为粟的说法只是魏晋以后的训诂学家引起的混淆，如贾思勰、徐光启等。唐代前后的本草学家如李时珍等从植物学性状方面来研究区别稷和粟，应是符合实际的、比较科学的方法。直到现代我国各地称稷为穄或糜，和黍子连称，现代植物学分类的著作中，如《植物学大词典》《中国主要植物图说》《中国植物志》等，甚至连各种版本的《辞海》《辞源》及《词典》中，也都是把稷和黍作为同类，并列在一起的。地方上称黍稷为软糜或硬糜、糜黍，也有统称糜子、黍子的，但没有一个地方称粟（谷子）为稷的。

（二）视稷称糜和黍稷称软糜、硬糜，糜黍或糜子、黍子的说法

1. 视稷称糜的说法

视稷为糜的说法，始于周代，周族的兴起是在今陕西省的中部偏西，从后世的文献中可以知道，那一带种植糜子是很多的，在本章的前面就提到，南宋初期郑刚中写的《西征道里记》说"西人饱食面，非床犹饥。""床"字音"糜"，他所记载的就是糜子。他还说："将家云，出战糗粮，不可不食，嚼床半掬，侧津液便生，余物皆不咽。"这个记载说明，周代人在他们的"周原"上由于适应自然条件而大种糜子，并且成为军事和政治上发展的一个有利因素。周代人为什么要大种特种糜子呢？从文献的记载中可以看出，干旱的周原土地上最适宜种植抗旱、耐瘠的糜子，而且把糜子作为周人的主要食粮，在频繁的战争中，又把糜米炒熟，成为"炒米"，作为将士战争中最佳最方便的军粮。其实周人称为"糜子"的作物就是指"稷"，秦代李斯写的《仓颉篇》记载："穄，大黍也，似黍而不粘，关西谓之糜。"唐代苏恭撰写的《唐本草注》记载："本草有稷不成穄，稷即穄也。今楚人谓之稷，关中谓之糜，呼其米为黄米。"明朝的王圻撰《三才图会》记载："稷米，今所谓穄米也，出粟米处皆能种之，书传皆称稷为五谷之长。五谷不可遍祭，故视长以配社。关西谓之糜，冀州谓之䅟，皆一物也。"由此可见，我国西北地区称稷为糜的说法是由来已久的。直到现在我国西北地区种植的黍稷中仍然以稷为主，并且仍然称为糜。

2. 视黍稷称软糜、硬糜和糜黍的说法

对黍稷的这 3 种称谓都带有"糜"字，看来都与最初西北地区称稷为糜的称谓有关。由于糜只能代表粳性的稷，以后随着黍的出现，糜不能反映黍稷的全部，所以又衍生出软糜子和硬糜子来，由于硬糜子在食用方法上，最初常作为米饭用，所以又称为饭糜子，这种称谓也始于我国西北地区。显而易见，这种称谓使原本简单明了的称谓变得更加繁杂化了。

对黍稷称为糜黍的地区主要集中在内蒙古和山西一带，对黍的称谓是一致的，对稷的称谓也是受糜的影响，看来至今黍稷名称的混乱，除粟之外，糜也是一个根源。但不论称黍稷为软、硬糜，或是糜黍的说法，还是比较科学的，起码能说明黍稷是同种作物，但有粳和糯两种类型的区别。

3. 视黍稷称糜子、黍子的说法

把黍稷统称为糜子的说法主要在西北和东北的一些地区，而且由来已久。据明朝胡待撰的《真珍船》记载："黍有两种……今关西总谓之糜子。"清朝西清撰的《黑龙江外记》记载："黑龙江土脉宜糜子。糜籽粒如谷子，微大，赤黄 2 色，煨以热炕，然后碾食。"直到现在，这种称谓仍然出现在黍稷的一些学术论著中。把黍稷统称为糜子的弊端，仍然不能表达出黍稷的全貌，带有很大的局限性，让人们误以为糜子是单指稷子而言。更何况不同地区对糜子称谓的内涵也各有差异，如东北三省的一些地区称糯性的黍为糜子，正好与西北地区称粳性的稷为糜，是两种完全相反的概念，如果再出现了把黍稷统称为糜子的说法，就更使原本黍稷混乱的名称乱上添乱了。

把黍稷统称为黍子的说法，大都出现在先秦两汉之后的一些古文献中，由于出现了稷指粟的争议，所以有意地回避了稷，只以黍来统称黍稷了。除此之外，在国外的一些翻译文献中，通常也只把黍稷译为黍。例如，俄语中的 Прóсо 是黍的意思，却指的是黍稷。把黍稷统称为黍的说法，和统称为糜子的说法存在同样的弊病，容易让人误解为单指糯性的黍，也就是说，这种称谓也同样不能表达黍稷作物的完整面貌。

六、黍稷的规范称谓

混乱的黍稷称谓，一直是农史界长期以来争论不休的问题，也给黍稷的科研和生产带来诸多不便，在 20 世纪 80 年代初期，黍稷作为我国的主要杂粮作物，首次被列入我国科技攻关项目。我们在主持完成科研课题的同时，首先把规范称谓的问题进行了论证和研究，1983 年在太原召开的全国第一次黍稷科研工作会议上，经过来自全国 11 个省（区）黍稷主产区代表的认真讨论，一致认为黍稷是起源于我国的古老作物，应该保持最初古老的称谓，还是黍稷连称为好，在某种意义上这种古老的作物又能代表和反映出我国古老的农耕文化。更何况黍稷连称表达内涵完整，不会引起大家的疑问和误解。为了照顾有些地区称稷为糜的习惯，会议决定，在稷的后面暂时加"糜"，概括起来，对黍稷的规范称谓为"黍稷（糜）"。于是 20 世纪 80 年代出版的黍稷文献中都采用了这个称谓，如由王星玉、魏仰浩主编的《中国黍稷（糜）品种资源目录》《中国黍稷（糜）品种志》等。进入 20 世纪 90 年代后相继出版的黍稷科研著作中，为了更加简便明了，就把稷后面加括号的"糜"字省略掉了，如由魏仰浩、王星玉、柴岩主编的《中国黍稷论文选》和王星玉主编的《中国黍稷》《中国黍稷品种资源特性鉴定集》《中国黍稷优异种质筛选利用》以及由王纶、王星玉编著的《黍稷种质资源描述规范和数据标准》等。这些由黍稷称谓的、代表该作物国家研究水平的科学著作，在国内外农学界产生了深远的影响，为黍稷的正名和规范化使用也起到了重要作用。在今后，中国黍稷研究不断深入发展中，黍稷名称规范的称谓，也会显得更加重要。

第二章

黍稷的分布和生产概况

第一节　黍稷在世界上的分布和主产国的面积、产量

一、黍稷在世界的分布

黍稷在世界上分布较广，在亚洲、欧洲、非洲、大洋洲都有分布，以欧洲和亚洲为主要栽培地区。亚洲、非洲和欧洲黍稷在史前的"锄作时代"已有栽培，用作食粮和酿酒原料。中世纪以来，黍稷作为主要粮食，在欧洲和亚洲广泛种植。19 世纪以来逐渐被麦类、水稻、玉米和马铃薯取代，只有苏联和东欧保留了一部分，在美洲和大洋洲主要用作救灾作物和鸟饲。目前世界上主要栽培于俄罗斯、中国、印度、非洲东部与撒哈拉沙漠南沿的国家。俄罗斯主要栽培在伏尔加河流域的南部和东南部。中国主要产区是内蒙古、陕西、山西、甘肃、黑龙江和宁夏等省（区）。印度栽培于南部，即克雷希那河以南地区。伊朗、蒙古国、朝鲜、日本、法国、罗马尼亚等国家也有一定面积的栽培，匈牙利、南斯拉夫、奥地利、波兰、德国以及美国的中、北部亦有零星种植。在联合国粮农组织编写的《生产年鉴》中将黍稷、谷子等小粒类作物统称为"粟（黍）类作物"统计，世界上目前广泛栽培的粟（黍）类作物主要有珍珠粟、谷子、黍稷、穇子、食用稗等 10 多种作物，其中黍稷的栽培面积占粟（黍）类作物的 13.8%。

二、黍稷主产国的栽培面积和产量

黍稷在世界上虽然分布较为广泛，但大多数国家种植面积较小，有的国家只有零星种植，主要用作救灾作物和鸟饲。只有苏联和中国的栽培面积较大。由于黍稷属小宗作物，各个栽培国家都没有比较明确的统计数字。根据有关著作的报导，苏联是世界上栽培面积最大的国家，年种植面积一般保持在 400 万 hm^2 左右，最高年份达 800 万 hm^2，最低年份只有 240 万 hm^2；其次是中国，年种植面积一般保持在 170 万 hm^2，最高年份达 400 万 hm^2，最低年份达 150 万 hm^2。黍稷种植面积年度之间差异较大，这与自然条件的变化有很大关系，一般灾年高于丰年，特别是在干旱的年份，在其他作物无法种植的情况下，黍稷的种植面积就会大大增加。

黍稷的产量与土地的肥力状况、栽培管理条件和品种的更新有很大关系，黍稷属 C_4

作物，其产量的潜力很大，由于黍稷具有生育期短、抗旱耐瘠的特点，所以人们传统的习惯，总是把黍稷种植在干旱贫瘠的土地上，加之管理粗放，品种的改良更新也比较落后，因此黍稷在生产中的产量相对较低。世界黍稷的平均产量每公顷只有750kg左右，苏联每公顷的平均产量较高，但也只有800kg，中国每公顷的平均产量为1 000kg。随着农业科学技术的发展和黍稷育种水平的提高，近年来黍稷的产量也在不断提高，出现了每公顷达6 000kg以上的高产纪录，一般较肥沃的土地大面积种植黍稷，也可达到每公顷3 750kg左右的产量。

第二节　黍稷在中国的地理分布及生产概况

一、黍稷在中国的地理分布

（一）黍稷在中国的地理分布

黍稷在中国的分布十分广泛，北至黑龙江的同江、虎林，西到新疆的喀什、阿图什，南至海南的琼海，北到内蒙古的海拉尔、新疆的哈巴河，都有黍稷的栽培。黍稷种植的高限是海拔3 000m的西藏阿里地区的扎达和普兰。主产区主要集中在长城沿线地区的河北张家口、承德地区，内蒙古赤峰市、乌兰察布盟、伊克昭盟，山西雁北、忻州地区，陕西榆林、延安地区，宁夏银南、固原地区，甘肃庆阳、平凉、定西地区，黑龙江嫩江地区和吉林白城地区（图2-1）。这些地区土地瘠薄，无霜期短，年降水量300~500mm，属半干旱地区，实行一年一熟的耕作制，黍稷是当地人民的主要食粮之一。

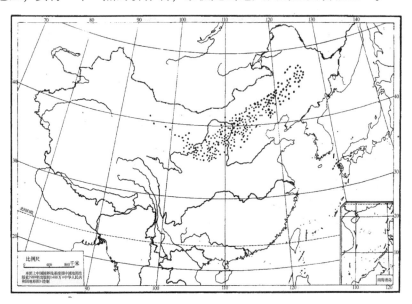

图2-1　中国黍稷主产区分布图（引自《糜子》）

黍稷在中国的种植面积从 20 世纪 50 年代以来呈下降趋势。1957 年全国播种面积 200 万 hm²，70 年代后期降至 133 万 hm²。进入 80 年代以后，由于生产和黍稷育种的发展，农村温饱问题普遍得到解决，为了丰富食物的种类，优质品种的黍稷面积有所回升，近年来全国黍稷种植面积一般保持在 150 万 hm² 左右。其中，种植面积在 33 万 hm² 的有内蒙古自治区，种植面积在 16 万~23 万 hm² 的有山西、陕西、甘肃和黑龙江等省，种植面积在 6 万~12 万 hm² 的有宁夏、吉林、辽宁和河北等省（区）。

黍稷粳糯型的分布较有规律。东北平原、华北平原、南方产区以糯性的黍占优势；西北地区以粳性的稷为主。内蒙古高原，西部以粳性的稷为主，糯性的黍也占一定比例；东部以糯性的黍为主，但在沙坨区和西部干旱区，粳性的稷占较大比例。就主产区东北、华北、西北各省（自治区）而言，自东向西糯性的黍比例逐渐降低，粳性的稷比例逐渐增高，在青海、新疆几乎不种糯性的黍子。非主产区南方诸省过去以糯性的黍为主，近年来由于鸟类饲料的需求，粳性的稷也呈发展趋势。

二、中国黍稷生产概况

中国黍稷主产区主要集中在北方半干旱地区，这些地区自然条件差，属雨养农业区，因此黍稷的增产潜力不能充分发挥出来。但随着农业科学技术水平的提高，黍稷的生产水平也在逐步提高。据有关资料统计，内蒙古 20 世纪 50 年代每公顷黍稷的平均产量为 615kg，80 年代为 1 005kg，单产比 50 年代提高了 63.4%，到 90 年代初每公顷的平均产量为 1 095kg，比 80 年代提高了 9%；陕西 50 年代每公顷的平均产量是 525kg，80 年代每公顷平均产量为 900kg，单产比 50 年代提高了 71.4%。到 90 年代初每公顷平均产量 975kg，比 80 年代提高了 38.3%；甘肃 50 年代每公顷的平均产量为 870kg，90 年代初每公顷平均产量为 1 140kg，单产比 50 年代提高了 37%。全国黍稷生产 50 年代每公顷的平均产量为 670kg，90 年代初提高到 1 070kg，提高了 60%。近年来随着耕作制度的改革，黍稷优良品种的大面积推广，黍稷的生产水平出现大幅度提高，有些地区黍稷每公顷的平均产量超过了 1 500kg，有的甚至超过 2 500kg。内蒙古准格尔旗，陕西府谷，山西河曲、保德、偏关等地，每公顷黍稷的产量可达 4 500~6 000kg。我国黍稷的科学研究和生产的发展在 20 世纪 50~70 年代比较缓慢，进入 80 年代以后黍稷的科学研究列入了国家攻关项目，在种质资源收集、保存、新品种选育、栽培技术研究和基础理论研究方面都取得了可喜的成绩。由于科研成果不断应用于生产，使我国黍稷的产量水平也相应地提高。特别是在自然条件较差的贫困地区，黍稷作为当地的主要作物，为当地人民的脱贫致富作出了很大贡献，如内蒙古的伊克昭盟地区，黍稷的播种面积占粮田的 40%，陕西的榆林地区农民口粮 10% 以上是黍稷，甘肃省黍稷的种植面积是谷子的 2.5 倍，山西省雁北地区黍稷是农村人口的主要食粮。如今，在我国大西北的开发建设中，黍稷又以其特有的抗旱耐瘠、抗风沙的特点，在开垦荒地、治理沙漠中发挥着巨大作用。

第三节　国内外黍稷种质遗传改良的进展和成就

一、国外黍稷种质遗传改良的进展和成就

（一）黍稷种质资源的收集与研究

黍稷种质资源的收集与研究是黍稷遗传改良的基础。世界上收集黍稷种质资源最早的国家是前苏联，全苏 Н. И. Вавилов 作物栽培科学研究所自 20 世纪 30 年代开始，从世界各国广泛收集黍稷种质资源。到 60 年代末期就收集到种质资源 9 000 余份（其中有部分是粟种质材料），建立了黍稷种质资源贮存库，并对这些珍贵的种质在不同的气候、土壤条件下的不同生态环境从植物学、生物学、生物化学和经济学的特征、特性的角度进行了多年的研究，揭示了这些性状的变化规律，并确定了所有各地的地理生态型特有的地方综合性状，确定这些类型时，还利用了关于黍稷栽培区的历史文献和考古资料。把世界黍稷栽培区定为 8 个主要地理生态类型，即东亚型（苏联和中国东北）、远东型、蒙古布略特型、萨彦岭阿勒泰型、中亚山地型、中亚平原型、印度型、天山地区型。在前苏联的边远地区——哈萨克草原、伏尔加河流域、乌克兰草原、森林草原、欧洲南部的森林地带，根据黍稷种质的综合性状定为另外的生态型，即哈萨克草原型、乌克兰草原型、伏尔加草原型、森林草原型、森林型 5 个生态型。黍稷地理生态型具有特别有价值的地方性质的性状，直到现在对黍稷的遗传改良仍有重要的研究和利用价值。

（二）黍稷生态型特点及遗传改良的进展和成就

1. 东亚地理生态型

黍稷是中国、日本、朝鲜、尼泊尔、苏联等国种植的最古老的作物。根据植物形态、生物学和生物化学特性，这一生态型具有较丰富的多样性。有根系发达的、高生产力的、大粒的、蛋白质含量高而易消化的、淀粉（全是直链淀粉）含量高的等类型。这些类型的特征在全苏作物栽培研究所编写的《黍世界资源目录》中都有介绍。除此之外，还有抗条状花叶病的种质和抗细菌病的种质。这一类型的种质一般都具有晚熟、短日性和喜湿润的特点。如果和早熟性品种杂交，必须把该类型种质种植在短日照（10h 左右）的条件下 5d 或 15d（指出苗后），在干旱情况下还要定时浇水。瓦维洛夫研究所 Л. М. Лсеева 用该类型种质与早熟品种进行杂交，取得了很好的效果。在杂交后代中，除形态多样性以外，还表现在生产力、穗的特征、籽粒颜色、株高、生育期等方面的差异。到 4~5 代选出了蛋白质含量高且早熟的类型。

2. 远东地理生态型

这一生态型的大多数种质，是在十月革命前，由全俄作物研究所从俄罗斯边区、奥木尔洲和中国东北搜集的。这一生态型的其中一个种质叫"阿尔卑斯"，说明该种质是从山区搜集来的。这一生态型的特点是：植物学特征上基本相似，生育期稍有差别，从早熟种质到中熟种质，茎和叶彼此间有显著不同，根系发达、茎较细、叶片密而长、穗周

散型，抗黑穗病，籽粒蛋白质含量高且品质好。在新西伯利亚洲，这一类型的种质鲜草和干草的产量很高，在畜牧业中也有很高的利用价值。这一生态型的种质中，特别是高抗黑穗病的种质，对选育高产、抗病新品种具有很高的利用价值。在维谢罗波道梁育种站 М. С. Щульга 利用这些抗黑穗病种质，在人工接种的条件下，进一步筛选出更抗黑穗病的品种类型。在育种家 С. А. Лы сак 和病理学家 М. В. Богданович 参加下，也获得了许多抗黑穗病的杂种类型和有希望的品种，最有希望的维谢罗波道梁 961 和 632 已送往国家品种试验站。据全苏作物栽培研究所研究，一些杂种类型，包括有希望的维谢波道梁 961，蛋白质含量也高。实践证明，远东生态型不仅能把抗病性遗传给后代，而且也能将蛋白质含量高的特性遗传给后代。东亚农业科学研究所进行了大量的利用远东生态型进行杂交育种的研究，用当地品种同抗黑穗病的苏甜研 29 进行杂交，获得了抗黑穗病的理想品种阿乌廖乌姆（Аурет）20。乌克兰农业科学研究所的 И . В . Ящовский 成功地选育出类似于区域化品种的对黑穗病免疫的和高生产力、高营养的新品种。

3. 蒙古布略特地理生态型

分布于蒙古北部、西伯利亚的东部和西部以及乌拉尔北部。这一生态型的地方品种在西伯利亚的东部和西部以及乌拉尔北部。这一生态型的地方品种在西伯利亚被叫作"布略特黍"，特点是极早熟，对长日照不敏感，抗春旱、耐寒。这一生态型的形成，约在青铜器时代的后期。这一生态型的品种与东亚生态型的晚熟品种进行杂交，选育出的杂交后代对今后的育种工作具有重要的意义，这项研究工作正由全苏作物栽培研究所 В. Л. Вельсовский 主持，在帕夫洛达尔土壤保持站进行着。这一生态型的地方品种，有的不抗黑穗病，可以用抗黑穗病的远东生态型种质进行杂交的办法来改良它。

4. 萨彦岭阿勒泰地理生态型

这一生态型主要分布在苏联的图瓦、克拉斯诺雅尔边区、哈萨克东北部、乌拉尔、蒙古北部。这一生态型带有中亚山地生态型的特征，用这一生态型种质进行杂交，可以揭示它们的遗传关系。它的特点是穗下垂，属侧穗型，植株高，上部节间长，这一生态型品种的共同特点是：对长日照反应不敏感，能适应温度的激烈变化。

5. 中亚山地地理生态型

主要分布于塔什干、阿富汗和伊朗。这一生态型种质的特点是对日照长短的反应不敏感，能很好地适应外界温度剧烈的变化，可以在巴尔脑尔、鄂木斯克、绍尔坦德成熟。在植物学特征上比较一致，穗型属于散穗类型，籽粒中等大，多数是浅色的，生育期中等，从穗的形状、株高、叶片大小和生育期来看，有些像森林草原生态型。基于这些性状，И. В. Лопов 把中亚山地型和苏联欧洲部分森林草原型错误地并为一个生态族，叫作"俄罗斯和山地布哈雷"。可以推测，中亚山地型在很早以前，向其他生态地带移动时，出现了最早的新的生态型——森林草原型、萨彦岭阿勒泰生态型，也有伏尔加草原生态型。中亚生态型的种质与其他生态型的种质杂交，在创造新的种质材料时，最有效的是森林草原型、萨彦岭阿勒泰型、伏尔加草原型，这样的杂交，有可能选出更早熟的类型。

6. 中亚平原地理生态型

这一生态型的种质主要分布在乌兹别克斯坦、塔吉克斯坦、土库曼共和国和阿富汗。其特点是植株坚韧不倒、直立，穗基本上不下垂，生育期较长，喜水肥，在人工灌溉条件下栽培。这一生态型的种质，可以作为不抗倒或不太抗倒种质进行杂交的原始材料。

7. 天山地区地理生态型

主要分布于哈萨克斯坦的南部和东南部、吉尔克斯斯坦、乌兹别克斯坦、中国西北、蒙古东南。这一生态型的特点是生育期中熟，地方品种的群体很复杂，由许多不同的植物亚种和多样性的类型组成，但生育期较相同。籽粒和鲜草的产量高，较抗倒伏，耐水肥，对施肥和浇水较敏感，抗条状花叶病，籽粒呈球形、较大，着壳率低，有的蛋白质含量高，但在育种中尚未利用。这一生态型种质对能灌溉地区选育生产力高、籽粒大、着壳率低的品种具有较大的利用价值，但易感黑穗病，育种时要和抗病的远东型或其他抗病类型种质杂交。

8. 印度地理生态型

这一生态型是根据全苏作物栽培研究所从印度、巴基斯坦、缅甸等不同地区不同时期搜集的少量材料确定的。其生态特点是穗形属散穗类型，茎较细，叶片窄而长，穗长而枝梗柔软，籽粒卵形，中等大小，灰色、淡黄和鲜黄色，生育期晚熟和极晚熟，属于短日照型。这一生态型在育种上有什么利用价值，根据当前的研究情况还不太清楚，但仍然可以作为遗传学上的杂交材料。

二、中国黍稷种质遗传改良的进展和成就

我国黍稷品种的遗传改良工作起步较晚，但进展还是较快的。据 1950—1987 年资料，黑龙江、内蒙古、甘肃、宁夏、陕西、辽宁、山西、河北 8 省（自治区）共育成黍稷品种 80 个，其中系统选育的品种 46 个，占育成总数的 57.50%；有性杂交育成种 15 个，占育成总数的 18.8%；其他方法育成的品种 19 个，占育成总数的 23.8%。内蒙古自治区育成品种 28 个，在各省（自治区）中居首位，占育成总数的 35%；黑龙江省育成 20 个，居第二位，占育成总数的 25%。1987 年以后各地又育成一批品种。在育成品种中，种植面积最大的是黑龙江省育成的龙黍 16 号，推广面积曾达 6.67 万公顷。年度推广面积达到 1.33 万公顷以上的品种有：黑龙江的龙黍 3 号、5 号、14 号、18 号、23 号、年丰 1 号、2 号、3 号；内蒙古自治区的巴盟 13 号、内糜 2 号、3 号、4 号、5 号（曾用名伊糜 2 号）、伊糜 1 号（曾名伊糜 5 号）、伊选大红糜、内黍 2 号；山西省的晋黍 1 号，晋黍 2 号；宁夏回族自治区的宁糜 1 号、5 号、9 号。推广面积较大，但不足 1.33 万公顷的品种有：黑龙江省的龙黍 22 号，年丰 4 号，内蒙古的内黍一点红，巴 826 黄黍，甘肃省的陇黍 3 号、4 号、宁夏的宁糜 4 号，辽宁省的辽糜 56 等。黑龙江省品种区试工作组织得好，试点多，又重视生产示范和良种繁殖工作，所以育成品种推广速度快，面积大。

1978 年以来，有一批黍稷育成品种获奖，龙黍 16 号获农牧渔业部科技进步三等奖；内糜 4 号、内黍 2 号获内蒙古自治区科技进步三等奖；晋黍 1 号、2 号获山西省科技进步三等奖；龙黍 5 号、19 号、年丰 1 号、内糜 2 号获省（自治区）1978 年科技大会奖；内糜 1 号、3 号、龙黍 18 号、年丰 2 号获省（自治区）科技成果 4 等奖。还有多个品种获省农业厅技术改进或获省农科院、地区科技进步奖。

我国在黍稷品种的遗传改良上，不仅在产量性状方面较地方品种有了提高，而且在综合抗逆能力上也有了加强。例如，黍稷较易落粒，在栽培技术上往往适当提早收获，

防止落粒损失，这样势必降低千粒重。我国黍稷育成品种多数较抗落粒，如黑龙江省育成的龙黍号品种，绝大多数是落粒轻或极轻品种，黍稷是耐旱性强的作物，但品种间有差别。甘肃省育成的陇糜3号，宁夏的宁糜9号、内蒙古的伊选大红糜，都是高度耐土壤干旱的品种。在中国的干旱灌区，黍稷品种的耐盐性是重要性状，内蒙古巴彦淖尔盟农科所育成的巴盟13号和580黄糜，伊克昭盟农科所育成的内糜3号、5号和内黍2号，苗期能在以硫酸盐和氯化物为主要盐类，全盐量为0.7%的土壤中成活，生育后期能在含盐量为0.4%的土壤中抽穗结实。黑龙江北部地区冷凉低湿，黑龙江农科院作物所育成了耐冷凉新品种龙黍22，黑龙江农科院嫩江农科所育成了耐湿性强的年丰5号。内蒙古伊克昭盟农科所育成的内糜5号，是一个高度耐盐、抗倒、抗落粒、抗旱、适应性强的丰产品种。山西省农业科学院品种资源所育成的晋黍2号，品质特优而且丰产性好，适应性广，在我国北方11省（区）大面积推广。除此之外，为了适应异常气候的年份，各地还育成一批早熟和特早熟品种，作为补种救灾品种。如黑龙江的龙黍19和稷丰，内蒙古自治区的内糜2号，宁夏回族自治区的宁糜8号等。特别是近年来由山西省农业科学院品种资源所新培育的特早熟、救灾新品种晋黍7号，生育期只有70d，而且品质优，籽粒蛋白质含量16%左右，脂肪含量5%左右，是良好的糯性年糕用品种，在我国黍稷生产上已经大面积推广利用。

随着市场经济的发展，品质改良越来越受到人们的重视，山西省农业科学院品种资源所向我国各黍稷育种单位推荐了一批高蛋白、高脂肪、高赖氨酸的原始材料，各省（区）黍稷育种单位也相继培育出一批品质优、适口性好的黍稷品种应用于生产，如晋黍6号、7号、宁糜9号等。

此外，育种单位从自然突变的个体中育成一批双粒品种，如黑龙江的克山双粒糜，内蒙古的双粒黑黏黍，商都双仁黍，陕西靖边的双粒红黍等。内蒙古伊克昭盟农科所还育成另一突变类型异双粒黍。一般双粒型其小穗的第1小花仍为不孕花，结实的是第2、第3小花。异双粒型是顶部非小穗的第1、2小花结实，所以异双粒型的小穗只有1长1短两个颖片，无第3颖，较易落粒，生产上无应用价值，但在科学研究上有一定意义。

第三章

中国黍稷种质资源的收集、整理、编目与贮存

第一节 收集、整理和编目的基本情况

中国国土辽阔，栽培历史悠久，形成了丰富多彩的黍稷种质资源。20 世纪 50 年代中期我国开展了农作物种质资源的征集工作，各省（自治区）特别是北方各省（自治区）征集到大批黍稷种质资源，但由于黍稷种植面积小，多年来一直被列为小宗作物，全国有组织的黍稷科研还没有开展起来，致使这次征集到的黍稷种质资源无人接管，时隔多年后，大都混杂和丧失发芽率。1979—1980 年随着中国农作物种质资源的补充征集工作，又征集到大量的黍稷种质资源。由于 1979 年国家科委和农业部在安徽合肥召开了"关于补充征集农作物种质资源的会议"，并下达了（79）农业（科）字第 76 号文件《关于全国以县为单位补充征集种质资源的通知》，中国农业科学院正式成立了农作物品种资源研究所，各省（自治区）相继成立了作物品种资源研究所（室），这样上至中国农业科学院，下至各省（自治区）农业科学研究院（所）都有了专门的研究人员，分管各种作物种质资源的收集研究工作。黍稷作物主要产区的山西、陕西、内蒙古等省（自治区）都配备了专门的研究人员，其他省（自治区），如黑龙江、吉林、辽宁、甘肃、宁夏、河北、河南、新疆、青海等省（自治区）或配备了专业人员，或由谷子专业人员兼搞。1982 年由中国农业科学院和中国作物学会联合在沈阳召开了"全国三小作物会议"（"三小"指小杂粮、小油料、小杂豆）。会后由中国农业科学院委托山西省农业科学院主持全国黍稷种质资源研究工作，1983 年从我国北方 11 省（自治区）共征集到黍稷种质资源 5 192 份，通过 16 项农艺性状鉴定，对同名同种、异名同种的种质整理归并后，编入《中国黍稷（糜）品种资源目录》的种质共计 4 203 份，其中糯性的黍 1 987 份，粳性的稷 2 216 份。1986—1990 年，在山西省农业科学院农作物品种资源研究所的主持下，黍稷种质的收集、农艺性状鉴定和特性鉴定列入国家"七五"期间重点科技攻关计划。过去虽然进行了黍稷种质资源的收集、保存工作，但未加入全国协作行列的省，如山东、河南、云南，以及通过考察新收集到黍稷种质资源的省，如湖北，还有北方一些原来参加协作的省（自治区）又通过各种渠道补充收集〔或新育成品种（品系）〕的黍稷种质资源又补充进来。这样，全国"七五"期间又收集到黍稷种质资源 1 500 余份，经农艺性状鉴定和整理归并后编入《中国黍稷（糜）品种资源目录（续编一）》的种质，共计 1 384 份。

"八五"期间又从我国北方部分省（区）在过去品种收集遗漏的地区，如内蒙古赤峰地区、宁夏固原地区、河北承德地区和坝上地区又收集到一批新的种质。此外，又增加了北京市、海南和四川省的种质。还有些省（区）的种质是近年来人工创造的、已经稳定的新类型，如内蒙古和宁夏的种质。还有一些外引种质，如北京市的种质主要是中国农业科学院品种资源所从国外引入的种质。另有部分种质是特定地区考察收集到的，如湖北省的种质，主要是"七五"期间神农架考察收集的种质；北京市有部分种质是中国农业科学院品种资源所从西藏高原考察收集的种质。此外，还有少数近缘野生植物，如小黍等，共计2 200余份。经种植农艺性状鉴定和整理归并后，于1994年出版了《中国黍稷（糜）品种资源目录（续编二）》，入编种质1 929份。"九五"期间从内蒙古、陕西、甘肃、宁夏、黑龙江、山西等省（区）的育种单位收集新育成的品种（品系），以及从美国引入的少量种质，共计500余份，经农艺性状鉴定和整理归并后，于1999年编写出版了《黍稷品种资源目录（续编三）及优异种质评价》，入编种质504份。"十五"期间从山西太原、大同、汾阳以及内蒙古伊盟、陕西榆林、吉林省吉林市、青海西宁、河北邢台、甘肃兰州等黍稷育种单位收集农家种、新品种（系）500余份，经种植农艺性状鉴定和整理归并后，于2004年编写出版了《中国黍稷（糜）品种资源目录（续编四）》，入编种质495份。历时22年，从全国23省（区）收集黍稷种质资源10 500份，经种植农艺性状鉴定和整理归并后，编入5本《中国黍稷（糜）品种资源目录》的种质共计8 515份。2004—2017年的13年间均以电子版的形式，随时编目随时入库。截至2017年年底，编入电子版目录的种质共计1 370份，同步入国家种质库保存，保存数量达9 885份。这些种质已全部入国家长期和中期种质库贮存，16项农艺性状鉴定数据（后增加到50项）也全部输入国家数据库贮存利用，和世界各国相比，我国黍稷种质资源的拥有量和数据信息量均居世界第一位。

第二节　农艺性状鉴定的项目和标准

一、植物学特征的鉴定项目与标准

（一）有效分蘖

成熟后取样调查成熟茎数（以个为单位，精确到0.1）。

（二）主茎高

分蘖节至穗基部的长度（以cm为单位，取整数）。

（三）茎粗

用卡尺量样株基部节间的直径（量扁的一面，精确到0.01cm）。

（四）主茎节数

地面以上的茎节（精确到0.1）。

（五）茎叶茸毛

根据茎节茸毛的长短、稠密，分为多、中、少三级。

（六）花序色

乳熟期调查，分紫、绿两色。

（七）穗型

分侧、散、密 3 种类型。侧穗型的标准是穗基部分支与主轴的偏角小于 35°，分枝基部无突起物；散穗型的标准是穗基部分枝与主轴的偏角在 45°左右或以上，分枝基部有突起物；密穗型的标准是穗基部分枝与主轴的偏角小于 35°，分枝基部无突起物，穗枝极短，穗长一般在 24cm 以下，花序集中。

（八）主穗长

从穗第一分枝节到穗顶的长度（精确的 0.1cm）。

（九）粒色

籽粒单色为红、黄、白、褐、灰等；复色为黄灰、白红、白灰等。

（十）米色

分黄、浅黄、白 3 种。

（十一）单株穗重

以样株全部穗称重平均之（以 g 为单位）。

（十二）单株粒重

以样株全部穗脱粒后称重平均之（以 g 为单位）。

（十三）单株草重

以样株切去穗和根后的茎秆重量平均之（以 g 为单位）。

（十四）千粒重

随机取 2 个 500 粒称重（精确到 0.1g），两次相差不超过 0.1g，若超过需重新取样。

（十五）粮草比

单株粒重除以单株草重（精确到 0.01）。

（十六）粳糯性

随机取正常成熟种子 50 粒，脱皮粉碎后以碘化钾溶液（配制方法是：20%碘化钾加热溶于 5ml 蒸馏水中，然后加入 1g 结晶性碘，加水稀释至 300ml 滴定，粳者呈蓝色，糯者呈红色。目测米粒也可鉴定，粳者有光泽透亮、角质；糯者无光泽、粉质。

以上调查项目中，凡取样调查的项目均取 10 株，然后取其平均值。长度单位用 cm，重量单位用 g。

二、生物学特性的鉴定项目和标准

（一）出苗期

目测成行，约 70% 出苗。

（二）抽穗期

50% 以上茎秆穗顶部小穗露出叶鞘。

（三）成熟期

90% 以上穗基部籽粒进入蜡熟期。

（四）生育期

出苗至成熟的天数。计算方法是出苗至成熟的总日数减 1d。

（五）出苗至成熟的活动积温

生育天数日平均温度之和。

（六）抗落粒性

收获前观察田间落粒情况及成熟时茎叶是否容易干枯，穗颈是否容易折断，分强、中、弱 3 级。

（七）抗旱性

苗期到抽穗前这一阶段，干旱时目测植株的干旱程度和恢复程度，不易萎蔫或萎蔫后恢复快的为强，反之为弱，一般为中。

（八）倒伏性

从抽穗到灌浆期间，以大水漫灌 2 次，前后相隔时间 5~7d，然后观察各品种的倒伏程度，不倒的为零级，倒伏 30° 以内为 1 级，30°~45° 的为 2 级，45° 以上的为 3 级。

（九）散黑穗病

以人工用黑穗病菌种在大田接种进行，播种前以土壤重量 1‰~2‰ 的黑穗病厚垣孢子拌入过筛细土中，播种时把菌土在种子上薄薄覆盖一层，然后盖土；也可以以种子重量 5‰ 的菌种在种子表面接种，根据发病率的高低分级，标准为：0 为免疫，发病率在

5%以下的为高抗，6%~15%为抗，16%~30%为感病，31%以上为高感。

第三节　《中国黍稷（糜）品种资源目录》的编写

收集到的黍稷种质资源先由各省（自治区）的收集单位按统一标准完成农艺性状鉴定，对同名同种、异名同种的种质进行整理归并，然后加上保存单位编号，编写完成《黍稷品种资源目录》。初稿完成后交主持单位审核修改，由主持单位认定合格后再加国家统一编号，编入《中国黍稷（糜）品种资源目录》。调查项目的主要内容分为植物学特征和生物学特性两大部分。

一、《中国黍稷（糜）品种资源目录》编写人员名单及前言

（一）编写人员名单

主编：山西：王星玉、内蒙古：魏仰浩

各省（区）编写人员（以编写种质数量多少为序）：

山西：王星玉；陕西：柴岩、刘荣厚；内蒙古：马德新、魏仰浩、张满贵；甘肃：王志宏、李望鸿、贾尚诚；黑龙江：郑学勤、张亚芝；宁夏：刘承兰；吉林：张丽荣、马景勇、李赤、尹凤翔；河北：张国良、李桂琴、连治、任国忠；新疆：李静云；辽宁：孟洁秋、孙桂华；青海：卿德云；其他各省（区）：王星玉

汇编：王星玉

（二）前言

受中国农科院委托，山西农科院品种资源所和内蒙古伊盟农科所，从1982年开始主持我国黍稷（糜）（*Panicum miliaceum* L.）品种资源的收集、整理和编目工作。经过两年时间，《中国黍稷（糜）品种资源目录》已完成初稿，并于1984年4月在太原召开的"全国黍稷（糜）科研工作会议"上定稿。《目录》黍稷分编，糯者为黍，粳者为稷。入编种质4 203份（黍1 987份，稷2 216份），以农家种和育成种为主，也包括部分人工创造的稳定的新类型。各省（区）的编排顺序按照中国行政区划图从北到南、从东到西的顺序排列；各省（区）县（市）的编排顺序按照各省的行政区划图从北到南、从东到西的顺序排列；县（市）内种质的编排以粒色决定，顺序为红、黄、白、褐、灰、复色等。

为了便于了解种质类型及各地种质的生态特点，在正文前附有《我国黍稷（糜）品种资源类型及生态型》一文；为便于查找种质，在正文后附有种质笔画索引。

本《目录》资料来自黑龙江农科院品种资源室、吉林白城地区农科所、辽宁农科院作物育种所、内蒙古伊盟农科所、宁夏农科院作物所、甘肃农科院粮作所、新疆农科院品种资源室、河北张家口坝下农科所、河北保定地区农科所、山西农科院品种资源所、陕西榆林地区农科所、青海农科院品种资源室等单位，由山西农科院品种资源所汇编成册。在汇编过程中曾得到中国农科院品种资源所科研处耿兴汉处长和山西农科院品种资

源所庾正平所长的热情支持，谨在此致以致谢。由于水平有限，错误之处，在所难免，敬希读者批评指正。

编者

1985 年 3 月

二、《中国黍稷（穈）品种资源目录（续编一）》编写人员名单及前言

（一）编写人员名单

主编：山西：王星玉、内蒙古：魏仰浩

编写人员（以编写种质数量多少为序）：

陕西：柴岩、刘荣厚；山东：韩秀亭、赵金明；甘肃：贾尚诚；内蒙古：魏仰浩、马德新、陈树林、赵旭东；青海：将兴元、刘祖德；吉林：杜素慧、黄英杰；黑龙江：张亚芝；河南：张秀文；湖北：杨茂材；山西：王星玉；云南：王振鸿；新疆：李静云

汇编：王星玉

（二）前言

1985 年出版的《中国黍稷（穈）品种资源目录》编入我国 15 省（区）的 4 203 份黍稷种质，当时山东、河南、湖北、云南等省（区）虽然保存有一定数量的品种，但没有及时种植整理，故未能编入；已经编目的省（区）近年来又陆续补充征集或育成一些新品种。为使这些种质和新品种及时入国家库长期保存，以供今后科研和生产利用，特编印《中国黍稷（穈）品种资源目录（续编一）》。本书共编入黍稷品种 1384 份（黍 657 份，稷 727 份），其中黑龙江 24 份（黍 19 份，稷 5 份），吉林 43 份（黍 43 份，稷 0 份），内蒙古 95 份（黍 39 份，稷 56 份），甘肃 147 份（黍 20 份，稷 127 份），山东 450 份（黍 310 份，稷 140 份），山西 6 份（黍 6 份，稷 0 份），陕西 514 份（黍 186 份，稷 328 份），河南 20 份（黍 15 份，稷 5 份），青海 62 份（黍 0 份，稷 62 份），新疆 4 份（黍 0 份，稷 4 份），湖北 13 份（黍 13 份，稷 0 份），云南 6 份（黍 6 份，稷 0 份）。本书黍稷分编，糯者为黍，粳者为稷（编入黍中的种质有些习惯叫穈均以括号注明）。各省（区）和各县（市）的编排顺序仍按全国和各省（区）的行政区划图从北到南、从东到西的顺序排列。县（市）内品种的编排仍以红、黄、白、褐、灰、复色为序。种质目录后附有笔画索引。

《续编一》的资料来自黑龙江农科院品种资源室、吉林市农科所、内蒙古伊盟农科所、甘肃农科院粮作所、山西农科院品种资源所、陕西榆林地区农科所、河南农科院粮作所、新疆农科院品种资源室、青海农科院品种资源室、湖北农科院现代化所、云南农科院品种资源站等 12 个单位，由山西农科院品种资源所汇编成册。由于水平有限，时间仓促，错误之处在所难免，敬希读者批评指正。

编者

1987 年 12 月

三、《中国黍稷（糜）品种资源目录（续编二）》编写人员名单及前言

（一）编写人员单位及名单

主编：山西省农业科学院农作物品种资源研究所：王星玉

编写与人员（以编写种质数量多少为序）：

河北承德农校：李世、苏淑欣、陈万翔、黄荣利

内蒙古伊盟农科所：马德新、赵旭东

河北保定地区农科所：刘存英、傅秀珍、刘亚娟、张逢同

山西农科院农作物品种资源研究所：王星玉、武变娥

陕西榆林地区农科所：柴岩、马永安

中国农科院作物品种资源研究所糜谷室：黎裕、吴舒致

吉林省吉林市农科所：黄英杰、杜素慧

宁夏固原市农科所：王玉玺、荣霞

青海农科院品种资源室：张子良、蒋兴元

河北坝上农科所：张希近、左庆华、温禄、韩宗舜

辽宁农科院品种资源所：白景琛、高延平、吴燕

中国农科院作物品种资源研究所考察室：王天云、杨久臣

山东潍坊市农科所：韩秀亭、李玉兰

内蒙古赤峰市农科所：李书田

湖北农科院农业现代化研究所：黄荣华

吉林省白城地区农科所：张丽荣、李建波、任长忠、邓路光、王辉

黑龙江农科院品种资源室：杜辉

海南农科院粮食作物所：郝忠有、李元秉、林力

四川农科院品种资源室：钟永模

汇编：王星玉

（二）前言

《中国黍稷（糜）品种资源目录》是我国黍稷种质资源不断征集、整理和农艺性状鉴定的产物，它是我国黍稷种质资源创新、利用和贮存的重要依据，也是我国黍稷育种和黍稷研究的重要文献。1985 年出版的第一本《目录》编入我国 15 省（区）的 4 203 份种质；1987 年出版的《目录（续编一）》编入我国 12 省（区）的 1 384 份种质，这些种质除原有部分省（区）补充征集的种质外，又新增加了山东、河南、湖北，云南等省的种质。这次出版的《目录（续编二）》，又编入我国 14 省（区）黍稷种质 1 929 份。这些种质主要包括我国北方部分省（区）的过去种质征集中一些漏征地区的种质，如内蒙古赤峰地区、甘肃省平凉地区、宁夏固原地区、河北承德和河北坝上地区。此外，还新增加了北京市和海南、四川省的种质；还有一些省（区）种质是近年来人工创造的、已经稳定的新类型，如内蒙古和宁夏的种质；还有一些外引种质，如北京市的种质，主要由

中国农科院品资所从国外引入，陕西、山西省的种质均为20世纪50年代从各地引入种，已在当地形成固有的生态型；另一些种质为特定地区的考察收集种质，如湖北省的种质，主要是"七五"期间神农架考察收集的种质，北京市有部分种质是中国农科院品资所从西藏高原考察收集的种质；此外，还有少量近缘野生植物种质，如小黍等。

在《中国黍稷（糜）品种资源目录（续编二）》入编的1 929份黍稷种质中，黍1 068份，稷861份。其中，黑龙江9份（黍9份，稷0份），吉林省144份（黍144份，稷0份），辽宁省45份（黍45份，稷0份），内蒙古278份（黍159份，稷119份），宁夏102份（黍18份，稷84份），甘肃45份（黍15份，稷30份），北京192份（黍58份，稷134份），河北596份（黍395份，稷201份），山西180份（黍130份，稷50份），陕西173份（黍45份，稷128份），青海102份（黍0份，稷102份），山东40份（黍27份，稷13份），湖北16份（黍16份，稷0份），四川1份（黍1份，稷0份），海南6份（黍6份，稷0份）。可以看出，东北及江南主要是黍子，西北主要是稷子，华北为黍稷混合区。

到目前为止，出版的三本《中国黍稷（糜）品种资源目录》共编入我国黍稷种质资源7 516份，其中黍3 712份，稷3 804份。这些种质资源主要来自我国17省（区）1个直辖市。这说明黍稷的适应性很广，从南到北均有种植，但以我国北部为主，南部只有零星种植。我国南方还分布着多年生的野生近缘植物，如大黍、柳叶稷、糠稷等，这些黍稷的近缘植物对今后黍稷的杂交育种将有很大的利用价值。黍稷是起源于我国的古老作物，在漫长的农耕历史中形成了种类繁多、极其丰富的种质资源，从现今收集、整理的种质资源来看，基本上反映出我国黍稷种质资源的概貌，但还不够完整，仍有较大潜力。编入三本《中国黍稷（糜）品种资源目录》中的黍稷种质资源已入国家种质库保存，有关鉴定数据也输入国家数据库保存，为今后黍稷种质资源的利用和与国际间的交流提供了条件。各地在整理、鉴定种质资源时筛选、系选出一批高产优质种质，已在生产实践中推广利用，并取得明显的经济效益和社会效益。

该项目的完成得益于各级领导的支持，是参加该项攻关协作的全体科技人员共同努力的结果，它标志着我国黍稷研究已经走向一个新的里程碑，并在不断地向前迈进着。我们深信，我国黍稷研究在此基础上一定会取得更加可喜的成就。

编者
1993年3月

四、《中国黍稷（糜）品种资源目录（续编三）》编写人员名单及前言

（一）编写人员名单

主编：山西：王星玉、温琪汾

各省（区）编写人员（以编写种质数量多少为序）：

山西：王星玉、武变娥

陕西：柴岩、马永安

吉林：黄英杰

黑龙江：李延东

汇编：王星玉

（二）前言

《黍稷品种资源目录（续编三）及优异种质评价》是"九五"国家攻关项目95-014-01-03（5）的研究内容，由山西省农科院品种资源研究所主持。它包括两部分内容，第一部分是黍稷品种资源目录（续编三）；第二部分是优异种质资源评价。

第一部分内容从"六五"期间开始，编写出版了第一本《中国黍稷（穈）品种资源目录》，编入种质资源4 203份；"七五"期间编写出版了《中国黍稷（穈）品种资源目录（续编一）》，编入种质资源1 384份；"八五"期间编写出版了《中国黍稷（穈）品种资源目录（续编二）》，编入种质资源1 929份；"九五"期间又编写出版了《黍稷品种资源目录（续编三）及优异种质评价》，编入种质资源504份（黍323份，稷181份）。四次编目共编入中国黍稷种质资源8 020份。这是我国目前黍稷种质资源的拥有量，居世界第一位。这些珍贵的种质资源均贮存在国家种质库内，是我国黍稷研究的宝贵财富。

第二部分内容是黍稷优异种质资源评价。该项内容是"九五"期间国家攻关课题的核心内容。评价的120份优异种质是"六五""七五""八五"期间对7 700余份的种质资源，16项农艺性状鉴定和对6 000余份种质资源的品质分析（蛋白质、脂肪、赖氨酸）、抗黑穗病鉴定、耐盐鉴定和丰产性鉴定的基础上，筛选出的单一性状突出或综合性状优良的种质。在"九五"期间，对120份优异种质全国设点三个，按不同生态区定点，东北定在吉林省吉林市农科院，华北定在山西太原山西农科院品种资源所、西北定在陕西榆林地区农科所。每个点完成2年试验，三个点试验完成后综合评价每个优异种质的农艺性状、丰产性、抗逆性、品质和适应性等。从中筛选出3份适应性广、丰产、优质、多抗的优异种质，提供给生产和育种单位利用。并取得明显的经济和社会效益。

黍稷是我国北方地区的主要小杂粮，每年种植面积177.33万 hm² 左右。我国黍稷种质资源的研究课题从"六五"期间开始，一直被列为国家重点攻关课题，说明国家对黍稷种质资源非常重视。"九五"期间黍稷国家攻关课题的圆满完成，不仅对我国黍稷生产和科研起到积极的推动作用，而且也为今后黍稷的深入研究奠定了良好的基础。

本资料来源于山西农科院作物品种资源研究所、陕西榆林地区农科所、吉林省吉林市农科院、黑龙江农科院作物育种所，谨在此致以谢意。

编者
1998 年 8 月

五、《中国黍稷品种资源目录（续编四）》编写人员名单及前言

（一）编写人员单位及名单

均由山西省农业科学院农作物品种资源研究所王星玉、王纶完成。

（二）前言

《中国黍稷品种资源目录（续编四）》是 2002—2003 年国家基础性研究"农作物种质资源搜集、保存与整理"项目中的研究内容。两年共收集黍稷种质资源 495 份。其中，糯性的黍 293 份，粳性的稷 202 份，以新育成的品种（系）为主。2002 年由山西省农业科学院农作物品种资源研究所从山西太原、大同、汾阳等市（县）以及内蒙伊盟、陕西榆林、吉林省吉林市、青海西宁等市（县）搜集黍稷农家种、新品种（系）等 100 份。其中，糯性的黍 79 份，粳性的稷 21 份；2003 年由山西省农业科学院农作物品种资源所从山西高寒作物所、河北邢台收集以及本所培育的黍稷新品种（系）235 份，从甘肃农科院粮作所收集 160 份，共计 395 份。其中，糯性的黍 214 份，粳性的稷 181 份。粳性的稷以甘肃农科院粮作所搜集的品种（系）为主，为 153 份，占到本年度收集稷种质总数的 84.5%。

编入本《目录》的 495 份黍稷种质资源，全部完成 21 项农艺性状鉴定，其中除甘肃农科院粮作所搜集的 160 份种质在甘肃兰州种植，完成 16 项农艺性状鉴定外，其余 335 份种质都在山西太原种植，由山西省农业科学院品种资源研究所完成 16 项农艺性状鉴定，同时完成包括甘肃 160 份种质在内的 495 份种质的抗黑穗病鉴定、耐盐鉴定和籽粒蛋白质、脂肪、赖氨酸等 5 项鉴定。

编入本《目录》的 495 份黍稷种质资源，已全部入国家长期种质库和中期种质库贮存，相关鉴定数据已入国家数据库贮存。

本项研究从 1982 年开始，截至 2003 年，历时 22 年。《中国黍稷（穈）品种资源目录（续编四）》是本项研究 2002—2003 年的研究结果；是继国家"六五"期间研究结果《中国黍稷（穈）品种资源目录》，1986 年，入编种质 4 203 份；"七五"期间研究结果《中国黍稷（穈）品种资源目录（续编一）》，1987 年，入编种质 1 384 份；"八五"期间研究结果《中国黍稷（穈）品种资源目录（续编二）》，1994 年，入编种质 1 929 份；"九五"期间研究结果《中国黍稷（穈）品种资源目录（续编三）及优异种质评价》，1999 年，入编种质 504 份；之后的第五本《目录》。至目前为止，我国共搜集、编目和繁种入国家种质库的黍稷种质资源共计 8 515 份，居世界第一位。

黍稷是起源于我国的主要小杂粮，具有优质、早熟、抗旱、耐瘠薄的特点，在漫长的农耕历史中形成了众多丰富多彩的种质资源。我国搜集、研究、贮存的黍稷种质已经提供给育种单位利用，培育出一批优质、丰产、抗逆性强的新品种应用于生产；有的经过各项农艺性状鉴定和特性鉴定后，筛选出的优异种质也直接应用于生产。这些种质均产生了明显的经济效益和社会效益。本项研究的完成不仅在我国黍稷生产和育种中发挥了重要的作用，而且是一件长远的造福子孙后代的丰功伟业。我们深信在此基础上，我国黍稷研究必将会有一个更深层次的发展和突破，使黍稷在人们生活和国民经济中发挥更大的作用。

编者

2004 年 11 月

第四节　中国黍稷种质资源的贮存

一、黍稷种质资源的贮存方法

20 世纪 70 年代以前，中国没有现代化的种质资源保存设施，收集的种质基本上分散在各省、直辖市、自治区农业科学院。为了保持种子的生活力，每隔 4 年、5 年就要繁殖更新 1 次。由于要消耗大量人力、物力，所以搜集到的不少黍稷种质资源，因多年无人种植而丧失发芽率，如山西省就有 740 多份全部丧失发芽率。在此期间，有些单位创造了一些土办法，如把黍稷种子放入小布袋或纸袋中，然后塞满在底部盛有石灰的大酒坛中，将坛密封后置冷凉处。每年在干燥季节检查一次，更换新石灰。用这种方法保存，种子发芽率可以保存 8~10 年。也有些单位把盛有种子的纸袋放在盛有硅胶等干燥剂的干燥器中，干燥剂放冷凉处，也可起到同样效果。有些省（自治区）农科院采取异地保存法，即将种子晒干包装后运至干燥、冷凉的乌鲁木齐或西宁，委托新疆或青海保存，经 10 年左右再运回原产地种植更新。由于采用了此种方法，使 50 年代搜集到的部分黍稷种质资源能够保存下来。

为了解决中国农作物种质资源的保存问题，1985 年 3 月中国第一座现代化作物种质资源中期库在中国农科院建立并投入使用，可容纳 8 万份种子，2002 年又一次重新进行了扩建，成为我国最大的作物种质资源中期保存库，种质贮存年限达 16 年。此外，1986 年由美国勒克菲勒基金会资助，在中国农科院建立了低温长期种质资源保存库。该库总建筑面积 3 000m²，温度 -18±2℃，相对湿度 50%±7%，可容纳 40 万份种质，种质贮存年限达 50 年，是世界上较好的大型现代化作物种质库之一。1986—2005 年存入各种作物种质资源 36 万份，其中黍稷种质资源 8 515 份。提供黍稷种质资源的单位有：山西农科院品种资源所、内蒙古伊盟农科所、内蒙古赤峰市农科所、陕西榆林地区农科所、黑龙江农科院品种资源室、甘肃农科院粮作所、甘肃平凉地区农科所、吉林白城地区农科所、吉林市农科所、辽宁农科院作物育种所、宁夏农科院作物育种所、宁夏固原地区农科所、新疆农科院品种资源室、中国农科院品种资源所、河北坝下地区农科所、河北坝上地区农科所、河北保定地区农科所、河北承德农校、山东潍坊市农科所、青海农科院品种资源室、河南农科院粮作所、湖北农科院自动化研究所、四川农科院品种资源室、云南农科院品种资源站、海南农科院粮作所共 25 个单位。

20 世纪 80 年代，中国各省（自治区）还相继建立了一批现代化的中期保存库。在这些种质库中，黑龙江、山西、湖北、新疆、青海、河北等省（自治区）种质库都保存有本省（自治区）的黍稷种质资源，可以随用随取。

凡入国家长期种质库贮存的种子为永久性保存，不能随意取用，入库的要求和条件也比较严格，各省（自治区）要入库的黍稷种子必须是编入《中国黍稷（糜）品种资源目录》的种质。入库种子要求当年繁殖，并进行粒选，除去腐粒、杂粒和杂质，每份种子 100g，先送交主持单位，由主持单位验收后，统一送交种质库。种子入库后还要经过清选，然后进行发芽率的测定，发芽率在 85% 以上的种质，经干燥后，含水量降至 8% 以下才能进入冷库。发芽率低于 85% 的种质，退回原繁种单位，第二年重新繁殖。

国家种质库还建有种质资源数据信息库，利用 IBMPC 微机和 MICROVAXL 超微机建立相应的管理系统。凡编目、入库的黍稷种子，其有关试验鉴定数据都要录入微机贮存，可随时为黍稷育种工作者提供抗病、优质、丰产性状好的亲本信息，为培育黍稷新品种服务。

二、不同类型黍稷种质资源繁种入库贮存的技术和程序

黍稷种质资源的收集是一个长期性、持续性的工作。对收集到的新的种质资源，要重新繁殖，完成多项农艺性状鉴定和特性鉴定，编目入国家长期库保存；国家长期库或中期库贮存多年后，发芽率降低的种质，也要重新繁殖。因此，黍稷种质资源的繁殖更新是一项持续不断的基础性研究工作。黍稷种质资源的繁殖更新技术性很强，既有与其他种质资源共性的特点，也有自身个性的差异，而且涉及的环节和程序也比较复杂，必须层层把关，操作规范，只有这样才能保证繁殖更新的数量和质量，以及种质数据信息的准确性和可靠性。

笔者就多年来对黍稷种质资源繁殖更新的实践经验，从黍稷种质资源多样性组成、不同类型黍稷种质资源的繁殖特性、黍稷的繁殖生物学基础及繁殖特性等方面，系统阐述了黍稷种质资源繁殖更新技术的规范化操作，为今后黍稷种质资源的繁殖更新、入库贮存提供参考依据。

（一）黍稷种质资源的多样性组成

1. 黍稷属的种

黍稷属的物种约 500 余种，分布于全世界热带和亚热带，少数分布在温带；我国共有 18 个种和 2 个变种。根据各个种的形态特征分为 6 个组。

组 1. 黍组 Sect. *Panicum*

（1）柳枝稷　*Panicum virgatum* L.

（2）旱黍草　*Panicum trypheron* Schult.

（3）黍稷　*Panicum miliaceum* L.

（4）南亚稷　*Panicum walense* Mez

（5）大罗网草　*Panicum cambogiense* Balansa，

组 2. 二歧黍组——Sect. *Dichotomiflora* Hitchc. et A. Chase

（1）细柄黍　*Panicum psilopodium* Trin.

（2）细柄黍（原变种）　var. *psilopodium*

（3）无稃细柄黍（变种）　　var. *epaleatum* Keng

（4）水生黍　*Panicum paludosum* Roxb

（5）洋野黍　*Panicum dichotomiflorum* Michx

组 3. 匍匐黍组——Sect. *Repentia* Stapf

（1）铺地黍　*Panicum repens* L.

（2）滇西黍（拟）　　*Panicum Khasianum* Munro

组 4. 攀匍黍组——Sect. *Sarmentosa* Pilger

（1）心叶稷　*Panicum notatum* Retz.

（2）可爱黍（拟）　*Panicum amoenum* Balansa

（3）冠黍（拟）　*Panicum cristatellum* Keng

（4）藤竹草（海南）　*Panicum incomtum* Trin.

（5）糠稷（日名）　*Panicum bisulcatum* Thunb.

组 5. 皱稃组——Sect. *Maxima* Hitchc. et A. Chase

大黍　*Panicum maximum* Jacq.

组 6. 点稃组——Sect. *Trichoides* Hitchc

（1）发枝稷　*Panicum trichoides* Swartz

（2）短叶稷　*Panicum brevifolium* L.

2. 我国目前已收集到的黍稷种质资源及其类型

（1）黍稷种质资源的收集概况：黍稷（*Panicum miliaeum* L.）属禾本科黍属（Panicum L.）的一个种，是起源于中国最早的作物，据考证距今已有 10 300 年的栽培历史，比粟（谷子）还早 2 000 年，居五谷之首。到 2017 为止，我国共收集到种质资源 11 800 份，经整理归并后，编目入国家长期库的种质共 9 885 份，包括 23 省（区）的种质，主要是山西、陕西、内蒙古、甘肃、宁夏、黑龙江、吉林、辽宁、河北、山东共 10 省（区）的种质，其他省（区）收集数量很少；就主产的 10 个省（区）中空缺的县（市）还很多。此外福建、贵州、广西、浙江、安徽、江西、台湾等省（区）均有种植，但至今还未收集到种质。在收集到的种质中主要以栽培种质为主，野生黍稷的数量极少，只占 0.3%。近缘野生种也收集到一些，但难以繁种，目前大部分还未能入库保存。

（2）黍稷种质资源的分类：对收集到的 8 515 份黍稷种质资源以栽培种和野生种、粳糯型、穗型、花序色、粒色、米色、熟性（生育期）、小穗粒数、粒型、千粒重等质量性状进行分类，共有 31 种类型。栽培野生型分为栽培种和野生种 2 种；粳糯型分为粳型和糯型 2 种；穗型分为侧、散、密 3 种；花序色分为绿色和紫色 2 种；粒色分为红、黄、白、褐、灰、复色（不同的 2 种颜色）6 种；米色分为白、淡黄、黄 3 种；熟性（生育期）分为特早熟（<90d）、早熟（90~100d）、中熟（100~110d）、晚熟（110~120d）、极晚熟（≥120d）5 种；小穗粒数分为单粒和双粒 2 种；粒形分为球圆、卵圆和长圆 3 种；千粒重分为大粒、中粒和小粒 3 种。对 8 515 份不同类型种质的统计结果如下。

①以栽培种野生种分类。8 515 份黍稷种质中以栽培种为主，为 8 486 份，占 99.66%；野生种为数极少，只有 29 份，占 0.34%。

②以粳糯型分类。8 515 份黍稷种质资源中，粳性的稷为 3 958 份，占 46.48%；糯性的黍为 4 557 份，占 53.52%。粳性的稷为黍稷进化的初级阶段，糯性的黍是由粳性的稷演化而来。我国西北地区以食用粳性的稷为主，华北及其他地区以食用糯性的黍为主，加之糯性的黍是其深加工产品——黄酒的原料，所以糯性黍的种质资源比例要大于粳性稷的比例。

③以穗型分类。黍稷种质资源中侧穗型 6 172 份，占 72.48%；散穗型 1 826 份，占 21.45%；密穗型 517 份，占 6.07%。8 515 份种质中侧穗型种质占了主导地位，散穗型种

质次之，密穗型种质最少。黍稷种质的不同穗型与种质的抗旱性有一定关系，侧穗型种质抗旱耐瘠性较强，多种植在丘陵旱地，是长期以来形成的一种抗旱种质穗型生态特点；散穗和密穗型种质抗旱耐瘠性较差，生育期短，多种植在平川水地，也是长期以来形成的一种固有生态型。

④以花序色分类。黍稷种质中绿色花序的有 6 774 份，占 79.55%；紫色的 1 741 份，占 20.45%。以绿色花序为主。花序色与种质原生态环境的气候有很大关系，一般海拔较高、气候特别寒冷的地区，紫色花序种质分布较多；海拔较低，气候温暖的地区，以绿色花序种质占优势。

⑤以粒色分类。8 515 份黍稷种质中，红色 1 569 份，占 18.43%；黄色 2 905 份，占 34.12%；白色 1 873 份，占 22.00%；褐色 1 130 份，占 13.27%；灰色 477 份，占 5.60%；复色 561 份，占 6.59%。中国黍稷种质的粒色以红、黄、白、褐四种粒色为主，以黄粒种质最多，灰粒和复色粒种质最少。

⑥以米色分类。8 515 份黍稷种质中，黄色 5 882 份，占 69.08%；淡黄色 2 456 份，占 28.84%；白色 177 份，占 2.08%。中国黍稷种质资源的米色主要有黄色和淡黄色两种，以黄色为主，白色的极少数。米色与种质的粳糯性有很大关系。粳性种质的米为角质，一般呈黄色的多；糯性种质的米为粉质，一般呈淡黄色的多。

⑦以熟性（生育期）分类。8 515 份黍稷种质中生育期 90d 以下的特早熟种质 2 431 份，占 28.55%；90~100d 的早熟种质 2 854 份，占 33.52%；100~110d 的中熟种质 1942 份，占 22.81%；110~120d 的晚熟种质 976 份，占 11.46%；120d 以上的极晚熟种质 312 份，占 3.66%。以特早熟和早熟的种质为主体，占到 60.07%。

⑧以小穗粒数分类。黍稷种质资源中小穗单粒的种子 8 412 份，占 98.79%；小穗双粒的种子 103 份，占 1.21%。双粒种质的比例很小，但双粒种质属黍稷种质资源中的珍稀资源，属于突变类型，对黍稷的育种和起源演化具有重要的研究价值。

⑨以粒型分类。8 515 份黍稷种质资源中，籽粒球形的 1 342 份，占 15.76%，卵形的 5 435 份，占 63.83%；长圆形的 1 738 份，占 20.41%。以卵形籽粒为主体。粒型与千粒重有正相关的关系，球形籽粒的种质粒大滚圆，千粒重高；卵形籽粒种质，千粒重居中；长圆形籽粒的种质，千粒重最低。

⑩以千粒质量分类。在黍稷种质资源中千粒重≥10g 的为大粒种质，千粒重 7~9.9g 的为中粒种质；千粒重<7g 的为小粒型种质。在 8 515 份种质中，≥10g 的大粒型种质 1 283 份，占 15.07%；7~9.9g 的中粒型种质 4 747 份，占 55.75%，<7g 的小粒型种质 2 485份，占 29.18%。以中粒型种质为主。大粒型种质由小粒型种质逐步进化而来，中粒型种质为过渡阶段，小粒型种质为黍稷种质资源的初级阶段。

（二）不同类型黍稷种质资源的繁殖特性

1. 野生和栽培型种质的繁殖特性

野生型的黍稷种质大多为散穗型，具有生育期短、落粒性强、异交率高、成熟不一致、茎上分枝多、易倒伏等特性。在繁殖更新时，间隔距离要适当扩大，周边距离要扩大到 70cm 以上，以防止异交。由于落粒性强，在原定的繁种面积上要扩大一倍，才能达到繁种所需重量。由于成熟期短，从出苗到成熟始期只有 55d 左右，要及早收获，10d 后分蘖穗成熟，进行第二次收获，再过 15d 后茎上分枝穗成熟，再进行第三次收获。栽培型种质的类型多样，要根据各类种质的繁殖特性完成种质更新的全过程。

2. 粳糯型种质的繁殖特性

粳型的稷种质在进化初期的穗型是散穗型，而糯型的黍种质在进化初期由散穗变为侧穗，因此古代书籍中就有"黍穗聚而稷穗散"的记载，以此作为黍和稷的区分。实际上黍和稷在生产实践过程中经常不断相互自然杂交，黍和稷的种质资源中都有一定的侧穗和散穗种质的比例，这说明以穗型来区分黍和稷的标准是错误的。黍和稷只存在籽粒糯性和粳性的区分，由于糯性种质籽粒的可溶性糖含量比较高，从灌浆开始一直到收获之前，就是各种鸟类争相啄食的主要食物，虽然粳性的稷和糯性的黍由于生育期短都存在鸟为害的问题，但在种质繁殖更新过程中，对糯性的黍要更加防护鸟害，特别是对特早熟的糯性的黍，更要倍加防护，及时收获，否则颗粒无收。

3. 不同穗型种质的繁殖特性

在黍稷的三种穗型中散穗型种质异交率最高，在繁殖更新中与其他黍稷种质的相隔距离要扩大至 70cm 左右，以防异交。同时散穗型种质穗枝梗易相互盘结交错，在灌浆期间如遇大风天气，就会大量掉粒，因此，对散穗型种质的收获要特别注意适时收获。侧穗型种质相对抗旱耐瘠，但在水肥较大的情况下，又易出现倒伏，因此，对侧穗型种质的繁殖更新要注意适当控制水肥。密穗型种质的穗枝梗较软，在籽粒成熟后穗枝梗易折断掉入地内，不仅要在八成熟时收获，而且在收获时要把掉入地内的穗子同时捡拾回来。

4. 不同花序色种质的繁殖特性

紫色花序的种质，一般生育期较长，会出现不能按时成熟的现象，因此，在繁殖更新过程中，对"特殊"晚熟的紫色花序种质要采取适当早播的办法；对绿色花序的种质，可根据其不同的类型，在繁殖更新中区分对待。

5. 不同粒色种质的繁殖特性

不同粒色的种质，籽粒种皮厚薄也不相同，如褐粒的种皮厚，白粒的种皮薄，红、黄、灰、复色粒居中。籽粒种皮厚的种质，种皮不易掉落，籽粒种皮薄的种质，种皮极易掉落，而种皮掉落的籽粒就会失去发芽率。因此，在繁殖更新过程中要特别注意对白粒种质手工脱粒时要轻轻揉下，不能用力过大，更不能用机械脱粒或碾压。实践证明，在外力过大的作用下，往往造成 20% 以上籽粒的种皮掉落，也就是 20% 以上的种质失去发芽率，虽经人工粒选，也会导致入库种子量不够，这也是入库不合格种子中以白粒居多的主要原因。除白粒种质外，复色种质中的白红、白黄、白褐等。凡是种皮带白的种质一般种皮都较薄，在脱粒中要严格引起注意。除此之外，粒色又与种质的落粒性存在一定的关系，特别是粒色为灰色和褐色的种质落粒性较强，除要及时收获外，还要严防鸟害，在收获过程中一定要做到轻拿轻放，尽量减少掉粒，以保证足够的入库种子量。

6. 不同米色种质的繁殖特性

不同米色的种质与粳糯性有很大关系，糯性种质的米色以淡黄色居多，淡黄色米的种质米粒为粉质，凡是米粒为粉质的种质，籽粒都易破碎，在收打过程中要防止重物碾压或敲打，以手工搓板脱粒为最佳脱粒方式。

7. 不同熟性（生育期）种质的繁殖特性

黍稷生育期短，在我国黍稷种质资源中 60% 以上的种质为特早熟和早熟种质。在繁殖更新过程中最令人棘手的环节，就是对各种鸟害的有效防治。特别是有些特早熟种质，50 多天就成熟了，在这个时期是鸟类食物青黄不接的空缺阶段，加之黍稷籽粒相对来说又是鸟类最喜食的食物，更何况这些特早熟种质自身产量也很低，尽管在繁殖更新时采取了人工驱鸟、架网防护等保护措施，往往也不能达到入库所需的种子量，还需翌年再重新繁种。实践证明对特早熟种质除防鸟害外还要适当晚播，并加大繁殖面积，只有这样才能避免翌年的再重复劳动。对极晚熟的种质要适当早播，以防冻害。对其他各类不同生育期的种质在生育期后期不能大水漫灌，以防倒伏减产。

8. 不同小穗粒数种质的繁殖特性

我国黍稷种质资源中绝大部分是小穗单粒种质，其中有些在籽粒成熟时颖壳较松，容易落粒，在收获时要倍加小心。极少部分小穗双粒种质，这些种质都有落粒性强的特性，在收获时更要轻拿轻放，特殊对待。

9. 不同粒型种质的繁殖特性

籽粒球形的种质粒大滚圆，成熟时容易落粒，要在籽粒蜡熟期适时收获。籽粒长圆形的种质进化程度较低，具有"野生"黍稷落粒性强的特性，更要采取措施，防止掉粒。卵形籽粒的种质中也有部分落粒性较强，在收获时要观察颖壳松紧的程度区别对待。

10. 不同粒重种质的繁殖特性

粒重与粒型存在一定的关系，一般大粒种质以球形种质居多，中粒种质以卵形种质为主，小粒种质以长圆形种质占主导地位。因此，大粒种质的繁殖特性与球形种质基本一致；中粒种质的繁殖特性与卵形种质基本相近；小粒种质的繁殖特性与长圆种质的繁殖特性也基本相同，在繁种实践中可参考应用。

鉴于黍稷种质资源的多样性在繁殖特性上有共性的地方，但也有许多个性的地方。多年的繁种实践表明，在采用共性繁种技术的基础上，如果再针对不同类型种质的繁殖个性，采取有针对性的、相应的不同繁种技术措施，将会使繁种的效果在质量和数量上都会得到比较满意的效果。本文只是针对黍稷一个种不同类型种质的繁殖特性进行了研究，对黍稷近缘植物中各个种不同类型的种质资源的繁殖特性，还有待在今后的收集、繁殖更新实践中做进一步的研究和总结。

（三）黍稷繁殖生物学基础及其繁殖特性

1. 花的形态与结构

黍稷的小穗呈卵圆形，长 4~5mm，颖壳无毛。小穗由护颖和数朵小花组成，有 2 片护颖，呈膜状。护颖里面包着 2 朵小花，其中第一小花发育不完全或退化，不能结实。第二朵花位于颖片和退化花之间，能正常结实，其结构由内外稃、2 个浆片、3 枚雄蕊和 1 枚雌蕊组成。

2. 雌雄蕊的形态与结构

雄蕊由花药和花丝组成，花药生出花粉，成熟的花粉呈圆球形，外形与小麦、水稻等禾谷类作物相似，为 3 个细胞核，有一萌发孔，内含一个大而明显的营养核和 2 个精子的核。花丝将花药高举，有利于传粉。

雌蕊位于花的中央，由子房、花柱和柱头组成，子房是雌蕊基部膨大的部分，外围为子房壁，内有2枚倒生胚珠，花柱较短，着生于子房顶端，有2个分枝。柱头是花柱的膨大部分，呈分枝羽毛状，适于承受花粉，同时能分泌液体，使花粉易于黏着和萌发。胚珠的中心部分是珠心，珠心中部经过一系列的变化形成胚束，通过双受精，受精卵发育成胚，初生胚乳核发育成胚乳，珠被发育成种皮。

3. 开花习性

黍稷1d开花的时间，晴天主要在上午开花。始花时间为8：00—9：30，盛花时间为10：00—12：00，15：00很少还有开花的。阴雨天或延迟1~2 h开放，或下午开花，或整天不开花。晚上多数种质不开花，但有个别种质在阴雨天或晚上有少量花开放。一个地区的具体开花时间与当地的温湿度和采用的种质也有很大关系。黍稷为自花授粉作物，但有一定的异交率。异交率一般为0~14%，平均为2.7%。异交率的高低与种质特性、气候条件和异花粉源的距离有关。种质间的混杂缩短了异花粉的距离，因而增大了异交率。

（四）黍稷繁殖更新主要技术标准

表3-1　黍稷繁殖更新主要技术标准

作物	物种（学名）	种质类型	授粉习性	自然异交率（%）	繁殖方式	主要技术标准			
						群体大小	隔离方式	收获方式	其他要求
黍稷	*Panicum miliaeum* L.	栽培	自花	0~14%（平均2.7%）	种子	以1.5m并排3行种植。	每个种质保留50株左右，前后左右相距50~70cm，可达100g纯种的需求。如需200g，行长加倍。	以人工剪穗单打单收	人工粒选，去除杂粒、瘪粒

1. 群体大小及隔离方式

以1.5m宽的长条畦并排3行种植，每个种质保留50株左右。前后左右相距50~70cm，可达100g纯种的需求；如需200g纯种，行长可加倍，把1.5m宽的长条畦扩至3.0cm（见表3-1）。

2. 收获方式和种子处理

人工剪穗，单打单收。在此过程中收获的穗头和脱粒的种子一定要充分晾晒，以防止发霉变质，降低或丧失发芽率，种子的含水量降到12%以下时，即可转入室内进行人工粒选，去除杂粒、秕粒、掉皮粒和杂质。

（五）黍稷繁殖更新技术工作程序

1. 繁殖更新方案的制订

每年要根据合同任务，决定繁殖更新种质的份数。为保证完成任务的数量和质量，一般要超出合同任务20%左右的份数。繁殖更新的种质原则上由原供种单位种植，原供种单位无力承担的由主持单位完成。繁殖更新的种质要注明地点和年份，并要说明气候条件和主要栽培方式，包括当地的海拔高度、经纬度、全年日照时数、年平均气温、年降水量、无霜期、土质、株行距、播种期、≥10℃积温等。繁殖更新的供种由主持单位提供，主持单位无种时，由主持单位向国家种质库提出申请，提供种子后，分发各繁种单位种植。各省（区）种植单位在繁殖更新过程中，要严格按照技术程序完成，如遇突发的自然灾害，如旱、涝、冻、雹等不可抗拒的灾害，要及时向主持单位通报，以便及时做出处理。主持单位在种植期间也要随时抽查各繁种单位的种植管理、调查和记载情况，以便在年终汇总时参考。对新收集、编目和繁殖更新的种质，要经主持单位编排国家统一编号后，再统一编目和交付国家种质库种质。

2. 田间设计

选择土地平整的试验田，南北或东西方向打出内宽1.5m的长条畦，种3行可繁纯种100g。长条畦之间间隔距离为50~70cm，试验田四周设1m宽的保护行，试验田的一侧设水道（图3-1），如繁种量需200g时，可把长条畦的宽度扩大1倍，依此类推。

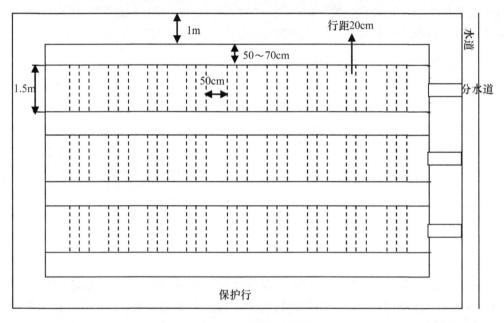

图 3-1   繁种田间设计

3. 种植前准备

试验田除土地平整外，还需具备肥力一致、浇水方便的条件，前茬不能是谷子，更不能重茬。每亩施有机肥2 000kg加30kg过磷酸钙作底肥，深翻细耕，播种前浇底墒水，5d后耙糖2次，按田间设计做好畦田，即可乘湿播种。播种前对每一份种质都要与《目录》中记载的粒色进行核对，如发现不一致的种子要做出标记，核实后进行修改。每一份种子再进行1次粒选，去除异粒。如发现种子量特少的种子，播种时要进行"点"播。

4. 田间种植与栽培管理

田间排种以"S"形排列，每1长畦排种数最好取整数，以方便观察记载，每份种质种3行，行距为20cm，每份种质的间隔距离为50~70cm，以专制三角形开沟锄人工开沟，手溜籽，密度适中，不能太大。覆土5cm左右，覆土后必须人工顺行踩压一次，全部播完后人工顺畦细耙 1 次，然后在每一长畦的排种起点，也以"S"形插地牌 1 个，标明种植顺序编号，记载播种日期。

播种 6d 后即可陆续出苗，开始记载不同种质的出苗期，3~4 叶期时人工间苗，株距 10cm 左右，并记载幼苗颜色。分蘖期结合浇水亩追肥尿素 5kg，然后第一次中耕除草；拔节抽穗前再结合浇水，亩追施尿素 5kg，第二次中耕除草。其间记载分蘖期、拔节期。

黍稷的鸟害十分严重，进入抽穗期以后至收获前，必须进行人工看管或采取有效的防鸟措施，特别是对生育期只有 50~70d 的特早熟种质，要及时罩网防护，否则颗粒无收。大多数种质落粒性较强，要在八成熟时收获，以防落粒。

5. 性状调查、核对与去杂

黍稷生育期短，田间管理主要集中在抽穗前，抽穗至成熟一般只有 40~60d，这一阶段是性状调查、核对与去杂的主要时期。在调查记载前，每份种质要挂 2 个标签标明种植号、总编号和名称，主要记载核对项目为抽穗期、开花期、始熟期、成熟期、生育期、出苗至成熟活动积温、熟性、主茎高、主茎节数、茎叶茸毛、分枝性、叶片长、叶片宽、叶片数、叶相、花序色、穗型、穗分枝与主轴偏角、穗分枝与主轴的位置、穗主轴弯曲度、穗分枝长度、花序密度、穗分枝基部突起物、主穗长、小穗数、小穗粒数等。

在抽穗至收获前要仔细观察并拔除每一份种质的不同穗型、不同粒色的异株，保证繁殖种子的纯度。

6. 收获与种子处理

根据每份种质的成熟期，成熟 1 份收获 1 份，以人工剪穗收获，把每一份种质的穗子集中放入纱袋中，统一放在晒场上晾晒，并要每天翻动 1 次，以防发霉变质。晾晒 3~5d 后即可脱粒，脱粒时为防止机械混杂，仍要人工在搓板上手搓脱粒，脱粒前要仔细查看，去除不同穗型和异色籽粒。脱粒后用簸箕簸去所有皮壳，然后倒入备好的大号牛皮纸袋中，标明种植号、总编号和种质名称，再在晒场上晾晒 15d 左右，转入室内进行人工粒选，去除秕粒、杂粒和杂物。按国家种质库繁殖更新种子的需求量，在天平上称重后倒入备好的小号牛皮纸袋中。在纸袋上标明总编号和种质名称。各省（区）繁殖更新的种质要统一交到该作物的主持单位，由主持单位派专人、专车运送到国家种质库。对新收集种质的《目录》，由主持单位一并送交国家种质库和数据库。除交国家长、中期库的种子外，对于还要进行的不同种质资源的特性鉴定，如品质分析、耐盐和抗病鉴定以及分子标记、细胞遗传等项研究内容需要的种子量也要根据要求，分别装在不同规格的牛皮纸袋中，也同样要标明总编号、种质名称，待有关的实验室或翌年田间鉴定时应用。

在收获与种子处理阶段需要穿插完成的调查核对项目有单株穗重、单株粒重、单株草重、粮草比、千粒重、粒色、粒形、结实率、皮壳率、出米率、米色、粳糯性、食用类型等。

7. 数据整理与工作总结

对交国家中期库繁殖更新的种质，除与已编《目录》农艺性状鉴定项目调查核对外，根据新出台的《黍稷种质资源描述规范和数据标准》和国家平台项目的要求，又增加了多项鉴定项目，因此在繁殖更新过程中，对原《目录》的农艺性状鉴定内容又进行了多项补充，使原《目录》的内容更加完善和规范；对新收集的、交国家长期库和中期库的种质，完全按照新的标准完成多项的农艺性状鉴定，并进行编目，以使今后在统一整合《目录》时，达到整齐一致。在编目时对本作物全国统一编号的编制方法，针对今后对黍稷野生近缘植物的收集和外引种质的引进等特点，在8位顺序号的首位加"Y"，标志为野生近缘植物；加"W"标志为外引种质，以和国内黍稷栽培种和野生种作为区分。

在繁殖更新过程中，通过观察记载和各项农艺性状鉴定及时发现并筛选出株形好、丰产性突出的优异种质，如特早熟、丰产性好、可供救灾补种和二季作利用的种质，以及各类特殊性状的种质，以提供育种和生产利用。在繁殖更新过程中发表的论文、出版的著作、获得的成果和专利，提供科研、生产和深加工利用后取得的经济效益和社会效益，以及经验、教训、建议等，随时进行总结，以便在今后的繁殖更新过程中可以参考利用。

三、黍稷种质资源繁殖更新技术规程

为规范黍稷种质资源的繁殖更新技术，保持黍稷种质的遗传完整性和种子质量，使其在黍稷科学研究和生产实践中长期有效地得到利用，特制定黍稷种质资源的繁殖更新技术规程。

（一）范围

本规程规定了黍稷种质资源的种子繁殖更新技术基本要求，适用于黍稷（*Panicum miliaeum* L.）的野生资源、地方品种、选育品种、品系、遗传材料和其他黍稷种质资源的繁殖更新。

（二）繁殖更新操作程序

黍稷种质资源繁殖更新操作程序如图3-2所示。

（三）繁殖更新技术

1. 地点选择

繁殖地区：应选择种质原产地或与原产地生态环境条件相似的地区，能够满足繁殖更新材料的生长发育及其性状的正常表达。

试验地：应选择地势平坦、地力均匀、形状规整、灌溉方便的田块；前茬不能是谷子等单子叶作物，更不能重茬；远离污染源，无人畜侵扰，附近无高大建筑物；避开病虫害多发区、重发区和检疫对象发生区。土质应具有当地黍稷土壤代表性。

配套条件：应具备播种、防鸟、收获、晾晒、贮藏等试验条件和设施。

2. 种子准备

核对种子：核对种质名称、编号、种子特征。

发芽率抽测：按照10%~15%的抽样比例，抽样检测种子发芽率。

粒选：去除秕粒和杂粒。

播种量：根据抽测发芽率和更新群体确定。

分装编号：按种质类型进行分类、登记、分装和编号，每份种质一个编号，并在整

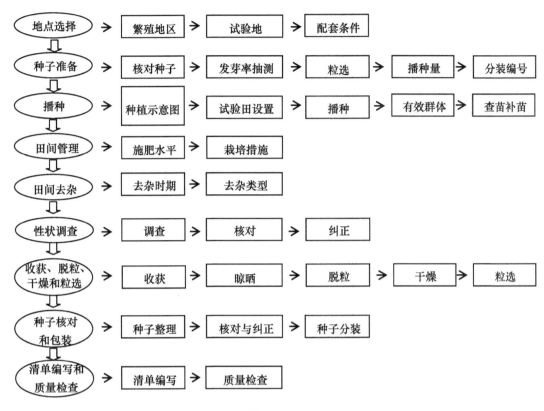

图 3-2 繁殖更新操作程序

个繁殖更新过程中保持不变。

3. 播种

种植示意图：绘制种植示意图，图中标明南北方向、小区排列顺序、小区号、小区行数和人行道。

试验田设置：选择土地平整的试验田，根据示意图，按南北或东西方向打出内宽为1.5m 的长条畦。田间排种以"S"形排列，每 1 长畦排种数最好取整数，以方便观察记载，每份种质种 3 行，行距为 20cm。黍稷为自花授粉作物，异交率一般为 0~14%，平均2.7%，为防止异交，每份种质的间隔距离为 50~70cm。长畦两边留操作走道，试验田的一侧设水道，试验田四周设 1m 宽的保护行。

播种：根据种质的不同类型、熟性等特性适时播种。土地深翻细耕，耙耱平整，刮畦，播种前浇底墒水，5d 后耙耱 2 次，按田间设计做好畦田，即可乘湿播种。播种时以三角形开沟锄人工开沟，手溜籽，密度适中，不能太稠。覆土 5cm 左右，覆土后必须人工顺行踩压一次，全部播完后人工顺畦细耙 1 次，然后在每一长畦的排种起点，也以"S"形插地牌，标明种植顺序编号，记载播种日期。

有效群体：以 1.5m 宽的长条畦并排 3 行种植，每个种质保留 50 株左右，可达 100g纯种的需求；如需 200g 纯种，行长可加倍，把 1.5m 宽的长条畦扩至 3.0m，每个种质保留 100 株左右。

查苗补苗：出苗后及早查苗补缺。

4. 田间管理

施肥水平：播种前每亩施有机肥 2 000kg 加 30kg 过磷酸钙作底肥，分蘖期结合浇水亩施尿素 5kg，拔节抽穗前再结合浇水，亩施尿素 5kg。

栽培措施：3~4 叶期时人工间苗，株距 10 cm 左右。分蘖期进行第一次中耕除草，拔节期进行第二次中耕除草。进入抽穗期以后至收获前必须进行人工看护或采取有效地防鸟措施，特别是对生育期只有 50~70d 的特早熟种质，要及时罩网防护。高秆、软秆种质要做好防倒处理。

5. 田间去杂

去杂时期：灌浆期到成熟期。

去杂类型：对灌浆期到成熟期叶相、花序色、穗型、粒型、粒色等主要表型性状与主体类型不一致的个体，都以杂株拔除。

6. 性状调查

调查：播种 6d 后种子即可陆续出苗，记载不同种质的出苗期，3~4 叶期记载幼苗颜色。随后记载分蘖期、拔节期、生长习性等。抽穗至成熟一般只有 40~60d，这一阶段是性状调查的主要时期，主要记载项目为抽穗期、开花期、成熟期、生育期、出苗至成熟活动积温、熟性、有效分蘖率、主茎高、主茎粗、主茎节数、茎叶茸毛、叶片长、叶片宽、叶片数、叶相、花序色、穗型、主穗长等。在收获与种子处理阶段需要调查核对项目有单株穗重、单株粒重、单株草重、粮草比、千粒重、粒色、皮壳率、出米率、米色、粳糯性等（见表 3-2）。

核对与纠正：核对繁殖更新材料的叶相、穗型、粒型以及茎、叶、花序、籽粒色泽、生育期等性状是否与原种质相吻合，对不符合原种质性状的材料应查明原因，及时纠正。

7. 收获、脱粒和干燥

收获：根据每份种质的成熟期，以人工剪穗收获，成熟 1 份收获 1 份。大多数种质落粒性较强，要在八成熟时收获，以防落粒。

晾晒：把每一份种质的穗子集中放入纱袋中，统一放在晒场上晾晒 3~5d，并要每天翻动一次。

脱粒：脱粒时为防止机械混杂，要以人工在搓板上手搓脱粒，脱粒前要仔细查看，去除不同穗型和异色籽粒。脱粒后用簸其簸去所有皮壳，然后倒入备好的大号牛皮纸袋中，标明种植号、总编号和种质名称。

干燥：将纸袋中的种子在晒场上晾晒 15d 左右。

粒选：去除秕粒、杂粒和杂物。

8. 种子核对和包装

整理：按种植编号顺序整理和登记，核对总编号和种质名称。

核对：再对照种质资源目录——核对种质。

表3-2 黍稷种质资源繁殖更新数据整理采集

作物名称 (1)	繁殖年份 (10)	繁殖地点 (11)
提供单位 (8)	繁殖单位 (9)	繁殖方法 (14)
繁殖小区号 (12)	检查结果评价 (27)	合格种子重量 (29)

种质名称 (2)	全国统一编号 (3)	单位编号 (4)	种质类型 (5)	入库年份 (8)	更新原因 (21)		主茎高	茎叶茸毛	分枝性	叶相	花序色	穗型	花序密度	主穗长	小穗粒数	千粒重	粒色	粒形	米色	抽穗期	生育期	籽粒糯性	繁殖有效株数 (28)	备注 (30)
						原种质																		
						繁殖株																		
						原种质																		
						繁殖株																		
						原种质																		
						繁殖株																		
						原种质																		
						繁殖株																		

（主要性状核查）

说明:表内有 ( ) 的描述符按 "农作物种质资源繁殖更新描述规范" 填写;表内无 ( ) 的描述符按黍稷种质资源描述规范和数据标准要求填写

分装：按照国家种质库繁殖更新种子的需求量，在天平上称重后倒入备好的小号牛皮纸袋中，在纸袋上标明总编号和种质名称。需要邮寄的种子需在纸袋外套装布袋、纱袋或塑料袋。

9. 清单编写和质量检查

清单编写：清单内容包括总编号、种质名称、繁殖单位、繁殖地点、繁殖时间、种子量等。

质量检查：检测纯度、净度、水分和发芽率等。

第四章

《中国黍稷（糜）品种志》的整理和编写

第一节 序、前言、编写人员省（区）和名单

一、序

黍稷是我国的古老作物之一。我国种植黍稷，据有文字记载已有 3 000 余年，据考古发掘已有 7 000 年以上。黍稷自古是我国各族人民喜爱的辅助粮食。稷面做的煎饼、黍面做的黏糕一向被北方农民视为节日和待客的食品。据苏联分析，黍米蛋白质含量为10%~14%，脂肪为 2%~4%。山西省农业科学院对 384 个黍稷品种分析，其粗蛋白质含量平均为 11.96%，粗脂肪平均含量为 4.22%。这表明黍稷的营养成分高于水稻。在国外，除将黍米煮饭供人食用外，多将乳熟期植株做青贮饲料。在我国，多将籽粒制面做糕饼，在北方农村常用脱粒后的黍稷穗做室内扫帚。可见黍稷是一种很有价值的作物。

黍稷在我国分布很广，野生种也不鲜见，而主要栽培区集中于山西、陕西、内蒙古、甘肃、黑龙江等省（自治区）和其他北方干旱丘陵区。在我国的长期自然选择和人工选择下形成了丰富多彩的黍稷种质资源，仅目前收集的地方品种和选育品种就有五千多份，并且类型繁多。例如，穗型有侧、散、密等类型；花序有绿、紫等颜色；粒色有红、黄、白、褐、灰、复色等六种以上差异；米色有黄、淡黄、白等区别。从农艺学性状看，这些品种的生育期从 51d 至 156d，相差 3 倍以上；株高从 46cm 至 227cm，悬殊 4 倍还多。近年来各地还育成一批丰产、抗病新品种。我国丰富的黍稷种质资源是人类难得的财富。

《中国黍稷（糜）品种志》是一部记述我国黍稷品种的专著。本书是在总结多年来我国黍稷生产、育种和种质资源等科研工作的基础上编写的。书中选择过去或现在在生产中起过较大作用的品种、具有特殊优异性状的品种，以及各生态型的代表品种共481 个，其中黍品种 273 个，稷品种 208 个，每个品种从来历与分布、形态特征、生物学特性、产量与品质、栽培特点五方面进行描述。在品种概述部分，论述了我国黍稷（糜）的起源与栽培历史、分布与生态类型、育种史与育种成就，对籽粒品质也结合产地进行了分析。从本书中，既可了解我国黍稷品种的概貌，又可根据需要选用适于不同地区、具有所需优良特性的品种。本书将成为我国黍稷的重要历史文献，以及生产

和科学工作的指南。

中国工程院院士董玉琛
1988 年 1 月

二、前言

　　《中国黍稷（穈）品种志》是继《中国黍稷（穈）品种资源目录》之后的第二部有关中国黍稷作物的科学著作。本书的编写工作从 1983 年开始，历时 5 年，于 1987 年定稿。入编品种于 1984 年在太原统一种植，观察异地种植的生态表现，为编写工作提供有关资料。本书共编入 18 省（区）的 481 份品种（黍 273 份，稷 208 份），其中黑龙江省 39 份（黍 39 份，稷 0 份），吉林省 24 份（黍 24 份，稷 0 份），辽宁省 11 份（黍 9 份，稷 2 份），内蒙古自治区 78 份（黍 33 份，稷 45 份），宁夏回族自治区 16 份（黍 0 份，稷 16 份），甘肃省 45 份（黍 6 份，稷 39 份），新疆维吾尔自治区 8 份（黍 0 份，稷 8 份），山东省 20 份（黍 17 份，稷 3 份），河北省 12 份（黍 12 份，稷 0 份），山西省 106 份（黍 83 份，稷 23 份），陕西省 99 份（黍 40 份，稷 59 份），青海省 10 份（黍 0 份，稷 10 份），河南省 2 份（黍 1 份，稷 1 份），江苏省 5 份（黍 3 份，稷 2 份），湖北省 2 份（黍 2 份，稷 0 份），云南省 2 份（黍 2 份，稷 0 份），西藏自治区 1 份（黍 1 份，稷 0 份），广东省 1 份（黍 1 份，稷 0 份）。参加本书编写的单位共 17 个，分别是黑龙江省农业科学院品种资源室、吉林省白城地区农业科学研究所、吉林省吉林市农业科学研究所、辽宁省农业科学院作物育种研究所、内蒙古自治区伊克昭盟农业科学研究所、内蒙古自治区哲理木盟农业科学研究所、内蒙古自治区巴彦淖尔盟农业科学研究所、宁夏回族自治区农业科学院作物所、甘肃省农业科学院粮作所、新疆维吾尔自治区农业科学院品种资源室、山东省潍坊市农业科学研究所、河北省张家口市坝下农业科学研究所、河北省保定市农业科学研究所、山西省农业科学院作物品种资源研究所、陕西省榆林地区农业科学研究所、青海省农业科学院品种资源研究室、河南省农业科学院粮作所。

　　入编品种的品质分析由山西省农业科学院中心实验室统一承担，共分析 384 个品种（由其他单位分析的少数品种，以文字注明）；品种的照像由山西省农业科学院作物品种资源研究所统一进行。在此谨向参与此项工作的同志致以深切的谢意。

　　由于编者的水平所限，书中难免出现错误和遗漏之处，敬希读者批评指正。

三、编写人员省（区）和名单

　　主编：山西：王星玉；内蒙古：魏仰浩
　　各省（区）编写人员（以编写品种数量多少为序）：
　　山西：王星玉；陕西：柴岩、刘荣厚；内蒙古：魏仰浩、张万兴、马德新、梁志、张满贵；甘肃：贾尚诚、杨文雄；黑龙江：张亚芝、郑学勤；吉林：张丽荣、杜素慧、黄英杰、马景勇、尹风祥、李赤；山东：韩秀亭、赵宝明；宁夏：刘承兰；河北：张国良、李桂琴、刘存英；辽宁：孟浩秋；青海：蒋兴元、刘祖德；新疆李静云、胡润芳；河北：张秀文；其他省（区）：王星玉
　　编审：王星玉

第二节 入编品种的品质分析（粗蛋白、粗脂肪）

一、分析结果

共分析384个品种。

（一）河北省品种（12个）

序号	品种名称	粗蛋白（%）	粗脂肪（%）	序号	品种名称	粗蛋白（%）	粗脂肪（%）
1	高粱黍（保定）	10.93	5.15	7	笊篱黍（保定）	11.00	5.25
2	乌黍（张家口）	9.50	3.95	8	葡萄黍（保定）	10.81	4.77
3	笊篱白（张家口）	11.06	4.90	9	二紫秆（张家口）	11.75	3.38
4	红黍子（保定）	11.43	4.48	10	大紫秆（张家口）	14.50	4.58
5	黍子（保定）	11.56	4.35	11	柳儿白（张家口）	9.94	4.05
6	小红黍子（保定）	11.50	4.75	12	二白黍（张家口）	11.47	3.87

（二）山西省品种（90个）

序号	品种名称	粗蛋白（%）	粗脂肪（%）	序号	品种名称	粗蛋白（%）	粗脂肪（%）
1	灰黍子	12.66	4.08	17	黍子（盂县）	11.73	4.09
2	大红黍（榆次）	12.70	4.39	18	千斤黍	11.27	3.63
3	大红黍（太原）	12.88	3.94	19	高粱黍（朔县）	13.02	4.05
4	黑黍子（太原）	11.51	4.33	20	八米白	9.26	4.60
5	红软黍（太原）	12.01	3.57	21	黄狼黍	9.58	4.20
6	大红穈（黍·太原）	13.02	2.98	22	笊篱白	11.09	4.87
7	金软穈	12.38	2.11	23	小齐黄黍子	11.02	4.23
8	二青黍（天镇）	11.73	4.10	24	大红黍子（五台）	11.51	4.07
9	紫龙带	9.23	3.81	25	气死风粘穈	12.50	4.56
10	炸炸头	12.59	2.49	26	紫秆穈子（黍·五台）	10.66	4.77
11	红黍（灵丘）	9.90	3.99	27	黄秆红粘穈	11.48	3.82
12	十样精	9.87	4.22	28	小黄黍子（河曲）	13.91	4.02
13	轮精穈（黍）	11.09	3.84	29	峪杂1号黍	12.45	3.87
14	小红黍（山阴）	11.41	4.00	30	牛心黍子	11.95	4.78
15	黑黍（阳泉）	11.73	4.28	31	小白黍（河曲）	10.62	4.57
16	黄黍（阳泉）	11.47	3.43	32	大黄黍（岢岚）	12.56	3.70

（续表）

序号	品种名称	粗蛋白（%）	粗脂肪（%）	序号	品种名称	粗蛋白（%）	粗脂肪（%）
33	青介黍（五寨）	11.08	3.94	62	金红黍（闻喜）	13.99	3.02
34	黄罗黍（五寨）	11.51	4.01	63	红软黍（闻喜）	10.22	5.04
35	大白黍（平鲁）	9.26	3.09	64	黄软黍（闻喜）	13.45	2.39
36	支黄黍	10.61	3.50	65	红黍子（闻喜）	12.38	3.32
37	金圪塔	11.02	3.98	66	白软黍（万荣）	10.22	5.03
38	二白黍（浑源）	11.59	3.96	67	黑软黍（稷山）	13.24	2.82
39	稗黍	11.86	4.00	68	成熟红	13.02	4.16
40	一点青黍子（应县）	10.84	4.53	69	软白糜	11.95	4.33
41	黄落黍	10.84	2.74	70	六松天	11.05	3.27
42	马乌黍	12.06	4.44	71	浑源糜子（怀仁）	11.30	3.84
43	小黑黍（榆次）	10.12	4.07	72	小青黑糜	11.51	3.94
44	一点红黍（昔阳）	12.93	4.54	73	大白硬糜	9.63	3.82
45	鸡爪红	11.62	4.56	74	蚂蚱眼糜子	12.88	4.21
46	黑糜子（黍·太谷）	12.70	4.73	75	牛7306糜	12.23	3.73
47	条帚黍	10.84	3.85	76	60d小红糜	13.09	4.05
48	硬地黄	12.23	3.98	77	大红糜（河曲）	13.44	4.02
49	黄黍子（寿阳）	11.41	4.04	78	准旗大红糜	13.68	3.24
50	黍子（寿阳）	11.73	4.09	79	小青糜	12.77	4.57
51	边梅黍	13.04	3.65	80	黄罗伞糜	10.87	4.44
52	狗尾蛋	10.22	3.66	81	大黄芽10.87	11.86	4.15
53	大白软黍（离石）	12.29	4.78	82	驴驼川糜子	10.62	3.91
54	小红软黍（方山）	12.01	4.05	83	硬糜子（离石）	11.09	3.89
55	五寨大黄糜子（黍）	15.19	1.58	84	黑虼蚤	12.16	3.96
56	灰脸蛋黍	12.93	4.19	85	白硬糜（柳林）	11.52	4.83
57	白骷髅黍子	13.52	4.77	86	楼里秀糜	11.05	3.68
58	大红黍（榆社）	12.70	4.39	87	柿黄硬黍（糜）	10.95	3.22
59	圪塔黍（榆次）	11.95	4.27	88	紫脖子硬黍子（糜）	11.08	3.94
60	二红黍（榆次）	11.95	4.17	89	猴头糜子	11.64	3.55
61	珍珠连软黍	12.03	4.23	90	夏县糜子	15.39	1.58

（三）内蒙古自治区品种（54个）

序号	品种名称	粗蛋白（%）	粗脂肪（%）	序号	品种名称	粗蛋白（%）	粗脂肪（%）
1	杨留半黍白子	12.23	4.00	4	疙瘩黍	14.62	4.45
2	黄黍子（赤峰）	15.32	3.92	5	大白黍（赤峰）	14.06	4.80
3	大红黍（赤峰）	12.18	5.32	6	黑黍子（乌盟）	12.70	4.24

（续表）

序号	品种名称	粗蛋白（%）	粗脂肪（%）	序号	品种名称	粗蛋白（%）	粗脂肪（%）
7	小红黍（乌盟）	13.00	3.93	31	茗帚糜（乌盟）	13.43	4.23
8	双仁黍（凉城）	13.48	3.77	32	小红糜（武川）	13.15	4.34
9	紫罗带	11.06	4.09	33	小青糜（乌盟）	12.00	4.45
10	紫秆红黍（伊盟）	14.10	4.21	34	黄糜子（锡盟）	14.45	4.16
11	青黍（伊盟）	13.70	3.98	35	内糜1号	13.37	4.03
12	小白黍（杭锦旗）	12.32	4.17	36	内糜2号	13.11	4.05
13	一点青黍子（凉城）	13.37	4.02	37	内糜3号	12.55	4.14
14	紫秆大白黍	14.36	4.36	38	内糜4号	11.25	3.77
15	内黍一点红	12.05	4.23	39	伊选大红糜	12.06	3.59
16	白黍子（锡盟）	13.22	4.47	40	霉见愁糜	11.57	3.70
17	小黄黍（莫旗）	11.63	4.43	41	伊糜5号	11.70	2.45
18	826黄黍	13.80	3.60	42	二黄糜（伊盟）	12.32	4.21
19	333大红黍	13.10	4.20	43	小红糜（伊盟）	12.40	4.17
20	黄罗黍	11.80	3.60	44	大红糜（伊盟）	11.81	4.09
21	大白黍（巴盟）	14.01	4.07	45	茗帚糜（伊盟）	12.89	4.40
22	慢慢红黍	11.25	4.54	46	大红糜（准格尔旗）	11.31	3.87
23	内黍2号	11.50	4.37	47	紫秆大红糜	10.63	4.00
24	大白黍（科右前旗）	12.40	4.53	48	牛卵蛋糜	12.00	3.89
25	大黄糜（土默川）	12.25	4.17	49	小黑糜（准旗）	12.25	4.41
26	红糜子（赤峰）	14.10	3.89	50	二黄糜（杭锦旗）	12.70	4.25
27	大黄糜（赤峰）	13.25	3.79	51	紫秆黄糜（伊盟）	11.33	4.36
28	小红糜子（赤峰）	13.92	3.90	52	245号黄糜子	13.80	2.28
29	黑乌皮	12.25	4.33	53	狼山462号糜子	13.20	3.00
30	大红糜（乌盟）	13.00	3.93	54	稷子（扎旗）	12.40	4.40

（四）辽宁省品种（11个）

序号	品种名称	粗蛋白（%）	粗脂肪（%）	序号	品种名称	粗蛋白（%）	粗脂肪（%）
1	庄河1号	12.18	5.46	7	红糜子（黍.黑山）	10.47	5.93
2	辽糜56（黍）	10.47	6.76	8	红糜子（黍.昌图）	11.09	6.02
3	新金黄糜子（黍）	11.56	5.26	9	白糜子（黍.北票）	12.03	6.68
4	海城密穗	13.51	5.23	10	黄糜子（法库）	11.88	5.63
5	白糜子（黍.台安）	14.21	5.96	11	黄糜子（朝阳）	13.13	4.88
6	褐糜子（黍.岫岩）	9.53	5.70				

（五）吉林省品种（12 个）

序号	品种名称	粗蛋白（%）	粗脂肪（%）	序号	品种名称	粗蛋白（%）	粗脂肪（%）
1	红糜子（黍．德惠）	12.13	4.93	7	红糜子（黍．白城）	10.70	5.07
2	黑糜子（黍．德惠）	12.90	4.63	8	白糜子（黍．白城）	9.53	5.30
3	白糜子（黍．梨辽）	9.76	4.98	9	黄糜子（黍．白城）	9.75	4.55
4	白糜子（黍．双辽）	11.18	5.32	10	黑糜子（黍．白城）	11.25	5.07
5	红糜子（黍．双辽）	9.53	4.87	11	镇黍 1 号	10.16	5.22
6	黍稷 16	10.88	5.21	12	黎糜子（黍．镇来）	10.56	3.91

（六）黑龙江省品种（37 个）

序号	品种名称	粗蛋白（%）	粗脂肪（%）	序号	品种名称	粗蛋白（%）	粗脂肪（%）
1	龙黍 2 号	13.00	4.15	20	龙黍 8 号	14.62	4.57
2	龙黍 3 号	14.45	4.39	21	龙黍 9 号	14.53	4.27
3	龙黍 4 号	13.38	4.57	22	龙黍 10 号	14.01	4.34
4	龙黍 5 号	12.12	4.38	23	龙黍 12 号	14.53	4.40
5	龙黍 6 号	13.83	4.92	24	龙黍 16 号	13.80	4.05
6	龙黍 7 号	14.18	4.83	25	龙黍 18 号	13.70	3.89
7	小南沟黑糜子（黍）	12.92	3.84	26	黑糜子（黍．宁安）	14.00	3.93
8	年丰	15.50	4.46	27	密穗黑糜子（黍．宁安）	15.06	3.91
9	年丰 1 号	11.00	4.46	28	黄糜子（黍）	14.01	4.34
10	年丰 2 号	11.38	3.86	29	白糜子（黍．勃利）	13.15	4.16
11	64 黍 114	14.80	4.61	30	黏糜子	14.18	4.22
12	大红糜子（黍）	13.06	4.23	31	雁头	13.61	4.40
13	双粒糜子（黍）	14.27	4.08	32	黑糜子（黍．安达）	15.27	4.90
14	兔子争窝（林甸）	13.37	3.97	33	红糜子（黍．安达）	12.25	4.19
15	黑鹅头	15.01	4.72	34	白糜子（黍．肇东）	15.06	5.20
16	黑鹌鹑尾	14.28	4.50	35	白鹅头	14.36	4.33
17	白笨篱头	15.15	4.66	36	狸糜子（黍）	13.50	4.48
18	红糜子（黍．牡丹江）	13.15	3.70	37	兔子争窝（北安）	15.50	4.61
19	大黑穗	12.65	4.07				

（七）陕西省品种（99 个）

序号	品种名称	粗蛋白（%）	粗脂肪（%）	序号	品种名称	粗蛋白（%）	粗脂肪（%）
1	白硬黍（临潼）	11.75	4.32	34	白硬糜（绥德）	12.13	4.43
2	枭头糜（耀县）	10.75	4.72	35	黄硬糜（清涧）	8.88	3.92
3	圪垯糜（宝鸡）	11.35	3.92	36	焦嘴糜（子洲）	10.63	4.02
4	红糜子（神木）	12.19	4.29	37	庆阳红（横山）	11.00	3.84
5	二黄糜（神木）	9.40	7.90	38	大黄硬糜（横山）	14.19	4.42
6	二红糜（府谷）	10.90	4.67	39	双料糜（靖边）	12.63	4.18
7	白皮糜（凤翔）	10.27	4.40	40	二红糜（靖边）	14.53	3.91
8	黄芒糜（千阳）	11.70	3.90	41	牛尾黄（甘泉）	10.00	5.18
9	圪垯红糜（陇县）	10.04	3.71	42	大红糜（志丹）	8.50	3.81
10	黄糜子（麟游）	12.93	3.47	43	牛尾红（吴旗）	8.00	4.53
11	手手糜（扶风）	9.63	4.23	44	琉璃糜（韩城）	9.00	4.26
12	牛尾梢（永寿）	9.78	3.97	45	黑硬糜（蒲城）	10.05	4.95
13	黄硬糜（彬县）	12.15	4.06	46	散黄糜（澄城）	8.50	4.05
14	黄糜子（长武）	11.83	4.70	47	白火糜（大荔）	11.75	4.31
15	黑笊篱头（旬邑）	9.63	4.69	48	糜子（华阴）	10.38	5.28
16	笊篱头（乾县）	7.54	5.11	49	白老糜（延川）	10.31	3.97
17	小红糜（榆林）	12.00	4.00	50	白硬糜（延长）	12.13	3.00
18	红硬糜（榆林）	10.06	3.57	51	白落散（宜川）	12.75	3.41
19	二红糜（神木）	10.50	4.57	52	黄糜子（黄龙）	9.85	4.29
20	二黄糜（靖边）	11.58	3.81	53	黄落散（洛川）	9.95	4.37
21	大红袍（定边）	9.08	3.66	54	称锤糜（黄陵）	11.36	4.28
22	大红糜（定边）	12.50	3.76	55	60天糜（富平）	9.75	4.47
23	大黄糜（定边）	12.75	3.90	56	黄糜子（商县）	14.25	3.59
24	灰麻糜（定边）	11.50	4.05	57	黄糜子（山阳）	14.53	3.99
25	大瓦灰（延安）	9.75	3.94	58	黄糜子（留坝）	10.25	3.73
26	紫盖头（安塞）	10.00	4.53	59	黄硬糜（商南）	12.17	3.57
27	牛卵蛋（子长）	11.88	3.46	60	软糜（耀县）	12.22	5.08
28	大红糜（府谷）	11.81	3.97	61	白糜（黍·宝鸡）	11.75	4.42
29	大黄糜（府谷）	10.63	3.97	62	黑糜子（黍·千阳）	13.75	4.17
30	黄硬糜（佳县）	10.88	3.72	63	糜子（岐山）	12.19	4.27
31	黄糜子（米脂）	10.32	3.52	64	黏糜（永寿）	12.40	4.22
32	黄糜子（吴堡）	9.38	3.99	65	竹叶青（长武）	9.88	3.53
33	黄硬糜（绥德）	11.25	3.81	66	圪垯红糜（黍·旬邑）	11.19	4.58

（续表）

序号	品种名称	粗蛋白（%）	粗脂肪（%）	序号	品种名称	粗蛋白（%）	粗脂肪（%）
67	牛卵蛋红糜（黍.榆林）	13.55	4.08	84	黄软糜（黄龙）	12.70	3.44
68	红黍子（神木）	13.52	4.19	85	黑鹰爪糜（黍.洛川）	12.70	3.52
69	青黍子（神木）	13.00	4.34	86	红软糜（志丹）	10.00	4.90
70	大红黍子（府谷）	11.63	3.93	87	活剥皮	12.06	4.82
71	白黍子（府谷）	12.93	4.50	88	白鹁鸽蛋	9.45	4.99
72	八米二糠（米脂）	13.00	5.09	89	羊眼睛糜	11.56	3.21
73	焦嘴糜（黍）	10.49	4.53	90	野鸡红	11.38	2.93
74	紫盖头（子洲）	12.00	4.90	91	白黏糜（合阳）	10.38	3.96
75	粥糜（黍.横山）	14.18	5.30	92	红糜（黍.商县）	10.25	4.51
76	牛卵蛋（靖边）	12.77	4.32	93	黏糜（洛南）	10.38	3.53
77	白软糜（靖边）	12.93	4.88	94	黄糯糜（商南）	9.69	4.62
78	大红糜（黍.定边）	13.52	4.94	95	酒糜（黍）	12.06	4.38
79	红软糜（定边）	10.53	4.41	96	黄糜（黍.镇安）	11.81	4.30
80	二瓦灰（延安）	10.31	3.46	97	黄黍子（平利）	11.07	3.65
81	牛卵糜（黍.安塞）	9.05	6.84	98	糜子（黍.镇坪）	10.75	4.52
82	白糜（黍.子长）	13.75	5.12	99	糯糜（宁陕）	10.94	3.80
83	扫帚糜（黍.延川）	13.31	5.31				

（八）甘肃省品种（43个）

序号	品种名称	粗蛋白（%）	粗脂肪（%）	序号	76名称	粗蛋白（%）	粗脂肪（%）
1	王砚黄糜	13.35	4.57	13	74-132	15.09	2.57
2	大红糜（皋兰）	11.75	4.25	14	保安红（安宁）	12.81	4.06
3	文山大黄糜	12.42	5.06	15	大麻糜	13.13	4.58
4	鸡蛋皮（靖远）	10.70	4.75	16	车背糜	13.43	4.02
5	大黄糜子（靖远）	12.06	4.71	17	庆阳红大糜7	13.51	4.62
6	紫秆红（靖远）	11.93	4.82	18	黑硬糜（环县）	12.06	3.95
7	甘糜1号	13.43	4.53	19	黄大糜（环县）	11.22	4.98
8	甘糜2号	11.41	3.92	20	60天红硬糜	10.51	4.44
9	丰收红	12.11	3.66	21	大黑糜（镇原）	12.42	3.95
10	陇糜1号	11.28	3.72	22	黑硬糜（镇原）	11.38	4.63
11	陇糜2号	12.06	4.39	23	黄秆黑小糜（镇原）	12.89	3.54
12	766-10-1-4	13.13	3.54	24	大糜子（镇原）	10.44	5.53

（续表）

序号	品种名称	粗蛋白（%）	粗脂肪（%）	序号	76 名称	粗蛋白（%）	粗脂肪（%）
25	笊篱头二汉糜	11.56	3.49	35	大黄糜子（武威）	13.63	4.52
26	60 天黄硬糜	13.28	4.54	36	大黄糜子（民勤）	11.37	4.95
27	大黄糜（会宁）	13.67	4.42	37	黄大糜子（临泽）	11.93	4.22
28	王庙紫秆黄糜	14.45	4.42	38	黑软糜子	12.50	4.21
29	青糜（会宁）	13.43	4.88	39	猩猴头	10.65	4.18
30	阴山紫秆草	12.34	4.20	40	猩猩头黑黏糜	11.43	4.23
31	大糜子（景泰）	12.65	4.74	41	猩猩头红软糜	12.50	4.12
32	大黄糜（静宁）	12.54	4.90	42	60 黄黏糜子	11.43	4.82
33	紫秆红糜子（宁县）	11.88	4.60	43	黑笊篱头黏糜	12.57	3.65
34	大红糜子（武威）	10.60	4.58				

（九）青海省品种（10 个）

序号	品种名称	粗蛋白（%）	粗脂肪（%）	序号	品种名称	粗蛋白（%）	粗脂肪（%）
1	黄糜子（湟中）	10.49	4.66	6	糜子（民和）	13.65	4.41
2	糜子（湟中）	13.52	4.83	7	大黄糜（民和）	12.75	4.71
3	大青糜	13.00	4.61	8	大白糜	13.75	4.68
4	小青糜（民和）	12.25	4.68	9	鸡蛋糜	14.32	4.74
5	蛇蚤糜	14.36	4.27	10	糜子（共和）	13.75	4.72

（十）宁夏回族自治区品种（16 个）

序号	品种名称	粗蛋白（%）	粗脂肪（%）	序号	品种名称	粗蛋白（%）	粗脂肪（%）
1	小粟糜子	11.44	4.04	9	羊眼睛（同心）	13.15	4.35
2	宁糜 1 号	11.50	4.11	10	二黄糜子（盐池）	11.31	4.09
3	宁糜 2 号	11.68	4.77	11	大黄糜（中卫）	13.45	4.65
4	宁糜 4 号	11.00	4.30	12	小黑糜子（固原）	13.45	4.18
5	宁糜 5 号	11.72	4.85	13	红糜子（固原）	12.00	4.57
6	平罗二黄	11.94	4.54	14	大黄糜子（固原）	11.63	4.91
7	宁糜 6 号	11.56	5.35	15	小黄糜子（西吉）	13.08	3.76
8	金积二黄	11.63	4.47	16	紫秆红糜（海原）	12.78	4.71

二、综合分析结果

山西农科院品种资源研究所在主编《中国黍稷（糜）品种志》的同时，由山西农科院中心实验室对上志品种进行了品质分析，共分析品种384个（以风干样分析），包括甘肃、宁夏、陕西、内蒙古、山西、河北、黑龙江、辽宁、吉林、青海等省（区）品种。分析项目为粗脂肪和粗蛋白。各省（区）的综合分析结果如下。

（一）甘肃省：分析品种43个

1. 粗脂肪

含量在2.57%～5.53%。含量在5.00%以上的品种2个，4.00%～4.99%的31个，3.99%以下的10个。含量最高的品种为镇原黄大糜子，最低的为74-132。

2. 粗蛋白

含量在10.51%～15.09%。含量在13.00%以上的品种12个，10.00%～12.99%的31个。含量最高的品种为74-132，含量最低的品种为镇原大黄糜。

粗脂肪含量在4.00%以上，粗蛋白含量在13.00%以上的优质品种共10个（见表4-1），占分析品种总数的23.26%。

表4-1　甘肃省黍稷优质品种

品种名称	国编号	粗脂肪含量（%）	粗蛋白含量（%）
王庙紫秆黄糜	2836	4.42	14.45
庆阳红大糜子	2911	4.62	13.51
静宁车背糜	2997	4.02	13.43
青糜（会宁）	2854	4.88	13.43
王砚黄糜	2780	4.57	13.35
60d黄硬糜	2934	4.54	13.28
大麻糜	3001	4.58	13.13
大黄糜子（武威）	2699	4.52	13.63
大黄糜（会宁）	2827	4.88	13.67
甘糜1号	2822	4.53	13.43

（二）宁夏：分析品种16个

1. 粗脂肪

含量在3.76%～5.35%。含量在5.00%以上的品种1个，4.00%以上的14个，3.99%以下的1个。含量最高的品种为宁糜6号，最低的品种为小黄糜子（西吉）。

2. 粗蛋白

含量在11.00%～13.45%。含量在13.00以上的4个，10.00%～12.99%的12个。含量最高的品种为中卫大黄糜和固原小黑糜；最低的品种为宁糜4号。

粗脂肪含量在 4.00% 以上，粗蛋白含量在 13.00% 以上的优质品种共 3 个（见表 4-2），占分析品种总数的 18.75%。

表 4-2 宁夏黍稷优质品种

品种名称	国编号	粗脂肪含量（%）	粗蛋白含量（%）
中卫大黄糜	2593	4.65	13.45
同心羊眼睛	2610	4.35	13.25
小黑糜子（固原）	2615	4.18	13.45

（三）陕西省：分析品种 99 个

1. 粗脂肪

含量在 2.93%~7.90%。含量在 5.00% 以上的品种 10 个，4.00%~4.99% 的 49 个，3.99% 以下的 40 个。含量最高的品种为神木二黄糜，最低的品种为野鸡红。

2. 粗蛋白

含量在 7.54%~14.53%。含量在 13.00 以上的品种 13 个，10.00%~12.99% 的 66 个，9.99% 以下的 20 个。含量最高的品种为二红糜和黄糜子（山阳），最低的品种为笊篱头。

粗脂肪含量在 4.00% 以上，粗蛋白含量在 13.00% 以上的优质品种有 10 个（见表 4-3），占分析品种总数的 10.10%。

表 4-3 陕西省黍稷优质品种

品种名称	国编号	粗脂肪含量（%）	粗蛋白含量（%）
大黄硬糜	3632	4.42	14.19
千阳黑糜子	1939	4.17	13.75
延川扫帚糜	1797	5.31	13.13
子长白糜	1764	5.12	13.75
八米二糠	1696	5.09	13.00
定边大红糜	1665	4.94	14.18
横山粥糜	1640	5.30	14.18
榆林牛卵蛋红糜	1616	4.08	13.55
青黍子（神木）	1613	4.34	13.00
红黍子（神木）	1602	4.19	13.52

（四）内蒙古：分析品种 54 个

1. 粗脂肪

含量在 2.28%~5.32%。含量在 5.00% 以上的品种 1 个。4.00%~4.99% 的 35 个，3.99% 以下的 18 个。含量最高的品种为赤峰大红黍，最低的品种为 245 号黄糜子。

2. 粗蛋白

含量在 10.63%~15.32%。含量在 13.00% 以上的品种 24 个，10.00%~12.99% 的 30 个。含量最高的品种为赤峰黄黍子，最低为紫秆大红糜。

粗脂肪含量在 4.00% 以上，粗蛋白含量在 13.00% 以上的优质品种共 17 个，占分析品种总数的 31.48%。其中，粗脂肪含量在 4.00% 以上，粗蛋白含量在 14.00% 以上的品种就有 6 个（见表 4-4），占分析品种总数的 11.11%。这说明内蒙古的品种不仅品质较优，蛋白质的含量也是比较高的。

表 4-4 内蒙古黍稷优质高蛋白品种

品种名称	国编号	粗脂肪含量（%）	粗蛋白含量（%）
紫秆大白黍	0652	4.36	14.36
大白黍	0551	4.80	14.06
黄糜子	2126	4.16	14.45
伊盟大白黍	0634	4.07	14.01
伊盟紫秆红黍	0644	4.21	14.10
圪塔黍	0525	4.45	14.62

（五）山西省：分析品种 90 个

1. 粗脂肪

含量在 1.58%~5.04%。含量在 5.00 以上的品种 2 个，4.00%~4.99% 的 46 个，在 3.99% 以下的 42 个，含量最高的品种为闻喜红软糜。最低的品种为夏县糜子和汾阳糜子（黍）。

2. 粗蛋白

含量在 9.23%~15.39%。含量在 13.00% 以上的品种 14 个，10.00%~12.99% 的 69 个，9.99% 以下的 7 个。含量最高的品种为夏县糜子。

粗脂肪含量在 4.00% 以上，粗蛋白含量在 13.00% 以上的优质品种 7 个（见表 4-5），占分析品种总数的 7.78%。

表 4-5 山西省黍稷优质品种

品种名称	国编号	粗脂肪含量（%）	粗蛋白含量（%）
高粱黍	0925	4.05	13.02
大黄糜子（黍）	1156	4.25	15.19
成熟红	1352	4.16	13.02
小黄黍	1094	4.02	13.91
河曲大红糜	3280	4.02	13.44
60d 小红糜	3281	4.05	13.09
白骺饊黍	1340	4.77	13.52

（六）河北省：分析品种12个

以长城为界，分为2个生态区。长城以北为张家口地区品种，长城以南为保定地区品种。

1. 张家口地区：分析品种6个

（1）粗脂肪

含量在3.38%～4.90%。4.00%～4.99%的3个，3.99%以下的品种3个。含量最高的品种为笊篱白，最低的品种为为二紫秆。

（2）粗蛋白

含量9.50%～14.50%。含量在13.00%以上的品种1个，10.00%～12.99%的3个，9.99%以下的2个。含量最高的品种为大紫秆，最低的品种为乌黍。

粗脂肪含量4.00%以上，粗蛋白质含量在13.00%以上的品种只有1个，为大紫秆（粗脂肪含量4.58%，粗蛋白量14.50%）占分析品种总数的16.67%。

2. 保定地区：分析品种6个

（1）粗脂肪

含量在4.35%～5.25%。含量在5.00%以上的品种2个，4.00%～4.99%的4个。含量最高的品种为笊篱黍，最低的品种为黍子。

（2）粗蛋白

含量在10.81～11.56%。含量在13.00%以上的品种没有，10.00%～12.99%的品种6个。

粗脂肪含量在4.00以上，粗蛋白质含量在13.00以上的优质品种为零。

（七）黑龙江省：分析品种37个

1. 粗脂肪

含量在3.70%～5.20%。含量在5.00%以上的品种1个，4.00%～4.99%的29个，3.99%以下的7个。含量最高的品种为白糜子（黍．肇东），最低的品种为红糜子（牡丹江）。

2. 粗蛋白

含量在11.00%～15.50%。含量在13.00%以上的品种31个，10.00%～12.99%的6个。含量最高的品种为兔子争窝（北安）和年丰，最低的品种为年丰1号。

粗脂肪含量在4.00%以上，粗蛋白含量在13.00%以上的优质品种26个，占分析品种总数的70.27%。其中，粗脂肪肪含量在4.00%以上，粗蛋白含量在15.00%以上的优质、高蛋白品种6个（见表4-6），占分析品种总数的16.22%。可以看出，黑龙江省的品种不仅品质较佳，而且高蛋白品种也较多。

表4-6　黑龙江省黍稷优质高蛋白品种

品种名称	国编号	粗脂肪含量（%）	粗蛋白含量（%）
兔子争窝（北安）	0013	4.61	15.50
白糜子（黍．肇东）	0236	5.20	15.06

（续表）

品种名称	国编号	粗脂肪含量（%）	粗蛋白含量（%）
年丰	0007	4.46	15.50
黑糜子（黍.安达）	0079	4.90	15.27
白笨篱头	0157	4.66	15.15
黑鹅头	0057	4.72	15.01

（八）辽宁省：分析品种11个

1. 粗脂肪

含量在 4.88%～6.76%。含量在 5.00% 以上的品种 10 个，4.00%～4.99% 的 1 个。含量最高的品种为辽糜 56，最低的品种为黄糜子。

2. 粗蛋白

含量在 9.53%～14.21%。含量在 13.00% 以上的品种 3 个，10.00%～12.99% 的 7 个，9.99% 以下的 1 个。含量最高的品种为台安白糜子，最低为岫岩褐糜子。

粗脂肪含量在 4.00% 以上，粗蛋白含量在 13.00% 以上的优质品种为 3 个（见表 4-7），占分析品种总数的 27.27%。

表 4-7　辽宁省黍稷优质品种

品种名称	国编号	粗脂肪含量（%）	粗蛋白含量（%）
台安白糜子	0445	5.96	14.21
海城密穗	0453	5.23	13.51
黄糜子（朝阳）	2049	4.88	13.13

（九）吉林省：分析品种12个

1. 粗脂肪

含量在 3.91%～5.32%。含量在 5.00% 以上的 6 个，4.00%～4.99% 的 5 个，3.99% 以下的 1 个。含量最高的品种为白糜子（黍.双辽），最低的品种为黎糜子（黍.镇赉）。

2. 粗蛋白

含量在 9.53%～12.90%。含量 10.00%～12.99% 的 8 个，9.99% 以下的 4 个。含量最高的品种为黑糜子（黍.德惠），最低的品种为红糜子（黍.双辽）。

粗脂肪含量在 4.00% 以上，粗蛋白含量在 13.00% 以上的优质品种为零。

（十）青海省：分析品种10个

1. 粗脂肪

含量在 4.27%～4.83%。含量 4.00%～4.99% 的 10 个。含量最高的品种为糜子（湟中），最低的品种为屹蚤糜。

2. 粗蛋白

含量在 10.49% ~ 14.36%。含量在 13.00% 以上的品种 7 个，10.00% ~ 12.99% 的 3 个。含量最高的品种为屹蚤糜，最低的品种为黄糜子（湟中）。

粗脂肪含量在 4.00% 以上，粗蛋白含量在 13.00% 以上的优质品种为 7 个（见表 4-8），占分析品种总数的 70%。

表 4-8 青海省黍稷优质品种

品种名称	国编号	粗脂肪含量（%）	粗蛋白含量（%）
糜子（民和）	4161	4.41	13.65
大白糜	4175	4.68	13.75
糜子（湟中）	4154	4.83	13.52
屹蚤糜	4182	4.27	14.36
糜子（共和）	4186	4.72	13.75
大青糜	4168	4.61	13.00
鸡蛋糜	4162	4.74	14.32

三、结论

（一）不同省（区）的品种粗脂肪、粗蛋白的最高和最低含量各不相同

1. 粗脂肪

从各省（区）品种的分析数字来看，粗脂肪含量最低的品种在山西省，只有 1.58%；其次是内蒙古、甘肃和陕西省的品种，分别为 2.28%、2.57% 和 2.93%。其他各省（区）相差不大，为 3.70% ~ 4.88%。在粗脂肪含量最低的数字中，最高含量为 4.88%，为辽宁省的品种，最高和最低的差数为 3.3%。从粗脂肪含量最高的数字来看，含量最高的品种在陕西省，为 7.90%；其次为辽宁省的品种，为 6.76%。其他各省的品种相差不大，为 4.83% ~ 5.53%。最低的品种在青海省，为 4.83%。最高和最低的差数为 3.07%。从整个情况来看，粗脂肪的最高含量与最低含量的差数为 6.32%。

2. 粗蛋白

在粗蛋白含量最低的数字中，含量最高的品种在宁夏和黑龙江，均为 11.00%；最低的品种在陕西省，为 7.54%；其他均为 9.23% ~ 10.81%。最高和最低的差数为 3.46%。在粗蛋白含量最高的数字中，粗蛋白含量最高的品种为黑龙江省的品种，为 15.50%；最低的品种在河北保定，为 11.56%。其他均在 12.90% ~ 15.09%。最高和最低的差数为 3.94%。从整个情况来看，粗蛋白的最高含量与最低含量的差数为 7.96%（见表 4-9）。

表 4-9 不同省（区）黍稷品种粗脂肪、粗蛋白的含量幅度

省别	粗脂肪（%）	粗蛋白（%）
甘肃	2.57 ~ 5.53	10.51 ~ 15.09

（续表）

省别	粗脂肪（%）	粗蛋白（%）
宁夏	3.76~5.35	11.00~13.45
陕西	2.93~7.90	7.54~14.53
内蒙古	2.28~5.32	10.63~15.32
山西	1.58~5.04	9.23~15.39
河北张家口	3.78~4.90	9.50~14.50
河北保定	4.35~5.25	10.81~11.56
黑龙江	3.70~5.20	11.00~15.50
辽宁	4.88~6.76	9.53~14.21
吉林	3.91~5.32	9.53~12.90
青海	4.27~4.83	10.49~14.36

（二）不同省（区）的品种粗脂肪、粗蛋白不同幅度含量的比例各有差别

1. 粗脂肪

含量在 5.00% 以上的品种以辽宁的品种比例最高，占 90.91%。其次为吉林，占 50.00%。这说明辽宁、吉林高脂肪品种较多。比例最小的是河北张家口和青海，比例均为零。其他各省的比例为 1.85%~33.33%。比例最大与最小的差数为 90.91%。含量为 4.00%~4.99% 的品种比例以青海最高，占 100%。其次为宁夏，占 87.50%。比例最小的是辽宁省，只占 9.09%。其他各省在 41.67%~87.50%。比例最大与最小的差数为 90.91%。含量在 3.99% 以下的品种比例以河北张家口比例最高，占 50.00%，这说明张家口的品种，粗脂肪含量是比较低的。比例最低的是河北保定、辽宁和青海，比例均为零。其他各省的比例在 6.25%~46.67%。比例最大与最小的差数为 50.00%。

2. 粗蛋白

含量在 13.00% 以上的品种，以黑龙江比例最高，占 83.78%；河北保定和吉林最低，均为零，其他各省的比例在 13.13%~70.00%。比例最高与最低的差数为 70.65%，含量在 10.00%~12.99% 的品种比例以河北保定最高，占 100%，黑龙江最低，占 16.22%，其他各省在 30.00%~76.67%。比例最高与最低的差数为 83.78%。含量在 9.99% 以下的品种比例一般都较低。比例最高的是河北张家口和吉林省，均占 33.33%；比例最低的是甘肃、内蒙古、黑龙江、青海、河北保定和宁夏，比例均为零。其他各省在 7.77%~20.20%。比例最高与最低的差数为 33.33%（见表 4-10）。

表 4-10　不同省（区）黍稷品种粗脂肪、粗蛋白不同幅度含量比较

省别	粗脂肪			粗蛋白		
	5.00% 以上的品种占比（%）	4.00%~4.99% 的品种占比（%）	3.99% 以下的品种占比（%）	13.00% 以上的品种占比（%）	10.00%~12.99% 的品种占比（%）	9.99% 以下的品种占比（%）
甘肃	4.65	72.09	23.26	27.91	72.09	—

（续表）

省别	粗脂肪			粗蛋白		
	5.00%以上的品种占比（%）	4.00%~4.99%的品种占比（%）	3.99%以下的品种占比（%）	13.00%以上的品种占比（%）	10.00%~12.99%的品种占比（%）	9.99%以下的品种占比（%）
宁夏	6.25	87.50	6.25	25.00	75.00	—
陕西	10.10	49.49	40.41	13.13	66.67	20.20
内蒙古	1.85	64.82	33.33	44.44	55.56	—
山西	2.22	51.11	46.67	15.56	76.67	7.77
河北张家口	—	50.00	50.00	16.67	50.00	33.33
河北保定	33.33	66.67	—	—	100.00	—
黑龙江	2.70	78.38	18.92	83.78	16.22	—
辽宁	90.91	9.09	—	27.27	63.64	9.09
吉林	50.00	41.67	8.33	—	66.67	33.33
青海	—	100.00	—	70.00	30.00	—

（三）各省（区）粗脂肪含量在4.00%以上，粗蛋白含量在13.00%以上的优质品种比例大小不同

从表中可以看出，粗脂肪含量在4.00%以上、粗蛋白含量在13.00%以上的优质品种，以黑龙江省比例最高，占分析品种总数的70.27%。其次为青海省和内蒙古，比例分别为70.00%和31.48%。其中黑龙江包括18.92%的粗脂肪含量4.00%以上，粗蛋白含量在15.00%以上的高蛋白优质品种；内蒙古包括11.11%的粗蛋白含量在14.00%以上的高蛋白优质品种。这说明这些省（区）的优质品种和高蛋白品种是比较多的。比例最低的是河北保定和吉林省，比例均为零，这说明这些省（区）的品质是较差的。其他各省比例相差不大。比例最高与最低的差数为70.27%（见表4-11）。

表4-11 各省（区）黍稷优质品种比例

省别	分析品种（个）	优质品种（个）	占分析品种（%）	备注
甘肃	43	10	23.26	
宁夏	16	3	18.75	
陕西	99	10	10.10	
内蒙古	54	17	31.48	其中粗脂肪含量4.00%以上，粗蛋白含量在14.00%以上的品种6个，占分析品种总数的11.11（%）
山西	90	7	7.78	
河北张家口	6	1	16.67	
河北保定	6	0	—	

（续表）

省别	分析品种（个）	优质品种（个）	占分析品种（%）	备注
黑龙江	37	26	70.27	其中粗脂肪含量 4.00%以上，粗蛋白含量在 15.00%以上的品种 6 个，占分析品种总数的 16.22（%）
辽宁	11	3	27.27	
吉林	12	0	—	
青海	10	7	70.00	

（四）黍稷品种粗脂肪、粗蛋白含量的主要区间和粗脂肪、粗蛋白的平均含量

从分析的 384 个品种来看，粗脂肪含量在 5.00%以上品种 35 个，只占 9.11%；4.00%~4.99%以上品种 227 个，占 59.12%；3.99%以下的品种 122 个，占 31.77%。说明黍稷品种粗脂肪的含量主要为 4.00%~4.99%。粗蛋白含量在 13.00%以上的品种 109 个，占 28.39%；10.00~12.99%的品种 241 个，占 62.76%；9.99%以下的品种 34 个，占 8.85%。可以看出，黍稷品种粗蛋白的含量主要在 10.00%~12.99%之间。

黍稷品种粗脂肪的平均含量为 4.02%；粗蛋白的平均含量为 11.96%。

第三节　入志品种在太原统一种植的生态表现

山西省在主编《中国黍稷（糜）品种志》之际，对各省上志初选的 406 份品种（山西除外）进行了统一种植、研究。这些品种的原产地是黑龙江、吉林、辽宁、内蒙古、宁夏、甘肃、新疆、河北、陕西、青海、西藏自治区（以下简称西藏）、安徽、江苏、广东等地。由于各地生态条件的不同，在太原统一种植后，在形态特征、生育期以及产量性状等方面都有较大的差异。现将研究资料整理成文，目的是反映一下我国丰富多彩的黍稷品种资源在异地种植后的生态变化，为编写《中国黍稷（糜）品种志》提供资料，也为今后黍稷品种分类、品种生态型研究及各地黍稷品种资源的引种和利用提供参考资料。太原地区位于东经 112°33′，北纬 37°47′，全年日照时数 2 641h，年平均气温 9.4℃，年降水量 494.5ml，无霜期 160~170d，土质为沙黏土，≥10℃积温为 3361.4℃。6 月 16日播种，播深 5cm，株行距 10cm×23cm。

一、籽粒的粳糯性和米色

籽粒的粳糯性是黍稷的重要性状，它不仅在品种分类上是区分黍子和稷子的唯一标准，也是决定其经济用途的唯一根据。籽粒的粳糯性与米色的关系密切相关，一般来说，粳的籽粒黄米粒得多；糯的籽粒淡黄得多。各地由于生活习惯的不同，粳性品种和糯性品种的分布比例也不相同。从表 4-12 可以看出，粳性品种比例大的地区有内蒙古、宁夏、甘肃、新疆、陕西、青海、安徽等省（区）；糯性品种比例大的地区有黑龙江、吉

林、辽宁、河北、西藏、江苏、广东等省（区）。从粳糯性品种的分布比例来看是有一定规律的。粳性品种主要分布在黄河以西各省，而且其比例基本上是从西向东递减。此外，内蒙古、安徽等省（区）分布比例也较大。糯性品种在黄河以西地区分布较少，主要分布在东北三省，而且也是有规律的分布。在东北地区从南向北递增，在黄河以西则是从西向东递增。此外，华北地区的河北省以及南方的江苏、广东等地，也以糯性品种为主。

表 4-12　入志初选品种的粳糯性与米色

品种来源	品种数（个）	粳糯性				米色					
		粳（个）	占比（%）	糯（个）	占比（%）	黄（个）	占比（%）	淡黄（个）	占比（%）	白（个）	占比（%）
黑龙江	74	8	10.8	66	89.2	27	36.5	47	63.5	0	0
吉林	12	2	16.7	10	83.3	1	8.3	11	91.7	0	0
辽宁	11	3	27.3	8	72.7	4	36.4	7	63.6	0	0
内蒙古	80	49	61.3	31	38.8	37	46.3	43	53.8	0	0
宁夏	16	16	100	0	0	13	81.3	3	18.8	0	0
甘肃	44	39	88.6	5	11.4	35	79.5	9	20.5	0	0
新疆	15	14	93.3	1	6.7	5	33.3	10	66.4	0	0
河北	30	5	16.7	25	83.3	11	36.7	19	63.3	0	0
陕西	99	69	69.7	30	30.3	70	70.7	29	29.3	0	0
青海	10	10	100	0	0	5	50	5	50	0	0
西藏	2	0	0	2	100	0	0	2	100	0	0
安徽	3	3	100	0	0	1	3.33	2	66.7	0	0
江苏	7	1	14.3	6	85.7	0	0	2	28.6	5	71.4
广东	2	0	0	2	100	0	0	2	100	0	0

从米色的分布情况来看，除内蒙古、新疆、安徽省外，其他各省黄米粒的分布比例是与粳性品种一致的；白色米粒只有江苏省的品种比例较大，而且以糯性品种为主。至于内蒙古、新疆、安徽省的品种米色与粳糯性分布比例不相一致的情况，估计有两方面的原因，一方面与当地特有的生态因子有关，另一方面在考种过程中也不可避免地存在一些人为的误差。

二、穗型和花序色

穗型和花序色是黍稷品种的一个稳定性状，在品种分类和生态型的研究上都占有极其重要的地位。穗型全国统一划分为侧、散、密 3 种。侧穗型包括侧穗和侧密穗；散穗型包括散穗和周散穗；密穗型包括密团穗和椭圆穗。从总的情况来看，各地均以侧穗型为主，散穗型为辅。密穗型品种的丰产性状较差，在各地处于极次要的地位（见表 4-13）。从不同穗型品种在各省（区）的分布情况来看，侧穗型品种主要分布在内蒙古、新疆、陕西、青海、河北等省（区）；散穗型品种以宁夏、甘肃、辽宁、安徽等省（区）分布较多；密穗型品种以黑龙江省分布最多，其他各地均没有或很少分布。从不同穗型品种固有的生态特点来看，一般侧穗型品种在干旱丘陵地区分布较多；而散穗型和密穗型品种却在平川、水地分布较多。由于黍稷大部分种植在我国北方干旱丘陵地区，这是形成我国黍稷品种中侧穗型品种大于散穗型和密穗型品种的主要原因。

花序色只有绿的和紫的两种类型。从总的情况来看，绿色花序品种占绝对优势，紫色花序品种数量极少。从各省（区）的分布情况来看，绿色花序品种分布多的地区主要有辽宁、宁夏、河北、安徽、江苏等省；紫色花序品种分布多的地区以广东省最多，其次青海、黑龙江、吉林等省分布比例也较大。紫色花序品种耐寒性较强，一般分布在高寒地区，广东省只有两份品种，均为紫色，说明从高海拔的山区收集而来，平川地区一般是不种黍稷的。

表4-13   初选入志品种的穗型和花序色

品种来源	品种数（个）	穗型						花序色			
		侧（个）	占比（%）	散（个）	占比（%）	密（个）	占比（%）	绿（个）	占比（%）	紫（个）	占比（%）
黑龙江	74	38	51.4	18	24.3	16	21.6	55	74.3	19	25.7
吉林	12	9	75.0	2	16.7	1	8.3	9	75.0	3	25.0
辽宁	11	6	54.5	4	36.4	1	9.1	10	90.9	1	9.1
内蒙古	80	67	83.8	11	13.8	2	2.5	61	76.3	19	23.8
宁夏	16	9	56.3	7	43.8	0	0	15	93.8	1	6.3
甘肃	44	27	61.4	17	38.6	0	0	37	84.1	7	15.9
新疆	15	14	93.3	1	6.7	0	0	13	86.7	2	13.3
河北	30	24	80.0	5	16.7	1	3.3	27	90.0	3	10.0
陕西	99	82	82.8	17	17.2	0	0	84	84.8	15	15.2
青海	10	8	80.0	2	20.0	0	0	7	70.0	3	30.0
西藏	2	1	50.0	1	50.0	0	0	2	100	0	0
安徽	3	1	33.3	2	66.7	0	0	3	100	0	0
江苏	7	7	100	0	0	0	0	7	100	0	0
广东	2	2	100	0	0	0	0	0	0	2	100

三、粒色

黍稷品种的粒色主要有红、黄、白、褐、灰、复色等。各地品种以红、黄、白、褐粒的为主；灰粒和复色粒的较少（表4-14）。红粒品种以内蒙古、陕西、吉林、宁夏、甘肃等地分布较多；黄粒品种主要集中在黄河以西的宁夏、甘肃、新疆、陕西等省，其他地区除内蒙古分布较多外，都比例较小。但从整个情况来看，黄粒品种要比其他各色品种多，居各粒色品种的首位；白粒品种以河北、辽宁、江苏、西藏等地分布较多；褐粒品种以内蒙古和黑龙江分布较多；灰粒和复色粒品种各地分布极少或没有分布，唯有安徽的3个品种中就有2个是复色粒的，占66.7%。从以上情况可以看出，红、黄、褐粒色品种均以黄土丘陵地区分布较多；白粒品种以平原地区分布较多。由此可以看出，不同粒色品种的分布也有其内在的规律性，而这个规律性又与品种的抗旱耐瘠性有很大关系。一般在黄土丘陵地区分布的品种，抗旱耐瘠性要强；在平原地区分布的品种，抗旱耐瘠性较差。这样看来，红、黄、褐粒色的品种，抗旱耐瘠性要大于白粒色的品种。

表4-14 入志初选品种的粒色

品种来源	品种数(个)	粒色											
		红(个)	占比(%)	黄(个)	占比(%)	白(个)	占比(%)	褐(个)	占比(%)	灰(个)	占比(%)	复色(个)	占比(%)
黑龙江	74	15	20.3	14	18.9	12	16.2	32	43.2	1	1.4	0	0
吉林	12	3	25.0	1	8.3	3	25.0	4	33.3	1	8.3	0	0
辽宁	11	2	18.2	3	27.3	4	36.4	2	18.2	0	0	0	0
内蒙古	80	23	28.6	33	41.3	11	13.8	8	72.7	4	5.0	1	1.3
宁夏	16	4	25.0	9	56.3	0	0	1	6.3	0	0	2	12.5
甘肃	44	10	22.7	24	54.5	1	2.3	8	18.2	1	2.3	0	0
新疆	15	3	20.0	8	53.3	1	6.7	1	6.7	2	13.3	0	0
河北	30	4	13.3	5	16.7	15	50.0	5	16.7	0	0	1	3.3
陕西	99	26	26.3	42	42.4	21	21.2	4	4.0	3	3.0	3	3.0
青海	10	1	10.0	3	30.0	2	20.0	1	10.0	3	30.0	0	0
西藏	2	0	0	0	0	2	100	0	0	0	0	0	0
安徽	3	0	0	1	33.7	0	0	0	0	0	0	2	66.7
江苏	7	0	0	0	0	6	85.7	0	0	0	0	1	14.3
广东	2	0	0	2	100	0	0	0	0	0	0	0	0

四、茎叶茸毛

黍稷的茎叶布满了浓密的茸毛，茸毛的长短与浓密程度随品种而异。一般来说，茎叶茸毛浓密的品种其抗大气干旱和风沙的能力强；反之，则弱。从表4-15可以看出，各地品种均以茸毛中等的居多，茸毛多的和少的比例较少。茎叶茸毛多的品种以宁夏、青海、西藏等地分布较多。由此看来，茎叶茸毛的多少是对长期的生态环境的一种适应性，在大气干旱风沙较大的地区，一般茎叶茸毛多的品种就多；反之，就少。

表4-15 入志初选品种的茎叶茸毛

品种来源	品种数(个)	茎叶茸毛					
		多(个)	占比(%)	中(个)	占比(%)	少(个)	占比(%)
黑龙江	74	7	9.5	64	86.5	3	4.1
吉林	12	0	0	9	75.0	3	25.0
辽宁	11	1	9.1	7	63.6	3	27.3
内蒙古	80	10	12.5	53	66.3	17	21.3
宁夏	16	8	50.0	8	50.0	0	0

（续表）

品种来源	品种数（个）	茎叶茸毛					
		多（个）	占比（%）	中（个）	占比（%）	少（个）	占比（%）
甘肃	44	7	15.9	36	81.8	1	2.3
新疆	15	2	13.3	8	53.3	5	33.3
河北	30	0	0	21	70.0	9	30.0
陕西	99	23	23.2	73	73.7	3	3.0
青海	10	3	30.0	7	70.0	0	0
西藏	2	2	100	0	0	0	0
安徽	3	0	0	3	100	0	0
江苏	7	0	0	7	100	0	0
广东	2	0	0	2	100	0	0

五、生育期

黍稷品种的生育期是生态型的重要标志，从表4-16可以看出，各地品种的生育期绝大多数都是90d以下的特早熟品种，其中黑龙江、吉林、内蒙古、宁夏、新疆等省（区）的品种，全部为特早熟品种。新疆的品种最短的只有43d，平均只有59.9d。陕西和甘肃的品种生育期较长，除91~100d的早熟品种占较大的比例外，101~110d的中熟品种占的比例也较大，尤以陕西的品种最为突出。除此以外，江苏的品种生育期也较长，7个品种全部为101~110d的中熟品种。生育期在111d以上的晚熟品种，只有西藏和广东的全部品种，这些品种在太原6月16日播种的情况下，不能成熟。黍稷是一种光温反应比较敏感的作物，根据原产地的资料表明，除陕西、西藏及南方品种外，生育期都比在太原引种种植的要长。造成这种情况的原因，一是由于纬度、海拔的改变导致光照和温度的变化，使生育期发生变化。一般来说，从高纬度或高海拔地区引种到低纬度、低海拔地区种植的品种，生育期要缩短；反之，从低纬度或低海拔地区引种到高纬度或高海拔地区种植的品种，生育期要延长。这也是造成南方品种在太原种植不能成熟的一个主要原因。第二个原因是播种期的改变也会使品种的生育期发生较大的变化。一般年份太原一带黍稷的播种期为6月上旬，1984年由于春季干旱，未浇底墒水，播种后也没有以碌碡镇压，造成出苗不齐的状况，又于6月16日重新播种，这个播种期与黍稷品种原产地的播种期普遍要迟，播种期的推迟加速了品种的发育，缩短了生育期。即便是当地的品种，播种期的提前与推迟，也会使生育期产生较大的变化。因此，生育期是黍稷品种资源中的一项重要的研究内容。

表4-16　初选入志品种在太原的生育期

品种来源	品种数（个）	生育期							
		90d以下	占比（%）	91~100d	占比（%）	101~110d	占比（%）	111d以上	占比（%）
黑龙江	74	74	100	0	0	0	0	0	0

（续表）

品种来源	品种数（个）	生育期							
		90d 以下	占比（%）	91~100d	占比（%）	101~110d	占比（%）	111d 以上	占比（%）
吉林	12	12	100	0	0	0	0	0	0
辽宁	11	10	90.9	1	9.1	0	0	0	0
内蒙古	80	80	100	0	0	0	0	0	0
宁夏	16	16	100	0	0	0	0	0	0
甘肃	44	31	70.5	3	6.8	10	22.7	0	0
新疆	15	15	100	0	0	0	0	0	0
河北	30	27	90.0	2	6.7	1	3.3	0	0
陕西	99	26	26.2	18	18.2	55	55.6	0	0
青海	10	9	90.0	1	10.0	0	0	0	0
西藏	2	0	0	0	0	0	0	2	100
安徽	3	0	0	3	100	0	0	0	0
江苏	7	0	0	0	0	7	100	0	0
广东	2	0	0	0	0	0	0	2	100

六、经济性状

统计项目为主茎高、主穗长、单株粒重和千粒重。

（一）主茎高

从（表4-17）可以看出，主茎高在100cm以上的品种主要分布在陕西、甘肃和宁夏。以陕西的品种最高，甘肃次之。其他各省（区）的品种主茎高均在100cm以下，新疆的品种最低。由此看来，主茎高与生育期的关系是呈正相关关系的。生育期长的品种，其茎秆高度就高；反之，则低。但西藏和南方的品种，由于生态环境的改变，使其生长发育速度变得缓慢，所以，尽管生育期较长，主茎高也是比较低的。

（二）主穗长

从（表4-17）中可以看出，主穗长的品种主要分布在宁夏、青海、甘肃等省，主穗短的品种主要分布在东北三省。各地品种主穗的长短与主茎高度和穗型有很大关系，高秆品种分布多的地区，主穗就长；反之，主穗长度就短。侧穗和散穗品种分布多的地区，主穗就长；反之，主穗就短。主穗的长短是衡量品种丰产性的主要标准，是体现品种生态型的重要标志。

（三）单株粒重

单株粒重是反映品种产量高低的一个主要性状。在极干旱的生态条件下，单株粒重又可作为反映品种抗旱性强弱的一个抗旱指标。从表4-17可以看出，单株粒重较高的品种主要分布在内蒙古、陕西、甘肃等省（区）；单株粒重较低的品种主要分布在新疆、青海、安徽及东北三省。单株粒重的高低与生育期的长短、不同穗型类群的构成都有很大关系。一般来说，生育期长的品种分布多的地区，单株粒重就高；反之，则低。侧穗和散穗品种分布多的地区，单株粒重就高；密穗型品种分布多的地区，单株粒重就低。除此以外，在干旱的年份里，干旱丘陵地区的品种，抗旱性强，单株粒重就高；平原地区的品种，抗旱性就弱，单株粒重就低。1984年太原地区比往年都干旱，气象资料表明，抽穗到成熟期的总降水量还不足30mm。在这样干旱的生态条件下，东北平原品种的单株粒重明显地低于黄土丘陵区。由此看来，在干旱的情况下，原产地品种的抗旱性强弱是决定单株粒重高低的一个主要原因。

表4-17 入志初选品种在太原种植的经济性状

品种来源	品种数（个）	主茎高（cm）	主穗长（cm）	单株粒重（g）	千粒重（g）
黑龙江	74	76.7	27.3	2.3	4.8
吉林	12	75.3	27.0	2.8	5.7
辽宁	11	82.5	26.5	3.3	5.3
内蒙古	80	89.8	32.6	5.0	7.1
宁夏	16	106.8	38.6	3.5	7.0
甘肃	44	119.1	37.8	4.5	6.7
新疆	15	66.3	30.5	2.7	4.9
河北	30	99.4	29.8	3.5	4.8
陕西	99	122.8	34.0	5.0	6.7
青海	10	88.4	38.9	2.5	6.4
西藏	2	95.0	29.0	—	—
安徽	3	85.7	31.3	1.9	4.3
江苏	7	95.1	28.3	3.6	3.6
广东	2	85.0	33.0	—	—

（四）千粒重

千粒重是黍稷品种的一项主要经济性状，也是体现品种生态型的一项重要内容。在相同穗型的情况下，千粒重是取决单株粒重高低的关键。因此，千粒重的高低在某种程度上也能够体现出单株粒重的大小。从表（4-17）中可以看出，千粒重高的地区主要有内蒙古、宁夏、甘肃、陕西等省（区）；千粒重低的地区主要有安徽、江苏、新疆、河北、黑龙江等省（区）。这个规律与单株粒重的大小基本上是一致的，可见千粒重也是决定单株粒重大小的一个不可忽视的因素。一个地区的品种千粒重的高低与灌浆程度和粒型的大小有很大关系。灌浆程度可以从水肥管理方面进行人为的改变；而粒型的大小却与原产地的光照和昼夜温差的大小等因素有关，异地种植后，虽然光照和昼夜温差有所改变，但在原产地形成的粒型已成为一个固定的生态型，生态环境的改变，在短时期内是不能够改变籽粒大小的。因此，在相同的栽培条件下，不同地区品种的千粒重能够反映出当地的光照时数和昼夜温差的大小。在长日照、昼夜温差大的地区，黍稷品种的千粒重就高；相反，在短日照、昼夜温差小的地区，黍稷品种的千粒重就低。这是造成安徽、江苏、河北等省的品种千粒重低，内蒙古、宁夏、甘肃等省（区）品种千粒重高的一个主要原因。

以上内容只是把主要的考种项目进行了分类、归纳和统计分析，还有些内容如主茎节数、单株草重、粮草比等项目未作详细统计。对于各地品种的抗病性，只是在自然条件下统计了发病率；对于品种的抗旱性、抗倒性、抗落粒性等项鉴定，也只是进行形态指标的初步观察，还有待于今后做进一步的深入研究。但就从这些初步的研究资料中，也可粗略地看出我国黍稷品种资源在太原统一种植后的生态表现。我们希望这些研究结果，能对我国黍稷科研工作者，在今后的黍稷品种资源研究中起到它应有的作用。

第五章

中国黍稷种质资源农艺性状鉴定和聚类分析

第一节 中国黍稷（糜）种质资源的类型及生态型

黍稷起源于我国，是我国古代主要的粮食作物，居 5 谷之首。我国最早的甲骨文里出现黍的次数特别多，在许多古代书籍中也多次提到黍。如《诗经·周颂·丰年》记载："丰年多黍多稌，……为酒为醴"，《周颂·良耜》中记载："其馕伊黍"，《小雅·莆田》记载："黍稷稻粱，农夫之庆"，《论语》中也有"杀鸡为黍而食之"的记载，《孟子》中提到"夫貉五谷不生，惟黍生之。"《齐民要术黍稷》第四中也讲道："凡黍稷田新开荒为上……"可见，在我国古代黍稷不仅在人民生活中占有十分重要的位置，而且其抗旱耐瘠性也已引起人们的重视。可见，在我国古代黍稷不仅在人民生活中占有十分重要的位置，而且其抗旱耐瘠性也已引起人们的重视。

黍稷在我国遍布南北，在距今 2 000 多年的汉代古墓中，发现黍稷的地方有河南的洛阳、新安，河北的满城，陕西的西安、咸阳、宝鸡，甘肃的武威、居延、敦煌，新疆的民丰，内蒙古的乌兰布和、扎赉诺尔，山东的临沂，江苏的连云港，湖南的长沙，广东的广州等地。就连我国台湾省也有黍的分布。6 世纪隋代的《隋书》中就有"流求（今我国台湾）农作物有稻、粱、黍、麻、豆等"记载。直到如今，黍稷仍然是我国北方人民的主要食粮。内蒙古自治区每年的种植面积达 600 万亩（15 亩＝1 公顷。全书同）以上，陕西、山西的种植面积也在 300 万亩左右。我国各地仍然分布着不同类型的野生黍稷。据中国科学院遗传研究所的李璠先生报道：在华南、云南一带有多年生的心叶黍；东南和华南一带有铺地黍；东南、华南、西南一带有一年生的短叶黍；山东、广西、云南一带有一年生的细柄黍；我国各地都有一年生的糠稷等。据西藏作物种质资源考察队王天云报道，在西藏昌都地区的左贡县还发现了落粒性很强的黑稷子。

辽阔的国土，悠久的栽培历史，必然形成我国黍稷种质资源的丰富多彩。据 1983 年春在山西太原召开的全国黍稷种质资源科研协作会议的统计，我国北方 11 省（区）共征集到地方种质资源 5 192 份，经整理归并后，编入《中国黍稷（糜）种质资源目录》第一册的种质共计 4 203 份（黍 1 987 份，稷 2 216 份）。其中，黑龙江 382 份（黍 325 份，稷 57 份），吉林省 102 份（黍 87 份，稷 15 份），辽宁省 66 份（黍 65 份，稷 1 份），内蒙古自治区 682 份（黍 224 份，稷 458 份），宁夏回族自治区 162 份（黍 8 份，稷 154 份），甘肃省 427 份（黍 40 份，稷 387 份），新疆维吾尔自治区 81 份（黍 1 份，稷 80 份），河北省 88 份（黍 78 份，稷 10 份），山西省 1 185 份（黍 758 份，稷 427 份），陕西省 976 份（黍 390 份，稷 586 份），青海省 37 份（黍 0 份，稷 37 份），其他各省（区）15 份（黍 11 份，稷 4 份）。从以上情况来看，我国黍稷种质资源主要集中在山西、陕西、内蒙、甘肃、黑龙江等省。黍子种质资源以东北三省、河北、山西等省的分布比例较大，稷子种质资源以青海、宁夏、甘肃、内蒙古、陕西等省分布较多。现将这些种质的类型及生态特点作统计分析如下。

一、类型

（一）以穗型分类

在 4188 个种质中①，侧穗型种质 3 021 个，占 72.1%；散穗型种质 893 个，占 21.3%；密穗型种质 274 个，占 6.6%。其中，1 976 个黍子种质中，侧穗型种质 1 529 个，占 77.4%，散穗型种质 248 个，占 12.6%，密穗型种质 189 个，占 10.0%。在 2 212 个稷子种质中，侧穗型种质 1 492 个，占 67.5%；散穗型种质 645 个，占 29.2%；密穗型种质 75 个，占 3.3%。

（二）以花序色分类

绿花序种质 3 185 个，占 76.1%；紫花序种质 1 003 个，占 23.9%。黍子种质中，绿花序种质 1518 个，占 76.8%；紫花序种质 458 个，占 23.2%。稷子种质中，绿花序种质 1 667 个，占 75.4%；紫花序种质 545 个，占 24.6%。

（三）以粒色分类

红粒种质 842 个，占 20.1%；黄粒种质 1428 个，占 34.1%；白粒种质 836 个，占 20.0%；褐粒种质 576 个，占 13.8%；灰粒种质 287 个，占 6.9%；复色粒种质 219 个，占 5.1%。黍子种质中，红粒种质 403 个，占 20.4%；黄粒种质 420 个，占 21.3%；白粒种质 560 个，占 28.3%；褐粒种质 373 个，占 18.9%；灰粒种质 82 个，占 4.2%；复色粒种质 138 个，占 6.9%。稷子种质中，红粒种质 439 个，占 19.9%；黄粒种质 1008 个，占 45.8%；白粒种质 276 个，占 12.5%；褐粒种质 203 个，占 9.2%；灰粒种质 205 个，占 9.3%；复色粒种质 81 个，占 3.5%。

（四）以米色分类

黄的 2 649 个，占 63.3%；淡黄的 1 475 个，占 35.2%；白的 64 个，占 1.5%。黍子种质中黄的 1 174 个，占 59.4%；淡黄的 783 个，占 39.6%；白的 19 个，占 1.0%；稷子种质中黄的 1 475 个，占 66.7%；淡黄的 692 个，占 31.3%；白的 45 个，占 2.0%。

---

① 其他各省（区）种质未列入

二、生态特点

黍稷种质的生态特点是指种质对某一种质特定环境条件所产生的适应性。因此，各试点的生态环境与种质的生态型关系密切。我国疆土辽阔，各地生态环境千差万别，种质的生态型也各有差异。从表 5-1 可以看出，各试验点的经纬度、海拔高度、气象因子、主要栽培方式差异都很大。从经度来看，哈密试验点为东经 93°31′，哈尔滨试验点为东经 126°39′，二者相差 33°8′。从纬度来看，会宁试验点最低，为北纬 35°40′，哈尔滨试验点最高，为北纬 45°41′。从海拔高度来看，最低的保定试验点仅 18m，而最高的西宁试验点则高达 2 295.2m。由于经纬度、海拔高度的不同，导致了试验点气象因子的差异。哈尔滨全年日照时数最长，为 3 359.1h，沈阳最短，为 2 574.9h。哈密年平均气温最高，为 9.9℃，哈尔滨最低，仅 3.6℃。沈阳年降水量最高，为755.1mm，哈密最低，仅33.4~40.3mm。无霜期以哈密最长，为 224d；白城最短，为130~135d。保定≥10℃的积温为 4 337.4℃，而会宁只有 2 095.0℃。由于气象因素的不同，各试点的播种期也不相同。西宁播种最早，为 4 月 22~24 日；保定最晚，为 6月 22 日。各试验点土质和主要栽培方式也各不相同。行距最宽的地方达 70cm，最窄的仅 20cm。株距最大的为 10cm，最小的仅为 2cm。这些不同的因素导致了各地种质之间的生态差异。

（一）我国黍稷种质资源形态特征上的生态差异

统计项目有花序色、穗型、粒色和米色。

1. 花序色

花序色分为绿色和紫色两种。从表 5-2 中看出，绿花序种质分布比例较大的地方有河北保定市、吉林、黑龙江和新疆等地；紫花序种质分布比例较大的地区是青海省，其次是山西等省；紫花序种质的抗旱、抗寒性及丰产性要比绿花序种质强，所以紫花序种质的分布也以海拔较高、气候寒冷或土壤干旱瘠薄的地区较多。

2. 穗型

经全国黍稷种质资源工作会议确定，黍稷穗型统一定为侧、散、密 3 种。侧穗型种质分布比例最高的地区是河北张家口市，其次是吉林等省，以新疆比例最低；散穗型种质分布比例最高的地区是辽宁，其次是新疆等省，最低是吉林、黑龙江等省；密穗型种质分布比例最高的地区是新疆和河北保定市，河北张家口市和青海均没有分布（见表 5-2）。侧穗型种质抗旱耐瘠性强，多种植在丘陵旱地；散穗型和密穗型种质抗旱耐瘠性较差，生育期短，多种植在平川水地。所以，侧穗型种质一般以高海拔的地区分布较多；而散穗型和密穗型种质一般以低海拔地区分布较多。

表 5-1　我国黍稷种质资源的生态环境

试验地点	气候条件及主要栽培方式									
	海拔高度（m）	经纬度	全年日照时数（h）	年平均气温（℃）	年降水量（mm）	无霜期（d）	土质	株行距（cm）	播种期（月.日）	≥10℃积温（℃）
哈尔滨	171.7	东经126°37′北纬45°41′	2 636.1	3.6	500.0	140	林溶黑土	70×2	4.24	2 200~2 300
白城	155.4	东经122°50′北纬45°38′	2 900~3 000	5.0	400.0~500.0	130~135	砾石底黑土	70×5	5.11	2 800~3 000
沈阳	55.0	东经123°4′北纬41°8′	2 574.9	7.8	755.1	150	沙壤	60×10	5.10~20	3 418.9
东胜	1 460.0	东经109°59′北纬39°50′	3 121.4	5.5	400.0	140	黄沙土	33×7	5.21	2 565.6
永宁	1 116.7	东经106°14′北纬38°15′	2 897.0	8.6	200.0	160	浅色草甸土	20×3	6.15	3 251.4
会宁	1 720.0	东经105°06′北纬35°40′	2 676.4	6.2	400.0	150	黄壤	21×6	5.11	2095.0
哈密	737.9	东经93°31′北纬42°49′	3 359.1	9.9	33.4~40.3	224	沙壤	45×5	5.27	3 687.2~4 073.0
张家口	646.0	东经114°55′北纬40°41′	2 877.1	7.4	406.5	138	沙壤	25×8	5.26	3 514.8
保定	19.5	东经118°北纬38°4′	2 610.5	12.2	575.2	204	黏壤	33×5	6.22	4 337.4
太原	777.9	东经112°33′北纬37°47′	2 641.0	9.4	494.5	160~170	沙黏土	21×10	6.5	3 361.4
榆林	1 058.0	东经109°42′北纬38°14′	2 928.0	8.1	438.0	151	沙壤	50×10	6.3~4	3 208.0
西宁	2 295.2	东经101°38′北纬36°45′	2 717.7	4.8	394.6	130~140	石灰性冲积土	60×10	4.22~24	2 700.0

表 5-2　我国黍稷种质资源花序色与穗型的生态差异

种质来源	种质数（个）	花序色				穗型					
		绿（个）	占比（%）	紫（个）	占比（%）	侧（个）	占比（%）	散（个）	占比（%）	密（个）	占比（%）
黑龙江	382	330	52	52	13.6	293	76.7	14	3.7	75	19.6
吉林	102	90	12	12	11.8	86	84.3	1	1.0	15	14.7
辽宁	66	56	84.8	10	15.2	34	51.5	26	39.4	6	9.1
内蒙古	682	73.3	73.3	182	26.7	506	74.2	147	21.6	29	4.3
宁夏	162	78.4	78.4	35	21.6	110	67.9	40	24.7	12	7.4
甘肃	427	76.6	76.6	100	23.4	288	67.5	121	28.3	18	4.2
新疆	81	86.4	86.4	11	13.6	32	39.5	28	34.6	21	25.9
河北张家口	64	75.0	75.0	16	25.0	56	87.5	8	12.5	0	0
河北保定	24	100.0	100.0	0	0	14	58.3	4	16.7	6	25.0
山西	1185	72.7	72.7	324	27.3	879	74.2	285	24.1	21	1.8

（续表）

种质来源	种质数（个）	花序色				穗型					
		绿（个）	占比（%）	紫（个）	占比（%）	侧（个）	占比（%）	散（个）	占比（%）	密（个）	占比（%）
陕西	976	74.5	74.5	249	25.5	696	71.3	209	21.4	71	7.3
青海	37	67.6	67.6	12	32.4	27	73.0	10	27.0	0	0

3. 粒色

粒色分类标准全国统一定为红、黄、白、褐、灰、复色六种。从表 5-3 中看出，红粒种质分布比例最高的地区是吉林，其次是河北保定市，最低的地区是青海和河北张家口市；黄粒种质分布比例最高的地区是宁夏、内蒙古、新疆、甘肃也较高，河北保定市最低；白粒种质分布比例最高的是河北张家口市，青海和新疆最低；褐粒种质分布比例最高的地区是黑龙江，最低的地区是新疆；灰粒种质比例最高的地区是青海，而辽宁、内蒙古、河北均没有分布；复色粒种质比例最高的地区是内蒙古，其次是河北张家口市，东北 3 省和河北保定市均没有分布。从以上不同粒色种质的分布情况可以看出，不同粒色种质的分布与海拔高度有很大关系，红粒种质多分布于低海拔的平川地带，而高海拔的高寒地区分布较少；黄粒种质多分布于海拔 1 000m 以上 2 000m 以下的地区，在海拔低的地区或海拔在 2 000m 以上的地区分布较少；白粒种质多分布于海拔 700m 以下的地区，在高海拔地区分布较少；褐粒色种质的分布以海拔 200 米以下的地区分布较多，在海拔 700m 左右的地区分布较少；灰粒种质大都分布在海拔 2 000m 以上的高海拔地区，在海拔 2 000m 以下的地区分布很少；复色粒种质在海拔 600～1 500m 的范围内分布较多，在 200m 以下的低海拔地区没有分布。

4. 米色

统一分为黄、淡黄、白 3 色。从表 5-3 中看出，黄色的以辽宁分布比例最高，河北张家口市次之，内蒙古最低；淡黄的以内蒙古分布比例最高，辽宁和青海均没有分布；白色的以青海分布比例最高，其他地区没有分布或比例很小。米色和种质的粳糯性有一定关系，粳性种质的米为角质，一般呈黄色的多；糯性种质的米为粉质，一般呈淡黄色的多。白色米粒种质各地比例都很小，与粳糯性关系不很密切。从全国 2 212 份稷子种质中统计，黄米粒的 1 475 份，占 66.7%；淡黄米粒的 692 份，占 31.3%；白色的 45 份，占 2.0%；从 1 976 份黍子种质中统计，黄米粒的 1 174 份，占 59.4%；淡黄米粒的 783 份，占 39.6%；白米粒 19 份，占 1.0%，也说明米色与粳糯性有一定的关系。但有些地区黍子与稷子种质的比例相差很大。例如，辽宁共有 66 份种质，就有 65 份是黍子；河北张家口市共有 64 份种质，就有 61 份是黍子；青海共有 37 份种质，完全为稷子。这样，不仅在鉴定中就很难比较，而且会出现各地在鉴别米色中的不同标准。所以，辽宁、河北张家口市在黍子种质占绝对优势的情况下，出现黄色米粒比例最高的情况就不难理解了。

表5-3　我国黍稷种质资源粒色、米色的生态差异

种质来源	种质数(个)	粒色												米色					
		红(个)	占比(%)	黄(个)	占比(%)	白(个)	占比(%)	褐(个)	占比(%)	灰(个)	占比(%)	复色(个)	占比(%)	黄(个)	占比(%)	浅黄(个)	占比(%)	白(个)	占比(%)
黑龙江	382	78	20.4	124	32.5	40	10.5	124	32.5	16	4.2	0	0	277	72.5	105	27.5	0	0
吉林	102	31	30.4	17	16.7	24	23.5	26	25.5	4	3.9	0	0	69	67.7	30	29.4	3	2.9
辽宁	66	9	13.6	20	30.3	20	20.3	17	25.8	0	0	0	0	66	100.0	0	0	0	0
内蒙古	682	161	23.6	304	44.6	79	11.6	61	8.9	0	0	77	11.3	254	37.2	416	61.0	12	1.8
宁夏	162	37	22.8	78	48.1	13	8.0	19	11.7	13	8.0	2	1.2	118	72.8	44	27.2	0	0
甘肃	427	93	21.8	182	42.6	54	12.6	57	13.4	36	8.4	5	1.2	289	67.7	137	32.1	1	0.2
新疆	81	17	21.0	35	43.2	3	3.7	3	3.7	16	19.8	7	8.6	49	60.5	31	38.3	1	1.2
河北张家口	64	7	10.9	9	14.1	37	57.8	4	6.3	0	0	7	10.9	61	95.3	3	4.7	0	0
河北保定	24	7	29.2	2	8.3	9	37.5	6	25.0	0	0	0	0	14	58.3	10	41.7	0	0
山西	1185	218	18.4	301	25.4	310	26.2	147	12.4	92	7.8	117	9.9	727	61.4	423	35.7	35	3.0
陕西	976	180	18.4	346	35.5	246	25.2	104	10.7	99	10.1	1	0.1	695	71.2	276	28.3	5	0.5
青海	37	4	10.8	10	27.0	1	2.7	8	21.6	11	29.7	3	8.1	30	81.1	0	0	7	18.9

（二）我国黍稷种质资源经济性状上的生态差异

统计项目为株高、主穗长、主茎节数、单株粒重、千粒重、生育期6项。各省统计种质份数为随机取样40个种质，其中黍子20个，稷子20个，黍子或稷子不足20个种质的，按实有种质数统计。平均结果（见表5-4）如下。

1. 株高

植株最高的是辽宁沈阳试点（187.20cm±17.74cm），最低的是甘肃会宁试点（99.00cm±12.57cm）。二者相差很大，将近1倍。造成这种情况的原因除与当地的气象条件有关外，与土质、灌溉条件，株、行距等主要栽培方式也有密切关系。沈阳试点和其他试点比较，降水量较多，灌溉条件良好，种质适应于平整肥沃的土壤环境。在栽培方式上，株、行距较大（60cm×10cm），这是形成高大植株生态型的主要因素。而会宁试点，天然降水量较少，土壤干旱瘠薄，没有灌溉条件，株、行距也较密，所以形成矮小植株生态型。

2. 主穗长

主穗最长的是沈阳试点（39.65cm±8.77cm），最短的是会宁试点（21.98cm±2.79cm），可见主穗长与株高的关系也比较密切。一般植株高大的种质，主穗就长；植株矮小的种质，主穗就短。影响穗长的因素与影响植株高度的因素也基本相同。因此，各地种质主穗长度的变化一般是随着植株高度的变化而变化的。

3. 主茎节数

主茎节数最多的也是沈阳试点的种质；而最少的却是哈密试点的种质。由此可见，主茎节数的多少与植株高低有一定关系，但不呈正比例关系。因为植株高低除与主茎节数有关外，还与另一个因素有关，那就是主茎节间的长短，而主茎节间的长短往往受具体管理条件的影响很大。在水肥充足，精耕细作的管理条件下节间长度要长一点；在水肥缺乏、耕作粗放的条件下，往往节间长度要缩短。这与各类作物在苗期采取蹲苗抗倒措施的原理是一致的。因此以主茎节数多少与植株的高低结合起来看，也可以反映出当地的降水量及栽培管理水平。

4. 单株粒重

单株粒重是各类作物经济性状中最重要的一项内容，也是作物对各类不同生态环境的具体反应，是不同生态型的重要标志。从表5-4中可以看出，单株粒重最大的是西宁试点（18.20±5.92），最小的是保定试点（3.71±1.42）。影响单株粒重大小的因素较多，首先与生育期长短关系密切。生育期长的种质同化的有机物较多，则单株粒重较大；反之，单株粒重较小。西宁试点的生育期最长，为135.25±9.56d，则相应的单株粒重也最大，保定试点的生育期最短，为73.15±5.50d，相应的单株粒重也最小。其次，与种质粒型的大小（千粒重）、不同穗型种质的分布比例以及在花期自然降水的多少都有一定关系。但有的试点在试验过程中没有必要的防鸟设备，也会出现一定的人为误差。

5. 千粒重

千粒重是衡量籽粒大小的标准。从各试点的统计情况来看，东胜试点的千粒重最高，为7.74±0.70g；保定试点的最低，为5.22±0.63g。千粒重的高低与各种植区在灌浆期的日照时数、昼夜温差、水肥管理条件等有密切的关系。一般来说，在灌浆期日照时数长、昼夜温差大、水肥条件好的情况下千粒重高；反之，千粒重就低。

表 5-4　我国黍稷种质资源经济性状的生态差异

试验地点	统计数（份）	株高（cm）X±S	主穗长（cm）X±S	主茎节数（个）X±S	单株粒重（g）X±S	千粒重（g）X±S	生育期（d）X±S
哈尔滨	40	115.78±21.59	36.84±9.18	7.54±1.05	3.99±1.92	6.13±0.98	108.13±5.85
白城	35	174.83±23.11	38.87±8.77	7.56±0.88	8.87±2.60	6.54±0.82	96.64±2.08
沈阳	21	187.20±17.74	39.65±9.49	9.73±0.98	9.83±3.17	6.32±0.98	89.10±5.67
东胜	40	144.53±19.31	30.54±4.07	8.79±0.66	9.09±3.92	7.74±0.70	109.43±7.08
永宁	28	148.98±20.19	29.56±5.52	7.57±1.12	4.50±1.41	7.26±0.50	88.29±8.42
会宁	40	99.00±12.57	21.98±2.79	7.34±0.86	3.73±0.93	7.31±0.61	118.80±11.29
哈密	21	122.40±15.43	31.27±3.79	5.73±0.59	6.18±2.98	6.16±0.43	73.25±4.84
张家口	23	182.74±27.58	38.05±3.16	8.14±1.27	6.74±2.33	6.51±0.71	93.64±6.47
保定	24	122.43±20.14	30.37±5.39	8.39±0.86	3.71±1.42	5.22±0.63	73.15±5.50
太原	40	123.70±34.80	36.71±6.03	7.11±1.31	8.23±3.16	6.78±1.13	83.35±13.44
榆林	40	164.08±15.77	37.95±5.40	8.14±1.02	12.95±4.02	7.26±0.83	91.38±6.99
西宁	20	137.55±22.33	29.00±2.40	6.43±1.16	18.20±5.92	6.73±0.55	135.25±9.56

6. 生育期

生育期是种质的一个比较稳定的性状，它与当地纬度与海拔高低、无霜期的长短和栽培方式等都有一定关系。前面已经提到生育期最长的是西宁试点，最短是保定试点。在这里影响生育期的主导因素，可能是播种期。从表 5-1 我们已经知道保定试点的播种期为 6 月 22 日，西宁试点的播种期为 4 月 22~24 日，早期播种的种质由于生长前期的温度较低，生长缓慢，明显延长生长期；晚期播种的种质生长前期的温度大大提高，加速了生长发育的速度，使生育期明显缩短。其他试点种质的生育期，例如，哈尔滨、会宁等地的种质，生育期较长，其原因也属于这种情况。除此之外，种植密度的大小也会影响到生育期的长短。例如，西宁试点的种质株、行距为 10cm×60cm；保定试点的种质株、行距为 5cm×33cm。过密易早衰，缩短生育期；过稀生长旺盛，延长生育期，这也是造成保定试点种质生育期最短、而西宁试点种质生育期最长的一个重要因素。

尽管各地种质在生态型上千差万别，影响各种生态型环境因素也比较复杂，但总的情况来看，各地的海拔与纬度是决定种质生态型的关键因素。海拔与纬度相近的地区往往在种质生态型上也有相近之处。因此，通过对我国黍稷种质资源的类型与生态型的研究，可以为我国黍稷种质资源的生态区划提供科学依据。

三、生态区划

根据中国黍稷种质资源在不同地理纬度和不同海拔条件下的生态特点，把中国黍稷种质资源的分布分为 7 个生态类型。

（一）黄土高原生态型

分布于甘肃省中部、东部，陕西全省，山西省中部、南部。上述地区是中国黍稷主产区之一，栽培历史悠久，遗传资源丰富，以旱作春播为主体，在热量资源较丰富的地区夏播也占一定比重。以侧穗大粒型种质为主，植株较高大，根系发达，抗旱性较强，如陇糜1号、晋黍7号和陕西大瓦灰糜。

（二）内蒙古高原生态型

分布于内蒙古自治区的鄂尔多斯地区，阴山前山地区、土默川平原及赤峰、哲里木丘陵地区，以及与上述地区相邻的宁夏回族自治区的固原地区、河北省的张家口市和山西省北部高寒区。上述地区也是中国黍稷主产区之一。以旱作春播中晚熟种质为主，为了防备严重春旱，常储备一定数量的早熟种质作为备荒种子。种质类型多为侧穗型，根系发育良好，较耐土壤干旱，如内糜4号、晋黍6号和伊糜5号。

（三）西北干旱灌区生态型

分布于宁夏回族自治区的引黄灌区、内蒙古自治区的河套灌区和甘肃省河西走廊灌区。地方种质侧穗型占优势，育成种质散穗型为主体，生产上后者已逐渐取代前者。散穗型为本生态型的代表种质，苗期出叶较快，次生根发育时要求土壤温度较高，植株较矮，茎秆较细，群体抗倒能力并不次于侧穗型。茎叶茸毛较多，较抗高温和大气干旱。单位面积成穗数高于侧穗型，栽培技术上应适当提高密度以增加产量，小穗分布疏散，采光条件较好，水肥条件较优时能降低秕谷率。另一特点是具有较强的耐盐碱能力，如内蒙古巴盟13糜和580黄糜。

（四）华北平原生态型

分布于河北、河南、山东等省平原地区。本生态区历史上曾是黍的主产区，黍的遗传资源至今也是丰富的。以侧穗、侧散穗、中型粒、糯性种质为主体，熟性多种多样，多为复种栽培，如河北省曲周县葡萄黍和河南省杞县笊篱头黍。

（五）东北平原生态型

分布于黑龙江、吉林、辽宁省的平原区和内蒙古自治区东部平原区，以及与平原相邻的低海拔丘陵区。地方种质侧穗型占绝对优势，育成种质以散穗型为主体。黑龙江省和内蒙古自治区的种质植株较矮，吉林省和辽宁省的种质植株较高大。茎叶茸毛较少，子粒以中小粒型为主体，对热量的要求，北部地区种质要求较低，南部地区种质要求较高。黑龙江、吉林、辽宁省基本上都是糯性的黍种质。内蒙古自治区东部地区粳糯型并重，多为旱作栽培。本生态型种质引种到内蒙古自治区西部和陕西省北部地区种植往往容易感染黑穗病，如龙黍16、年丰1号和辽糜16。

（六）高寒区生态型

分布于黑龙江的西北角，内蒙古自治区的呼伦贝尔盟和大青山的后山地区，年平均气温 3℃以下，无霜期 100d 左右。主体种质为散穗型，侧穗型也占一定比例。植株较矮小，产量性状较差。褐粒、条灰粒和中小粒型较多，较易落粒。植株外形有的种质甚至和野生穈相似。最大特点是对温度要求较低，生育期短，为早熟和特早熟种质，如内蒙古乌兰察布盟的小青穈。

（七）南方生态型

分布于华东、华中、华南和西南、多数省（自治区）。在山区、丘陵区零星栽培。目前对南方各省（自治区）黍稷的特征、特性了解得较少，但共同点还是很明显的，暂时把它们作为一个生态型。本生态型的共同特点是：穗型以侧穗型占多数，散穗型次之，籽粒为小粒和特小粒，糯性种质较多，粳性种质较少。耐湿性强，生育期短，引到北方种植，生育期延长，往往成为极晚熟或不能成熟的种质，如江苏省的得罗儿和黄稷。

上述 7 个生态型，未包括西藏、新疆两个自治区的种质（这两个自治区搜集的种质少，研究资料还不充实）。

同一生态型种质，除南方生态型外，只要生育期符合要求，相互引种较易成功。不同生态型种质，除相邻地区气候相似或少数适应性强的种质外，相互引种较难成功。

第二节　特征、特性及区域分布的聚类分析

对中国黍稷种质资源特征、特性及区域分布进行聚类分析，以了解不同地区黍稷种质资源的特点，为黍稷种质资源的利用提供参考依据。

一、材料来源及分类标准

（一）材料来源

本节所用的资料来自《中国黍稷（穈）种质资源目录》《中国黍稷（穈）种质资源目录（续编一）》《中国黍稷（穈）种质资源目录（续编二）》《中国黍稷种质资源特性鉴定集》《中国黍稷优异种质资源的筛选利用》，5 书共收录种质 7 500 余份，囊括了来自我国 20 个省（区）现存国家种质库中黍稷资源的大部分种质，因此，从材料来源的地理分布和份数看，具有充分的代表性。

（二）分类标准

为便于分析，在王星玉生态分区的基础上，根据不同的地理位置、气候、土壤条件和耕作制度，以及黍稷种质资源的数量，综合为 5 个地区。

（1）东北平原地区：包括黑龙江、吉林、辽宁 3 省

（2）黄土丘陵地区：包括内蒙古、宁夏、甘肃、新疆、河北北部、山西、陕西等地

（3）华北平原地区：包括河北、北京、河南、山东等省（市）

（4）青藏高原地区：包括西藏与青海省

（5）南方地区：包括长江以南各省（区）

各性状的分类标准遵循《中国黍稷（糜）种质资源目录》所制定的分类标准。粒大小按千粒重分为 5 级，即特大粒 9.0 以上，大粒 7.6~9.0g，中粒 6.1~7.5g，小粒4.6~6.0g，特小粒 4.6g 以下。穗型分为侧、散、密 3 种类型。花序色分紫、绿两色。株高分为特矮（70cm 以下）、矮（70.0~110.0cm）、中（110.1~150.0cm）、高（150.1~190.0cm）、特高（190.0cm 以上）。生育期分为极早熟（≤70d）、早熟（70~85d）、中熟（86~100d）、晚熟（101~115d）、极晚熟（115d 以上）。粒色分为红、黄、白、褐、灰 5 种基色及由 2 种以上基本色组成的多种复色。米色分黄、淡黄、白 3 种。单株粒重分 5 个等级，特重株大于 16g，重株 12.1~16.0g，中株 8.1~12.0g。轻株 4.0~8.0g，特轻株小于 4.0g。耐盐性以黍稷作物受盐（NaCl）危害程度分为 5 级，即 1 级（高度耐盐）、2 级（耐盐）、3 级（中度耐盐）、4 级（中度敏感）、5 级（敏感）。抗黑穗病评价分为免疫、高抗、抗病、感病、高感 5 个级别。

二、结果与分析

（一）粳糯性

籽粒的粳糯性是黍稷种质资源的重要性状，也是决定其经济用途的唯一依据。在 7 500 余份中国黍稷种质资源中粳性与糯性种质所占比例相差不大，但在各地区的分布仍有一定差别，东北平原地区与南方地区以糯性种质为主，分别达 90.4% 和 92.3%；而青藏高原地区是粳性种质占绝大多数，多达 99.0%；黄土高原丘陵地区粳性种质（56.6%）大于糯性种质（43.4%）；而华北平原地区则是糯性种质（57.0%）高于粳性种质（43.0%）。

（二）千粒重

中国黍稷种质资源籽粒大小，种质之间差距很大，特大粒种质千粒重达 10.0g（内蒙古的 8418-2-2-4 等 5 份），特小粒的只有 2.0g（山西的 2 272 等）。中国黍稷资源中中粒种质占 45.21%（3 396 份）、小粒种质（1 878 份）、大粒种质（1 817 份），分别占 25.00% 和 24.29%，特大粒种质（78 份）与特小粒种质（343 份）分别占 1.04% 和 4.57%。由此看出，中国黍稷种质资源中大多数种质千粒重分布在 4.6~9.0g 的范围。全国 20 个省（区）黍稷种质平均千粒重为 6.7g，内蒙古 7.8g，为全国各省之最。黄土丘陵地区的籽粒千粒重平均为 7.0g，但特大粒种质分布最多，中国黍稷资源的 7 500 余份种质中，特大粒种质仅 78 份，本区就占了 77 份；有大粒型种质 1 728 份，占本区种质总数（5 514 份）的 31.34%，占全国黍稷资源总数的 23.00%，为我国大粒型种质集中分布区。本区中又以内蒙古（694 份）、陕西（664 份）、甘肃（196 份）、宁夏（126 份）大粒、特大粒种质数量较多。全国 20 个省（区）中，只有上述 4 省（区）千粒重高于全国平均水平，本区的 77 份特大粒种质就在以上省（区）。青藏高原地区的青海省千粒重与全国平均水平（6.7g）相等，中粒种质 142 份，占本区种质总数的 71.00%，大粒及小粒种质分别占 13.93% 和 14.43%。千粒重处于第三位的是东北平原地区（平均 6.2g），本区中以小粒和中粒种质所占比例较大，分别是 46.87% 和 44.05%，但本区黑龙江省有一份种质千粒重达 9.6g，成为全国 78 份特大粒种质中唯一不在黄土丘陵区的种质。华北平原地区以小粒为主（73.87%），特小粒种质也占有一定比例（18.39%），大粒种质仅 2 份，为我国小粒种质分布区域。千粒重最小的分布区域在南方地区，仅 3.6g，特小粒种质所占比例为 80.77%，无大粒以上种质，中粒种质也只有 2 份。但本区种质仅占中国黍稷种质资源总量的 0.69%，也多为零星种植，面积极小。籽粒大小是环境条件的影响和人为选择共同作用的结果，总的趋势是子粒灌浆期间日照时间长，昼夜温差大，水肥条件好的情况下千粒重就高；反之，千粒重就低。

（三）穗型

了解我国黍稷种质资源穗型类群的规律性，对中国黍稷种质资源在分类和生态型的研究上都有其重要意义。统计结果表明：侧穗型最多，占中国黍稷种质资源总数的 70.93%；散穗型占 22.79%；最少是密穗型，仅占 6.28%，东北平原地区最高也只占到本区资源总数的 15.09%。黍稷在中国的主产区是内蒙古、陕西、山西、甘肃、宁夏、黑龙江等省（区）的干旱、半干旱地区，由于侧穗型种质植株较高，根系发育良好，抗土壤干旱和耐瘠能力比散穗型和密穗型强，因而中国黍稷种质资源中多数种质属此类型。

（四）花序色

花序色是中国黍稷种质资源在长期系统发育过程中所形成的一种稳定的遗传特性。在中国黍稷种质资源中，绿色花序种质占优势（79.61%），紫色花序种质仅占我国黍稷资源总数的 1/5 左右。华北及东北地区绿色花序种质所占比例较大，分别达 91.10% 和 88.70%，其他地区绿色花序种质的分布均在 2/3 以上。

（五）株高

黍稷作物生长环境的差别，对植株的高低影响很大。统计结果得出：全国平均株高 137.3cm，糯性种质（143.1cm）高于粳性种质（131.6cm）。东北平原地区黍稷资源株高（147.8cm）为五地区之首，高秆以上种质所占比例较大，占本区全部种质的 44.17%。黄土丘陵地区（138.0cm）与南方地区（136.8cm）和青藏高原地区（134.6cm）株高差别不大。华北平原地区株高较矮（124.1cm），但株高表现较整齐，中秆种质占此区种质总数的 78.7%。

（六）生育期

生育期是与适应性密切相关的性状，黍稷生育期变化幅度较大，随日照长短、温度高低而变动。全国生育期变幅在 48~152d，平均 95.2d，粳糯性种质之间无明显差别。不同熟期种质所占比例是：极早熟 3.84%、早熟 22.02%、中熟 42.79%、晚熟 18.49%、极晚熟 12.85%。中国 7 500 余份黍稷种质资源中，极早熟类型种质 288 份，以黄土丘陵及华北平原地区占绝大多数，分别是 149 份和 134 份，是我国极早熟种质的集中分布区域。东北平原地区仅 5 份，其他两区无一份。东北平原、黄土丘陵、华北平原、青藏高原、南方地区的早熟类型种质分别占本区种质总数的 6.13%（50 份）、21.10%（1 163 份）、37.50%（348 份）、43.07%（84 份）、13.46%（7 份）。各地区中熟类型种质所占比例较大，均在 38.00% 以上。晚熟类型以东北平原与南方两地区所占的份额较大，分别占本区种质总数的 49.08% 和 32.69%，黄土丘陵地区占 17.13%，其余两地区均低于 3%。黄土丘陵、青藏高原地区极晚熟类型种质分别占本区种质总数的 15.79%（870 份）和 16.41%（32 份），另外三区都在 6% 以内。影响黍稷作物生育期的环境条件除气候因子外，栽培条件也是不可忽视的重要因素。

（七）粒色

在 7 511 份中国黍稷种质资源中，黄粒（2 618 份），占 34.86%；白粒（1 665 份），占 22.17%；红粒（1 357 份），占 18.07%；褐粒（1 008 份），占 13.42；灰粒（437份），占 5.82%。以上 5 色为中国黍稷资源籽粒的主色，共 7 085 份，占中国黍稷资源总数的 94.35%。另外，还有复色籽粒种质 426 份，仅占种质总数的 5.67%。但粒色的分布在各地间仍有一定差别，黄土丘陵及青藏高原地区以黄色籽粒所占比例大，分别为 36.60%、35.32%；而华北平原与南方地区却以白色籽粒为主，所占比例均在 40% 以上；东北平原地区褐色籽粒的分布以 32.27% 为最高；青藏高原地区复色籽粒的含量与全国水平相近，但灰色籽粒含量在 5 地区中却是最高（26.37%）；其余各地区中无论灰色还是复色籽粒的比例均在 7% 以下；南方地区无灰色籽粒种质。

（八）米色

在 7 511 份中国黍稷种质资源中，黄米色种质数量最高，达 2/3（4 933 份）；淡黄米色种质次之，近 1/3（2 380 份）；白米色种质最少，仅占 2.64%（198 份）。在各地区中也都是以黄米色种质比率最高（均在 50% 以上），其中以华北平原地区的比例占绝大多数（88.82%）。而东北平原地区白米色种质分布最少，只有 4 份。

（九）单株粒重

单株粒重是构成单产的重要因素，也是作物经济性状中最重要的一项内容。7 511 份中国黍稷种质资源中，单株粒重糯性种质（9.0g/株）与粳性种质（8.7g/株）差别不大，平均 8.8g/株。以轻株（35.17%）和中株（24.81%）所占比例比较大，特轻株（16.5%）与重株（14.48%）种质比例相近，特重株型种质分布比例最少，仅 9.03%。青藏高原地区株粒重 11.3g，特重株型种质占此区种质总数的 26.87%；华北平原地区次之，单株粒重 10.6g。以上两区重株型种质均超过本区资源总数的 40%，是我国重株型种质分布比例较大的地区。黄土丘陵地区单株粒重 8.8g，轻株型以下种质占本区资源总数的 50%，中株型种质近 1/3。东北平原地区单株粒重为 6.6g，而南方地区仅 5.1g，两地区中轻株型以下的种质分别达 76.93%，84.62%，是我国黍稷资源轻株型种质集中分布的区域。

(十) 耐盐性

在 7 500 余份中国黍稷资源中共做耐盐鉴定 6 023 份，其中 1 级（高度耐盐）与 2 级（耐盐）仅占鉴定总数的 0.32% 和 1.38%；3 级、4 级、5 级分别占 36.91%、45.96%、15.44%。在供鉴材料中 1 级和 2 级耐盐类种质共 102 份，而黄土丘陵区就占了 84 份，成为我国耐盐"抗源"集中分布的区域。东北平原区有 13 份，华北平原、青藏高原地区仅有 3 份和 2 份，南方地区无 1 份。华北平原、青藏高原地区 5 级（敏感）种质分别占本区供鉴材料的 41.82%、33.67%。由此看出，这两个地区敏感类种质分布比例较高。其他 3 区中，3 级（中度耐盐）与 4 级（中度敏感）的种质都在 75% 以上，是我国耐盐性中等类种质分布区域。

(十一) 抗黑穗病性

"七五"至"八五"期间，在中国黍稷资源中共做抗黑穗病鉴定 6 031 份，没有 1 份免疫种质。高抗种质只有 9 份，仅占鉴定总数的 0.15%；抗病种质占 9.04%（545 份）；感病种质却高达 71.90%（4 336 份）；高感类型种质近 20%（1 141 份）。9 份高抗种质来自黄土丘陵（6 份）、华北平原（2 份）、东北平原（1 份）地区；抗病类种质也是以黄土丘陵地区分布最多，达 447 份。由此看出，我国以黄土丘陵地区的抗病种质较为集中。各地区中感病和高感种质所占本区鉴定材料总数的比例，除青藏高原地区（84.85%）外，其余 4 区都在 90% 以上，因而中国黍稷资源中，绝大多数为感病种质。

(十二) 蛋白质含量分布

6 020 份中国黍稷资源蛋白质含量的变异区间为 7.05% ~ 17.99%，平均含量 13.11%，主要集中在 11.1% ~ 16.0%，蛋白质含量在本区间的种质数量，占中国黍稷资源分析总数的 90，55%；蛋白质含量大于此区间的种质数量占 2.36%；低于此范围的达 7.09%。中国黍稷种质资源中大于 16.1% 以上的种质共计有 142 份，而黄土丘陵地区就占了 136 份，东北平原与华北平原地区分别有 5 份和 1 份。进而得出，我国蛋白质含量最高的种质绝大多数分布在黄土丘陵地区；而蛋白质含量低于 11.0% 的地区以华北平原最高（占本区种质总数的 17.19%），因而此区为蛋白质含量较低的分布区域；南方地区蛋白质含量主要集中在 13.1% ~ 15.0%，占本区资源分析总数的 93.75%；青藏高原地区主要集中在 11.1% ~ 15.0%，约占本区种质分析总数的 90%；东北平原地区蛋白质含量在 12.1% ~ 15.0% 的种质，占本区资源分析总数的 69.15%，分布范围不如上述两区集中。

(十三) 脂肪含量分布

6 020 份中国黍稷种质资源脂肪含量的变异区间为 1.02% ~ 5.45%，平均含量 3.17%，主要集中分布在 2.1% ~ 4.0%，脂肪含量在本区间的种质数量，占中国黍稷种质资源数量分析总数的 77.92%；脂肪含量大于此区间的种质数量占 13.92%；低于此范围的达 8.16%。中国黍稷种质资源中脂肪含量大于 5.0% 以上的种质共计有 42 份，仅占我国黍稷种质资源分析总数的 0.7%，华北平原地区 29 份（是我国大于 5.0%高脂肪含量资源总数的 69.05%）、东北平原和黄土丘陵地区分别是 11 份和 2 份，其他地区无 1 份。华北平原地区脂肪含量主要集中在 3.10%~4.05%的范围，占本区分析资源总数的 92.93%；东北平原及黄土丘陵地区脂肪含量在 2.1%~3.0%的种质，占本区资源分析总数的 93.75%，是我国黍稷种质资源低脂肪含量分布比例较高的区域。

（十四）赖氨酸含量的分布

6 020 份中国黍稷种质资源赖氨酸含量的变异区间为 0.14%~0.25%，平均含量 0.19%，分布在 0.17%~0.20%的种质数量，占中国黍稷种质资源分析总数的 61.40%；分布在 0.21%~0.22%，小于 0.16%的种质数量分别是 16.05%和 19.55%；而大于 0.23%的种质数量仅占 0.31%，只有 181 份，其中黄土丘陵地区就占了 81.77%（148 份），是我国高赖氨酸含量种质集中分布的区域，南方及青藏高原地区分别是 12 份和 11 份，东北与华北平原地区各 5 份。南方地区赖氨酸含量在 0.23%~0.24%范围内分布的种质占本区资源分析总数的 75%，但供检种质数量较少，仅 16 份；青藏高原地区种质赖氨酸含量主要分布在 0.19%~0.22%，占本区分析资源总数的 65.65%；华北与东北平原地区种质集中分布在 0.19%~0.20%，分别达本区资源总数的 52.23%和 59.90%；黄土丘陵地区赖氨酸含量在 0.19%~0.20%，0.17%~0.18%和小于 0.16%的种质数量占本区供检种质总数的 25%左右，0.21%~0.22%的种质数量也占了 17.69%。由此看出，黄土丘陵地区虽然高赖氨酸种质数量在全国各地区中独占首位，但赖氨酸的各幅度含量仍呈较广泛的分布。

三、结论

综上所述，仅对我国黍稷种质资源多年不完全的研究资料统计结果分析，可以粗略地看出黍稷种质资源的特征、特性及区域分布，是随不同生态区的环境条件而形成的固有的生态特点，这些特点可供我们在今后的黍稷引种和研究中参考应用，使我国黍稷种质资源在生产和育种利用中发挥更大的经济和社会效益。

第三节　穗型与主要农艺性状的关系

黍稷有 3 种穗型，分别为侧穗、散穗和密穗。侧穗的形状为穗分支与主轴的夹角小，籽粒分布稠密，穗长大下垂；散穗的形状正好与侧穗相反，穗分枝与主轴的夹角大，籽粒分布稀疏，穗下垂；密穗的形状与侧穗相近，但穗头小，上冲。黍稷种质的不同穗型是区分不同类型种质的主要标志，不同穗型的黍稷种质其特征、特性及经济性状都有较大差异。对黍稷种质穗型与主要农艺性状关系的研究，可以进一步了解不同穗型种质独特潜在的优势，作为在黍稷生产中定向的种质选择、选地和栽培技术上制定相应的栽培措施，提供参考依据。

一、材料和方法

（一）材料

山西是黍稷的起源和遗传多样性中心，山西的黍稷种质在全国有代表性。选择《中国黍稷（糜）种质资源目录》中山西省的 1 192 份黍稷种质和《山西省黍稷种质资源研究》两书中的相关鉴定数据，对不同穗型及其主要农艺性状鉴定数据，包括穗型、粳糯性、有效分蘖、单株粒质量、千粒质量、粒色、生育期、抗黑穗病性、抗旱性、抗倒伏性和耐盐碱性分别进行归类。

（二）方法

分别计算出侧、散、密 3 种穗型的数量，在不同穗型的种质数量内分别统计主要农艺性状的数量并进行比较分析，找出不同穗型的黍稷种质与相关农艺性状的内在联系规律。

二、结果与分析

（一）不同穗型种质的数量及穗型与籽粒粳糯性的关系

对 1 192 份黍稷种质的穗型统计表明，侧穗型种质最多，在黍稷种质资源中占绝对优势，散穗型种质居中，密穗型种质最少。说明在黍稷生产上侧穗型种质是主推种质，散穗和密穗型种质是搭配种质。各种穗型的种质中，籽粒的粳糯性所占比例各有侧重。从表 5-5 中可以看出，侧穗型种质中，糯性籽粒占得比例最大，超过 2/3，只有近 1/3 的种质属于粳性；散穗型种质和侧穗型种质不同，粳性种质和糯性种质所占比例相近，但粳性种质的比例大于糯性种质；密穗型种质和侧穗型种质有相似之处，也是以糯性种质为主，糯性种质所占比例大于 4/5，比侧穗型种质所占比例还大。从黍稷的进化历程来分析，最原始的黍稷为"稷"，粳性，散穗型。由稷进化为黍，糯性，侧穗型。密穗型为中间过渡型，粳性和糯性都有。从古到今生产上种植的黍稷种质主要有两种类型，就是散穗型和侧穗型，所以在清代《植物名实图考》一书中就明确有"黍稷虽同类，然黍穗聚而稷穗散，亦以此别。"的记载，以此作为区分黍和稷的依据。实际上这种说法在今天看来已经不确切了。由于黍稷同种，极易产生异交，在长期的生产过程中，黍和稷通过自然杂交，已经出现了黍不单纯只有侧穗的种质，也出现了散穗的种质；稷不单纯是只有散穗的种质，也出现了侧穗的种质。但以上的统计数字表明，侧穗型种质仍然保留了以糯性的黍种质为主的特性；散穗种质也保留了原有的稷粳性种质为主的特性。至于密穗种质，由于属于中间过渡类型，在生产上已经极少种植，因此种质数量极少，但在极少的种质中，也以糯性的黍占了绝对的优势，说明密穗种质进化程度已经很高，只是由于穗型短小，产量不高，在生产上逐渐被长穗丰产的侧穗种质所取代。

表 5-5 穗型与籽粒粳糯性的关系

穗型	种质数（份）	占比（%）	粳性种质（份）	占比（%）	糯性种质（份）	占比（%）
侧	938	78.69	304	32.41	634	67.59
散	233	19.55	122	52.36	111	47.64
密	21	1.76	4	19.05	17	80.95

（二）穗型与有效分蘖、单株粒质量、千粒质量的关系

不论任何作物，有效分蘖、单株粒质量和千粒质量都是很重要的丰产性状，黍稷作物也不例外，但黍稷的不同穗型类型种质，在丰产性状上却存在着较大的差异，也就是说在同等的栽培管理条件下，不同穗型的黍稷种质在产量上也会出现明显的差距。

表 5-6 穗型与有效分蘖、单株粒质量、千粒质量的关系

穗型	种质数（份）	有效分蘖（份）	单株粒质量（g）	千粒质量					
				6g以下种质（份）	占比（%）	6~8g（份）	占比（%）	8g以上种质（份）	占比（%）
侧	938	1.64	8.66	196	20.90	730	77.83	12	1.27
散	233	1.17	8.53	74	31.76	159	68.24	0	-
密	21	1.43	6.59	13	61.90	8	38.10	0	-

从表5-6可以看出，从有效分蘖的平均数来看，侧穗型种质最高，密穗型种质居中，散穗型种质最低。从单株粒质量的平均数来看，仍然以侧穗型种质居首位，密穗型种质最低。散穗型种质居中，但与侧穗型种质相差甚微。从外部穗型形态的直观来判断，长期以来人们一直认为侧穗型种质穗子长大，穗枝梗并拢一起，籽粒集中，给人的第一印象是单穗粒质量高；而散穗种质，穗枝梗分散，虽然穗也长大，但膨松，显得籽粒分布稀疏，使人们错误地认为单穗粒质量要比侧穗型种质低。其实不然，散穗型种质由于穗码疏散，能更好地利用空气、温度和接受光照，使光合效率要明显超过侧穗种质，导致了散穗种质的不孕率低、结实率高的特点，因此单穗粒质量要大于侧穗种质。但侧穗型种质还有它自身优势，有效分蘖率大于散穗型种质，这就导致了单株粒质量又略大于散穗型种质的结果。密穗型种质和侧穗型、散穗型种质相比，尽管有效分蘖率高于散穗种质，但没有形成明显优势，再加之本身穗型的形态就很短小，导致了单株粒质量最低的结果。从千粒质量的统计结果来看，8g以上的大粒种质，只有侧穗型种质占有很小的比例，散穗和密穗型种质均为零；6~8g的中粒型种质，也以侧穗型种质最高，散穗型种质居中，密穗型最低。这说明侧穗型种质在主要的丰产性状上，均占有明显的优势。

（三）穗型与抗黑穗病性、抗旱性、抗倒伏性和耐盐碱性的关系

不同穗型的黍稷种质抗病和抗逆能力也存在着一定差异。表5-7表明，从抗黑穗病的结果来看，抗性强的种质比例，以密穗型种质最高，侧穗型种质居中，散穗型种质最低。但从抗性中等的比例来看，却是侧穗型种质最高，密穗型种质居中，散穗型种质最

低。已经显示出散穗型种质抗黑穗病相对较弱的趋势，最终导致散穗型种质抗黑穗病种质弱的比例最高，侧穗型种质居中，密穗型种质最低。说明密穗型种质抗黑穗病能力最强，侧穗型种质居中，散穗型种质最弱。从抗旱性的结果来看，抗旱性强的种质比例，以侧穗型种质最高，密穗型种质居中，散穗型种质最低。抗旱性中等的种质比例，仍然以侧穗型种质最高，密穗型种质居中，散穗型种质最低。最后导致抗旱性弱的种质比例，以散穗型种质最高，密穗型种质居中，侧穗型种质最低。这说明侧穗型种质抗旱的能力最强，密穗型种质居中，散穗型种质最弱。从抗倒伏性的情况来看，抗倒伏性强的种质比例，以散穗型种质比例最高，密穗型种质居中，侧穗型种质比例最低。抗倒伏性中等的种质比例，仍然以散穗型种质最高，但居中的却是侧穗型种质，密穗型种质最低。最终导致抗倒伏性弱的种质比例，以侧穗型种质最高，密穗型种质居中，散穗型种质最低。这说明散穗型种质抗倒伏性的能力最强，密穗型种质居中，侧穗型种质最弱。从耐盐性的情况来看，耐盐性强的种质比例以侧穗型种质最高，散穗型种质居中，但与侧穗型种质比例相差其微，密穗型种质比例最低。耐盐性中等种质的比例以散穗型种质比例最高，侧穗型种质居中，密穗型种质最高。导致最后耐盐性弱的种质比例，以散穗型种质最低，侧穗型种质居中，密穗型种质最高。总体情况说明散穗型种质耐盐性最强，侧穗型种质虽然耐盐性强的种质比例比散穗型种质略高，但耐盐性中等种质的比例却低于散穗型种质，因此居中，但也说明侧穗型种质的耐盐性和散穗型种质的耐盐性基本是持平的，同样具有耐盐性强的特性。相比之下，密穗型种质的耐盐性是最弱的。

表 5-7　穗型与抗黑穗病性、抗旱性、抗倒伏性和耐盐碱性的关系

| 穗型 | 种质数（份） | 抗黑穗病性 | | | | | | 抗旱性 | | | | | |
		强（份）	比例（%）	中（份）	比例（%）	弱（份）	比例（%）	强（份）	比例（%）	中（份）	比例（%）	弱（份）	比例（%）
侧	938	168	17.91	564	60.13	206	21.96	268	28.57	476	50.75	194	20.68
散	233	16	6.87	74	31.76	143	61.37	25	10.73	58	24.89	150	64.38
密	21	6	28.57	12	57.14	3	14.29	5	23.81	10	47.62	6	28.57

| 穗型 | 种质数（份） | 抗倒伏性 | | | | | | 耐盐碱性 | | | | | |
		强（份）	比例（%）	中（份）	比例（%）	弱（份）	比例（%）	强（份）	比例（%）	中（份）	比例（%）	弱（份）	比例（%）
侧	938	134	14.29	461	49.15	343	36.57	158	16.84	542	57.78	238	25.37
散	233	62	26.61	148	63.52	23	9.87	38	16.31	149	63.95	46	19.74
密	21	5	23.81	10	47.62	6	28.57	3	14.29	10	47.62	8	38.10

（四）穗型与生育期的关系

黍稷作物的生育期和其他农作物的生育期相比，本身就比较短，而不同穗型的黍稷种质在生育期的长短上也存在明显的差异。表 5-8 表明，侧穗型种质和散穗型种质的生育期跨度大，包括 4 个区间；而密穗型种质跨度很小，只有 2 个区间，分别是 90d 以下的特早熟种质

和 91～100d 的早熟种质。由此可以看出，密穗型种质生育期最短。侧穗型和散穗型种质的生育期虽然都跨 4 个生育期区间，但在各个区间的比例却各有侧重。从生育期在 90d 以下的特早熟种质比例来看，侧穗型种质大于散穗型种质，但生育期在 91～100d 的早熟种质和 101～110d 的中熟种质中，散穗型种质比例却大于侧穗型种质。而在 111～120d 的晚熟种质中，侧穗型种质远远大于散穗型种质。而散穗型种质比例大都集中在 91～100d 的早熟种质和 101～110d 的中熟种质中，占到散穗型种质的 84.12%，占了绝对优势，说明散穗型种质的生育期居中。侧穗型种质由于 111～120d 的晚熟种质比例最大，尽管生育期 90d 以下的特早熟种质比例大于散穗型种质的比例，但只大于 4.92%，而 111～120d 的晚熟种质比例，却大于散穗型种质比例 9.80%，相比之下侧穗型种质生育期最长。也就说明侧穗型和散穗型种质是黍稷生产上大面积，且广泛种植的种质，密穗型种质只是在特定的生态环境下，如无霜期较短的高寒山区或是在救灾补种中发挥重要作用。就侧穗型种质和散穗型种质而言，侧穗型种质又比散穗型种质适应区域更加广泛。

表 5-8　穗型与生育期的关系

穗型	种质数	生育期							
		90d 以下（份）	占比（%）	91～100d（份）	占比（%）	101～110d（份）	占比（%）	111～120d（份）	占比（%）
侧	938	183	19.51	485	51.71	166	17.70	104	11.09
散	233	34	14.59	142	60.94	54	23.18	3	1.29
密	21	8	38.10	13	61.90	0	0	0	0

（五）穗型与粒色的关系

黍稷籽粒的颜色主要有 6 种，分别是红、黄、白、褐、灰和复色（2 种颜色）。不同穗型的黍稷种质，籽粒颜色的结构也各有侧重。

从表 5-9 可以看出，密穗型种质，粒色比较单调，没有褐、灰和复色粒的，基本上黄粒种质占了绝对优势。侧穗型和散穗型种质粒色比较复杂，各种粒色的种质都有，但侧重面不同。侧穗型种质以白粒种质最多，黄粒和红粒种质次之，其他粒色的种质比例均不大；散穗型种质则以黄粒种质最多，灰粒和白粒种质次之，其他粒色的种质比例均小。说明不同穗型的种质都有各自特殊的生态环境，不同粒色种质的差异，也是在那种特定生态环境下不同的生态型表现。

表 5-9　穗型和粒色的关系

穗型	种质数	粒色											
		红（份）	占比（%）	黄（份）	占比（%）	白（份）	占比（%）	褐（份）	占比（%）	灰（份）	占比（%）	复色（份）	占比（%）
侧	938	199	21.22	221	23.56	264	28.14	128	13.65	41	4.37	85	9.06
散	233	19	8.16	94	40.34	45	19.31	13	5.58	48	20.60	14	6.01
密	21	1	4.76	19	90.48	1	4.76	0	0	0	0	0	0

三、结论与讨论

黍稷种质的穗型与主要农艺性状的关系密切，而且各有侧重。从穗型与籽粒粳糯性的关系来看，侧穗型种质和密穗型种质均以糯性的黍为主；散穗型种质以粳性的稷为主。从穗型与有效分蘖、单株粒质量、千粒质量的关系来看，侧穗型种质的有效分蘖、单株粒质量、千粒质量最高；散穗型种质有效分蘖最低，单株粒质量和千粒质量居中；密穗型种质的有效分蘖居中，单株粒质量和千粒质量最低。从穗型与抗黑穗病性、抗旱性、抗倒伏性和耐盐性的关系来看，密穗型种质抗黑穗病性最强，侧穗型种质居中，散穗型种质最弱。侧穗型种质抗旱性最强，密穗型种质居中，散穗型种质最弱。散穗型种质抗倒伏性最强，密穗型种质居中，侧穗型种质最弱。散穗型种质耐盐性最强，侧穗型种质居中，密穗型种质耐盐性最弱。从穗型与生育期的关系来看，侧穗型种质生育期最长，散穗型种质生育期居中，密穗型种质生育期最短。从穗型和粒色的关系来看，侧穗型种质以白粒、红粒和黄粒的为主，散穗型种质以黄粒和白粒的为主，密穗型种质以黄粒为主。

根据以上研究结果，在黍稷的生产实践中，在种质的选择、布局、选地、种植密度、田间管理等栽培措施中，可参考种质的不同穗型而实施。

（1）各地因对黍稷的食用习惯不同，如需要优良的糯性的黍种质时，在侧穗型种质中选择有优势；如需要优良的粳性的稷种质时，在散穗型种质中选择几率比较大。在外贸出口或黍稷加工中需不同粒色的种质，需红粒的可在侧穗型种质中选择。密穗型种质在生产上应用很少，但在救灾补种和二季作时选择密穗型种质优势最大。

（2）在丘陵、干旱地种植应以侧穗型种质为主，适当搭配散穗型种质；在平川、水地和盐碱地种植，应以散穗型种质为主，适当搭配侧穗型种质。不论丘陵、旱地、水地和盐碱地种植，密穗型种质优势都不大，但在黑穗病高发地区却要以密穗型种质为主，辅以侧穗型种质，适当搭配散穗型种质。

（3）散穗型种质的有效分蘖较少，可适当密植，增加穗数，以提高产量；侧穗型种质有效分蘖较多，应适当减少播种量，以充分发挥单株生产力的优势。

（4）散穗型种质穗枝梗开张，每穗占有较大空间，穗枝梗极易盘结交错，成熟时遇风易落粒，应即时收获，以防止减产。

第四节　粒色分类及其特性表现

黍稷种质资源的粒色种类繁多，瑰丽多彩，多达17种。如果不算单粒色的深浅之分，以及把两种不同颜色组成的粒色统称一种复色的话，黍稷种质资源的粒色主要分为黄、白、红、褐、灰和复色（2种颜色）共6种。不同粒色的种质在各项特性表现上也各有侧重。本节就以编入《中国黍稷种质资源目录》1—5册中的 8 515 份种质的粒色进行分类，说明在中国每年种植 173.3 万 hm^2 的黍稷面积中，不同粒色的黍稷种质所占的比例。同时对山西省的 1 192 份黍稷种质资源也以粒色进行分类，说明山西的黍稷种质资源，在不同粒色种质的种植比例上和全国大同小异，也表明了山西是全国的黍稷主产区，山西的黍稷种质资源在全国是有代表性的。在此基础上我们又对山西不同粒色的黍稷种质资源在穗型和生育期、粳糯性、营养品质和出米率等项特性鉴定数据，进行了归类统计，反映出不同粒色的黍稷种质资源在穗型和主要特性表现上的差异，为今后在黍稷的生产、食用和加工等方面提供选择种质的参考依据。

一、材料和方法

（一）材料

编入《中国黍稷种质资源目录》1~5 册中的全部黍稷种质资源，共计 8 515 份种质的粒色鉴定数据；《山西省黍稷种质资源研究》一书中 1 192 份种质的粒色以及生育期、穗型、粳糯性、营养品质和出米率的特性鉴定数据。

（二）试验方法

对全国的 8 515 份黍稷种质资源，以粒色进行分类统计；对山西省的 1 192 份黍稷种质资源，除以粒色进行分类统计外，还要统计在不同粒色的黍稷种质资源中，相对应的穗型和生育期、粳糯性、营养品质和出米率的特性鉴定数据。

对山西省的 1 192 份种质，以黄、白、红、褐、灰和复色 6 种粒色的种质数，与包括在其中的生育期、穗型、粳糯性、营养品质和出米率进行比较，总结出不同粒色的黍稷种质资源，在穗型和各项特性中的表现及其相互间的差异。

二、结果与分析

（一）中国黍稷种质资源的粒色分类

至 2012 年年底，我国已收集保存黍稷种质资源 9 050 份，居世界第一位。经过 16 项各种农艺性状鉴定后，编入《中国黍稷种质资源目录》1~5 册的种质资源共计 8 515 份。以粒色进行分类，其结果是黄粒的 2 905 份，占 34.12%；白粒的 1 873 份，占 22.00%；红粒的 1 569 份，占 18.43%；褐粒的 1 130 份，占 13.27%；灰粒的 477 份，占 5.60%；复色粒的 561 份，占 6.59%。中国黍稷种质资源的粒色以黄、白、红、褐 4 种为主，以黄粒种质最多，白粒、红粒和褐粒种质居中，灰粒和复色粒种质最少。黍稷起源于中国，是在中国种植最早的作物，据最新考古发现，黍稷在中国种植的历史已经有 10 300 年，比起源于中国的谷子还早 1 600~2 000 年。在悠久的农耕历史中，人类在生产实践中不断的进行择优选择，以致形成了以黄、白、红、褐 4 种粒色种质为主推种质的现状，从不同粒色种质的进化程度来推断，这 4 种粒色的种质，要远远超过灰粒的种质。其中特别是排在前 3 位的黄、白、红粒色种质进化程度较高。因为黍稷的原始种——野生稷的粒色基本都是条灰色的，其进化过程是由条灰色进化成灰色，由灰色再进化成褐色，然后再由褐色演变成红、黄、白色。至于复色粒的种质，例如，白黄、白红、白褐、白灰等 2 种以上粒色的种质，是在长期的种植过程中，自然杂交的结果。由于黍稷是自交作物，异交率并不是很高，所以形成的的复色种质的数量也不会太多。如果从进化程度的角度来看，还要高于黄、白、红、褐粒色的种质，因为复色粒种质的形成是在黄、白、红、褐粒色种质形成之后才出现的，也表现出一定的杂交优势，但大多数复色粒种质并非人为地定向培育而成，所以直到如今，在黍稷生产上还形不成较大的优势。

（二）山西省黍稷种质资源的粒色分类

山西省是我国黍稷的生产区，每年种植面积 1.5 万 hm² 左右。在 20 世纪 80 年代初就从全省各地收集到黍稷种质资源 1 192 份，直到 2012 年年底又在全省各地和省外、国外陆续收集到不同性状和不同类型的黍稷种质资源 1 278 份，目前共拥有黍稷种质资源 2 470 份，资源拥有量居全国第一位。对 20 世纪 80 年代初从全省各地收集的原生态的 1 192 份黍稷种质资源，也以粒色进行分类，其结果是黄粒 334 份，占 28.02%；白粒的 310 份，占 26.01%；红粒的 219 份，占 18.37%；褐粒的 141 份，占 11.83%；灰粒的 89 份，占 7.47%；复色粒的 99 份，占 8.31%。和全国黍稷种质资源的粒色分类结果一样，仍然以黄、白、红、褐 4 种粒色种质为主，黄粒种质最多，白粒、红粒和褐色粒种质居中，灰粒和复色粒种质最少。只是区别在不同粒色种质之间的比例差异，特别是白粒种质的比例，比全国的比例大，接近于黄粒种质比例，比例结构更加合理。说明山西省的黍稷种质资源在全国是最有代表性的，本文就以山西省的 1 192 份黍稷种质的粒色分类结果为基础，比较不同粒色黍稷种质的主要特性表现。

（三）不同粒色黍稷种质资源的穗型表现

黍稷种质资源的穗型分为侧、散、密 3 种。不同粒色的种质在不同穗型中的种质比例也各有侧重，表 5-10 表明，在 3 种穗型中以侧穗型种质占绝大多数，其次是散穗型种质，密穗型占极少数比例。而在侧穗型种质中又以白粒种质的比例最大，黄粒、红粒和褐粒种质居中，复色粒和灰粒种质最少。在散穗型种质中又以黄粒种质比例最大，灰粒和白粒种质居中，红粒、复色粒和褐粒种质比例最小。

表 5-10　不同粒色黍稷种质资源的穗型表现

穗型	种质数（份）	占比（%）	粒色											
			黄（份）	占比（%）	白（份）	占比（%）	红（份）	占比（%）	褐（份）	占比（%）	灰（份）	占比（%）	复色（份）	占比（%）
侧	938	78.69	221	18.54	264	22.15	199	16.70	128	10.74	41	3.44	85	7.13
散	233	19.55	94	7.89	45	3.78	19	1.59	13	1.09	48	4.03	14	1.18
密	21	1.76	19	1.59	1	0.08	1	0.08	0	0.08	0	0	0	0

在密穗型种质中，基本上都是黄粒种质，白粒和红粒的种质均只有 1 份，没有褐、灰和复色粒种质。由此说明：（1）当前在生产上的主推黍稷种质仍然以白、黄、红和褐粒种质为主，复色粒和灰粒种质只是搭配种质。（2）从进化的角度来说，侧穗型种质的进化程度最高，而在侧穗型种质中不同粒色种质所占比例的多少，又可反映出不同粒色种质的进化程度，其顺序由低到高是灰—褐—红—黄—白。白粒种质的进化程度最高，至

于复色粒种质进化程度也很高，但由于是自然杂交，在特性表现上没有大的优势，加之数量极少，在生产上还占不了优势地位，但种质数量仍然要比进化程度很低的灰粒种质多。（3）侧穗型种质抗旱耐瘠性最强，适宜丘陵干旱山区种植；散穗和密穗型种质抗旱耐瘠性较差，适宜平川水地种植。在侧穗型种质中白粒种质所占比例最大，说明白粒种质的抗旱耐瘠性最强；在散穗和密穗种质中以黄粒种质比例最高，说明黄粒种质抗旱耐瘠性比较差。不同粒色黍稷种质资源的穗型表现，也是在长期的特定生态环境下种植，形成的一种固有的生态型表现。

（四）不同粒色黍稷种质资源的粳糯性特性表现

山西省的 1 192 份黍稷种质资源的近 2/3 是糯性种质，这与山西大部分地区喜食糯性的黏糕有很大关系，只有晋西北的河曲县和晋东南的部分县（市）有食用粳性稷米酸粥或捞饭的习惯，因此粳性的稷米种质只占 1/3 强的比例。而在不同粒色的黍稷种质资源中，糯性种质所占比例最高的是白粒种质，其次是红粒种质，黄粒和褐粒种质居中，复色和灰粒种质最少。在粳性种质中却唯有黄粒种质比例最高，其他粒色种质比例都不大，而复色粒和褐粒种质比例则更小（见表 5-11）。说明白粒种质在糯性种质中占着主导的地位，而黄粒种质在粳性种质中又占着更加重要的位置。造成这种情况的原因与长期的生产实践，人工的择优选择有着很大的关系。但从黍稷进化的角度来看，黍稷的粳糯性，粳是原始态，糯是进化态，糯性的黍种质是由粳性的稷进化而来的。由此看来，山西的黍稷种质资源中，大部分是糯性的黍，除了与山西大部分地区人们喜食黏糕的食用习惯有关外，与黍稷的进化也不无关系。而不同粒色的黍稷种质资源在粳糯性特性中的表现，也更加说明白粒种质在糯性种质中的进化程度是最高的，黄粒种质在粳性种质中的进化程度最高，同时也说明黄粒种质的进化程度虽然不及白粒种质，但在其他特性表现上也存在着较大的优势。

表 5-11   不同粒色黍稷种质资源的粳糯性特性表现

粳糯性	种质数（份）	比例（%）	粒色											
			黄（份）	占比（%）	白（份）	占比（%）	红（份）	占比（%）	褐（份）	占比（%）	灰（份）	占比（%）	复色（份）	占比（%）
粳	430	36.07	206	17.28	61	5.12	59	4.95	30	2.52	56	4.70	18	1.51
糯	762	63.93	128	10.74	249	20.89	160	13.42	111	9.31	33	2.77	81	6.85

（五）不同粒色黍稷种质资源的生育期特性表现

黍稷的生育期分为 4 个标准，90d 以下为特早熟；91~100d 为早熟；101~110d 为中熟；111~120d 为晚熟。在这 4 个标准中，山西的黍稷种质资源有超过 1 半的种质集中在 91~100d 的早熟种质中。不同粒色的黍稷种质在不同的生育期中所占比例也各有侧重。黄、白、红、褐 4 种粒色的种质，生育期跨度大，在 90d 以下至 120d，灰粒和复色粒种质生育期跨度小，在 90d 以下至 110d。黄、白、红、褐 4 种粒色的种质生育期在 91~

100d 的早熟种质比例最大，灰粒和复色粒种质生育期主要集中在 91~110d 的早熟和中熟种质中。由此说明黍稷作物的生育期和其他粮食作物的生育期相比，生育期较短，黍稷种质资源的生育期大都在 100d 以内。在 90d 以下的特早熟种质中，以白粒种质比例最高，黄粒和红粒种质居中，灰粒、复色粒和褐粒种质比例最低，在 91~100d 的早熟种质中又以黄粒种质比例最高，白粒种质次之，红粒和褐粒种质居中，复色粒和灰粒种质最低。在 101~110d 的中熟种质中，仍以黄粒种质比例最高，灰粒、复色粒和褐粒种质居中，红粒和白粒种质最低。在 111~120d 的晚熟种质中还是黄粒种质比例最高，红粒和白粒种质居中，褐粒种质比例最低，灰粒和复色粒种质均为零（见表 5-12）。如果把 90d 以下和 100d 以内的生育期合在一起，定为早熟种质；把 101d 和 120d 以内的生育期合在一起，定为中晚熟种质。在早熟种质中，白粒种质的比例最高，为 21.98%，黄粒种质次之，为 19.72%，红粒和褐粒种质居中，分别为 13.68% 和 8.31%，复色粒和灰粒种质比例最低，分别为 4.87% 和 4.02%。在中晚熟种质中，黄粒种质比例最高，为 8.30%，其他粒色的种质比例均不大，红粒为 4.70%，白粒为 4.03%，褐粒为 3.52%，灰粒和复色粒均为 3.44%。由此可见，白粒种质在早熟种质中优势最大，黄粒种质在中晚熟种质中又鹤立鸡群，占有绝对优势，白粒和黄粒种质在生育期的特性表现中优势是最为明显的。

表 5-12 不同粒色黍稷种质资源生育期特性表现

生育期 (d)	种质数 (份)	占比 (%)	粒 色											
			黄 (份)	占比 (%)	白 (份)	占比 (%)	红 (份)	占比 (%)	褐 (份)	占比 (%)	灰 (份)	占比 (%)	复色 (份)	占比 (%)
90d 以下	225	18.88	51	4.28	94	7.89	38	3.19	17	1.43	11	0.92	14	1.18
90~100d	640	53.69	184	15.44	168	14.09	125	10.49	82	6.88	37	3.10	44	3.69
101~110d	220	18.46	52	4.36	23	1.93	26	2.18	37	3.10	41	3.44	41	3.44
111~120d	107	8.98	47	3.94	25	2.10	30	2.52	5	0.42	0	0	0	0

（六）不同粒色黍稷种质资源营养品质特性表现

对 1 192 份不同粒色黍稷种质资源的营养品质分析，项目为粗蛋白、粗脂肪、赖氨酸和可溶糖。表 5-13 表明，尽管不同粒色的黍稷种质测试种质的数量有多有少，各不相同，但测试结果也显示出明显的差异。从粗蛋白的含量来看，黄粒种质含量最高，其次是褐粒、复色粒、红粒和白粒，这 4 个粒色种质的差异不大。含量最低的是灰粒种质。从粗脂肪的含量来看，白粒种质最高，其次是复色粒和褐粒种质，红粒、黄粒和灰粒种质相对较低，但最低的是灰粒种质。从赖氨酸的含量来看，含量最高的仍然是黄粒种质，褐粒、红粒、复色粒和白粒种质的含量相对较低，但差异很小，在同一档次上。灰粒种质含量最低。从可溶糖的含量来看，尽管差异很小，但也能看出白粒种质含量最高，黄粒种质次之，红粒和褐粒种质并列第 3，复色粒种质第 4，灰粒种质最低。从不同粒色黍稷种质资源的营养品质特性的总体情况来看，在 4 项内容的营养品质分析中，只有白粒和黄粒种质各占有 2 项优势。白粒种质粗脂肪和可溶糖的含量最高；黄粒种质粗蛋白和赖氨酸的含量最高。其他粒色的种质没有显示出明显的优势。在营养品质中除了强调营养的高低外，还很注重适口性，而赖氨酸和可溶糖含量的高低对适口性又起着至关重要的作用。白粒种质不仅粗脂肪含量最高，而且可溶糖含量也最高，说明白粒种质在不同粒色的黍稷种质资源中不仅营养丰富，而且从口感上来看，适口性更好；黄粒种质的表现也不逊色，虽然在可溶糖的含量上比白粒种质略低，但粗蛋白和赖氨酸含量最高，从适口性的角度来看并不次于白粒种质，这也是人们喜闻乐见的。

表 5-13 不同粒色黍稷种质资源营养品质特性表现

粒色	种质数/（份）	占比（%）	粗蛋白（%）	粗脂肪（%）	赖氨酸（%）	可溶糖（%）
黄	334	28.02	12.35	3.72	0.200	2.16
白	310	26.01	11.01	4.24	0.191	2.18
红	219	18.37	11.77	3.82	0.194	2.14
褐	141	11.83	11.91	4.03	0.195	2.14
灰	89	7.47	10.48	3.46	0.186	2.04
复色	99	8.31	11.88	4.22	0.192	2.07

（七）不同粒色黍稷种质资源出米率的特性表现

出米率不仅是黍稷种质资源的主要特性，而且也是黍稷种质资源的主要经济性状，出米率的高低直接影响到最后产出的多少和经济效益的高低，因此是黍稷加工产业链倍加关注的问题。不同粒色黍稷种质资源的出米率差异较大，最大差异可达9.44%。表 5-14 表明，在测试的 1 192 份种质中，虽然不同粒色的种质份数各不相同，但从测试种质的出米率和皮壳率的平均数来看，白粒种质的出米率最高，皮壳率最低；褐粒种质的出米率最低，皮壳率最高；复色粒、黄粒和红粒种质出米率也高，都在80%以上，皮壳率均在20%以下；特别是复色粒种质出米率仅次于白粒种质；灰粒种质出米率也较低，稍高于褐粒种质，皮壳率也较高，和褐粒种质一样都在20%以上。黍稷种质资源出米率和皮壳率正好相反，出米率越高，皮壳率越低；出米率越低，皮壳率就越高。说明出米率的高低与籽粒皮壳的厚薄有很大关系，而籽粒皮壳的厚薄又与籽粒颜色有关。粒色越浅皮壳越薄，出米率就高；反之粒色越深，皮壳越厚，出米率就越低。白粒种质的粒色最浅，出米率就越高；复色粒种质皮壳颜色虽然是由两种颜色组成，但底色大部分由白色为主，另一种颜色只是点缀，因此皮壳也很薄，出米率仅低于白粒种质；黄粒种质粒色较浅，但比复色粒种质相对要深，所以皮壳又厚一点，出米率又略低复色粒种质；红粒种质和黄粒种质比较，颜色相对要深，皮壳又比黄粒种质厚，出米率又比黄粒种质低；灰粒种质虽然粒色不是很深，但进化程度不高，所以皮壳仍然较厚，出米率又低于红粒种质；褐粒种质颜色最深，皮壳最厚，出米率最低。皮壳的厚薄直接影响到出米率的多少，而从黍稷的进化过程来看，薄皮壳的籽粒也是由厚皮壳的籽粒进化而来，由此更加说明，白粒种质进化程度最高。

表 5-14 不同粒色黍稷种质资源出米率的特性表现

粒色	黄	白	红	褐	灰	复色
种质数（份）	334	310	219	141	89	99
出米率（%）	83.28	86.57	81.42	77.13	79.31	84.15
皮壳率（%）	16.72	13.43	18.58	22.87	20.69	15.85

三、结论与讨论

黍稷种质资源的粒色是黍稷的主要农艺性状，在黍稷种质资源中，很多农家种均是以粒色命名的，例如红黍、黄稷、黑糜、白黍、灰糜、一点红、一点黄等。全国和山西黍稷种质资源的分类结果表明，不同粒色的黍稷种质在数量和比例上均有差异，但大同小异，均以黄、白、红、褐 4 种粒色种质为主，以黄粒种质最多，白粒种质次之，只是在数量和比例上存在差异。说明以山西省黍稷种质资源为基础，来反映不同粒色的黍稷种质特性表现也是最有说服力的。特性表现的内容选择以穗型、粳糯性、生育期、营养品质和出米率等主要质量性状来说明，也是最有代表性的。穗型中的特性表现结果是：在侧穗型中以白粒种质优势最大，在散穗和密穗型中黄粒种质优势最大。粳糯性中的特性表现结果是：白粒种质在糯性种质中优势最大；黄粒种质在粳性种质优势最大。生育期中的特性表现结果是：白粒种质在早熟种质中优势最大；黄粒种质在中晚熟种质优势最大。在营养品质的特性表现结果是：白粒种质以粗脂肪和可溶糖含量高，占首位；黄粒种质也不分上下，以粗蛋白和赖氨酸含量高而夺魁。在出米率中的特性表现结果是：白粒种质居首位；复色粒种质次之，黄粒种质居第 3 位。综上所述，在全国和山西省黍稷种质的分类中，黄粒种质的数量和比例均居首位；白粒种质次之。在 5 项特性鉴定表现中，有 4 项黄粒种质和白粒种质各有千秋，不分上下。而在出米率的特性鉴定表现中，白粒种质却遥遥领先；黄粒种质首次败下阵来；复色粒种质抢占了第 2 位。权衡之下，最后的结果说明，白粒种质在 5 项特性鉴定中的结果表现要优于黄粒种质，居首位。这与黍稷的粒色进化过程也是相吻合的。至于在粒色分类中，黄粒种质的数量和所占比例高于白粒种质，分析原因有 3 点：一是黄粒种质适应性比白粒种质广泛，不仅适应平川水地种植，在丘陵干旱山区也占重要地位；在生育期上，不仅 91~100d 的早熟种质中比例最高，在 101~110d 和 111~120d 中熟和晚熟种质中比例也最高，明显比白粒种质占有优势。二是白粒种质虽然皮壳薄，出米率高，但也明显表现出贮存时间短、易生虫的弱点，黄粒种质并未出现这种情况。三是黄粒种质皮壳的颜色和脱皮后米粒的颜色很相似，即使加工粗糙一点在表面上也看不出来，不会对商品品质造成大的影响。鉴于以上原因，才出现了黄粒种质在各项特性表现上虽然不如白粒种质占优势，但在粒色的分类中，种质的数量和比例却高于白粒种质的情况。除了黄粒、白粒种质，红粒、褐粒种质在生产中也占有一定位置，究其原因，与各种特殊需要有很大关系，例如红粒种质每年要满足东南亚各国大量的需求，外贸出口只要红粒种质；褐粒种质中有近 80% 的种质是糯性种质，而且大部分糯性种质，糯性很纯，支链淀粉的含量达 100%，是黏糕用种的最佳选择。尽管在各项特性鉴定表现中崭露不出头角，但仅此一项特殊的需求，在国内外市场上就有立足之地。鉴于以上原因，使红粒、褐粒种质的种质数和比例仅次于黄粒、白粒种质。复色粒种质和灰粒种质在粒色分类中不论种质数量和比例均很小，在黍稷生产上也属于搭配种质，但复色粒种质的进化程度很高，只所以在特性表现上没有明显优势，那是由于复色粒种质的形成大都是源于自然异交，没有选择性，但也优于灰粒种质。随着黍稷育种水平的提高和发展，有选择地人工定向培育出的新种质，将会象雨后春笋一样不断在黍稷种质资源中涌现出来，人工杂交培育的复色种质将会以各种特性鉴定表现上的优势，在黍稷种质资源中独占鳌头，在我国黍稷生产上发挥重要的作用。灰粒种质的进化程度不高，在特性鉴定表现上没有突出的靓点，在黍稷生产上也没有更大的发展前景，但灰粒种质独特的抗逆、抗病强的特点，将会在今后的黍稷育种中发挥不可替代的作用。

第五节　不同类型黍稷种质资源的经济系数

一、材料与方法

（一）材料

本节在编写《中国黍稷种质资源目录》时，以山西省的黍稷种质资源为代表，在山西省参与的 1 192 份黍稷种质中，以不同地区（生态区）为区分，选择不同生育期、不同穗型、不同粒色、不同花序色的种质（有代表性的）进行归类，计算出经济系数。

（二）方法

对选出的不同地区、不同生育期、不同穗型、不同粒色、不同花序色的种质，以经济产量（单株粒质量）比生物产量（单株草质量），得出不同类型黍稷种质的经济系数。

二、结果与分析

（一）不同地区（生态区）、不同生育期黍稷种质的经济系数

从表 5-15 可以看出，山西省从北到南不同地区的种质，由于纬度及海拔高度的不同，生育期也不同，其经济系数也各有差异。从整个情况来看，生育期在 80d 以下的种质经济系数较高，其平均值为 0.40±0.12；生育期在 81~110d 的种质经济系数较低，平均值为 0.35±0.11。不难看出，不同地区（生态区）的种质，其经济系数的高低与生育期的关系很大。生育期较长的种质，虽然经济产量很高，但茎叶繁茂，使经济系数降低；生育期较短的种质，虽然经济产量较低，但茎叶矮小，使经济系数升高。由于生育期较短的种质，经济产量与生物产量的比值要大于生育期较长的种质，所以出现了以上的情况。但不论生育期长或短的种质，其经济系数的高低均受栽培管理条件的影响。在稀植和水肥条件较大的情况下，生育期较短的种质经济系数要降低；在密植和水肥较差的情况下，生育期较长的种质经济系数要升高。

表 5-15　不同地区不同生育期种质的经济系数

生育期\地区	50~60d X±S	50~60d 种质数（个）	61~70d X±S	61~70d 种质数（个）	71~80d X±S	71~80d 种质数（个）	81~90d X±S	81~90d 种质数（个）	91~100d X±S	91~100d 种质数（个）	101~110d X±S	101~110d 种质数（个）	平均 X±S
雁北地区	0.48±0.23	16	2.55±0.19	20	0.51±0.16	20	0.39±0.12	20					0.48±0.18
忻州地区	0.35±0	2	0.39±0.12	7	0.35±0.14	6	0.33±0	20	0.34±0.10	20			0.35±0.11
晋中地区			0.38±0	1	0.37±0.12	3	0.35±0.22	20	0.35±0	20	0.43±0	4	0.38±0.11
吕梁地区							0.32±0.12	20	0.30±0.10	20	0.29±0.11	7	0.30±0.11
临汾地区							0.47±0.06	3	0.32±0.08	20	0.40±0.18	20	0.40±0.11
运城地区					0.40±0	5	0.36±0.14	9	0.38±0.15	20	0.29±0.10	14	0.34±0.13
晋东南地区							0.35±0	1	0.36±0.12	20	0.38±0.13	20	0.36±0.08
平均	0.42±0.15		0.38±0.10		0.41±0.11		0.36±0.10		0.34±0.11		0.36±0.11		

表 5-16　不同地区不同穗型黍稷种质的经济系数

穗型\地区	侧 X±S	侧 种质数（个）	散 X±S	散 种质数（个）	密 X±S	密 种质数（个）
雁北地区	0.54±0.16	20	0.47±0.21	20	0.68±0.13	8
忻州地区	0.34±0.10	20	0.32±0.11	20	0.30±0.10	5
晋中地区	0.39±0.19	20	0.35±0.15	20	0.27±0.08	6
吕梁地区	0.25±0.08	20	0.36±0.10	10		
临汾地区	0.36±0.14	20	0.45±0.18	20	0.40±0	1
运城地区	0.33±0.09	20	0.40±0.14	20		
晋东南地区	0.32±0.14	20	0.49±0.10	20		
平均	0.36±0.13		0.41±0.14		0.41±0.06	

（二）不同地区（生态区）、不同穗型黍稷种质的经济系数

黍稷的穗型分为侧、散、密3种。从表5-16可以看出，不同穗型种质的经济系数也有差别。至于不同地区（生态区）的同一穗型的种质，其经济系数相差较大的情况，仍然与生育期的影响是分不开的。不同穗型种质经济系数的差别与不同穗型种质的经济产量是不相一致的。经研究表明，密穗型种质的产量性状在3种穗型中最差，要远远落后于侧穗型种质，而经济系数却高于侧穗型种质，其原因仍然是生物产量的不同所导致的。

（三）不同粒色黍稷种质的经济系数

黍稷的粒色分为红、黄、白、褐、灰、复色6种。研究表明，在相同生育期和相同穗型的情况下，其经济系数幅度在0.35~0.38，说明经济系数的高低与种质粒色的关系不密切，不同粒色的种质其经济产量和生物产量的比值是相近或相同的。

（四）不同花序色黍稷种质的经济系数

黍稷种质的花序色分为绿色和紫色两种。研究表明，绿色和紫色种质的经济系数（0.36、0.37）相差只有0.01，说明经济系数与花序色的关系也不密切。从经济产量这个角度出发，研究表明，紫色花序种质要大于绿色花序种质。经济系数的相近，说明紫色花序种质的生物产量要大于绿色花序种质的生物产量。

三、结论

（1）来源于海拔、纬度较高的地区种质，其经济系数较高；反之则低。黍稷的经济系数与种质的生育期和穗型都有一定关系，尤其与生育期关系密切；与粒色和花序色关系不大。

（2）黍稷的经济系数除少数种质外，一般变动幅度0.25~0.55，平均值为0.38。

第六节　农艺性状的主成分分析与聚类分析

本节通过对8 016份黍稷种质资源进行主成分分析和聚类分析，以了解黍稷的遗传多样性，为黍稷种质资源杂种优势利用和亲本选配提供理论依据。

一、材料和方法

（一）材料

以国家种质资源库中保存并具有相关农艺性状记录的8 016份黍稷种质资源为材料，其中180份来自国外，其余7 836份来自国内不同的省（区）。

（二）方法

1. 数据整理

根据黍稷国家数据库的农艺性状鉴定数据，选择记录完整的 11 个农艺性状作为聚类分析的指标，其中包括 5 个非数值性状，即花序色、穗型、粒色、米色、抗倒性；6 个数值性状，即株高、主穗长、主茎节数、单株产量、千粒重、生育期。对非数值性状根据《黍稷种质资源描述规范和数据标准》进行赋值。黍稷花序色：绿 = 1，紫 = 2；穗型：散 = 1，侧 = 2，密 = 3；粒色：白 = 1，灰 = 2，黄 = 3，红 = 4，褐 = 5，复色 = 6；米色：白 = 1，淡黄 = 2，黄 = 3；抗落粒性：强 = 3，中 = 5，弱 = 7。对 6 个数值性状进行 6 级分类，1 级 < X-2s，6 级 ≥ X+2s，中间每级间差 1s，s 为标准差。

计算各数值性状 shannon-Weaver 遗传多样性指数：$H' = -\sum P_i \ln P_i$

其中，H' 为某性状的遗传多样性指数；P_i 为某性状第 i 个代码出现的频率。

2. 主成分分析与聚类分析

利用 SPSS12.0 软件对 8016 份黍稷种质资源的 11 个农艺性状进行主成分分析。利用 Structure2.2 软件对黍稷种质资源进行群体遗传结构聚类分析。所设置的 Structure 参数 Burnin Period 和 after Burnin 为 10000 次，WK 值为 1~11，每个 K 值运行 10 次，计算每个 K 值对应的 Var［LnP（D）］值的均值，然后做出折线图选择第一个出现明显拐点的 K 值，即为群体遗传结构的群体数。

二、结果与分析

（一）数量性状与质量性状表现

黍稷种质资源数量性状变异系数最大的是单株产量，达到 66.7%（表 5-17），其他依次是株高、主穗长、生育期、千粒重、主茎节数。遗传多样性指数最高的是主茎节数，最低的是单株产量。

黍稷种质资源的质量性状中，花序色以绿色为主，有 6 372 份，占 79.5%（表 5-18）；紫色有 1 644 份，占 20.5%。穗型以侧穗型为主，有 6 062 份，占 75.6%；散穗型有 1 518 份，占 18.9%；密穗型有 436 份，占 5.5%。粒色有白、灰、黄、红、褐和复色，其中黄色最多，占 35.0%，灰色最少，占 5.6%。米色以黄色为主，有 5 246 份，占 65.4%；白色和淡黄色分别占 2.2% 和 32.4%。抗落粒性弱的有 5 041 份，占 62.9%；抗落粒性强的最少，有 1 011 份，占 12.6%。

由此可见，我国黍稷种质资源类型丰富，具有很好的遗传多样性，为我国黍稷育种提供了雄厚的物质基础。

（二）黍稷种质资源的主成分分析

对 8016 份黍稷种质资源进行主成分分析（表 5-19），期待从种质资源中寻找相关育种规律性。前 8 个主成分的累计贡献率达 86.44%，说明包含了所有农艺性状的大部分信息，可以用来对材料进行综合评价。同时，本研究中，由于使用的种质资源很多，变异较大，主成分分析中，使用了 8 个主成分来解释试验材料的变异，与试验的实际情况是一致的。

表 5-17　黍稷种质资源数量性状分析

项目	株高（cm）	主穗长（cm）	主茎节数	单株产量（g）	千粒重（g）	生育期（d）
最大值 Max	246	72	14	29	10	132
最小值 Min	41	2	1	1	1	53
平均值 Mean	137	34	8	9	7	94
标准差 s	34	8	1	6	1	16
变异系数（%）CV	24.8	23.5	12.5	66.7	14.3	17
遗传多样性指数 H′	1.199	1.125	1.211	0.697	1.060	1.033

表 5-18　黍稷种质资源质量性状分析

性状	表型	各样本数（个）	占比（%）
花序色	绿色	6 372	79.5
	紫色	1 644	20.5
穗型	散	1 518	18.9
	侧	6 062	75.6
	密	436	5.5
粒色	白色	1 763	22.0
	灰色	452	5.6
	黄色	2 806	35.0
	红色	1 450	18.1
	褐色	1 074	13.4
	复色	471	5.9
米色	白色	178	2.2
	淡黄色	2 592	32.4
	黄色	5 246	65.4
抗落粒性	强	1 011	12.6
	中	1 964	24.5
	弱	5 041	62.9

各特征根的大小代表各主成分方差的大小，各特征根的百分率代表各主成分为总方差贡献的百分比。各指标对第 i（i=1，2，3……8）个主成分的系数，即第 i 个特征向量对应的各指标的分量，是该指标对此主成分负荷相对大小和作用方向的反映。第 1 主成分贡献率为 18.470%，贡献最大的是千粒重和落粒性，第 1 主成分值高的种质，千粒重比较重，落粒性比较大；第 2 主成分的特征向量中，主茎节数、生育期对主成分值的贡献都较大，说明第 2 主成分值高的种质主茎节数多，生育期比较长。第 3 主成分主穗长系数最

大，在育种时应选择第 3 主成分值大的种质。第 4 主成分单株产量的系数为负值，且绝对值最大；当第 4 主成分值大时，必有单株产量变小的趋势；在育种时应选择第 4 主成分值小的种质。第 5 主成分穗型、粒色、主茎节数对主成分值的贡献比较大。同样，第 6、7、8 分别反映花序色、粒色、米色的度量值。

表 5-19　黍稷种质资源的主成分分析

项目	PC1	PC2	PC3	PC4	PC5	PC6	PC7	PC8
特征根值	2.032	1.380	1.281	1.153	1.102	0.965	0.929	0.778
累计贡献率	18.470	30.020	41.660	52.140	62.150	70.920	79.370	86.440
株高	0.340	0.190	0.212	0.442	0.190	0.164	-0.040	-0.302
主穗长	-0.060	0.163	0.723	-0.012	0.077	-0.311	0.085	0.232
主茎节数	-0.157	0.606	0.199	0.000	0.430	0.073	-0.144	-0.020
花序色	0.124	0.183	0.131	0.300	-0.406	0.541	0.527	0.200
穗型	0.018	-0.347	-0.023	0.121	0.546	0.534	-0.249	0.389
粒色	-0.044	-0.317	0.030	-0.034	0.502	-0.125	0.718	-0.313
米色	0.267	0.188	-0.352	0.163	0.173	-0.407	0.229	0.668
单株产量	0.299	0.111	0.104	-0.742	0.056	0.250	0.092	0.076
千粒重	0.611	0.104	-0.048	-0.241	0.021	0.017	0.007	-0.090
生育期	-0.211	0.503	-0.486	-0.026	0.150	0.114	0.119	-0.216
落粒性	0.511	-0.061	-0.044	0.251	0.050	-0.191	-0.198	-0.243

（三）Structure 遗传结构分组分析

利用 Structure 软件对 8 016 份黍稷种质资源进行遗传结构性分析，根据对数似然方差对 K 值的折线图（图 5-1），可以看出，WK 为 5 时出现第一个明显的拐点，因此，材料最佳应分为 5 组（图 5-2）。

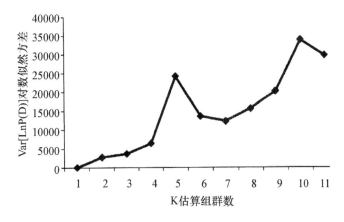

图 5-1　K 值对应的平均对数似然方差图示最佳分组数

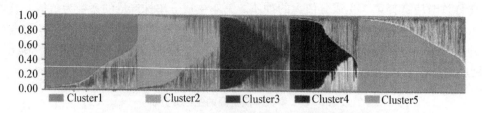

图5-2　8 016份黍稷种质资源群体遗传结构分组

图中不同颜色表示不同的组群；每条竖线代表一份种质，不同
颜色所占比例越大，则该种质被划分到相应组群的可能性就越大

　　组群1含有1 775份种质，主要来自陕西。此类材料株高比较高，主茎节数比较多，生育期相对较长，单株产量、千粒重中等。组群2含有1 571份种质，主要来自山西和山东。株高、主穗长中等，生育期较短，千粒重较小。组群3含有1 318份材料，主要来自山西和陕西。主要特点是生育期中等，主穗较长，单株产量和千粒重都较高。组群4含有1 301份种质资源，主要来自内蒙古。此类材料主要特点是生育期比较长，单株产量和千粒重都比较高。组群5含有2 051份材料，主要来自甘肃和山西，国外种质资源也主要集中于这一组群中。此组群的主要特点为株高矮，生育期短，千粒重和单株产量一般。

　　从材料来看，内蒙古的种质资源主要集中在组群4（表5-20）；陕西的种质资源主要集中在组群1和3；山西的材料比较分散，分散在组群1、3、5中的材料份数相当。山东的材料主要集中在组群2；甘肃和国外的材料主要集中在组群5。

三、讨论

表5-20　5个群组材料地区分布情况

省份	Cluster1	Cluster2	Cluster3	Cluster4	Cluster5
黑龙江	75	98	21	118	219
吉林	167	40	33	21	45
辽宁	58	32	12	0	20
内蒙古	54	25	35	859	181
宁夏	32	22	98	30	127
甘肃	7	8	37	90	572
新疆	3	6	6	0	74
河北	181	245	78	8	155
山西	296	375	305	96	317
陕西	866	100	626	68	42
青海	9	25	42	4	123
江苏	0	3	0	0	4
西藏	3	7	0	2	7
广东	0	0	0	1	1

（续表）

省份	Cluster1	Cluster2	Cluster3	Cluster4	Cluster5
国外	6	44	1	1	128
安徽	0	1	0	0	2
山东	5	483	19	1	5
河南	3	17	0	0	0
湖北	8	18	0	0	5
云南	0	4	0	2	2
北京	2	17	5	0	16
四川	0	1	0	0	0
海南	0	0	0	0	6
总计	1 775	1 571	1 318	1 301	2 051

　　本节对国家种质资源库收集保存的黍稷种质资源的遗传多样性进行了系统分析，为有效利用这些资源提供了理论依据。供试材料的性状指标数据来源于不同地区，由于不同地区之间生态条件差异大，黍稷又是光温敏感的作物，所以不同数据来源会对聚类和主成分分析结果可靠性有一定的影响。如果在条件允许的情况下，对收集到的黍稷种质资源集中种植，调查性状，得到的调查结果将更具有代表性，但由于材料太多，需要大量的人力物力才能完成。

　　主成分分析结果显示，主要农艺性状可归纳为 8 个主成分，即千粒重、主茎节数、主穗长、株高、穗型、花序色、粒色、米色。这 8 个主成分对总变异的累积贡献率达86.44%，每个主成分都比较客观地反映了所控制的各性状之间的相互关系。按照高产要求，第 1、2、3 主成分偏高为好，第 4 主成分适中偏低为好，第 2 和第 4 主成分大小应结合实际情况综合考虑。若要选育矮秆种质，则第 4 主成分要低；若要选育大穗型种质，则第 5 成分要高。因此，在黍稷育种中应根据不同的育种目标加强对相应主成分因子的选择。

　　利用 Structure 软件从遗传关系上将 8 016 份黍稷种质资源分成 5 个组群，各个组群有一定的形态学特征。内蒙古的种质资源主要集中在组群 4；陕西的种质资源主要集中在组群 1 和 3；山西的材料比较分散，分散在组群 1、3、5 中的材料份数相当。山东的材料主要集中在组群 2；甘肃和国外的材料主要集中在组群 5 。可以看出，划分的 5 个组群和地理来源有一定的相关性。

　　在育种工作中，选配亲本材料应根据主成分的排序，具体分析与全面评价每个亲本材料综合指标的优劣，根据黍稷育种的目标合理选配组合，以便尽快育出理想的黍稷新种质。

　　本研究仅针对我国黍稷种质资源的主要农艺性状进行了分析评价，若要更深入了解黍稷种质资源，还需要进一步对黍稷种质资源进行品质分析、抗逆性鉴定、以及分子水平等方面的研究和综合分析，这样才能更加全面准确地对我国黍稷种质进行客观评价。

第六章

中国黍稷种质资源的营养品质鉴定

第一节　第一次大批量黍稷种质资源的营养品质鉴定

随着农业生产的发展，商品生产日益扩大，人民生活水平不断提高，对农作物产品品质的要求越来越高，作物产品品质也越来越受到人们的关注和重视。在我国人民的膳食中，由粮食提供80%的热能和60%的蛋白质，所以粮食的品质与人类身体健康关系极为密切。因此，人们十分重视改善粮食品质。研究黍稷品种蛋白质、脂肪、赖氨酸含量及其变化规律，对于进一步充分利用我国黍稷种质资源，满足人民生活需要，具有十分重要的意义。1986—1989年，对我国黍稷种质资源中的4 213个品种的蛋白质、脂肪、赖氨酸含量进行了分析，现汇总如下。

一、材料和方法

（一）材料

供分析的4 213个品种，分别来自黑龙江、吉林、辽宁、内蒙古、甘肃、新疆、宁夏、河北张家口、河北保定、山西、陕西、青海、山东等省（区），还有江苏、广东等省（区），少数品种由山西供种。

分析所用仪器是7000型近红外分光光度计（NIR-7000model），是从美国太平洋科学公司（Pacific Scientific）引进的具有国际水平的新产品。NIR分析是利用有机化合物在近红外光范围所具有的吸收特性来进行的快速测试技术。它具有制备样品容易、所需材料少、分析速度快的特点。近红外光谱的开发利用在国外已有30年的历史，近年来我国开始应用。据中国农科院作物品种资源所王文真、张玉良研究，近红外分析仪可成功地测定小麦蛋白质、水分等含量。该法不破坏样品，速度快，特别适于大批样品的筛选。

（二）测试方法

1. 定标

1987年我们从1 000多个品种中经过严格筛选，挑出50个品种作为定标品种，送中国农科院测试中心，用K氏定氮法（全自动）测定了蛋白质含量，用索氏脂肪提取仪测定了脂肪含量，用美国产121MB型氨基酸分析仪测定了赖氨酸含量，然后定标。首先用NIR测定定标样品在不同波长处的光密度值logI/R，仪器自动将这些数值输入计算，同时把中国农科院测得的定标样品成分含量值相应地输入计算机，用多元回归法求得几组最佳滤光片组合，即求得最佳定标方程。定标样品常规法测得的成分含量值与NIR测得的成分含量值相关性很好。蛋白质r=0.958 5，脂肪r=0.954 8，赖氨酸r=0.905 7，完全符合仪器要求。

2. 预测

将定标中建立起的定标方程输入仪器，利用这些方程测定了20个预测样品的蛋白质、脂肪含量。同时又将这些样品送山西农业大学中心化验室用常规方法测定蛋白质、脂肪含量，也获得满意结果。二者相关度很好，蛋白质r=0.946 9，脂肪r=0.903 8。所以用NIR测定蛋白质、脂肪、赖氨酸含量是可靠的。通过预测，最后再定最佳定标方程，用于测定样品。

3. 测定

将黍稷品种脱壳后，输入仪器，自动测定出品种成分含量。

二、结果与分析

（一）蛋白质、脂肪、赖氨酸含量

1. 蛋白质含量

从表6-1看出，各省（区）黍稷种质蛋白质含量变异区间为10.32%~17.37%，平均含量为14.03%，变异系数为7.87%。从各省（区）来看，以山西省最高，比全国平均含量高0.72%。其次是辽宁、甘肃、吉林。平均含量分别比全国平均含量高0.47%、0.46%、0.40%。宁夏种质蛋白质含量最低，比全国平均含量低1.4%。河北张家口、保定种质蛋白质含量较低，平均含量分别比全国平均含量低0.94%、0.86%。其余各省（区）种质蛋白质含量居中，平均含量低于全国平均含量。各省（区）黍稷种质蛋白质平均含量从高到低依次是：山西、辽宁、甘肃、吉林、黑龙江、陕西、新疆、内蒙古、山东、青海、河北保定、河北张家口、宁夏。其变异系数从大到小依次是：陕西、新疆、黑龙江、宁夏、山东、山西、甘肃、青海、河北保定、河北张家口、吉林、辽宁、内蒙古。各省（区）蛋白质含量在16.0%以上的种质见表6-2。

表6-1 各省（区）黍稷种质蛋白质、脂肪、赖氨酸含量表

省（区）	蛋白质			脂肪			赖氨酸		
	平均含量（%）$\bar{X}\pm S$	含量变异区间（%）	变异系数（%）	平均含量（%）$\bar{X}\pm S$	含量变异区间（%）	变异系数（%）	平均含量（%）$\bar{X}\pm S$	含量变异区间（%）	变异系数（%）
各省（区）	14.03±1.101 1	10.32~17.37	7.87	3.20±0.904 5	1.02~5.45	29.54	0.179 8±0.019 1	0.14~0.22	10.76
黑龙江	13.87±1.064 2	10.57~16.45	7.66	3.64±0.705 1	2.22~5.45	19.35	0.191 9±0.011 2	0.15~0.22	5.86
吉林	14.43±0.794 5	13.08~16.07	5.50	3.53±0.363 3	2.55~4.28	10.30	0.195 1±0.011 9	0.16~0.22	6.11

（续表）

省（区）	蛋白质			脂肪			赖氨酸		
	平均含量 （%） $\bar{X} \pm S$	含量变异 区间 （%）	变异 系数 （%）	平均含量 （%） $\bar{X} \pm S$	含量变异 区间 （%）	变异 系数 （%）	平均含量 （%） $\bar{X} \pm S$	含量变异 区间（%）	变异 系数 （%）
辽宁	14.50±0.717 0	12.63~16.29	4.94	3.74±0.271 2	3.01~4.40	7.26	0.197 3±0.009 7	0.15~0.22	4.91
内蒙古	13.45±1.593 1	10.51~17.23	4.16	3.22±0.881 1	1.33~4.70	27.33	0.183 4±0.614 9	0.15~0.22	35.41
宁夏	12.63±0.934 2	10.43~14.97	7.40	3.80±0.801 1	2.06~5.39	21.06	0.185 8±0.012 7	0.14~0.20	6.81
甘肃	14.49±0.913 8	12.56~16.76	6.31	2.45±0.584 2	1.34~4.26	26.01	0.163 3±0.012 0	0.14~0.19	7.34
新疆	13.68±1.055 3	11.77~16.83	7.71	3.51±0.301 9	2.54~4.20	8.6	0.171 3±0.009 5	0.16~0.20	5.53
河北张家口	13.09±0.758 1	12.15~14.93	5.79	3.82±0.243 7	2.99~4.26	6.38	0.189 3±0.006 9	0.17~0.20	3.63
河北保定	13.17±0.784 2	12.7~14.47	5.96	3.74±0.318 5	3.19~4.35	8.52	0.187 5±0.009 4	0.14~0.20	5.04
山西	14.75±0.946 2	10.84~17.37	6.42	3.34±0.684 1	1.65~4.97	20.46	0.188 4±0.034 3	0.14~0.20	18.19
陕西	13.85±1.595 3	10.64~17.34	11.52	2.47±0.704 0	1.02~5.33	28.50	0.161 1±0.011 3	0.17~0.20	7.03
青海	13.33±0.833 9	11.49~14.87	6.25	3.66±0.331 0	3.21~4.43	9.05	0.183 5±0.007 9	0.16~0.21	4.30
山东	13.36±0.942 7	10.32~15.62	7.06	4.45±0.507 9	3.72~5.44	11.34	0.179 8±0.019 1	0.14~0.22	8.42

2. 脂肪含量

从表 6-1 看出，各省（区）黍稷种质脂肪含量变异区间为 1.02%~5.45%，平均含量为 3.20%，变异系数为 29.54%。从分省（区）来看，以山东省最高，平均含量比全国平均含量高 1.25%。其次是河北张家口、宁夏，平均含量分别比全国平均含量高 0.62%、0.60%。其余各省（区）平均含量从大到小依次是：辽宁、河北保定、青海、黑龙江、吉林、新疆、山西、内蒙古，平均含量高于全国平均含量。而甘肃、陕西含量较低，平均含量分别比全国平均含量低 0.75%。变异系数大小依次是：陕西、内蒙古、甘肃、宁夏、山西、黑龙江、山东、吉林、青海、新疆、河北保定、辽宁、河北张家口。各省（区）黍稷种质脂肪含量 5.0%以上的种质见表 6-2。

3. 赖氨酸含量

从表 6-1 看出，各省（区）黍稷种质赖氨酸含量变异区间为 0.14%~0.22%，平均含量为 0.179 8%，变异系数为 10.76%。从分省（区）来看，以辽宁省最高，平均含量比全国平均含量高 0.017 5%。其次是吉林、黑龙江，平均含量比全国平均含量高 0.015 3%、0.012 1%。河北张家口、山东、山西、河北保定、宁夏、青海、内蒙古平均含量均高于全国平均含量，而陕西、甘肃、新疆平均含量较低，分别比全国平均含量低 0.018 7%、0.016 5%、0.008 5%。变异系数大小依次是：内蒙古、山西、山东、甘肃、陕西、宁夏、吉林、黑龙江、新疆、河北保定、辽宁、青海、河北张家口。各省（区）种质赖氨酸含量在 0.22%以上的种质数见表 6-2。

表 6-2　各省（区）黍稷种质高蛋白、高脂肪、高赖氨酸含量种质数

省（区）	蛋白质含量 16.0%以上的种质数（个）	脂肪含量 5%以上的种质数（个）	赖氨酸含量 0.22%以上的种质数（个）
黑龙江	2	13	5
吉林	1	0	2
辽宁	1	0	1
内蒙古	3	0	1
宁夏	0	2	1
甘肃	17	0	0
新疆	1	0	0
河北张家口	0	0	0
河北保定	0	0	0
山西	96	0	6
陕西	5	1	1
青海	0	0	0
山东	0	29	0
合计	126	45	17

（二）蛋白质、脂肪、赖氨酸含量次数分布

各省（区）黍稷种质蛋白质、脂肪、赖氨酸含量次数分布见表 6-3~表 6-5。

1. 蛋白质含量次数分布

从表 6-3 可见，各省（区）黍稷种质蛋白质含量主要集中在 13.1%~15.0%，占总数的 61.60%。含量在 15.0%以上的种质占总数的 18.22%，含量在 13.0%以下的种质占总数的 20.17%。黑龙江、吉林、辽宁、甘肃、山西种质蛋白质含量 14.1%的种质占多数，分别占本省种质总数的 52.55%、72.55%、72.73%、70.55%、81.62%。而其中又以含量在 14.1%~15.0%的种质占的比例最大。内蒙古、新疆、陕西、山东种质蛋白质含量主要集中在 12.1%~15.0%，其中又以含量在 13.1%~14.0%的种质比例最大。宁夏、河北张家口、河北保定、青海种质蛋白质含量在 15.0%以上的种质没有，主要集中在 12.1%~14.0%。其中宁夏、河北张家口、保定种质含量在 12.1%~13.0%的种质所占比例最大，青海以含量在 13.1%~14.0%的种质所占比例最大。

2. 脂肪含量次数分布

从表 6-4 可见，各省（区）黍稷种质脂肪含量主要集中在 2.1%~4.0%，其中又以含量在 3.1%~4.0%的种质所占比例最大。含量在 5.0%以上，2.0%以下的种质只有少数。

表6-3　各省（区）黍稷种质蛋白质含量次数分布表

省（区）	种质数（个）	>17.0%		16.1%~17.0%		15.1%~16.0%		14.1%~15.0%		13.1%~14.0%		12.1%~13.0%		11.1%~12.0%		≤11.0%	
		个数	占比（%）	个数	占比（%）	个数	占比（%）	个数	占比（%）	个数	占比（%）	个数	占比（%）	个数	占比（%）	个数	占比（%）
黑龙江	373	0	0	2	0.54	45	12.06	149	39.95	88	23.59	67	17.96	19	5.09	3	0.80
吉林	102	0	0	1	0.98	24	23.53	49	48.04	25	24.51	3	2.94	0	0	0	0
辽宁	66	0	0	1	1.52	16	24.24	31	46.97	17	25.76	1	1.52	0	0	0	0
内蒙古	634	1	0.16	2	0.32	30	4.73	111	17.51	217	34.23	205	32.33	63	9.94	5	0.79
宁夏	91	0	0	0	0	0	0	6	6.59	23	25.27	43	47.25	15	16.48	4	4.40
甘肃	309	0	0	16	5.18	73	23.62	129	41.75	73	23.62	17	5.50	1	0.32	0	0
新疆	80	0	0	1	1.25	9	11.25	18	22.50	32	40.00	18	22.50	2	2.50	0	0
河北张家口	64	0	0	0	0	0	0	7	10.94	27	42.19	27	42.19	3	4.69	0	0
河北保定	24	0	0	0	0	0	0	3	12.50	9	37.50	12	50.00	0	0	0	0
山西	1182	11	0.94	82	6.98	365	30.81	505	42.89	167	14.04	40	3.32	9	0.77	3	0.26
陕西	955	1	0.10	4	0.42	79	8.52	317	33.06	385	40.23	142	14.86	24	2.49	3	0.31
青海	37	0	0	0	0	0	0	8	21.62	18	48.65	8	21.62	3	8.11	0	0
山东	298	0	0	0	0	5	1.69	63	21.28	118	39.86	92	31.08	17	5.74	1	0.34
合计	4 213	13	0.31	109	2.59	646	15.33	1396	33.14	1199	28.46	675	16.02	156	3.70	19	0.45

表6-4　各省（区）黍稷种质脂肪含量次数分布表

省（区）	种质数（个）	>5.0%		4.1%~5.0%		3.1%~4.0%		2.1%~3.0%		≤2.0%	
		个数	占比（%）	个数	占比（%）	个数	占比（%）	个数	占比（%）	个数	占比（%）
黑龙江	373	11	2.95	94	25.2	204	54.69	63	16.89	1	0.27
吉林	102	0	0	8	7.84	86	84.31	8	7.84	0	0
辽宁	66	0	0	8	12.12	58	87.88	0	0	0	0
内蒙古	634	0	0	168	26.5	198	31.23	213	33.60	55	8.68
宁夏	91	1	1.10	43	47.25	32	35.16	14	15.38	1	1.10
甘肃	309	0	0	10	3.24	18	5.83	167	54.05	114	38.89
新疆	80	0	0	3	3.75	70	87.50	7	8.75	0	0
河北张家口	64	0	0	13	20.31	51	79.69	0	0	0	0
河北保定	24	0	0	4	16.67	19	79.17	1	4.17	0	0
山西	1182	0	0	188	15.74	612	51.91	352	29.79	30	2.55
陕西	955	1	0.10	20	2.39	198	20.79	447	46.67	289	30.04
青海	37	0	0	6	16.22	30	81.08	1	2.7	0	0
山东	298	29	9.80	231	78.04	29	9.80	6	2.03	1	0.34
合计	4 213	42	1.00	796	18.89	1605	38.10	1279	30.36	491	11.65

3. 赖氨酸含量次数分布

从表6-5可见，各省（区）黍稷种质赖氨酸含量主要集中在0.17%~0.20%，占总数的65.44%。

分省（区）来看，黑龙江、吉林、辽宁种质赖氨酸含量较高，主要集中在0.19%~0.20%。内蒙古、宁夏、河北保定、河北张家口、山西、青海、山东黍稷种质赖氨酸含量主要集中在0.17%~0.20%，而含量高于0.21%，等于低于0.16%的种质所占比例很小或没有。甘肃、陕西种质含量在0.17%~0.18%的种质比例较大。新疆种质含量主要集中在0.17%~0.18%。

表6-5　各省（区）黍稷种质赖氨酸含量次数分布表

省（区）	种质数（个）	0.21%~0.22%		0.19%~0.20%		0.17%~0.18%		≤0.16%	
		个数	占比（%）	个数	占比（%）	个数	占比（%）	个数	占比（%）
黑龙江	373	41	10.99	239	64.08	91	24.40	2	0.54
吉林	102	19	18.63	67	65.69	14	13.73	2	1.96
辽宁	66	11	16.67	48	72.73	7	10.61	0	0
内蒙古	634	27	4.26	218	34.38	309	48.74	80	12.62
宁夏	91	5	5.49	43	47.25	38	41.76	5	5.49
甘肃	309	0	0	21	6.80	102	33.01	186	60.19
新疆	80	0	0	2	2.50	62	77.50	16	20.00

（续表）

省（区）	种质数（个）	0.21%~0.22%		0.19%~0.20%		0.17%~0.18%		≤0.16%	
		个数	占比（%）	个数	占比（%）	个数	占比（%）	个数	占比（%）
河北张家口	64	0	0	49	76.56	15	23.44	0	0
河北保定	24	0	0	17	70.83	6	25.00	1	4.17
山西	1 182	196	16.51	499	42.21	321	27.15	166	14.13
陕西	955	5	0.73	19	2.29	262	27.44	669	69.54
青海	37	0	0	16	43.24	21	56.76	0	0
山东	298	14	4.73	170	57.43	101	34.12	11	3.72
合计	4 213	318	7.55	1408	33.42	1349	32.02	1 138	27.01

山东省黍稷种质脂肪含量主要集中在 4.1%~5.0%，占总数的 78.04%。黑龙江、内蒙古、宁夏、山西种质脂肪含量 5.0% 以上种质没有或占比极小，主要集中在 2.1%~5.0%。而黑龙江、山西又以含量 3.1%~4.0% 种质所占比例最大，内蒙古以含量在 2.1%~3.0% 的种质所占比例最大，宁夏以含量在 4.1%~5.0% 种质所占比例最大，含量在 2.0% 以下的种质没有或所占比例极小。吉林、辽宁、新疆、河北保定、河北张家口、青海种质脂肪含量主要集中在 3.1%~4.0%。含量 5.0% 以上的种质没有。含量 3.0% 以下的种质没有或所占比例很小。甘肃、陕西种质脂肪含量在 3.0% 以下的种质分别占本省种质总数的 92.94%、76.71%。含量较高的种质很少。

（三）各省（区）优质种质

蛋白质含量 15.00%、脂肪含量 4.00%、赖氨酸含量 0.20% 以上的种质定为优质种质。各省（区）优质种质数量不同，所占比例也不相同。

从表 6-6 可以看出，优质种质以山西比例最大，占 3.06%；其次是吉林占 0.98%；再次是内蒙古占 0.95%。其余依次是黑龙江、陕西。其他各省（区）均没有。

表 6-6 各省（区）优质种质数

省（区）	分析种质数（个）	优质种质数（个）	优质种质占分析种质（%）	备注
黑龙江	373	1	0.27	
吉林	102	1	0.98	辽宁、宁夏、甘肃、新疆、河北张家口、河北保定、青海、山东没有优质种质
内蒙古	634	6	0.95	
山西	1 175	36	3.06	
陕西	962	1	0.10	
合计	4 213	45	1.07	

（四）黍和稷种质蛋白质、脂肪、赖氨酸含量比较

随机取各省（区）种质 1 204 个，分别计算黍和稷种质蛋白质、脂肪、赖氨酸平均

含量。

表 6-7 表明，黍的蛋白质、脂肪、赖氨酸含量均高于稷。蛋白质含量高 0.54%、脂肪含量高 0.57%、赖氨酸含量高 0.021 6%。而变异系数蛋白质、脂肪、赖氨酸均小于稷。说明黍种质比稷种质品质好。

表 6-7 黍和稷种质蛋白质、脂肪、赖氨酸含量表

名称	蛋白质		脂肪		赖氨酸	
	平均含量（%）$\bar{X} \pm S$	变异系数（%）	平均含量（%）$\bar{X} \pm S$	变异系数（%）	平均含量（%）$\bar{X} \pm S$	变异系数（%）
黍	14.28±1.016 6	7.12	3.36±0.782 5	23.28	0.189 0±0.015 7	8.30
稷	13.74±1.113 4	8.10	2.79±0.929 1	33.32	0.167 4±0.015 2	9.10

（五）黍稷种质蛋白质、脂肪、赖氨酸含量与籽粒颜色的关系

黍稷种质粒色很多，但主要有红、褐、黄、灰、白，其他粒色种质很少，不作统计。将随机所取 1 204 个种质，按籽粒颜色分别统计蛋白质、脂肪、赖氨酸的平均值。

表 6-8 不同粒色种质蛋白质、脂肪、赖氨酸含量

粒色	种质数（个）	蛋白质		脂肪		赖氨酸	
		平均含量（%）$\bar{X} \pm S$	变异系数（%）	平均含量（%）$\bar{X} \pm S$	变异系数（%）	平均含量（%）$\bar{X} \pm S$	变异系数（%）
红	244	14.19±1.115 9	7.86	3.05±0.896 2	29.38	0.180 3±0.018 7	10.37
褐	175	14.18±0.954 1	6.73	2.98±0.863 3	28.92	0.181 4±0.018 7	10.33
黄	417	13.85±1.138 4	8.22	2.97±0.994 6	33.54	0.173 2±0.019 3	11.13
灰	86	14.33±1.137 6	7.94	2.81±0.853 3	30.34	0.170 8±0.018 2	10.63
白	221	13.80±1.037 5	7.52	3.29±0.750 8	22.79	0.181 2±0.018 6	10.28

从表 6-8 可以看出，灰粒种质蛋白质含量最高，其次是红粒种质，再次是褐粒种质，白粒和黄粒种质蛋白质含量较低。其变异系数大小依次是：黄粒种质、灰粒种质、红粒种质、白粒种质、褐粒种质。

从脂肪含量来看，白粒种质含量较高，其余籽粒颜色种质大小依次是：红粒种质、褐粒种质、黄粒、灰粒种质。变异系数大小依次是：黄粒种质、灰粒种质、红粒种质、褐粒种质、白粒种质。

从赖氨酸含量来看，以褐粒种质、白粒种质、红粒种质赖氨酸含量较高，高于全国平均含量。灰粒种质、黄粒种质赖氨酸含量低，低于全国平均含量。变异系数大小依次是：黄粒种质、灰粒种质、红粒种质、褐粒种质、白粒种质。从蛋白质、脂肪、赖氨酸含量三个指标来看，红粒种质品质较好，褐粒种质次之，白粒种质最后。

（六）蛋白质、脂肪、赖氨酸含量的相互关系

将随机所取 1 204 个种质，分别计算蛋白质、脂肪、赖氨酸含量之间的相互关系、偏

相关系数，及其与生育期之间的相关系数、偏相关系数，并进行通径分析。

表 6-9 蛋白质、脂肪、赖氨酸、生育期之间的相关系数

	脂肪	赖氨酸	蛋白质
生育期	−0.106 7 **	−0.047 3	−0.120 5 **
脂肪		0.756 2 **	−0.231 8 **
赖氨酸			0.078 8 *

注：** 表示 0.01 水平差异极显著；* 表示 0.05 水平差异显著

从表 6-9 看出，生育期和蛋白质、脂肪含量呈极显著负相关，与赖氨酸含量呈负相关，即随着生育期延长，蛋白质、脂肪、赖氨酸含量降低。脂肪含量与赖氨酸含量呈极显著高度正相关，与蛋白质含量呈极显著负相关，即随着脂肪含量增加，赖氨酸含量增加，蛋白质含量减少。脂肪含量与赖氨酸含量相关密切。赖氨酸含量与蛋白质含量呈显著正相关，即随着赖氨酸含量增加，蛋白质含量也增加。

从偏相关系数来看（表 6-10），当赖氨酸和蛋白质保持一定时，生育期与脂肪含量呈极显著负相关，即随着生育期延长，脂肪含量减少。当脂肪和蛋白质含量保持一定时，生育期与赖氨酸含量呈极显著正相关，即随着生育期延长，赖氨酸含量增加。当脂肪和赖氨酸含量保持一定时，生育期与蛋白质含量呈极显著负相关，即随着生育期延长，蛋白质含量减少。当生育期、蛋白质含量保持一定时，脂肪含量和赖氨酸含量呈极显著高度正相关，即随着脂肪含量增加，赖氨酸含量也增加，相关密切。当生育期和赖氨酸含量保持一定时，脂肪含量和蛋白质含量呈极显著中度负相关，即随着脂肪含量增加，蛋白质含量减少，相关较密切。当脂肪含量、生育期保持一定时，赖氨酸和蛋白质含量呈极显著中度正相关，即随着赖氨酸含量的增加，蛋白质含量也增加，相关较密切。偏相关分析排除了性状间影响，比原相关分析更为客观可靠。

表 6-10 蛋白质、脂肪、赖氨酸、生育期之间的偏相关系数

	脂肪	赖氨酸	蛋白质
生育期	−0.181 0 **	−0.122 6 **	−0.186 3 **
脂肪		0.801 6 **	−0.465 1 **
赖氨酸			0.411 8 *

注：** 表示 0.01 水平差异极显著；* 表示 0.05 水平差异显著

通径分析不仅可以知道某性状对另一性状的直接影响，而且还可以知道某性状通过其他性状对另一性状的间接影响。由于人们对蛋白质含量比较重视，所以我们以脂肪含量、赖氨酸含量、生育期对蛋白质含量作了通径分析。从表 6-11 可以看出，脂肪含量对蛋白质含量的间接作用是最大的，而且是负的，即脂肪含量越高，蛋白质含量越低。其次是赖氨酸含量对蛋白质含量的直接作用较大，而且是正的作用，即赖氨酸含量含量越高，蛋白质含量也越高。从间接作用来看，脂肪含量通过赖氨酸含量，赖氨酸含量通过脂肪含量对蛋白质含量的间接作用较大。总之，蛋白质、脂肪、赖氨酸含量相关是比较密切的。

表 6-11　生育期、脂肪含量、赖氨酸含量与蛋白质含量通径分析系数

	生育期–蛋白质	脂肪–蛋白质	赖氨酸–蛋白质
生育期	−0. 167 4	0. 075 5	−0. 028 7
脂肪	0. 017 8	−0. 707 9	0. 458 3
赖氨酸	0. 007 9	−0. 535 3	0. 606 0

三、结论与讨论

　　环境条件是否给黍稷种质品质带来一定影响，为了说明这个问题，我们曾相应地做了一些辅助试验。把相同种质在不同地区和不同年份种植，收获后进行品质分析，结果（见表 6-12、表 6-13）表明，时间、地点和管理水平不同，对种质的品质有一定的影响。我们分析的所有种质来自不同省（区）和不同的年份，各地的管理水平也有一定差异。这就不能精确地反映种质的本来面目。如果在同年、同地和同样条件下统一种植，用同样的条件进行分析，这样的分析结果，就更能准确地比较出种质间品质的优劣，在使用中也会更有价值。

表 6-12　相同种质不同年份种植蛋白质、脂肪、赖氨酸含量

种质名称	年份	蛋白质含量（%）	脂肪含量（%）	赖氨酸含量（%）
千斤黍	1987	15. 33	3. 68	0. 21
	1988	14. 76	2. 73	0. 18
疙垛白	1987	14. 55	4. 04	0. 20
	1988	14. 88	2. 76	0. 18
黍子	1987	14. 28	4. 21	0. 20
	1988	14. 70	3. 19	0. 19
紫罗带	1987	14. 68	4. 07	0. 20
	1988	15. 53	2. 48	0. 18
红软黍	1987	14. 02	3. 89	0. 20
	1988	16. 36	2. 34	0. 18
支黄黍	1987	15. 49	3. 49	0. 20
	1988	14. 51	2. 75	0. 18
二白黍	1987	15. 20	3. 69	0. 20
	1988	14. 51	2. 70	0. 18
马乌黍	1987	15. 86	3. 59	0. 20
	1988	14. 79	2. 82	0. 18

表 6-13　相同种质同年不同地点种植蛋白质、脂肪含量

种质名称	年份	种植地点	蛋白质含量（%）	脂肪含量（%）	备注
大红黍	1988	太原	16.16	4.07	春播施肥
		太谷	13.91	4.89	夏播未施肥
大红糜	1988	太原	15.62	4.06	春播施肥
		太谷	13.97	4.43	夏播未施肥

第二节　第二次大批量黍稷种质资源的营养品质鉴定

1992—1993 年我们又分析了 1 807 个种质的蛋白质、脂肪、赖氨酸的含量，现汇总如下。

一、材料和方法

（一）材料

供分析种质 1 807 份，分别来源于黑龙江、吉林、辽宁、内蒙古、北京、河北承德、河北坝上、陕西、山西、山东、甘肃、宁夏、青海、湖北。

分析仪器是美国产 7000 型近红外分光光度计（NIR—7000model）。

（二）测试方法

将黍稷去壳粉碎后输入仪器，自动测出种质蛋白质、脂肪、赖氨酸含量。

二、结果与分析

（一）蛋白质、脂肪、赖氨酸含量

1. 蛋白质含量

从表 6-14 看出，各省（区）黍稷种质蛋白质含量变异区间为 7.25%～17.99%，平均含量为 12.18%，变异系数为 12.97%。从各省（区）来看，高于全国平均含量的有北京、陕西、山西、甘肃、宁夏、青海、湖北。其余省（区）均低于全国平均水平。总的趋势是西北地区供的种质含量较高，从南向北有降低趋势。各省（区）蛋白质含量高于 15% 的种质数见表 6-15。

2. 脂肪含量

从表 6-14 看出，各省（区）黍稷种质脂肪含量变异区间为 2.10%～3.98%，平均含量为 3.14%，变异系数为 10.19%。从各省（区）来看，陕西、山东、宁夏、青海种质脂肪含量高于全国平均含量，其余各省（区）均低于全国平均水平。

表 6-14　各省（区）黍稷种质蛋白质、脂肪、赖氨酸含量

省（区）	种质数	蛋白质			脂肪			赖氨酸		
		平均含量（%）$\bar{X}\pm S$	变异区间（%）	变异系数（%）	平均含量（%）$\bar{X}\pm S$	变异区间（%）	变异系数（%）	平均含量（%）$\bar{X}\pm S$	变异区间（%）	变异系数（%）
黑龙江	29	11.86±1.60	9.22-15.43	13.49	3.08±0.25	2.54-3.69	8.12	0.20±0.01	0.17-0.23	5
吉林	167	12.05±1.32	9.63-17.99	10.95	2.87-0.22	2.30-3.41	7.67	0.20±0.01	0.18-0.25	5
辽宁	41	11.67±1.21	7.89-13.93	10.37	2.74±0.20	2.10-3.11	7.30	0.19±0.01	0.16-0.21	5.26
内蒙古	161	11.88±1.58	8.53-16.72	13.32	2.80±0.23	2.14-3.31	8.21	0.20±0.01	0.17-0.24	5
中科院	34	12.62±1.85	8.35-16.27	14.66	2.88±0.27	2.42-3.73	9.38	0.20±0.02	0.16-0.24	10
河北承德	67	11.54±1.04	9.27-13.91	9.01	2.98±0.18	2.53-3.40	6.04	0.19±0.01	0.17-0.21	5.26
河北坝上	98	10.19±1.53	7.25-14.21	15.01	2.92±0.21	2.17-3.37	7.19	0.18±0.01	0.17-0.21	5.56
陕西	510	12.19±1.32	8.73-15.83	10.83	3.39±0.18	2.78-3.93	5.31	0.20±0.01	0.16-0.21	5
山西	136	12.39±1.29	9.18-16.10	10.41	2.96±0.19	2.18-3.46	6.42	0.20±0.01	0.17-0.23	5
山东	153	12.14±1.18	8.46-15.67	9.72	3.39±0.15	3.01-3.78	4.42	0.20±0.01	0.17-0.23	5
甘肃	268	12.97±1.95	8.45-17.99	15.03	3.10±0.26	2.23-3.77	8.39	0.20±0.02	0.17-0.25	1
宁夏	65	13.07±1.28	9.19-15.88	9.79	3.45±0.19	2.96-3.95	5.51	0.21±0.01	0.18-0.23	4.76
青海	62	12.39±3.52	9.43-15.13	28.41	3.41±0.16	3.07-3.73	4.69	0.20±0.01	0.17-0.22	5
湖北	16	13.65±0.57	11.81-14.37	4.18	2.66±0.20	2.36-3.03	7.52	0.23±0.03	0.19-0.23	13.04
总计（平均）	1 807	12.18±1.58	7.25-17.99	12.97	3.14±0.32	2.10-3.98	10.19	0.20±0.01	0.16-0.25	5

3. 赖氨酸含量

从表 6-14 看出，各省（区）黍稷种质赖氨酸含量变异区间为 0.16%~0.25%，平均含量为 0.20%，变异系数为 5%。高于全国平均含量的省（区）有宁夏、湖北，其余省（区）均等于式低于全国平均含量。各省（区）赖氨酸含量在 0.23%以上的种质数见表 6-15。

表 6-15　各省（区）高蛋白质、高赖氨酸种质数

省（区）	蛋白质 15%以上种质数	赖氨酸含量 0.23 以上种质	省（区）	蛋白质 15% 以上种质数	赖氨酸含量 0.23 以上种质
黑龙江	2	4	陕西	8	65
吉林	4	1	山西	4	19
辽宁	0	0	山东	2	3
内蒙古	7	19	甘肃	44	46
北京	2	2	宁夏	5	0
河北承德	0	0	青海	1	11
河北坝上	0	0	湖北	0	12

（二）蛋白质、脂肪、赖氨酸含量次数分布

1. 蛋白质含量次数分布

从表6-16看出，各省（区）蛋白质含量主要集中在11.1%~13.0%，含量在这之间的种质数占总数的48.37%。含量在13.1%~14.0%的种质数占总数的17.16%。吉林、辽宁、陕西、山西、青海的种质，蛋白质含量主要集中在11.1%~13.0%，黑龙江种质蛋白质含量主要集中在12.1%~13.0%，湖北的种质主要集中在13.1%~15.0%，内蒙古的种质主要集中在10.1~12.0%，河北承德的种质主要集中在10.1%~13.0%，河北坝上的种质主要集中在9.1%~12.0%。

2. 脂肪含量的次数分布

从表6-17可以看出，黑龙江、陕西、山东、甘肃、宁夏、青海种质，脂肪含量主要集中在3.1%~4.0%。其余各省（区）主要集中在9.1%~12.0%。

3. 赖氨酸含量次数分布

从表6-17可以看出，黑龙江、内蒙古、河北承德、陕西、山西、宁夏、青海的种质，赖氨酸含量主要集中在0.19%~0.22%，湖北种质主要集中在0.23%~0.24%，甘肃种质主要集中在0.19%~0.24%，北京种质主要集中在0.19%~0.20%，辽宁、吉林、山东种质主要集中在0.17%~0.20%，河北坝上种质主要集中在0.16%~0.18%。

（三）蛋白质、脂肪、赖氨酸的关系

我们计算了1 807个黍稷种质蛋白质、脂肪、赖氨酸之间的相关系数（见表6-18）、偏相关系数（见表6-19）。

从表6-18看出，黍稷种质蛋白质含量与脂肪含量呈极显著负相关，与赖氨酸含量呈极显著正相关，即随着蛋白质含量增加，脂肪含量减少，赖氨酸含量增加。脂肪含量与赖氨酸含量呈极显著负相关，即随着脂肪含量的增加赖氨酸含量减少。

从表6-19看出，在赖氨酸含量保持一定时，脂肪含量与蛋白质含量呈极显著负相关，脂肪含量随着蛋白质含量的增加而减少。在脂肪含量保持一定时，赖氨酸含量与蛋白质含量呈极显著正相关，即随着蛋白质含量的增加赖氨酸含量增加。在蛋白质含量保持一定时，赖氨酸含量与脂肪含量呈显著正相关，但关系不大。

三、结论与讨论

（1）采用美国产7000型近红外分光光度计进行品质分析，特别适用于大批量作物种质资源的测定，不仅快速，而且准确。本次分析是在完成"七五"鉴定分析的基础上，根据有关专家的建议，对原本分析样品只是脱壳后的米粒改为粉碎样品，使分析结果更加精确。

表6-16 各省（区）黍稷种质蛋白质含量次数分布

省（区）	种质数	>17%		16.1%~17%		15.1%~16%		14.1%~15%		13.1%~14%		12.1%~13%		11.1%~12%		10.1%~11%		9.1%~10%		8.1%~9%		7.1%~8%	
		个数	占比(%)	个数	占比(%)	个数	占比(%)	个数	占比(%)	个数	占比(%)	个数	占比(%)	个数	占比(%)	个数	占比(%)	个数	占比(%)	个数	占比(%)	个数	占比(%)
黑龙江	29	0	0	0	0	2	6.90	1	3.45	3	10.34	9	31.03	5	17.24	4	13.79	5	17.24	0	0	0	0
吉林	167	1	0.60	0	0	3	1.80	7	4.19	26	15.57	40	23.95	53	31.74	32	19.16	5	2.99	0	0	0	0
辽宁	41	0	0	0	0	0		0	0	4	9.76	18	43.90	9	21.95	6	14.63	3	7.32	0	0	1	2.44
内蒙古	161	0	0	1	0.62	6	3.73	9	5.59	21	13.04	32	19.86	41	25.47	36	22.36	13	8.07	2	1.24	0	0
中科院	34	0	0	1	2.94	1	2.94	6	17.65	8	23.53	8	23.53	3	8.83	4	11.76	1	2.94	2	5.88	0	0
河北承德	67	0	0	0	0	0	0	0	0	4	5.97	23	34.33	19	28.36	16	23.88	5	7.46	0	0	0	0
河北坝上	98	0	0	0	0	0	0	1	1.02	3	3.06	10	10.20	13	13.27	18	18.37	31	31.63	18	18.37	4	4.08
陕西	510	0	0	0	0	8	1.57	39	7.65	92	18.04	137	26.86	144	28.24	66	12.94	22	4.31	2	0.39	0	0
山西	136	0	0	1	0.74	3	2.21	9	6.62	27	19.85	45	33.09	34	25.00	13	9.56	4	2.94	0	0	0	0
山东	153	0	0	0	0	2	1.31	3	1.96	36	23.53	39	25.48	48	31.37	21	13.73	2	1.31	2	1.31	0	0
甘肃	268	2	0.75	14	5.23	29	10.82	42	15.67	48	17.91	43	16.04	36	13.43	40	14.93	12	4.48	2	0.75	0	0
宁夏	65	0	0	0	0	5	7.69	9	13.85	17	26.15	22	33.85	9	13.85	1	1.54	2	3.08	0	0	0	0
青海	62	0	0	0	0	1	1.61	9	14.52	10	16.13	16	25.81	17	27.42	6	9.68	3	4.84	0	0	0	0
湖北	16	0	0	0	0	0	0	4	25.00	11	68.75	0	0	1	6.25	0	0	0	0	0	0	0	0
总计	1 807	3	0.17	17	0.94	60	3.32	139	7.69	310	17.16	442	24.46	432	23.91	283	14.55	108	5.98	28	1.55	5	0.28

表6-17　各省（区）黍稷种质脂肪、赖氨酸含量次数分布

省（区）	种质数	脂肪						赖氨酸											
		3.1%~4%		2.1%~3%		<2%		0.25%~0.26%		0.23%~0.24%		0.21%~0.22%		0.19%~0.20%		0.17%~0.18%		<0.16%	
		个数	占比（%）	个数	占比（%）	个数	占比（%）	个数	占比（%）	个数	占比（%）	个数	占比（%）	个数	占比（%）	个数	占比（%）	个数	占比（%）
黑龙江	29	21	72.41	8	27.59	0	0	0	0	4	13.80	12	41.38	11	37.93	2	6.90	0	0
吉林	167	48	28.74	119	71.26	0	0	0	0	1	0.60	11	6.59	77	46.11	78	46.71	0	0
辽宁	41	4	9.76	37	90.24	0	0	0	0	0	0	0	0	24	59.54	16	39.02	1	2.44
内蒙古	161	30	18.63	131	81.37	0	0	0	0	19	11.80	62	38.51	70	43.48	10	6.21	0	0
中科院	34	10	29.41	24	70.59	0	0	0	0	2	5.88	6	17.65	17	50.00	6	17.65	3	8.83
河北承德	67	30	44.78	37	55.22	0	0	0	0	0	0	24	35.82	40	59.70	3	4.48	0	0
河北坝上	98	37	37.76	61	62.24	0	0	0	0	0	0	0	0	20	20.41	45	45.92	33	33.67
陕西	510	506	99.22	4	0.78	0	0	0	0	65	12.75	296	58.04	148	29.02	1	0.20	0	0
山西	136	59	43.38	77	56.62	0	0	0	0	19	13.97	76	55.88	39	28.68	2	1.47	0	0
山东	153	153	100	0	0	0	0	0	0	3	1.96	16	10.46	92	60.13	40	26.14	2	1.31
甘肃	268	189	70.52	79	29.48	0	0	2	0.70	43	16.04	94	35.07	99	36.94	30	11.19	0	0
宁夏	65	63	96.92	2	3.08	0	0	0	0	0	0	15	23.08	42	64.62	8	12.31	0	0
青海	62	62	100	0	0	0	0	0	0	11	17.74	33	53.23	16	25.81	2	3.23	0	0
湖北	16	1	6.25	15	93.75	0	0	0	0	12	75.00	3	18.75	1	6.25	0	0	0	0
总计	1 807	1 213	67.13	594	32.87	0	0	2	0.10	179	9.90	648	35.86	996	38.52	243	13.55	39	2.15

表 6-18　蛋白质、脂肪、赖氨酸间相关系数

	脂肪	赖氨酸
蛋白质	0. 165 0 **	0. 938 6 **
脂肪		−0. 131 2

表 6-19　蛋白质、脂肪、赖氨酸间偏相关系数

	脂肪	赖氨酸
蛋白质	0. 122 3 **	0. 937 8 **
脂肪		0. 695 *

注: ** 表示 0. 01 水平差异极显著; * 表示 0. 05 水平差异显著

（2）本次分析结果蛋白质含量变异区间为 7. 25% ~ 17. 99%，脂肪含量变异区间为 2. 10% ~ 3. 98%，赖氨酸含量变异区间为 0. 16% ~ 0. 25%；而"七五"期间的分析结果，蛋白质含量变异区间为 10. 32% ~ 17. 37%，脂肪含量变异区间为 1. 02% ~ 5. 45%，赖氨酸含量变异区间为 0. 14% ~ 0. 22%。相比之下，本次分析的蛋白质含量变异区间较大，蛋白质含量最高和最低的种质均在本次分析的种质之中，蛋白质含量最高的种质是甘肃省的永昌黄糜（编号 2695）和吉林省的太安黄糜子（编号 5657），含量均为 17. 99%。本次分析的脂肪含量变异区间较小，且没有出现含量 4. 0% 以上的种质。本次分析的赖氨酸含量变异区间较大，且含量最高。在本次分析中，含量最高的种质为甘肃省的永昌黄糜（编号 2695）和张掖老黄糜子（编号 4933），含量均为 0. 25%。

（3）本次分析的种质均由各省（区）的农科院（所）在当地繁殖提供，由于生态条件的不同，使种质资源的品质含量会出现一定差异，影响相互间的可比性，如果能把所有供分析的种质资源在同年代、同地块统一种植，然后统一供种分析，将会使分析结果更加准确可靠。

第三节　第三次大批量黍稷种质资源的营养品质鉴定

一、材料和方法

（一）材料

供分析鉴定的种质共 495 份。分别来源于吉林、内蒙古、河北、山西、陕西、甘肃、宁夏和青海 8 省（区）。分析仪器为美国产 7000 型近红外分光光度计（NIR—7000model）。2002—2003 年在山西太原统一种植，2004 年完成测试。

（二）测试方法

将黍稷种质脱壳后粉碎，输入仪器自动测出不同种质的蛋白质、脂肪含量。

二、结果与分析

（一）蛋白质含量鉴定分析结果

从表 6-20 可以看出，第 3 次 495 份种质蛋白质含量的变异区间为 9.82%~16.40%，平均含量为 13.16%，变异系数为 5.12%。含量最高的是甘肃省，为 13.66；最低的是宁夏和青海，分别为 12.77%、12.78%。其他省（区）均在 13.04%~13.50%。从变异区间来看，最高和最低相差 6.58%。变异区间相差最大的省（区）是山西省，最高与最低相差 6.28%；其次是内蒙古，为 6.19；变异区间相差最小的省（区）是陕西省，为 1.80%（只有 2 份种质）；其次是宁夏，为 2.74%（只有 3 份种质）。其他省（区）最高和最低相差 3.90%~5.34%。

（二）脂肪鉴定分析结果

表 6-20 表明，第 3 次 495 份种质脂肪含量的变异区间为 0.94%~5.49%。平均含量为 3.34%，变异系数为 30.52%。平均含量最高的省（区）是吉林，为 3.86%；最低的是甘肃，为 2.48%。其他省（区）均在 2.92%~3.57%。从变异区间来看，最高和最低相差 4.55%。变异区间相差最大的省（区）是河北省，为 4.55%；相差最小的是陕西省，为 0.53%。其他省（区）的变异区间相差在 0.94%~3.30%。

表 6-20　第 3 次黍稷种质资源蛋白质、脂肪鉴定分析结果

省（区）	种质份数	蛋白质 (%) $\bar{X} \pm S$	变异区间（%）	变异系数 CV（%）	脂肪（%) $\bar{X} \pm S$	变异区间（%）	变异系数 CV（%）
吉林	16	13.04±0.94	10.57-14.47	4.02	3.86±0.31	2.27-4.41	14.21
内蒙古	36	13.50±1.33	10.21-16.40	4.55	3.56±0.34	2.40-4.98	14.35
河北	70	13.16±0.81	9.94-15.28	5.67	3.38±0.41	0.94-5.49	30.52
山西	204	13.05±1.05	9.82-16.10	10.05	2.92±0.53	1.26-4.56	22.24
陕西	2	13.30±0.53	12.40-14.20	2.04	3.42±0.18	3.15-3.68	4.05
甘肃	159	13.66±1.24	11.08-16.06	7.43	2.48±0.47	1.58-4.24	16.43
宁夏	3	12.77±0.62	11.48-14.22	2.32	3.49±0.19	1.85-4.98	19.98
青海	5	12.78±0.85	10.57-15.10	2.55	3.57±0.20	3.18-4.12	4.87
平均（总计）	495	13.16±1.02	9.82-16.40	5.12	3.34±0.36	0.94-5.49	30.52

三、结论与讨论

（1）本次品质鉴定的种质分别来自吉林、内蒙古、河北、山西、陕西、甘肃、宁夏和青海 8 个省（区），以前从未收集过种质的空白县（市）和边远山区的种质，包括一些濒临灭绝的珍稀种质，其鉴定结果将会更有价值和代表性。在鉴定方法上和使用仪器上虽然和前两次完全一样，但在总结前两次经验教训的基础上，对提供鉴定的种子要求更严，如必须是当年收获的种质。另外，对前两次供分析鉴定的种质，不在同一地、同一年种植的缺陷进行了改进。这次供鉴定的种子均在同一年由山西农科院品种资源所统一在太原种植，使鉴定数据更加准确可靠。

（2）本次鉴定蛋白质含量的变异区间是 9.82%~16.40%，区间差 6.58%；脂肪含量的变异区间是 0.94%~5.49%，区间差 4.55%。和前两次比较，第一次的变异区间为蛋白质 10.32%~17.37%，区间差 7.05，脂肪 1.02%~5.45%，区间差 4.43；第二次的变异区间为蛋白质 7.25%~17.99%，区间差 10.74%，脂肪 2.10%~3.98%，区间差 1.88%（表6-21）。相比之下，本次鉴定蛋白质含量的变异区间，在最低含量和最高含量中均在前两次的中间，区间差异也居中；脂肪含量的变异区间，在最低含量中比前两次还低，在最高含量中又比前两次高，区间差在前两次中间。说明黍稷种质资源的脂肪含量变异系数要大于蛋白质含量的变异系数，也说明此次鉴定的种质具有更加广泛的代表性。和第一次鉴定蛋白质平均含量 14.03%，脂肪平均含量 3.20%；第二次鉴定蛋白质平均含量 12.18%，脂肪平均含量 3.14% 比较，此次鉴定的结果更具有代表性，更加客观可信。

表6-21　3次种质鉴定蛋白质、脂肪含量变异区间、区间差比较

	蛋白质含量变异区间（%）	区间差（%）	脂肪含量变异区间（%）	区间差（%）
第 1 次	10.32-17.37	7.05	1.02-5.45	4.43
第 2 次	7.25-17.99	10.74	2.10-3.98	1.88
第 3 次	9.82-16.40	6.58	0.94-5.49	4.55

（3）本次鉴定黍稷种质资源蛋白质含量的平均值为 13.16%，脂肪含量的平均值为 3.34%。

第四节　三次大批量黍稷种质资源营养品质鉴定的综合分析

黍稷是禾本科（Gramineae）黍属（*Panicum* L.）中的一个种，一年生草本植物，学名 *Panicum miliaceum* L.，糯者为黍，粳者为稷（也称穄）。黍稷起源于中国，已有7 000余年的栽培历史。我国黍稷种质资源十分丰富，目前已收集保存 8 500 份。对黍稷种质资源进行蛋白质、脂肪含量的鉴定分析，对进一步开发利用高蛋白、高脂肪和双高种质具有重要的意义。我国黍稷种质资源蛋白质、脂肪含量的鉴定分析共进行过 3 批次，第 1 次是"七五"期间，黍稷种质资源特性鉴定内容，正式列入国家攻关计划，对 4 213 份种质进行了鉴定分析；第 2 次是"八五"期间该项目研究继续列入国家攻关计划，对 1 807 份种质进行了鉴定分析；第 3 次是"十五"期间该项研究列入国家基础性工作研究内容，完成 495 份的鉴定分析。3 次共鉴定分析黍稷种质 6 515 份。通过对黍稷种质资源蛋白质、脂肪含量的鉴定分析，进一步摸清我国黍稷种质资源蛋白质、脂肪含量的多样性变异区间和变异系数，同时筛选出高蛋白、高脂肪和双高种质，提供黍稷育种、生产和深加工开发利用。

一、材料和方法

（一）供试种质

1. 第 1 次鉴定分析供试种质

供试种质共计 4 213 份，均为农家种、育成种和人工创造的稳定品系，分别来自黑龙江、吉林、辽宁、内蒙古、宁夏、甘肃、新疆、河北、山西、陕西、青海、山东 12 省（区）。各省（区）自行繁殖种子，繁殖地点包括哈尔滨、白城、沈阳、东胜、永宁、会宁、哈密、张家口、保定、太原、榆林、西宁等。供种和鉴定分析年限为 1986—1989 年。

2. 第 2 次鉴定分析供试种质

供试种质共计 1 807 份。种质类型、来源、繁种地点在第 1 次的基础上，又增加湖北省和其他省（区）种质，湖北省种质繁种地点为武汉，其他种质在太原市。供种和分析年限为 1992—1993 年。

3. 第 3 次鉴定分析供试种质

供试种质共计 495 份。除农家种外，育成种和稳定的新品系较多，分别来自吉林、内蒙古、河北、山西、陕西、甘肃、宁夏和青海等省（区）。除甘肃种子在会宁繁种外，其他种子均在山西太原繁种。2002—2003 年繁种，2004 年完成品质分析。

（二）鉴定分析方法

1. 蛋白质含量

3 次测定方法相同。定标：在大批量黍稷种质中，随机取 50 份种质，用 GB/T2905-1982 半微量凯氏法测出蛋白质含量，然后定标，制定黍稷籽粒蛋白质含量的定标方程参数。

用 NIR-7000model 分析仪测定定标样品在不同波长处的光密度值 $\log 1/R$，仪器自动将这些数据输入计算，同时把用凯氏法测得的定标样品蛋白质含量输入计算机，用多元回归法求得几组最佳滤光片组合，即求得最佳定标方程。

预测：将定标方程输入仪器，利用这些方程测定 20 个预测样品的蛋白质含量，同时把这 20 个样品的重复样品，再用半微量凯氏法测定蛋白质含量，经过回归分析验证预测样品两组数据之间差异不显著，定标方程可信。最后通过预测确定最佳方程，用于测定样品。

测定：把备用的每份黍稷种质的分析样品输入仪器，自动测出蛋白质含量。

2. 脂肪含量

3 次测定采用仪器、样品准备与数据校验和数据分析与蛋白质测试相同。但在定标和预测制定定标方程、最佳定标方程以及数据校验和分析过程中，定标种质脂肪的测定采用 GB/T2906-1982 索氏脂肪提取法。

二、结果与分析

（一）第1次蛋白质、脂肪含量鉴定分析结果

1. 蛋白质含量鉴定分析结果

从表6-22可以看出，第1次4 213份种质蛋白质含量的变异区间为10.32%～17.37%，平均含量为14.03%，变异系数为7.87%。平均含量最高的是山西省，为14.75%；最低的是宁夏，为12.63%。平均含量14.00%以上的省（区）还有辽宁、甘肃、吉林，分别为14.50%、14.49%和14.43%。其他省（区）均在13.13%～13.87%。从变异区间来看，最高与最低相差7.05%。变异区间相差最大的省（区）是内蒙古，最高与最低相差6.72%。其次是陕西和山西，最高和最低分别相差6.70%和6.53%。变异区间相差最小的省（区）是河北省，最高与最低相差2.28%。其他省（区）最高和最低相差2.99%～5.68%。

2. 脂肪含量鉴定分析结果

表6-22表明，第1次4 213份种质脂肪含量的变异区间为1.02%～5.45%，平均含量为3.20%，变异系数为29.54%。平均含量最高的省（区）是山东省，为4.45%；最低的是甘肃省，为2.45%。其他省（区）均在2.47%～3.80%。从变异区间来看，脂肪含量最高与最低相差4.43%，变异区间相差最大的省（区）是陕西省，为4.31%；最小的是青海省，为1.22%；变异区间居中的省（区）有内蒙古、宁夏、山西、黑龙江，分别为3.37%、3.33%、3.32%、3.23%。其他省（区）变异区间相差在1.36%～2.92%。

表6-22　第1次黍稷种质资源蛋白质、脂肪鉴定分析结果

省（区）	种质数（份）	蛋白质（%）$\bar{X} \pm S$	变异区间（%）	变异系数 CV（%）	脂肪（%）$\bar{X} \pm S$	变异区间（%）	变异系数 CV（%）
黑龙江	373	13.87±1.07	10.57～16.25	7.66	3.64±0.71	2.22～5.45	19.35
吉林	102	14.43±0.80	13.08～16.07	5.50	3.53±0.36	2.55～4.28	10.30
辽宁	66	14.50±0.72	12.63～16.29	4.94	3.74±0.27	3.01～4.40	7.26
内蒙古	634	13.45±1.59	10.51～17.23	4.16	3.22±0.88	1.33～4.70	27.33
河北	88	13.13±0.77	12.15～14.93	5.88	3.78±0.28	2.99～4.35	7.45
山西	1 182	14.75±0.95	10.84～17.37	6.42	3.34±0.68	1.65～4.97	20.46
陕西	955	13.85±1.60	10.64～17.34	11.52	2.47±0.70	1.02～5.33	28.50
甘肃	309	14.49±0.91	12.56～16.76	6.31	2.45±0.58	1.34～4.26	26.01
宁夏	91	12.63±0.93	10.43～14.97	7.40	3.80±0.80	2.06～5.39	21.06
青海	37	13.33±0.83	11.49～14.87	6.25	3.66±0.33	3.21～4.43	9.05
新疆	80	13.68±1.06	11.77～16.83	7.71	3.51±0.30	2.54～4.20	8.60
山东	296	13.36±0.94	10.32～15.62	7.06	4.45±0.51	3.72～5.44	11.34
平均（总计）	4 213	14.03±1.10	10.32～17.37	7.87	3.20±0.90	1.02～5.45	29.54

（二）第 2 次蛋白质、脂肪含量鉴定分析结果

1. 蛋白质含量鉴定分析结果

从表 6-23 可以看出，第 2 次 1 807 份种质蛋白质含量鉴定分析结果表明，蛋白质含量的变异区间为 7.25%~17.99%。平均含量为 12.18%，变异系数为 12.97%。分省（区）来看，含量最高的是湖北省，为 13.65%；含量最低的是河北省，为 10.74%。平均含量在 13.00% 以上的省（区）还有宁夏，为 13.07%。其他省（区）均在 11.67%~12.97%。从变异区间来看，最高与最低相差 10.74%。变异区间相差最大的省（区）是甘肃省，最高与最低相差 9.54%，其次是吉林和内蒙古，分别为 8.36% 和 8.19%；变异区间相差最小的省（区）是湖北省，最高和最低只相差 2.56%。其他省（区）最高与最低相差 5.70%~7.92%。

表 6-23　第 2 次黍稷种质资源蛋白质、脂肪鉴定分析结果

省（区）	种质份数	蛋白质（%）$\bar{X} \pm S$	变异区间（%）	变异系数 CV（%）	脂肪（%）$\bar{X} \pm S$	变异区间（%）	变异系数 CV（%）
黑龙江	29	11.86±1.60	9.22~15.43	13.49	3.08±0.25	2.54~3.69	8.12
吉林	167	12.05±1.32	9.63~17.99	10.95	2.87±0.22	2.30~3.41	7.67
辽宁	41	11.67±1.21	7.89~13.93	10.37	2.74±0.20	2.10~3.11	7.30
内蒙古	161	11.86±1.58	8.53~16.72	13.32	2.80±0.23	2.14~3.31	8.21
河北	165	10.74±1.29	7.25~14.21	11.84	2.95±0.20	2.17~3.40	6.62
山西	136	12.39±1.29	9.18~16.10	10.41	2.96±0.19	2.18~3.46	6.42
陕西	510	12.19±1.32	8.73~15.83	10.83	3.39±0.18	2.78~3.93	5.31
甘肃	268	12.97±1.95	8.45~17.99	15.03	3.10±0.26	2.23~3.77	8.39
宁夏	65	13.07±1.28	9.19~15.88	9.79	3.45±0.19	2.96~3.98	5.51
青海	62	12.39±3.52	9.43~15.13	28.41	3.41±0.16	3.07~3.73	4.69
山东	153	12.14±1.18	8.46~15.67	9.72	3.39±0.15	3.01~3.78	4.42
湖北	16	13.65±0.57	11.81~14.37	4.18	2.66±0.20	2.36~3.03	7.52
其他	34	12.62±1.85	8.35~16.27	14.66	2.88±0.27	2.42~3.73	9.38
平均（总计）	1 807	12.18±1.58	7.25~17.99	12.97	3.14±0.32	2.10~3.98	10.19

2. 脂肪含量鉴定分析结果

表 6-23 表明，第 2 次 1 807 份种质脂肪含量的变异区间为 2.10%~3.98%。平均含量为 3.14%，变异系数为 10.19%。平均含量最高的省（区）是宁夏，为 3.45%，最低的是湖北省，为 2.66%，其他省（区）均在 2.74%~3.41%。从变异区间来看，脂肪含量的变异区间最高和最低只相差 1.88%。变异区间相差最大的省（区）是甘肃省，为 1.54%；最小的是青海省，只有 0.66%。其他省（区）的变异区间相差在 0.67%~1.31%。此次脂肪含量鉴定分析结果和上次相比明显偏低，没有含量在 4.00% 以上的种质，含量在 3.10%~3.98% 的种质为主体，共 1 213 份，占 67.13%，主要集中在青海、山东、陕西、

宁夏和甘肃，分别占本省种质的 70.52%~100.00%。

（三）第 3 次蛋白质、脂肪含量鉴定分析结果

1. 蛋白质含量鉴定分析结果

从表 6-24 可以看出，第 3 次 495 份种质蛋白质含量的变异区间为 9.82%~16.40%，平均含量为 13.16%，变异系数为 5.12%。含量最高的是甘肃省，为 13.66%；最低的是宁夏和青海，分别为 12.77%、12.78%。其他省（区）均在 13.04%~13.50%。从变异区间来看，最高与最低相差 6.58%。变异区间相差最大的省（区）是山西省，最高与最低相差 6.28%；其次是内蒙古，为 6.19%；变异区间相差最小的省（区）是陕西省，为 1.80%（只有 2 份种质）；其次是宁夏，为 2.74%（只有 3 份种质）。其他省（区）最高与最低相差 3.90%~5.34%。

表 6-24 第 3 次黍稷种质资源蛋白质、脂肪鉴定分析结果

省（区）	种质份数 No. of accessions	蛋白质（%） $\bar{X} \pm S$	变异区间（%）	变异系数 CV（%）	脂肪（%） $\bar{X} \pm S$	变异区间（%）	变异系数 CV（%）
吉林	16	13.04±0.94	10.57~14.47	4.02	3.86±0.31	2.27~4.41	14.21
内蒙古	36	13.50±1.33	10.21~16.40	4.55	3.56±0.34	2.40~4.98	14.35
河北	70	13.16±0.81	9.94~15.28	5.67	3.38±0.41	0.94~5.49	30.52
山西	204	13.05±1.05	9.82~16.10	10.05	2.92±0.53	1.26~4.56	22.24
陕西	2	13.30±0.53	12.40~14.20	2.04	3.42±0.18	3.15~3.68	4.05
甘肃	159	13.66±1.24	11.08~16.06	7.43	2.48±0.47	1.58~4.24	16.43
宁夏	3	12.77±0.62	11.48~14.22	2.32	3.49±0.19	1.85~4.98	19.98
青海	5	12.78±0.85	10.57~15.10	2.55	3.57±0.20	3.18~4.12	4.87
平均（总计）	495	13.16±1.02	9.82~16.40	5.12	3.34±0.36	0.94~5.49	30.52

2. 脂肪含量鉴定分析结果

表 6-24 表明，第 3 次 495 份种质脂肪含量的变异区间为 0.94%~5.49%。平均含量为 3.34%，变异系数为 30.52%。平均含量最高的省（区）是吉林，为 3.86%；最低的是甘肃，为 2.48%。其他省（区）均在 2.92%~3.57%。从变异区间来看，最高与最低相差 4.55%。变异区间相差最大的省（区）是河北省，为 4.55%；相差最小的是陕西省，为 0.53%。其他省（区）的变异区间相差在 0.94%~3.30%。

（四）中国黍稷种质资源 3 次蛋白质、脂肪平均含量的平均值和高蛋白、高脂肪和双高种质

1. 3 次鉴定分析蛋白质平均含量的平均值

从表 6-25 可以看出，中国黍稷种质资源蛋白质含量通过 3 批次的鉴定分析，共鉴定分析种质 6 515 份，每次鉴定分析的平均含量各不相同，含量幅度为 12.18%~14.03%，蛋白质 3 次平均含量的平均值为 13.12%。分省（区）来看，各省（区）3 次蛋白质平均含量的变异区间为 12.34%~13.68%。平均含量的最高值是新疆，但新疆只鉴定分析 1

次，而且鉴定分析种质数量只有 80 份，没有代表性。从参加过 3 次蛋白质分析的 8 个省（区）来看，平均含量最高的是甘肃省，为 13.61%；最低的省（区）是河北省，为 12.34%；其他省（区）均在 12.82%~13.40%。

2. 3 次鉴定分析脂肪平均含量的平均值

表 6-25 表明，6 515 份种质通过 3 次脂肪含量的鉴定分析，脂肪平均含量各不相同，含量幅度为 3.14%~3.34%，3 次平均含量的平均值为 3.23%。各省（区）3 次脂肪平均含量的变异区间为 2.66%~3.58%，平均含量最高值是宁夏，最低值是湖北省，但湖北省只鉴定分析 1 次，而且种质数量只有 16 份，没有代表性。从参加过 3 次脂肪鉴定分析的 8 个省（区）来看，平均含量最高的省（区）是宁夏，为 3.58%；最低的省（区）是甘肃，为 2.68%；其他省（区）均在 3.07%~3.55%。

3. 鉴定筛选出一批高蛋白、高脂肪和双高种质

通过 3 次中国黍稷种质资源蛋白质、脂肪含量的鉴定分析，筛选出一批蛋白质含量 15.00% 以上的高蛋白种质，脂肪含量 4.00% 以上的高脂肪种质，蛋白质含量 15.00% 以上、脂肪含量 4.00% 以上的双高种质。

高蛋白种质　3 次蛋白质含量的鉴定分析，在 6 515 份种质中筛选出蛋白质含量 15.00% 以上的高蛋白种质 887 份，占鉴定分析种质总数的 13.61%。在 3 次鉴定分析中又以第二次的高蛋白种质最多，为 768 份，占 3 次筛选的高蛋白种质总数的 86.58%。分省（区）来看，以山西最多，为 477 份，占山西鉴定分析种质总数的 31.34%，占 3 次筛选的高蛋白种质总数的 53.78%；以湖北省最少，为零。其他省（区）高蛋白种质数为 2~148 份，占其他省（区）鉴定种质的 1.56%~19.00%，占高蛋白种质总数的 0.23%~16.69%。在高蛋白种质中有些种质的蛋白质含量可达 17.00% 以上，如内蒙的鄂旗大白软黍（国编号 0673），蛋白质含量 17.23%；甘肃的永昌黄糜（国编号 2695），蛋白质含量 17.99%；吉林的太安黄糜（国编号 2657），蛋白质含量 17.99%。

表 6-25　3 次鉴定分析蛋白质、脂肪平均含量及总平均值（%）

省（区）		黑龙江	吉林	辽宁	内蒙古	河北	山西	陕西	甘肃	宁夏	青海	新疆	山东	湖北	其他	平均
第 1 次	蛋白质	13.87	14.43	14.50	13.45	13.13	14.75	13.85	14.19	12.63	13.37	13.68	13.36			14.03
	脂肪	3.64	3.53	3.74	3.22	3.78	3.34	2.47	2.45	3.80	3.66	3.51	4.45			3.20
第 2 次	蛋白质	11.86	12.05	11.67	11.86	10.74	12.39	12.19	12.97	13.07	12.39			12.14	13.65	12.62	12.18
	脂肪	3.08	2.87	2.74	2.80	2.95	2.96	3.39	3.10	3.45	3.41			3.39	2.66	2.88	3.14
第 3 次	蛋白质		13.04				13.50	13.16	13.05	13.66	12.77	12.78					13.16
	脂肪		3.86				3.56	3.38	2.92	3.42	2.48	3.49	3.57				3.34
平均	蛋白质	12.87	13.17	13.09	12.94	12.34	13.40	13.11	13.61	12.82	12.85	13.68	12.75	13.65	12.62		13.12
	脂肪	3.36	3.42	3.24	3.19	3.37	3.07	3.09	2.68	3.58	3.55	3.51	3.92	2.66	2.88		3.23

高脂肪种质　在 6 515 份种质中筛选出脂肪含量 4.00% 以上的高脂肪种质 945 份，占鉴定种质总数的 14.51%。在 3 次鉴定分析中也以第 1 次的高脂肪种质最多，为 838 份，占 3 次筛选的高脂肪种质总数的 88.68%。第 2 次最少，为零。从分省（区）来看，以山

东最多，为 260 份，占山东鉴定种质总数的 57.91%，占 3 次筛选出的高脂肪种质总数的 27.51%。以湖北和其他最少，均为零。其他省（区）高脂肪种质数量为 3~246 份，占到其他省（区）鉴定种质的 3.75%~16.16%，占高脂肪种质总数的 0.32%~27.51%。在高脂肪种质中有些种质可达 5.00% 以上，如山东的黑黍子（国编号 4392），蛋白质含量 5.44%；宁夏的隆德大黄黍（国编号 2643），蛋白质含量 5.39%；黑龙江的 4116-3，蛋白质含量 5.38%；黑龙江的 80-4064，蛋白质含量 5.45% 等。

双高种质　能在同时达到蛋白质含量 15.00% 以上、脂肪含量 4.00% 以上的双高种质极少。通过 3 次蛋白质、脂肪含量的鉴定分析，共筛选出 55 份双高种质，其中第 1 次筛选出 45 份，第 2 次为零，第 3 次 10 份。只集中在 6 个省（区），分别为山西、陕西、河北、内蒙古、黑龙江、吉林。其中以山西最多，为 42 份，占到双高种质总数的 76.36%；其次是内蒙古，为 7 份，占到双高种质总数的 12.73%；再次是河北，为 3 份，占到双高种质总数的 5.46%。陕西、黑龙江和吉林均为 1 份，分别占到双高种质的 1.82%。在双高种质中有些丰产性好，在生产上有较大的种植面积，如山西的鹅蛋白（国编号 0885）、内蒙的紫秆红黍（国编号 0626）、黑龙江的 79-4449（国编号 0312）、吉林的红糜子（国编号 0353）等。

三、结论与讨论

（1）黍稷种质资源籽粒蛋白质、脂肪含量的高低由遗传和生态环境、栽培管理水平等诸多因素决定，但遗传是决定性的因素。尽管 3 次黍稷种质资源的蛋白质、脂肪含量的鉴定分析，鉴定种质不在同一地点、同一年代、统一管理条件下种植，使鉴定分析结果可能存在一些误差，但大的趋势是正确的。因此最终的鉴定分析结果是准确的，可信的。

（2）黍稷种质资源如此大规模、大批量、跨省（区）开展全国性种质资源蛋白质、脂肪含量的鉴定分析，不论在国外还是国内都是空前的。3 次鉴定分析的结果进一步验证了黍稷的蛋白质、脂肪含量在粮食作物中是比较高的，高于水稻、小麦和玉米等作物。筛选出的高蛋白、高脂肪、特别是双高种质是极其珍贵的，在我国黍稷育种和生产中具有重要的利用价值。

（3）3 次鉴定分析的结果说明，中国黍稷种质资源蛋白质、脂肪含量没有规律性，各省（区）之间均有一定差异。筛选出的高蛋白和双高种质以山西省最多，高脂肪种质略少于山东省，原因有三个：一是山西参加鉴定分析的种质数量最多，出现高蛋白、高脂肪和双高种质的概率最大；二是山西位处黄河中下游，是我国农业开发最早的地区，是黍稷的起源中心，在漫长的农耕历史中，人工选择出较多优质种质在生产中应用，一直延续至今；三是黍稷是山西的主要杂粮，播种面积大，山西的黍稷育种单位和农民黍稷育种家选育出一大批优质丰产种质（系）在黍稷生产上应用，高蛋白、高脂肪、双高种质也就成为生产上主流种质。衡量黍稷种质资源营养品质好坏，除了蛋白质和脂肪含量的高低以外，还有氨基酸、维生素、支链淀粉、直链淀粉等含量的高低。因此，要全面摸清我国黍稷种质资源的营养品质含量，还需进一步开展其他营养项目的鉴定分析，为进一步开发利用优质的黍稷种质资源创造条件。

第五节 山西重要黍稷种质资源品质性状的初步鉴定与评价

我国古代后魏末期杰出的农学家贾思勰著的《齐民要术》中写到"米味有美恶"，说明在1 500多年前的我国古代先民们已经对"米类"作物品质的好坏就有所区分。到了今天，随着社会的进步、科学的发展以及人民生活水平的不断提高，"米味"的重要性也愈加明显。对于黍稷而言，影响其品质的主要成分有4项，即蛋白质、脂肪、赖氨酸和可溶性糖。其中，蛋白质和脂肪作为人体必需的营养元素，其含量的高低直接影响着营养品质；赖氨酸和可溶性糖对口味的影响相对来说更加直接明显。通过测定，在众多的黍稷种质资源中，如果蛋白质、脂肪、赖氨酸和可溶性糖4项含量均高，说明其营养品质和口感品质均好，是比较完美的优质种质；如果蛋白质和脂肪含量相对较高，而赖氨酸和可溶性糖的含量相对较低，只能作为营养品质优的种质利用；如果赖氨酸和可溶性糖的含量相对较高，而蛋白质和脂肪含量相对较低，只能作为口感品质好的种质利用。

为了了解我国黍稷种质资源营养品质和口感品质情况，本研究选择我国黍稷主产区山西省生产上长期利用、有代表性的黍稷种质90份，包括糯性和粳性、不同粒色和不同粒形的种质，进行了籽粒粗蛋白、粗脂肪、赖氨酸和可溶性糖含量的测定，并进一步分析了营养品质和口感品质与籽粒粳糯性、粒色和粒形的关系，旨在为今后黍稷育种、生产和加工利用提供依据。

一、材料和方法

（一）试验材料

山西省有黍稷种质资源1 192份，本研究选取代表性的90份种质（表6-26），来自山西省的11个市，包括大同市（14份）、朔州市（11份）、忻州市（25份）、太原市（4份）、吕梁市（8份）、阳泉市（4份）、晋中市（13份）、临汾市（4份）、长治市（11份）、晋城市（1份）、运城市（5份）。90份种质以粳糯性分类，糯性的黍种质63份，粳性的稷种质27份；以粒色分类，红粒种质21份，黄粒种质34份，白粒种质14份，褐粒种质6份，复色粒种质15份；以粒形分类，卵圆粒种质61份，长圆粒种质8份，球圆粒种质21份。

（二）试验方法

1. 测试种质的种植

供测试分析的90份种质，分别保存于国家种质资源长期库、中期库和山西省种质资源库中，于2014年统一种植在山西省农业科学院榆次东阳试验基地。每份种质种植面积$3m^2$，以保证足量的试验用种。每份种质四周保持50cm的相隔距离，以防止发生异交。播种前每$667m^2$施1 000kg羊粪、20kg过磷酸钙和15kg尿素作为底肥。播深5cm，3叶期间苗稀植，行距20cm，株距10cm。生育期间浇水2次，每次追施尿素$5kg/667m^2$。以保证籽粒饱满。测试分析的种质以当年收获的风干样籽粒脱壳粉碎后进行品质测定。

2. 粗蛋白

每份测试种质 100g，先用脱壳机脱壳，再用粉碎机磨粉加工，制成测试用标准粉样。采用 GB/T2905-1982 谷类、油料作物种子半微量凯氏法测定粗蛋白含量。平行测定结果在 15% 以下时其相对相差不得大于 3%；结果在 15%～30% 时，相对相差不得大于 2%。否则重新测定，测定结果取 2 次平行测定值的算术平均值，以 % 表示，精确到 0.01%。

表 6-26　90 份黍稷种质资源的国编号、名称、来源和粗蛋白、粗脂肪、赖氨酸、可溶性糖的测试结果

序号	国编号	种质名称	来源	粗蛋白（%）	粗脂肪（%）	赖氨酸（%）	可溶性糖（%）
1	00000872	白疙垜	大同市天镇县	11.04	4.23	0.206	1.88
2	00000878	紫龙带	大同市天镇县	9.23	3.81	0.188	1.84
3	00000883	二青黍	大同市天镇县	11.73	4.10	0.206	2.50
4	00000888	大青黍	大同市天镇县	9.88	4.12	0.184	2.21
5	00000864	金疙塔	大同市天镇县	11.40	4.04	0.204	1.96
6	00003157	糜子	大同市浑源县	11.30	3.84	0.178	1.90
7	00000491	红黍	大同市灵丘县	9.90	3.99	0.199	1.93
8	00000952	炸炸头	大同市灵丘县	12.59	2.49	0.193	2.40
9	00000947	十样精	大同市灵丘县	9.87	4.42	0.178	2.44
10	00003196	轮精糜	大同市怀仁县	11.09	3.84	0.192	2.16
11	00003199	黄糜子	大同市怀仁县	12.70	2.61	0.213	3.26
12	00000905	支黄黍	大同市阳高县	10.66	3.50	0.188	2.46
13	00000894	二白黍	大同市浑源县	11.59	3.96	0.175	2.26
14	00003216	小青黑糜	大同市左云县	11.51	3.94	0.201	2.10
15	00000937	马鸟黍	朔州市朔城区	12.16	4.44	0.188	2.18
16	00000925	高粱黍	朔州市朔城区	13.02	4.05	0.224	2.41
17	00000928	小日期白黍	朔州市朔城区	9.42	4.48	0.171	2.14
18	00000927	八米白	朔州市朔城区	9.26	4.60	0.168	2.13
19	00001050	大白黍	朔州市平鲁区	11.41	4.00	0.197	2.27
20	00001057	青间黍	朔州市平鲁区	11.84	3.66	0.201	1.84
21	00001021	稗黍	朔州市应县	11.86	4.00	0.202	1.97
22	00001033	一点青黍子	朔州市应县	10.84	4.53	0.193	1.97
23	00001020	黄落黍	朔州市应县	10.87	2.74	0.181	2.36
24	00001036	紫鹅蛋	朔州市应县	11.03	3.83	0.202	1.93
25	00001000	小红黍	朔州市山阴县	11.41	4.00	0.197	2.27
26	00001176	大红黏糜	忻州市五台县	11.95	4.07	0.240	2.35
27	00001180	小齐黄黏糜子	忻州市五台县	10.87	4.62	0.181	1.95

（续表）

序号	国编号	种质名称	来源	粗蛋白（%）	粗脂肪（%）	赖氨酸（%）	可溶性糖（%）
28	00001184	气死风黏糜	忻州市五台县	12.50	4.56	0.202	2.09
29	00003329	蚂蚱眼子	忻州市五台县	12.8	4.21	0.188	1.37
30	00001192	灰黏糜	忻州市五台县	12.12	3.35	0.183	2.42
31	00001177	红糜子	忻州市五台县	11.48	3.82	0.212	2.36
32	00001178	紫秆大糜子	忻州市五台县	10.66	4.77	0.187	2.25
33	00001179	大齐黄	忻州市五台县	10.30	3.86	0.193	2.15
34	00003325	大白硬糜	忻州市五台县	9.63	3.82	0.176	1.79
35	00003280	大红糜子	忻州市河曲县	13.44	4.02	0.183	1.89
36	00003281	60天小红糜	忻州市河曲县	13.09	4.05	0.191	1.85
37	00001095	牛心黍子	忻州市河曲县	11.95	4.78	0.201	1.64
38	00001099	曲峪小白黍	忻州市河曲县	10.62	4.57	0.162	2.96
39	00001102	灰黍子	忻州市河曲县	12.66	3.48	0.176	2.24
40	00001105	一点红黍子	忻州市河曲县	12.11	3.12	0.218	1.93
41	00001094	小黄黍子	忻州市河曲县	13.91	4.02	0.202	2.03
42	00003290	准旗大红糜	忻州市保德县	13.68	3.24	0.156	1.84
43	00003292	峪杂1号	忻州市保德县	12.45	3.87	0.219	2.03
44	00003316	小青糜子	忻州市五寨县	12.77	4.57	0.210	1.55
45	00003311	大黄糜子	忻州市五寨县	15.19	4.25	0.232	2.01
46	00001083	黄罗黍	忻州市代县	11.51	4.01	0.190	1.84
47	00001089	笊篱白	忻州市代县	11.09	4.87	0.195	1.84
48	00003331	黄罗伞糜	忻州市宁武县	10.87	4.44	0.178	1.68
49	00001144	灰脸蛋黍	忻州市偏关县	12.93	4.19	0.187	2.92
50	00001171	大黄黍	忻州市岢岚县	12.56	3.70	0.183	1.43
51	00001199	红软黍	太原市尖草坪区	12.32	3.57	0.186	1.86
52	00001197	大红软糜	太原市尖草坪区	13.02	2.98	0.222	2.31
53	00001200	疙都红糜子	太原市尖草坪区	13.45	3.03	0.215	3.12
54	00001205	金软黍	太原市阳曲县	12.16	3.86	0.213	2.23
55	00001352	成熟红	吕梁市汾阳市	13.02	4.16	0.187	1.88
56	00003406	糜子	吕梁市汾阳市	11.52	4.43	0.187	1.83
57	00001386	软白糜	吕梁市柳林县	11.95	4.33	0.233	2.06
58	00003431	白硬糜子	吕梁市柳林县	11.52	4.83	0.192	1.98
59	00003410	驴驼川	吕梁市中阳县	10.62	3.91	0.189	2.29
60	00003401	硬糜子	吕梁市离石区	11.09	3.89	0.196	1.52
61	00001349	小红软糜	吕梁市方山县	11.59	4.17	0.214	2.04
62	00003402	黑圪蚤	吕梁市文水县	12.16	3.96	0.180	1.65

（续表）

序号	国编号	种质名称	来源	粗蛋白（%）	粗脂肪（%）	赖氨酸（%）	可溶性糖（%）
63	00001237	黄黍	阳泉市城区	11.47	3.43	0.170	1.46
64	00001278	一点红	阳泉市昔阳县	12.93	4.54	0.210	2.26
65	00001271	黑黍	阳泉市平定县	11.73	4.28	0.200	2.64
66	00001268	黍子	阳泉市盂县	10.44	4.50	0.195	2.11
67	00001243	二红黍	晋中市榆次区	11.95	4.17	0.203	1.85
68	00001244	大红黍	晋中市榆次区	12.88	3.94	0.202	2.47
69	00001251	小黑黍	晋中市榆次区	10.12	4.07	0.172	2.58
70	00001295	老来红	晋中市寿阳县	12.18	4.67	0.210	2.18
71	00001293	黄黍子	晋中市寿阳县	11.41	4.04	0.188	2.63
72	00003380	黑糜子	晋中市太谷县	12.70	4.73	0.201	1.86
73	00001316	鸡爪红	晋中市太谷县	11.62	4.56	0.201	2.05
74	00001284	硬地黄	晋中市平遥县	12.12	3.76	0.186	2.41
75	00001283	扫帚糜	晋中市平遥县	10.84	3.85	0.180	1.76
76	00003387	大黄芽	晋中市介休市	11.86	4.15	0.199	1.90
77	00001331	狗尾蛋	晋中市介休市	10.22	3.66	0.195	2.01
78	00001340	白骷髅	晋中市榆社县	13.52	4.77	0.200	1.84
79	00001313	边梅黍	晋中市和顺县	13.04	3.65	0.210	1.89
80	00003492	紫脖子硬糜	临汾市襄汾县	12.34	3.46	0.194	2.45
81	00001474	珍珠连软糜	临汾市襄汾县	11.43	3.29	0.174	2.88
82	00003494	耧里秀	临汾市曲沃县	11.05	3.68	0.169	1.99
83	00003506	柿黄硬糜	临汾市浮山县	10.95	3.22	0.173	1.35
84	00001439	千斤黍	长治市襄垣县	11.27	3.63	0.194	1.99
85	00003481	六松天	晋城市沁水县	11.05	3.27	0.174	1.24
86	00001574	红黍子	运城市闻喜县	12.38	3.32	0.208	2.76
87	00001581	白软黍	运城市闻喜县	10.22	5.04	0.202	2.37
88	00001575	金红黍	运城市闻喜县	13.99	3.02	0.219	2.40
89	00003540	夏县糜子	运城市夏县	15.39	1.58	0.207	1.83
90	00001566	白软黍	运城市万荣县	12.31	3.43	0.188	1.92

3. 粗脂肪

方法同 2 制成标准粉样，采用 GB/T2906—1982 谷类、油料作物索氏脂肪提出法测定。平行测定结果相对相差不得大于 2%，否则重复测定，测定结果取 2 次平行测定值的算术平均值，以%表示，精确到 0.01%。

4. 赖氨酸

方法同 2 制成标准粉样，采用 GB/T4801—1984 谷类籽粒染料结合赖氨酸（DBL）法测定。平行测定结果相对相差不得大于 0.03%，以%表示，否则重测，测定结果取 2 次平行测定结果的算术平均值，精确到 0.01%。

5. 可溶性糖

以标准粉样 2.50g，采用美国进口的 Agilent1200 高效液相色谱仪测定。可溶性糖的提取：用 80% 的乙醇浸提黍稷样品中的可溶性糖，用铁氰化钾和醋酸锌溶液处理，Sepak C₁₈ Cartriages 过滤，除去蛋白质、色素等。

色谱分析：用高效液相色谱进行分离分析。利用保留时间进行定性，用内标法进行定量分析，得出可溶性糖的含量。

计算公式：$D = \dfrac{M \times V_2}{V_1 \times m} \times 100\%$

式中，D ——可溶性糖（干基）；

　　　M ——所进样品量中某种可溶性糖的含量（μg）；

　　　V_1 ——进样量体积（mL），本试验为 10 mL；

　　　V_2 ——最终体积（mL），本试验为 10 mL；

　　　m ——样品重量（g），本试验为 2.5 g。

平行测定可溶性糖的相对相差不超过 8%，否则重新测定，测定结果取 2 次平行测定值的算术平均值。以 % 表示，精确到 0.01%。

6. 营养品质优、口感品质优和双优的标准

营养品质优的标准是粗蛋白含量 13.00% 以上，粗脂肪含量达 4.00% 以上；口感品质优的标准是赖氨酸含量 0.20% 以上，可溶性糖含量达 2.00% 以上；双优的标准是粗蛋白含量达 13.00% 以上，粗脂肪含量达 4.00% 以上，赖氨酸含量达 0.20% 以上，可溶性糖含量达 2.00% 以上。

二、结果与分析

（一）90 份种质资源粗蛋白、粗脂肪、赖氨酸和可溶性糖含量分析

1. 粗蛋白含量

90 份测试种质的粗蛋白含量结果（见表 6-26 和表 6-27）表明，不同黍稷种质资源的粗蛋白含量不同。其中，来自运城市的夏县糜子（00003540）粗蛋白质含量最高，为 15.39%，来自大同市天镇县的紫龙带（00000878）含量最低，为 9.23%，所有种质粗蛋白平均含量为 11.88%。从粗蛋白不同含量区间的频率分布可以看出，含量在 10.00%~11.99% 的种质数量最多，为 47 份，占鉴定种质的 52.22%，其次是含量 ≥12.00% 以上的种质，数量为 36 份，所占比例为 40.00%。含量 ≤9.99% 以下的种质数量最少，为 7 份，所占比例为 7.78%。根据中国预防医学院营养与食品卫生研究所 1991 年颁布的我国主要粮食作物的营养分析结果，黍稷米的蛋白质平均含量为 12.1%，小米为 9.0%，大米为 7.8%，高粱米为 10.4%，玉米糁为 7.9%，大麦为 10.2%，小麦标粉为 11.2%，青稞为 10.2%。和这些粮食作物相比，黍稷蛋白质含量是最高的。

2. 粗脂肪含量

90 份黍稷种质资源中，粗脂肪含量最高的为运城市闻喜县的白软黍（00001581），含

量为5.04%。最低的为运城市夏县的夏县糜子（00003540），含量为1.58%，粗脂肪平均含量为3.69%。其中，含量≥4.00%的种质数量最多，为46份，占鉴定种质的51.11%，含量在2.01%～3.99%的数量次之，为43份，占鉴定种质的47.78%，≤2.00%的种质极少，只有1份，占鉴定种质的1.11%（见表6-26和表6-27）。这说明黍稷种质资源的粗脂肪含量基本上在2.00%以上。

3. 赖氨酸含量

黍稷种质资源赖氨酸的含量相对很低，赖氨酸含量最高的种质是忻州市五台县的大红黏糜（00001176），含量为0.24%，其次为吕梁市柳林县的软白糜（00001386）和忻州市五寨县的大黄糜子（00003311），。赖氨酸的平均含量为0.19%。赖氨酸含量的次数分布与粗蛋白的次数分布基本一致，以含量居中的0.18%～0.19%的种质数量最多，为38份，占42.22%。≥0.20%种质的数量和比例次之，数量为36份，占40%。只是在赖氨酸含量≤0.17%的种质数量和比例（16份、17.8%），大于粗蛋白≤9.99%种质的比例（7.78%），说明赖氨酸含量的次数分布与粗蛋白含量的次数分布是密切相关的（表6-26和表6-27）。

表6-27　黍稷种质资源粗蛋白、粗脂肪、赖氨酸和可溶性糖的鉴定分析结果

测定内容	变异区间（%）	数量及次数分布					
粗蛋白	9.23±0.41～15.39±1.23	≥12.00%		10.00%～11.99%		≤9.99%	
		数量	占比（%）	数量	占比（%）	数量	占比（%）
		36	40.00	47	52.22	7	7.78
粗脂肪	1.58±0.29～5.04±0.67	≥4.00%		2.01%～3.99%		≤2.00%	
		数量	占比（%）	数量	占比（%）	数量	占比（%）
		46	51.11	43	47.78	1	1.11
赖氨酸	0.162±0.03～0.240±0.05	≥0.20%		0.18%～0.19%		≤0.17%	
		数量	占比（%）	数量	占比（%）	数量	占比（%）
		36	40.00	38	42.22	16	17.78
可溶性糖	1.24±0.11～3.26±0.34	≥3.00%		2.00%～2.99%		≤1.99%	
		数量	占比（%）	数量	占比（%）	数量	占比（%）
		2	2.20	47	52.20	41	45.60

4. 可溶性糖含量

黍稷种质资源中可溶性糖含量是决定口感品质的一项重要指标，可溶性糖含量高的种质，口感甘甜，适口性好。黍稷种质资源中可溶性糖最高与最低含量相差2.02%（表6-26和表6-27）。在次数分布中和粗蛋白及赖氨酸的分布一致，也以含量居中（2.00%～2.99%）的种质最多，为47份，占52.20%。与粗蛋白、赖氨酸和粗脂肪不同的是，在次数分布中含量最低的种质，粗蛋白、赖氨酸和粗脂肪的种质数量最少，比例最低，分别是粗蛋白7份，

占 7.78%，赖氨酸 16 份，占 17.78%，粗脂肪只有 1 份，占 1.16%。而可溶性糖含量最低的种质，数量和比例较高，为 41 份，占 45.60%，含量≥3.00%的种质数量和比例极少，只有 2 份，占 2.20%（表 6-27）。这 2 份种质分别是大同市怀仁县的黄糜子（00003199），含量 3.26%，是鉴定中可溶性糖含量最高的种质，其次是太原市尖草坪区的圪都红糜子（00001200），可溶性糖含量 3.12%。可溶性糖的平均含量为 2.04%。

（二）筛选出的优质种质

1. 营养品质优的种质

粗蛋白和粗脂肪含量是决定黍稷种质资源营养品质优劣的主要指标，通过测定，筛选出 7 份粗蛋白含量 13.00%以上，粗脂肪含量 4.00%以上的营养品质优的种质，分别是大黄糜子（00003311）、小黄黍子（00001094）、大红糜子（00003280）、60 天小红糜（00003281）、高粱黍（00000925）、白骷髅（00001340）、成熟红（00001352）。占鉴定种质的 7.78%。按黍稷种质资源营养品质的常规规律来看，粗蛋白含量高的情况下，粗脂肪含量低；粗脂肪含量高的情况下，粗蛋白含量低。粗蛋白和粗脂肪含量双高的情况并不多见。但忻州五寨县的大黄糜子不仅粗蛋白的含量达到 15.19%，而且粗脂肪的含量也高达 4.25%，高出平均含量（3.69%）0.56%。晋中市榆社县的白骷髅黍子粗蛋白含量达 13.52%，粗脂肪含量也高达 4.77%，高出平均含量 1.08%，因此，这 7 份种质是黍稷种质资源中稀有珍贵的遗传资源材料。从这些黍稷种质的来源地来看，7 份种质中有 4 份来自忻州市，占优质种质的 57.14%，而且其中的 3 份来自忻州市的河曲县，占优质种质的 42.86%。另外 3 份营养品质优的种质，分别来自朔州市朔城区、晋中市榆社县和吕梁市汾阳市。在 7 份高营养品质的种质中有 5 份是糯性的黍，占 71.43%，有 2 份是粳性的稷，占 28.57%。

2. 口感品质优的种质

赖氨酸和可溶性糖的含量是决定黍稷种质资源口感品质好坏的主要指标。经测定，赖氨酸含量 0.20%以上，可溶性糖含量 2.00%以上口感品质优的种质有 15 份，分别是小青黑糜（00003216）、二青黍（00000883）、黄糜子（00003199）、金软黍（00001205）、大红软糜（00001197）、圪都红糜子（00001200）、金红黍（00001575）、白软黍（00001581）、红黍子（00001574）、大红黏糜（00001176）、红糜子（00001177）、小红软糜（00001349）、软白糜（00001386）、大红黍（00001244）、黑黍（00001271），占鉴定种质的 16.67%。在口感品质优的 15 份种质中，可溶性糖含量 3.00%以上，赖氨酸含量 0.20%以上的种质有 2 份，分别是大同市怀仁县的黄糜子（可溶性糖含量居 15 个种质的首位，为 3.20%，赖氨酸含量为 0.21%）、太原市尖草坪区的疙都红糜子（可溶性糖含量达 3.13%，赖氨酸含量达 0.22%），是此次品质鉴定中口感品质最突出的 2 份种质。除此之外，忻州市五台县的大红粘糜，赖氨酸含量最高（0.24%），可溶性糖含量也较高（2.35%），粗脂肪含量（4.07%）也达到营养品质优的标准，只是粗蛋白含量稍偏低（11.95%），但未影响其良好的适口性表现。五台大红黏糜，别名大红袍、大红黍子，在当地种植历史悠久，久负盛名，至今每年种植面积达 330hm² 左右，其中五台东冶镇种植的口感最佳，是当地群众的待客佳品。还有运城市闻喜县的白软黍，在口感品质都达标的情况下，粗脂肪的含量最高，达到 5.04%，使口感品质更佳，再加之皮壳薄，出米率高，在当地也享有盛誉。从种质的来源地看，以大同市、太原市和运城市的种质最多，均达到 3 份，其次是忻州市和吕梁市，均达到 2 份，最后是晋中市和阳泉市各有 1 份。各地口感品质优的种质的多少，与当地群众把黍稷作为主要的杂粮作物、在多年的种植中不断地择优选择有着密切的关系。

3. 营养品质和口感品质双优的种质

达到营养品质和口感品质双优的种质相对较少，必须同时达到营养品质和口感品质的标准，即粗蛋白含量 13.00% 以上，粗脂肪含量 4.00% 以上，赖氨酸含量 0.20% 以上，可溶性糖含量 2.00% 以上。本研究筛选出 3 份双优种质，分别是忻州市五寨县的大黄糜子、忻州市河曲县的小黄黍子和朔州市朔城区的高粱黍。

（三）黍稷种质资源营养品质和口感品质与不同类型种质的关系

鉴定分析的 90 份种质中，以粳糯性、不同粒色、不同粒形分类，分别统计不同类型种质的粗蛋白、粗脂肪、赖氨酸和可溶性糖的平均含量，从而找出黍稷种质资源营养品质和口感品质与粳糯性、粒色和粒形的内在联系。

1. 与糯性、粳性的关系

黍米是糯性的、粉质，淀粉以支链淀粉为主，稷米是粳性的、角质，淀粉以直链淀粉为主。二者在营养品质和口感品质上有所不同。由表 6-28 可知，从营养品质来看，稷的蛋白质和脂肪的平均含量均高于黍，分别高 0.34% 和 0.26%，说明稷的营养品质好于黍；从口感品质来看，赖氨酸和可溶性糖的含量黍高于稷，分别高 0.005% 和 0.29%，说明黍的口感品质要好于稷，尽管差别较小，但在生活实践中人们也会明显感到黍的适口性要好于稷。

表 6-28　黍和稷营养品质和口感品质的平均含量

类型	种质数（份）	粗蛋白（%）	粗脂肪（%）	赖氨酸（%）	可溶性糖（%）
糯性的黍	63	11.71±1.1	3.56±0.36	0.196±0.01	2.18±0.73
粳性的稷	27	12.05±1.3	3.82±0.42	0.191±0.02	1.89±0.34

2. 与粒色的关系

黍稷的粒色分为红、黄、白、褐、灰（生产上种植极少，未作统计）、复色（2 种以上颜色）等。不同粒色的黍稷种质营养品质和口感品质也有差异。从表 6-29 可以看出，红粒的种质粗蛋白含量最高，在 12.00% 以上，其他粒色的种质均为 11.00%~12.00%。白粒种质的粗蛋白含量最低，但粗脂肪含量最高，复色粒种质和褐粒种质粗脂肪含量也都在 4.00% 以上，均达到优质种质中高脂肪含量的标准。根据高营养品质标准（粗蛋白含量在 13.00% 以上，粗脂肪含量 4.00% 以上），5 种粒色种质的平均含量均未达到高营养品质标准。但 5 种粒色种质中，红粒种质和白粒种质在粗蛋白或粗脂肪的含量中均有一项较高，相对而言，这 2 种粒色的种质在营养品质中相对突出，在黄、褐、复色 3 种粒色中，复色粒和褐粒种质明显比黄粒种质的营养品质好。从口感品质来看，红粒种质最优，不论赖氨酸含量还是可溶性糖的含量均达到优质的标准。这说明红粒种质在口感品质方面也最突出。综合营养品质和口感品质，红粒种质不仅粗蛋白含量最高，而且赖氨酸和可溶性糖的含量达到口感品质优的标准，说明红粒种质不论在营养品质还是口感品质方面均表现优异。这在生产实践中也能明显地反映出来，如农民喜欢种植红粒的种质，而且外贸收购中也只收购红粒的种质。除红粒种质外，白、褐、复色粒种质在4项的品质鉴定中，均有粗脂肪和可溶性糖2项达优质标准，而黄粒的种质只有1项可溶性糖达标，说明白、褐、复色的种质营养品质和口感品质又比黄粒种质的好。

表6-29　黍稷不同粒色种质的营养品质和口感品质的平均含量

粒色	种质数（份）	粗蛋白（%）	粗脂肪（%）	赖氨酸（%）	可溶性糖（%）
红	21	12.35±1.10	3.82±0.81	0.200±0.092	2.14±0.58
黄	34	11.77±0.74	3.72±0.72	0.194±0.096	2.02±0.70
白	14	11.01±0.82	4.24±0.54	0.191±0.014	2.15±0.28
褐	6	11.91±0.76	4.03±0.80	0.195±0.025	2.14±0.33
复色	15	11.88±0.88	4.22±0.67	0.192±0.084	2.07±0.24

3. 与不同粒形种质的关系

黍稷种质的粒形分为卵圆、长圆和球圆3种。从表6-30可知，籽粒卵圆的种质粗蛋白含量最高，长圆的种质粗脂肪含量最高，球圆的种质可溶性糖含量最高，赖氨酸的含量相差极其微小。从营养品质来看，长圆的种质粗脂肪含量达优，相对来说营养品质好于卵圆和球圆形的种质。从口感品质来看，卵圆和球圆的种质可溶性糖的含量达优，相比之下好于长圆形的种质。但粒形之间的差异很小，因此，粒形与营养品质和口感品质相关不显著。

表6-30　黍稷不同粒形种质的营养品质和口感品质的平均含量

粒形	种质数（份）	粗蛋白（%）	粗脂肪（%）	赖氨酸（%）	可溶性糖（%）
卵圆	61	11.87±0.762 5	3.86±0.363 3	0.195±0.0112 5	2.09±0.363 3
长圆	8	11.64±0.645 3	4.05±0.425 8	0.196±0.0143 2	1.79±0.243 7
球圆	21	11.79±0.584 6	3.92±0.382 5	0.192±0.012 0	2.20±0.582 5

三、结论与讨论

衡量黍稷籽粒品质有3方面标准，即营养品质、口感品质和商品品质。商品品质可以通过直观的形式鉴别出来，而营养品质和口感品质需要通过特定的测试才能鉴定出来。本研究只对黍稷种质的营养品质和口感品质做鉴定分析。粗蛋白和粗脂肪是营养品质的鉴定指标，赖氨酸和可溶性糖是口感品质的鉴定指标。在本次测试的90份种质中，营养品质优的种质共有7份，其中来自忻州市4份，朔州市、晋中市、吕梁市各1份。忻州市的4份中，有3份来自河曲县，该县无霜期短，以干旱丘陵地为主，是"全国黍稷之乡"，有史以来就是黍稷的主产区，黍稷在当地人们的生活中发挥着重要作用，从古到今一直保持着以粳性的"稷米酸粥""稷米捞饭"为主的传统饮食。同时，也把糯性的黍做成油炸糕，作为待客的最上乘的佳品。"稷米酸粥"是河曲县的独创饮食，把稷米浸泡后发酵，在酵母菌的作用下，做成酸粥，酸甜可口，下地劳作回来饮用，既止渴又充饥。可见，忻州市河曲县之所以出现多个高营养的黍稷优质种质，与当地悠久的饮食习惯和人工择优选择的结果相关，这些营养品质优的种质，由于粗蛋白含量高，赖氨酸的含量也相应较高，在口感品质的表现上，也往往是比较好的，所以才出现了忻州市河曲县黍稷营养品质优质种质比较相对集中的现象。直到现在，河曲县的小黄黍子、大红糜和60天小红糜这3份高营养、高品质种质，经过多年人为的穗选留种，仍然是当地黍稷生产的主栽种质，在当地人民生活中发挥着不可替代的作用。

与高营养品质种质数量相比，此次鉴定筛选出的口感品质优的种质数量较大，共鉴定筛选出15份种质，其中大同市、太原市、运城市数量最多，均为3份，忻州市、吕梁市均为2份，晋中市和阳泉市各1份。究其原因，与人们在长期食用过程中，侧重于适口性的选择是分不开的。本次测试结果表明，营养品质和口感品质双优的种质出现在营养品质优的7份种质中，分析原因可能是由于黍稷种质的营养品质和口感品质二者共同构成黍稷种质的品质，二者相辅相成。另外，赖氨酸是粗蛋白的组成部分，赖氨酸含量与粗蛋白含量密切相关。但是，双优的3份种质只出现在营养品质优的种质中，而口感品质优的种质中没有1份双优的种质。这可能与制定的高营养品质和高口感品质的标准有关。

黍稷种质资源的营养品质和口感品质与不同类型的黍稷种质也有一定关系。粳性的稷营养品质含量高于黍；而糯性的黍口感品质的含量高于稷。在不同粒色的黍稷种质资源中，红粒的种质不论是营养品质还是口感品质均优于其他粒色的种质。不同粒形的黍稷种质在营养品质和口感品质的表现各不相同，但总体相差不显著。参与此次品质鉴定的黍稷种质资源，均为多年来的黍稷生产用种，基本涵盖了各种类型的黍稷种质，但在粒色中缺少灰粒的种质，灰粒的种质由于进化程度很低，在生产上逐步淘汰，因此，此次鉴定的结果仍具有代表性。只是在营养品质鉴定的项目中除粗蛋白和粗脂肪鉴定项目外，还应增加淀粉，即碳水化合物的鉴定内容，特别是在黍稷种质资源中，由于存在糯性的黍和粳性的稷的区分，增加支链淀粉和直链淀粉的鉴定项目，能更加全面地说明黍和稷在营养品质上存在的差异和各自所占的优势。对黍稷种质资源营养品质和口感品质与不同类型种质关系的研究，可为今后在不同类型黍稷种质资源的利用中提供参考依据，从而更大地发挥不同类型种质在营养品质和口感品质中的优势。

本研究鉴定筛选出7份粗蛋白含量13.00%和粗脂肪含量4.00%以上的营养品质优的种质；鉴定筛选出15份赖氨酸含量0.20%以上和可溶性糖含量2.00%以上的口感品质优的种质；鉴定筛选出3份粗营养品质和口感品质均优的种质。以供今后黍稷育种、生产和加工利用。

![第七章]

中国黍稷种质资源的耐盐性鉴定

第一节   第一次大批量黍稷种质资源的耐盐性鉴定

土地盐渍化和作物盐害是世界范围内的一大难题，中国盐碱地面积仅次于澳大利亚、前苏联和阿根廷，约 0.27 亿 hm²，其中盐碱耕地约 0.07 亿 hm²，是农牧业生产中具有较大潜力的土地资源。实践证明，种植耐盐作物及耐盐种质是开发利用盐碱地的有效措施，因此鉴定和筛选各种作物的耐盐种质越来越引起人们的重视，世界上不少国家都已开展了这方面的研究工作。美国已筛选出能用全海水灌溉的大麦种质，展示出耐盐种质资源的筛选鉴定及耐盐遗传改良的前景。中国从 20 世纪 80 年代起，对水稻、小麦、大麦、高粱、谷子等多种作物种质资源进行了耐盐性鉴定。筛选出一批耐盐性强的种质资源，并开始在生产上利用。中国黍稷种质资源的耐盐性鉴定是列入国家"七五"、重点科技攻关项目的研究内容，

根据黍稷生长发育的特点，我们决定以芽期和苗期着手进行耐盐性鉴定评价，并探讨黍和稷耐盐力的差别；黍稷芽期与苗期耐盐性的遗传能力及环境影响等，为黍稷遗传改良和盐碱地栽培提供种质和参考依据。

一、材料和方法

（一）材料

供试的 4 230 份黍稷种质来自全国 12 个省（区），其中内蒙古 635 份，宁夏 91 份，甘肃 306 份，新疆 80 份，河北 88 份，山西 1 183 份，陕西 967 份，山东 296 份，吉林 102 份，辽宁 65 份，黑龙江 380 份，青海 37 份（江苏、广东等省的少量种质，由山西繁种，包括在山西提供的 1 183 份种质中）。各省（区）分年度提供当年当地种植的种子。

（二）鉴定方法和指标

1. 芽期耐盐性鉴定方法及评价指标

（1）用 1.8%NaCl 溶液发芽作处理（T），以自来水发芽为对照（CK），在恒温 30℃条件下发芽。

（2）处理设 3 次重复，对照设 2 次重复，随机排列，每个重复放置种子 50 粒，以滤纸为发芽床。

（3）发芽记载标准为胚根与种子长度等长，芽长等于种子长度的一半为发芽。处理发芽期为 7d，对照发芽期为 3d。

（4）计算发芽率及盐害系数，并按不同盐害程度将芽期耐盐性分为 1-5 级（见表 7-1）。

$$盐害系数 = \frac{CK\,发芽率 - T\,发芽率}{CK\,发芽率} \times 100$$

2. 苗期耐盐性鉴定方法及评价指标

（1）鉴定设施：在有防水条件的干旱棚下，设置长 3m、宽 0.45m、深 0.12m 的水泥槽若干个，在附近建造一个长 2m、宽 1.5m、深 1.5m 的配水池。用低压聚乙烯塑料管将各个水泥槽与配水池连通，形成循环供排水系统。

在各个水泥槽内放置直径 10cm 的塑料育苗钵若干个，钵内装满建筑用粗砂，作为育苗基质。通过育苗钵底部的小孔，营养液可迅速浸润钵内粗砂，当钵内粗砂水分饱和时，将水泥槽中的营养液排回配水池保存；当钵内的粗砂缺水时，又可将配水池中的营养液泵入水泥槽以浸润钵内粗砂。

表 7-1 芽期耐盐性分级标准

耐盐级别	盐害系数
1	0-20.00
2	20.01-40.00
3	40.01-60.00
4	60.01-80.00
5	80.01-100.00

（2）试验方法：每个供试种质重复 3 次，按顺序排列种植于育苗钵内，播种后反复供应营养液（营养液成分见表 7-2），待幼苗长到 3 叶 1 心时，给营养液加 NaCl 达到 1.3%~1.5% 的浓度，将盐营养液泵入水泥槽反复浸泡幼苗根系，使幼苗受盐害，待盐害症状明显出现时（一般 10d 左右）进行盐害程度调查记载。

表 7-2 1000kg 营养液配方

成分	数量
复合化肥 $N_{15}P_{15}K_{15}$	2.0kg
过磷酸钙 $Ca(H_2PO_4)_2$-H_2O	0.8kg
硫酸镁 $MgSO_4$	0.3kg
硫酸钾 K_2SO_4	0.2kg
硫酸锰 $MnSO_4$	3.0g

（续表）

成分	数量
硼酸 H_3BO_3	3.0g
钼酸铵 $(NH_4)_2MoO_4$	3.0g
硫酸锌 $ZnSO_4$	1.0g
硫酸铜 $CuSO_4$	1.0g
硫酸亚铁 $FeSO_4$	20.0g

（3）盐害程度调查记载标准：按黍稷苗期的群体和个体盐害程度状况将苗期耐盐性也分为1—5级，分级标准见表7-3。

表7-3   苗期耐盐分级标准

苗期耐盐级别	植株受盐害程度（症状）
1	生长基本正常，80%以上植株有3片绿叶，无死苗
2	生长受阻，50%以上植株有3片绿叶，仅有20%以下死苗
3	生长严重受阻，50%以上植株有2片绿叶，20%~60%植株死亡或接近死亡
4	停止生长，60%~80%植株死亡或接近死亡
5	80%以上植株死亡或接近死亡

（4）凡在鉴定中筛选出来的1、2级种质，都在下一年度重复鉴定，根据2年的表现确定苗期的耐盐级别。

（5）随机选择10个种质分别在1.5%、1.8%和2.1%NaCl浓度条件下发芽，统计各种质在各浓度水平的发芽率，进行方差分析，在此基础上估算黍稷芽期耐盐性的广义遗传力 h_B^2；随机选择20个种质在平均浓度为1.2%NaCl溶液灌溉条件下种植，测定其生长20d时的鲜重，进行方差分析，在此基础上估算黍稷苗期耐盐性的广义遗传力 h_B^2。广义遗传力 $h_B^2 = V_G/V_P$。

二、结果与分析

（一）黍稷芽期耐盐性鉴定

1987—1989年对4 230份黍稷种质进行芽期耐盐性鉴定，结果如表7-4所示，芽期耐盐性为1级的种质105份，占鉴定总数的2.4%；2级为335份，占鉴定结果总数的7.9%；3级为1 306份，占鉴定总数的30.9%，4级为1 506份，占鉴定总数的35.64%，5级为978份，占鉴定总数的23.1%。芽期耐盐性最强的种质是前旗紫秆糜（编号2185），其淡水发芽率为99.00%，盐水发芽率达89.33%，耐盐系数为9.77%；芽期耐盐性最弱的种质是清水河小糜子（编号2176），其淡水发芽率为94%，盐水发芽率仅达3.33%，耐盐系数为96.46%，上述两个种质的盐水发芽率相差86%，前者为后者的26.83倍，显示出黍稷种质至今芽期耐盐性的极大差异，详见表7-4。

从各省（区）比较，芽期耐盐性强的种质数量以山西省最多，达178份，其次是内蒙古，为50份，黑龙江为40份，河北为31份。芽期耐盐性强的种质1、2级所占比例最高的省（区）是河北省，达35.22%，其次是新疆，为32.5%，这两个省（区）对盐分敏感的种质（5级）所占比例最低，分别为0和1.25%，表明河北和新疆的黍稷种质群体在芽期耐盐性上远远高于其他省（区）。芽期对盐分敏感和中度敏感的种质所占比例以内蒙古和山东省最高，分别为77.63%和72.63，表明这两个省（区）的黍稷种质群体的芽期耐盐性远远低于其他省（区）。

从表7-5看出，黍子种质的芽期耐盐种质1、2级为266份，比例为12.40%，而糜子（稷）种质的芽期耐盐种质为174个，比例为8.35%，说明从黍子种质中筛选芽期耐盐种质，比从糜子（稷）种质中筛选概率要大一些。但糜子（稷）的中度耐盐种质（3级）却比黍子种质的多，所占比例也大，二者中度敏感种质（4级）和敏感种质（5级）的数量和比例基本相等。从总体上讲，黍子和糜子（稷）在芽期耐盐性上没有多大差异。

表7-4 各省（区）黍稷种质芽期耐盐性鉴定结果

省（区）	种质数（份）	1级	占比（%）	2级	占比（%）	3级	占比（%）	4级	占比（%）	5级	占比（%）
黑龙江	380	18	4.47	22	5.79	113	29.74	126	33.16	101	26.58
吉林	102	7	6.88	18	17.65	40	39.22	24	23.53	13	12.75
辽宁	65	3	4.62	8	12.31	27	41.54	22	33.85	5	7.69
内蒙古	635	11	1.73	39	6.14	92	14.49	157	24.72	336	52.91
宁夏	91	0	0	17	18.68	22	24.18	24	26.37	28	30.77
甘肃	306	0	0	21	6.86	130	42.48	120	39.22	35	11.44
新疆	80	0	0	26	32.5	46	57.5	7	8.75	1	1.25
河北	88	10	11.36	21	23.86	48	54.55	9	10.23	0	0
陕西	967	1	0.10	24	2.57	283	29.47	412	42.51	247	75.36
山东	296	0	0	4	1.35	77	26.01	161	54.39	54	18.24
山西	1 183	51	4.34	127	10.71	408	34.35	439	37.16	158	13.44
青海	37	4	10.81	8	21.62	20	54.05	5	13.51	0	0
合计	4 230	105	2.48	335	7.92	1306	30.87	1506	35.60	978	23.12

从1987年山西省提供的黍稷种质中随机选择92个种质，计算了其淡水发芽率和盐水（1.8%NaCl）发芽率相关系数 $r=0.2804^{**}$，决定系数 $r=0.0786$，表明对92个样品来讲，仅有7.86%属于相关变异，还有92.14%不属于相关变异。说明各个种质种子在盐水条件下的发芽率高低并非取决于其本身在淡水条件下的发芽率，而在很大程度上取决于其本身的耐盐能力。因此，具有正常生活力种子的黍稷种质在盐分条件下的发芽率高低可以反映出它的芽期耐盐能力。

表 7-5　黍子和糜子（稷）的芽期耐盐性比较

名称	种质数（份）	1 级	占比（%）	2 级	占比（%）	3 级	占比（%）	4 级	占比（%）	5 级	占比（%）
黍子	2 145	88	4.10	178	8.30	896	27.79	796	35.85	514	23.96
糜子（稷）	2 085	17	0.82	157	7.53	710	34.05	737	35.35	464	22.25
合计	4 230	105	2.48	335	7.92	1306	30.87	1506	35.60	978	23.12

通过随机取 10 个黍稷种质，在 3 种不同 NaCl 浓度下发芽，进行发芽率方差分析，结果表明（表 7-6），种质间差异达极显著，说明各种质间的芽期耐盐能力具有本质上的差异，这是由其遗传本质所决定的。NaCl 浓度的差异极显著，说明 NaCl 浓度高低对黍稷种质的发芽率影响极大，浓度稍有改变都会导致发芽率大幅度变化。种质与 NaCl 浓度的交互作用未达到显著，说明种质与 NaCl 浓度无交互作用，NaCl 浓度越高，种质的发芽率就越低，无一种质例外（表 7-7）。在方差分析的基础上，估算出黍稷以种质为单位的芽期耐盐性的广义遗传力 $h_B^2 = 65.20\%$，说明黍稷芽期耐盐性本质上是受基因控制的，是一个可遗传给后代的性状。但这个性状容易受环境条件的影响，在鉴定和选择过程中应该引起注意。

表 7-6　黍稷种质在不同 NaCl 浓度水平条件下发芽率的方差分析

变异来源	自由度	平方和	均方	F 值
种质	9	5 044.32	560.48	6.83 **
NaCl 浓度	2	15 457.87	7 728.94	94.16 **
种质×互作	18	1 783.47	99.08	1.21
误差	30	2 402.26	82.08	
总变异	59	93 979.46		

注：** 表示 0.01 水平差异极显著

从表 7-7 可以看出，在 1.5%NaCl 浓度下绝大多数种质的耐盐性表现较好，均可达 2 级以上，在耐盐级别上拉不开档次，不易区分各种质的芽期耐盐性强弱；在 2.1NaCl 浓度下，绝大多数种质耐盐性表现极差，按耐盐系数计算，均在 5 级，同样也拉不开档次，不易区分各种质芽期耐盐性的强弱；只有在 1.8%NaCl 浓度下各种质的耐盐系数变幅最大，分级从 2 级到 5 级都有，档次分明，容易区分各种质的芽期耐盐性强弱。为此，大批黍稷种质芽期耐盐性鉴定及筛选的 NaCl 浓度应选择在 1.8%。

表 7-7　黍稷种质在不同 NaCl 浓度下的发芽率

浓度／种质	1.5%	1.8%	2.1（%）	淡水（CK）
太原 55	64.01	17.95	3.00	97.00
太原 84	32.00	8.00	0	99.00
太原 59	86.00	62.00	12.00	100.00

（续表）

浓度 种质	1.5%	1.8%	2.1（%）	淡水（CK）
太原119	77.00	67.00	5.00	100.00
大黄芽	74.00	56.00	28.00	98.00
红糜子1	49.00	18.00	5.00	77.00
黑糜子1	54.00	24.00	3.00	87.00
红糜子2	51.00	37.00	12.00	90.00
黑糜子2	67.00	25.00	6.00	95.00
葡萄青	60.00	55.00	6.00	96.00
平均	61.40	36.99	8.00	93.90

（二）黍稷苗期耐盐性鉴定

1987—1989 年对 4 207 份黍稷种质进行了苗期耐盐性鉴定，结果见表7-8 所示。苗期耐盐性表现为 1 级的 15 份，占鉴定总数的 0.36%；2 级为 62 份，占鉴定总数的 1.47%；3 级为 1 751 份，占鉴定总数的 41.62%；4 级为 1 939 份，占鉴定总数的 46.09%；5 级为 441 份，占鉴定总数的 10.48%。苗期耐盐种质 1、2 级极少，中度耐盐（3 级）和中度敏感（4 级）种质占绝大多数，敏感种质（5 级）也有一定数量。77 份苗期耐盐种质（1、2 级）在盐渍条件下生长 10d 左右，从群体存活率以及单株叶片枯萎程度上看都远远优于一般种质，可供耐盐育种及盐碱地栽培利用。

表7-8　各省（区）黍稷种质的苗期耐盐性

省（区）	种质数（份）	1级	占比（%）	2级	占比（%）	3级	占比（%）	4级	占比（%）	5级	占比（%）
黑龙江	379	4	1.06	5	1.32	189	49.86	124	32.72	57	15.04
吉林	100	1	1.00	1	1.00	55	55.00	39	39.00	4	4.00
辽宁	65	1	1.54	0	0	39	60.00	18	27.19	7	10.77
内蒙古	626	0	0	6	0.96	271	43.29	304	48.56	45	7.19
宁夏	89	0	0	2	2.25	29	32.58	49	55.06	9	10.11
青海	36	0	0	1	2.78	27	75.00	5	13.89	3	8.33
甘肃	303	1	0.33	21	6.93	157	51.82	110	36.30	14	4.62
新疆	80	0	0	0	0	36	45.00	35	43.75	9	11.25
河北	88	2	2.27	0	0	57	64.77	23	26.14	6	6.82
陕西	965	4	0.41	16	1.75	264	27.26	599	62.04	82	8.54
山东	296	0	0	0	0	18	6.08	129	32.58	149	50.34
山西	1 180	2	0.17	10	0.77	608	51.74	504	42.63	56	4.69
合计	4 207	15	0.36	62	1.47	1751	41.62	1939	46.09	441	10.48

各省（区）种质中的耐盐种质 1、2 级所占比例极小（表 7-8），甘肃省的耐盐种质共 22 个，居全国之首，所占比例远远高于其他省（区）。中度耐盐种质（3 级）所占比例以青海省最高，其次是河北省、辽宁省和吉林省，这几个省的黍稷种质群体的苗期耐盐性高于其他省（区）。敏感种质（5 级）所占比例以山东省最高，为 50.34%，表明山东省的黍稷种质群体的苗期耐盐性最差。

表 7-9　黍子和糜子（稷）的苗期耐盐性比较

名称	种质数（份）	1 级	占比（%）	2 级	占比（%）	3 级	占比（%）	4 级	占比（%）	5 级	占比（%）
黍子	2 133	10	0.47	13	0.61	1 039	49.31	830	38.95	241	11.29
糜子（稷）	2 074	5	0.24	48	2.31	712	34.33	1 109	53.47	200	9.64
合计	4 207	15	0.36	62	1.47	1 751	41.62	1 939	46.09	441	10.48

黍子和糜子（稷）的苗期耐盐性比较，详见表 7-9，从总体上讲糜子（稷）的耐盐种质（1、2 级）所占比例大于黍子，可以说从糜子（稷）种质中筛选苗期耐盐的种质概率要大一些，但中度耐盐种质所占比例却是黍子大于糜子（稷）。

随机取 16 个黍稷种质分别种植于淡水灌溉条件下，和平均浓度为 1.2% NaCl 溶液的灌溉条件下生长 20d，二者之间的幼苗鲜重相差很大。淡水灌溉条件下 16 个种质幼苗平均鲜重为 2.57g，盐水灌溉下的幼苗平均鲜重仅为 1.07g。两种灌溉条件下各种质幼苗鲜重的相关系数为 r=0.1905，未达到显著水平，说明在盐渍条件下生长的黍稷种质幼苗鲜重与灌水条件下生长的黍稷种质幼苗鲜重并不存在相互依存的线性关系。黍稷种质幼苗在盐渍条件下生长的快慢，并不取决于在淡水条件下生长的快慢，而主要取决于种质本身的苗期耐盐能力。盐渍条件下植株生长量（幼苗鲜重）是反映黍稷种质苗期耐盐能力的重要指标。

在对 1.2% NaCl 溶液的灌溉条件下生长 20d 的 20 个黍稷种质幼苗鲜重的方差分析，结果（见表 7-10）表明，种质间差异达到显著水平，各种质间苗期耐盐能力有本质上的差异，这是由其遗传本质所决定的。在方差分析的基础上，估算出以种质为单位的黍稷苗期耐盐性的广义遗传力 $h_B^2 = 50.92\%$，说明黍稷种质幼苗期的耐盐能力本质上是受基因控制的，是可遗传给后代的性状。但黍稷苗期耐盐能力的遗传力较其芽期低，更容易受环境条件的影响，在耐盐育种中和耐盐性鉴定筛选中必须注意控制环境条件，特别是盐分浓度的均匀一致性。

表 7-10　盐渍条件下黍稷种质幼苗鲜重的方差分析

变异来源	自由度	平方和	均方	F 值
区组	2	4.125	2.062 5	23.278 8
种质间	19	3.430	0.180 5	2.037 2 *
误差	38	3.368	0.088 6	
总变异	59	10.923		

（三）黍稷芽期与苗期耐盐性的关系

本试验芽期和苗期都鉴定的种质共 4 207 份，在这些种质中只有 8 个种质的耐盐性都表现为耐盐（1、2 级），69 个种质只是苗期耐盐而芽期达不到 1、2 级。随机选择 115 个种质计算出它们的芽期耐盐级别与苗期耐盐级别的相关系数 r = -0.0103，未达到显著水平，表明两者之间不存在相互依存的线性关系。黍稷种质在各个生育阶段耐盐性并不存在相关性，似乎是彼此独立的，这个规律与水稻、小麦和其他作物相似。

黍稷种质在芽期和苗期的耐盐能力也大不相同，其芽期耐盐能力比苗期耐盐能力略强。在 1.8%NaCl 浓度条件下，4 230 份黍稷种质的芽期耐盐种质（1、2 级）多达 440 份，而在 1.3%~1.5%NaCl 溶液条件下，4 207 份黍稷种质的苗期耐盐种质（1、2 级）才 77 份，前者为后者的 5.7 倍，这说明黍稷苗期是其耐盐性的限制因素。如果将其芽期鉴定的 NaCl 浓度降至苗期鉴定的浓度，绝大多数种质芽期耐盐级别将在 2 级以上（表 7-7）。因此就本试验鉴定结果而言，黍稷种质的芽期耐盐级别与其苗期耐盐级别没有可比性，它们各自都有其本身的意义。在综合评价黍稷种质的耐盐性时，切不可苛求苗期与芽期耐盐性同时都达到 1、2 级。黍稷苗期对盐分危害比芽期更敏感，在生产上表现为土壤盐分致使黍稷死苗的危害往往大于土壤盐分导致黍稷不出苗的危害。为此，从黍稷本身的耐盐性规律及生产实际两方面考虑，确定以黍稷苗期的耐盐级别作为综合评价的标准，即 1 级为高度耐盐；2 级为耐盐；3 级为中度耐盐；4 级为中度敏感；5 级为敏感。按上述标准对 4 207 份黍稷种质进行了评价，以供耐盐育种和盐碱地生产参考。

三、结论与讨论

（1）作物耐盐性可分为生物耐盐性和农业耐盐性。生物耐盐性表示作物在严酷的盐分环境中的生存能力；农业耐盐性表示在盐分环境中谷物产量的生产能力。就某一种质而言，其生物耐盐性与农业耐盐性不一定相吻合。因此，既不能用某种质的生物耐盐性去推测其农业耐盐性，也不能用其农业耐盐性去推测其生物耐盐性。在大批量作物种质资源的耐盐性鉴定评价中，应首先考虑的是种质的生物耐盐性。只要能够生存下来有所结实，繁衍后代，即使谷物产量较低，但耐盐性强的种质，对遗传育种也是很有价值的材料。本试验鉴定的黍稷种质芽期和苗期的生物耐盐性，鉴定评价结果对于耐盐性遗传育种以及盐碱地生产都具有参考价值。关于黍稷种质的农业耐盐性还有待于进一步试验研究。

（2）生产实践证明，黍稷受盐碱地危害主要发生在两个时期，一是黍稷播种后，种子受到表土层盐分的危害，不能正常萌发出苗，形成烂种烂芽；二是黍稷三叶期，处于自养阶段向已养阶段过渡时期，对土壤盐分反应最敏感，极易受盐害死苗，给黍稷的出苗、保苗带来困难。只要能保住苗，以后随着植株生长，根系发达，植株耐盐性增强，加之生长中、后期处于雨季，土壤盐分下降，则盐害减轻。黍稷幼苗期能否度过土壤盐害这一关，是盐碱地栽培黍稷的首要问题。因此种植苗期耐盐性强的黍稷种质是解决黍稷受盐害有效而经济的措施。但黍稷各个生育阶段的耐盐性以及苗期生长受阻后的恢复情况有待进一步深入研究。

（3）土壤盐分组成不同，对作物的耐盐性影响程度也不同。有关文献报道，复合盐及土壤浸出盐溶液由于自身离子的拮抗作用，比单盐产生的盐害轻。不同单盐类对作物的危害程度经常按递减次序来表示，即 $Na_2CO_3>MgCl_2>NaHCO_3>NaCl>CaCl_2>MgSO_4>Na_2SO_4$。尤其认为盐渍土中的主要盐类 NaCl 比 Na_2SO_4 的危害作用要大。本试验采用 NaCl 单盐溶液条件下鉴定黍稷种质，其为害作用比 Na_2SO_4 和复合盐的为害大，比 $NaHCO_3$、Na_2CO_3 的为害小，说明本试验的鉴定结果可适用于以 NaCl 和 Na_2SO_4 为主的盐类型土壤，但不适用于以 Na_2CO_3 或 $NaHCO_3$ 为主的盐土类型土壤。

第二节　第二次大批量黍稷种质资源的耐盐性鉴定

由于在引起作物经济损失的因素中，盐害是减产最严重的逆境因子之一，国际上不少国家在 20 世纪 40 年代就开始重视生物措施的应用研究，特别是在发掘耐盐作物种质，培育耐盐作物新种质方面已取得较大进展，因而作物耐盐性的研究已成为当今活跃的研究领域。中国黍稷种质资源的耐盐性鉴定是列入国家"七五""八五"重点科技攻关项目的研究内容。本项鉴定是在"七五"期间完成 4 230 份黍稷种质资源芽期耐盐性鉴定和 4 207 份种质苗期耐盐性鉴定的基础上完成的。由于黍稷苗期对盐害的胁迫反应比芽期更敏感，"七五"期间采用了以苗期的耐盐性作为综合评价的标准，所以此次鉴定未做芽期耐盐鉴定，只做了苗期耐盐性鉴定。本次鉴定于 1992 年开始，1994 年结束，历时 3 年。

一、材料和方法

（一）材料

供试的 1 816 份黍稷种质来自全国 14 个省（区），其中黑龙江 29 份，吉林 167 份，辽宁 41 份，内蒙古 160 份，宁夏 77 份，甘肃 268 份，新疆 1 份，河北 164 份，陕西 508 份，山东 153 份，山西 136 份，青海 62 份，湖北 16 份以及来自北京的 34 份种质。各省（区）分年度提供当年当地种植的种子。

（二）鉴定方法及指标

"七五"期间黍稷种质耐盐性鉴定结果，揭示出黍稷对盐分的胁迫反应苗期比芽期更敏感，在生产上表现为土壤盐分致使黍稷死苗的危害往往大于导致黍稷不出苗的危害。为了更精确地评价黍稷耐盐性水平，"八五"期间黍稷种质耐盐性鉴定从黍稷本身的耐盐性规律及生产实际两方面考虑，仍然确定以黍稷苗期耐盐级别作为综合评价的标准，其评价指标在"七五"采用方法的基础上由定性化改为定量化。

（1）将供试种质种植于 15cm×12cm×10cm 的塑料育苗钵内，以炉渣作为育苗基质。将育苗钵依次排放在 28 个 3m×0.45m×0.12m 的水泥槽中，通过循环供液系统装置，营养液从钵底小孔迅速浸润育苗根系。为避免降雨对试验的影响，试验设在防雨鉴定棚内。

（2）每个黍稷种质分别种植于对照区和处理区，对照设二次重复，处理设三次重复。

（3）对照区始终供给盐营养液（营养液成分见表 7-11），处理从出苗后供给 0.4%

NaCl 营养液，以后每隔 5 日将 NaCl 浓度依次提高 0.7%、1.0% 至 1.3%。

表 7-11　1kg 营养液配方

成分	数量	成分	数量
复合化肥 $N_{15}P_{15}K_{15}$	2.0kg	硼酸 H_3BO_3	3.0g
过磷酸钙 $Ca(H_2PO_4)_2-H_2O$	0.8kg	钼酸铵 $(NH_4)_2MoO_4$	3.0g
硫酸镁 $MgSO_4$	0.3kg	硫酸锌 $ZnSO_4$	1.0g
硫酸钾 K_2SO_4	0.2kg	硫酸铜 $CuSO_4$	1.0g
硫酸锰 $MnSO_4$	3.0g	硫酸亚铁 $FeSO_4$	20.0g

（4）幼苗生长量用株高代替，幼苗长到 5 叶期（出苗 20d 左右），分别测定对照和处理的植株高度，据此计算出耐盐指数。

$$耐盐指数 = \frac{对照株高 — 处理株高}{对照株高} \times 100\%$$

（5）根据耐盐指数大小，按下列标准将参试种质的耐盐性分为 5 级（分级标准见表 7-12）。

（6）凡在鉴定中筛选出来的 1、2 级种质都在下一年重复鉴定，根据二年表现确定其苗期的耐盐级别。

（7）又随机从 1 800 余份黍稷资源中取 10 个种质，在出苗后分别给幼苗 0.4%、0.7%、1.0%、1.3%NaCl 浓度的含盐营养液和非盐营养液，共 5 个处理。试验按二因素随机区组设计，3 次重复，每重复种植 1 钵，每钵留苗 10 株。盐水处理 15d 后，测定幼苗生长量（干重），分析不同 NaCl 浓度的胁迫条件下对黍稷幼苗生长的影响。试验数据用张贤珍等编制的程序进行方差分析和多种曲线的拟合分析。

表 7-12　苗期耐盐性分级标准

苗期耐盐级别	耐盐指数（%）
1 级（高度耐盐）	0~15.0
2 级（耐盐）	15.1~30.0
3 级（中度耐盐）	30.1~50.0
4 级（中度敏感）	50.1~70.0
5 级（敏感）	70.1~100.0

二、结果与分析

1992—1994 年对 1 816 份黍稷种质进行了苗期耐盐性鉴定，结果见表 7-13 所示。苗期耐盐性表现 1 级的 4 份，占鉴定总数的 0.22%；2 级的 21 份，占鉴定总数的 1.16%；3 级的 473 份，占鉴定总数的 26.05%；4 级的有 829 份，占鉴定总数的 45.64%；5 级的为 489 份，占鉴定总数的 26.93%。苗期耐盐性最强的种质是陕西黄糜子（编号 5283），耐盐指数为 8.9%；苗期耐盐性最弱的种质是甘肃两当大黄糜（编号 6884），耐盐指数 90%，上述两种质的耐盐指数相差 81.1 个百分点，后者是前者的 10 倍之多。显示出黍稷种质之间苗期耐盐性的极大差异。苗期耐盐种质 1、2 级数量极少，不耐盐的 4、5 级种质却占到供试种质总数的 72.58%，中度耐盐种质（3 级）与敏感种质（5 级）数量大致相同，均占鉴定总数的 26% 多一点，而中度敏感种质所占比例较大，接近供试材料总数的一半。25 份苗期耐盐种质在盐渍条件下生长 20d 左右，从群体存活率到株高以及单株叶片枯萎度上看都远远优于一般种质，可供耐盐育种及盐碱地栽培利用。

各省（区）资源中的耐盐种质（1、2 级）所占比例极小。陕西及甘肃省的耐盐种质分别是 11 个和 7 个，占全国 1、2 级耐盐种质总数的 44% 和 28%，远远高于其他省（区）。中度耐盐种质（3 级）所占比例以北京市、山西省最高，来自这两个地区的黍稷种质的群体苗期耐盐性高于其他省（区）。中度敏感和敏感种质占鉴定总数的比例以辽宁省（87.80%）和青海省（85.49%）为最高，其次是河北（82.92%）和黑龙江（79.31%），表明辽宁与青海省的黍稷种质群体的苗期耐盐性最差。

黍子和稷子的苗期耐盐性比较（见表 7-14），从总体上讲黍子和稷子的耐盐种质（1、2 级）、中度耐盐种质（3 级）所占比例差异不大，而中度敏感种质黍子比稷子高 13.09 个百分点，敏感种质却低 13.42 个百分点。

随机取 44 个黍稷种质，分别种植于淡水灌溉条件下和以平均浓度 1.3% NaCl 营养液的灌溉条件下生长 20d，二者之间的幼苗株高相差甚大（两者相差 1 倍）。淡水灌溉条件下 44 个种质幼苗平均高为 39.36cm，盐水灌溉条件下的幼苗平均株高为 19.23cm。两种灌溉条件下 44 个种质幼苗平均高为 39.36cm，盐水灌溉条件下的幼苗平均株高为 19.23cm。两种灌溉条件下各种质幼苗株高的相关系数 r=−0.075，未达到显著水平，说明盐渍与淡水条件下黍稷种质幼苗株高并不存在相互依存的线性关系。幼苗在盐渍条件下的生长速率，并不反映在淡水条件下生长的快慢，而主要由种质本身的耐盐能力所决定的。盐渍条件下，植株生长量（株高）是反映黍稷种质苗期耐盐能力的主要指标。

表 7-13　各省（区）种质的苗期耐盐性

省（区）	种质数（份）	1 级	占比（%）	2 级	占比（%）	3 级	占比（%）	4 级	占比（%）	5 级	占比（%）
黑龙江	29	0	0	0	0	6	20.69	12	41.38	11	37.93
吉林	167	0	0	0	0	52	31.14	97	58.08	18	10.78
辽宁	41	0	0	1	2.44	4	9.76	26	63.41	10	24.39
内蒙古	160	0	0	1	0.63	40	25.00	63	39.38	56	35.00
宁夏	77	1	1.30	0	0	27	35.06	43	55.84	6	7.79
甘肃	268	1	0.37	6	2.24	73	27.24	98	36.57	90	33.58
新疆	1	0	0	0	0	0	0	0	0	1	100.00
河北	164	0	0	0	0	28	17.07	207	65.24	29	17.68
陕西	508	2	0.39	9	1.77	123	24.21	203	39.96	171	33.66
山东	153	0	0	3	1.96	30	25.49	59	38.56	52	33.99
山西	136	0	0	0	0	52	38.24	74	54.41	10	7.35

（续表）

省（区）	种质数（份）	1级	占比（%）	2级	占比（%）	3级	占比（%）	4级	占比（%）	5级	占比（%）
青海	62	0	0	1	1.61	8	12.90	23	37.10	30	48.39
湖北	16	0	0	0	0	6	37.50	5	37.50	4	25.00
北京	34	0	0	0	0	15	44.12	18	52.94	1	2.94
合计	1 816	0	0.22	21	1.16	473	26.05	829	45.65	489	26.93

表 7-14　黍子和稷子的苗期耐盐性比较

名称	种质数（份）	1级	占比（%）	2级	占比（%）	3级	占比（%）	4级	占比（%）	5级	占比（%）
黍子	917	1	0.11	12	1.31	240	26.17	487	52.13	186	20.28
稷子	899	3	0.33	9	1.00	233	25.92	351	39.04	303	33.70
合计	1 816	4	0.22	21	1.16	473	26.05	829	45.65	489	26.93

不同 NaCl 浓度胁迫条件下黍稷种质幼苗生长量（干重）的方差分析表明，不同 NaCl 浓度胁迫条件对黍稷幼苗生长有着显著的抑制作用，黍稷种质间的差异也达到极显著水平，说明在不同 NaCl 浓度胁迫下，黍稷种质间在耐盐性上存在着真实差异。这是由于各个黍稷的遗传基因所决定的。在 NaCl 浓度胁迫下对黍稷幼苗期的耐盐性进行鉴定和筛选，有可能获得高度耐盐的个体品系。NaCl 浓度与种质的互作效应未达到显著水平。说明供试种质对各个 NaCl 浓度胁迫的反应一致，每个种质的幼苗生长率在 NaCl 浓度胁迫逐步增加时，呈较一致的下降趋势（表 7-15）。

表 7-15　不同 NaCl 浓度浓度胁迫对黍稷幼苗生长影响作用的方差分析

变异来源	自由度	SS	MS	F
区间	2	85.980 5	42.990 2	2.912 9
NaCl 浓度（A）	4	5 239.602 0	1 309.900 0	88.755 0**
种质（B）	9	548.082 1	60.898 0	4.126 3**
A×B	36	988.605 5	27.461 3	1.860 7
误差	98	1 446.344 0	14.758 6	
总变异	149	8 303.613 0		

注：** 表示 0.01 水平差异极显著

从表 7-16 可明显看出，黍稷幼苗在低浓度 NaCl 胁迫下，其生长就受到明显抑制，随着 NaCl 浓度的增加，黍稷幼苗生长受抑制的程度加剧。

表 7-16　不同 NaCl 浓度胁迫下黍稷种质平均幼苗生长量的变化

NaCl 浓度（%）	幼苗干重（毫克/株）	差异显著性 0.05	差异显著性 0.01
0	26.377	a	A

（续表）

NaCl 浓度（%）	幼苗干重（毫克/株）	差异显著性 0.05	差异显著性 0.01
0.4	23.630	b	B
0.7	18.258	c	C
1.0	13.613	d	D
1.3	10.603	e	E

10 个黍稷种质在不同 NaCl 浓度胁迫条件下，幼苗干重变化规律的多种曲线拟合分析表明，有 5 个种质的幼苗干重随着 NaCl 胁迫浓度的增高表现直线下降趋势，占到供试种质总数的 50%，有 2 个种质的幼苗干重，在逐步增高的 NaCl 胁迫下表现为指数函数曲线的下降趋势；有 3 个种质的幼苗干重，随着 NaCl 浓度的增加表现"S"形曲线下降态势，以上 2 类型种质分别占供试种质的 20% 和 30%（表 7-17）。

表 7-17　不同 NaCl 浓度胁迫条件下各黍稷种质幼苗生长量（干重）的变化规律

种质	变化方程式	相关指数
白黏黍	$y = 23.19 - 12.86x$	0.624
黑糜子	$y = 26.80 - 12.11x$	0.994
葡萄青	$y = 29.30 - 14.61x$	0.696
紫秆青	$y = 32.31 - 18.36x$	0.955
五原黄黍子	$y = 33.16 - 18.50x$	0.986
黄糜	$y = 20.77e - 0.377x$	0.957
瓜皮绿	$y = 31.59e - 0.645x$	0.968
古肚白	$y = \dfrac{22.115}{1 + e - 3.965 - 3.235x}$	0.864
千斤黍	$y = \dfrac{38.766}{1 + e - 0.771 - 1.199x}$	0.927
大黍子	$y = \dfrac{46.054}{1 + e - 1.077 - 1.930x}$	0.987

三、结论与讨论

（1）1 816 份黍稷种质资源中黍子和糜子（稷）从总体上讲耐盐性差异不大。在全部的供试材料中，敏感类的 4、5 级种质所占比例较大（72.58%），而耐盐的 1、2 级种质数量却极少（25 份），从以上耐盐鉴定结果看出，在我国黍稷种质资源中，耐盐的种质数量相当有限，因而鉴定筛选出的耐盐种质就显得尤为珍贵，加强对耐盐种质的深入研究就成为耐盐育种刻不容缓的任务。

（2）黍稷幼苗期对 NaCl 浓度胁迫的反应十分敏感，其幼苗生长速度在低浓度 NaCl 胁迫条件下就开始明显降低，随着 NaCl 浓度的增高，幼苗生长的抑制程度加剧，在这一点上黍稷与水稻、棉花、黑麦草等作物类似。

（3）盐渍胁迫条件下，植株的胁变反应（株高）是反映黍稷种质苗期耐盐能力的主要指标，其幼苗的生长速度，主要由种质本身的耐盐能力所决定。

（4）从1 800余份黍稷种质资源材料中，随机选择的10个黍稷种质所做的不同NaCl浓度胁迫条件下各种质幼苗株高变化规律的多种曲线的拟合分析说明，这些种质在不同浓度NaCl胁迫条件下，其幼苗生长变化规律以直线下降为主要类型；而那些指数曲线方程和"S"形曲线方程下降变化的种质，其幼苗生长变化曲线的曲率都很小，它们的幼苗生长速度仍然是随着NaCl浓度的增高而下降，只不过是下降速度时缓时急而已。因此，在实践中也可以把它们等同于直线方程规律，以便于分析。

（5）在不同浓度NaCl胁迫条件下，黍稷基因型间的耐盐能力存在着本质的差异。说明NaCl浓度胁迫条件下，对大量黍稷种质和个体进行耐盐性鉴定筛选，有可能获得高度耐盐种质材料，从而作为作物耐盐育种、生物技术和农业生产服务。

（6）由于盐渍土中的可溶盐分是多种离子存在的复合盐，而不是单一的盐类，本次黍稷耐盐鉴定均采用对NaCl单盐毒害的胁迫反应进行评价，缺乏对其有影响的多种盐类胁变反应的依据，造成在不同类型盐分土壤上利用受到局限。今后在深入研究中建议测定不同盐类逆境条件对黍稷作物的影响，其目的是筛选出适合不同盐分类型土壤的耐盐种质，从而更好地利用于生产。

第三节　第三次大批量黍稷种质资源的耐盐性鉴定

中国黍稷种质资源耐盐性鉴定列入国家"七五""八五"重点科技攻关项目后，未鉴定的种质又列入了后续的研究项目中，本次鉴定的种质与前2次鉴定比较，数量较少，在鉴定方法上也与第2次一样，未做芽期鉴定，只做苗期鉴定，并仍以苗期鉴定结果作为种质综合评价标准。因此，在完成的时间跨度上也明显缩短。

一、材料和方法

（一）材料

供鉴定种质495份，分别来自吉林、内蒙古、河北、山西、陕西、甘肃、宁夏和青海8省（区），鉴定年限2001—2002年完成。2001年统一在山西太原种植，2002年完成鉴定。

（二）鉴定方法和指标

与第1次和第2次鉴定方法相同。均设在防雨鉴定棚内通过人工配置的营养液和循环供液系统装置完成。仍以苗期鉴定为评价标准。分级标准仍为5级。

二、结果与分析

495份黍稷种质的耐盐性鉴定结果见表7-18，可以看出，第3次耐盐鉴定结果和前2次鉴定有所不同，苗期耐盐的种质1、2级数量较多，比例较大。和前2次比较，第1次鉴定高耐盐种质 15 份，占 0.36%，2 级耐盐种质 62 份，占 1.47%；第 2 次鉴定结果 1 级高耐盐种质 4 份，占 0.22%，2 级耐盐种质 21 份，占 1.16%；而第 3 次鉴定结果 1 级高耐盐种质 3 份，占 0.61%，2 级耐盐种质 37 份，占 7.48%。1 级和 2 级种质比例明显高于前 2 次鉴定结果。不耐盐的 4、5 级种质所占比例，又明显地低于第 1 次和第 2 次的鉴定结果。中度耐盐的种质占 49.70%，也明显地高于第 1 次的 41.62% 和第 2 次的 26.05%。

表 7-18　第 3 次鉴定各省（区）黍稷种质苗期耐盐性

省（区）	种质数（份）	1 级	占比（%）	2 级	占比（%）	3 级	占比（%）	4 级	占比（%）	5 级	占比（%）
吉林	16	0	0	1	6.25	4	25.00	8	50.00	3	18.75
内蒙古	36	0	0	1	2.78	12	33.33	20	55.56	3	8.33
河北	70	0	0	6	8.57	38	54.29	16	22.86	10	14.29
山西	204	1	0.49	18	8.82	101	49.51	62	30.39	22	10.78
陕西	2	0	0	0	0	0	0	2	100.00	0	0
甘肃	159	2	1.26	11	6.92	87	54.72	48	30.19	11	6.92
宁夏	3	0	0	0	0	1	33.33	1	33.33	1	33.33
青海	5	0	0	0	0	3	0.60	1	0.20	1	0.20
合计	495	3	0.61	37	7.48	246	49.70	158	31.92	51	10.30

分省（区）来看，高耐盐和耐盐的种质（1、2 级）以山西、甘肃和河北最多，分别为 19 份、13 份和 6 份，占此次鉴定耐盐 1、2 级种质总数的 47.5%、32.5%、15.0%。中度耐盐种质（3 级）所占比例以甘肃和河北最高，分别为 54.72 和 54.29%。中度敏感和敏感种质（4、5 级）比例以陕西最高，为 100%，其次是吉林和内蒙古，分别为 68.75% 和 63.89%，表明陕西、吉林、内蒙古黍稷种质群体的苗期耐盐性最差。

三、结论与讨论

（1）本次鉴定的种质虽然来源的省（区）较少，但大都来自偏远山区，有些属于濒临灭绝的、古老珍稀农家种。通过本次耐盐性鉴定，对于进一步开发利用这些种质具有重要意义。

（2）本次鉴定的种子统一在山西太原种植，同一年完成鉴定，使鉴定结果更加准确、可靠。

（3）本次鉴定种质数量虽然少于前 2 次，但 1 级高耐盐种质和 2 级耐盐种质的比例却高于前 2 次种质的比例，说明此次鉴定结果的利用价值更大。

（4）本次鉴定的耐盐程度仍然针对以 NaCl 单盐为主的盐渍土壤而论。

第四节　三次大批量黍稷种质资源耐盐性鉴定的综合分析

中国黍稷种质资源的耐盐性鉴定是列入国家"七五""八五"及后续重点科技攻关项目的研究内容，完成了 3 次大批量黍稷种质资源的耐盐鉴定。根据黍稷生长发育的特点，通过对苗期进行耐盐性鉴定评价，为黍稷遗传改良和盐碱地栽培利用提供参考依据。

一、材料和方法

（一）供试种质

1. 第 1 次鉴定评价供试种质

鉴定种质共 4 207 份，来自全国 12 个省（区），其中内蒙古 626 份、宁夏 89 份、甘肃 303 份、新疆 80 份、河北 88 份、山西 1 180份、陕西 965 份、山东 296 份、吉林 100 份、辽宁 65 份、黑龙江 379 份、青海 36 份。鉴定时间 1986—1990 年，由各省（区）分年度提供当年当地种植的种质。

2. 第 2 次鉴定评价供试种质

鉴定种质共 1 816 份，来自全国 14 个省（区），其中黑龙江 29 份、吉林 167 份、辽宁 41 份、内蒙古 160 份、宁夏 77 份、甘肃 268 份、新疆 1 份、河北 164 份、陕西 508 份、山东 153 份、山西 136 份、青海 62 份、湖北 16 份、北京 34 份。鉴定时间 1991—1995 年，各省（区）分年度提供当年种植的种质。

3. 第 3 次鉴定评价供试种质

鉴定种质 495 份，来自全国 8 省（区），其中吉林 16 份，内蒙古 36 份，河北 70 份，山西 204 份，陕西 2 份，甘肃 159 份，宁夏 3 份，青海 5 份。鉴定时间 2001—2002 年，除甘肃种质在会宁种植外，其他省（区）种质均在山西太原种植。

（二）鉴定评价方法和标准

3 次耐盐鉴定评价方法和标准均相同。

1. 鉴定设施

在有防雨条件的干旱棚下，设置长 3m、宽 0.45m、深 0.12m 的水泥槽若干个，在附近建造一个长 2m、宽 1.5m、深 1.5m 的配水池。用低压聚乙烯塑料管将各个水泥槽与配水池连通，形成循环供、排水系统。

在各个水泥槽内放置直径 10cm 的塑料育苗钵若干个，钵内装满建筑用粗砂，作为育苗基质。通过育苗钵底部的小孔，营养液可迅速浸润钵内粗砂，当钵内粗砂水分饱和时，将水泥槽中的营养液排回配水池保存；当钵内的粗砂缺水时，又可将配水池中的营养液泵入水泥槽以浸润钵内粗砂。

2. 鉴定方法

每个育苗钵播种 1 份种质，每份种质播种 30~50 粒，每份鉴定种质重复 3 次，按顺序排列种植于育苗钵内，播种后反复供应营养液（配方见表 7-19），待幼苗长到 3 叶 1 心时，给营养液加 NaCl，达到 1.3%~1.5% 的浓度，将营养液泵入水泥槽反复浸泡幼苗根系，使幼苗受盐害，待盐害症状明显出现时（一般 10d 左右），进行盐害程度调查。

表 7-19　1000kg 营养液配方

成分	数量	成分	数量
复合化肥 $N_{15}P_{15}K_{15}$	2.0kg	硼酸 H_3BO_3	3.0g
硫酸镁 $MgSO_4$	0.3kg	钼酸铵 $(NH_4)_2MoO_4$	3.0g
过磷酸钙 $Ca(H_2PO_4)_2 - H_2O$	0.8kg	硫酸锌 $ZnSO_4$	1.0g
硫酸钾 K_2SO_4	0.2kg	硫酸铜 $CuSO_4$	1.0g
硫酸锰 $MnSO_4$	3.0g	硫酸亚铁 $FeSO_4$	20.0g

3. 盐害程度调查分级标准

按黍稷苗期群体和个体盐害程度状况把耐盐性分为 5 级（表 7-20）。凡在鉴定中筛选出来的 1、2 级种质，都在翌年重复鉴定，根据 2 年的鉴定结果，确定其苗期耐盐级别。

4. 综合评价标准

把黍稷种质苗期耐盐级别作为综合评价的标准，即 1 级为高度耐盐，2 级为耐盐，3 级为中度耐盐，4 级为中度敏感，5 级为敏感。

表 7-20　黍稷苗期耐盐分级标准

苗期耐盐级别	植株受盐害程度（症状）
1	生长基本正常，80%以上植株有 3 片绿叶，无死苗
2	生长受阻，50%以上植株有 3 片绿叶，仅有 20%以下死苗
3	生长严重受阻，50%以上植株有 2 片绿叶，20%~60%植株死亡或接近死亡
4	停止生长，60%~80%植株死亡或接近死亡
5	80%以上植株死亡或接近死亡

二、结果与分析

（一）第1次鉴定结果与分析

表 7-21　第 1 次鉴定各省（自治区）黍稷种质的苗期耐盐性

省（区）	种质数（份）	1级	占比（%）	2级	占比（%）	3级	占比（%）	4级	占比（%）	5级	占比（%）
黑龙江	379	4	1.06	5	1.32	189	49.86	124	32.72	57	15.04
吉林	100	1	1.00	1	1.00	55	55.00	39	39.00	4	4.00
辽宁	65	1	1.54	0	0	39	60.00	18	27.19	7	10.77
内蒙古	626	0	0	6	0.96	271	43.29	304	48.56	45	7.19
宁夏	89	0	0	2	2.25	29	32.58	49	55.06	9	10.11
青海	36	0	0	1	2.78	27	75.00	5	13.89	3	8.33
甘肃	303	1	0.33	21	6.93	157	51.82	110	36.30	14	4.62

（续表）

省（区）	种质数（份）	1级	占比（%）	2级	占比（%）	3级	占比（%）	4级	占比（%）	5级	占比（%）
新疆	80	0	0	0	0	36	45.00	35	43.75	9	11.25
河北	88	2	2.27	0	0	57	64.77	23	26.14	6	6.82
陕西	965	4	0.41	16	1.75	264	27.26	599	62.04	82	8.54
山东	296	0	0	0	0	18	6.08	129	32.58	149	50.34
山西	1 180	2	0.17	10	0.77	608	51.74	504	42.63	56	4.69
合计	4 207	15	0.36	62	1.47	1 750	41.62	1 939	46.09	441	10.48

4 207 份种质的苗期耐盐性鉴定结果见表 7-21。苗期耐盐 1、2 级种质极少，中度耐盐（3 极）和中度敏感（4 极）种质占绝大多数，敏感种质也有一定数量。77 份耐盐种质（1 级和 2 级）在盐渍条件下生长 10d 左右，从群体存活率和单株叶片枯萎程度上都远远优于一般种质，可供耐盐种质遗传改良及盐碱地栽培利用。

各省（区）种质中的耐盐种质 1 级和 2 级所占比例极小，甘肃省耐盐种质共 22 个，居全国之首，所占比例远远高于其他省（区）。中度耐盐种质（3 级）所占比例以青海省最高，其次是河北省、辽宁省和吉林省，这几个省的黍稷种质群体的苗期耐盐性高于其他省（区）。敏感种质（5 级）所占比例以山东省最高，为 50.34%，表明山东省的黍稷种质群体的苗期耐盐性最差。

（二）第 2 次鉴定结果与分析

1 816 份黍稷种质的耐盐性鉴定结果见表 7-22。鉴定结果仍和第 1 次鉴定结果一样，苗期耐盐种质 1、2 级数量极少，不耐盐的 4、5 级种质却占到鉴定种质总数的 72.58%，中度耐盐种质（3 级）与敏感种质（5 级）数量大致相同，均占鉴定总数的 26% 多一点，而中度敏感种质所占比例较大，接近鉴定种质总数的一半。25 份苗期耐盐种质在盐渍条件下生长 10d 左右，从群体存活率和株高以及单株叶片枯萎度上看都远远优于一般种质，可供耐盐种质遗传改良及盐碱地栽培利用。

各省（区）种质中的耐盐种质（1、2 级）所占比例极小，陕西及甘肃省的耐盐种质分别为 11 份和 7 份。占 1、2 级耐盐种质总数的 44% 和 28%，远远高于其他省（区）。中度耐盐种质（3 级）所占比例以北京市、山西省最高。中度敏感和敏感种质所占比例以辽宁省（87.80%）和青海省（85.49%）为最高，其次是河北（82.92%）和黑龙江（79.31%），表明辽宁与青海省的黍稷种质群体的苗期耐盐性最差。

表 7-22　第 2 次鉴定各省（自治区）黍稷种质苗期耐盐性

省（区）	种质数（份）	1级	占比（%）	2级	占比（%）	3级	占比（%）	4级	占比（%）	5级	占比（%）
黑龙江	29	0	0	0	0	6	20.67	12	41.38	11	37.93
吉林	167	0	0	0	0	52	31.14	97	58.08	18	10.78

（续表）

省（区）	种质数（份）	1级	占比（%）	2级	占比（%）	3级	占比（%）	4级	占比（%）	5级	占比（%）
辽宁	41	0	0	1	2.44	4	9.76	26	63.41	10	24.39
内蒙古	160	0	0	1	0.63	40	25.00	63	39.38	56	35.00
宁夏	77	1	1.30	0	0	27	35.06	43	55.84	6	7.79
甘肃	268	1	0.37	6	2.24	73	27.24	98	36.57	90	33.58
新疆	1	0	0	0	0	0	0	0	0	1	100.00
河北	164	0	0	0	0	28	17.07	107	65.24	29	17.68
陕西	508	2	0.39	9	1.77	123	24.21	203	39.96	171	33.66
山东	153	0	0	3	1.96	39	25.49	59	38.56	52	33.99
山西	136	0	0	0	0	52	38.24	74	54.41	10	7.35
青海	62	0	0	1	1.61	8	12.90	23	37.10	30	48.39
湖北	16	0	0	0	0	6	37.50	6	37.50	4	25.00
北京	34	0	0	0	0	15	44.12	18	52.94	1	2.94
合计	1 816	4	0.22	21	1.16	473	26.05	829	45.65	489	26.93

（三）第3次鉴定结果与分析

495份黍稷种质的耐盐性鉴定结果见表7-23，可以看出，虽然第3次的耐盐鉴定种质份数，远远没有前2次多，但从鉴定结果来看，和前2次鉴定有所不同，苗期耐盐的种质1、2级数量较多，比例较大。和前2次比较，第1次鉴定高耐盐种质15份，占0.36%，2级耐盐种质62份，占1.47%；第2次鉴定结果1级高耐盐种质4份，占0.22%，2级耐盐种质21份，占1.16%；而第3次鉴定结果1级高耐盐种质3份，占0.61%，2级耐盐种质37份，占7.48%。1级和2级种质比例明显高于前2次鉴定结果。不耐盐的4、5级种质，占鉴定种质总数的42.22%，而第1次鉴定结果占56.57%，第2次占72.58%，可以看出，第3次耐盐鉴定结果，不耐盐的4、5级种质所占比例，又明显低于第1次和第2次的鉴定结果。中度耐盐的种质占49.70%，也明显高于第1次的41.62%和第2次的26.05%。

分省（区）来看，高耐盐和耐盐的种质（1、2级）以山西、甘肃和河北最多，分别为19份、13份和6份，占此次鉴定耐盐1、2级种质总数的47.5%、32.5%、15.0%。中度耐盐种质（3级）所占比例以甘肃和河北最高，分别为54.72%和54.29%。中度敏感和敏感种质（4、5级）比例以陕西最高，为100%，其次是吉林和内蒙古，分别为68.75%和63.89%，表明陕西、吉林、内蒙古黍稷种质群体的苗期耐盐性最差。

表7-23　第3次鉴定各省（自治区）黍稷种质苗期耐盐性

省（区）	种质数（份）	1级	占比（%）	2级	占比（%）	3级	占比（%）	4级	占比（%）	5级 5th	占比（%）
吉林	16	0	0	1	6.25	4	25.00	8	50.00	3	18.75

（续表）

省（区）	种质数（份）	1级	占比（%）	2级	占比（%）	3级	占比（%）	4级	占比（%）	5级 5th	占比（%）
内蒙古	36	0	0	1	2.78	12	33.33	20	55.56	3	8.33
河北	70	0	0	6	8.57	38	54.29	16	22.86	10	14.29
山西	204	1	0.49	18	8.82	101	49.51	62	30.39	22	10.78
陕西	2	0	0	0	0	0	0	2	100.00	0	0
甘肃	159	2	1.26	11	6.92	87	54.72	48	30.19	11	6.92
宁夏	3	0	0	0	0	1	33.33	1	33.33	1	33.33
青海	5	0	0	0	0	3	0.60	1	0.20	1	0.20
合计	495	3	0.61	37	7.48	246	49.70	158	31.92	51	10.30

（四）综合 3 次鉴定结果与分析

综合我国 3 次黍稷种质的耐盐性鉴定，共鉴定评价黍稷种质 6 518 份，鉴定筛选出高度耐盐种质 22 份（表 7-24），占鉴定种质总数的 0.34%；耐盐种质 120 份，占 1.84%；中度耐盐种质 2 469 份，占 37.88%；中度敏感种质 2 926 份，占 44.89%；敏感种质 981份，占 15.05%。可以看出，在 6 518 份种质中，中度敏感和中度耐盐种质占了绝大多数，共 5 395 份，占 82.77%，而高度耐盐和耐盐种质共 142 份，只占鉴定种质总数的 2.18%。耐盐种质特别是高度耐盐种质在黍稷遗传育种和生产上具有极高的利用价值，是极其珍贵的黍稷耐盐育种材料。

表 7-24　高度耐盐的 22 份黍稷种质

国家统编号	种质名称	种质来源	保存单位	保存单位编号	粳糯性
0041	大黄糜子	黑龙江林甸	黑龙江农科院	1151	糯
0204	黑雁头	黑龙江木兰	黑龙江农科院	1044	糯
0212	灰白糜子	黑龙江呼兰	黑龙江农科院	1250	糯
0390	糜子	吉林安图	吉林白城农科所	065	糯
0458	紫秆糜子	辽宁锦县	辽宁农科院	68	糯
0755	小红黍	河北尚义	河北张家口坝下农科所	0810014	糯
0805	大青黍	河北芊县	河北张家口坝下农科所	0810062	糯
1134	二红黍	山西偏关	山西农科院	81-0338	糯
1431	灰黍	山西沁县	山西农科院	82-0676	糯
1900	白黏黍	陕西大荔	陕西榆林农科所	Jun-33	糯
2016	23	黑龙江农科院	黑龙江农科院	1383	粳
2661	287	宁夏农科院	宁夏农科院	154	粳
2872	渭源小青糜	甘肃渭源	甘肃农科院	3103	粳
3610	红糜子	陕西榆林	陕西榆林农科所	3-33	粳
3807	白硬糜	陕西志丹	陕西榆林农科所	8月15日	粳

（续表）

国家统编号	种质名称	种质来源	保存单位	保存单位编号	粳糯性
4026	黄麦糜	陕西渭南	陕西榆林农科所	Mar-37	粳
5282	黄糜子	陕西定边	陕西榆林农科所	6-106	粳
5283	黄糜子	陕西定边	陕西榆林农科所	6-110	粳
5977	硬糜子	甘肃张川	甘肃平凉农科所	0071	粳
8137	伊选黄糜子	山西高寒所	山西高寒所	03-0017	糯
8373	F8603-1-1	甘肃会宁	甘肃粮作所	03-0617	粳
8497	静宁草糜	甘肃静宁	甘肃粮作所	03-0678	粳

三、结论与讨论

（1）黍稷 3 叶期，处于自养阶段向异养阶段过度时期，对土壤盐分反应最敏感，极易受盐害死苗，给黍稷的保苗带来困难。只要能保住苗，以后随着植株生长，根系发达，植株耐盐性增强，加之生长中、后期处于雨季，土壤盐分下降，则盐害减轻。黍稷幼苗期能否度过土壤盐害这一关，是盐碱地栽培黍稷的首要问题。因此种植苗期耐盐性强的黍稷种质是解决黍稷盐害有效而经济的措施。

（2）土壤盐分组成不同，对作物的耐盐性影响程度也不同。有文献报道，复合盐及土壤浸出盐溶液由于自身离子的拮抗作用，比单盐产生的盐害轻。不同单盐对作物的危害程度经常按递减次序来表示，即 $Na_2CO_3 > MgCl_2 > NaHCO_3 > NaCl > CaCl_2 > MgSO_4 > Na_2SO_4$。尤其认为盐渍土中的主要盐类 NaCl 比 Na_2SO_4 的为害作用要大。本试验采用 NaCl 单盐溶液条件下鉴定黍稷种质，其为害作用比 Na_2SO_4 和复合盐的为害大，比 $NaHCO_3$、Na_2CO_3 的为害小，说明本试验的鉴定结果可适用于以 NaCl 和 Na_2SO_4 为主的盐类型土壤，但不适用于以 Na_2CO_3 或 $NaHCO_3$ 为主的盐土类型土壤。

第八章

中国黍稷种质资源的抗黑穗病鉴定

第一节　第一次大批量黍稷种质资源的抗黑穗病鉴定

黑穗病是黍稷生产上的重要病害，我国各地不同程度的发生，发病率一般为 5% ~ 10%，高者可达 40% 左右，产量损失严重。

对于该病的防治，大多采用药剂拌种的方法，耕作栽培措施也能减轻发病，但最经济有效的防治途径还是利用抗病种质，黍稷种质资源的抗黑穗病鉴定，是选育抗病种质的基础。原苏联在抗黑穗病育种和研究上已经领先一步。中国黍稷种质资源极其丰富，"七五"期间，把黍稷种质资源抗黑穗病性鉴定列为国家重点研究项目之一，这对于开发利用黍稷抗病性资源，减轻黑穗病的危害，具有十分重要的意义。1987—1989 年我国也开展了这项工作，现将结果报告如下。

一、材料和方法

供试种质资源包括黑龙江、吉林、内蒙古、山西、河北、山东、陕西、甘肃、宁夏、青海、新疆等省（区）的 4 224 份材料。

菌种采自山西省农科院试验地黍稷的自然病株上，病菌为 *Sphacelotheca manchurica* (Ito) Wang（稷小孢轴黑粉菌）。每年供试菌种的厚垣孢子发芽率均在 85% 以上。

试验在田间进行，播种前用菌种传染种子，接种量为种子重量的 0.5%。每一种质播种 1 行，行长 5m。以感病种质大黄黍（总编号 3374）为对照种质。幼苗出土后适期间苗，每份种质留苗 50 株左右，田间管理按常规进行。

植株完全抽穗后，调查记载每份种质总株数和病株数，然后计算发病率。为了增加试验的可靠性，避免鉴定中的偏误，对约 1/3 的种质，包括苗数偏少，和发病率在 10% 以下的全部种质做重复鉴定，然后取其发病率高的数值。

抗病性评价，以其发病率的高低分为 5 个等级。

免疫（IM）：不发病（发病率为 0）；

高抗（HR）：0<发病率≤5.0%；

抗病（R）：5.0%<发病率≤15.0%；

感病（S）：15.0%<发病率≤50.0%；

高感（HS）：发病率>50.0%。

二、结果与分析

供鉴定的 4 224 份种质，内有黍子 2 135 份，稷子 2 089 份。鉴定结果统计于表 8-1 和表 8-2 中。

鉴定结果表明，黍和稷的不同种质抗病性表现有明显差异，但在所鉴定的 4 224 份黍稷种质中都没有免疫的品种；感病和高感种质占鉴定总数的 90% 以上。

从表 8-1 看出，2 135 份黍子种质中，属于高抗种质的（发病率为 0.1%~5.0%）仅有扫帚糜（总编号为 1841，陕西）1 份，占黍子鉴定总数的 0.05%；抗病种质（发病率为 5.1%~15.0%）153 份，占鉴定总数的 7.2%；感病种质（发病率为 15.1%~50.0%）1 727 份，占鉴定总数的 80.9%；高感种质（发病率 50.1%）254 份，占鉴定总数的 11.9%。来源于各省（区）的种质在不同抗病级中的分布比例有所不同，山西、陕西和黑龙江省黍子种质中抗病的材料较多，所占比例也相对较大。

表 8-1   中国黍子种质资源抗黑穗病鉴定结果统计表

品种来源	鉴定数（份）	免疫（0）	高抗（0.1%~5.0%）	抗病（5.1%~15.0%）	感病（15.1%~50.0%）	高感（>50.1%）
黑龙江	324			22	273	29
吉林	86			3	78	5
辽宁	65				47	
内蒙古	208			8	142	58
宁夏	2				2	
甘肃	27			1	21	5
新疆	1				1	
河北	78			4	59	15
山西	757			80	579	98
山东	197			10	163	24
陕西	390		1	25	362	2
合计	2 135		1	153	1 727	254
占总数（%）			0.05	7.2	80.9	11.9

表 8-2   中国稷（糜）子种质资源抗黑穗病鉴定结果统计表

品种来源	鉴定数（份）	免疫（0）	高抗（0.1%~5.0%）	抗病（5.1%~15.0%）	感病（15.1%~50.0%）	高感（50.1%以上）
黑龙江	57		1	8	48	
吉林	15			1	10	4
辽宁	1				1	

（续表）

品种来源	鉴定数（份）	免疫（0）	高抗（0.1%~5.0%）	抗病（5.1%~15.0%）	感病（15.1%~50.0%）	高感（50.1%以上）
内蒙古	424	1	20	271	132	
宁夏	89		3	74	12	
甘肃	274		37	218	19	
青海	37			28	9	
新疆	79		11	65	3	
河北	10		1	9		
山西	418		82	279	57	
山东	99		1	83	15	
陕西	586	1	22	458	105	
合计	2 089	3	186	1 544	356	
占比（%）		0.13	8.9	73.9	17.0	

从表8-2看出，2 089份稷子种质中，高抗的有稷子（1982，黑龙江）、巴盟小黑糜（2342，内蒙古）和牛尾黄（3878，陕西）共3个种质，占稷子鉴定总数的0.14%。其中，稷子鉴定2次的发病率分别为3%和2.9%，牛尾黄分别为2.5%和2.9%，而巴盟小黑糜4次鉴定的发病率分别为4.3%、0、1.6%和0，表现出稳定的高度抗病性；抗病的有186份，占鉴定总数的8.9%；感病的有1544份，占总数的73.9%；高感的有356份，占总数的17.0%。和黍子一样，各省（区）稷子品种在不同抗病级中的分布比例也不相同，山西、甘肃、新疆、黑龙江抗病的材料数量较多，所占比例也较大。

三、结论与讨论

（1）三年鉴定中，应用本试验方法，最感病种质的发病率达到100%；对照种质的发病率达到30%左右，感染程度变化幅度较少；同时能够客观地区分出种质间抗病性的差异；为了避免试验结果的偏误或偶然性，对发病轻、苗数偏少的材料作了重复鉴定，这说明试验是严格的，发病条件是充分的，方法是可行的，因而结果也是可信的。

（2）在鉴定的4 224份黍稷种质中，没有发现免疫的种质，但不同种质的抗病性表现有明显差异。高抗种质黍、稷中都有，但为数不多，这是宝贵的材料，可作为抗源，培育新的抗病种质。抗病类型的种质较为丰富，这些种质特性各异，可根据不同的育种目标，选择具有某些优良农艺性状的种质作为亲本使用，进而提高其抗病性。一些丰产、优质的高抗和抗病种质，可在重病区因地制宜地直接推广使用。

（3）中国黍稷（*panicum miliaceum*）上的黑穗病菌不只一个种。据王云章报告（《中国黑粉菌》，科学出版社，1964）为2个种，即 *Sphacelotheca destruens*（Schlecht.）Stevens. et A. G. Johns. 和 *S. manchurica*（Ito）Wang，而戴芳澜综述（《中国真菌总汇》，科学出版社，1979）为 *S. destruens* 和 *Sorosporium cenchri* P. Henn，并认为 *S. manchurica* = *S. destruens*. *S. manchurica*（或称 *S. destruens*）广布于东北、华北和西北诸省（区），而 *So-*

rosporium cenchri 仅分布在河北、内蒙古。我们在本鉴定中使用的是 *S. manchurica* 这个种，因此，本结果所述的抗性是针对此菌而言的。从该菌分布广泛这一意义上看，选用 *S. manchurica* 是具有一定代表性的。今后，在进一步查清 *Sorosporium cenchri* 分布的基础上，研究黍稷种质资源对它的抗性也是必要的。

（4）明确病菌生理分化情况对抗病性鉴定是至关重要的。据 широков，А. и. 等的报道，前苏联各地黍稷黑穗病菌种群 *Sphacelotheca panici-miliacei* （=*S. destruens*）至少有 4 个生理小种，其中 4 号小种几乎能侵染全部已知抗源，因而被列为检疫对象。我国尚未进行这方面的研究。因而我们采用 *S. manchurica* 可以认为是一个小种不明的病原群体。为了深入研究我国黍稷种质资源抗病（黑穗病）性，急亟开展病菌生理分化情况的研究。

第二节　第二次大批量黍稷种质资源的抗黑穗病鉴定

中国黍稷种质资源抗黑穗病鉴定是列入国家"七五"和"八五"期间的科技攻关项目，本次鉴定属国家"八五"科技攻关项目，鉴定年限为 1992—1994 年。

一、材料和方法

供试种质共 1 807 份，来自黑龙江、吉林、辽宁、内蒙古、北京市、河北、陕西、湖北、山东、山西、青海、甘肃、宁夏等省（区）。菌种采自山西农科院品种资源所试验地（太原），为 *Sphacelotheca manchurica*（Ito）Wang（稷小孢轴黑粉菌），第一年从病株上采集，厚垣孢子的发病率在 85% 以上。

试验在田间进行，播前精细整地灌好底水。试验方法和评价标准在"七五"期间采用的方法和标准的基础上，做了一些改进，播种前以千分之一的黑穗病厚垣孢子拌入过筛细土中，播种时把菌土在种子上薄薄覆盖一层，然后盖土，病菌孢子在适宜条件下萌发浸入幼苗，最后伸至穗部而发病。每一材料播种 1 行，行长 5 米。以感病种质大黄黍（总编号为 3374）为对照种质。幼苗出土后适期间苗，每份材料留苗 100 株左右，田间管理按常规进行。植株完全抽穗后，调查记载每份材料的总株数和病株数，然后计算发病率。为了保证试验的可靠性，对菌数偏少和发病率在 5% 以内的全部材料作重复鉴定，最后取发病率高的数值作为抗病性评价的依据。抗病性评价，根据发病率的高低分为 5 个等级。

免疫：不发病（发病率为 0）；

高抗：发病率为 0.1%~1%；

抗病：发病率为 1.1%~5.0%；

感病：发病率为 5.1%~20.0%；

高感：发病率在 20.1% 以上。

二、结果与分析

在鉴定的 1 807 份材料中，黍子 916 份，稷子 891 份。从表 8-3 中可以看出，鉴定的 916 份黍子种质中无免疫种质；高抗材料 2 份，占 0.2%；抗病种质 91 份，占 9.9%；感病种质 524 份，占 57.2%；高感种质 299 份，占 32.6%。高抗和抗病种质的比例，只占鉴定种质的 10.1%；感病和高感种质占 89.9%。说明这次鉴定筛选出的高抗和抗病黍子种质都是极其难得的抗病材料，在黍子生产和育种中具有很高的利用价值，特别是两份高抗种质可作为今后黍子育种的"抗源"利用。对其中的抗病丰产优质种质可以在生产上直接推广利用。高抗的两份黍子种质，一份来源于北京市，由中国农科院品种资源所考察室从北京昌平县收集而来，名称为"黍子"（国编号 6015），连续 3 年鉴定，第一年发病率为 0，第二年为 0.9%，第三年为 0；另一份来源于河北省，由河北坝上农科所在康保县收集而来，名称为"小黍子"（国编号 6365），第一年发病率为 0，第二年仍为 0，第三年为 0.9%。从丰产性来看，来源于昌平县的"黍子"生育期 89d，株高 90cm，单株粒重 8.4g，千粒重 5.3g，一般每公顷产 1 500kg 左右；来源于康保县的"小黍子"，生育期 91d，株高 112cm，单株粒重 3.8g，千粒重 6.8g，一般每公顷产 1 200kg 左右。这两个种质至今还在当地生产上作为复播、救灾种质利用。在抗病的 91 份种质中，有些发病率只有 1.1%~2.0%，刚刚超过高抗种质的发病率，这些种质是红软糜（国编号 4726）、大软糜（国编号 4773）、白鹤鹑蛋软糜（国编号 4794）、疙达红糜（国编号 4799）、黄软糜（国编号 4802）、黑糜子（国编号 4807）、黄糜子（国编号 4808）、黍子（国编号 4818 等），这些种质在黍子抗病育种中也可重点利用，特别是对其中丰产优质的种质，如白鹤鹑蛋软糜、大软糜等均可在生产上大面积推广，在黑穗病高发地区或黑穗病高发年代种植，对提高黍子产量，增加农民经济收入将会起到重要的作用。黍子抗病种质的数量以陕西省最多，其次是吉林省，山西省和河北坝上地区居中，宁夏和湖北省最少。

从表 8-4 我们可以看出稷子种质的鉴定结果，在鉴定的 891 份稷子种质中，无免疫种质；高抗种质 3 份，占 0.3%；抗病种质 115 份，占 12.9%；感病种质 541 份，占 60.7%；高感种质 232 份，占 26.0%。高抗和抗病种质的比例占鉴定种质的 13.2%，比黍子的比例略高；感病和高感种质的比例为 86.8%，比黍子的比例略低，高抗的 3 份种质第一份是紫穗糜（国编号 5423），来源于陕西省，由陕西榆林地区农科所从延安市收集而来，鉴定结果，第一年发病率为 0，第二年为 1%，第三年为 0；第二份是黑硬糜（国编号 5454），来源于陕西省，由陕西榆林地区农科所从黄陵县收集而来，第一年鉴定发病率为 0，第二年和第三年鉴定发病率均为 1%；第三份是 IPm270（国编号 6952），由中国农科院品种资源所从国际半干旱所引入，第一年鉴定为 0，第二年鉴定为 0，第三年鉴定为 1%。从丰产性来看，来源于陕西省的紫穗糜和黑硬糜较好。紫穗糜的生育期 96d，株高 162cm，单株粒重 13.7g，千粒重 7.2g，一般每公顷产 3 750kg 左右；黑硬糜的生育期 96d，株高 178cm，单株粒重 14.0g，千粒重 6.9g，一般每公顷产也在 3 750kg 左右。这两个种质不仅高抗黑穗病，丰产性较好，而且适口性也很好，是当地群众喜食的米饭种质，特别是"紫穗糜"，籽粒白色，皮薄出米率高，备受群众青睐。紫穗糜的抗寒性也很好，在高海拔的山区种植，当早霜降临以后，枝、叶、花序由绿变紫，仍能正常生长。从国外引入的 IPm270，丰产性很差，生育期 105d，株高 95cm，单株粒重 1.6g，千粒重 5.0g，而且落粒性强，一般每公顷产 750kg 左右，在生产上没有利用价值，只能作为"抗源"利用。在抗病的 115 份种质中，发病率只有 1.1%~2.0%，而且丰产性和品质较好的种质有巴盟大黄糜子（国编号 2306）、伊盟霉见愁（国编号 2497）、白落散（国编号 5424）、丰收 2 号（国编号 6517）、66-3-47（国编号 2552）、韩府红燃（国编号 2621）、黑糜子（国编号 5458）等，近年来这些种质都在内蒙古和我国西北地区的稷子生产上发挥着主干品种的作用。稷子抗病种质的数量仍以陕西省最多，其次是宁夏和青海省，甘肃和北京市居中，黑龙江和承德市最少。

表 8-3　黍子种质抗黑穗病鉴定结果

品种来源	鉴定数(份)	高抗	占比（%）	抗病	占比（%）	感病	占比（%）	高感	占比（%）
黑龙江	23	0	0	4	16.7	14	58.3	6	25.0
吉林	167	0	0	14	8.4	87	52.1	66	39.5
辽宁	41	0	0	1	2.4	18	43.9	22	53.7
内蒙古	63	0	0	4	6.3	27	42.9	32	50.8
宁夏	6	0	0	0	0	3	50.0	3	50.0
甘肃	36	0	0	6	16.7	21	58.3	9	25.0
陕西	185	0	0	28	15.1	123	66.5	34	18.4
山东	112	0	0	3	2.7	46	41.1	63	56.3
北京	15	1	6.7	5	33.3	8	53.3	1	6.7
河北承德	53	0	0	3	5.7	34	64.2	16	30.2
河北坝上	98	1	1.0	10	10.2	55	56.1	32	32.7
山西	100	0	0	12	12.0	77	77.0	11	11.0
湖北	16	0	0	1	6.3	11	68.8	4	25.0
合计	916	1	0.2	91	9.9	524	57.2	299	32.6

表 8-4　稷子种质抗黑穗病鉴定结果

品种来源	鉴定份数	高抗	占比（%）	抗病	占比（%）	感病	占比（%）	高感	占比（%）
黑龙江	5	0	0	0	0	5	100	0	0
内蒙古	98	0	0	13	13.3	32	32.7	53	54.1
宁夏	59	0	0	15	25.4	39	66.1	5	8.5
甘肃	232	0	0	10	4.3	120	51.7	102	44.0
陕西	325	2	0.6	48	14.8	229	70.5	46	14.2
山东	41	0	0	4	9.8	28	68.3	9	20.0
青海	62	0	0	15	24.2	43	69.4	4	6.5
北京	19	1	5.3	6	31.6	10	52.6	2	10.5
河北承德	14	0	0	1	7.1	10	71.4	3	21.4
山西	36	0	0	3	8.3	25	69.4	8	22.2
合计	891	3	0.3	115	12.9	541	60.7	232	26.0

从这次鉴定的 1 807 份黍稷种质的全面情况来看，高抗种质 5 份，占 0.3%；抗病种质 206 份，占 11.4%；感病种质 1065 份，占 58.9%；高感种质 531 份，占 29.4%。高抗

和抗病种质 211 份，占 11.7%，感病和高感种质 1536 份，占 88.3%。"七五"期间鉴定的 4 224 份材料中（采用种子饱和接种法），高抗种质 4 份，占 0.09%；抗病种质 339 份，占 8.0%；感病 3 271 份，占 77.4%；高感种质 610 份，占 14.4%。高抗和抗病种质 343 份，占 8.1%；感病和高感种质 3 881 份，占 91.9%。相比之下，这次鉴定高抗种质、抗病种质和高感种质的比例大于上次鉴定的比例；感病种质的比例小于上次鉴定的比例；高抗和抗病种质的比例大于上次鉴定的比例；感病和高感种质的比例小于上次鉴定的比例。

三、结论与讨论

（1）3 年鉴定中鉴定种质都能不同程度的感病，感病种质的最高发病率为 60.8%，能客观反映出种质间抗病性的差异。对照种质的发病率为 9%～15%，变幅较小，加之对苗数较少和发病率在 5% 以内的种质均做了重复鉴定，说明试验结果是可靠的。

（2）黑穗病鉴定采用的接种法，通常应用的主要有两种方法，一种是种子饱和接种法，接种量为种子重量的 0.5%；另一种是菌土覆盖接种法，接种量为菌土重量的 0.1%～0.3%，前者感病很重，发病率最高 100%，尽管抗病分级的发病率级差很大，高抗种质的比例还不到 0.1%，而且这些高抗种质的生育期很短，丰产性很差，呈野生散穗状，落粒性强，虽在抗病育种中可作为"抗源"利用，但又相应地存在一些不良的遗传基因，在生产上没有直接的利用价值；后者感病较轻，但都能感病，最高发病率为 60.8%，根据发病情况，分级发病率级差缩小，尽管如此，高抗种质的比例还是增大，占鉴定种质的 0.3%，在这些高抗种质中有些丰产性和营养品质均比较好，不仅能作为"抗源"利用，而且在生产上也有直接推广利用的价值。这样，更多的高抗种质乃至抗病种质有了更多的利用机会，同时也增加了选择利用的余地。因此菌土接种法相对来说要更优越一些。

（3）本次鉴定采用的是太原地区采集的菌种，由于我国尚未进行黍稷黑穗病菌生理分化的研究，对异地菌种抗性如何，还有待于做进一步的研究。

第三节　第三次大批量黍稷种质资源的抗黑穗病鉴定

本次鉴定是列入国家"十五"期间的科技攻关项目。

一、材料和方法

（一）材料

供鉴定种质分别来自吉林、内蒙古、河北、山西、陕西、甘肃、宁夏和青海 8 省（区），共计 495 份种质，2001—2002 年完成鉴定。

（二）鉴定方法

菌种采自山西农科院品种资源所试验地，为第 1 年采集，厚垣孢子的发病率 92%，接种方法仍采用 0.1% 的土壤接种，以菌土覆盖种子接种。分级标准和方法也与第 2 次鉴定相同，分为 5 个等级，分别为。

免疫：发病率为 0；

高抗：发病率为 0.1%~1%；

抗病：发病率为 1.1%~5.0%；

感病：发病率为 5.1%~20.0%；

高感：发病率在 20.1% 以上。

二、结果与分析

495 份黍稷种质的抗黑穗病鉴定结果见表 8-5。高抗种质 2 份，占 0.40%，抗病种质 29 份，占 5.86%，高抗和抗病种质共 31 份，占鉴定种质的 6.26%；感病种质 406 份，占 82.02%，高感种质 58 份，占 11.72%，感病和高感种质 464 份，占 93.74%。高抗和抗病种质比例小于前 2 次鉴定的比例；感病和高感种质的比例大于前 2 次鉴定的比例。

表 8-5　第 3 次各省（区）黍稷种质资源抗黑穗病鉴定结果

省（区）	种质数	高抗（HR）		抗病（R）		感病（S）		高感（HS）	
		份数	占比（%）	份数	占比（%）	份数	占比（%）	份数	占比（%）
吉林	16	0	0	2	12.50	11	68.75	3	18.75
内蒙古	36	0	0	1	2.78	30	83.33	5	13.89
河北	70	0	0	3	4.29	59	84.29	8	11.43
山西	204	1	0.49	19	9.31	158	77.45	26	12.75
陕西	2	1	50.00	1	50.00	0	0	0	0
甘肃	159	0	0	0	0	143	89.94	16	10.06
宁夏	3	0	0	0	0	3	100.00	0	0
青海	5	0	0	3	60.00	2	40.00	0	0
合计	495	2	0.40	29	5.86	406	82.02	58	11.72

分省（区）来看，陕西省 2 份参试种质，1 份高抗，1 份抗病；山西种质有 1 份高抗，其他省（区）高抗种质均为 0。抗病种质的比例在 0%~12.5%。青海 5 份参试种质中 2 份感病，比例为 40.00%，由于参试种质数量很少，不足以说明青海感病种质多，宁夏 3 份种质全感病，也不能说明宁夏种质全部感病。其他省（区）感病种质的比例均较高，在 68.75%~89.94%。陕西、宁夏、青海没有高感种质，这 3 个省（区）参试种质很少，没有代表性，其他省（区）的比例在 10.06%~18.75%。

三、结论与讨论

（1）此次鉴定仍未发现免疫种质。高抗和抗病种质比例小于前 2 次鉴定的比例；感病和高感种质比例大于前 2 次鉴定的比例，说明此次供鉴定种质总体上抗黑穗病较差。

（2）此次鉴定和前 2 次鉴定一样，仍采用 *Sphacelotheca manchurica*（Ito）Wang（稷小孢轴黑粉菌），对其他不同的生理小菌抗性如何，由于没有进行其他生理小种的鉴定，还不能得出结论。

（3）前 2 次鉴定均采取黍和稷分开鉴定，对结果分别进行统计分析，实践证明没有实际意义。此次鉴定黍和稷均在一起完成。

第四节　三次大批量黍稷种质资源抗黑穗病鉴定的综合分析

根据"七五""八五"和"十五"期间 3 次黍稷种质资源抗黑穗病的鉴定结果，综合进行统计分析，得出 3 次鉴定的综合鉴定结果。

一、材料和方法

（一）供试种质

1. 第 1 次鉴定评价供试种质

鉴定种质共 4 224 份。分别来自全国 12 个省（区），其中内蒙古 632 份、宁夏 91 份、甘肃 301 份、新疆 80 份、河北 88 份、山西 1 175 份、陕西 976 份、山东 296 份、吉林 101 份、辽宁 66 份、黑龙江 381 份、青海 37 份。鉴定时间 1987—1989 年，由各省（区）分年度提供当年当地种植的种质。

2. 第 2 次鉴定评价供试种质

鉴定种质共 1 807 份。分别来自全国 13 个省（区），其中黑龙江 29 份、吉林 167 份、辽宁 41 份、内蒙古 161 份、宁夏 65 份、甘肃 268 份、河北 165 份、陕西 510 份、山东 153 份、山西 136 份、青海 62 份、湖北 16 份、北京 34 份，鉴定时间 1992—1994 年。各省（区）分年度提供当年种植的种质。

3. 第 3 次鉴定评价供试种质

鉴定种质共 495 份。分别来自全国 8 省（区），其中吉林 16 份，内蒙古 36 份，河北 70 份，山西 204 份，陕西 2 份，甘肃 159 份，宁夏 3 份，青海 5 份。鉴定时间 2001—2002 年。除甘肃种质在会宁种植外，其他省（区）种质均在山西太原种植。

（二）黍稷抗黑穗病鉴定方法和分级标准

黍稷抗黑穗病鉴定采用的方法，通常应用的主要有两种，一种是种子饱和接种法，接种量为种子重量的 0.5%；另一种为菌土覆盖接种法，接种量为菌土重量的 0.1%～0.3%。第 1 次鉴定采用种子饱和接种法，由于菌土覆盖接种法相对来说，比种质饱和接种法更能客观地反映出种质的抗病性，所以第 2 次和第 3 次的鉴定均采用了菌土覆盖法。种质抗病程度的分级标准，也根据实际感病情况进行了调整，第 1 次采用种子饱和接种法的分级标准，第 2 次和第 3 次采用了菌土覆盖法的分级标准。

二、结果与分析

（一）第 1 次鉴定结果与分析

鉴定结果见表 8-6，结果表明，种质间抗病性表现有明显差异，在所鉴定的 4 224 份黍稷种质中没有免疫种质，高抗种质4份，占0.095%，抗病种质339份，占8.03%，高抗和抗病种质共343份，占鉴定种质的8.12%。感病种质3 271份，占77.40%，高感种质610份，占14.45%。感病和高感种质占鉴定种质总数的91.88%。

表8-6　第1次各省（自治区）黍稷种质资源抗黑穗病鉴定结果

省（区）	种质数	高抗（HR）		抗病（R）		感病（S）		高感（HS）	
		份数	占比（%）	份数	占比（%）	份数	占比（%）	份数	占比（%）
黑龙江	381	1	0.26	30	7.88	321	84.25	29	7.61
吉林	101	0	0	4	3.96	88	87.13	9	8.91
辽宁	66	0	0	0	0	48	72.73	18	27.27
内蒙古	632	1	0.16	28	4.43	413	65.35	190	30.06
宁夏	91	0	0	3	3.3	76	83.51	12	13.19
青海	37	0	0	0	0	28	75.68	9	24.32
甘肃	301	0	0	38	12.63	239	79.4	24	7.97
新疆	80	0	0	11	13.75	66	82.5	3	3.75
河北	88	0	0	5	5.68	68	77.27	15	17.05
陕西	976	2	0.2	47	4.82	820	84.02	107	10.96
山东	296	0	0	11	3.72	246	83.11	39	13.17
山西	1 175	0	0	162	13.79	858	73.02	155	13.19
合计	4 224	4	0.095	339	8.03	3 271	77.4	610	14.45

从各省（区）的鉴定结果来看，4份高抗的种质陕西有2份，占0.20%，黑龙江和内蒙古各1份，分别占0.26%和0.16%，以黑龙江比例最高，其他省（区）均为0。抗病种质分布比例最高的省（区）是山西省，占13.79%，其次是新疆和甘肃省，分别占13.75%和12.63%。分布比例最低的是辽宁和青海，均为0。其他省（区）的分布比例在3.30%~7.88%。说明山西、新疆、和甘肃省相对地来说，不是黑穗病的高发地区。感病种质的分布比例各省（区）普遍较高，最高的是吉林省，占87.13%，最低的是内蒙古，占65.35%，其他省（区）分布比例在72.73%~84.02%，可见感病种质在此次鉴定中所占比例是最高的，数量也是最多的。高感种质相对较少，所占比例也较低。以内蒙古比例最高，为30.06%，新疆比例最低，为3.75%，其他省（区）分布比例在7.61%~27.27%。感病和高感种质分布比例都高的省（区），也是黍稷黑穗病的高发地区。

（二）第2次鉴定结果与分析

1 807份黍稷种质的抗黑穗病鉴定结果见表8-7。结果表明没有免疫种质，高抗种质5份，占0.28%，抗病种质206份，占11.40%，高抗和抗病种质共211份，占鉴定种质的11.7%，感病种质1 065份，占58.94%，高感种质531份，占29.39%，感病和高感种质1536份，占88.3%。和第1次鉴定相比，高抗和抗病种质比例大于上次鉴定的比例；感病种质小于上次鉴定比例，高感种质的比例大于上次鉴定的比例。感病和高感种质比例也小于上次鉴定的比例。说明鉴定年份的不同和种质来源地的变更，也会引起鉴定结果的变化。

表 8-7 第 2 次各省（自治区）黍稷种质资源抗黑穗病鉴定结果

省（区）	种质数	高抗（HR）		抗病（R）		感病（S）		高感（HS）	
		份数	占比（%）	份数	占比（%）	份数	占比（%）	份数	占比（%）
黑龙江	29	0	0	4	13.79	19	65.52	6	20.69
吉林	167	0	0	14	8.38	87	52.1	66	39.52
辽宁	41	0	0	1	2.44	18	43.9	22	53.66
内蒙古	161	0	0	17	10.56	59	36.64	85	52.8
宁夏	65	0	0	15	23.08	42	64.62	8	12.3
青海	62	0	0	15	24.19	43	69.36	4	6.45
甘肃	268	0	0	16	5.97	141	52.61	111	41.42
湖北	16	0	0	1	6.25	11	68.75	4	25
河北	165	1	0.61	14	8.48	99	60	51	30.91
陕西	510	2	0.39	76	14.9	352	69.02	80	15.69
山东	153	0	0	7	4.57	74	48.37	72	47.06
山西	136	0	0	15	11.03	102	75	19	13.97
北京	34	2	5.88	11	32.35	18	52.94	3	8.83
合计	1 807	5	0.28	206	11.4	1 065	58.94	531	29.39

分省（区）来看，5 份高抗的种质，陕西和北京各 2 份，分别占 0.39% 和 5.88%，河北 1 份，占 0.61%，以北京比例最高，这个比例是少见的，其他省（区）均为 0。抗病种质分布比例最高的省（区）也是北京市，为 32.35%，可见北京不会成为黍稷黑穗病的高发地区。最低的省（区）是辽宁省，为 2.44%，其他省（区）在 4.57%~24.19%。感病种质的分布比例各省（区）之间相差较大，最高的是山西省，为 75.00%，最低的是内蒙古，为 36.64%，其他省（区）在 43.90%~69.02%。高感种质的分布比例也是相差较大，最高的省（区）是辽宁省，占 53.66%，最低的省（区）是青海省，占 6.45%，其他省（区）在 8.83%~52.80%。高感种质占比例越大的省（区），黑穗病在生产上造成的危害也越大；反之，高感种质占比例越小的省（区），生产上造成的危害也相对较小。

（三）第 3 次鉴定结果与分析

495 份黍稷种质的抗黑穗病鉴定结果见表 8-8。可以看出，高抗种质 2 份，占 0.40%，抗病种质 29 份，占 5.86%，高抗和抗病种质共 31 份，占鉴定种质的 6.26%，感病种质 406 份，占 82.02%，高感种质 58 份，占 11.72%，感病和高感种质 464 份，占 93.74%。和前 2 次比较，高抗和抗病种质比例小于前 2 次鉴定的比例；感病和高感种质的比例大于前 2 次鉴定的比例。

分省（区）来看，2 份高抗的种质，山西和陕西各 1 份，分别占 0.49% 和 50.00%，陕西参试的 2 份种质中就有 1 份是高抗的，另 1 份是抗病的，这个情况也是极其罕见的。其他省（区）高抗种质均为 0。抗病种质的比例仍以陕西为最高，为 50%，最低的省（区）是甘肃和宁夏，均为 0，其他省（区）在 0.60%～12.50%。感病种质的分布比例以陕西和青海最低，分别为 0 和 0.40%，但陕西和青海参试种质很少，分别只有 2 份和 5 份，所以这个比例不能足以说明这 2 省（区）的感病种质没有或很低，同样，感病种质比例最高的是宁夏，为 100%，而宁夏参试种质只有 3 份，也不能说明宁夏的种质全部为感病。其他省（区）感病种质的比例均较高，在 68.75%～89.94%。高感种质的分布比例陕西、宁夏、青海均为 0，这 3 个省（区）参试种质很少，没有代表性，其他省（区）的比例在 10.06%～18.75%。

表 8-8　第 3 次各省（自治区）黍稷种质资源抗黑穗病鉴定结果

省（区）	种质数	高抗（HR）		抗病（R）		感病（S）		高感（HS）	
		份数	占比（%）	份数	占比（%）	份数	占比（%）	份数	占比（%）
吉林	16	0	0	2	12.5	11	68.75	3	18.75
内蒙	36	0	0	1	2.78	30	83.33	5	13.89
河北	70	0	0	3	4.29	59	84.29	8	11.43
山西	204	1	0.49	19	9.31	158	77.45	26	12.75
陕西	2	1	50	1	50	0	0	0	0
甘肃	159	0	0	0	0	143	89.94	16	10.06
宁夏	3	0	0	0	0	3	100	0	0
青海	5	0	0	3	0.6	2	0.4	0	0
合计	495	2	0.4	29	5.86	406	82.02	58	11.72

（四）综合 3 次鉴定结果与分析

从表 8-9 可以看出，综合 3 次我国大批量黍稷种质资源的抗黑穗病鉴定，共鉴定种质 6 526 份，无免疫种质，高抗种质 11 份，占 0.17%；抗病种质 574 份，占 8.80%；感病种质 4 742 份，占 72.66%，高感种质 1 199 份，占 18.37%。分省（区）来看，高抗种质数量以陕西最多，共 5 份，其次是北京，为 2 份，黑龙江、内蒙古、河北、山西均为 1 份，其他省（区）均为 0。从占比来看，北京最高，陕西居第 2 位。抗病种质比例最高的省（区）也是北京，为 32.35%，其次是青海，为 17.31%，辽宁最低，为 0.94%，其他省（区）在 4.01%～17.31%。感病种质比例最高的省（区）是黑龙江，为 85.61%，最低的省（区）是北京市，为 47.06%，其他省（区）在 60.56%～82.50%。高感种质比例最高的省（区）是辽宁省，为 37.38%，最低的省（区）是新疆，为 3.75%，其他省（区）在 8.54%～33.78%。综合 3 次各省（区）黍稷种质资源抗黑穗病鉴定情况来看，各省（区）之间黍稷种质资源的抗病性表现差异是较大的，但共同的特点是感病种质占的比例最大，其次是高感种质，抗病种质比例较小，高抗种质比例极小，无免疫种质。高抗和抗病种质共 585 份，占 8.96%。抗病种质，特别是高抗的 11 份种质（表 8-10）都经过反复的重复鉴定，进一步确定其抗性和高度抗性，因此，鉴定结果是准确可靠的。这些种质均可作为我国黍稷遗传改良的亲本材料应用，有些丰产性和品质性状优良的种质，也可提供黑穗病高发区生产直接利用。

表 8-9 综合 3 次各省（自治区）黍稷种质资源抗黑穗病鉴定结果

省（区）	种质数	高抗总数（HR）		抗病总数（R）		感病总数（S）		高感总数（HS）	
		份数	占比（%）	份数	占比（%）	份数	占比（%）	份数	占比（%）
黑龙江	410	1	0.24	34	8.29	351	85.61	35	8.54
吉林	284	0	0	20	7.04	175	61.62	78	27.47
辽宁	107	0	0	1	0.94	66	61.68	40	37.38
内蒙古	829	1	0.12	46	5.55	502	60.56	280	33.78
宁夏	159	0	0	18	11.32	121	76.10	20	12.58
青海	104	0	0	18	17.31	73	70.19	13	12.50
甘肃	728	0	0	54	7.42	523	71.84	151	20.74
新疆	80	0	0	11	13.75	66	82.50	3	3.75
河北	323	1	0.31	22	6.81	226	69.97	74	22.91
陕西	1 488	5	0.34	124	8.33	1172	78.76	213	14.32
山东	449	0	0	18	4.01	320	71.27	111	24.72
山西	1 515	1	0.07	196	12.94	1118	73.80	174	11.49
湖北	16	0	0	1	6.25	11	68.75	4	25.00
北京	34	2	5.88	11	32.35	18	47.06	3	8.82
合计	6 526	11	0.17	574	8.80	4742	72.66	1199	18.37

表 8-10 高抗黑穗病的 11 份黍稷种质

国家统编号	种质名称	种质来源	保存单位	保存单位编号	粳糯性
1841	扫帚糜	陕西宜川	陕西榆林地区农科所	5月21日	糯
1982	稷子	黑龙江同江县	黑龙江农科院	1220	粳
2342	巴盟小黑黍	内蒙巴盟农科所	内蒙伊盟农科所	2-020	粳
3878	牛尾黄	陕西甘泉	陕西榆林地区农科所	1月20日	粳
6015	黍子	北京昌平	中国农科院作科所	B-5	糯
6365	小黍子	河北康保县	河北张家口坝上农科所	2-033	糯
5423	紫穗糜	陕西延安	陕西榆林地区农科所	19-41	粳
5454	黑硬糜	陕西黄陵	陕西榆林地区农科所	8月24日	粳
6952	Ipm270	国际半干旱所	中国农科院作科所	89137	粳
8100	陕紫穗糜	陕西榆林	山西农科院品资所	02-080	粳
8249	Jan-99	山西省农科院高寒所	山西农科院品资所	03-0129	糯

三、结论与讨论

为了避免试验结果的偏误或偶然性，对发病轻、苗数偏少的种质做了重复鉴定，严格试验，发病条件充分。对照种质的发病率为 30% 左右，感染程度变动幅度较小，感病种质的发病率达到 100%，较客观地区分了种质间抗病性的差异。

在鉴定的 6 526 份黍稷种质中，没有发现免疫的种质，但不同种质的抗病性表现有明显差异。高抗种质为数不多，这是宝贵的材料，可作为抗源，培育新的丰产、抗病种质。抗病类型的种质较为丰富，这些种质特性各异，可根据不同的育种目标，选择具有某些优良农艺性状的种质作为亲本使用。丰产、优质的高抗和抗病种质，可在重病区因地制宜地直接推广使用。

明确病菌生理分化情况对抗病性鉴定是至关重要的。苏联各地黍稷黑穗病菌种群至少有 4 个生理小种，其中 4 号小种几乎能侵染全部已知抗源，因而被列为检疫对象。我国尚未进行这方面的研究。中国黍稷（*panicum miliaceum*）上的黑穗病菌不只一个种。据王云章报道为 2 个种，即 *Sphacelotheca destruens*（Schlecht.）Stevens. etA.. G. Johns 和 *S. manchurica*（Ito）Wang，而戴芳澜报道为 *S. destruens* 和 *Sorosporium cenchri* P. Henn，并认为 *S. manchurica* 即为 *S. destruens*，*S. manchurica*（或称 *S. destruens*）广布于东北、华北和西北诸省（区），而 *Sorosporium cenchri* 仅分布在河北、内蒙古。在本鉴定中使用的是 *S. manchurica*，因此，本结果所述的抗性是针对此菌而言的。从该菌分布广泛这一意义上看，选用 *S. manchurica* 是具有一定代表性的。今后，在进一步查清 *Sorosporium cenchri* 分布的基础上，研究黍稷种质资源对它的抗性也是必要的。

黍稷种质资源的抗倒性与抗旱性鉴定研究

第一节　黍稷种质资源抗倒性鉴定及倒伏性和抗倒性研究

倒伏与丰产是多年来黍稷生产中一对突出的矛盾，因倒伏造成的减产，轻者达 15% 以上，重者超过 50%。倒伏不仅影响产量，而且降低籽粒品质和秸秆的利用价值。倒伏的类型分为茎倒和根倒 2 种。造成倒伏的原因是多方面的，如栽培留苗密度过大，氮素养分过量，抽穗灌浆期遭遇暴风雨等。然而种质的抗倒能力强弱，则是造成种质倒伏轻与重的内在原因，因此，要从根源上解决黍稷的倒伏问题，还应该从选育抗倒伏性种质着手。为此，我们于 2011 年先从山西收集、保存的黍稷种质资源开始，进行了黍稷种质资源的抗倒性鉴定，目的是从中筛选高抗倒伏的种质，提供黍稷育种和生产利用，解决在生产实践中因倒伏造成大幅减产的困扰。同时对黍稷种质的倒伏性和抗倒伏性的茎、根形态特征进行了进一步的分析研究，为今后在黍稷生产实践和抗倒性育种中提供参考依据。

一、材料和方法

（一）材料

供鉴定的黍稷种质资源共计 1 192 份，分别来自山西省自北向南的 11 个市。其中，雁北的大同市、朔州市 361 份；晋北的忻州市 204 份；晋中的太原市、阳泉市、晋中市 217 份；晋西的吕梁市 84 份；晋东南的长治市、晋城市 111 份；晋南的临汾市、运城市 215 份。

（二）鉴定方法

1. 高水肥鉴定法

黍稷种质资源的抗倒性鉴定，目前国内外普遍采用高水肥鉴定法。在有灌溉条件的高水肥地种植，抽穗后再辅以大水漫灌的方法。试验设在山西省农业科学院品种资源所榆次东阳试验地。播前以 $667m^2$ 土地施入 4 000kg 有机肥，拌入 50kg 过磷酸钙，40kg 尿素作底肥。每份种质种植 1 个小区，每小区 $2m^2$。播深 5cm，株距 10cm，行距 20cm，拔节期浇水 1 次，并以每 667m² 追施尿素 10kg。灌浆期至成熟期大水漫灌 2 次，前后相隔 7d，第 2 次灌水 6d 后，集中调查每份种质的倒伏情况。

2. 分级和评价标准

按下列标准进行分级。0 级，基本不倒伏；1 级，倒伏面积 50% 以上，倒伏程度16°~30°；2 级倒伏面积 50% 以上，倒伏程度 31°~60°；3 级，倒伏面积 50% 以上，倒伏程度 60° 以上。根据鉴定级别，确定不同种质的抗倒性评价。0 级为高抗；1 级为抗倒；2 级为中抗；3 级为不抗。

3. 高抗倒种质与不抗倒种质茎、根形态特征调查

成熟收获时各随机取样 20 份种质，每份 10 株，各项目调查后取平均值。调查方法如下。

（1）株高：以米尺测量地上部分茎基部至穗颈节的高度，单位为 cm，精确到 0.1。

（2）茎基部节间的长度和直径：以米尺测量地上可见第一茎节间的长度，单位为 cm，精确到 0.1；以卡尺测量地上可见第一茎节间的直径，量扁的一面，单位为 cm，精确到 0.1。

（3）穗颈长：以米尺测量主穗穗颈节至穗基部第一分枝的长度，单位为 cm，精确到 0.1。

（4）叶与茎的夹角：以量角器测量旗叶与茎的角度，单位为度，精确到整数。

（5）上部 3 片叶的叶面积：由浙江托普仪器公司生产的 YMJ-C 型活体叶面积仪测量，分别测出旗叶、倒 1 叶、倒 2 叶的平均叶面积之和，单位为 cm²，精确到 0.1。

（6）次生根和支持根条数：以铁锹挖出样株，抖净土壤后分别数条数，地下部分的根为次生根，地上部分由茎基部伸出入土的根为支持根。单位为条，精确到 0.1。

（7）根质量：数完次生根和支持根后的样株，用剪刀剪下次生根，在实验室烘干后称质量，单位为 g，精确到 0.1。

二、结果与分析

（一）抗倒性鉴定结果

抗倒性鉴定的结果统计表明（表 9-1），绝大多数的种质都出现不同程度的倒伏。0 级高抗倒的种质最少，只有 71 份，占鉴定种质总数的 5.96%；3 级不抗倒的种质最多，共 522 份，占鉴定总数的 43.79%；1 级抗倒种质为数也不多，只有 117 份，占鉴定种质总数的 9.82%；2 级中抗种质数量也不少，共 482 份，占鉴定种质总数的 40.44%，数量和比例仅次于 3 级不抗倒的种质；2 级中抗和 3 级不抗倒的种质合起来共有 1 004 份，占到鉴定种质总数的 84.23%；0 级高抗倒的种质和 1 级抗倒的种质合起来只有 188 份，占到鉴定种质总数的 15.77%。由此可以看出，在黍稷生产上因倒伏造成的减产和带来的困惑是不容小觑的，也说明倒伏是黍稷丰产的一大障碍，尽快解决黍稷生产亟须的 0 级高抗倒种质，已经是一件迫在眉睫、刻不容缓的大事。各地鉴定的种质，在鉴定结果的不同抗倒级别中，也存在差异。在 0 级高抗倒种质中，大同市、朔州市的种质比例最高，为

6.93%，太原市、阳泉市、晋中市的种质比例最低，为 4.15%，最高与最低相差 2.78%；在 1 级抗倒种质中，长治市、晋城市的种质比例最高，为 21.62%，吕梁市的种质比例最低，为 7.14%，最高与最低相差 14.48%，在 2 级中抗种质中，太原市、阳泉市、晋中市的种质比例最高，为 42.40%，长治市、晋城市的种质比例最低，为 35.14%，最高与最低相差 7.26%；在 3 级不抗种质中，吕梁市的种质比例最高，为 48.81%长治市、晋城市的比例最低，为 36.94%，最高与最低相差 11.87%。不同抗倒性级别中的种质比例最高与最低差数的不同，说明不同级别的抗倒性种质在不同生态环境中的稳定性和可变性也不相同。最高与最低差数最小的是 0 级高抗倒种质，说明 0 级高抗倒种质稳定性最好，可变性最小，不论是在不同的生态环境还是栽培管理措施不当，以及在遭受突发的暴风雨等不利的逆境条件下，出现倒伏的概率很小，即使出现，倒伏的程度也不会太大；而与之相反的是 1 级抗倒种质，最高与最低差数最大，说明稳定性最差，可变性最大。虽然抗倒性比较强，仅次于 0 级高抗倒种质，但在不同的生态环境下，特别是栽培管理措施不当以及遭受暴风雨的情况下，常常会出现倒伏，虽然倒伏的程度不大，但也会给最终的产量带来一定损失，这也就降低了 1 级抗倒种质在育种和生产中的利用价值。2 级中抗种质最高与最低差数较小，仅大于 0 级高抗倒种质，说明 2 级中抗种质的稳定性较好，可变性较小，不论是常规栽培还是在遭受逆境的情况下，均不会出现太大的倒伏波动。3 级不抗倒的种质最高与最低的差数较大，大于 0 级高抗倒种质和 2 级中抗倒种质，小于 1 级抗倒种质，说明 3 级不抗倒种质稳定性差，可变性大，原本就抗倒性不好，在遭受栽培不当或突发逆境的情况下，倒伏程度就会更加严重。由此看来，0 级高抗倒的种质虽然数量最少，但不论在抗倒性上还是在稳定性上表现都很好，在黍稷育种和生产中均具有最重要的利用价值。

表 9-1　黍稷种质资源抗倒性鉴定结果

种质来源	种质数（份）	0 级（份）	占比（%）	1 级（份）	占比（%）	3（份）	占比（%）	5 级（份）	占比（%）
大同市、朔州市	361	25	6.93	18	4.99	148	41.00	170	47.09
忻州市	204	12	5.88	16	7.84	84	41.18	92	45.10
太原市、阳泉市、晋中市	217	9	4.15	21	9.68	92	42.40	95	43.78
吕梁市	84	4	4.76	6	7.14	33	39.29	41	48.81
长治市、晋城市	111	7	6.31	24	21.62	39	35.14	41	36.94
临汾市、运城市	215	14	6.51	32	14.88	86	40.00	83	38.61
总计	1 192	71	5.96	117	9.82	482	40.44	522	43.79

（二）筛选出的 0 级高抗倒种质来源、名称和国编号

表 9-2　0 级高抗倒种质国编号、名称和来源

序号	国编号	种质名称	来源	序号	国编号	种质名称	来源
1	00000968	红罗黍	大同市	37	00003331	黄罗伞	忻州市宁武县
2	00003182	红糜子	朔州市	38	00001219	金软黍	太原市
3	00003196	轮精糜	大同市怀仁县	39	00003363	黑骷髅	晋中市平遥县
4	00000932	笊篱白黍	朔州市	40	00001248	疙瘩黍	晋中市榆次区
5	00001002	红秆红黍	大同市山阴县	41	00003367	笊篱头	晋中市寿阳县
6	00001062	马鸟黍	朔州市平鲁县	42	00001292	黄连三	晋中市寿阳县
7	00000835	瓜皮绿	大同市	43	00001247	千斤黍	晋中市榆次区
8	00000880	紫罗带	大同市天镇县	44	00001329	黄穗散	晋中市介休市
9	00000905	支黄黍	大同市阳高县	45	0001254	黑葡萄	晋中市榆次区
10	00000935	紫盖头	朔州市	46	00001276	大黑黍	晋中市昔阳县
11	00000940	红脸黍	大同市灵丘县	47	00001349	小红软糜	吕梁市方山县
12	00000947	十样精	大同市灵丘县	48	00001358	黑蛇蛋	吕梁市汾阳县
13	00000998	大瓦灰	大同市左云县	49	00003427	黑硬糜	吕梁市临县
14	00000864	金疙瘩	大同市天镇县	50	00003431	白硬糜子	吕梁市柳林县
15	00000972	小紫轮	大同市	51	00001393	红软黍	长治市
16	00000995	玉带白	大同市左云县	52	00001397	红仁粟黍	晋城市陵川县
17	00003162	花糜子	大同市天镇县	53	00001402	黑黏黍	晋城市陵川县
18	00003197	黄蜡黍	大同市怀仁县	54	00001426	软黍	长治市沁县
19	00003208	地皮糜	大同市	55	00001439	千斤黍	长治市襄垣县
20	00003235	一点清	大同市应县	56	00003435	黄硬黍	长治市
21	00003231	青牛蛋	朔州市右玉县	57	00003481	六松天	晋城市沁水县
22	00003244	二黄黍	朔州市平鲁县	58	00001498	浅黄软黍	临汾市浮山县
23	00003247	紧穗糜	朔州市平鲁县	59	00003518	胶泥黄软黍	临汾市吉县
24	00003250	紫秆白	朔州市平鲁县	60	00003522	浅黄硬糜	临汾市汾西县
25	00003259	黑黍子	朔州市平鲁县	61	00001540	红胶泥	运城市
26	00001109	笊篱红	忻州市繁峙县	62	00001539	红粒黍	运城市
27	00001096	牛心黍	忻州市河曲县	63	00001583	白皮黍	运城市平陆县
28	00001101	葡萄黍	忻州市河曲县	64	00001544	犊牛蛋	运城市
29	00001193	红咀黏糜	忻州市五台县	65	00001541	黄胶泥	运城市
30	00001176	大红黏黍	忻州市五台县	66	00001496	浅红软黍	临汾市浮山县
31	00001144	灰脸蛋黍	忻州市偏关县	67	00001576	一斗金	运城市闻喜县
32	00001123	竹黍	忻州市保德县	68	00001585	黑黄黍	运城市平陆县
33	00001099	曲峪小白黍	忻州市河曲县	69	00003496	大节糜子	临汾市霍县
34	00003279	小红糜	忻州市河曲县	70	00003506	柿黄硬黍	临汾市浮山县
35	00003295	紫秸秆	忻州市保德县	71	00003554	火糜子	运城市芮城县
36	00003313	黄糜子	忻州市五寨县				

　　鉴定筛选出的 0 级高抗倒种质 71 份，分别来自大同市、朔州市 25 份；忻州市 12 份；太原市、阳泉市、晋中市 9 份；吕梁市 4 份；长治市、晋城市 7 份；临汾市、运城市 14 份。具体信息见表 9-2。

（三）倒伏性研究

1. 茎倒和根倒是形成倒伏的主要原因

　　凡是在黍稷栽培过程中出现的倒伏现象，不论是常规种植中出现的倒伏，还是由于种植密度过大，氮素养分过量，突发的暴风雨造成的倒伏，都与茎倒和根倒是分不开的。顾名思义，茎倒是由于茎部的原因造成的倒伏，而这一类型的倒伏是由于茎叶的形态特征造成的，比如植株过高，茎基部节间长而细，穗颈长，叶与茎的夹角大，上部 3 片叶的叶面积大，这样的形态特征使茎秆的承受能力容易失去平衡，正常的生态条件下还能保持直立不弯，一旦出现外力的作用，如突发的狂风暴雨，就会加大茎秆的摇摆幅度，造成倒伏。再加之籽粒从灌浆期开始，茎秆上部的质量骤然增加，而茎基部节间却长而细，茎秆也高而细弱，这种严重的失调状态，就会使茎秆难以承受，就像一个人背了太重的东西不能直立行走一样，茎秆也会慢慢弯了下来，这就是茎倒形成的原因。茎倒主要发生在茎基部节间的位置，有时由于茎秆的细软，也发生在茎秆中部的位置。发生在基部位置的茎倒，倒伏程度较重，发生在中部节间位置的倒伏，倒伏程度较轻。而根倒则是由于根部的形态特征造成的，如根系发育不好，形成次生根的条数少，支持根很少或没有，根系的质量很小，这样的形态特征就导致了根茎不稳的隐患，就像盖一座房子一样，如果事先没有打好根基，只要遇到一些突发外力的撞击，整座房子就会轰然倒塌一样。因此，由根倒造成的倒伏往往是比较严重的。

　　茎倒和根倒是造成黍稷种质资源倒伏的主要原因，也是黍稷种质资源出现倒伏的两种不同类型。在生产实践中茎倒和根倒不能截然分开，既有其独立性，又有其共存性。它们往往是相互影响着，有时甚至是相互盘结交错，难以分辨出来。但从田间倒伏的实践观察来看，只要细细区分，茎倒造成的倒伏，相对较轻，尤其是茎秆中部节间弯曲形成的倒伏，倒伏程度往往较轻，茎秆基部节间形成的倒伏，倒伏程度一般比较严重。与根倒比起来，根倒造成的倒伏相对又比较严重，那是一种塌方式的倒伏，严重的倒伏有时会把整个植株平铺在地面，部分根系也因茎秆倒伏的牵扯裸露出地面，还会出现因重度倒伏造成植株枯死的现象。但这种严重的倒伏，一般情况下是不会发生的，除非是在突发的狂风暴雨之下才能形成。一般情况下，因根倒造成的倒伏，其倒伏程度要大于茎倒倒伏的程度。但也不是绝对的，有时因茎基部节间细弱形成的茎部倒伏，其倒伏的程度也会超过根倒形成的倒伏。

2. 形成茎倒和根倒的生态环境溯源

　　黍稷种质资源的茎倒和根倒与原生态环境的影响不无关系。此次鉴定种质的来源地共有 11 个市，根据气候条件不同分为 6 个生态区，大同市、朔州市、属雁北高寒干旱生态区，该区无霜期 100~110d，年平均气温 2℃~8℃，≥0℃积温 2 500℃~3 000℃，年降水量 400~450mm。该区黍稷种质资源的生态表型是：生育期短，植株矮，一般株高在130~140cm，根系发达，抗旱性强，但茎基部节间长而细，茎秆细弱。这种形态特征的特点是形成茎倒的温床。因此，来自大同市、朔州市的黍稷种质，出现茎倒的概率较大，导致倒伏的原因也以茎倒为主，倒伏的程度也会出现2种情况。以茎秆中部节间形成的倒伏，其程度较轻，以茎基部节间形成的倒伏，其程度较重。忻州市属晋北温寒干旱生态区，该区无霜期120d~130d，年平均气温6℃~10℃，≥0℃积温3 000℃~3 500℃，年降水量450~500mm。该区黍稷种质资源的生态表现型是：生育期短，植株矮，一般株高在140cm~150cm左右，根系较发达，抗旱性较强，茎秆较细软，这种形态特征的特点，也是形成茎倒的主要因素，因此，来自忻州市的黍稷种质，出现茎倒的机率仍然要大于出现根倒的机率，造成倒伏的原因，仍以茎倒为主，但在倒伏的程度上和大同市、朔州市的种质比较，会出现一些不很明显的差异。太原市、阳泉市、晋中市属晋中温和干湿交替生态区，该区在气温和降水量上与大同市、朔州市和忻州市2个生态区比较，明显气温提高，降水量增大。无霜期150d~160d，年平均气温8℃~10℃，≥0℃积温3 500℃~4 000℃，年降水量500~550mm。该地区黍稷种质资源的生态表现型是：生育期中等，植株高度中等，一般在150~160cm，根系较发达，并有支持根，抗旱性中等。由于雨量较多，植株生长较茂盛，这种形态特征的特点，对于茎倒和根倒的形成都较有利，因此，来自太原市、阳泉市、晋中市的种质，出现茎倒和根倒的概率都比较高，导致倒伏的原因也以茎倒和根倒交替发生的情况为主。但并不说明由于2种倒伏类型出现的概率较高，造成的倒伏程度就比较大，还要看造成倒伏的外界因素的具体情况来决定。吕梁市属晋西温凉干旱生态区，该地区无霜期130~140d，年平均气温4℃~10℃，≥0℃积温3 500℃~4 000℃，年降水量450~500mm。该区黍稷种质资源的生态表现型是生育期较短，植株较矮，一般株高在145~155cm，根系较发达，茎秆不粗壮，支持根很少，这样的形态特征，侧重于茎倒的形成。因此，来源于吕梁市的种质仍以茎倒出现的机率较大。造成倒伏的类型也以茎倒为主。长治市、晋城市属晋东南温暖湿涝生态区，该区无霜期160d~170d，年平均气温10℃~12℃，≥0℃积温4 000℃~4 500℃，年降水量670~700mm。该地区黍稷种质资源的生态表现型是：生育期较长，植株高大，茎叶茂盛，一般株高在160~170cm，根系发达，但入土深度浅，支持根较多。这样的形态特征对于抵抗茎倒和根倒的形成，都比较有利，但相对来说由于茎叶的茂盛，加大了根系承受能力的负担，再加之根系的入土深度浅，减少了稳固性，在出现外力的作用下，往往会出现头重足轻，形成倒伏。由于茎秆粗壮，茎节间也短，又有支持根的支撑，所以出现倒伏类型的概率是以根倒较高，倒伏的类型也是以根倒为主。临汾市、运城市属晋南温热多雨生态区，该地区无霜期180~200d，年平均气温12℃~14℃，≥0℃积温4 500℃~5 000℃，年降水量600~650mm。黍稷在当地多以麦茬复播为主。由于多雨高温，该区黍稷种质资源的生态表现型是生育期长，植株高大，一般株高在170~180cm左右，根系发达，入土层浅，支持根粗壮且条数多，长势茂盛，叶大且多。这样的形态特征，对形成茎倒的概率不高。即使出现因茎倒造成的倒伏也以茎中部节间的倒伏为主，这样的倒伏程度一般来说是比较轻度的。因此，临汾市、运城市的种质，比较严重的倒伏仍然以根倒造成的倒伏为主。

综上所述，茎倒和根倒的形成，与不同的生态环境形成的固有的形态特征关系密切，而形成茎倒和根倒的形态特征又有其规律性，在干旱少雨、寒冷和无霜期短的生态区，其倒伏的类型以茎倒为主；在多雨、温热、无霜期长的生态区，其倒伏的类型又以根倒为主。但又不能截然分开，在实践中茎倒和根倒像一对孪生兄弟一样，总是相互伴生着，因为影响生态环境的因子是多样的，造成倒伏的外界因素也是比较复杂的，所以一旦形成倒伏，也不能就茎倒和根倒单一而论。更何况山西省地形复杂，气候变化多样，来自 11 个市的种质包括 11 个市 93 个县，以山西省从北到南的不同生态环境划分为 6 个生态区，各个生态区内的生态环境也有很大差异，其生态型表现也很复杂。因此，6 个生态区的生态型表现，只能是一个宏观的粗略的分析，具体的情况还要具体对待。

(四) 抗倒性研究

1. 抗倒性与茎基部、根部形态特征的关系

抗倒性与倒伏性是一对势不两立的矛盾，在生产实践中如果黍稷种质的抗倒性占了很大优势，就不易形成倒伏；相反如果黍稷种质的倒伏性占了上风，就易形成倒伏，而且随着倒伏性的优势大小，形成的倒伏程度也不相同，倒伏性的优势越大，形成的倒伏程度就越大。既然倒伏性与茎倒和根倒是分不开的，而茎倒和根倒的形成又与茎部和根部的形态特征有着密切的关系；而抗倒性也与黍稷种质资源的茎部和根部的形态特征脱不开关系。倒伏性是由茎部形态特征（如植株过高，茎基部节间长而细，穗颈长度大，叶与茎的夹角大，上部 3 片叶面积大）和根部形态特征（如次生根的条数少，支持根无或少，根的质量小）造成的。抗倒性正好与倒伏性的茎部和根部的形态特征相反，茎部形态特征如植株较矮，茎基部节间短而粗，穗颈长度小，叶与茎的夹角小，上部 3 片叶面积小，根部的形态特征如次生根条数多，有支持根且多，根的质量大等形态特征形成抗倒性。

2. 高抗倒种质与不抗倒种质茎、根的形态特征比较

既然抗倒性和倒伏性均与茎部和根部的形态特征密切相关，而且都是涉及大小轻重的数量性状，概括的说明只能是大概和模糊的概念，为了搞清抗倒性和倒伏性在形态特征上的具体差异，我们在成熟收获时在 0 级抗倒种质中和 3 级不抗倒种质中各随机选择了 20 份种质，每份种质考种调查 10 株，考种调查项目为株高、茎基部节间长度、直径，穗颈长、叶与茎的夹角、上部 3 片叶的叶面积和次生根的数量、支持根的条数、风干后根的质量，然后取其平均值，得出 0 级高抗倒种质和 3 级不抗倒种质在茎部和根部形态特征上的具体差异，结果见表 9-3。

表 9-3　高抗倒和不抗倒种质茎部、根部形态特征比较

种质	株高 (cm) X±S	茎基部节间		穗颈长 X±S	叶与茎的夹角 (°) X±S	上部 3 片叶面积 (cm²) X±S	次生根 (条) X±S	支持根 (条) X±S	根质量 (g) X±S
		长度 (cm) X±S	直径 (cm) X±S						
0 级高抗倒	134.2 ±16.3	6.2 ±1.7	0.8 ±0.3	21.4 ±8.6	33.0 ±8.0	624.2 ±23.5	37.2 ±3.5	12.8 ±2.1	3.3 ±1.6
5 级不抗倒	158.8 ±21.5	9.4 ±2.5	0.4 ±0.4	29.5 ±5.8	54.0 ±12.0	786.5 ±26.8	28.6 ±2.8	7.6 ±1.8	2.1 ±1.8

先从茎的形态特征比较。从株高来看，高抗的比不抗的低 24.6cm；从茎基部节间的长度比较，高抗的比不抗的短 3.2cm，从茎基部节间的直径比较，高抗的比不抗的粗 0.4cm；从穗颈长比较，高抗的比不抗的短 8.1cm；从叶与茎的夹角比较，高抗的比不抗的夹角小 21°，从上部 3 片叶叶面积比较，高抗的比不抗的小 162.3m²。再从根的形态特征比较，从次生根的条数来看，高抗的比不抗的多 8.6 条；从支持根的多少来看，高抗的比不抗的多 5.2 条；从根的质量来看，高抗的比不抗的多 1.2g。这就更加具体地说明 0 级高抗倒种质在逆境的生态环境下，不仅茎秆能够挺拔不弯，就连根系也能稳中不倒的主要原因。这些数据虽然是相对比较而言，但也足以说明黍稷种质资源的抗倒性仍然与茎基部和根部的形态特征是密切相关的，只是与倒伏性的各项形态特征在数量上形成了大小不同程度的反差。至于 1 级抗倒种质和 2 级中抗倒种质，在抗倒性鉴定中均出现不同程度的倒伏现象，只是倒伏程度的差异，1 级抗倒种质在出现 50% 倒伏的基础上，倒伏程度较小，只有 16°~30°，说明在茎部和根部的抗倒性形态特征上，也要比 2 级中抗种质和 3 级不抗倒种质占有较大优势，只是在茎部和根部的所有抗倒性形态特征中，出现 1 项或 2 项不利于抗倒的形态特征；2 级中抗种质在出现植株倒伏面积 50% 的基础上，倒伏程度较大，倒伏 31°~60°，说明在茎部和根部的形态特征上出现不抗倒的项目形态有所增加，而且以根部的不利因素较多，抗倒性和茎部、根部形态特征关系的研究，可以为今后黍稷抗倒性育种和在黍稷的生产实践中选择高抗倒种质，创造黍稷的高产典型具有重要的作用。

三、结论与讨论

黍稷种质资源的倒伏性是造成黍稷减产的一大因素，特别是在灌浆期遭遇狂风暴雨的突发自然灾害，带来的损失是不可挽救和难以挽回的，这也是多年来黍稷在高产典型示范中，每 667m² 难以突破千斤产量的一大障碍和抑制因素。尽管如此，黍稷抗倒伏种质的筛选以及相关的育种工作，在我国黍稷科研和育种中仍然是一个薄弱环节和滞后的状态。多年来黍稷种质的倒伏性一直是困扰生产的一大难题。黍稷种质资源的抗倒性鉴定也从未立项开展，更没有制定规范的鉴定方法和评价标准，直到 2006 年由中国农业出版社出版的由王星玉、王纶编著的《黍稷种质资源描述规范和数据标准》的出台，才为黍稷规范的抗倒性鉴定方法以及分级和评价的标准提供了依据。因此，此次鉴定的方法是规范的，结果是可靠的。筛选出的高抗倒种质也是难能可贵的，对今后我国黍稷育种和生产中具有重要的利用价值。

此次鉴定不仅筛选出一批高抗倒的黍稷种质，而且对黍稷种质资源倒伏性和抗倒伏性进行了研究。研究表明，黍稷种质资源的倒伏性是由茎倒和根倒造成的，茎倒和根倒也是黍稷种质资源倒伏的 2 种类型。而造成茎倒和根倒的根源，又与不同的生态环境形成的形态特征密切相关，是一种固有的生态表现。一般来说，在越是寒冷干旱的生态环境下种植的黍稷种质，在出现倒伏以后，往往以茎倒类型的倒伏概率较大；而在温热多雨生态环境下种植的黍稷种质，出现倒伏类型的概率，往往又以根倒的概率远远大于茎倒。但不论茎倒和根倒均是形成倒伏的主要原因，只是 2 种不同的倒伏类型，在生产实践中，有时又相互影响和交织在一起，难以区分开来。抗倒性和倒伏性的区分，主要差别在茎部和根部的形态特征上，通过对 0 级高抗倒种质和 3 级不抗倒种质的茎部和根部形态特征比较，说明 0 级高抗倒种质在各项抗倒的形态特征上均比 3 级不抗倒种质明显占有优势。抗倒性的形态特征表现，也与生态环境的影响不能分开，也是一种固有的生态型表现，而且，相对来说，0 级高抗倒种质的稳定性最好，不论引种在生态环境差异较大的异地种植，还在栽培过程中出现的突发性的狂风暴雨等逆境情况下，均不会出现因太大的倒伏而造成产量的损失。高抗倒种质与不抗倒种质茎、根的形态特征比较结果，为高抗倒种质的抗倒性提供了理论依据，也验证了此次鉴定方法的可行性和结果的可靠性。在黍稷抗倒性鉴定的方法上也做了相应的补充，更为今后在黍稷育种和生产实践中，直观地选择抗倒性种质提供了参考依据。

此次鉴定筛选的 71 份 0 级高抗倒种质，可直接提供黍稷生产和育种利用。但是如果在进一步对这些高抗倒种质进行多点、高水肥条件下的丰产性鉴定，以便从中筛选出不仅具有高抗倒的特性，而且还同时具有优良的高产性状，这样对直接提供生产利用会产生更佳的效果，也会同时解决高产示范田黍稷用种的燃眉之急。

第二节　黍稷种质资源倒伏性与生态环境的关系

黍稷种质资源的倒伏性，一直是困扰黍稷生产的一大难题。虽然筛选和培育高抗倒的黍稷种质是解决黍稷倒伏的有效途径，但黍稷种质资源的倒伏性与不同的生态环境密切相关，是一种固有的生态型表现。山西省南北地形狭长，地理坐标为北纬 34°34′~40°43′，纵跨 6°09′，海拔最高为 3 058m，最低为 180m，落差 2 878m，南北种植黍稷的耕地海拔一般在 200~1 500m，地形多样，高差悬殊，因而既有不同纬度地带性气候，又有明显的垂直变化。从北到南的气候因子也有较大悬殊，无霜期为 100~180d，年平均气温为 2~14℃，≥0℃积温为 2 500~5 000℃，年降水量为 350~650mm。黍稷种质资源的倒伏程度，以及影响倒伏程度的生育期大小、茎秆的粗细和倒伏类型等也会随着不同生态环境的变化，出现较大的差异。为了进一步摸清黍稷种质资源的倒伏性与不同生态环境的关系，我们于 2016 年在《黍稷种质资源抗倒性鉴定及倒伏性和抗倒性研究》一文发表后，又根据山西省从北到南的气候特点，分成不同的 3 个生态区，对不同生态区黍稷种质资源的倒伏程度，不同生态区黍稷种质资源的倒伏程度与生育期和茎粗的关系，以及不同生态区黍稷种质资源的倒伏类型等又进一步进行了分析研究，从而为研究筛选出的黍稷高抗倒种质因地制宜的推广利用提供依据，以高效地发挥高抗倒的黍稷种质在生产中的作用，同时也为不同生态区的黍稷生产，在抗倒伏的栽培技术上提供有针对性的相关有效的措施。双管齐下，把黍稷生产因倒伏造成的减产降到最低。

一、材料和方法

（一）材料

山西省 1 192 份黍稷种质资源的抗倒伏性鉴定结果；《中国黍稷（糜）品种资源目录》中山西省 1 192 份黍稷种质资源的生育期调查结果；《山西省黍稷品种资源研究》中

1 192 份黍稷种质资源的茎粗调查结果；山西省无霜期分布图、山西省年平均气温分布图、山西省热量≥0 积温分布图、山西省降水量分布图等不同生态区的相关数据。

（二）方法

根据山西省从北到南不同的气候特点，分为 3 个生态区。分别为晋北寒冷、干旱生态区（简称晋北生态区）；晋中温和干湿交替生态区（简称晋中生态区）；晋南温热湿润生态区（简称晋南生态区）。

首先，对山西省 1 192 份黍稷种质资源的抗倒性鉴定结果，按不同 3 个生态区的黍稷种质进行倒伏程度的统计，分别为倒伏程度 0°～15°（高抗）、16°～30°（抗倒）、31°～60°（中抗）、60°以上（不抗）。

其次，对不同 3 个生态区的黍稷种质，分别进行生育期、茎粗的统计。

最后，对不同 3 个生态区生态环境因子的统计，分别为无霜期，年平均气温，≥0 积温，年降水量等。

二、结果与分析

（一）不同生态区黍稷种质资源的倒伏程度

造成黍稷种质资源倒伏的外界因素是多方面的，如栽培过程中留苗密度过大、氮素养分过量、抽穗灌浆期遭遇暴风雨等。但不同生态区黍稷种质资源的倒伏性却是一种内在的固有的生态型表现，如果种质内在的抗倒伏性良好，即使是在外界不利的环境下，也会表现出对逆境的强劲抵抗性，对最终产量的形成不会造成太大的影响；如果种质内在的倒伏性原本就很差，在遭遇外界不利的环境下，就会使倒伏性更加凸显出来，对最终产量的形成造成较大的影响。不同生态区黍稷种质资源的倒伏性可以通过不同的倒伏程度体现出来，根据抗倒性鉴定结果（表9-4），不同生态区的黍稷种质倒伏程度各有差异，在倒伏程度 0°～15°的高抗种质中，以晋北生态区种质数量和比例最大，其次为晋南生态区，二者的种质数量相差较大，比例相差很小，只差 0.11%。晋中生态区种质数量和比例均最小，与种质数量和比例最大的晋北生态区比较，种质数量相差很大，比例也相差 2.23%。说明在晋北寒冷、干旱和晋南温热、湿润的生态环境下，对高抗倒种质的形成是相对有利的，其中特别是晋北寒冷、干旱的逆境生态环境下，对高抗倒种质的形成就更为有利。这与在恶劣的生存条件下，优胜劣汰的生物进化论是相吻合的。而晋中生态区在温和干湿交替的生态环境下，比较适宜黍稷的生长条件，也就不会形成更多出类拔萃的高抗倒种质。在倒伏程度 16°～30°的抗倒种质中，以晋南生态区的种质数量和比例最大，其次是晋中生态区，虽然种质数量最小，但比例较大，二者比例相差 8.21%。种质数量居中，比例最低的是晋北生态区，低于晋南生态区 11.16%，也低于晋中生态区 2.95%。倒伏程度 16°～30°的抗倒种质，其抗倒性仅次于倒伏程度 0°～15°的高抗倒种质，在黍稷生产和育种中仍有较高的利用价值。晋南生态区在倒伏程度 16°～30°的抗倒种质之所以在数量和比例上，远远高于晋北和晋中生态区，也绝非偶然，与其温热、湿润的生态环境密切相关，在热量、水分充足的情况下，黍稷植株苗壮成长，茎秆粗壮，自然也就提高了抗倒性的能力，不仅体现在倒伏程度 16°~30°抗倒种质的数量和比例上，也是 0°~15°高抗倒种质比例较高的主要原因。与之相反的是，晋北生态区在寒冷、干旱的逆境生态环境下，黍稷植株茎秆细弱，大大减弱了茎秆抵抗倒伏的能力，这是导致倒伏程度 16°~30°的抗倒种质比例最低的主要原因。至于晋中生态区倒伏程度 16°~30°的抗倒种质比例居中的原因，与生态环境介于晋南和晋北生态区之间有一定的关系。在倒伏程度 31°~60°的中抗种质中，晋中生态区的比例以比晋北生态区高 0.47%的微弱优势位居第 1 位，晋北生态区居中，晋南生态区比例最低，最高与最低只相差 3.19%。倒伏程度 31°~60°的中抗种质，因倒伏程度较大，在生产上会带来较大的危害。因此，比例越大，给生产造成的损失也就越大。从 3 个生态区的分布比例来看，都较大，相比之下，晋南生态区比例较小，这与晋南生态区黍稷植株茎秆的粗壮是分不开的。在倒伏程度 60°以上的不抗种质中，又以晋北生态区比例最高，晋中生态区居中，也以晋南生态区比例最低，最高和最低相差 8.33%。倒伏程度 60°以上的不抗种质中，因倒伏程度很大，在生产上会带来很大的危害，因此，比例越高，给生产带来的损失难以挽回。从 3 个生态区的分布比例来看，除晋南生态区的种质数量和比例略低于倒伏程度 31°~60°的中抗种质比例外，晋北和晋中生态区的种质数量和比例，均高于倒伏程度 31°~60°的中抗种质比例，居 4 个倒伏程度的级别之首位，可见在黍稷生产上，因倒伏造成的减产是不容小觑的，同时也说明晋南生态区的黍稷种质，在抗倒伏性上总体要好于晋北和晋中生态区的种质。

表 9-4 不同生态区黍稷种质资源的倒伏程度

生态区	种质数（份）	倒伏程度							
		0°~15°	占比（%）	16°~30°	占比（%）	31°~60°	占比（%）	60°以上	占比（%）
晋北寒冷干旱生态区	565	37	6.55	34	6.02	232	41.06	262	46.37
晋中温和干湿交替生态区	301	13	4.32	27	8.97	125	41.53	136	45.18
晋南温热湿润生态区	326	21	6.44	56	17.18	125	38.34	124	38.04
总计	1 192	71	5.96	117	9.82	482	40.44	522	43.79

为了更加清晰地看出不同生态区黍稷种质倒伏程度的差异，我们把不同生态区倒伏程度 0°~15°的高抗种质和倒伏程度 16°~30°的抗倒种质归成 1 类抗倒性种质；把倒伏程度 31°~60°的中抗种质和倒伏程度 60°以上的不抗倒种质归成 1 类不抗倒种质进行比较。其结果是在抗倒性种质中，晋北生态区种质数 71 个，占 12.57%；晋中生态区种质数 40 个，占 13.29%；晋南生态区种质数 77 个，占 23.62%。在不抗倒种质中，晋北生态区种质数 494 个，占 87.43%；晋中生态区种质数 261 个，占 86.71%；晋南生态区种质数 249 个，占 76.38%。显而易见，在抗倒性种质中晋南生态区不论种质数量和比例均明显占有优势，特别是在种质比例上比最低的晋北生态区高出 11.05%，比居中的晋中生态区高出 10.33%。相对应的是不抗倒种质，在抗倒种质数量和比例高的生态区，不抗倒种质的数量和比例就低；相反，抗倒种质数量和比例低的生态区，不抗倒种质的数量和比例就高。晋北生态区抗倒种质的数量和比例最低，不抗倒种质的数量和比例就最高，比不抗倒种质比例最低的晋南生态区高出 11.05%，比不抗倒种质比例居中的晋中生态区高出

0.72%。我们再以山西省3个生态区4个级别倒伏程度种质的总数和比例（表9-4），也把倒伏程度0°~15°和16°~30°归成1类抗倒性种质，把倒伏程度31°~60°和60°以上的种质另归并于1类不抗倒种质，把3个生态区抗倒性种质和不抗倒性种质的总数和参试种质总数的比值，作为平均值，再与3个生态区的抗倒性种质和不抗倒性种质的比例分别进行比较。其结果是全省抗倒性种质188个，占15.77%；不抗倒性种质1004个，占84.23%。在抗倒性种质中，晋南生态区占本区种质的比例为23.62%，高于平均值7.85%，位居第1；晋中生态区占本区种质的比例为13.29%，低于平均值2.48%，位居第2；晋北生态区占本区种质的比例为12.57%，低于平均值3.20%，位居第3。在不抗倒种质中，晋北生态区占本区种质的比例为87.43%，高于平均值3.20%，位居第1；晋中生态区占本区种质的比例为86.71%，高于平均值2.48%，位居第2；晋南生态区占本区种质的比例为76.38%，低于平均值7.85%，位居第3。通过抗倒种质和不抗倒种质正反的平均值比较，又进一步说明，不同生态区黍稷种质资源的倒伏程度存在明显差异，其中晋北生态区种质的倒伏程度比晋南生态区的差异最大，晋中生态区的比晋北生态区差异较小，比晋南生态区差异较大。这与晋中生态区虽然地理位置处于山西省中部，但海拔较高，昼夜温差较大，年平均气温低，生态环境因子与晋北生态区相差较小，与晋南生态区相差较大有着很大关系。

不同生态区黍稷种质资源倒伏程度的比较说明，晋南生态区抗倒性的种质数量最高，比例最大，倒伏程度最小；晋北生态区抗倒性的种质数量较多，但比例却最小，反之，不抗倒的种质比例最大，因此倒伏程度最大；晋中生态区抗倒性的种质数量最少，但比例居中，因此倒伏程度也居中，但倒伏程度与晋北生态区相差较小，与晋南生态区相差较大。

2. 不同生态区黍稷种质资源倒伏程度与生育期和茎粗的关系

影响不同生态区黍稷种质资源倒伏程度大小的主要因素是生育期和茎粗。各生态区黍稷种质资源的生育期和茎粗差距越大，倒伏程度大小的差距也就越大。

（1）与生育期的关系

黍稷种质资源的生育期较短，分为5个级别，90d以下的为特早熟，91~100d的为早熟，101~110d为中熟，111~120d的为晚熟，120d以上的为极晚熟。山西黍稷种质资源的生育期只包括在前4个级别内，没有极晚熟种质。从表9-5可以看出，山西从南到北不同生态区的黍稷种质生育期长短的差异较大。晋北生态区由于无霜期短，黍稷种质资源的生育期基本上集中在90d以下的特早熟种质中，只有少量91~100d的早熟种质，没有101~110d的中熟和111~120d的晚熟种质。晋中生态区以91~100d早熟种质为主，较多的90d以下的特早熟种质，极少量101~110d的中熟种质，111~120d的晚熟种质只有1个。晋南生态区以91~100d的早熟种质为主，较多的101~110d的中熟种质，90d以下的特早熟种质比例很小，没有晚熟种质。相比之下，晋北生态区的黍稷种质生育期最短，晋中生态区的生育期居中，晋南生态区的生育期最长。而晋北生态区的种质倒伏程度最大，说明生育期越短的种质倒伏程度就越大；晋南生态区的种质生育期最长，倒伏程度也最小；晋中生态区种质的生育期居中，倒伏程度也就居中。

（2）与茎粗的关系

影响黍稷种质资源倒伏程度大小的形态特征因素较多，但对影响不同生态区黍稷种质资源的倒伏程度来说，除了生育期长短外，茎秆的粗细也是一个不可忽视的因素。而茎秆的粗细又与生育期一脉相承，越是生育期短的种质茎秆越细；反之，茎秆越粗。晋北生态区的种质生育期最短，茎秆最细，这是导致晋北生态区的种质倒伏程度最大的主要原因，而晋南生态区的种质茎秆粗壮，倒伏程度也最小；晋中生态区的种质茎秆的粗细居中，倒伏程度也居二者之间。

表9-5　不同生态区黍稷种质资源的生育期与茎粗

| 生态区 | 种质数（份） | 生育期（d） | | | | | | | | 茎粗（cm） |
		90以下	占比（%）	90~100	占比（%）	100~110	占比（%）	110~120	占比（%）	
晋北寒冷干旱生态区	565	532	94.20	33	5.84	0		0		0.4±0.3
晋中温和干湿交替生态区	301	65	21.60	224	74.42	11	3.65	1	0.33	0.5±0.3
晋南温热湿润生态区	326	15	4.60	217	66.56	94	28.83	0		0.7±0.4

3. 不同生态区黍稷种质资源的倒伏类型

在山西众多的黍稷种质资源中，抗倒的种质最少，不抗倒的种质总是占了绝大多数，由此造成倒伏程度较大和最大的种质比例也最大。在这些不抗倒的种质中，倒伏性又分为2种类型，分别为茎倒和根倒，不同生态区由于气象因子的差异，导致茎倒和根倒种质的侧重也不相同。茎倒和根倒的概念，顾名思义就是因茎的细软造成的倒伏为茎倒；因根的入土深浅，或根（次生根和支持根）的发育不良造成的倒伏为根倒。茎倒是造成不同生态区倒伏程度大小的重要因素，而根倒对倒伏程度大小的影响也不容忽视，茎倒和根倒的形成与各生态区的气象因子密切相关。表9-6表明，晋北生态区寒冷干旱的气象因子，使黍稷种质资源的生态型，表现出独特的抗旱性，黍稷植株的次生根系向土壤深处发展，以吸收土壤深层的水分，维持正常的生长发育，导致根系发育良好，因此减少了因根的不稳定造成的倒伏。但气温低和无霜期较短的生态环境，又使得生育期缩短，而生育期缩短，又促进了茎秆的生长速度，使茎秆不仅细弱而且质地也变得更加疏松，大大减弱了茎秆的抗倒性，因此晋北生态区黍稷种质资源的倒伏类型也以茎倒为主。相对应地，在这样的生态环境下形成的抗倒种质，不仅具有抗旱性强，而且同时具有抗根倒的特性，这样的种质很难得到，也是极其稀有珍贵的，在黍稷育种中具有很高的利用价值。不仅如此，这样的抗倒种质不仅在当地生产上应用价值高，而且适应性广，在晋中、晋南以及其他相似生态区的二季作中也能派上大用场。

表9-6　不同生态区气象因子与黍稷种质资源的倒伏类型

生态区	无霜期（d）	年平均气温（℃）	≥0℃积温（℃）	年降水量（mm）	生态类型	倒伏类型
晋北寒冷干旱生态区	100~130	2~10	25 00~350 0	350~400	生育期短，植株矮，茎秆细，根系入土深，抗旱性强	茎倒为主
晋中温和干湿交替生态区	130~160	4~12	3 500~4 000	400~450	生育期中等，株高中等，茎秆较细，根系入土较深	茎倒和根倒为主

生态区	无霜期（d）	年平均气温（℃）	≥0℃积温（℃）	年降水量（mm）	生态类型	倒伏类型
晋南温热湿润生态区	160~180	10~14	4 000~5 000	600~650	生育期长，植株茂盛、粗壮，根系入土浅	根倒为主

晋南生态区在山西的南端，由于山西地形狭长，与北端的晋北生态区比较，其气象因子的差异也可称为"两极分化"，差异较大，温热湿润的生态环境，再加之较长的生育期，使得黍稷植株枝叶生长繁茂，茎秆不仅粗壮，质地紧密，大大提高了茎秆的抗倒性，减少了茎倒发生的概率。但温热湿润良好的生态环境，又使黍稷种质资源的抗旱能力大大减弱，次生根系以及后期形成的支持根大都分布在土壤浅层，由于土壤浅层的含水量较高，足能满足植株生长发育的需求，所以黍稷植株的次生根系也毋须向纵深发展。这样的生存环境带来的负效应是减弱了根部的稳定性，导致了难以承受枝叶繁茂，加之成熟时籽粒较大的质量，在生长后期，一旦出现突发的暴风雨等逆境的情况，就会发生"头重足轻"因根部倾斜造成的倒状，这类倒状就是典型的根倒。由此可见，晋南生态区黍稷种质资源倒状类型正好与晋北生态区相反，是以根倒为主。在这样的生态环境下形成的抗倒性种质，适应性不够广泛，仅局限于在当地生态环境下推广种植，不适宜在晋中，特别是晋北以及近似的生态区种植。但难能可贵的是，这样的抗倒种质又往往同时具有丰产的优良性状，因此又常常被人们作为抗倒丰产种质在当地生产中利用。

晋中生态区尽管地理位置处于山西中部，但生态环境中的气象因子却与晋北生态区差距较小，与晋南生态区差距较大。所以黍稷种质资源的生态表现型尽管在二者的中间，但还是倾斜于晋北生态区种质的特点，表现出抗旱性较强、次生根系入土较深、茎秆较细的特点，在茎倒和根倒两种倒状类型同时为主的情况下，茎倒造成倒伏的概率要大于根倒。在这样的生态环境下形成的抗倒种质游弋不定，有时是抗茎倒的，有时又是抗根倒的。但不论是抗茎倒还是根倒的种质，适应性也较广，除了在当地具有应用价值外，抗茎倒的种质在晋北生态区以及相邻的省区也可以推广利用；抗根倒的种质也可作为晋南生态区以及相邻省区的麦茬复播利用。

不同生态区黍稷种质资源的倒伏类型，是一种固有的生态型表现。但同一生态区的气象因子由于海拔高度、山地和平地以及人为的不同的耕作条件，也存在差异，这些都会给黍稷种质资源不同倒伏类型的形成造成影响。因此客观地来讲，不论是哪一个生态区，黍稷种质资源的两种倒伏类型均是共存的，只不过相对来说，在山西省从北到南生态环境相差较大的 3 个生态区，晋北生态区黍稷种质资源的倒伏类型以茎倒为主，晋南生态区的种质以根倒为主，晋中生态区的种质以茎倒和根倒为主的论断，是与不同生态区的气象因子相互吻合的，而黍稷种质资源不同的倒伏类型的形成，又与各个生态区的气象因子密切相关，因此，从不同生态区宏观的角度来看，这样的论断是准确无误的。

三、结论与讨论

黍稷种质资源的倒伏是造成黍稷减产的一大要素，虽然筛选和培育抗倒的黍稷种质是解决因倒伏造成减产的有效措施，但黍稷种质资源的抗倒性也与不同的生态环境有着密切的关系。因此，同一生态区的抗倒性种质，在同一生态区抗倒性凸显，但在生态因子相差较大的生态环境下，就不一定能充分显现它的抗倒性。因为不同生态区的倒伏类型不同，例如晋北生态区的倒伏类型主要是茎倒类型，在这样环境下形成的抗倒种质抗倒性也是针对抗茎倒类型的倒状而言的，如果不分青红皂白盲目地把晋北生态区筛选出的抗倒种质，引种到晋南生态区种植，那只能是事倍功半。因此，晋北生态区筛选的抗倒种质，只能在当地或相邻省（区）的黍稷生产上推广利用。在晋中生态区部分的抗倒种质也有一定的利用价值。晋南生态区黍稷种质的倒伏类型，与晋北生态区黍稷种质的倒伏类型正好相反，是以根倒类型的种质为主，在这样的生态环境下形成的抗倒种质，也是以抗根倒类型的种质特点而显现的，因此晋南生态区筛选的抗倒种质，也只能局限在当地或相邻省（区）的黍稷生产上利用，由于晋南生态区的黍稷种质原本就适应性不广，所以抗倒种质更不例外，绝不能引种到晋北生态区种植，在晋中生态区只有部分种质可以推广利用。至于晋中生态的抗倒性种植，除在当地的黍稷生产上推广利用外，抗根倒的种质也可引种到晋北生态区种植，抗茎倒的种质可引种到晋南生态区种植。当然这个结论并非一成不变，各生态区筛选出的数量极少的高抗倒种质相对来说稳定性好，可变性小，适应性广，但种质之间也存在差异，还需通过对高抗种质的异地适应性鉴定后，进一步筛选出高抗倒、适应性广的种质，才会在当地生产上有更大的利用空间。

在黍稷种质资源茎倒和根倒的 2 种倒状类型中，茎倒在造成倒伏程度大小中起到主导的作用，其次才是根倒。但茎倒和根倒在黍稷生产中均不可忽视，不同的生态区在黍稷生产上采取的抗倒措施中，除了因地制宜地推广利用抗倒性种质外，在栽培技术上也要采取相应的措施。例如，在晋北生态区的黍稷生产上，应用的黍稷高抗倒的种质主要是红罗黍（国编号 0968 以下同）、红穈子（3182）、轮精穈（3196）、笊篱白黍（0932）、红秆红黍（1002）、马乌黍（1062）、瓜皮绿（0835）、紫罗带（0880）、支黄黍（0905）、紫盖头（0935）、红脸黍（0940）、十样精（0947）、大瓦灰（0998）、金疙瘩（0864）、小紫轮（0972）、玉带白（0995）、花穈子（3162）、黄腊黍（3197）、地皮穈（3208）、一点清（3235）、青牛蛋（3231）、二黄黍（3244）、紧穗穈（3247）、紫秆白（3250）、黑黍子（3259）、笊篱红（1109）、葡萄黍（1101）、牛心黍（1096）、红嘴黏黍（1193）、大红黏黍（1176）、灰脸蛋黍（1144）、竹黍（1123）、曲峪小白黍（1099）、小红穈（3279）、紫秆黍（3295）、黄穈子（3313）、黄罗伞（3336）等，共计 37 份。在栽培技术上抗倒的措施是种植密度不能太大，每公顷的播种量 7.5kg，留苗密度 90 万株左右，底肥施农家肥辅以钾肥，生育期间不间苗，不追施氮肥。在晋南生态区黍稷生产上主推的黍稷抗倒种质是：红软黍（1193）、红仁粟黍（1397）、黑黏黍（1402）、软黍（1426）、千斤黍（1439）、黄硬黍（3435）、六松天（3481）、浅黄软黍（1498）、胶泥黄软黍（3518）、浅黄硬黍（3522）、红胶泥（1540）、红粒粟（1539）、白皮黍（1583）、犊牛蛋（1544）、黄胶泥（1541）、浅红软黍（1496）、一斗金（1576）、黑黄黍（1585）、大节黍子（3496）、柿黄硬黍（3506）、火穈子（3554）。共计 21 份。在栽培技术上采取的抗倒措施是种植密度加大，每公顷的播种量 12kg，留苗密度 120 万株左右，底肥施以农家肥辅以磷肥，苗期结合中耕除草，在幼苗稠密的地方，适当疏苗，在降雨时可追施氮肥 1~2 次，每公顷每次追施尿素 75kg 左右；在晋中生态区的黍稷生产上，主推的黍稷高抗倒种质是金软黍（1219）、黑骷髅（3363）、圪塔黍（1248）、笊篱黍（3367）、黄连三（1292）、千斤黍（1247）、黄穗散（1329）、黑葡萄（1254）、大黑黍（1276）、小红软黍（1349）、黑圪蚤（1358）、黑硬糜（3427）、白硬糜子（3431）。共计 13 份。在栽培技术上相应的措施是，种植密度居中，每公顷的播种量 9kg，留苗密度 100 万株左右，底肥施以农家肥辅以氮、磷、钾复合肥料，生育期间可适当间苗，在籽粒灌浆期可结合降雨追施尿素 1 次，每公顷用量 60kg 左右。由于在同一个生态区也存在着气象因子的较大差异，因此在同一生态区不同地区的黍稷生产实践中，也要根据当地的实际情况具体问题区别对待，不能一味地就生搬硬套，只有这样才能把黍稷生产中因倒伏造成的损失减少到最小。

　　各生态区推广利用的高抗倒种质，均是在山西省 1 192 份黍稷种质资源中经过抗倒性鉴定筛选出的高抗倒种质，在这些高抗倒种质中也存在着丰产性和适应性的差异，因此，对这些高抗倒种质再进一步完成丰产性和适应性的鉴定后，筛选出丰产性更好、适应性更广的种质，提供生产利用，才会有更加高效和广泛的利用价值。

第三节　山西省黍稷高抗倒种质资源的丰产性和适应性鉴定

　　黍稷种质资源的倒伏性，长期以来一直是困扰黍稷生产的一大难题，为了尽快解决黍稷生产抗倒性种质短缺的现状，山西省农业科学院黍稷课题组于 2011 年对山西省的 1 192 份黍稷种质进行了抗倒性鉴定，筛选出 71 份高抗倒种质。但高抗倒种质的丰产性和适应性均有较大的差异，而生产上需要的不仅是高抗倒的种质，更需要的是在高抗倒的前提下具有优良的丰产性和适应性的种质。因此，鉴定筛选同时具备高抗倒、丰产性和适应性广的黍稷种质，是解决黍稷生产需求的有效途径。为此，课题组在 2012 年又对 2011 年鉴定筛选出的 71 份高抗倒种质，进行了丰产性鉴定。2013 年又对 2012 年鉴定筛选出的 33 份高抗倒、丰产种质进行了适应性鉴定，最终筛选出高抗倒、丰产性最好和良好，并且适宜性广的种质提供生产利用。

一、材料和方法

（一）供试材料

　　供试材料为 2011 年对山西省 1 192 份黍稷种质资源抗倒性鉴定筛选出的 71 份高抗倒种质。分别来自晋北高寒干旱生态区（以下简称晋北生态区）、晋中干湿交替生态区（以下简称晋中生态区）、晋南湿热温润生态区（以下简称晋南生态区）。各生态区参试种质份数、名称（国编号）见表 9-7。

表 9-7　不同生态区参试种质份数和名称（国编号）

生态区	种质数（份）	名称（国编号）
晋北高寒干旱生态区	37	红罗黍（0968）、红糜子（3182）、轮精糜（3196）、笊篱白黍（0932）、红秆红黍（1002）、马乌黍（1062）、瓜皮绿（0835）、紫罗带（0880）、支黄黍（0905）、紫盖头（0935）、红脸黍（0940）、十样精（0947）、大瓦灰（0998）、金疙瘩（0864）、小紫轮（0972）、玉带白（0995）、花糜子（3162）、黄腊黍（3197）、地皮糜（3208）、一点清（3235）、青牛蛋（3228）、二黄黍（3244）、紧穗糜（3247）、紫秆白（3250）、黑黍子（3259）、笊篱红（1109）、葡萄黍（1101）、牛心黍（1096）、红嘴黏黍（1193）、大红黏黍（1176）、灰脸蛋黍（1144）、竹黍（1123）、曲峪小白黍（1099）、小红糜（3279）、紫秸秆（3295）、黄糜子（3313）、黄罗伞（3331）
晋中干湿交替生态区	13	金软黍（1219）、黑骷髅（3363）、圪塔黍（1248）、笊篱黍（3367）、黄连三（1292）、千斤黍（1247）、黄穗散（1329）、黑葡萄（1254）、大黑黍（1276）、小红软黍（1349）、黑圪蛋（1358）、黑硬糜（3427）、白硬糜子（3431）
晋南湿热温润生态区	21	红软黍（1193）、红仁粟黍（1397）、黑黏黍（1402）、软黍（1426）、千斤黍（1439）、黄硬黍（3435）、六松天（3481）、浅黄软黍（1498）、胶泥黄软黍（3518）、浅黄硬黍（3522）、红胶泥（1540）、红粒粟（1539）、白皮黍（1583）、牷牛蛋（1544）、黄胶泥（1541）、浅红软黍（1496）、一斗金（1576）、黑黄黍（1585）、大节黍子（3496）、柿黄硬黍（3506）、火糜子（3554）

（二）试验方法

由于黍稷种质资源的高抗倒性和丰产性、适应性均受不同生态环境的影响，而山西省地形狭长，从北到南生态环境差异较大，课题组根据不同的气候特点，把山西省从北到南分为 3 个不同的生态区，对来自不同生态区的 71 份高抗倒种质，就地按生态区进行了丰产性鉴定，对不同生态区鉴定筛选出的高抗倒、丰产性最好（1 级）和丰产性良好（2 级）的种质，在 2013 年又分别在其他 2 个生态区进行了适应性鉴定。最终筛选出高抗倒、丰产性最好或良好，适应性广的种质提供山西省及周边黍稷主产省（区）生产利用。本文的试验研究资料是在 2011 年山西省黍稷种质资源抗倒性鉴定的基础上，又汇总了2012—2013 年的试验研究结果完成的。

1. 高抗倒种质的丰产性鉴定

2012 年各生态区的高抗倒种质，均在各生态区设点鉴定。每份种质用地 33.3m²，设 1 次重复，共用地 66.6m²，产量取平均值。晋北生态区共 37 份种质，共用土地 2 464.2m²，试点设在山西省最北端的天镇县东沙河村于八里村；晋中生态区共 13 份种质，总用土地 865.8m²，试点设在山西省中部的山西省农业科学院榆次区东阳试验基地；晋南生态区共 21 份种质，总用地 1 398.6m²，试点设在山西省最南端的永济市虞乡镇虞乡村。各试点的播种时间、播种量均按当地习惯进行，晋北和晋中生态区正茬播种，晋南生态区麦茬复播。播种前均以 667m² 土地施以 4 000kg 有机肥拌入 50kg 过磷酸钙、40kg 尿素作底肥。生育期间浇水 2 次，适时中耕除草，八成熟收获。收获时分别计产，折合产量 ≥6 000kg/hm² 的种质为高抗倒丰产性最好的种质（1 级）；4 500kg/hm² ≤ 折合产量<6 000kg/hm² 的种质为高抗倒丰产性良好的种质（2 级）；3 000kg/hm²≤折合产量<4 500kg/hm² 的种质为高抗倒丰产性一般的种质；折合产量<3 000kg/hm² 的种质为高抗倒丰产性差的种质（4 级）。

2. 高抗倒、丰产性 1 级和 2 级种质的适应性鉴定

2013 年对 3 个生态区丰产性鉴定各筛选出的 1 级和 2 级的高抗倒、丰产性最好和良好的种质，分别在其他 2 个生态区鉴定，仍以折合单位面积产量的高低作为衡量适应性的标准。试点不变，为防止重茬，试验地块要变更。每份种质用地 66.6m²，设 1 次重复，共用地 133.2m²，产量取平均值。晋北生态区的 16 份种质，分别在晋中生态区和晋南生态区种植，各用地 2 131.2m²；晋中生态区的 7 份种质，分别在晋北生态区和晋南生态区种植，各用地 932.4m²；晋南生态区的 10 份种质，分别在晋北生态区和晋中生态区种植，各自用地 1 332.0m²。3 个生态区分别共用地为：晋北生态区 2 264.4m²，晋中生态区 3 463.2m²，晋南生态区 3 063.6m²。种植时间、方法、施肥和田间管理水平同丰产性鉴定，收获后分别计产。在 2 个生态区产量均折合≥6 000kg/hm² 的种质为 1 级高抗倒、丰产性最好、适应性广的种质；在 2 个生态区均 4 500kg/hm²≤折合产量<6 000kg/hm² 的种质为 2 级高抗倒、丰产性良好、适应性广的种质；在 2 个生态区其中 1 个达到折合产量≥4 500kg/hm² 以上的种质为 3 级高抗倒、丰产性良好、适应性较广的种质；在 2 个生态区均折合产量<4 500kg/hm² 的种质，为 4 级高抗倒、丰产性一般、适应性差的种质。

二、结果与分析

（一）山西省不同生态区黍稷高抗倒种质的丰产性鉴定

山西省不同生态区高抗倒黍稷种质资源的数量各不相同，其中以晋北生态区的最多，晋南生态区居中，晋中生态区最少。丰产性鉴定的结果也各有差异。表 9-8 表明，晋北生态区达到 1 级的种质为 5 份，占 13.51%；达到 2 级的种质 11 份，占 29.73%；达到 3 级的种质 13 份，占 35.14%；达到 4 级的种质 8 份，占 21.62%。由此可见，达到 1 级的种质数量和比例最少，说明该区在众多黍稷种质中鉴定筛选出的高抗倒种质虽然数量不多，只有 37 份，但也并非都能在黍稷丰产中发挥重要作用。只有 5 份丰产性最好的高抗倒种质在当地生态条件下能发挥最明显的作用。其次，达到 2 级的 11 份种质，也有较高的利用价值，仍然具有良好的抗倒性和丰产性，在水肥充足和精耕细作的条件下也能达到令人满意的效果。因此，晋北生态区此次鉴定筛选出 1 级和 2 级的种质，共计 16 份，占 43.24%，均可在当地的黍稷生产上可以大面积推广利用。至于 3 级和 4 级的 21 份种质，由于丰产性不达标，在生产上利用价值不大，但其优良的高抗倒性仍然在黍稷育种中可以发挥重要作用。

表 9-8 山西省不同生态区黍稷高抗倒种质的丰产性鉴定结果

生态区	种质数（份）	1 级种质名称	2 级种质名称	3 级种质名称	4 级种质名称
晋北高寒干旱生态区	37	轮精穄（3196） 马乌黍（1062） 紫罗带（0880） 紫盖头（0935） 红罗黍（0968）	笊篱白黍（0932） 瓜皮绿（0835） 十样精（0947） 青牛蛋（3238） 黑黍子（3259） 葡萄黍（1101） 小红穄（3279） 紫桔秆（3295） 黄罗伞（3331）竹黍（1123） 紫秆白（3250）	红糜子（3182） 红秆红黍（1002） 支黄黍（0905） 红脸黍（0940） 笊篱红（1109） 曲峪小白黍（1099） 小紫轮（0972） 玉带白（0995） 红嘴黏黍（1193） 大红黏黍（1176） 二黄黍（3244） 紫黑白（3250） 黄腊黍（3197）、	金疙瘩（0864） 花糜子（3162） 地皮糜（3208） 一点清（3235） 紧穗穄（3247） 牛心黍（1096） 灰脸蛋黍（1144） 黄糜子（3313）
晋中干湿交替生态区	13	金软黍（1219）笊篱黍（3367）千斤黍（1247）	黑骷髅（3363）黄穗散（1329）黑葡萄（1254）黑硬糜（3427）	黄连三（1292） 大黑黍（1276） 小红软黍（1349）	圪塔黍（1248） 黑圪蛋（1358） 白硬糜子（3431）
晋南湿热温润生态区	21	千斤黍（1439） 黄硬黍（3435）六松天（3481）犊牛蛋（1544）	红胶泥（1540）黑黏黍（1402）软黍（1426） 大节黍子（3496） 柿黄硬黍（3506） 黄胶泥（1541）	红仁粟黍（1397） 红粒粟（1539） 一斗金（1576）、黑黄黍（1585）浅红软黍（1496） 浅黄软黍（1498）	红软黍（1193） 胶泥黄软黍（3518） 浅黄硬黍（3522） 白皮黍（1583） 火糜子（3554）

晋中生态区达到 1 级的种质有 3 份，占 23.08%，达到 2 级的种质 4 份，占 30.77%，达到 3 级的种质 3 份，占 23.08%，达到 4 级的种质 3 份，占 23.08%。以 2 级种质的数量最多（表 9-8）。在当地黍稷生产上可利用的 1 级和 2 级种质共计 7 份，占 53.85%。说明晋中生态区的高抗倒种质中，丰产性不同等级的种质数量差异不大，但生产上可利用种质的数量和比例大于利用价值不大的种质。

晋南生态区达到 1 级的种质有 4 份，占 19.05%，达到 2 级的种质 6 份，占 28.57%，达到 3 级的种质 6 份，占 28.57%，达到 4 级的种质 5 份，占 23.81%。达到 1 级种质的数量最少，2 级和 3 级种质数量一样，4 级种质数量居中（表 9-8），但不同等级的种质数量差距也不大。其中在当地黍稷生产上可利用的种质（1 级和 2 级）10 份，占 47.62%。

从 3 个生态区达到 1 级的种质比例来看，以晋中生态区比例最大，晋南生态区居中，晋北生态区比例最小；达到 2 级的种质比例以晋中生态区最大，晋北生态区居中，晋南生态区的比例最小，但相差不大，说明晋中生态区在 1 级和 2 级种质中均占优势。从 3 个生态区在当地黍稷生产上可利用的 1 级和 2 级种质的比例来看，以晋中生态区比例最大，晋南生态区居中，晋北生态区最小。说明晋中生态区的生态环境相对来说更有利于黍稷作物的生长发育。

（二）黍稷高抗倒、丰产种质的适应性鉴定

对 3 个生态区高抗倒、丰产性鉴定筛选出的高抗倒、丰产性最好的 12 份 1 级种质和高抗倒、丰产性良好的 21 份 2 级种质，共计 33 份种质再进行异地适应性鉴定。

1. 晋北生态区 16 份黍稷高抗倒、丰产种质异地适应性鉴定结果

晋北生态区鉴定筛选出的 16 份高抗倒、丰产种质（1、2 级），虽然在当地生态环境下丰产性凸显，但在不同的生态环境下却各有差异。表 9-9 表明，在异地晋中和晋南 2 个生态区适应性达 1 级的种质只有 3 份，占 18.75%，达 2 级的种质 4 份，占 25.00%；适应性达 3 级的种质共计 6 份，占 37.5%；适应性达 4 级的种质 3 份，占 18.75%。在异地 2 个生态区适应性达 1 级和 2 级的种质共计 7 份，占 43.75%。

表 9-9 晋北生态区 16 份黍稷高抗倒丰产种质适应性鉴定结果

晋中干湿交替生态区				晋南湿热温润生态区			
1 级	2 级	3 级	4 级	1 级	2 级	3 级	4 级
紫罗带（0880）竹黍（1123）马乌蛋（1062）	轮精糜（3196）红罗黍（0968）笊篱白（0932）青牛蛋（3238）	黑黍子（3259）黄伞（3331）葡萄黍（1101）	紫秸秆（3295）紫秆白（3250）小红糜（3279）	紫罗带（0880）竹黍（1123）马乌蛋（1062）	轮精糜（3196）红罗黍（0968）笊篱白（0932）青牛蛋（3238）	十样精（0947）瓜皮绿（0835）紫盖头（0935）	紫秸秆（3295）紫秆白（3250）小红糜（3279）

2. 晋中生态区 7 份黍稷高抗倒、丰产种质异地适应性鉴定结果

表 9-10 表明，晋中生态区鉴定筛选出的 7 份高抗倒、丰产种质，在异地晋北和晋南 2 个生态区适应性均达到 1 级的种质只有 1 份，占 14.29%，达 2 级的种质只有 2 份，占 28.57%；达 3 级的 2 份，占 28.57%；达 4 级的 2 份，占 28.57%。在异地 2 个生态区适应性达 1 级和 2 级的种质共计 3 份，占 42.86%。

表 9-10 晋中生态区 7 份黍稷高抗倒、丰产种质异地适应性鉴定结果

晋北高寒干旱生态区				晋南湿热温润生态区			
1 级	2 级	3 级	4 级	1 级	2 级	3 级	4 级
金软黍（1219）	笊篱黍（3367）黑骱馕（3363）	黑硬糜（3427）	黄穗散（1309）黑葡萄（1254）	金软黍（1219）	笊篱黍（3367）黑骱馕（3363）	千斤黍（1247）	黄穗散（1309）黑葡萄（1254）

3. 晋南生态区 10 份黍稷高抗倒、丰产种质异地适应性鉴定结果

表 9-11 表明，晋南生态区鉴定筛选出的 10 份高抗倒、丰产种质，在异地晋北和晋中 2 个生态区适应性达 1 级的种质只有 2 份，占 20.00%；达到 2 级的种质也只有 2 份，占 20.00%；达 3 级的种质 4 份，占 40.00%；达 4 级的种质 2 份，占 20.00%。在异地 2 个生态区适应性达 1 级和 2 级的种质共计 4 份，占 40.00%。

表 9-11 晋南生态区 10 份黍稷高抗倒、丰产种质异地适应性鉴定结果

晋北高寒干旱生态区				晋中干湿交替生态区			
1 级	2 级	3 级	4 级	1 级	2 级	3 级	4 级[
黄硬黍（3435）犊牛蛋（1544）	红胶泥（1540）黑黏黍（1402）	软黍（1426）	大节黍子（3496）黄胶泥（1541）	黄硬黍（3435）犊牛蛋（1544）	红胶泥（1540）黑黏黍（1402）	柿黄硬黍（3506）六松天（3481）千斤黍（1439）	大节黍子（3496）黄胶泥（1541）

从 3 个生态区的高抗倒、丰产种质在异地 2 个生态区适应性达 1 级的种质比例来看，以晋南生态区比例最大，晋北生态区居中，晋中生态区比例最小。说明晋南生态区适应性达 1 级的种质优势最大，这与晋南生态区温热湿润的生态环境有很大关系。从适应性达 2 级的种质比例来看，以晋中生态区的比例最大，晋北生态区的比例居中，晋南生态区的

比例最小。说明晋中生态区适应性达2级的种质优势最大。这与晋中生态区干湿交替的生态环境密切相关。从异地2个生态区适应性达1级和2级的比例来看，以晋北生态区的比例最大，晋中生态区居中，晋南生态区比例最低。说明晋北生态区的种质在适应性达1级和2级的种质比例中占有优势，但优势极其微小。晋北生态区虽然生态环境寒冷，不如晋南和晋中的生态环境优越，但对黍稷来说自身就是一种生育期短、抗旱耐瘠的作物，因此生态环境的好坏会给生长发育带来一定的影响，但这种影响也是有限度的，更何况晋北生态区是山西黍稷的主产区，拥有的黍稷种质资源数量最多，鉴定筛选出的高抗倒种质数量和高抗倒丰产种质（1级、2级）数量在3个生态区也居首位。这就给晋北生态区在适应性达1级和2级的种质比例占有优势创造了有利条件，奠定了良好的基础。尽管如此，自身生态环境与其他2个生态环境相比的劣势，使得适应性达1级和2级种质的比例比其他2个生态区高的优势，也是微乎其微的。比晋中生态区的比例只高出0.89%，比晋南生态的比例高出3.75%。

三、结论与讨论

对山西省1192份黍稷种质资源的抗倒性鉴定，目的是筛选高抗倒的种质提供育种和生产利用，以解决黍稷高产用种短缺的现状，从而进一步提高黍稷单位面积产量。但黍稷高抗倒种质资源的抗倒性只是一个丰产性状，种质之间的丰产性和适应性也存在一定差异，因此，对鉴定筛选出的71份高抗倒种质，还有必要进行进一步的丰产性和适应性鉴定，对最终筛选出的高抗倒、丰产、适应性广的种质，可以在山西和周边省（区）黍稷生产中大面积推广利用。

对高抗倒种质的丰产性鉴定，只在当地生态环境下完成，因此，筛选出的高抗倒、丰产性最好和良好的种质，在当地的生态环境下在生产上具有推广利用的价值，如在晋北生态区的37份高抗倒种质中只鉴定筛选出5份高抗倒、丰产性最好的种质（1级），分别是轮金糜（3196）、紫罗带（0880）、红罗黍（0968）、马乌黍（1062）、紫盖头（0935）；11份高抗倒、丰产性良好的种质（2级），分别是笨篱白（0932）、瓜皮绿（0835）、十样精（0947）、青牛蛋（3231）、黑黍子（3259）、葡萄黍（1101）、小红糜（3279）、紫秸秆（3295）、黄罗伞（3331）、竹黍（1123）、紫秆白（3250）。其中5份高抗倒丰产性最好的种质（1级）可作为晋北生态区黍稷生产的主干种质利用；11份高抗倒丰产性良好的种质（2级），可作为该生态区黍稷生产的辅助种质利用。在晋中生态区的13份高抗倒种质中，只鉴定筛选出3份高抗倒丰产性最好的种质（1级），分别是金软黍（1219）、笨篱黍（3367）、千斤黍（1247）；4份高抗倒丰产性良好的种质，分别是黑骷髅（3363）、黑葡萄（1254）、黄穗散（1329）、黑硬黍（3247）。3份高抗倒丰产性最好的种质（1级）可作为晋中生态区黍稷生产的主干种质利用；4份高抗倒、丰产性良好的种质可作为该生态区黍稷生产的辅助种质利用。在晋南生态区的21份高抗倒种质中，只鉴定筛选出4份高抗倒丰产性最好的种质（1级），分别是千斤黍（1439）、六松天（3481）、黄硬黍（3435）、犊牛蛋（1544）；6份高抗倒丰产性良好的种质（2级），分别是红胶泥（1540）、软黍（1426）、柿黄硬黍（3506）、黑黏黍（1402）、大节黍子（3496）、黄胶泥（1541）。4份高抗倒丰产性最好的种质（1级）可作为晋南生态区黍稷生产的主干种质利用；6 份高抗倒、丰产性良好的种质（2 级）可作为该生态区黍稷生产的辅助种质利用。

通过对各生态区鉴定筛选出的高抗倒、丰产性最好和良好种质的适应性鉴定，筛选出在全省 3 个生态区黍稷生产均能推广利用的，高抗倒、丰产性最好，适应性广的种质只有 6 份（1 级），分别是晋北生态区的紫罗带（0880）、竹黍（1123）、马乌黍（1062），晋中生态区的金软黍（1219），晋南生态区的黄硬黍（3435）、犊牛蛋（1544）；高抗倒、丰产性良好，适应性广的种质 8 份（2 级），分别是晋北生态区的轮金糜（3196）、红罗黍（0968）、笊篱白（0932）、青牛蛋（3238），晋中生态区的笊篱黍（3367）、黑骼髅（3363），晋南生态区的红胶泥（1540）、黑黏黍（1402）。鉴定筛选出高抗倒、丰产性最好或良好、适应性较广，只适宜在全省 3 个生态区其中 2 个生态区黍稷生产推广利用的种质 12 份（3 级）。其中晋北生态区 6 份，其中黑黍子（3259）、黄罗伞（3331）、葡萄黍（1101），只适宜晋北、晋中生态区推广利用；十样精（0947）、瓜皮绿（0835）、紫盖头（0935）只适宜晋南、晋北生态区推广利用，晋中生态区 2 份（3 级），其中千斤黍（1247）只适宜晋中、晋南生态区推广利用，黑硬黍（3427）只适应晋中、晋北生态区推广利用；晋南生态区 4 份（3 级），其中软黍（1426）只适宜晋南、晋北生态区推广利用，柿黄硬黍（3506）、六松天（3481）、千斤黍（1439）只适宜晋南、晋中生态区推广利用。

历时 3 年完成了对山西省的 1 192 份黍稷种质资源的抗倒性鉴定、丰产性鉴定和适应性鉴定。第 1 年完成了 1 192 份黍稷种质资源的抗倒性鉴定，筛选出 71 份高抗倒种质；第 2 年又完成了对 71 份高抗倒种质的丰产性鉴定，筛选出 33 份高抗倒、丰产性最好和良好的种质；第 3 年又完成了对 33 份高抗倒、丰产性最好和良好种质的适应性鉴定。最后鉴定筛选出的 6 份高抗倒、丰产性最好、适应性广的种质可作为山西各地黍稷生产推广利用的主干种质；鉴定筛选出的 8 份高抗倒、丰产性良好、适应性广的种质可以作为山西各地黍稷生产推广利用的辅助种质。这些种质除山西外，山西周边各省（区）的内蒙古、河北、陕西、河南、山东等黍稷主产省（区），在黍稷生产上也有重要的利用价值。特别是黍稷高产示范田中，这些种质一定能发挥它特有、潜在的高产优势。在这些抗倒、丰产、适应性广的种质中，黍（糯性）和稷（粳性）并存。各地在推广应用中可根据各自的需求选择利用。我们深信，此项鉴定研究的结果一定会在山西及周边省（区）的黍稷生产上发挥出重要的作用。

第四节 黍稷抗旱种质筛选及抗旱机理研究

山西是黍稷的主产区。山西省十年九旱，选育抗旱的黍稷新种质，对扩大黍稷在干旱地区的种植面积和提高单位面积产量具有十分重要的意义。本文就山西收集保存的 1 100 余份黍稷种质资源，选出有代表性的 500 份黍稷种质，通过出苗后至穗分化对干旱胁迫的忍耐力，用反复干旱法筛选抗旱的种质；然后对筛选出的 1 级高度抗旱种质，再通过田间抗旱生理指标气孔导度、蒸腾速率、光合速率的测定，以及实验室离体叶片相对含水量的测定，进一步验证抗旱种质的抗旱程度，把抗旱种质中表现最好的种质提供生产和育种利用。同时进一步探索和揭示黍稷种质的抗旱机理。

一、材料和方法

（一）供试材料

供试的 500 份种质，分别来自晋北、晋中、晋南各市（县）。种质类型各异。从穗型来看，包括侧、散、密三种类型，但以生产上广泛种植的侧、散类型为主；从生育期来看，包括特早熟、早熟、中熟、晚熟四种类型，结合生产实际以早熟和中熟类型为主；从粳糯性来看，包括糯性的黍和粳性的稷，以山西各地的食用习惯糯性的黍为主。

（二）试验方法

分 3 个步骤完成。第 1 步：苗期反复干旱法；第 2 步：田间抗旱生理指标的测定；第 3 步：实验室离体叶片含水量的测定。

1. 苗期反复干旱法　将供试的 500 份种质种植在规格 69cm×48cm×19cm 的塑料箱内，设 3 次重复，苗龄三叶期后置于旱棚内完成。具体做法是在塑料箱内装过筛肥土 25kg，播种前灌水至田间持水量，待土壤湿度适宜时播种，每箱播种 30 份种质，每份种质播种 1 行，出苗后定苗 10 株，当苗龄进入三叶期时移入旱棚内进行干旱处理，当大部分种质叶片萎蔫出现干枯后（土壤含水量 4.5% 左右），开始浇第 1 次水，浇水至土壤饱和，浇水 2~3d 后调查存活率。如此反复 3 次后根据参试种质的平均存活率，制定出 5 级抗旱分级标准：一级高抗种质的存活率 ≥70%；二级抗旱种质的存活率 60%~70%；三级中抗种质的存活率 45%~60%；4 级不抗种质的存活率 25%~45%；5 级极不抗种质的存活率 < 25%。对每份参试种质做出抗旱评价。对其中抗旱 1 级的种质，再进行田间抗旱生理指标的测定和实验室离体叶片含水量的测定。

2. 田间抗旱生理指标的测定　采用美国华盛顿温哥华 CID 公司生产的 C1—301PS 二氧化碳气体分析仪。测定项目有气孔导度、蒸腾速率、光合速率等。测定地点在太原市山西农科院品种资源所试验地，在黍稷抽穗期相对干旱的情况下进行，每份种质测定 3 次，计算平均值。测定时间为 15：00—16：20，天气多云，光合作用的有效辐射为 374. 7~762. 6umol/m² /S。

3. 离体叶片含水量的测定　在抽穗后进行，分别摘取 9 份参试种质和对照（CK）的旗叶，随机取 3 株叶片，在实验室用电导仪测定电导率，24h 后再重新测定，计算平均值。

二、结果与分析

（一）苗期反复干旱的试验结果

通过干旱胁迫的 500 份黍稷种质幼苗，均不同程度地出现了死苗，而且随着干旱胁迫次数的增加，存活率越来越低。但品种间差异较大，有的种质第 1 次干旱处理后就出现了较高的死苗率，幼苗的存活率仅有 30% 左右，第 2 次干旱胁迫后，幼苗就全部死光；而有的种质对干旱胁迫却有很高的抵抗性，连续 3 次干旱处理后只有少数死苗，大部分幼苗没有枯死，只出现较重的萎蔫，待浇水后又慢慢恢复生长，直到籽粒灌浆成熟，表现了极强的抗旱性，如黑黍（4565）、大白黍（0843）等。根据参试种质 3 次干旱胁迫后幼苗的平均成活率，按照制定的黍稷抗旱鉴定的分级标准，得出鉴定结果（表 9-12）。

表 9-12　黍稷苗期反复干旱鉴定结果

项　目	抗旱级别（评价）					总计
	1 级 （高抗）	2 级 （抗旱）	3 级 （中抗）	4 级 （不抗）	5 级 （极不抗）	
存活率（%）	≥70	60~70	45~60	25~45	<25	
种质数（份）	9	28	156	205	102	500
占比（%）	1.8	5.6	31.2	41	20.4	100
3 次干旱平均存活率	76.3	66.4	47.5	34.2	11.5	

从表 9-12 中可以看出，在 500 份参试种质中，4 级不抗旱的种质和 5 级极不抗旱的种质共 307 份，占 61.4%，3 级中抗种质 156 份，占 31.2%，而 1 级高抗和 2 级抗旱种质仅有 37 份，占 7.4%。其中 1 级高抗种质仅有 9 份，占 1.8%。在 3 次反复干旱胁迫中，不同抗旱级别的黍稷种质存活率，在每次干旱胁迫后均有明显的差异，随着干旱胁迫次数的增加，其存活率下降速度也不相同。图 9-1 表明，1 级高抗种质在第一次干旱胁迫后，幼苗存活率仍能保持 91.3%；2 级抗旱种质存活率也能保持 84.6%；3 级中抗种质存活率保持 74.5%；4 级不抗种质只能保持 48.7%。而 5 级极不抗种质仅能保持 25.2%。1 级和 5 级幼苗存活率相差 66.1%。到第 3 次干旱胁迫后，1 级高抗种质仍能保持 44.5% 的存活率，而 5 级极不抗种质幼苗存活率只有 1.6%，1 级和 5 级相差 42.9%，说明抗旱的种质，幼苗在干旱的时候自身调节水分的能力较强；而不抗旱的种质对干旱特别敏感，调节水分能力差，在干旱胁迫的情况下存活率自然会大大下降。

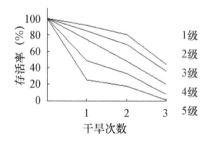

图 9-1　3 次干旱胁迫不同级别种质存活率比较

（二）田间抗旱生理指标的测定结果

对 2.1 通过反复干旱法鉴定筛选出的 9 份高度抗旱的种质，翌年种植在试验田内，每份种质种植面积 13.3m²，设 3 次重复，随机排列，以 5 级极不抗旱种质黄硬黍（1514）

作为对照（CK）。测定结果见表 9-13。结果表明，9 份高度抗旱的种质与极不抗旱种质（CK）相比，在气孔导度、蒸腾速率、光合速率三个抗旱生理指标上均有较大的差异。而 9 份高度抗旱的种质之间在 3 个抗旱生理指标上也存在着差异，但差异不大。以每一项生理指标的测定结果做具体的比较：①气孔导度：9 份种质在每一秒钟内，每平方米叶面积气孔通过 H_2O 的摩尔数为 59.26~77.49，摩尔数值最大的种质是大白黍（1263），最小的种质是小黑黍（1275），最大最小相差 18.23 摩尔。而对照（CK）的气孔导度仅为 30.68 摩尔。气孔导度最大的大白黍（1263），比对照要多 46.81 摩尔，就连气孔导度最小的小黑黍（1275），也比对照（CK）多 28.58 摩尔。气孔导度正好与气孔扩散阻力成负相关，气孔导度越大，气孔扩散阻力就越小。在干旱的情况下，气孔导度越大的种质说明其根系能深入到土壤的深层，吸收到土壤深层的水分；相反，气孔导度越小的种质说明其根系入土深度较浅，吸水能力较差，导致气孔扩散阻力增大，使气孔导度也会相应减少。由此可以看出气孔导度越大的种质，抗旱性也就越强。②蒸腾速率：测定结果表明蒸腾速率每一秒钟内每平方米叶面积消耗 H_2O 的摩尔数为 2.33~3.34。摩尔数最大的种质是大白黍（1263），最小的种质是二白黍（0841），最大和最小只相差 1.01 摩尔。而对照（CK）的蒸腾速率为 1.14 摩尔，与最大的大白黍（1263）相比，蒸腾速率相差 2.2 摩尔，与最小的二白黍（0841）相比，也相差 1.19 摩尔。蒸腾速率与气孔导度成正相关关系，气孔导度越大的种质蒸腾速率也就越大；反之，气孔导度越小的种质蒸腾速率也就越小。黍稷的蒸腾速率高峰时间是每天 11 时左右，早晨和下午是蒸腾速率的低峰。在多云天气或者阴天黍稷种质的蒸腾速率会更低。由于气孔导度越大的种质抗旱能力越强，而蒸腾速率又与气孔导度成正相关关系，所以蒸腾速率越大的种质抗旱能力也就越强。③光合速率：测定结果表明每一秒钟内每平方米叶面积吸收 CO_2 的游摩尔数为 8.05~10.50。游摩尔数最大的种质是黑黍（4567），最小的种质是小黑黍（1275），最大和最小只相差 2.45 游摩尔。而对照（CK）的光合速率为 4.26 游摩尔，与最大的黑黍（4567）相比，光合速率相差 6.24 游摩尔，与最小的小黑黍（1275）相比，也相差 3.79 游摩尔。从光合速率、蒸腾速率、气孔导度 3 项抗旱生理的测定结果可以看出，三者之间的关系都是相辅相成的，也就是说越是抗旱的种质在干旱的情况下，气孔导度和蒸腾速率的指标大了，光合速率也会相应的提高。作物光合作用制造碳水化合物的基本原料是 CO_2 和 H_2O，在干旱的逆境生长条件下，抗旱的种质能够相对的从土壤中吸收较多的水分，从空气中吸收较多的二氧化碳，自然产生的有机化合物就会比不抗旱的种质多。从 9 份 1 级最抗旱种质的光合速率来看，存在着差异，但差异并不大，说明 9 份 1 级抗旱种质在干旱的情况下，光合效率都是比较高的。

表 9-13　抗旱种质田间抗旱生理指标的测定结果

种质名称	光合速率（$\mu mol/m^2/s$）	蒸腾速率（$mmol/m^2/s$）	气孔导度（$mmol/m^2/s$）
鸭爪白（0832）	9.8	2.85	71.51
小红黍（0838）	10.05	3.07	75.45
二白黍（0841）	8.65	2.33	64.34
大白黍（0843）	10.35	3.1	69.49

（续表）

种质名称	光合速率（μmol/m²/s）	蒸腾速率（mmol/m²/s）	气孔导度（mmol/m²/s）
大青黍（0956）	9.95	2.91	60.33
大白黍（1263）	9.23	3.34	77.49
小黑黍（1275）	8.05	2.39	59.26
白鹅蛋糜子（1374）	9.8	2.43	60.03
黑黍（4567）	10.5	2.95	74.28
黄硬黍（1514）（CK）	4.26	1.14	30.68

（三）离体叶片含水量的测定结果

田间抗旱生理指标测定完后，可在试验田采摘9份1级抗旱种质的旗叶和对照（CK）的旗叶，在实验室完成离体叶片含水量的测定。结果表明，9份1级抗旱种质的叶片离体24h后相对含水量均较高，9份种质之间的差异并不大，但对照（CK）的叶片相对含水量却较低，如图9-2所示。

1级抗旱种质与(CK)离体叶片相对含水量

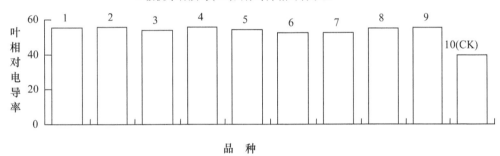

品种名称:1.鸭爪白(0832) 2.小红黍(0838) 3.二白黍(0841)
4.大白黍(0843) 5.大青黍(0956) 6.大白黍(1263) 7.小黑黍
(1275) 8.白鹅蛋黍(1374) 9黑黍(4567) 10.黄硬黍(CK)

图 9-2

9份1级抗旱种质的离体叶片相对含水量分别为：①鸭爪白（0832），55.4%；②小红黍（0838），55.5%；③二白黍（0841），53.8%；④大白黍（0843），55.7%；⑤大青黍（0956），54.3%；⑥大白黍（1263），52.4%；⑦小黑黍（1275），52.5%；⑧白鹅蛋黍（1374），54.7%；⑨黑黍（4567），55.3%。对照（CK）黄硬黍为39.4%。9份1级抗旱种质的离体叶片相对含水量的范围在52.4%~55.7%，最大与最小相比只相差3.3%。与5级抗旱种质对照（CK）相比，叶片相对含水量最大的种质比对照（CK）高16.3%；最小的种质比对照（CK）高13.0%。离体叶片相对含水量高，说明种质在干旱的生态条件下保水能力强，能较好的保持植株在逆境生存条件下的水分平衡，从而对干旱环境有较强的适应性，也就表现出抗旱性较强的特性；而相反，离体叶片相对含水量较低的种质，在遇到干旱胁迫的情况下，不能较好地保持植株在逆境生存条件下的水分平衡，对干旱表现得很敏感，不能适应干旱的环境，导致植株干枯直至死亡。离体叶片含水量的测定结果，有效地反映出黍稷种质对干旱反应的差异，和田间三项抗旱生理指标的测定结果是一致的，进一步验证了反复干旱法鉴定评价黍稷种质的准确性和可行性。

三、讨论

（1）黍稷和其他各种农作物比较，是一种最抗旱耐瘠的作物，但不同的黍稷种质资源中其抗旱性又存在着较大的差异。由于黍稷大都种植在干旱丘陵地区，因此培育优质、丰产、抗旱的黍稷新品种提供生产利用，仍然是当前黍稷科研工作者的一项迫切任务。

（2）反复干旱法对大批量黍稷种质资源的鉴定评价，以及从中筛选抗旱丰产种质提供生产和育种利用，是一项行之有效、简便易行、准确可靠的方法。

（3）田间抗旱生理指标气孔导度、蒸腾速率、光合速率以及离体叶片含水量的测定，不仅验证了反复干旱法鉴定评价黍稷种质资源的可靠性和可行性，而且从理论上揭示了黍稷抗旱种质的机理。

（4）鉴定筛选出的9份1级抗旱种质，均可提供生产和育种利用，其中光合速率相对较高的黑黍（4567）、大白黍（0843）、小红黍（0838）等，在田间的长势和丰产性状也优于其他几个种质，在生产上有更大的直接利用空间。

第十章

中国黍稷优异种质资源综合评价

第一节　高蛋白优异种质资源综合评价

一、兔子争窝

种质来源　黑龙江北安县农家种。由黑龙江农科院品种资源室提供，国编号 0013。

特征特性　植株较矮，籽粒褐色，侧穗型，穗长大，丰产性较好。生育期 104d，籽粒蛋白质含量 16.25%，脂肪含量 2.30%，赖氨酸含量 0.18%，属高蛋白种质。经黑穗病接种鉴定，为感病，因此，不宜在黑穗病高发地区种植；经耐盐性鉴定，为中耐，可在轻盐碱地种植。1991 年在太原地区参加优异资源的丰产性鉴定，折合每公顷产量 2 250kg，产量居中。

综合评价　该种质在黑龙江种植丰产性较好，异地种植生育期明显缩短，产量降低，因此适应性不广。品质较好，可作为高蛋白种质的育种材料。

二、黏糜子

种质来源　黑龙江通河县农家种。由黑龙江农科院品种资源室提供，国编号 0198。

特征特性　植株较矮，穗细长，侧穗型，籽粒黄色，较小，千粒重 4.5g，生育期 117d，属中熟种质。籽粒蛋白质含量 16.23%，脂肪含量 3.39%，赖氨酸含量 0.20%，属高蛋白种质。经黑穗病接种鉴定，为感病，因此，不宜在黑穗病高发地区种植；耐盐性鉴定，为中敏。1991 年在太原地区参加优异资源的丰产性鉴定，折合每公顷产量 1 980kg。

综合评价　该种质不仅蛋白质含量高，而且脂肪含量、赖氨酸含量也较高，适口性较好，但丰产性差，穗成熟后落粒性较强。不宜在黑穗病高发地区和盐碱地种植。

三、黄糜子

种质来源　吉林省镇赉县农家种。由吉林省白城区区农科所提供，国编号 0327。

特征特性　植株高大，穗枝梗夹角较小，侧穗型。籽粒黄色，千粒重较高。生育期 94d。籽粒蛋白质含量 16.07%，脂肪含量 3.37%，赖氨酸含量 0.21%，属高蛋白种质。

经黑穗病接种鉴定，为感病，因此，不宜在黑穗病高发地区种植；耐盐性鉴定，为中耐，可在轻盐碱地种植。1991 年在太原地区参加优异资源的丰产性鉴定，折合每公顷产量 2 220kg，产量中等。

综合评价　该种质不仅蛋白质含量高，而且脂肪含量、赖氨酸含量也较高，品质较好，丰产性中等。经提纯复壮后可继续在生产上应用。

四、千斤黍

种质来源　辽宁省东沟县农家种。由辽宁农科院品种资源室提供，国编号 0461。

特征特性　植株高大，茎秆粗壮，穗短小，团在一起，属密穗型。籽粒黄色，千粒重中等。生育期 87d，属特早熟种质。籽粒蛋白质含量 16.29%，脂肪含量 3.98%，赖氨酸含量 0.22%，属高蛋白种质。经黑穗病接种鉴定，为感病。耐盐性鉴定，为中耐。1991 年在太原地区参加优异资源的丰产性鉴定，折合每公顷产量 1 980kg。

综合评价　该种质属蛋白质和高赖氨酸种质，脂肪含量也较高，适口性好。丰产性一般，抗病性较差，耐盐性中等。不宜在黑穗病高发地区种植；可在轻盐碱地种植。也可作为优质资源的育种材料。

五、克旗植黄黍

种质来源　内蒙古昭盟克旗农家种。由内蒙古伊蒙农科所提供，国编号 0537。

特征特性　株高中等，穗枝梗分枝较小，属侧穗型，籽粒黄色，千粒重中等。生育期 98d，属特早熟种质。籽粒蛋白质含量 16.70%，脂肪含量 2.20%，赖氨酸含量 0.18%，属高蛋白种质。经黑穗病接种鉴定，为感病。耐盐性鉴定，为中敏。不宜在黑穗病高发地区和盐碱地种植。1991 年在太原地区参加优异资源的丰产性鉴定，折合每公顷产量 2 070kg，产量居中。

综合评价　该种质属高蛋白种质，可作为高蛋白种质的育种材料。脂肪含量和赖氨酸含量均较低，抗病性和耐盐性较差。丰产性一般。适应性较广，异地引种种植，产量和生育期变化大。

六、鄂旗大白软黍

种质来源　内蒙古伊盟鄂旗农家种。由内蒙古伊蒙农科所提供，国编号 0673。

特征特性　植株高大，穗枝梗与主轴的夹角较小，属侧穗型，籽粒大小中等，白色。生育期 115d，属晚熟种质。籽粒蛋白质含量 17.23%，脂肪含量 3.96%，赖氨酸含量 0.20%。经黑穗病接种鉴定，为感病。耐盐性鉴定，为中敏。不宜在黑穗病高发地区和盐碱地种植。1991 年在太原地区参加优异资源的丰产性鉴定，折合每公顷产量 2 059.5kg。

综合评价　该种质蛋白质含量很高，在黍稷种质资源中还很少见到，脂肪和赖氨酸含量也较高，品质较优。但抗病性和耐盐性较差。产量一般。

七、环县黄软黍

种质来源　甘肃省环县农家种。由甘肃农科院粮作所提供，国编号 0714。

特征特性　植株较矮，侧穗型，籽粒黄色，千粒重中等，穗较短，单株粒重低。生育期110d。籽粒蛋白质含量16.21%，脂肪含量2.23%，赖氨酸含量0.18%。经黑穗病接种鉴定，为感病。耐盐性鉴定，为中敏。1991年在太原地区参加优异资源的丰产性鉴定，折合每公顷产量1 827kg，产量较低。

综合评价　该种质丰产性差，产量较低，但蛋白质含量高，属高蛋白种质。脂肪和赖氨酸含量较低。抗病性和耐盐性较差，不宜在黑穗病高发地区和盐碱地种植。

八、华池黄软糜子

种质来源　甘肃省华池县农家种。由甘肃农科院粮作所提供，国编号0718。

特征特性　植株矮，茎秆粗壮抗倒伏，侧穗型，籽粒较大，千粒重高，粒红色。生育期120d。籽粒蛋白质含量16.05%，脂肪含量1.99%，赖氨酸含量0.17%。经黑穗病接种鉴定，为感病。耐盐性鉴定，为中敏。1991年在太原地区参加优异资源的丰产性鉴定，折合每公顷产量2 929.5kg，产量较高，被选为参加吉林、太原、汾阳三点区域试验种质，1992年三点试验结果为，吉林点折合每公顷产量2 280kg，太原点折合每公顷产量2 820kg，汾阳点折合每公顷产量2 227.5kg，三点平均折合每公顷产量2 442kg。

综合评价　该种质蛋白质含量高，属高蛋白种质，但脂肪和赖氨酸含量较低。抗病性和耐盐性较差，不宜在黑穗病高发地区和盐碱地种植。丰产性较好，但三点试验的结果表明，产量相差较大，说明该种质适应性不广，只能在特定的适宜地区种植。

九、华池猩猩头软糜子

种质来源　甘肃省华池县农家种。由甘肃农科院粮作所提供，国编号0719。

特征特性　植株矮，密穗型，籽粒红色，粒大，千粒重8.0g。生育期120d。籽粒蛋白质含量16.00%，脂肪含量1.75%，赖氨酸含量0.17%。经黑穗病接种鉴定，为感病。耐盐性鉴定，为中敏。1991年在太原市山西农科院试验地参加优异资源丰产性鉴定，折合每公顷产量1 875kg。

综合评价　该种质属高蛋白种质，但脂肪和赖氨酸含量较低，因此适口性一般。茎秆粗壮抗倒伏，但穗短而小，虽然千粒重高但产量却不高。抗病性和耐盐性较差，不宜在黑穗病高发地区和盐碱地种植。

十、庆阳白糯糜子

种质来源　甘肃省庆阳县农家种。由甘肃农科院粮作所提供，国编号0723。

特征特性　株高中等，穗较短，穗枝梗与主轴的夹角较小，属侧穗型，粒大小中等、白色。生育期120d。籽粒蛋白质含量16.20%，脂肪含量2.62%，赖氨酸含量0.18%。经黑穗病接种鉴定，为感病。耐盐性鉴定，为中敏。1991年在太原市山西农科院试验地参加优异资源丰产性鉴定，折合每公顷产量1 960.5kg。

综合评价　该种质属高蛋白种质，脂肪和赖氨酸含量中等，淀粉中的支链淀粉含量较高，因此适口性和糯性较好。抗病性和耐盐性较差，不宜在黑穗病高发地区和盐碱地种植。

十一、合水红硬糜子

种质来源　甘肃省合水县农家种。由甘肃农科院粮作所提供，国编号0724。

特征特性　株高中等，侧穗型，穗长22.5cm，千粒重7.5g，籽粒红色。生育期123d。籽粒蛋白质含量16.11%，脂肪含量2.24%，赖氨酸含量0.16%。经黑穗病接种鉴定，为感病。耐盐性鉴定，为耐盐。1991年在太原市山西农科院试验地参加优异资源丰产性鉴定，折合每公顷产量2 407.5kg，产量较高。1992年被选为参加吉林、太原、汾阳三点区域试验种质，吉林点折合每公顷产量2 253kg，太原点折合每公顷产量3 301.5kg，汾阳点折合每公顷产量2 107.5kg，三点平均折合每公顷产量2 554.5kg。

综合评价　该种质蛋白含量高，脂肪和赖氨酸含量较低。抗病性较差，不宜在黑穗病高发地区种植。耐盐性好，可在盐碱地种植。丰产性好，产量较高，但适应性不广，异地引种后生育期明显缩短，产量降低。

十二、合水猩猩头白糜子

种质来源　甘肃省合水县农家种。由甘肃农科院粮作所提供，国编号0726。

特征特性　株高中等，侧穗型，籽粒黄色，千粒重7.7g。生育期119d。籽粒蛋白质含量16.38%，脂肪含量2.14%，赖氨酸含量0.17%。经黑穗病人工接种鉴定，为感病。耐盐性鉴定，为中耐。1991年在太原市山西农科院试验地参加优异资源丰产性鉴定，折合每公顷产量2 250kg。

综合评价　该种质蛋白含量高，属高蛋白种质，脂肪和赖氨酸含量较低。抗病性较差，不宜在黑穗病高发地区种植。耐盐性中等，可在轻盐碱地种植。丰产性中等，产量居中。异地引种种植后，生育期明显缩短，产量降低。

十三、马乌黍

种质来源　山西省朔县农家种。由山西农科院品种资源所提供，国编号0937。

特征特性　株高中等，穗松散，属侧散穗型，穗长38.8cm，穗粒重13.5g，粒白色，上有一点灰，千粒重中等。生育期85d，属特早熟种质。籽粒蛋白质含量15.86%，脂肪含量3.59%，赖氨酸含量0.20%。经黑穗病人工接种鉴定，为感病。耐盐性鉴定，为中耐。1991年在太原市山西农科院试验地参加优异资源丰产性鉴定，折合每公顷产量2 175kg。

综合评价　该种质丰产性好，在肥沃的水肥地种植，一般每公顷产量可达4 500 ~ 5 250kg。抗病性差，不宜在黑穗病高发地区种植。耐盐性中等，可在中度盐碱地种植。

十四、红黍

种质来源　山西省灵丘县农家种。由山西农科院品种资源所提供，国编号0941。

特征特性　株高中等，穗长39.6cm，侧穗型，粒红色，千粒重中等。生育期80d，属特早熟种质。籽粒蛋白质含量16.65%，脂肪含量2.94%，赖氨酸含量0.20%。经黑穗病人工接种鉴定，为高感。耐盐性鉴定，为中敏。1991年在太原市山西农科院试验地参加优异资源丰产性鉴定，折合每公顷产量 2 265kg，产量较高。

综合评价 该种质蛋白质含量高，属高蛋白种质，脂肪含量低，赖氨酸含量较高。总体看来，品质较好。但抗病性较差，极易感病，播种前应以药剂拌种，以减轻黑穗病危害。耐盐性差，不宜在盐碱地种植。

十五、小红黍

种质来源 山西省右玉县农家种。由山西农科院品种资源所提供，国编号 1037。

特征特性 植株矮，侧穗型，穗长 31.8cm，粒红色，千粒重中等。生育期 75d，属特早熟种质。籽粒蛋白质含量 16.01%，脂肪含量 2.72%，赖氨酸含量 0.18%。经黑穗病人工接种鉴定，为抗病。耐盐性鉴定，为中敏。1991 年参加太原地区优异资源丰产性鉴定，折合每公顷产量 2 040kg。1992 年被选为参加吉林、太原、汾阳三点区域试验种质，试验结果为吉林点折合每公顷产量 2 175kg，太原点折合每公顷产量 2 070kg，汾阳点折合每公顷产量 1 890kg，三点平均折合每公顷产量 2 044.5kg。

综合评价 该种质蛋白质含量高，达到高蛋白种质的指标，脂肪含量较低，赖氨酸含量中等。抗病性好，在黑穗病高发地区也可种植。耐盐性差，不宜在盐碱地种植。生育期极短，易遭鸟害，影响产量。但正由于这个特点，被作为救灾作物种质，受到灾区的重视。

十六、二黄黍

种质来源 山西省平鲁县农家种。由山西农科院品种资源所提供，国编号 1045。

特征特性 株高 73cm，侧穗型，籽粒黄色，千粒重中等。生育期 52d，属特早熟种质。籽粒蛋白质含量 16.38%，脂肪含量 3.23%，赖氨酸含量 0.19%。经黑穗病人工接种鉴定，为高感。经耐盐鉴定，为中耐。1991 年参加优异资源丰产性鉴定，折合每公顷产量2 356.5kg。1992 年被选为参加吉林、太原、汾阳三点区域试验种质，试验结果，为吉林点折合每公顷产量 1 785kg，太原点折合每公顷产量 1 845kg，汾阳点折合每公顷产量 1 965kg，三点平均折合每公顷产量 1 864.5kg。

综合评价 该种质为稀有的特早熟种质，是救灾补种的最佳作物种质。蛋白质含量高，属高蛋白种质，脂肪和赖氨酸含量中等。作为早熟种质来说，品质较优，丰产性好。在极短的生育期内能获得 1 875~2 250kg 的产量，但因早熟而遭受鸟害严重，即将成熟时应采取防鸟措施。

十七、大红黍

种质来源 山西省河曲县农家种。由山西省农科院品种资源所提供，国编号 1091。

特征特性 植株高大，侧穗型，穗长 42.0cm，单株粒重 10.0g，籽粒红色，千粒重中等。生育期 87d，属特早熟种质。籽粒蛋白质含量 16.05%，脂肪含量 3.64%，赖氨酸含量 0.20%。经黑穗病人工接种鉴定，为感病。耐盐性鉴定，为中敏。1991 年参加太原地区优异资源丰产性鉴定，折合每公顷产量 2 025kg。

综合评价 该种质属高蛋白种质，脂肪和赖氨酸含量也较高。生育期短，丰产性好，从总体上来讲为早熟丰产优质种质。但抗病性差和耐盐性差，不宜在黑穗病高发地区和盐碱地种植。由于早熟，在籽粒成熟期要采取防鸟措施。

十八、牛心黍子

种质来源　山西省河曲县农家种。由山西农科院品种资源所提供，国编号 1096。

特征特性　株高中等，穗团在一起，状似"牛心"，故名"牛心"黍子。属密穗型。籽粒红色。生育期 80d，属特早熟种质。籽粒蛋白质含量 16.02%，脂肪含量 3.99%，赖氨酸含量 0.21%。经黑穗病人工接种鉴定，为感病。耐盐性鉴定，为中耐。1991 年参加太原地区优异资源丰产性鉴定，折合每公顷产量 2 025kg。

综合评价　该种质属高蛋白种质，脂肪和赖氨酸含量较高，品质优，用其糕面做成黏糕后适口性很好。抗病性差，不宜在黑穗病高发地区种植；耐盐性较好，可在中盐地种植。

十九、大红黍

种质来源　山西省原平县农家种。由山西省农科院品种资源所提供，国编号 1126。

特征特性　植株中等，秆粗抗倒伏。穗长大，侧穗型。籽粒红色，千粒重中等。生育期 84d，属早熟种质。籽粒蛋白质含量 16.36%，脂肪含量 3.82%，赖氨酸含量 0.21%，属高蛋白种质。经黑穗病人工接种鉴定，为抗病，在黑穗病高发地区或遇黑穗病高发年代均不会引起减产。耐盐性鉴定，为中耐，可在轻盐碱地种植。1991 年参加太原地区优异资源丰产性鉴定，折合每公顷产量 2 518.5kg，产量较高，被选为参加区域试验种质。1992 年被选为参加吉林、太、汾阳三点试种，折合每公顷产量分别为2 703kg，2 541kg 和2 551.5kg，三点平均产量为每公顷 2 598kg。

综合评价　该种质不仅蛋白质含量高，而且丰产性、稳定性和适应性均较好，各地均可引种种植。

二十、二红黍

种质来源　山西省偏关县农家种。由山西省农科院品种资源所提供，国编号 1143。

特征特性　株高中等，侧穗型，穗长 28cm，单株粒重 12.1g，千粒重 5.9g，属小粒型。籽粒红色，生育期 84d。籽粒蛋白质含量 16.51%，脂肪含量 3.45%，赖氨酸含量 0.19%。经黑穗病人工接种鉴定，为高感。旱棚人工耐盐鉴定，为高耐。1991 年参加太原地区优异资源丰产性鉴定，折合每公顷产量 2 370kg。

综合评价　该种质蛋白质含量高，脂肪和赖氨酸含量中等，品质较优。易感黑穗病，不宜在黑穗病高发地区和黑穗病高发年代种植，播前需用退菌特或福尔马林处理种子。耐盐性强，可在盐碱地种植。

二十一、一点红黍子

种质来源　山西省偏关县农家种。由山西省农科院品种资源所提供，国编号 1143。

特征特性　株高中等，侧散穗型，穗长 48cm，千粒重中等。籽粒白色，上有一点红，故名一点红黍子。生育期 84d。籽粒蛋白质含量 16.31%，脂肪含量 3.17%，赖氨酸含量 0.18%。经黑穗病人工接种鉴定，为感病。旱棚人工耐盐鉴定，为中耐。1991 年在太原山西农科院试验地参加优异资源丰产性鉴定，折合每公顷产量 2 652kg。

综合评价　该种质蛋白质含量高，脂肪和赖氨酸含量中等，品质较优。抗病性差，在黑穗病高发地区和黑穗病高发年代不宜种植。耐盐性中等，可在中、轻盐碱地种植。适应性广，各地均可引种种植。

二十二、大红黍

种质来源　山西省神池县农家种。由山西省农科院品种资源所提供，国编号 1145。

特征特性　株高 90cm，侧穗型，穗长 35cm，千粒重 5.9g。籽粒红色，生育期 80d。籽粒蛋白质含量 16.10%，脂肪含量 3.04%，赖氨酸含量 0.18%。经黑穗病人工接种鉴定，为抗病。旱棚人工耐盐鉴定，为中敏。1991 年在太原山西农科院试验区参加优异资源丰产性鉴定，折合每公顷产量 1 980kg。

综合评价　该种质为特早熟种质。蛋白质含量高，脂肪和赖氨酸含量中等。抗病性好，耐盐性较差。在黑穗病高发地区和黑穗病高发年代均可引种种植。不宜在盐碱地种植。由于早熟，在成熟阶段应采取防鸟措施，以确保产量。

二十三、红糜子

种质来源　山西省五台县农家种。由山西省农科院品种资源所提供，国编号 1177。

特征特性　植株高大，侧穗型，穗长 41cm，单株粒重 9.4g，千粒重 6.5g。籽粒红色，生育期 94d。籽粒蛋白质含量 16.05%，脂肪含量 3.54%，赖氨酸含量 0.21%。经黑穗病人工接种鉴定，为感病。旱棚人工耐盐鉴定，为中敏。1991 年在太原山西农科院试验区参加优异资源丰产性鉴定，折合每公顷产量 2 227.5kg。1992 年在临汾尧庙乡杜村麦茬水地复播，每公顷产量 5 730kg。

综合评价　该种质是五台县东冶村一带的特产，叫"糜子"，实际上是"黍子"，品质特优，是当地待客佳品。喜水肥，在水肥充足的情况下能获得较高的产量。抗病性和耐盐性较差。

二十四、红糜子

种质来源　山西省古交市农家种。由山西省农科院品种资源所提供，国编号 1212。

特征特性　株高中等，侧穗型，穗长 29cm，单株粒重 12.9g，千粒重 6.9g。籽粒红色，生育期 94d。籽粒蛋白质含量 16.15%，脂肪含量 3.94%，赖氨酸含量 0.21%。经黑穗病人工接种鉴定，为感病。旱棚人工耐盐鉴定，为中耐。1991 年在太原山西农科院试验区参加优异资源丰产性鉴定，折合每公顷产量 2 167.5kg。

综合评价　该种质为"黍子"，糯性好，支链淀粉含量高。蛋白质和脂肪含量高，赖氨酸含量中等。抗病性较差，不宜在黑穗病高发地区和黑穗病高发年份种植。可在轻、中盐碱地种植。丰产性较好，在水肥地种植，一般每公顷产量 3 750kg 左右。

二十五、大红糜

种质来源　山西省太原市南郊区农家种。由山西省农科院品种资源所提供，国编号 1218。

特征特性　株高中等，侧穗型，穗长 37cm，单株粒重 11g，千粒重高为 8.8g。籽粒红色，生育期 91d。籽粒蛋白质含量 16.15%，脂肪含量 3.57%，赖氨酸含量 0.21%。经黑穗病人工接种鉴定，为感病。旱棚人工耐盐鉴定，为中耐。1991 年在太原山西农科院试验区参加优异资源丰产性鉴定，折合每公顷产量 2 280kg。

综合评价　该种质蛋白质和赖氨酸含量高，脂肪含量中等，品质较优。丰产性好，在水肥地种植，一般每公顷产量 4 500kg 左右。抗病性较差，不宜在黑穗病高发地区和黑穗病高发年份种植。耐盐性中等，可在中、轻盐碱地种植。

二十六、大红糜

种质来源　山西省阳曲县农家种。由山西省农科院品种资源所提供，国编号 1222。

特征特性　株高中等，侧穗型，穗长大，单株粒重高，千粒重中等，籽粒红色，生育期 92d。籽粒蛋白质含量 16.11%，脂肪含量 3.52%，赖氨酸含量 0.20%。经黑穗病人工接种鉴定，为感病。旱棚人工耐盐鉴定，为中耐。1991 年在太原山西农科院试验区参加优异资源丰产性鉴定，折合每公顷产量 2 085kg。

综合评价　该种质为高蛋白种质，脂肪和赖氨酸含量中等。抗病性差，不宜在黑穗病高发地区种植。耐盐性中等，可在中、轻盐碱地种植。丰产性好，在较好的水肥地种植，一般每公顷产量 3 750kg 左右。

二十七、黑黍子

种质来源　山西省盂县农家种。由山西省农科院品种资源所提供，国编号 1266。

特征特性　株高 200cm，侧穗型，穗长 35cm，单株粒重 8.0g，千粒重 6.6g。籽粒褐色，生育期 93d。籽粒蛋白质含量 16.35%，脂肪含量 3.18%，赖氨酸含量 0.19%。经黑穗病人工接种鉴定，为抗病。旱棚人工耐盐鉴定，为中敏。1991 年在太原山西农科院试验区参加优异资源丰产性鉴定，折合每公顷产量 1 875kg。1992 年在清徐县收麦后复播，每公顷产量 2 625kg。

综合评价　该种质蛋白质含量高，脂肪和赖氨酸含量中等。糕面糯性好，筋度大。抗病性好，在黑穗病高发地区和高发年份均可种植。耐盐性较差，不宜在盐碱地种植。丰产性中等，水肥过大易倒伏减产。

二十八、大白黍

种质来源　山西省昔阳县农家种。由山西省农科院品种资源所提供，国编号 1274。

特征特性　植株高大，侧穗型，穗长 38.4cm，单株粒重 12.9g，千粒重 6.0g。籽粒白色，生育期 97d。籽粒蛋白质含量 16.20%，脂肪含量 3.44%，赖氨酸含量 0.19%。经黑穗病人工接种鉴定，为感病。旱棚人工耐盐鉴定，为中敏。1991 年在太原山西农科院试验区参加优异资源丰产性鉴定，折合每公顷产量 2 160kg。

综合评价 该种质蛋白质含量高，脂肪和赖氨酸含量中等。抗病和耐盐性差，不宜在黑穗病高发地区和盐碱地种植。种皮薄，出米率高，一般为"八米二糠"。秆高大，抗倒伏性差，在高水肥地种植，易倒伏减产。

二十九、小黑黍

种质来源 山西省寿阳县农家种。由山西省农科院品种资源所提供，国编号 1296。

特征特性 株高中等，侧穗型，穗长中等，着实率不高，千粒重 6.6g。籽粒褐色，生育期 91d。籽粒蛋白质含量 16.36%，脂肪含量 3.60%，赖氨酸含量 0.21%。经黑穗病人工接种鉴定，为感病。旱棚人工耐盐鉴定，为中敏。1991 年在太原山西农科院试验区参加优异资源丰产性鉴定，折合每公顷产量 2 050.5kg。1993 年在山西孝义县麦茬复播，每公顷产量 2 910kg。

综合评价 该种质蛋白质和赖氨酸含量高，脂肪含量中等。抗病和耐盐性差，皮壳率高，一般为"三糠七米"。丰产性中等。

三十、小红黏

种质来源 山西省和顺县农家种。由山西省农科院品种资源所提供，国编号 1309。

特征特性 株高中等，侧穗型，穗长 38cm，单株粒重和千粒重中等。籽粒红色，生育期 89d。籽粒蛋白质含量 16.23%，脂肪含量 3.62%，赖氨酸含量 0.21%。经黑穗病人工接种鉴定，为感病。旱棚人工耐盐鉴定，为中耐。1991 年在太原山西农科院试验区参加优异资源丰产性鉴定，折合每公顷产量 1 830kg。

综合评价 该种质蛋白质和赖氨酸含量高，脂肪含量中等，糯性好，为黏糕用优良种质。抗病性较差，但耐盐性中等。适应性好，各地均可引种种植。耐肥水性强，在较肥沃的土地上种植可获得较高产量。

三十一、红糜子

种质来源 山西省太谷县农家种。由山西省农科院品种资源所提供，国编号 1315。

特征特性 株高 2m 左右，侧穗型，穗长大，单株粒重高，千粒重中等。籽粒红色，生育期 90d。籽粒蛋白质含量 16.73%，脂肪含量 3.04%，赖氨酸含量 0.19%。经黑穗病人工接种鉴定，为感病。旱棚人工耐盐鉴定，为中敏。1991 年在太原山西农科院试验区参加优异资源丰产性鉴定，折合每公顷产量 2 142kg。在太谷县旱地种植，一般每公顷产量 2 250kg 左右。

综合评价 该种质蛋白质含量高，在黍稷种资源中还很少见到，脂肪和赖氨酸含量中等，抗病性和耐盐性较差。耐肥水性较差，在高水肥地种植，易倒伏减产。

三十二、糜子

种质来源 山西省太谷县从日本引进种质，在太谷县种植多年。由山西省农科院品种资源所提供，国编号 1318。

特征特性　植株矮，穗短而团在一起，籽粒集中，属密穗型。粒小，千粒重低。籽粒黄色，生育期94d。籽粒蛋白质含量16.26%，脂肪含量3.76%，赖氨酸含量0.19%。经黑穗病人工接种鉴定，为感病。旱棚人工耐盐鉴定，为敏感。1991年在太原市山西农科院试验地参加优异资源丰产性鉴定，折合每公顷产量1680kg。

综合评价　该种质品质较优，糕面色泽鲜亮，适口性好，是当地待客之佳品。但丰产性差，产量低，在高水肥地种植易倒伏减产。抗病性和耐盐性较差，不宜在黑穗病高发地区和盐碱地种植。

三十三、大白黍

种质来源　山西省太谷县农家种。由山西省农科院品种资源所提供，国编号1319。

特征特性　植株矮，穗枝梗与主枝夹角约45°，穗型松散，属侧穗型。籽粒白色，千粒重中等。生育期92d。籽粒蛋白质含量16.06%，脂肪含量3.31%，赖氨酸含量0.19%。经黑穗病人工接种鉴定，为感病。旱棚人工耐盐鉴定，为中耐。1991年在太原市山西农科院试验地参加优异资源丰产性鉴定，折合每公顷产量2070kg。

综合评价　该种质蛋白质含量高，脂肪和赖氨酸含量中等。抗病性差，不宜在黑穗病高发地区种植。耐盐性中等，可在中、轻盐碱地种植。产量中等，在较好的水地种植，每公顷产量可达到3750kg左右。出米率高，一般为八米二糠。

三十四、灰老鼠

种质来源　山西省介休市农家种。由山西省农科院品种资源所提供，国编号1334。

特征特性　株高中等，侧穗型，穗长38.2cm，单株粒重9.4g，千粒重7.1g。粒灰色，生育期94d。籽粒蛋白质含量16.05%，脂肪含量3.61%，赖氨酸含量0.21%。经黑穗病人工接种鉴定，为感病。旱棚人工耐盐鉴定，为中耐。1991年参加太原地区优异资源丰产性鉴定，折合每公顷产量1995kg。在当地麦茬复播，每公顷产量2250kg左右。

综合评价　该种质蛋白质和赖氨酸含量较高，脂肪含量中等。品质较好，但适口不理想，支链淀粉含量低，糯性较差，不易作为黏糕用种质，可作为糯米用种质。穗枝梗长短适中，夹角较小，是做笤帚的良好原料。抗病性差，不宜在黑穗病高发地区种植。耐盐性中等，可在中、轻盐碱地种植。丰产性中等，但在高水肥地种植，产量能有较大的提高。

三十五、白软黍

种质来源　山西省介休市农家种。由山西省农科院品种资源所提供，国编号1336。

特征特性　株高中等，侧穗型，穗长大但分枝少，千粒重中等。籽粒白色，上有一点黄。生育期98d。籽粒蛋白质含量16.25%，脂肪含量3.15%，赖氨酸含量0.19%。经黑穗病人工接种鉴定，为感病。旱棚人工耐盐鉴定，为中敏。1991年在太原市山西农科院试验地参加优异资源丰产性鉴定，折合每公顷产量2370kg。

综合评价　该种质蛋白质含量较高，脂肪和赖氨酸含量中等。抗黑穗病和耐盐性较差，在黑穗病高发年份和盐碱地种植减产严重。在高水肥地种植易倒伏减产，最适中肥地种植。籽粒壳薄，一般出米率为 80%。

三十六、红糜子

种质来源　山西省灵石县农家种。由山西省农科院品种资源所提供，国编号 1343。

特征特性　植株较高，侧穗型，穗长 36cm，单株粒重 11.7g，千粒重中等。籽粒红色，生育期 100d。籽粒蛋白质含量 16.79%，脂肪含量 3.49%，赖氨酸含量 0.20%。经黑穗病人工接种鉴定，为感病。旱棚人工耐盐鉴定，为中耐。1991 年在太原市山西农科院试验地参加优异资源丰产性鉴定，折合每公顷产量 2 500.5kg。

综合评价　该种质为稀有的高蛋白质种质，脂肪和赖氨酸含量中等。抗黑穗病性差，耐盐性中等。丰产性较好，在原产地种植，一般每公顷产量 2 250kg 左右。较好的水肥地种植，每公顷产量可达 3 750kg。

三十七、红糜子

种质来源　山西省兴县农家种。由山西省农科院品种资源所提供，国编号 1367。

特征特性　株高中等，侧穗型，穗长 42cm，单株粒重 11.5g，千粒重中等。籽粒红色，生育期 91d。籽粒蛋白质含量 16.96%，脂肪含量 3.72%，赖氨酸含量 0.21%。经黑穗病人工接种鉴定，为感病。旱棚人工耐盐鉴定，为中耐。1991 年在太原市山西农科院试验地参加优异资源丰产性鉴定，折合每公顷产量 2 565kg。

综合评价　该种质为稀有的高蛋白质种质，脂肪含量中等，赖氨酸含量较高。抗病性较差，耐盐性中等。丰产性较好，耐水肥，在较好的水肥地种植，一般每公顷产量 3 750kg 左右。适应性广，各地均可引种种植。

三十八、大灰糜

种质来源　山西省岚县农家种。由山西省农科院品种资源所提供，国编号 1376。

特征特性　株高中等，侧穗型，穗长大，单株粒重和千粒重较高。籽粒灰色，生育期 91d。籽粒蛋白质含量 16.64%，脂肪含量 3.51%，赖氨酸含量 0.19%。经黑穗病人工接种鉴定，为感病。旱棚人工耐盐鉴定，为中敏。1991 年在太原市山西农科院试验地参加优异资源丰产性鉴定，折合每公顷产量 2 670kg。1992 年在山西汾阳县收麦后复播，每公顷产量 3 390kg。

综合评价　该种质蛋白质含量高，脂肪和赖氨酸含量中等。抗病性和耐盐性较差，不宜在黑穗病高发区和盐碱地种植。品质糯性较差，糕面颜色发灰，适口性中等。

三十九、白黍

种质来源　山西省长治市农家种。由山西省农科院品种资源所提供，国编号 1394。

特征特性　株高中等，侧穗型，穗长 42cm，单株粒重 12.8g，千粒重 6.9g。籽粒白色。生育期 92d。籽粒蛋白质含量 16.72%，脂肪含量 3.20%，赖氨酸含量 0.19%。经黑穗病人工接种鉴定，为感病。旱棚人工耐盐鉴定，为中敏。1991 年在太原市山西农科院试验地参加优异资源丰产性鉴定，折合每公顷产量 2 935.5kg。1992 年被选为参加吉林、太原、汾阳三点区域试验种质，试验结果为吉林点折合每公顷产量 2 550kg，太原点折合每公顷产量 2 445kg，汾阳点折合每公顷产量 2 497.5kg，三点平均折合每公顷产量 2 497.5kg。

综合评价   该种质丰产性好，耐水肥，在水肥地种植能获得较高产量。蛋白质含量高，是黍稷种质资源中稀有的高蛋白种质。脂肪和赖氨酸含量中等。抗病和耐盐性差，不宜在黑穗病高发地区和盐碱地种植。遇黑穗病高发的年份会因发病而减产。出米率高，一般出米率为 80%。

四十、小黑黍

种质来源   山西省长治市农家种。由山西省农科院品种资源所提供，国编号 1396。

特征特性   株高中等，侧穗型，穗长 39cm，单株粒重 9.2g，千粒重较低。籽粒褐色，生育期 97d。籽粒蛋白质含量 16.05%，脂肪含量 3.49%，赖氨酸含量 0.20%。经黑穗病人工接种鉴定，为抗病。旱棚人工耐盐鉴定，为中敏。1991 年在太原市山西农科院试验地参加优异资源丰产性鉴定，折合每公顷产量 2 599.5kg。

综合评价   该种质为当地黏糕用种质，适口性好，但糕面颜色发黑。抗病性好，不论在黑穗病高发地区和高发年份发病率均很低。丰产性好，在较好的水肥地种植，一般每公顷产量可达 4 500kg 左右。适应性广，各地均可引种种植。

四十一、红硬黍

种质来源   山西省黎城县农家种。由山西省农科院品种资源所提供，国编号 1403。

特征特性   株高中等，侧穗型，穗长 36cm，单株粒重 11.7g，千粒重 7.0g。籽粒红色，生育期 98d。籽粒蛋白质含量 16.25%，脂肪含量 2.96%，赖氨酸含量 0.19%。经黑穗病人工接种鉴定，为感病。旱棚人工耐盐鉴定，为中敏。1991 年在太原市山西农科院试验地参加优异资源丰产性鉴定，折合每公顷产量 2 868kg。1992 年被选为参加吉林、太原、汾阳三点区域试验种质，试验结果为，吉林点折合每公顷产量 2 190kg，太原点 2 790kg，汾阳点 2 445kg，三点平均折合每公顷产量 2 475kg。

综合评价   该种质为高蛋白种质，脂肪含量较低，赖氨酸含量中等。籽粒粳性，为米饭用种质，面粉不宜做糕。抗黑穗病和耐盐性较差，不宜在黑穗病高发地区和高发年份种植，在盐碱地种植易缺苗断垄造成减产。丰产性好，产量较高，在高水肥地种植，一般每公顷产量可达 5 250kg 左右。

四十二、小红糜

种质来源   山西省沁县农家种。由山西省农科院品种资源所提供，国编号 1420。

特征特性   株高中等，侧穗型，穗长 39.2cm，单株粒重 13.7g，千粒重 6.7g。籽粒红色，生育期 98d。籽粒蛋白质含量 16.07%，脂肪含量 3.80%，赖氨酸含量 0.21%。经黑穗病人工接种鉴定，为感病。旱棚人工耐盐鉴定，为中耐。1991 年在太原市山西农科院试验地参加优异资源丰产性鉴定，折合每公顷产量 2 700kg。

综合评价   该种质蛋白质和赖氨酸含量高，脂肪含量中等。在沁县种植，品质很好，但异地种植后品质明显下降。抗病性较差，耐盐性中等。丰产性好，在沁县旱地种植，一般每公顷产量 2 250kg 以上，较好的水肥地种植，每公顷产量可达 4 500kg。

四十三、红软黍

种质来源　山西省临汾市农家种。由山西省农科院品种资源所提供，国编号 1452。

特征特性　株高中等，侧穗型，穗长中等，籽粒分布稠密，单株粒重较高，千粒重中等。籽粒红色，生育期 101d。籽粒蛋白质含量 16.48%，脂肪含量 3.86%，赖氨酸含量 0.21%。经黑穗病人工接种鉴定，为感病。旱棚人工耐盐鉴定，为中敏。1991 年在太原市山西农科院试验地参加优异资源丰产性鉴定，折合每公顷产量 2 583kg。

综合评价　该种质蛋白质含量高，赖氨酸含量较高，脂肪含量中等。抗病和耐盐性较差，不宜在黑穗病高发区和盐碱地种植。丰产性好，秆粗抗倒耐水肥。耐寒性好，早霜降临之后仍能正常生长。

四十四、软黍子

种质来源　山西省临汾市农家种。由山西省农科院品种资源所提供，国编号 1453。

特征特性　株高中等，侧穗型，穗长 38cm，单株粒重 16.9g，千粒重 7.8g。籽粒黄色，生育期 98d。籽粒蛋白质含量 16.52%，脂肪含量 3.01%，赖氨酸含量 0.19%。经黑穗病人工接种鉴定，为感病。旱棚人工耐盐鉴定，为中敏。1991 年在太原市山西农科院试验地参加优异资源丰产性鉴定，折合每公顷产量 3 954kg。1992 年被选为参加吉林、太原、汾阳三点区域试验种质，试验结果为吉林点折合每公顷产量 3 045kg，太原点折合每公顷产量 3 150kg，汾阳点折合每公顷产量 3 630kg，三点平均折合每公顷产量 3 274.5kg。1992 年在原产地临汾市尧庙乡杜村麦茬复播生产示范，每公顷产量 5 880kg。

综合评价　该种质为稀有的高蛋白质种质，赖氨酸和脂肪含量中等。适口性好，用软黍子做成的黏糕，色泽金黄，软而有筋，是黏糕中的上品，现已被有些高档宾馆作为稀有调济杂粮招待宾客。抗病和耐盐性较差。丰产性好，耐水肥，在高水肥地种植，增产十分明显，每公顷产量最高可达 6 000kg 左右。

四十五、黑软黍

种质来源　山西省临汾市农家种。由山西省农科院品种资源所提供，国编号 1460。

特征特性　株高中等，侧穗型，穗长大，单株粒重高，千粒重中等。籽粒褐色，生育期 140d。籽粒蛋白质含量 16.16%，脂肪含量 3.09%，赖氨酸含量 0.17%。经黑穗病人工接种鉴定，为感病。旱棚人工耐盐鉴定，为中敏。1991 年在太原市山西农科院试验地参加优异资源丰产性鉴定，折合每公顷产量 3 040.5kg。1992 年被选为参加吉林、太原、汾阳三点区域试验种质，试验结果为吉林点折合每公顷产量 2 917.5kg，太原点折合每公顷产量 3 087kg，汾阳点折合每公顷产量 2 899.5kg，三点平均折合每公顷产量 2 982kg。1992 年在山西晋南永济县麦茬复播生产示范，每公顷产量 5 182.5kg。

综合评价　该种质蛋白质含量高，脂肪含量中等，赖氨酸含量低。面粉适口性好，糯性和筋度均较好，但色泽发黑。抗病和耐盐性较差，不宜在黑穗病高发地区和盐碱地种植。丰产性好，一颁丘陵旱地种植，每公顷产量可达 3 000kg 左右；在较好的水肥地种植，每公顷产量可达 6 000kg。

四十六、红黍子

种质来源　山西省候马市农家种。由山西省农科院品种资源所提供，国编号1470。

特征特性　植株矮，侧穗型，穗长大，单株粒重高，籽粒大小中等，红色，生育期98d。籽粒蛋白质含量 16.10%，脂肪含量 3.94%，赖氨酸含量 0.21%。经黑穗病人工接种鉴定，为高感。旱棚人工耐盐鉴定，为敏感。1991 年在太原市山西农科院试验地参加优异资源丰产性鉴定，折合每公顷产量 3 009kg。1992 年被选为参加吉林、太原、汾阳三点区域试验种质，试验结果为吉林点折合每公顷产量 2 737.5kg，太原点折合每公顷产量 2 914.5kg，汾阳点折合每公顷产量 2 827.5kg，三点平均折合每公顷产量 2 826kg。1992 年在山西临汾市尧庙乡杜村麦茬复播生产示范，每公顷产量 5 376kg。

综合评价　该种质蛋白质含量高，品质优，是当地待客佳品，近年来在晋南一带麦茬复播面积较大，但极易感病，播前必需用福尔马林等药剂处理种子，以防感染黑穗病，造成大幅度减产。耐盐性极差，不易在盐碱地种植。在水肥地种植，增产幅度较大。

四十七、黑黍子

种质来源　山西省候马市农家种。由山西省农科院品种资源所提供，国编号1472。

特征特性　植株矮，侧穗型，穗长中等，穗粒重和千粒重较高，粒褐色。生育期100d。籽粒蛋白质含量 16.46%，脂肪含量 3.55%，赖氨酸含量 0.20%。经黑穗病人工接种鉴定，为感病。旱棚人工耐盐鉴定，为中感。1991 年在太原市山西农科院试验地参加优异资源丰产性鉴定，折合每公顷产量 3 030kg。1992 年被选为参加吉林、太原、汾阳三点区域试验种质，试验结果为吉林点折合每公顷产量 2 880kg，太原点折合每公顷产量 2 842.5kg，汾阳点折合每公顷产量 2 644.5kg，三点平均折合每公顷产量 2 788.5kg。1993 年在山西榆次市郊区引种种植，每公顷产量 3 360kg。

综合评价　该种质蛋白质含量高，脂肪和赖氨酸含量中等。品质较优，为黏糕用种质，面粉色泽发黑，软筋度很好，是当地群众喜食的种质。抗病性和耐盐性较差，不遇黑穗病高发年份，一般发病率不高，不会造成大的减产。耐水肥，在较好的水肥地种植，增产幅度较大。

四十八、扫帚软黍

种质来源　山西省襄汾县农家种。由山西省农科院品种资源所提供，国编号1475。

特征特性　株高中等，侧穗型，穗长 40cm，单株粒重较大，千粒重中等，籽粒黄色。生育期 101d。籽粒蛋白质含量 16.21%，脂肪含量 2.87%，赖氨酸含量 0.18%。经黑穗病人工接种鉴定，为高感。旱棚人工耐盐鉴定，为敏感。1991 年在太原市山西农科院试验地参加优异资源丰产性鉴定，折合每公顷产量 3 085.5kg。1992 在临汾杜村麦茬复播生产示范，折合每公顷产量 3 636kg。同年被选为参加吉林、太原、汾阳三点区域试验种质，试验结果为吉林点折合每公顷产量 2 767.5kg，太原点折合每公顷产量 3 645kg，汾阳点折合每公顷产量 3 934.5kg，三点平均折合每公顷产量 3 426kg。

综合评价　该种质蛋白质含量高，但脂肪和赖氨酸含量较低。抗病性和耐盐性很差，播前需用药剂处理种子，也不宜在盐碱地种植。丰产性好，适应性广，各地均能引种种植。由于穗头长大，分枝夹角小，收获脱粒后适宜做扫帚用，故名"扫帚软黍"。

四十九、白软黍

种质来源　山西省浮山县农家种。由山西省农科院品种资源所提供，国编号 1502。

特征特性　株高中等，侧穗型，穗长 37.60cm，单株粒重 9.4g，千粒重 6.9g，籽粒白色，上有一点红，又名"一点红"黍子。生育期 99d。籽粒蛋白质含量 16.29%，脂肪含量 3.12%，赖氨酸含量 0.18%。经黑穗病人工接种鉴定，为高感。旱棚人工耐盐鉴定，为中敏。1991 年在太原市山西农科院试验地参加优异资源丰产性鉴定，折合每公顷产量 3 727.5kg。1992 年在浮山县麦茬复播，在较好的水肥地，一般每公顷产量 4 200 ～ 4 500kg。同年参加吉林、太原、汾阳三点区域试验种质，试验结果为吉林点折合每公顷产量 2 797.5kg，太原点折合每公顷产量 3 484.5kg，汾阳点折合每公顷产量 2 886kg，三点平均折合每公顷产量 3 055.5kg。

综合评价　该种质蛋白质含量高，脂肪和赖氨酸含量中等。抗病性极差，耐盐性中等。丰产性好，适应性广，在各地种植，不论水、旱地均能获得较高的产量。皮薄出米率高，一般出米率为 80% 左右。

五十、白软黍

种质来源　山西省永和县农家种。由山西省农科院品种资源所提供，国编号 1504。

特征特性　植株矮，侧穗型，穗长 38cm，单株粒重 12.2g，千粒重 5.1g，籽粒白色。生育期 100d。籽粒蛋白质含量 16.22%，脂肪含量 3.65%，赖氨酸含量 0.19%。经黑穗病人工接种鉴定，为感病。旱棚人工耐盐鉴定，为敏感。1991 年参加优异资源丰产性鉴定，折合每公顷产量 2 664kg。1992 在平定县宋家庄村引种示范，每公顷产量 6 427.5kg。

综合评价　该种质千粒重小，为小粒型种质。蛋白质含量高，脂肪和赖氨酸含量中等。品质较好，软度和筋度均达指标。抗病性和耐盐性较差，不宜在黑穗病高发地区和盐碱地种植。出米率高，一般出米率为八米二糠。

五十一、白硬糜

种质来源　山西省永和县农家种。由山西省农科院品种资源所提供，国编号 1505。

特征特性　株高中等，侧穗型，穗长中等，单株粒重较高，千粒重 6.9g，籽粒白色。生育期 101d。籽粒蛋白质含量 17.34%，脂肪含量 3.49%，赖氨酸含量 0.20%。经黑穗病人工接种鉴定，为高感。旱棚人工耐盐鉴定，为中敏。1991 年在太原市山西农科院试验地参加优异资源丰产性鉴定，折合每公顷产量 3 139.5kg。1992 被选为参加吉林、太原、汾阳三点区域试验种质，试验结果为吉林点折合每公顷产量 2 434.5kg，太原点折合每公顷产量 2 767.5kg，汾阳点折合每公顷产量 2 856kg，三点平均折合每公顷产量 2 434.5kg。1993 年在平遥县张兰村生产示范，每公顷产量 3 780kg。

综合评价 该种质蛋白质含量高，是测定的 4 200 余份黍稷资源中罕见的高蛋白种质，脂肪和赖氨酸含量中等。米质粳性，是良好的米饭用种质。抗病性差，极易感黑穗病；耐盐性较差，不宜在盐碱地种植。丰产性好，在较好的水肥地种植，一般每公顷产量3 750kg左右。

五十二、白软糜

种质来源 山西省隰县农家种。由山西省农科院品种资源所提供，国编号1508。

特征特性 植株较矮，侧穗型，穗长29.6cm，单株粒重12.6g，千粒重6.6g，籽粒白色。生育期100d。籽粒蛋白质含量16.40%，脂肪含量3.63%，赖氨酸含量0.21%。经黑穗病人工接种鉴定，为感病。旱棚人工耐盐鉴定，为中敏。1991 年在太原市山西农科院试验地参加优异资源丰产性鉴定，折合每公顷产量 3 352.5kg。1992 被选为参加吉林、太原、汾阳三点区域试验种质，试验结果为吉林点折合每公顷产量 3 364.5kg，太原点折合每公顷产量 3 231kg，汾阳点折合每公顷产量 3 165kg，三点平均折合每公顷产量 3 250.5kg。

综合评价 该种质蛋白质含量高，脂肪含量中等，赖氨酸含量较高。糯性好，是良好的黏糕用种质。抗病性和耐盐性较差。丰产性好，抗倒伏，在高水肥地种植，每公顷产量可达 5 250kg 左右。适应性广，在各地均能种植。

五十三、软糜

种质来源 山西省翼城县农家种。由山西省农科院品种资源所提供，国编号1512。

特征特性 株高中等，侧穗型，穗长41.6cm，单株粒重12.8g，千粒重6.6g，籽粒红色。生育期98d。籽粒蛋白质含量16.34%，脂肪含量3.85%，赖氨酸含量0.21%。经黑穗病人工接种鉴定，为感病。旱棚人工耐盐鉴定，为中敏。1991 年在太原市山西农科院试验地参加优异资源丰产性鉴定，折合每公顷产量 2 674.5kg。1992 被选为参加吉林、太原、汾阳三点区域试验种质，试验结果为吉林点折合每公顷产量 2 736kg，太原点折合每公顷产量 2 646kg，汾阳点折合每公顷产量 2 881.5kg，三点平均折合每公顷产量 2 754kg。

综合评价 该种质蛋白质含量高，脂肪含量中等，赖氨酸含量较高，品质较好。在原产地种植多年，是当地待客上品。抗病性较差，耐盐性中等。丰产性好，在当地种植最高每公顷产量可达 4 500kg 左右。

五十四、软黍

种质来源 山西省大宁县农家种。由山西省农科院品种资源所提供，国编号1522。

特征特性 株高137cm，侧穗型，穗长41cm，单株粒重11.2g，千粒重6.4g，籽粒白灰色。生育期100d。籽粒蛋白质含量16.61%，脂肪含量3.30%，赖氨酸含量0.20%。经黑穗病人工接种鉴定，为感病。耐盐鉴定，为中敏。1991 年在太原市山西农科院试验地参加优异资源丰产性鉴定，折合每公顷产量 2 497.5kg。

综合评价 该种质蛋白质含量高，脂肪和赖氨酸含量中等。糕面软筋，品质较好，但颜色发黑。抗黑穗病性和耐盐性较差。耐水肥性好，在高水肥地种植，穗大秆粗不倒伏，每公顷产量 5 250kg 左右。出米率高，一般为 80%。

五十五、浅红软黍

种质来源　山西省汾西县农家种。由山西省农科院品种资源所提供，国编号 1531。

特征特性　株高 147cm，散穗型，穗长松散，单株粒重 15.1g，千粒重 6.9g，粒红色。生育期 101d。籽粒蛋白质含量 16.64%，脂肪含量 3.38%，赖氨酸含量 0.20%。经黑穗病人工接种鉴定，为感病。耐盐鉴定，为中耐。1991 年在太原市山西农科院试验地参加优异资源丰产性鉴定，折合每公顷产量 2 442kg。1992 年在山西省平定县宋家庄村生产示范，每公顷产量 4 725kg。

综合评价　该种质蛋白质含量高，脂肪和赖氨酸含量中等。品质好，筋软度均达指标。抗病性较差，耐盐性中等，可在轻、中盐碱地种植。丰产性好，最高每公顷产量可达 6 000kg。

五十六、黑縻

种质来源　山西省汾西县农家种。由山西省农科院品种资源所提供，国编号 1532。

特征特性　株高 149cm，侧穗型，穗长 43.2cm，单株粒重 13.2g，千粒重 6.1g，籽粒褐色。生育期 99d。籽粒蛋白质含量 16.17%，脂肪含量 3.51%，赖氨酸含量 0.20%。经黑穗病人工接种鉴定，为感病。耐盐鉴定，为中敏。1991 年在太原市山西农科院试验地参加优异资源丰产性鉴定，折合每公顷产量 2 131.5kg。

综合评价　该种质为高蛋白质种质，脂肪和赖氨酸含量中等，适口性中等。抗病性和耐盐性较差。丰产性好，喜水肥，在高水肥地种植，一般每公顷产量可达 2 250kg 左右，最高可达 5 700kg。皮壳较厚，出米率 70%。

五十七、黄黍

种质来源　山西省运城市农家种。由山西省农科院品种资源所提供，国编号 1543。

特征特性　株高 132cm，侧穗型，穗长 34.4cm，单株粒重 8.1g，千粒重 6.0g，籽粒黄色。生育期 107d。籽粒蛋白质含量 16.05%，脂肪含量 3.78%，赖氨酸含量 0.19%。经黑穗病人工接种鉴定，为高感。耐盐鉴定，为敏感。1991 年参加优异资源丰产性鉴定，折合每公顷产量 2 428.5kg。1992 年在运城市城郊水肥地麦茬复播，每公顷产量 5 220kg。

综合评价　该种质为高蛋白质种质，脂肪和赖氨酸含量中等，抗病性较差，易感病。不耐盐碱，不宜在盐碱地种植。喜水肥，在水肥地种植，增产潜力较大。

五十八、红黍

种质来源　山西省夏县农家种。由山西省农科院品种资源所提供，国编号 1550。

特征特性　株高 115cm，侧穗型，穗长 35.8cm，单株粒重 9.3g，千粒重 6.8g。籽粒红色。生育期 90d。籽粒蛋白质含量 16.04%，脂肪含量 3.55%，赖氨酸含量 0.21%。经黑穗病人工接种鉴定，为感病。旱棚人工耐盐鉴定，为中敏。1991 年在太原市山西农科院试验地参加优异资源丰产性鉴定，折合每公顷产量 2 947.5kg。1992 年被选为参加吉林、太原、汾阳三点区域试验种质，试验结果为吉林点折合每公顷产量 3 067.5kg，太原点折合每公顷产量 3 124.5kg，汾阳点折合每公顷产量 2 767.5kg，三点平均折合每公顷产量 2 986.5kg。

综合评价　该种质蛋白质含量高，脂肪含量中等，赖氨酸含量较高。适口性好，是当地种植多年的优质农家种。抗病和耐盐性较差。适应性较广，各地种植都能保持比较稳定的产量。由于种植多年自然的异交引起变异，影响到产量和品质，所以要注意提纯复壮，以保证该种质的纯度。

五十九、红软黍

种质来源　山西省绛县农家种。由山西省农科院品种资源所提供，国编号 1555。

特征特性　株高 118cm，侧穗型，穗长 40.2cm，单株粒重 12.2g，千粒重 6.3g。籽粒红色。生育期 92d。籽粒蛋白质含量 16.61%，脂肪含量 3.27%，赖氨酸含量 0.19%。经黑穗病人工接种鉴定，为感病。旱棚人工耐盐鉴定，为中耐。1991 年在太原市山西农科院试验地参加优异资源丰产性鉴定，折合每公顷产量 2 851.5kg。1992 年被选为参加吉林、太原、汾阳三点区域试验种质，试验结果为吉林点折合每公顷产量 2 767.5kg，太原点折合每公顷产量 3 036kg，汾阳点折合每公顷产量 2 521.5kg，三点平均折合每公顷产量 2 775kg。1993 年作为丰产优质种质，在绛县生产示范，每公顷产量 5 410.5kg。

综合评价　该种质蛋白质含量高，脂肪和赖氨酸含量中等，糯性好，是典型的黏糕用种质。适应性广，异地种植后均保持丰产和品质的优良性状。抗病差，但在正常年景下发病率很低，对产量影响不大。耐盐性中等，在一般盐碱地种植，对产量影响不大。

六十、古选 2 号

种质来源　山西省万荣县良种场从农家种"红黍"中发现自然变异株，经历年系选而成。由山西省农科院品种资源所提供，国编号 1564。

特征特性　株高中等，侧穗型，穗长 40.6cm，单株粒重 11.8g，千粒重 5.1g。粒红色。生育期 93d。籽粒蛋白质含量 16.08%，脂肪含量 3.87%，赖氨酸含量 0.21%。经黑穗病人工接种鉴定，为感病。旱棚人工耐盐鉴定，为中敏。1991 年在太原市山西农科院试验地参加优异资源丰产性鉴定，折合每公顷产量 3 511.5kg。1992 年被选为参加吉林、太原、汾阳三点区域试验种质，试验结果为吉林点折合每公顷产量 3 081kg，太原点折合每公顷产量 3 351kg，汾阳点折合每公顷产量 2 896.5kg，三点平均折合每公顷产量 3 109.5kg。

综合评价　该种质丰产性好，近年来已在晋南地区作为麦茬复播种质广泛种植推广。穗头脱粒收获后是做笤帚的好原料。因此种植该种质，可以综合利用，提高经济效益。但籽粒较小，千粒重低，还有待于进一步做遗传育种的改造工作，以使该种质在丰产性方面更提高一步。

六十一、金红黍

种质来源 山西省闻喜县农家种。由山西省农科院品种资源所提供，国编号 1575。

特征特性 株高 130cm，侧穗型，穗长 36.2cm，单株粒重 10.6g，千粒重 5.3g。籽粒红色。生育期 101d。籽粒蛋白质含量 16.36%，脂肪含量 3.41%，赖氨酸含量 0.20%。经黑穗病人工接种鉴定，为高感。旱棚人工耐盐鉴定，为中敏。1991 年在太原市山西农科院试验地参加优异资源丰产性鉴定，折合每公顷产量 2 260.5kg。

综合评价 该种质蛋白质含量高，脂肪和赖氨酸含量中等。抗病性极差，耐盐性较差。植株较矮，茎粗抗倒，耐水肥，在水肥地种植，增产幅度较大。籽粒较小，千籽重低，在高水肥地块上粒重明显提高。

六十二、金黄硬黍

种质来源 山西省闻喜县农家种。由山西省农科院品种资源所提供，国编号 1577。

特征特性 株高 142cm，侧穗型，穗长 27.8cm，单株粒重 6.8g，千粒重 5.7g。籽粒黄色。生育期 92d。籽粒蛋白质含量 16.09%，脂肪含量 3.09%，赖氨酸含量 0.19%。经黑穗病人工接种鉴定，为抗病。旱棚人工耐盐性鉴定，为中敏。1991 年在太原市山西农科院试验地参加优异资源丰产性鉴定，折合每公顷产量 2 070kg。在当地种植，一般每公顷产量 2 250kg。

综合评价 该种质蛋白质含量高，脂肪和赖氨酸含量一般。粳性种质，宜作米饭用。丰产性很一般，穗不大，籽粒小，单株粒重也不高。但抗病性好，可作为抗病育种材料应用。

六十三、黑软黍

种质来源 山西省闻喜县农家种。由山西省农科院品种资源所提供，国编号 1582。

特征特性 株高 139cm，侧穗型，穗长 30.6cm，单株粒重 8.6g，千粒重 6.8g。籽粒褐色。生育期 90d。籽粒蛋白质含量 16.71%，脂肪含量 3.40%，赖氨酸含量 0.21%。经黑穗病人工接种鉴定，为感病。旱棚人工耐盐鉴定，为中敏。1991 年在太原市山西农科院试验地参加优异资源丰产性鉴定，折合每公顷产量 2 011.5kg。在当地种植，旱地每公顷产量 2 250kg 左右，水地每公顷产量 3 750kg 左右。

综合评价 该种质蛋白质含量高，在黍稷种质资源中并不多见，脂肪和赖氨酸含量较高，品质好，是当地群众喜欢食用的黏糕用种质。抗病和耐盐性较差，但一般情况下，不影响产量。

六十四、一点黄黍

种质来源 陕西省神木县农家种。由陕西榆林地区农科所提供，国编号 1611。

特征特性 株高 189cm，侧穗型，穗长 41cm，单株粒重 12.9g，千粒重 6.8g。籽粒白色上有一点黄。生育期 93d。籽粒蛋白质含量 16.29%，脂肪含量 2.90%，赖氨酸含量 0.18%。经黑穗病人工接种鉴定，为抗病。旱棚人工耐盐鉴定，为中耐。1991 年在太原市山西农科院试验地参加优异资源丰产性鉴定，折合每公顷产量 2 500.5kg。

综合评价 该种质为高蛋白质种质，脂肪和赖氨酸含量较低，糯性较好，为黏糕用种质。抗病性好，耐盐性中等。适应性广，各地均能引种种植，而且在黑穗病高发地区和盐碱地种植，均能获得较好的产量。

六十五、黄软黍

种质来源 陕西省白水县农家种。由陕西榆林地区农科所提供，国编号 1883。

特征特性 株高 234cm，侧穗型，穗长 39cm，单株粒重 11.6g，千粒重 7.6g。籽粒黄色。生育期 99d。籽粒蛋白质含量 16.19%，脂肪含量 1.70%，赖氨酸含量 0.17%。经黑穗病人工接种鉴定，为感病。旱棚人工耐盐鉴定，为中敏。1991 年在太原市山西农科院试验地参加优异资源丰产性鉴定，折合每公顷产量 2 424kg。

综合评价 该种质蛋白质含量较高，但脂肪和赖氨酸含量较低，糯性较好，品质一般。抗黑穗病性和耐盐性较差，但在一般情况下对产量影响不大。茎秆高大不抗倒伏，因此不宜在高水肥地种植。

六十六、红老哇头

种质来源 陕西省旬邑县农家种。由陕西榆林地区农科所提供，国编号 1922。

特征特性 株高 166cm，侧穗型，穗长 39cm，单株粒重 10.8g，千粒重 7.3g。籽粒红色，生育期 100d。籽粒蛋白质含量 16.01%，脂肪含量 1.91%，赖氨酸含量 0.17%。经黑穗病人工接种鉴定，为感病。旱棚人工耐盐鉴定，为中敏。1991 年在太原市山西农科院试验地参加优异资源丰产性鉴定，折合每公顷产量 2 212.5kg。

综合评价 该种质蛋白质含量达到高蛋白种质的指标，脂肪和赖氨酸含量均低。抗性和耐盐性较差，但在一般年份和轻盐碱地种植，不会造成大幅度减产。丰产性较好，在当地种植，一般每公顷产量 2 250kg，高者达 3 750kg 左右。

六十七、灰麻黍

种质来源 陕西省旬邑县农家种。由陕西榆林地区农科所提供，国编号 1928。

特征特性 株高 204cm，侧穗型，穗长 43cm，单株粒重 13.8g，千粒重 6.8g。籽粒灰色上有黑色条纹。生育期 99d。籽粒蛋白质含量 16.14%，脂肪含量 2.22%，赖氨酸含量 0.17%。经黑穗病人工接种鉴定，为感病。旱棚人工耐盐鉴定，为中耐。1991 年在太原市山西农科院试验地参加优异资源丰产性鉴定，折合每公顷产量 2 151kg。

综合评价 该种质蛋白质含量高，但脂肪和赖氨酸含量低，糯性较好，为当地黏糕用种质。丰产性好，但秆高易倒伏，不宜在高水肥地种植。在当地丘陵旱地种植，一般每公顷产量 2 250kg。穗头是做笤帚的好原料。

六十八、红糜

种质来源 陕西省彬县农家种。由陕西榆林地区农科所提供，国编号 1929。

特征特性 株高 185cm，侧穗型，穗长 42cm，单株粒重 10.2g，千粒重 7.2g。籽粒红色。生育期99d。籽粒蛋白质含量17.34%，脂肪含量1.99%，赖氨酸含量0.17%。经黑穗病人工接种鉴定，为抗病。旱棚人工耐盐鉴定，为中敏。1991年在太原市山西农科院试验地参加优异资源丰产性鉴定，折合每公顷产量2 748kg。

综合评价　该种质蛋白质含量特高，为黍稷种质资源中稀有的高蛋白种质。脂肪和赖氨酸含量低。对黑穗病有抗病性，耐盐性较差，可作为培育高蛋白和抗黑穗病新种质的育种材料。该种质在异地种植后，仍保持高蛋白质的特性。

六十九、古浪红疙瘩

种质来源　甘肃省古浪县农家种。由甘肃农科院粮作所提供，国编号2703。

特征特性　株高92cm，侧穗型，穗长22.1cm，单株粒重5.1g，千粒重5.1g。籽粒红色。生育期116d。籽粒蛋白质含量16.59%，脂肪含量1.93%，赖氨酸含量0.17%。经黑穗病人工接种鉴定，为感病。旱棚人工耐盐鉴定，为中耐。1991年在太原市山西农科院试验地参加优异资源丰产性鉴定，折合每公顷产量1 629kg。

综合评价　该种质属稀有的高蛋白质种质，但脂肪和赖氨酸含量低。粳性，属米饭用品。在原产地为旱地种质，丰产性较差，在水肥地种植增产潜力不大。异地种植后生育期明显缩短，产量不高，但耐盐性较好。

七十、古浪大红糜子

种质来源　甘肃省古浪县农家种。由甘肃农科院粮作所提供，国编号2704。

特征特性　株高94cm，侧穗型，穗长23.3cm，单株粒重5.6g，千粒重6.8g。籽粒深黄色。生育期101d。籽粒蛋白质含量16.76%，脂肪含量2.09%，赖氨酸含量0.16%。经黑穗病人工接种鉴定，为感病。旱棚人工耐盐鉴定，为中耐。1991年在太原市山西农科院试验地参加优异资源丰产性鉴定，折合每公顷产量1 426.5kg。

综合评价　该种质属稀有的高蛋白质种质，但脂肪和赖氨酸含量低。粳性，为米饭用种质。丰产性较差，为旱地种质。抗病性较差，耐盐性较好，在当地旱地种植，一般每公顷产量750～900kg。

七十一、古浪60黄糜子

种质来源　甘肃省古浪县农家种。由甘肃农科院粮作所提供，国编号2706。

特征特性　株高83cm，侧穗型，穗长23.3cm，单株粒重3.2g，千粒重6.6g。籽粒黄色。生育期99d。籽粒蛋白质含量16.13%，脂肪含量2.27%，赖氨酸含量0.16%。经黑穗病人工接种鉴定，为感病。旱棚人工耐盐鉴定，为中耐。1991年在太原市山西农科院试验地参加优异资源丰产性鉴定，折合每公顷产量1 467kg。

综合评价　该种质蛋白质含量高，脂肪和赖氨酸含量低。粳性，为米饭用种质。抗病性较差，耐盐性较好，丰产性一般，适合旱地和轻盐碱地种植。在当地种植，一般每公顷产量1 350～1 500kg。异地引种种植，生育期明显缩短。

七十二、古浪黑糜子

种质来源 甘肃省古浪县农家种。由甘肃农科院粮作所提供，国编号2707。

特征特性 株高92cm，侧穗型，穗长27.4cm，单株粒重5.4g，千粒重7.7g。籽粒褐色。生育期91d。籽粒蛋白质含量16.38%，脂肪含量1.55%，赖氨酸含量0.16%。经黑穗病人工接种鉴定，为感病。旱棚人工耐盐鉴定，为中耐。1991年在太原市山西农科院试验地参加优异资源丰产性鉴定，折合每公顷产量1 161kg。

综合评价 该种质蛋白质含量高，脂肪和赖氨酸含量低。适口性一般。粳性，为米饭用种质。抗黑穗病性较差，耐盐性较好，可作为开发轻盐碱地的种质。茎秆细软，不抗倒伏，不适合水地种植，是典型的干旱生态型。

七十三、榆中红糜子

种质来源 甘肃省榆中县农家种。由甘肃农科院粮作所提供，国编号2788。

特征特性 株高112cm，侧穗型，穗长27.1cm，单株粒重5.7g，千粒重7.9g。籽粒深黄。生育期112d。籽粒蛋白质含量17.11%，脂肪含量1.87%，赖氨酸含量0.16%。经黑穗病人工接种鉴定，为抗病。旱棚人工耐盐鉴定，为中敏。1991年在太原市山西农科院试验地参加优异资源丰产性鉴定，折合每公顷产量1 270.5kg。

综合评价 该种质蛋白质含量高，脂肪和赖氨酸含量低。粳性，为米饭用种质。抗病性好，可在黑穗病高发地区种植。耐盐性较差，不宜在盐碱地种植。抗旱性较好，适宜在干旱丘陵地区种植。

七十四、靖远红糜

种质来源 甘肃省靖远县农家种。由甘肃农科院粮作所提供，国编号2796。

特征特性 株高95cm，侧穗型，穗长25.7cm，单株粒重5.5g，千粒重7.9g。籽粒红色。生育期105d。籽粒蛋白质含量16.20%，脂肪含量2.40%，赖氨酸含量0.17%。经黑穗病人工接种鉴定，为感病。旱棚人工耐盐鉴定，为中敏。1991年在太原市山西农科院试验地参加优异资源丰产性鉴定，折合每公顷产量1 368kg。

综合评价 该种质蛋白质含量高，脂肪和赖氨酸含量低。粳性，为米饭用种质。在当地种植多年，一般在干旱丘陵地种植，虽抗病性和耐盐性较差，在当地生态条件下并不影响产量。在较好的水肥地种植，增产幅度较大。

七十五、会宁九二小黄糜

种质来源 甘肃省会宁县农家种。由甘肃农科院粮作所提供，国编号2831。

特征特性 株高106cm，侧穗型，穗长27.2cm，单株粒重5.2g，千粒重7.9g。籽粒黄色。生育期105d。籽粒蛋白质含量16.36%，脂肪含量1.76%，赖氨酸含量0.16%。经黑穗病人工接种鉴定，为感病。旱棚人工耐盐鉴定，为中耐。1991年在太原市山西农科院试验地参加优异资源丰产性鉴定，折合每公顷产量2 766kg。

综合评价 该种质蛋白质含量高，脂肪和赖氨酸含量低。粳性，为米饭用种质。抗病性较差，耐盐性较好。丰产性一般，在当地旱地丘陵地种植，一般每公顷产量1 350~1 500kg，在水肥地种植，每公顷产量可达3 000kg左右。

七十六、会宁小黄糜

种质来源　甘肃省会宁县农家种。由甘肃农科院粮作所提供，国编号2838。

特征特性　株高125cm，侧穗型，穗长25.1cm，单株粒重4.8g，千粒重8.0g。籽粒黄色。生育期116d。籽粒蛋白质含量16.09%，脂肪含量7.40%，赖氨酸含量0.17%。经黑穗病人工接种鉴定，为感病。旱棚人工耐盐鉴定，为中敏。1991年在太原市山西农科院试验地参加优异资源丰产性鉴定，折合每公顷产量1 333.5kg。

综合评价　该种质蛋白质含量高，脂肪和赖氨酸含量低。粳性，为米饭用种质，也作炒米用。在当地旱地种植，植株矮，穗小，单株粒重低，但籽粒较大，千粒重高。水肥地种植，丰产性较好，一般每公顷产量2 250~3 000kg。

七十七、临洮糜

种质来源　甘肃省临洮县农家种。由甘肃农科院粮作所提供，国编号2860。

特征特性　株高94cm，侧穗型，穗长24.5cm，单株粒重4.8g，千粒重7.5g。籽粒黄色。生育期114d。籽粒蛋白质含量16.41%，脂肪含量1.95%，赖氨酸含量0.17%。经黑穗病人工接种鉴定，为感病。旱棚人工耐盐鉴定，为中耐。1991年在太原市山西农科院试验地参加优异资源丰产性鉴定，折合每公顷产量1 818kg。

综合评价　该种质蛋白质含量高，脂肪和赖氨酸含量低。粳性，为米饭用种质。抗病性较差，耐盐性中等。丰产性一般，为丘陵旱地生态型。在当地种植，一般每公顷产量1 500kg左右，在较好的土地种植，每公顷产量2 250kg左右。

七十八、渭源小青糜

种质来源　甘肃省渭源县农家种。由甘肃农科院粮作所提供，国编号2872。

特征特性　株高70cm，侧穗型，穗长24cm，单株粒重5.3g，千粒重6.2。籽粒灰红色，上有条纹。生育期101d。籽粒蛋白质含量16.21%，脂肪含量1.89%，赖氨酸含量0.16%。经黑穗病人工接种鉴定，为感病。旱棚人工耐盐鉴定，为高耐。1991年在太原市山西农科院试验地参加优异资源丰产性鉴定，折合每公顷产量1 239kg。

综合评价　该种质蛋白质含量高，脂肪和赖氨酸含量低。籽粒粳性。抗病性较差，但耐盐性极好，可作为盐碱地的开发利用种质。丰产性较差，成熟易落粒。异地种植生育期明显缩短，一般作为救灾作物利用。

七十九、临夏杂黄糜

种质来源　甘肃省临夏县农家种。由甘肃农科院粮作所提供，国编号3034。

特征特性　株高91cm，侧穗型，穗长26.4cm，单株粒重4.6g，千粒重7.8。籽粒黄色。生育期98d。籽粒蛋白质含量16.07%，脂肪含量2.08%，赖氨酸含量0.17%。经黑穗病人工接种鉴定，为高感。旱棚人工耐盐鉴定，为中敏。1991年在太原市山西农科院试验地参加优异资源丰产性鉴定，折合每公顷产量 1 333.5kg。

综合评价　该种质蛋白质含量高，脂肪和赖氨酸含量低。籽粒粳性，为米饭用种质。抗病性极差。丰产性一般，但籽粒较大，为大粒型种质。在水肥地种植，增产幅度较大。

八十、黄黍

种质来源　新疆沙湾县农家种。由新疆农科院品种资源室提供，国编号 3103。

特征特性　株高 116cm，散穗型，穗长 33.5cm，单株粒重 8.7g，千粒重 6.4g。籽粒红色。生育期 74d。籽粒蛋白质含量 16.83%，脂肪含量 2.87%，赖氨酸含量 0.16%。经黑穗病人工接种鉴定，为感病。旱棚人工耐盐鉴定，为中耐。1991 年在太原市山西农科院试验地参加优异资源丰产性鉴定，折合每公顷产量 2 629.5kg。1992 年被选为参加吉林、太原、汾阳三点区域试验种质，试验结果为吉林点折合每公顷产量 2 746.5kg，太原点折合每公顷产量 2 497.5kg，汾阳点折合每公顷产量 2 434.5kg，三点平均折合每公顷产量 2 559kg。

综合评价　该种质为稀有的高蛋白种质，脂肪和赖氨酸含量低，籽粒粳性，为米饭和炒米用种质。抗病性较差，但一般年份不会高发黑穗病而影响产量。耐盐性中等，在盐碱地种植会因出苗率低而导致产量下降。丰产性较好，但生育期很短，为特早熟种质，一般作为复播种质用。从新疆引入太原种植，生产期明显缩短，一般 60d 左右即可成熟。

八十一、大黄黍

种质来源　山西省大同市农家种。由山西农科院品种资源所提供，国编号 3205。

特征特性　株高 100cm，散穗型，穗长 36.6cm，单株粒重 9g，千粒重 7.2g。籽粒黄色。生育期 79d。籽粒蛋白质含量 16.47%，脂肪含量 1.91%，赖氨酸含量 0.16%。经黑穗病人工接种鉴定，为抗病。旱棚人工耐盐鉴定，为中敏。1991 年在太原市山西农科院试验地参加优异资源丰产性鉴定，折合每公顷产量 2 725.5kg。1992 年被选为参加吉林、太原、汾阳三点区域试验种质，试验结果为吉林点折合每公顷产量 2 224.5kg，太原点折合每公顷产量 2 674.5kg，汾阳点折合每公顷产量 2 463kg，三点平均折合每公顷产量 2 454kg。

综合评价　该种质蛋白质含量高，脂肪和赖氨酸含量低，籽粒粳性，在当地主要为米饭用种质。抗病性好，在一般情况下不感染黑穗病。该种质可作为高蛋白和抗黑穗病的育种材料。耐盐性较差，不宜在盐碱地种植。丰产性中等，一般每公顷产量 2 250kg 左右，高者可达 3 750kg。

八十二、小红黍

种质来源　山西省左云县农家种。由山西农科院品种资源所提供，国编号 3210。

特征特性　株高 110cm，侧穗型，穗长 36cm，单株粒重 10.6g，千粒重 6.4g。籽粒红色。生育期 76d。籽粒蛋白质含量 16.31%，脂肪含量 1.87%，赖氨酸含量 0.16%。经黑穗病人工接种鉴定，为感病。旱棚人工耐盐鉴定，为中敏。1991 年在太原市山西农科院试验地参加优异资源丰产性鉴定，折合每公顷产量 2 199kg。

综合评价　该种质蛋白质含量高，脂肪和赖氨酸含量低。籽粒原为糯性，但因多年异交已成粳性，只能作为米饭用种质。抗病性和耐盐性较差。丰产性一般，多年来在当地只作旱地种质用，为典型的干旱生态型。

八十三、小红黍

种质来源　山西省左云县农家种。由山西农科院品种资源所提供，国编号 3211。

特征特性　株高 66cm，散穗型，穗长 30.6cm，单株粒重 6.2g，千粒重 7.4g。籽粒红色。生育期 63d。籽粒蛋白质含量 16.20%，脂肪含量 1.88%，赖氨酸含量 0.16%。经黑穗病人工接种鉴定，为高感。旱棚人工耐盐鉴定，为中耐。1991 年在太原市山西农科院试验地参加优异资源丰产性鉴定，折合每公顷产量 2 397kg。1992 年被选为参加吉林、太原、汾阳三点区域试验种质，试验结果为吉林点折合每公顷产量 2 152.5kg，太原点折合每公顷产量 2 137.5kg，汾阳点折合每公顷产量 1 921.5kg，三点平均折合每公顷产量2 070kg。

综合评价　该种质蛋白质含量高，脂肪和赖氨酸含量低，籽粒粳性。极不抗病，耐盐性中等。生育期极短，植株很矮，为典型的救灾作物，也可作为高寒区的春麦茬复播种质。分枝和分蘖性很强，但一般不能成穗成熟。

八十四、小红黍

种质来源　山西省应县农家种。由山西农科院品种资源所提供，国编号 3228。

特征特性　株高 88cm，散穗型，穗长 36.4cm，单株粒重 7.8g，千粒重 6.7g。籽粒黄色。生育期 63d。籽粒蛋白质含量 16.92%，脂肪含量 1.78%，赖氨酸含量 0.18%。经黑穗病人工接种鉴定，为高感。旱棚人工耐盐鉴定，为敏感。1991 年在太原市山西农科院试验地参加优异资源丰产性鉴定，折合每公顷产量 2 127kg。

综合评价　该种质为稀有的高蛋白质种质，可作为高蛋白种质的育种材料。脂肪和赖氨酸含量低，生育期极短，为特早熟材料。抗病和抗盐性差。由于生育期很短，植株矮，抽穗早，产量不高，一般作为救灾和复播作物用。

八十五、大黄黍

种质来源　山西省应县农家种。由山西农科院品种资源所提供，国编号 3229。

特征特性　株高 110cm，散穗型，穗长 40.6cm，单株粒重 9.3g，千粒 6.9g。籽粒黄色。生育期 80d。籽粒蛋白质含量 16.03%，脂肪含量 1.65%，赖氨酸含量 0.15%。经黑穗病人工接种鉴定，为感病。旱棚人工耐盐鉴定，为中敏。1991 年在太原市山西农科院试验地参加优异资源丰产性鉴定，折合每公顷产量 2 863.5kg。1992 年被选为参加吉林、太原、汾阳三点区域试验种质，试验结果为吉林点折合每公顷产量 2 284.5kg，太原点折合每公顷产量 2 613kg，汾阳点折合每公顷产量 2 074.5kg，三点平均折合每公顷产量2 323.5kg。

综合评价　该种质蛋白质含量高，脂肪和赖氨酸含量低，籽粒粳性，为米饭用种质。抗病和耐盐性均较差，但在一般情况下不会影响产量。耐水肥性好，在水肥地种植，一般每公顷产量 3 750~4 500kg。

八十六、青牛蛋

种质来源　山西省右玉县农家种。由山西农科院品种资源所提供，国编号 3238。

特征特性　株高 90cm，散穗型，穗长 32.8cm，单株粒重 5.2g，千粒重 6.6g。籽粒褐色。生育期 54d。籽粒蛋白质含量 16.00%，脂肪含量 1.83 %，赖氨酸含量 0.16%。经黑穗病人工接种鉴定，为抗病。旱棚人工耐盐鉴定，为中敏。1991 年在太原市山西农科院试验地参加优异资源丰产性鉴定，折合每公顷产量 1 579.5kg。

综合评价　该种质有 4 项优点：（1）蛋白质含量高；（2）生育期特短，为特早熟种质；（3）植株特矮，为矮秆型；（4）抗病性好。鉴于以上优点，该种质可作为良好的育种材料。在生产上主要作为救灾备荒作物种质。籽粒粳性。

八十七、红皮黍子

种质来源　山西省平鲁县农家种。由山西农科院品种资源所提供，国编号 3242。

特征特性　株高 83cm，散穗型，穗长 32.2cm，单株粒重 5.1g，千粒重 6.1g。籽粒红色。生育期 63d。籽粒蛋白质含量 16.67%，脂肪含量 1.94 %，赖氨酸含量 0.16%。经黑穗病人工接种鉴定，为高感。旱棚人工耐盐鉴定，为中敏。1991 年在太原市山西农科院试验地参加优异资源丰产性鉴定，折合每公顷产量 1 674kg。

综合评价　该种质蛋白质含量高，脂肪和赖氨酸含量低。籽粒原为糯性，由于多年种植自然异交，现已成粳性，只能作为米饭用种质。抗病性很差，只能在旱地种植。由于生育期很短，在当地作为春麦茬复播种质。

八十八、二黄黍

种质来源　山西省平鲁县农家种。由山西农科院品种资源所提供，国编号 3244。

特征特性　株高 80cm，侧穗型，穗长 32.9cm，单株粒重 6.2g，千粒重 6.7g。籽粒黄色。生育期 63d。籽粒蛋白质含量 16.06%，脂肪含量 1.70 %，赖氨酸含量 0.15%。经黑穗病人工接种鉴定，为高感。旱棚人工耐盐鉴定，为中敏。1991 年在太原市山西农科院试验地参加优异资源丰产性鉴定，折合每公顷产量 1 930.5kg。

综合评价　该种质蛋白质含量高，脂肪和赖氨酸含量低，籽粒原为糯性，经多年种植演变现已成粳性，只能作为米饭用种质。生育期特短，现已种植面积很小，一般只作为救灾种质利用。八成熟收获，以防落粒减产。

八十九、巴门黄

种质来源　山西省平鲁县农家种。由山西农科院品种资源所提供，国编号 3246。

特征特性　株高 112cm，侧穗型，穗长 35.4cm，单株粒重 14.7g，千粒重 7.3g。籽粒黄色。生育期 80d。籽粒蛋白质含量 16.35%，脂肪含量 1.92 %，赖氨酸含量 0.17%。经黑穗病人工接种鉴定，为高感。旱棚人工耐盐鉴定，为中敏。1991 年在太原市山西农科院试验地参加优异资源丰产性鉴定，折合每公顷产量 2 113.5kg。

综合评价　该种质蛋白质含量高，脂肪和赖氨酸含量低，籽粒粳性。易感黑穗病，不耐盐碱。生育期短，宜在高寒地区种植，异地引种种植生育期明显缩短。抗旱性好，耐水肥性差，为典型的旱地种质生态型。

九十、大红糜子

种质来源　山西省忻州市农家种。由山西农科院品种资源所提供，国编号 3261。

特征特性　株高 178cm，侧穗型，穗长 31.6cm，单株粒重 9.5g，千粒重 6.4g。籽粒红色。生育期 91d。籽粒蛋白质含量 16.25%，脂肪含量 2.10%，赖氨酸含量 0.17%。经黑穗病人工接种鉴定，为抗病。旱棚人工耐盐鉴定，为中耐。1991 年在太原市山西农科院试验地参加优异资源丰产性鉴定，折合每公顷产量 2 206.5kg。

综合评价　该种质蛋白质含量高，脂肪和赖氨酸含量低，籽粒粳性，为米饭用种质。抗病性好，耐盐碱性中等。丰产性中等，但在较好的土地上种植增产幅度较大。该种质在生产上有一定的利用价值，在育种上更是可贵材料。

九十一、黄狼鼠糜

种质来源　山西省忻州市农家种。由山西农科院品种资源所提供，国编号 3262。

特征特性　株高 165cm，侧穗型，穗长 40.2cm，单株粒重 8.2g，千粒重 6.1g。籽粒黄色。生育期 87d。籽粒蛋白质含量 16.29%，脂肪含量 1.91%，赖氨酸含量 0.17%。经黑穗病人工接种鉴定，为抗病。旱棚人工耐盐鉴定，为中敏。1991 年在太原市山西农科院试验地参加优异资源丰产性鉴定，折合每公顷产量 2 389.5kg。

综合评价　该种质蛋白质含量高，脂肪和赖氨酸含量低，籽粒粳性。抗黑穗病，耐盐碱性较差，丰产性中等，在当地较好的旱地上种植，一般为每公顷产 3 000kg 左右。该种质不仅是当地生产上的骨干种质，也可作为今后稷子育种的好材料。

九十二、硬糜子

种质来源　山西省忻州市农家种。由山西农科院品种资源所提供，国编号 3263。

特征特性　株高 78cm，侧穗型，穗长 41cm，单株粒重 12g，千粒重 6.3g。籽粒黄色。生育期 91d。籽粒蛋白质含量 16.09%，脂肪含量 2.22%，赖氨酸含量 0.16%。经黑穗病人工接种鉴定，为感病。旱棚人工耐盐鉴定，为中敏。1991 年在太原市山西农科院试验地参加优异资源丰产性鉴定，折合每公顷产量 2 502kg。

综合评价　该种质蛋白质含量高，脂肪和赖氨酸含量低，籽粒粳性。抗病和耐盐性较差。丰产性较好，但在高水肥地种植，易倒伏减产。穗长、穗分枝与主轴的夹角很小，所以穗子收获脱粒后是做笤帚的好原料。

九十三、冠炸拉

种质来源　山西省代县农家种。由山西农科院品种资源所提供，国编号 3275。

特征特性　株高 65cm，散穗型，穗长 31.8cm，单株粒重 5.2g，千粒重 4.9g。籽粒灰色。生育期 63d。籽粒蛋白质含量 16.45%，脂肪含量 2.14%，赖氨酸含量 0.16%。经黑穗病人工接种鉴定，为抗病。旱棚人工耐盐鉴定，为中敏。1991 年在太原市山西农科院试验地参加优异资源丰产性鉴定，折合每公顷产量 1 437kg。

综合评价　该种质是稀有的高蛋白质种质，脂肪和赖氨酸含量低，籽粒粳性。抗病性好，耐盐碱性较差，是高蛋白和抗病育种的良好材料。由于生育期特短，在生产上作为救灾种质用。穗型松散，易落粒，丰产性较差。

九十四、60 天小红黍

种质来源　山西省河曲县农家种。由山西农科院品种资源所提供，国编号 3281。

特征特性　株高 147cm，侧穗型，穗长 38cm，单株粒重 8.6g，千粒重 6.3g。籽粒红色。生育期 89d。籽粒蛋白质含量 16.42%，脂肪含量 1.70 %，赖氨酸含量 0.15%。经黑穗病人工接种鉴定，为高感。旱棚人工耐盐鉴定，为中耐。1991 年在太原市山西农科院试验地参加优异资源丰产性鉴定，折合每公顷产量 2 724kg。1992 年被选为参加吉林、太原、汾阳三点区域试验种质，试验结果为吉林点折合每公顷产量 2 164.5kg，太原点折合每公顷产量 2 767.5kg，汾阳点折合每公顷产量 2 121kg，三点平均折合每公顷产量 2 350.5kg。

综合评价　该种质是黍稷种质资源中丰产性稳产性较好的种质，因此在优异资源的丰产性鉴定中又被选为高产优质种质参加区域试验，试验结果表明该种质不仅是高蛋白育种的良好材料，在生产上也有利用价值，特别是在较好的土地种植，增产幅度较大。该种质籽粒粳性，适口性良好，是当群众的主栽种质。

九十五、紫秆黍

种质来源　山西省繁峙县农家种。由山西农科院品种资源所提供，国编号 3289。

特征特性　株高 178cm，侧穗型，穗长 42.7cm，单株粒重 9.8g，千粒重 6.4g。籽粒白色。生育期 89d。籽粒蛋白质含量 16.48%，脂肪含量 2.66%，赖氨酸含量 0.19%。经黑穗病人工接种鉴定，为抗病。旱棚人工耐盐鉴定，为中敏。1991 年在太原市山西农科院试验地参加优异资源丰产性鉴定，折合每公顷产量 2 778kg。

综合评价　该种质是稀有的高蛋白质种质，脂肪和赖氨酸含量中等。抗黑穗病，耐盐碱性较差。抗寒性好，是典型的高寒地区生态型。籽粒原为糯性，经逐年种植自然异交演变成粳性，但作为米饭用种质，适口性很好。

九十六、白骼髅黍

种质来源　山西省原平县农家种。由山西农科院品种资源所提供，国编号 3299。

特征特性　株高 171cm，侧穗型，穗长 40.6cm，单株粒重 13.5g，千粒重 6.2g。籽粒白色。生育期 88d。籽粒蛋白质含量 16.29%，脂肪含量 2.55%，赖氨酸含量 0.19%。经黑穗病人工接种鉴定，为感病。旱棚人工耐盐鉴定，为中敏。1991 年在太原市山西农科院试验地参加优异资源丰产性鉴定，折合每公顷产量 2 271kg。

综合评价　该种质蛋白质含量高，脂肪和赖氨酸含量中等，籽粒原为糯性逐年演变成粳性，只能用作米饭种质，但适口性好，出米率高，一般为八米二糠。丰产性很好，特别在较好的土地上种植，增产幅度较大。

九十七、小青糜子

种质来源　山西省五寨县农家种。由山西农科院品种资源所提供，国编号3316。

特征特性　株高110cm，散穗型，穗长40.6cm，单株粒重6.5g，千粒重4.4g。籽粒灰色。生育期63d。籽粒蛋白质含量16.15%，脂肪含量2.08%，赖氨酸含量0.17%。经黑穗病人工接种鉴定，为感病。旱棚人工耐盐鉴定，为中敏。1991年在太原市山西农科院试验地参加优异资源丰产性鉴定，折合每公顷产量1 072.5kg。

综合评价　该种质经几次不同方法的品质分析，蛋白质含量均比一般种质高，为高蛋白种质。在当地一般作为春麦茬复播和开垦荒地以及救灾种质用，抗旱耐瘠性很强，在管理粗放的条件下也能获得一定产量，但丰产性较差，产量较低。

九十八、紫秆糜

种质来源　山西省太原市北郊区农家种。由山西农科院品种资源所提供，国编号3335。

特征特性　株高150cm，侧穗型，穗长40cm，单株粒重9.4g，千粒重7.4g。籽粒黄色。生育期94d。籽粒蛋白质含量16.38%，脂肪含量1.94%，赖氨酸含量0.17%。经黑穗病人工接种鉴定，为感病。旱棚人工耐盐鉴定，为中敏。1991年在太原市山西农科院试验地参加优异资源丰产性鉴定，折合每公顷产量2 362.5kg。1992年被选为参加吉林、太原、汾阳三点区域试验种质，试验结果为吉林点折合每公顷产量2 479.5kg，太原点折合每公顷产量3 076.5kg，汾阳点折合每公顷产量2 199.5kg，三点平均折合每公顷产量2 578.5kg。1993年在北郊柴村示范种植，平均每公顷产量4 024.5kg。

综合评价　该种质蛋白质含量高，脂肪和赖氨酸含量低，籽粒粳性。抗病性和耐盐碱性较差，但在一般旱地种植不会影响产量。耐寒性较好，在气候寒冷时茎秆变成紫色。丰产性较好，在较好的水肥地种植，一般每公顷产量3 750kg，最高可达5 250kg左右。

九十九、小红糜

种质来源　山西省娄烦县农家种。由山西农科院品种资源所提供，国编号3349。

特征特性　株高125cm，侧穗型，穗长42.4cm，单株粒重10.3g，千粒重6.8g。籽粒红色。生育期94d。籽粒蛋白质含量16.10%，脂肪含量2.36%，赖氨酸含量0.17%。经黑穗病人工接种鉴定，为感病。旱棚人工耐盐鉴定，为中敏。1991年在太原市山西农科院试验地参加优异资源丰产性鉴定，折合每公顷产量2 781kg。

综合评价　该种质蛋白质含量高，脂肪和赖氨酸含量低，籽粒粳性。抗病和耐盐碱性较差。在当地干旱丘陵地种植多年，已形成干旱生态型，所以抗旱性很好，在干旱年份仍然生长良好，产量较高。

一〇〇、黑骷髅

种质来源　山西省平遥县农家种。由山西农科院品种资源所提供，国编号3363。

特征特性　株高 131cm，侧穗型，穗长 35.4cm，单株粒重 8.5g，千粒重 5.6g。籽粒褐色。生育期 94d。籽粒蛋白质含量 16.07%，脂肪含量 2.42%，赖氨酸含量 0.18%。经黑穗病人工接种鉴定，为抗病。旱棚人工耐盐鉴定，为中敏。1991 年在太原市山西农科院试验地参加优异资源丰产性鉴定，折合每公顷产量 2826kg。1992 年被选为参加吉林、太原、汾阳三点区域试验种质，试验结果为吉林点折合每公顷产量 2 242kg，太原点折合每公顷产量 3 079.5kg，汾阳点折合每公顷产量 2 467.5kg，三点平均折合每公顷产量 2 596.5kg。

综合评价　该种质蛋白质含量高，脂肪和赖氨酸含量低，籽粒粳性，为米饭用种质。抗黑穗病性好，耐盐碱性较差。丰产性好，适宜在较好的土地上种植，在当地一般每公顷产量 3 750kg 左右。出米率较低，一般为七米三糠。穗脱粒后是做笤帚的良好材料。

一〇一、黑圪蛋

种质来源　山西省文水县农家种。由山西农科院品种资源所提供，国编号 3402。

特征特性　株高 175cm，侧穗型，穗长 35cm，单株粒重 7g，千粒重 5.3g。籽粒褐色。生育期 90d。籽粒蛋白质含量 16.75%，脂肪含量 2.60%，赖氨酸含量 0.19%。经黑穗病人工接种鉴定，为抗病。旱棚人工耐盐鉴定，为中敏。1991 年在太原市山西农科院试验地参加优异资源丰产性鉴定，折合每公顷产量 2 092.5kg。

综合评价　该种质为稀有的高蛋白质种质，脂肪和赖氨酸含量中等，适口性好，籽粒粳性，为米饭用种质。抗黑穗病，但耐盐碱性较差。丰产性较差，一般每公顷产量 1 950kg 左右。该种质可作为稷子高蛋白和抗病育种的材料。

一〇二、白糜子

种质来源　山西省汾阳县农家种。由山西农科院品种资源所提供，国编号 3405。

特征特性　株高 194cm，侧穗型，穗长 41.6cm，单株粒重 12.8g，千粒重 7.2g。籽粒白色。生育期 90d。籽粒蛋白质含量 16.33%，脂肪含量 2.98%，赖氨酸含量 0.18%。经黑穗病人工接种鉴定，为抗病。旱棚人工耐盐鉴定，为中耐。1991 年在太原市山西农科院试验地参加优异资源丰产性鉴定，折合每公顷产量 2 914.5kg。

综合评价　该种质蛋白质含量高，脂肪和赖氨酸含量中等。抗黑穗病，耐盐碱性中等。丰产性较好，在较肥沃的土地种植，一般每公顷产量 3 750kg 左右。该种质综合性状很好，不仅在生产上有利用价值，而且是稷子育种的良好材料。

一〇三、糜子

种质来源　山西省汾阳县农家种。由山西农科院品种资源所提供，国编号 3406。

特征特性　株高 194cm，侧穗型，穗长 38cm，单株粒重 8.7g，千粒重 6.1g。籽粒白褐色。生育期 100d。籽粒蛋白质含量 17.20%，脂肪含量 3.84%，赖氨酸含量 0.21%。经黑穗病人工接种鉴定，为感病。旱棚人工耐盐鉴定，为中敏。1991 年在太原市山西农科院试验地参加优异资源丰产性鉴定，折合每公顷产量 2 080.5kg。

综合评价　该种质为特稀有的高蛋白质种质，脂肪和赖氨酸含量也较高，品质较好。

籽粒粳性。抗病和耐盐碱性较差。但在一般情况下不会影响产量。丰产性较差，不耐水肥，在水肥地种植易倒伏减产。可作为品质育种材料。

一〇四、灰糜子

种质来源　山西省高平县农家种。由山西农科院品种资源所提供，国编号 3467。

特征特性　株高 180cm，散穗型，穗长 44.2cm，单株粒重 9.6g，千粒重 7.3g。籽粒灰色。生育期 93d。籽粒蛋白质含量 16.19%，脂肪含量 2.24%，赖氨酸含量 0.17%。经黑穗病人工接种鉴定，为感病。旱棚人工耐盐鉴定，为中敏。1991 年在太原市山西农科院试验地参加优异资源丰产性鉴定，折合每公顷产量 2 199kg。

综合评价　该种质蛋白质含量高，脂肪和赖氨酸含量较低，籽粒粳性。抗黑穗病和耐盐碱性较差，不宜在黑穗病高发地区和盐碱地种植。丰产性中等，茎秆高大，在高水肥地种植易倒伏减产。

一〇五、红糜子

种质来源　山西省霍县农家种。由山西农科院品种资源所提供，国编号 3495。

特征特性　株高 142cm，侧穗型，穗长 33.2cm，单株粒重 8.2g，千粒重 5g。籽粒红色。生育期 99d。籽粒蛋白质含量 16.24%，脂肪含量 2.64%，赖氨酸含量 0.18%。经黑穗病人工接种鉴定，为感病。旱棚人工耐盐鉴定，为中敏。1991 年在太原市山西农科院试验地参加优异资源丰产性鉴定，折合每公顷产量 1 822.5kg。

综合评价　该种质蛋白质含量高，脂肪和赖氨酸含量较低，籽粒粳性，为当地米饭用种质。抗病和耐盐碱性较差，但一般情况下不会影响产量。在较好的水肥地种植，增产幅度较大，一般每公顷产量 3 750kg 左右。

一〇六、糜子

种质来源　山西省洪洞县农家种。由山西农科院品种资源所提供，国编号 3501。

特征特性　株高 148cm，侧穗型，穗长 36.8cm，单株粒重 6.5g，千粒重 5.8g。籽粒黄色。生育期 101d。籽粒蛋白质含量 16.51%，脂肪含量 3.63 %，赖氨酸含量 0.20%。经黑穗病人工接种鉴定，为感病。旱棚人工耐盐鉴定，为中敏。1991 年在太原市山西农科院试验地参加优异资源丰产性鉴定，折合每公顷产量 1 924.5kg。

综合评价　该种质为稀有的高蛋白种质，脂肪和赖氨酸含量中等，籽粒粳性，适口性好，是洪洞县种植历史悠久的农家种。丰产性中等，但在较好的水肥地种植，增产幅度较大。适应性不广，异地种植产量明显下降。

一〇七、黄硬黍

种质来源　山西省乡宁县农家种。由山西农科院品种资源所提供，国编号 3530。

特征特性　株高 143cm，散穗型，穗长 38.6cm，单株粒重 12.1g，千粒重 6g。籽粒黄色。生育期 101d。籽粒蛋白质含量 16.48%，脂肪含量 2.13 %，赖氨酸含量 0.17%。经黑穗病人工接种鉴定，为感病。旱棚人工耐盐鉴定，为中敏。1991 年在太原市山西农科院试验地参加优异资源丰产性鉴定，折合每公顷产量2 242.5kg。

综合评价　该种质为稀有的高蛋白种质，脂肪和赖氨酸含量低，籽粒粳性。抗病和耐盐碱较差。丰产性好，特别是平川水地种植，穗粒重和千粒重明显增加，一般每公顷产量2 500kg左右，高者可达4 500~5 250kg。

一〇八、黄糜

种质来源　山西省运城市农家种。由山西农科院品种资源所提供，国编号3537。

特征特性　株高105cm，散穗型，穗长24.5cm，单株粒重5.4g，千粒重5.9g。籽粒红色。生育期73d。籽粒蛋白质含量16.04%，脂肪含量2.08%，赖氨酸含量0.16%。经黑穗病人工接种鉴定，为抗病。旱棚人工耐盐鉴定，为中耐。1991年在太原市山西农科院试验地参加优异资源丰产性鉴定，折合每公顷产量1 401kg。

综合评价　该种质蛋白质含量高，脂肪和赖氨酸含量低。籽粒粳性。抗黑穗病，在黑穗病高发地区和高发年份种植均不易发病；在轻盐碱地种植也可获得一定产量。生育期很短，丰产性较差，一般作为麦茬复播种质用。

一〇九、硬糜

种质来源　山西省垣曲县农家种。由山西农科院品种资源所提供，国编号3544。

特征特性　株高117cm，散穗型，穗长33.6cm，单株粒重6g，千粒重6.4g。籽粒黄色。生育期97d。籽粒蛋白质含量17.04%，脂肪含量2.03%，赖氨酸含量0.17%。经黑穗病人工接种鉴定，为感病。旱棚人工耐盐鉴定，为敏感。1991年在太原市山西农科院试验地参加优异资源丰产性鉴定，折合每公顷产量1 975.5kg。

综合评价　该种质为稀有的高蛋白种质，脂肪和赖氨酸含量低，籽粒粳性，是当地山区人民多年来的米饭用品。丰产性较差，但在较好的水肥地种植，增产比较明显。可作为高蛋白育种材料。

一一〇、黑珍珠

种质来源　山西省闻西县农家种。由山西农科院品种资源所提供，国编号3560。

特征特性　株高125cm，侧穗型，穗长31.6cm，单株粒重11g，千粒重6.3g。籽粒黄色。生育期100d。籽粒蛋白质含量16.92%，脂肪含量2.42%，赖氨酸含量0.18%。经黑穗病人工接种鉴定，为感病。旱棚人工耐盐鉴定，为敏感。1991年在太原市山西农科院试验地参加优异资源丰产性鉴定，折合每公顷产量2 026.5kg。

综合评价　该种质为稀有的高蛋白种质，脂肪和赖氨酸含量低，籽粒粳性，秆低不倒伏，丰产性中等，在较好的水肥地种植，一般每公顷产量3 750kg左右，在当地一般作为麦茬复播种质。皮壳较厚，出米率低，一般为七米三糠。

一一一、糜子

种质来源　山西省平陆县农家种。由山西农科院品种资源所提供，国编号3563。

特征特性　株高134cm，散穗型，穗长38.4cm，单株粒重8.4g，千粒重6.2g。籽粒黄色。生育期92d。籽粒蛋白质含量16.06%，脂肪含量2.30%，赖氨酸含量0.19%。经黑穗病人工接种鉴定，为感病。旱棚人工耐盐鉴定，为中耐。1991年在太原市山西农科院试验地参加优异资源丰产性鉴定，折合每公顷产量1 780.5kg。

综合评价　该种质蛋白质含量高，脂肪和赖氨酸含量中等，籽粒粳性，为米饭用种质。抗病性较差，耐盐性中等。丰产性一般，但在较好的水肥地种植增产效果明显。在当地一般作为麦茬复播种质用。

第二节　高脂肪优异种质资源综合评价

一、69-4103

种质来源　黑龙江农科院作物育种所，用系统选育法选育而成。由黑龙江农科院品种资源室提供，国编号0757。

特征特性　株高131cm，侧穗型，穗长42.8cm，单株粒重8.2g，千粒重6.2g。籽粒黄色。生育期117d。籽粒蛋白质含量12.88%，脂肪含量5.05%，赖氨酸含量0.21%。经黑穗病人工接种鉴定，为抗病。旱棚人工耐盐鉴定，为中敏。1991年在太原市山西农科院试验地参加优异资源丰产性鉴定，折合每公顷产量2 224.5kg。

综合评价　该种质脂肪含量高，蛋白质含量中等，赖氨酸含量较高，籽粒糯性，是较好的黏糕用种质。抗黑穗病，耐盐碱性较差。在当地种植丰产性较好，异地种植丰产性较差。

二、龙黍10号

种质来源　黑龙江农科院作物育种所，用系统选育法选育而成。由黑龙江农科院品种资源室提供，国编号0263。

特征特性　株高160cm，侧穗型，穗长45cm，单株粒重6.6g，千粒重6.1g。籽粒黄色。生育期112d。籽粒蛋白质含量12.35%，脂肪含量5.03%，赖氨酸含量0.20%。经黑穗病人工接种鉴定，为抗病。旱棚人工耐盐鉴定，为中耐。1991年在太原市山西农科院试验地参加优异资源丰产性鉴定，折合每公顷产量2 082kg。

综合评价　该种质脂肪和赖氨酸含量高，蛋白质含量中等，籽粒糯性，为优良的黏糕用种质。抗黑穗病，耐盐碱性中等。异地种植，生育期明显缩短，产量降低。

三、龙黍12号

种质来源　黑龙江农科院作物育种所，用系统选育法选育而成。由黑龙江农科院品种资源室提供，国编号0264。

特征特性　株高130cm，侧穗型，穗长43cm，单株粒重7.4g，千粒重6g。籽粒黄色。生育期112d。籽粒蛋白质含量13.05%，脂肪含量5.16%，赖氨酸含量0.22%。经黑穗病人工接种鉴定，为抗病。旱棚人工耐盐鉴定，为中耐。1991年在太原市山西农科院试验地参加优异资源丰产性鉴定，折合每公顷产量2 077.5kg。

综合评价　该种质脂肪和赖氨酸含量高，蛋白质含量中等，籽粒糯性，品质优良。丰产性中等，籽粒较小，抗黑穗病，中度耐盐。异地远距离引种种植，生育期缩短，产量降低。

四、4105-2

种质来源　黑龙江农科院作物育种所，用系统选育法选育而成。由黑龙江农科院品种资源室提供，国编号 0277。

特征特性　株高 80cm，侧穗型，穗长 20cm，单株粒重 2.5g，千粒重 5g。籽粒黄色。生育期 89d。籽粒蛋白质含量 14.20%，脂肪含量 5.10%，赖氨酸含量 0.21%。经黑穗病人工接种鉴定，为感病。旱棚人工耐盐鉴定，为中敏。1991 年在太原市山西农科院试验地参加优异资源丰产性鉴定，折合每公顷产量 1 735.5kg。

综合评价　该种质脂肪和赖氨酸含量高，蛋白质含量较高，籽粒糯性，品质优良。但丰产性较差，特别是异地引种种植后，生育期明显缩短，产量很低。

五、4459

种质来源　黑龙江农科院作物育种所，用系统选育法选育而成。由黑龙江农科院品种资源室提供，国编号 0279。

特征特性　株高 80cm，侧穗型，穗长 35cm，单株粒重 5.6g，千粒重 6g。籽粒黄色。生育期 89d。籽粒蛋白质含量 14.18%，脂肪含量 5.00%，赖氨酸含量 0.22%。经黑穗病人工接种鉴定，为抗病。旱棚人工耐盐鉴定，为中耐。1991 年在太原市山西农科院试验地参加优异资源丰产性鉴定，折合每公顷产量 1 452kg。

综合评价　该种质不仅脂肪含量高，赖氨酸含量也高，蛋白质含量较高，品质优良。抗黑穗病，耐盐性中等。植株矮，生育期短，丰产性较差。

六、4457-1

种质来源　黑龙江农科院作物育种所，用系统选育法选育而成。由黑龙江农科院品种资源室提供，国编号 0280。

特征特性　株高 80cm，侧穗型，穗长 30cm，单株粒重 6.1g，千粒重 5.7g。籽粒黄色。生育期 99d。籽粒蛋白质含量 12.73%，脂肪含量 5.12%，赖氨酸含量 0.22%。经黑穗病人工接种鉴定，为感病。旱棚人工耐盐鉴定，为中耐。1991 年在太原市山西农科院试验地参加优异资源丰产性鉴定，折合每公顷产量 1 368kg。

综合评价　该种质脂肪和赖氨酸含量高，蛋白质含量中等，品质优，适口性好，为良好的黏糕用种质。抗黑穗病性较差。耐盐性中等。丰产性较差，矮秆、穗小、粒小，特别是异地引种种植，生育期缩短，产量更低。

七、4455-1

种质来源　黑龙江农科院作物育种所，用系统选育法选育而成。由黑龙江农科院品种资源室提供，国编号 0281。

特征特性　株高 80cm，侧穗型，穗长 30cm，单株粒重 3.8g，千粒重 5.5g。籽粒黄色。生育期 99d。籽粒蛋白质含量 14.16%，脂肪含量 5.19%，赖氨酸含量 0.22%。经黑穗病人工接种鉴定，为感病。旱棚人工耐盐鉴定，为敏感。1991 年在太原市山西农科院试验地参加优异资源丰产性鉴定，折合每公顷产，1 431kg。

综合评价　该种质不仅脂肪含量高，赖氨酸含量也高，蛋白质含量较高。是优良的糯性种质。但植株矮，丰产性差，特别是异地引种种植，生育期明显缩短，产量明显降低。

八、71070

种质来源　黑龙江农科院作物育种所，用系统选育法选育而成。由黑龙江农科院品种资源室提供，国编号 0290。

特征特性　株高 80cm，侧穗型，穗长 28cm，单株粒重 2.7g，千粒重 5.5g。籽粒黄色。生育期 104d。籽粒蛋白质含量 14.57%，脂肪含量 5.06%，赖氨酸含量 0.22%。经黑穗病人工接种鉴定，为感病。旱棚人工耐盐鉴定，为中敏。1991 年在太原市山西农科院试验地参加优异资源丰产性鉴定，折合每公顷产量 1 293kg。

综合评价　该种质脂肪和赖氨酸含量高，蛋白质含量较高，适口性好，是良好的黏糕用种质。但植株矮，穗粒重小，千粒重低，导致每公顷产量低。

九、4445-2

种质来源　黑龙江农科院作物育种所，用系统选育法选育而成。由黑龙江农科院品种资源室提供，国编号 0311。

特征特性　株高 100cm，侧穗型，穗长 42cm，单株粒重 5g，千粒重 7g。籽粒褐色。生育期 113d。籽粒蛋白质含量 12.91%，脂肪含量 5.18%，赖氨酸含量 0.22%。经黑穗病人工接种鉴定，为抗病。旱棚人工耐盐鉴定，为中耐。1991 年在太原市山西农科院试验地参加优异资源丰产性鉴定，折合每公顷产量 1 788kg。

综合评价　该种质脂肪和赖氨酸含量高，蛋白质含量中等，籽粒糯性，适口性好。丰产性较好。抗黑穗病，耐盐碱性中等。在生产上利用价值较大。但皮壳较厚，出米率较低。

十、4116-3

种质来源　黑龙江农科院作物育种所，用系统选育法选育而成。由黑龙江农科院品种资源室提供，国编号 0315。

特征特性　株高 100cm，侧穗型，穗长 44cm，单株粒重 5.6g，千粒重 7.5g。籽粒褐色。生育期 99d。籽粒蛋白质含量 12.59%，脂肪含量 5.38%，赖氨酸含量 0.22%。经黑穗病人工接种鉴定，为抗病。旱棚人工耐盐鉴定，为中敏。1991 年在太原市山西农科院试验地参加优异资源丰产性鉴定，折合每公顷产量 2 179.5kg。

综合评价　该种质脂肪和赖氨酸含量高，蛋白质含量中等，籽粒糯性，用其做的黏糕，软中带筋，香中带甜。抗黑穗病性好。丰产性较好，产量较高，但皮壳厚，出米率低。

十一、紫盖头糜

种质来源 陕西省子洲县农家种。由陕西榆林地区农科所提供，国编号 1722。

特征特性 株高 152cm，侧穗型，穗长 39cm，单株粒重 12.4g，千粒重 7.6g。籽粒白色。生育期 91d。籽粒蛋白质含量 13.26%，脂肪含量 5.33%，赖氨酸含量 0.19%。经黑穗病人工接种鉴定，为感病。旱棚人工耐盐鉴定，为中耐。1991 年在太原市山西农科院试验地参加优异资源丰产性鉴定，折合每公顷产量 2 542.5kg。1992 年被选为参加吉林、太原、汾阳三点区域试验种质，试验结果为吉林点折合每公顷产量 2 100kg，太原点折合每公顷产量 3 112.5kg，汾阳点折合每公顷产量 3 453kg，三点平均折合每公顷产量 2 934kg。

综合评价 该种质脂肪含量高，蛋白质和赖氨酸含量中等，籽粒糯性，为黏糕用种质。丰产性好，在较好的水肥地种植，增产幅度较大。耐寒性强，早霜降临之后仍能正常生长。抗黑穗病性差，耐盐性中等。出米率高，一般为八米二糠。

十二、稷子

种质来源 黑龙江克山县农家种。由黑龙江农科院品种资源室提供，国编号 1977。

特征特性 株高 98cm，侧穗型，穗长 40cm，单株粒重 4.9g，千粒重 7.7g。籽粒红色。生育期 98d。籽粒蛋白质含量 13.62%，脂肪含量 5.20%，赖氨酸含量 0.21%。经黑穗病人工接种鉴定，为感病。旱棚人工耐盐鉴定，为中耐。1991 年在太原市山西农科院试验地参加优异资源丰产性鉴定，折合每公顷产量 1 428kg。

综合评价 该种质脂肪含量高，蛋白质和赖氨酸含量较高，籽粒糯性，应叫"黍子"，为较好的黏糕用种质，植株较矮，丰产性较差，特别是异地引种种植后，生育期明显缩短，产量明显降低。抗黑穗病性较差，耐盐性中等。

十三、小红糜子

种质来源 宁夏同心县农家种。由宁夏农科院作物所提供，国编号 2601。

特征特性 株高 163cm，侧穗型，穗长 37.8cm，单株粒重 6.6g，千粒重 7.65g。籽粒红色。生育期 86d。籽粒蛋白质含量 13.44%，脂肪含量 5.00%，赖氨酸含量 0.21%。经黑穗病人工接种鉴定，为感病。旱棚人工耐盐鉴定，为中耐。1991 年在太原市山西农科院试验地参加优异资源丰产性鉴定，折合每公顷产量 1 990.5kg。1992 年被选为参加吉林、太原、汾阳三点区域种质，试验结果为吉林点折合每公顷产量 2 901kg，太原点折合每公顷产量 3 036kg，汾阳点折合每公顷产量 1 552.5kg，三点平均折合每公顷产量 2 944.5kg。

综合评价 该种质脂肪含量高，蛋白质和赖氨酸含量较高，籽粒粳性，为米饭和炒米用种质，品质较优，株高中等，生育期较短，产量性状较好。感黑穗病，但在一般情况下不会因诱发黑穗病而影响产量。耐盐性中等，可在轻盐碱地种植。该种质抗旱性好，为典型的黄土高原干旱生态型。适应性广，异地引种种植后对生长发育影响不大，产量比较稳定。

十四、隆德大金黄

种质来源　宁夏隆德县农家种。由宁夏农科院作物所提供，国编号2643。

特征特性　株高152cm，侧穗型，穗长36.1cm，单株粒重3.6g，千粒重7.2g。籽粒黄色。生育期92d。籽粒蛋白质含量13.28%，脂肪含量5.39%，赖氨酸含量0.18%。经黑穗病人工接种鉴定，为高感。旱棚人工耐盐鉴定，为中耐。1991年在太原市山西农科院试验地参加优异资源丰产性鉴定，折合每公顷产量1 809kg。

综合评价　该种质脂肪含量高，蛋白质和赖氨酸含量中等，籽粒粳性，为米饭和炒米用种质。易感黑穗病，不宜在黑穗病高发地区种植。耐盐性中等，可在轻盐碱地种植。丰产性较好，在较好的土地种植，增产幅度较大。

十五、黑黍子

种质来源　山东省利津县农家种。由山东潍坊地区农科所提供，国编号4326。

特征特性　株高148cm，侧穗型，穗长37.6cm，单株粒重4.6g，千粒重5.8g。籽粒褐色。生育期86d。籽粒蛋白质含量11.50%，脂肪含量5.06%，赖氨酸含量0.21%。经黑穗病人工接种鉴定，为感病。旱棚人工耐盐鉴定，为中敏。1991年在太原市山西农科院试验地参加优异资源丰产性鉴定，折合每公顷产量1 863g。

综合评价　该种质脂肪含量高，蛋白质含量一般，赖氨酸含量较高，籽粒糯性，为黏糕用种质。抗病和耐盐性较差，但在一般情况下不影响产量。丰产性中等，一般每公顷产量2 250kg左右。皮壳较厚，出米率较低。

十六、打罗锤

种质来源　山东省沾化县农家种。由山东潍坊地区农科所提供，国编号4348。

特征特性　株高126cm，侧穗型，穗长36.4cm，单株粒重4.9g，千粒重5.5g。籽粒褐色。生育期86d。籽粒蛋白质含量14.28%，脂肪含量5.12%，赖氨酸含量0.21%。经黑穗病人工接种鉴定，为感病。旱棚人工耐盐鉴定，为中敏。1991年在太原市山西农科院试验地参加优异资源丰产性鉴定，折合每公顷产量1 833kg。

综合评价　该种质脂肪含量高，蛋白质和赖氨酸含量较高，籽粒糯性，适口性好，为当地群众欢迎的黏糕用种质。丰产性一般，在较好的土地上种植，增产幅度较大，一般每公顷产量3 750kg左右。出米率低，一般为七米三糠。

十七、黑黍子

种质来源　山东省齐河县农家种。由山东潍坊地区农科所提供，国编号4366。

特征特性　株高136cm，侧穗型，穗长40.6cm，单株粒重5.3g，千粒重5.6g。籽粒褐色。生育期90d。籽粒蛋白质含量11.86%，脂肪含量5.21%，赖氨酸含量0.20%。经黑穗病人工接种鉴定，为感病。旱棚人工耐盐鉴定，为敏感。1991年在太原市山西农科院试验地参加优异资源丰产性鉴定，折合每公顷产量2 040kg。

综合评价 该种质脂肪含量高，蛋白质和赖氨酸含量中等，籽粒糯性，是当地较好的黏糕用种质。丰产性中等，一般每公顷产量 2 250kg 左右，在较好的土地上种植，每公顷产量可达 3 750kg。皮壳较厚，出米率较低。

十八、黑黍子

种质来源 山东省安丘县农家种。由山东潍坊地区农科所提供，国编号 4392。

特征特性 株高 132cm，侧穗型，穗长 36.8cm，单株粒重 5.5g，千粒重 5.6g。籽粒褐色。生育期 87d。籽粒蛋白质含量 12.75%，脂肪含量 5.44%，赖氨酸含量 0.21%。经黑穗病人工接种鉴定，为感病。旱棚人工耐盐鉴定，为中敏。1991 年在太原市山西农科院试验地参加优异资源丰产性鉴定，折合每公顷产量 1 765.5kg。

综合评价 该种质脂肪含量高，蛋白质和赖氨酸含量中等。籽粒糯性，是当地黏糕用主干种质。丰产性中等，在较好的土地种植，增产幅度较大。抗旱性好，在干旱年份也能获得较好产量。出米率 70%。

十九、黑黍子

种质来源 山东省黄县农家种。由山东潍坊地区农科所提供，国编号 4470。

特征特性 株高 141cm，侧穗型，穗长 38cm，单株粒重 5.9g，千粒重 5.5g。籽粒褐色。生育期 92d。籽粒蛋白质含量 13.10%，脂肪含量 5.20%，赖氨酸含量 0.21%。经黑穗病人工接种鉴定，为感病。旱棚人工耐盐鉴定，为中敏。1991 年在太原市山西农科院试验地参加优异资源丰产性鉴定，折合每公顷产量 1 747.5kg。

综合评价 该种质脂肪含量高，蛋白质和赖氨酸含量中等。籽粒糯性，是当地黏糕用主干种质。丰产性中等，一般每公顷产量 2 250kg，高者可达 3 750kg。穗脱粒后是做笤帚的良好材料。出米率较低，一般为 70%。

二十、白银黍子

种质来源 山东省栖霞县农家种。由山东潍坊地区农科所提供，国编号 4473。

特征特性 株高 138cm，侧穗型，穗长 37.4cm，单株粒重 6.2g，千粒重 5.2g。籽粒白色。生育期 88d。籽粒蛋白质含量 12.49%，脂肪含量 5.09%，赖氨酸含量 0.21%。经黑穗病人工接种鉴定，为感病。旱棚人工耐盐鉴定，为中敏。1991 年在太原市山西农科院试验地参加优异资源丰产性鉴定，折合每公顷产量 1 993.5kg。

综合评价 该种质脂肪含量高，蛋白质和赖氨酸含量中等。籽粒糯性，适口性好，抗病性和耐盐性较差，但在一般情况下不会影响产量。丰产性中等，在水肥条件和管理较好的情况下，一般每公顷产量 3 750kg 以上。皮薄出米率高。

二十一、白粒黍子

种质来源 山东省掖县农家种。由山东潍坊地区农科所提供，国编号 4477。

特征特性 株高 143cm，侧穗型，穗长 35.9cm，单株粒重 5.9g，千粒重 6.4g。籽粒白色。生育期 88d。籽粒蛋白质含量 12.90%，脂肪含量 5.07%，赖氨酸含量 0.21%。经黑穗病人工接种鉴定，为感病。旱棚人工耐盐鉴定，为中敏。1991 年在太原市山西农科院试验地参加优异资源丰产性鉴定，折合每公顷产量 1 896kg。

综合评价 该种质脂肪含量高，蛋白质和赖氨酸含量中等。籽粒糯性，为较好的黏糕用种质。丰产性中等，一般每公顷产量 2 250kg 左右。穗头脱粒后是做笤帚的良好材料，皮壳薄，出米率高，一般为八米二糠。

二十二、白鸡翎

种质来源 山东省临沂农家种。由山东潍坊地区农科所提供，国编号 4478。

特征特性 株高 132cm，侧穗型，穗长 39.3cm，单株粒重 8.6g，千粒重 4.9g。籽粒红色。生育期 87d。籽粒蛋白质含量 12.32%，脂肪含量 5.21%，赖氨酸含量 0.20%。经黑穗病人工接种鉴定，为感病。旱棚人工耐盐鉴定，为中耐。1991 年在太原市山西农科院试验地参加优异资源丰产性鉴定，折合每公顷产量 2 131.5kg。

综合评价 该种质脂肪含量高，蛋白质和赖氨酸含量中等。适口性好，是深受当地群众欢迎的黏糕用种质。丰产性较好，生育期和株高都较适中，但籽粒较小，如果能提高千粒质量，产量将会明显提高。

二十三、黎黍子

种质来源 山东省临沂县农家种。由山东潍坊地区农科所提供，国编号 4483。

特征特性 株高 115cm，侧散穗型，穗长 36.6cm，单株粒重 8.8g，千粒重 4.5g。籽粒白色，上有灰色条纹，故名"黎黍子"。生育期 80d。籽粒蛋白质含量 12.49%，脂肪含量 5.00%，赖氨酸含量 0.20%。经黑穗病人工接种鉴定，为高感。旱棚人工耐盐鉴定，为中敏。1991 年在太原市山西农科院试验地参加优异资源丰产性鉴定，折合每公顷产量 2 155.5kg。

综合评价 该种质脂肪含量高，蛋白质和赖氨酸含量中等。籽粒糯性，品质较好。丰产性较好，特别是在平坦的水肥地麦茬复播，每公顷产量可达 4 500kg 左右。出米率高，一般为 80%。

二十四、黍子

种质来源 山东省临沂县农家种。由山东潍坊地区农科所提供，国编号 4491。

特征特性 株高 115cm，侧散穗型，穗长 40.2cm，单株粒重 8.9g，千粒重 4.5g。籽粒白色，上有一点灰。生育期 78d。籽粒蛋白质含量 12.36%，脂肪含量 5.07%，赖氨酸含量 0.20%。经黑穗病人工接种鉴定，为高感。旱棚人工耐盐鉴定，为敏感。1991 年在太原市山西农科院试验地参加优异资源丰产性鉴定，折合每公顷产量 2 077.5kg。

综合评价 该种质脂肪含量高，蛋白质和赖氨酸含量中等。籽粒糯性，为黏糕用种质。丰产性中等，喜水肥，在水肥地种植，株高 140cm，单株粒重 13.5g，千粒重 6g，每公顷产量可达 4 500kg 左右。出米率高，一般为 80%。

二十五、黑黍子

种质来源 山东省沂水县农家种。由山东潍坊市农科所提供，国编号 4498。

特征特性 株高 140cm，侧穗型，穗长 39.8cm，单株粒重 8.7g，千粒重 5.6g。籽粒褐色。生育期 87d。籽粒蛋白质含量 12.37%，脂肪含量 5.21%，赖氨酸含量 0.21%。经黑穗病人工接种鉴定，为感病。旱棚人工耐盐鉴定，为中敏。1991 年在太原市山西农科院试验地参加优异资源丰产性鉴定，折合每公顷产量 1 990.5kg。

综合评价 该种质脂肪含量高，蛋白质含量中等，赖氨酸含量较高，籽粒糯性，适口性好，是当地群众喜欢的黏糕用种质。丰产性较好，但籽粒较小，千粒重低。穗头脱粒后是做笤帚的良好材料。皮壳较厚，出米率为 70%。

二十六、黑黍子

种质来源 山东省沂水县农家种。由山东潍坊市农科所提供，国编号 4499。

特征特性 株高 128cm，侧穗型，穗长 38.2cm，单株粒重 8.5g，千粒重 4.6g。籽粒褐色。生育期 87d。籽粒蛋白质含量 12.52%，脂肪含量 5.12%，赖氨酸含量 0.21%。经黑穗病人工接种鉴定，为感病。旱棚人工耐盐鉴定，为中敏。1991 年在太原市山西农科院试验地参加优异资源丰产性鉴定，折合每公顷产量 2 106kg。

综合评价 该种质脂肪含量高，蛋白质含量中等，赖氨酸含量较高，籽粒糯性，是良好的黏糕用种质。抗黑穗病性差，不宜在黑穗病高发区种植。耐盐性较差，不宜在盐碱地种植。皮壳较厚，出米率为一般为 70%。

二十七、黑黍子

种质来源 山东省沂水县农家种。由山东潍坊市农科所提供，国编号 4501。

特征特性 株高 130cm，侧穗型，穗长 37cm，单株粒重 8.4g，千粒重 5.4g。籽粒褐色。生育期 87d。籽粒蛋白质含量 12.60%，脂肪含量 5.00%，赖氨酸含量 0.20%。经黑穗病人工接种鉴定，为感病。旱棚人工耐盐鉴定，为中敏。1991 年在太原市山西农科院试验地参加优异资源丰产性鉴定，折合每公顷产量 2 311.5kg。

综合评价 该种质脂肪含量高，蛋白质和赖氨酸含量中等，籽粒糯性，筋度较高，为当地良好的黏糕用种质。抗病和耐盐性较差。丰产性好，在栽培和管理条件较好的情况下，每公顷产量可达 3 750kg。皮壳较厚，出米率 70%。

二十八、脂黄黍子

种质来源 山东省日照市农家种。由山东潍坊市农科所提供，国编号 4503。

特征特性 株高 143cm，侧穗型，穗长 35.4cm，单株粒重 9.3g，千粒重 5.2g。籽粒黄色。生育期 86d。籽粒蛋白质含量 12.89%，脂肪含量 5.14%，赖氨酸含量 0.21%。经黑穗病人工接种鉴定，为感病。旱棚人工耐盐鉴定，为中耐。1991 年在太原市山西农科院试验地参加优异资源丰产性鉴定，折合每公顷产量 2 074.5kg。

综合评价 该种质脂肪含量高，蛋白质和赖氨酸含量较高，籽粒糯性，品质较好。抗黑穗病性较差，耐盐性中等。丰产性中等，但适应性不广，异地引种种植后，产量明显下降。在当地种植，一般每公顷产量 3 750kg 左右。

二十九、白黍子

种质来源　山东省日照市农家种。由山东潍坊市农科所提供，国编号 4504。

特征特性　株高 130cm，侧穗型，穗长 37.4cm，单株粒重 8.6g，千粒重 5.2g。籽粒白色。生育期 89d。籽粒蛋白质含量 13.38%，脂肪含量 5.06%，赖氨酸含量 0.20%。经黑穗病人工接种鉴定，为感病。旱棚人工耐盐鉴定，为中敏。1991 年在太原市山西农科院试验地参加优异资源丰产性鉴定，折合每公顷产量 2 163kg。

综合评价　该种质脂肪含量高，蛋白质和赖氨酸含量中等，籽粒糯性，为当地良好的黏糕用种质。抗黑穗病性和耐盐性较差，但在一般情况下不会影响产量。丰产性中等，在当地旱地种植，一般每公顷产量 2 250kg。

三十、花皮黍子

种质来源　山东省日照市农家种。由山东潍坊市农科所提供，国编号 4508。

特征特性　株高 128cm，侧穗型，穗长 36.4cm，单株粒重 8.1g，千粒重 4.8g。籽粒白色，上有一点灰，故名花皮黍子。生育期 80d。籽粒蛋白质含量 12.40%，脂肪含量 5.04%，赖氨酸含量 0.19%。经黑穗病人工接种鉴定，为感病。旱棚人工耐盐鉴定，为敏感。1991 年在太原市山西农科院试验地参加优异资源丰产性鉴定，折合每公顷产量 2 097kg。

综合评价　该种质脂肪含量高，蛋白质和赖氨酸含量中等，籽粒糯性。抗黑穗病性和耐盐性较差，但在一般情况下对产量影响不大。皮壳较薄，出米率高，一般为 80%。

三十一、白黍子

种质来源　山东省日照市农家种。由山东潍坊市农科所提供，国编号 4510。

特征特性　株高 124cm，侧穗型，穗长 34cm，单株粒重 7.4g，千粒重 5.4g。籽粒白色。生育期 87d。籽粒蛋白质含量 12.90%，脂肪含量 5.10%，赖氨酸含量 0.20%。经黑穗病人工接种鉴定，为感病。旱棚人工耐盐鉴定，为敏感。1991 年在太原市山西农科院试验地参加优异资源丰产性鉴定，折合每公顷产量 1 851kg。

综合评价　该种质脂肪含量高，蛋白质和赖氨酸含量中等，籽粒糯性，适口性好。抗黑穗病性和耐盐性较差。丰产性一般，植株较矮，千粒重低，在当地麦茬复播，一般每公顷产量 2 250kg。皮壳薄，出米率高，一般为八米二糠。

三十二、粟黍子

种质来源　山东省日照市农家种。由山东潍坊市农科所提供，国编号 4511。

特征特性　株高 132cm，侧穗型，穗长 36cm，单株粒重 8.4g，千粒重 4.9g。籽粒褐色。生育期 91d。籽粒蛋白质含量 11.53%，脂肪含量 5.07%，赖氨酸含量 0.20%。经黑穗病人工接种鉴定，为感病。旱棚人工耐盐鉴定，为中敏。1991 年在太原市山西农科院试验地参加优异资源丰产性鉴定，折合每公顷产量 1 873.5kg。

综合评价　该种质脂肪含量高，蛋白质和赖氨酸含量中等，籽粒糯性，是当地群众常用的黏糕用种质。株高中等，千粒重较低，丰产性一般，在当地麦茬复播，一般每公顷产量 1 875kg 左右。皮壳较厚，出米率较低。

三十三、黍子

种质来源 山东省平邑县农家种。由山东潍坊市农科所提供，国编号 4512。

特征特性 株高 136cm，侧穗型，穗长 34cm，单株粒重 6.4g，千粒重 5g。籽粒黄色。生育期 84d。籽粒蛋白质含量 12.17%，脂肪含量 5.11%，赖氨酸含量 0.20%。经黑穗病人工接种鉴定，为感病。旱棚人工耐盐鉴定，为敏感。1991 年在太原市山西农科院试验地参加优异资源丰产性鉴定，折合每公顷产量 1 341kg。

综合评价 该种质脂肪含量高，蛋白质和赖氨酸含量中等，籽粒糯性，为当地农民黏糕用种质。抗黑穗病，可作为高脂肪和抗黑穗病的育种材料。丰产性差，籽粒易落粒，异地种植产量更低。

三十四、蚂蚱眼

种质来源 山东省沂南县农家种。由山东潍坊市农科所提供，国编号 4517。

特征特性 株高 135cm，侧穗型，穗长 39.6cm，单株粒重 8.4g，千粒重 4.9g。籽粒灰色，上有条纹，似蚂蚱的眼睛，故名蚂蚱眼。生育期 86d。籽粒蛋白质含量 13.17%，脂肪含量 5.03%，赖氨酸含量 0.20%。经黑穗病人工接种鉴定，为感病。旱棚人工耐盐鉴定，为敏感。1991 年在太原市山西农科院试验地参加优异资源丰产性鉴定，折合每公顷产量 1 987.5kg。

综合评价 该种质脂肪含量高，蛋白质和赖氨酸含量中等，籽粒糯性较差，介于糯性和粳性之间，宜作"发糕"用。丰产性一般，种质退化严重，落粒性较强。

三十五、红黍子

种质来源 山东省营南县农家种。由山东潍坊市农科所提供，国编号 4519。

特征特性 株高 123cm，侧穗型，穗长 34.8cm，单株粒重 9.2g，千粒重 5.4g。籽粒红色。生育期 79d。籽粒蛋白质含量 13.67%，脂肪含量 5.26%，赖氨酸含量 0.20%。经黑穗病人工接种鉴定，为感病。旱棚人工耐盐鉴定，为敏感。1991 年在太原市山西农科院试验地参加优异资源丰产性鉴定，折合每公顷产量 2 118kg。

综合评价 该种质脂肪含量高，蛋白质含量较高，赖氨酸含量中等，籽粒糯性，品质较好。生育期短，为特早熟种质，可作为复播和救灾种质利用。丰产性较好，在当地种植，一般每公顷产量 3 000kg 左右。

三十六、黑黍子

种质来源 山东省营南县农家种。由山东潍坊市农科所提供，国编号 4526。

特征特性 株高 140cm，侧穗型，穗长 36.6cm，单株粒重 6.7g，千粒重 5.8g。籽粒褐色。生育期 90d。籽粒蛋白质含量 12.49%，脂肪含量 5.07%，赖氨酸含量 0.20%。经黑穗病人工接种鉴定，为感病。旱棚人工耐盐鉴定，为敏感。1991 年在太原市山西农科院试验地参加优异资源丰产性鉴定，折合每公顷产量 2 122.5kg。

综合评价 该种质脂肪含量高，蛋白质和赖氨酸含量中等，籽粒糯性，是当地农家待客的黏糕用种质。丰产性中等，在当地麦茬复播，一般每公顷产量 3 000kg 左右。皮壳较厚，出米率较低，一般为七米三糠。

三十七、白黍子

种质来源 山东省莒南县农家种。由山东潍坊市农科所提供，国编号 4527。

特征特性 株高 131cm，侧穗型，穗长 31.6cm，单株粒重 7.2g，千粒重 5.6g。籽粒褐色。生育期 87d。籽粒蛋白质含量 13.14%，脂肪含量 5.08%，赖氨酸含量 0.20%。经黑穗病人工接种鉴定，为感病。旱棚人工耐盐鉴定，为中敏。1991 年在太原市山西农科院试验地参加优异资源丰产性鉴定，折合每公顷产量 1 944kg。

综合评价 该种质脂肪含量高，蛋白质含量和赖氨酸含量中等，籽粒糯性，品质较优，是当地良好的黏糕用种质。抗黑穗病性较差，在高水肥地种植，易发病减产；耐盐性较差，不宜在盐碱地种植。

三十八、黑黍子

种质来源 山东省莒南县农家种。由山东潍坊市农科所提供，国编号 4531。

特征特性 株高 134cm，侧穗型，穗长 35.8cm，单株粒重 6.4g，千粒重 6g。籽粒褐色。生育期 87d。籽粒蛋白质含量 12.05%，脂肪含量 5.09%，赖氨酸含量 0.20%。经黑穗病人工接种鉴定，为抗病。旱棚人工耐盐鉴定，为中敏。1991 年在太原市山西农科院试验地参加优异资源丰产性鉴定，折合每公顷产量 2 212.5kg。

综合评价 该种质脂肪含量高，蛋白质和赖氨酸含量中等，籽粒糯性，是当地农家常用待客的黏糕用种质。抗黑穗病，可作为抗病材料和高脂肪的育种材料。丰产性一般，在当地种植，一般每公顷产量 2 250kg。皮壳较厚，出米率较低。

三十九、黍子

种质来源 山东省费县农家种。由山东潍坊市农科所提供，国编号 4538。

特征特性 株高 127cm，侧散穗型，穗长 35.2cm，单株粒重 9.8g，千粒重 4.8g。籽粒黄色。生育期 81d。籽粒蛋白质含量 13.33%，脂肪含量 5.13%，赖氨酸含量 0.20%。经黑穗病人工接种鉴定，为抗病。旱棚人工耐盐鉴定，为中敏。1991 年在太原市山西农科院试验地参加优异资源丰产性鉴定，折合每公顷产量 1 990.5kg。

综合评价 该种质脂肪含量高，蛋白质和赖氨酸含量中等，籽粒糯性，为黏糕用种质。抗黑穗病，可作为抗病材料和高脂肪的育种材料。籽粒较小，千粒重低，丰产性一般。由于生育期短，可用为复播和救灾种质利用。

四十、红黍子

种质来源 山东省蒙阴县农家种。由山东潍坊市农科所提供，国编号 4541。

特征特性 株高 128cm，侧穗型，穗长 34.8cm，单株粒重 7.5g，千粒重 5.4g。籽粒红色。生育期 86d。籽粒蛋白质含量 12.67%，脂肪含量 5.13%，赖氨酸含量 0.20%。经黑穗病人工接种鉴定，为感病。旱棚人工耐盐鉴定，为敏感。1991 年在太原市山西农科院试验地参加优异资源丰产性鉴定，折合每公顷产量 2 032.5kg。

综合评价　该种质脂肪含量高，蛋白质和赖氨酸含量中等，籽粒糯性，品质筋软，适口性好，是当地农家优良的黏糕用种质。丰产性一般，当地农民作为麦收后的复播种质利用，一般每公顷产量 2 250kg 左右。

四十一、白黍子

种质来源　山东省蒙阴县农家种。由山东潍坊市农科所提供，国编号 4543。

特征特性　株高 133cm，侧穗型，穗长 39.4cm，单株粒重 8.1g，千粒重 4.8g。籽粒白色。生育期 87d。籽粒蛋白质含量 13.38%，脂肪含量 5.00%，赖氨酸含量 0.20%。经黑穗病人工接种鉴定，为感病。旱棚人工耐盐鉴定，为敏感。1991 年在太原市山西农科院试验地参加优异资源丰产性鉴定，折合每公顷产量 2 137.5kg。

综合评价　该种质脂肪含量高，蛋白质和赖氨酸含量中等，籽粒糯性，品质筋软，为黏糕用种质。丰产性一般，穗长中等，千粒重较低，在当地种植，一般每公顷产量 2 250kg 左右；在管理条件好的情况下，每公顷产量可达到 3 000～3 750kg。

四十二、笊篱头

种质来源　山东省肥城县农家种。由山东潍坊市农科所提供，国编号 4550。

特征特性　株高 121cm，侧散穗型，穗长 38.7cm，单株粒重 9.2g，千粒重 4.9g。籽粒白色。生育期 82d。籽粒蛋白质含量 11.84%，脂肪含量 5.09%，赖氨酸含量 0.20%。经黑穗病人工接种鉴定，为感病。旱棚人工耐盐鉴定，为敏感。1991 年在太原市山西农科院试验地参加优异资源丰产性鉴定，折合每公顷产量 1 899kg。

综合评价　该种质脂肪含量高，蛋白质和赖氨酸含量中等，籽粒糯性，为黏糕用种质。植株较矮，丰产性一般，千粒重低，为典型的小粒型种质生态型。在当地一般每公顷产量 2 250kg 左右。八成熟时收获，以防落粒减产。

四十三、脂黄黍子

种质来源　山东省郓城县农家种。由山东潍坊市农科所提供，国编号 4589。

特征特性　株高 126cm，侧散穗型，穗长 33.6cm，单株粒重 8.5g，千粒重 4.9g。籽粒白色。生育期 83d。籽粒蛋白质含量 13.72%，脂肪含量 5.25%，赖氨酸含量 0.19%。经黑穗病人工接种鉴定，为感病。旱棚人工耐盐鉴定，为敏感。1991 年在太原市山西农科院试验地参加优异资源丰产性鉴定，折合每公顷产量 2 017.5kg。

综合评价　该种质脂肪含量高，蛋白质和赖氨酸含量中等，籽粒糯性，为黏糕用种质。丰产性中等，宜在平坦的水肥地种植，一般作为麦茬复播种质用。穗型侧散，采光性好，但遇风易落粒减产，在八成熟时即可收获。

第三节　高赖氨酸优异种质资源综合评价

一、黄糜子

种质来源　黑龙江肇东县农家种。由黑龙江农科院品种资源室提供，国编号0234。

特征特性　株高112cm，侧穗型，穗长38.8cm，单株粒重8.2g，千粒重5.3g。籽粒黄色。生育期104d。籽粒蛋白质含量14.01%，脂肪含量4.61%，赖氨酸含量0.22%。经黑穗病人工接种鉴定，为高感。旱棚人工耐盐鉴定，为中敏。1991年在太原市山西农科院试验地参加优异资源丰产性鉴定，折合每公顷产量1 783.5kg。

综合评价　该种质赖氨酸含量高，脂肪和蛋白质含量较高，品质优良，为当地较好的黏糕用种质。丰产性一般，籽粒较小，在当地一般每公顷产量1 950kg左右。抗旱性好，为典型的干旱生态型。出米率中等，一般为75%。

二、4452

种质来源　黑龙江农科院作物育种所，用系选法培育的种质。由黑龙江农科院品种资源室提供，国编号0282。

特征特性　株高60cm，侧穗型，穗长25cm，单株粒重9.9g，千粒重5.2g。籽粒黄色。生育期99d。籽粒蛋白质含量13.79%，脂肪含量4.77%，赖氨酸含量0.22%。经黑穗病人工接种鉴定，为感病。旱棚人工耐盐鉴定，为中敏。1991年在太原市山西农科院试验地参加优异资源丰产性鉴定，折合每公顷产量1 876.5kg。

综合评价　该种质赖氨酸含量高，脂肪和蛋白质含量中等，品质较良，是当地食用和待客的黏糕用种质。植株较矮，穗小，千粒重低，丰产性较差，抗病和耐盐性较差。

三、77-4007

种质来源　黑龙江农科院作物育种所，用系选法培育的种质。由黑龙江农科院品种资源室提供，国编号0299。

特征特性　株高130cm，侧穗型，穗长40cm，单株粒重7.1g，千粒重6.7g。籽粒黄色。生育期118d。籽粒蛋白质含量12.67%，脂肪含量4.97%，赖氨酸含量0.22%。经黑穗病人工接种鉴定，为抗病。旱棚人工耐盐鉴定，为中耐。1991年在太原市山西农科院试验地参加优异资源丰产性鉴定，折合每公顷产量2 137.5kg。

综合评价　该种质赖氨酸含量高，脂肪和蛋白质含量中等，品质较优，适口性好。抗病和耐盐性较好，丰产性中等，可作为高赖氨酸和抗病育种的良好材料。

四、龙黍18号

种质来源　黑龙江农科院作物育种所用龙黍12做母本，龙黍5号做父本，采用有性杂交方法育成。由黑龙江农科院品种资源室提供，国编号0303。

特征特性　株高163cm，侧穗型，穗长40cm，单株粒重5.8g，千粒重6.5g。籽粒褐色。生育期 117d。籽粒蛋白质含量 13.76%，脂肪含量 4.97%，赖氨酸含量 0.22%。经黑穗病人工接种鉴定，为感病。旱棚人工耐盐鉴定，为中敏。1991 年在太原市山西农科院试验地参加优异资源丰产性鉴定，折合每公顷产量 2 202kg。

综合评价　该种质赖氨酸含量高，脂肪和蛋白质含量较高，品质较优。丰产性较好，在黑龙江省推广种植面积大，效益显著。

五、4466-1

种质来源　黑龙江农科院作物育种所，用系选法培育的种质。由黑龙江农科院品种资源室提供，国编号 0314。

特征特性　株高 115cm，侧穗型，穗长 41cm，单株粒重 4.9g，千粒重 7.1g。籽粒褐色。生育期 115d。籽粒蛋白质含量 13.33%，脂肪含量 4.25%，赖氨酸含量 0.22%。经黑穗病人工接种鉴定，为感病。旱棚人工耐盐鉴定，为敏感。1991 年在太原市山西农科院试验地参加优异资源丰产性鉴定，折合每公顷产量 2 043kg。

综合评价　该种质赖氨酸含量高，脂肪和蛋白质含量较高，为良好的黏糕用种质。在黑龙江省种植面积较大，增产幅度较大，经济效益显著，异地引种后，生育期明显缩短。

六、白糜子

种质来源　吉林省前郭县农家种。由吉林省白城地区农科所提供，国编号 0350。

特征特性　株高 171cm，侧穗型，穗长 38.9cm，单株粒重 7.3g，千粒重 6.6g。籽粒白色。生育期 96d。籽粒蛋白质含量 14.47%，脂肪含量 4.17%，赖氨酸含量 0.22%。经黑穗病人工接种鉴定，为感病。旱棚人工耐盐鉴定，为中耐。1991 年在太原市山西农科院试验地参加优异资源丰产性鉴定，折合每公顷产量 2 074.5kg。

综合评价　该种质赖氨酸含量高，脂肪和蛋白质含量较高，籽粒糯性，适口性好，是当地群众十分喜爱的黏糕用种质。抗病性较差，耐盐性中等。丰产性较好，在当地种植，一般每公顷产量 3 000kg。出米率高，一般为 80%。

七、黑糜子

种质来源　吉林省通化县农家种。由吉林白城地区农科所提供，国编号 0405。

特征特性　株高 165cm，侧穗型，穗长 43.5cm，单株粒重 5.5g，千粒重 7.1g。籽粒褐色。生育期 96d。籽粒蛋白质含量 14.71%，脂肪含量 4.28%，赖氨酸含量 0.22%。经黑穗病人工接种鉴定，为感病。旱棚人工耐盐鉴定，为中耐。1991 年在太原市山西农科院试验地参加优异资源丰产性鉴定，折合每公顷产量 2 172kg。

综合评价　该种质赖氨酸含量高，脂肪和蛋白质含量较高，适口性好，是优良的黏糕用种质。丰产性中等，在当地种植，一般每公顷产量 2 250kg 左右。穗头长大，分枝夹角小，脱粒后是做笤帚的良好材料。

八、千斤黍

种质来源　辽宁省东沟县从外地引入的育成种。由辽宁农科院品种资源所提供，国编号 0461。

特征特性　株高 163cm，密穗型，穗长 17.5cm，单株粒重 7.5g，千粒重 6g。籽粒黄色。生育期 87d。籽粒蛋白质含量 16.29%，脂肪含量 3.98%，赖氨酸含量 0.22%。经黑穗病人工接种鉴定，为感病。旱棚人工耐盐鉴定，为中耐。1991 年在太原市山西农科院试验地参加优异资源丰产性鉴定，折合每公顷产量 2 248.5kg。

综合评价　该种质赖氨酸和蛋白质含量高，脂肪含量中等，面粉做糕后筋度大，适口性好。耐盐性中等。丰产性较好，但茎秆细软，易倒伏减产。在当地种植，一般每公顷产量 2 550kg。

九、鄂旗红软黍

种质来源　内蒙古伊盟鄂旗农家种。由内蒙古伊盟农科所提供，国编号 0672。

特征特性　株高 165cm，侧穗型，穗长 34.5cm，单株粒重 9.5g，千粒重 7.5g。籽粒白色。生育期 119d。籽粒蛋白质含量 13.19%，脂肪含量 4.50%，赖氨酸含量 0.22%。经黑穗病人工接种鉴定，为感病。旱棚人工耐盐鉴定，为中耐。1991 年在太原市山西农科院试验地参加优异资源丰产性鉴定，折合每公顷产量 2 466kg。

综合评价　该种质赖氨酸含量高，脂肪含量较高，蛋白质含量中等，籽粒性，糕面筋软，味香可口，是良好的黏糕用种质。耐盐性中等，可在轻盐碱地种植。丰产性较好，在当地种植，一般每公顷产量 3 000kg。

十、活剥皮黍子

种质来源　宁夏灵武县农家种。由宁夏农科院作物所品种资源室提供，国编号 0704。

特征特性　株高 161cm，侧穗型，穗长 35.8cm，单株粒重 14.8g，千粒重 6.4g。籽粒白色。生育期 97d。籽粒蛋白质含量 13.65%，脂肪含量 3.97%，赖氨酸含量 0.22%。经黑穗病人工接种鉴定，为感病。旱棚人工耐盐鉴定，为中耐。1991 年在太原市山西农科院试验地参加优异资源丰产性鉴定，折合每公顷产量 2 295kg。1992 年被选为参加吉林、太原、汾阳三点区域种质，试验结果为吉林点折合每公顷产量 2 914.5kg，太原点折合每公顷产量 2 436kg，汾阳点折合每公顷产量 2 569.5kg，三点平均折合每公顷产量 2 640kg。

综合评价　该种质赖氨酸含量高，脂肪含量和蛋白质含量中等，籽粒糯性，品质筋软，适口性好，是当地群众待客佳品。丰产性好，在当地旱地种植，一般每公顷产量 2 250kg 左右。在较好的土地种植，每公顷产量可达 4 500kg 左右。穗头脱粒后不论穗枝梗的长短，还是穗枝梗之间的夹角都适合做笤帚用，因此该种质综合利用价值较高。该种质种皮很薄，成熟后不及时收获不仅容易掉粒，而且种皮脱粒，因此得名"活剥皮黍子"。出米率高，糠皮是喂猪的良好饲料。

十一、软粥糜

种质来源　陕西延安市农家种。由陕西榆林地区农科所提供，国编号 1820。

特征特性　株高 183cm，散穗型，穗长 45cm，单株粒重 10.6g，千粒重 6.2g。籽粒白色。生育期 100d。籽粒蛋白质含量 14.25%，脂肪含量 3.66%，赖氨酸含量 0.22%。经黑穗病人工接种鉴定，为感病。旱棚人工耐盐鉴定，为中耐。1991年在太原市山西农科院试验地参加优异资源丰产性鉴定，折合每公顷产量2 220kg。1992年被选为参加吉林、太原、汾阳三点区域种质，试验结果为吉林点折合每公顷产量2 587.5kg，太原点折合每公顷产量3 079.5kg，汾阳点折合每公顷产量2 467.5kg，三点平均折合每公顷产量2 712kg。

综合评价 该种质赖氨酸含量高，脂肪和蛋白质含量中等，籽粒糯性，是当地的主食种质。丰产性好，一般每公顷产量2 250kg左右。在栽培条件好的情况下，每公顷产量可达4 500kg。耐盐碱性中等，可在轻盐碱地种植。种皮薄，出米率高，一般为80%。适应性广，各地引种种植，对产量和生育期影响不大。

第四节　优质优异种质资源综合评价

一、白黏黍

种质来源 山西省陵川县农家种。由山西农科院品种资源所提供，国编号1399。

特征特性 株高135cm，侧穗型，穗长36.2cm，单株粒重10.7g，千粒重6.6g。籽粒白色。生育期100d。籽粒蛋白质含量15.51%，脂肪含量4.33%，赖氨酸含量0.22%。经黑穗病人工接种鉴定，为感病。旱棚人工耐盐鉴定，为中敏。1991年在太原市山西农科院试验地参加优异资源丰产性鉴定，折合每公顷产量2 032.5kg。

综合评价 该种质蛋白质、脂肪、赖氨酸含量均高，按优质种质的标准，蛋白质含量15%以上，脂肪含量4%以上，赖氨酸含量0.20%以上，均已达到，适口性很好，是黍稷种质资源中稀有的优质种质。皮壳很薄，出米率高。

二、红糜子

种质来源 山西省汾西县农家种。由山西农科院品种资源所提供，国编号1530。

特征特性 株高145cm，茎秆粗壮，侧密穗型，穗长33.8cm，籽粒分布稠密，单株粒重13.5g，籽粒较大，千粒重7.8g。籽粒红色。生育期101d。籽粒蛋白质含量16.16%，脂肪含量4.23%，赖氨酸含量0.22%。经黑穗病人工接种鉴定，为高感。旱棚人工耐盐鉴定，为中敏。1991年在太原市山西农科院试验地参加优异资源丰产性鉴定，折合每公顷产量2 761.5kg。

综合评价 该种质蛋白质、脂肪、赖氨酸三项指标均高，均达优质种质指标。籽粒属于糯性，但面粉糯性差；糕用口感欠佳，但米饭用适口性很好。丰产性状好，耐水肥，在高水肥地种植，增产潜力很大。

三、红黍子

种质来源 山西省翼城县农家种。由山西农科院品种资源所提供，国编号1511。

特征特性 株高124cm，侧穗型，穗长9.6cm，单株粒重12.9g，千粒重5.6g。籽粒红色。生育期99d。籽粒蛋白质含量16.48%，脂肪含量4.03%，赖氨酸含量0.22%。经黑穗病人工接种鉴定，为感病。旱棚人工耐盐鉴定，为中敏。1991年在太原市山西农科院试验地参加优异资源丰产性鉴定，折合每公顷产量 3 423kg。1992 年被选为参加吉林、太原、汾阳三点区域试验种质，试验结果为吉林点折合每公顷产量 3 081kg，太原点折合每公顷产量 3 214.5kg，汾阳点折合每公顷产量 2 971.5kg，三点平均折合每公顷产量 3 088.5kg。

综合评价　该种质为优质种质，不论蛋白质含量、还是脂肪、赖氨酸含量均比一般种质高，为黍稷种质资源中罕见的优质种质。糕面口感、色泽、软度、筋度等各项指标均好于一般种质。抗病性较差，但一般年份感病率很低，对产量影响不大。耐盐性较差，但在轻盐碱地种植，生长良好，减产幅度很小。丰产性好，在水肥地种植不易倒伏，最高亩可达 4 500kg。

四、达旗黄秆大白黍

种质来源　内蒙古伊盟达旗农家种。由内蒙古伊盟农科所提供，国编号 0635。

特征特性　株高中等，茎粗抗倒，侧穗型，穗长大，单株粒重 15g 左右，千粒重 7.1g，丰产性较好。生育期 120d。籽粒蛋白质含量 16.20%，脂肪含量 4.04%，赖氨酸含量 0.20%。经黑穗病人工接种鉴定，为感病。旱棚人工耐盐鉴定，为敏感。1991 年在太原市山西农科院试验地参加优异资源丰产性鉴定，折合每公顷产量 2 823kg。1992 年被选为参加吉林、太原、汾阳三点区域种质，试验结果为吉林试点折合每公顷产量 2 557.5kg，太原试点折合每公顷产量 2 460kg，汾阳试点折合每公顷产量 2 512.5kg，三点平均折合每公顷产量 2 509.5kg，居 36 个参试丰产种质的第二位。

综合评价　该种质为稀有的丰产优质种质，不论产量和品质分析的各项指标均比一般种质高，但抗病性和耐盐性较差。

五、高粱黍

种质来源　山西朔州市从外地引进种质。由山西农科院品种资源所提供，国编号 0925。

特征特性　植株矮，株高 86cm，穗短籽密，象高粱穗，故名"高粱黍"，属密穗型。籽粒黄色，较小，千粒重 5.8g。在太原地区种植，生育期 80d，属特早熟种质。籽粒蛋白质含量 16.09%，脂肪含量 4.09%，赖氨酸含量 0.22%。经黑穗病人工接种鉴定，为感病。旱棚人工耐盐鉴定，为中耐。1991 年在太原市山西农科院试验地参加优异资源丰产性鉴定，折合每公顷产量 2 481kg。被选为参加 1992 年吉林、太原、汾阳三点区域种质，试验结果为吉林试点折合每公顷产量 2 107.5kg，太原试点折合每公顷产量 2 497.5kg，汾阳试点折合每公顷产量 2 224.5kg，三点平均折合每公顷产量 1 737kg。

综合评价　该种质蛋白质、脂肪、赖氨酸三项指标含量均高，属于少有的优质种质。人工耐盐鉴定为中耐，在朔州中盐碱地实地种植后表现出较强的耐盐性，每公顷产量仍可达到 1 875kg 的产量。丰产性较好，三点区域试验产量比较平衡，说明适应性较广。但生育期短，早熟，鸟害严重。

六、79-4446

种质来源　黑龙江农科院作物育种所通过系选法培育的种质。由黑龙江农科院作物育种所品种资源室提供，国编号 0312。

特征特性　株高 80cm，侧穗型，穗长 25cm，单株粒重 7.5g，千粒重 6g。籽粒褐色。生育期 94d。籽粒蛋白质含量 15.27%，脂肪含量 4.46%，赖氨酸含量 0.22%。经黑穗病人工接种鉴定，为抗病。旱棚人工耐盐鉴定，为中耐。1991 年在太原市山西农科院试验地参加优异资源丰产性鉴定，折合每公顷产量 1 776kg。

综合评价　该种质蛋白质、脂肪、赖氨酸含量均高，为黍稷种质资源中稀有的优质种质。抗黑穗病性好，耐盐性中等，但丰产性较差，适应性不广。种皮较厚，出米率较低。

七、红糜子

种质来源　吉林省榆林县种。由吉林白城地区农科所提供，国编号 0353。

特征特性　株高 204cm，侧穗型，穗长 48cm，单株粒重 9g，千粒重 8g。籽粒红色。生育期 98d。籽粒蛋白质含量 15.18%，脂肪含量 4.02%，赖氨酸含量 0.21%。经黑穗病人工接种鉴定，为感病。旱棚人工耐盐鉴定，为中耐。1991 年在太原市山西农科院试验地参加优异资源丰产性鉴定，折合每公顷产量 2 508kg。1992 年被选为参加吉林、太原、汾阳三点区域种质，试验结果为吉林点折合每公顷产量 1 987.5kg，太原点折合每公顷产量 2 464.5kg，汾阳点折合每公顷产量 2 076kg，三点平均折合每公顷产量 2 176.5kg。

综合评价　该种质蛋白质、脂肪、赖氨酸含量均达到优质种质的指标，籽粒糯性，品质优良，是良好的黏糕用种质。丰产性中等，在当地种植，每公顷产量 2 250~3 000kg；在肥沃土地种植，每公顷产量可达 4 500kg 左右。抗病性较差，耐盐性中等。出米率中等，一般为 75% 左右。

八、临河大黄黍

种质来源　内蒙古巴盟临河地区农家种。由内蒙伊盟农科所提供，国编号 0577。

特征特性　株高 168cm，侧穗型，穗长 41.9cm，单株粒重 17.1g，千粒重 8g。籽粒黄色。生育期 115d。籽粒蛋白质含量 15.12%，脂肪含量 4.28%，赖氨酸含量 0.20%。经黑穗病人工接种鉴定，为高感。旱棚人工耐盐鉴定，为中耐。1991 年在太原市山西农科院试验地参加优异资源丰产性鉴定，折合每公顷产量 2 677.5kg。1992 年被选为参加吉林、太原、汾阳三点区域种质，试验结果为吉林点折合每公顷产量 2 487kg，太原点折合每公顷产量 2 779.5kg，汾阳点折合每公顷产量 2 2234kg，三点平均折合每公顷产量 2 496kg。

综合评价　该种质蛋白质、脂肪、赖氨酸含量均达到优质种质指标，籽粒糯性，品质优良，是当地群众待客的佳品。丰产性好，穗长，粒重、千粒重高，在土地肥沃、栽培条件好的情况下，最高每公顷产量可达 6 000kg，抗黑穗病性较差，在高发地区和高发年份播种前对种子要进行药剂处理。耐盐性中等，可在轻盐碱地种植。适应性广，各地均可引种种植。

九、达旗紫秆大红黍子

种质来源　内蒙古伊盟达旗农家种。由内蒙古伊盟农科所提供，国编号 0623。

特征特性　株高 177cm，侧穗型，穗长 34.9cm，单株粒重 12.5g，千粒重 8.7g。籽粒红色。生育期 118d。籽粒蛋白质含量 15.36%，脂肪含量 4.14%，赖氨酸含量 0.20%。经黑穗病人工接种鉴定，为高感。旱棚人工耐盐鉴定，为中敏。1991 年在太原市山西农科院试验地参加优异资源丰产性鉴定，折合每公顷产量 2 620.5kg。

综合评价　该种质蛋白质、脂肪、赖氨酸含量均达到优质种质指标，籽粒糯性，品质优良，是当地优良的黏糕用种质。丰产性好，生长势强，在较好的土地上种植，一般每公顷产量 4 500kg；抗黑穗病性差，在播种前要用退菌特处理种子。

十、紫秆红黍

种质来源　内蒙古伊盟达旗农家种。由内蒙古伊盟农科所提供，国编号 0626。

特征特性　株高 162cm，侧穗型，穗长 31.7cm，单株粒重 11.3g，千粒重 8.8g。籽粒红色。生育期 118d。籽粒蛋白质含量 15.06%，脂肪含量 4.08%，赖氨酸含量 0.21%。经黑穗病人工接种鉴定，为高感。旱棚人工耐盐鉴定，为中敏。1991 年在太原市山西农科院试验地参加优异资源丰产性鉴定，折合每公顷产量 2 650.5kg。

综合评价　该种质为优质种质，籽粒糯性，适口性好，株高中等，不易倒伏，籽粒较大，千粒重高。抗黑穗病性差，不宜在黑穗病高发地区种植。耐盐碱性较差，不宜在盐碱地种植。耐寒性强，适宜高寒区种植。

十一、达旗黄秆大白黍

种质来源　内蒙古伊盟达旗农家种。由内蒙古伊盟农科所提供，国编号 0635。

特征特性　株高 162cm，侧穗型，穗长 32.4cm，单株粒重 10g，千粒重 7.6g。籽粒白色。生育期 120d。籽粒蛋白质含量 16.20%，脂肪含量 4.04%，赖氨酸含量 0.20%。经黑穗病人工接种鉴定，为感病。旱棚人工耐盐鉴定，为敏感。1991 年在太原市山西农科院试验地参加优异资源丰产性鉴定，折合每公顷产量 2 487kg。

综合评价　该种质蛋白质、脂肪、赖氨酸含量均达到优质种质指标，其中尤以蛋白质含量高，因此也是稀有的高蛋白质优质种质。籽粒糯性，皮薄，糕面软而筋，适口性好，是当地人民的主食，也是深加工利用的优质种质。

十二、达旗鹅蛋大白黍

种质来源　内蒙古伊盟达旗农家种。由内蒙古伊盟农科所提供，国编号 0636。

特征特性　株高 147cm，侧穗型，穗长 33.6cm，单株粒重 11.5g，千粒重 8.1g。籽粒白色。生育期 120d。籽粒蛋白质含量 15.85%，脂肪含量 4.01%，赖氨酸含量 0.20%。经黑穗病人工接种鉴定，为高感。旱棚人工耐盐鉴定，为中敏。1991 年在太原市山西农科院试验地参加优异资源丰产性鉴定，折合每公顷产量 2 557.5kg。

综合评价　该种质蛋白质、脂肪、赖氨酸三项指标均达到优质种质指标，籽粒糯性，适口性好。籽粒白色，外形似鹅蛋，故名"鹅蛋大白黍"。丰产性状好，单株粒重和千粒重较高。皮薄，出米率高。糠皮是良好的猪饲料。

十三、伊旗白帚糜

种质来源　内蒙古伊盟伊旗农家种。由内蒙古伊盟农科所提供，国编号0670。

特征特性　株高227cm，侧穗型，穗长35.3cm，单株粒重6.7g，千粒重7.6g。籽粒白色，上有一点红。生育期115d。籽粒蛋白质含量15.69%，脂肪含量4.04%，赖氨酸含量0.21%。经黑穗病人工接种鉴定，为感病。旱棚人工耐盐鉴定，为敏感。1991年在太原市山西农科院试验地参加优异资源丰产性鉴定，折合每公顷产量2 038.5kg。

综合评价　该种质蛋白质、脂肪、赖氨酸含量均达到优质种质指标，籽粒糯性，适口性好。丰产性较好，在较肥沃的土地上种植，一般每公顷产量3 750kg左右。穗头枝梗夹角小，长度适中，是做笤帚的良好材料，故名伊旗"白帚糜"。

十四、二红黍

种质来源　太原南郊区农家种。由山西省农科院品种资源所提供，国编号1216。

特征特性　株高152cm，侧穗型，穗长26.4cm，单株粒重8.9g，千粒重7.4g。籽粒红色。生育期92d。籽粒蛋白质含量15.36%，脂肪含量4.02%，赖氨酸含量0.21%。经黑穗病人工接种鉴定，为感病。旱棚人工耐盐鉴定，为中耐。1991年在太原市山西农科院试验地参加优异资源丰产性鉴定，折合每公顷产量2 077.5kg。

综合评价　该种质蛋白质、脂肪、赖氨酸含量均达到优质种质指标，籽粒糯性，黏糕筋软，色黄，是当地群众喜庆佳节的待客佳品。丰产性中等，虽穗头较短，但籽粒集中，一般每公顷产量2 250kg左右。耐盐性中等，可在轻盐碱地种植。

十五、老白软黍

种质来源　陕西省清涧县农家种。由陕西榆林地区农科所提供，国编号1750。

特征特性　株高188cm，侧穗型，穗长42cm，单株粒重8.2g，千粒重7.2g。籽粒白色。生育期101d。籽粒蛋白质含量15.21%，脂肪含量4.38%，赖氨酸含量0.20%。经黑穗病人工接种鉴定，为感病。旱棚人工耐盐鉴定，为中耐。1991年在太原市山西农科院试验地参加优异资源丰产性鉴定，折合每公顷产量2 227.5kg。

综合评价　该种质蛋白质、脂肪、赖氨酸三项指标均达到优质种质要求，籽粒糯性，是优良的黏糕用种质。植株较高，丰产性较好，如果在较好的栽培条件下，单株粒重和千粒重更高，每公顷产量可达4 500kg左右。

第五节　高耐盐优异种质资源综合评价

一、黑雁头

种质来源　黑龙江木兰县农家种。由黑龙江农科院作物育种所品种资源室提供，国编号0204。

特征特性　株高97cm，密穗型，穗长21.6cm，单株粒重5.4g，千粒重5.4g。籽粒褐色。生育期 104d。籽粒蛋白质含量 14.40%，脂肪含量 2.82%，赖氨酸含量 0.19%。经黑穗病人工接种鉴定，为感病。旱棚人工耐盐鉴定，为高耐。1991 年在太原市山西农科院试验地参加优异资源丰产性鉴定，折合每公顷产量 1 950kg。

综合评价　该种质为稀有的高耐盐种质，是开发利用盐碱地的推广种质。丰产性中等，每公顷产量一般。蛋白质和赖氨酸含量中等，脂肪含量较低，籽粒糯性，品质中等。

二、糜子

种质来源　吉林省安图县农家种。由吉林白城地区农科所提供，国编号 0390。

特征特性　株高 172cm，密穗型，穗长 24.8cm，单株粒重 6.5g，千粒重 5.9g。籽粒褐色。生育期 96d。籽粒蛋白质含量 13.91%，脂肪含量 3.80%，赖氨酸含量 0.20%。经黑穗病人工接种鉴定，为感病。旱棚人工耐盐鉴定，为高耐。1991 年在太原市山西农科院试验地参加优异资源丰产性鉴定，折合每公顷产量 2 137.5kg。

综合评价　该种质为稀有的高耐盐种质，可作为以 NaCl 盐类为主的盐碱地开发利用的种质。蛋白质、脂肪和赖氨酸含量中等，籽粒糯性，适口性好。丰产性中等，由于是密穗型，穗短小，但结籽集中。皮壳较厚，出米率较低。

三、紫秆糜子

种质来源　辽宁省锦县农家种。由辽宁农科院品种资源所提供，国编号 0458。

特征特性　株高 188cm，散穗型，穗长 37.1cm，单株粒重 9.5g，千粒重 5.3g。籽粒白色。生育期 88d。籽粒蛋白质含量 14.46%，脂肪含量 3.83%，赖氨酸含量 0.20%。经黑穗病人工接种鉴定，为感病。旱棚人工耐盐鉴定，为高耐。1991 年在太原市山西农科院试验地参加优异资源丰产性鉴定，折合每公顷产量 2 091kg。

综合评价　该种质为稀有的高耐盐种质，可作为以 Nacl 为主的盐碱地开发利用的种质。籽粒糯性，品质较好。丰产性中等，但在较好的土地上种植，增产幅度较大。皮壳薄，出米率高，一般为 80%。

四、小红黍

种质来源　河北省尚义县农家种。由河北保定地区农科所提供，国编号 0755。

特征特性　株高 205cm，侧穗型，穗长 41.4cm，单株粒重 6.5g，千粒重 6.8g。籽粒褐色。生育期 90d。籽粒蛋白质含量 12.59%，脂肪含量 3.91%，赖氨酸含量 0.19%。经黑穗病人工接种鉴定，为感病。旱棚人工耐盐鉴定，为高耐。1991 年在太原市山西农科院试验地参加优异资源丰产性鉴定，折合每公顷产量 2 179.5kg。

综合评价　该种质为稀有的高耐盐种质，可作为盐碱地开发利用种质，也可作为耐盐育种基因利用。品质中等，籽粒糯性，为黏糕用种质。秆高、穗长，但结实只有穗顶端集中，导致单株粒重不高，一般每公顷产量 2 250kg 左右。

五、大青黍

种质来源　河北省芋县农家种。由河北保定地区农科所提供，国编号 0805。

特征特性 株高 196cm，侧穗型，穗长 37.8cm，单株粒重 8.7g，千粒重 7g。籽粒白灰色。生育期 100d。籽粒蛋白质含量 12.59%，脂肪含量 3.91%，赖氨酸含量 0.19%。经黑穗病人工接种鉴定，为高感。旱棚人工耐盐鉴定，为高耐。1991 年在太原市山西农科院试验地参加优异资源丰产性鉴定，折合每公顷产量 2 227.5kg。

综合评价 该种质为稀有的高耐盐种质，在各地盐碱地具有重要的开发利用价值，也是培育丰产、优质、高耐盐种质的育种材料。籽粒糯性，品质中等。丰产性较好，特别是在较好的土地种植，增产幅度较大。

六、二红黍

种质来源 山西省偏关县农家种。由山西省农科院品种资源所提供，国编号 1134。

特征特性 株高 134cm，侧穗型，穗长 28cm，单株粒重 12.1g，千粒重 5.9g。籽粒红色。生育期 84d。籽粒蛋白质含量 16.51%，脂肪含量 3.45%，赖氨酸含量 0.19%。经黑穗病人工接种鉴定，为高感。旱棚人工耐盐鉴定，为高耐。1991 年在太原市山西农科院试验地参加优异资源丰产性鉴定，折合每公顷产量 1 122.5kg。

综合评价 该种质为稀有的高耐盐种质，可作为开发盐碱地用种和培育高耐盐种质的亲本利用。蛋白质含量高，因此又是高蛋白种质，不论开发盐碱地或杂交育种都有双重的作用。抗病性差，播前最好用药剂处理种子。

七、灰黍

种质来源 山西省沁县农家种。由山西省农科院品种资源所提供，国编号 1431。

特征特性 株高 142cm，侧穗型，穗长 38.6cm，单株粒重 11.9g，千粒重 6.8g。籽粒灰色。生育期 97d。籽粒蛋白质含量 14.56%，脂肪含量 3.80%，赖氨酸含量 0.20%。经黑穗病人工接种鉴定，为感病。旱棚人工耐盐鉴定，为高耐。1991 年在太原市山西农科院试验地参加优异资源丰产性鉴定，折合每公顷产量 2 376kg。

综合评价 该种质为稀有的高耐盐种质，可作为盐碱地的推广种质利用。籽粒糯性，品质较好。适应性广，各地均可引种种植。丰产性较好，株高适中，单株粒重较高，如果在较好的土地种植，千粒重会明显提高。

八、渭源小青糜

种质来源 甘肃省渭源县农家种。由甘肃农科院粮作所提供，国编号 2872。

特征特性 株高 70cm，散穗型，穗长 24cm，单株粒重 5.3g，千粒重 6.2g。籽粒灰色。生育期 101d。籽粒蛋白质含量 16.21%，脂肪含量 1.89%，赖氨酸含量 0.16%。经黑穗病人工接种鉴定，为感病。旱棚人工耐盐鉴定，为高耐。1991 年在太原市山西农科院试验地参加优异资源丰产性鉴定，折合每公顷产量 1 342.5kg。

综合评价 该种质为稀有的高耐盐种质，蛋白质含量也高，但丰产性较差。异地种植，生育期明显缩短，可作为救灾种质利用。该种质粳性，宜作米饭或发糕用。由于该种质野生性状明显，落粒性强，则宜早收获。

第六节　耐盐优异种质资源综合评价

一、红糜子

种质来源　黑龙江集贤县农家种。由黑龙江农科院作物育种所品种资源室提供，国编号 0111。

特征特性　株高 152cm，侧穗型，穗长 45.7cm，单株粒重 4.6g，千粒重 7.2g。籽粒红色。生育期 115d。籽粒蛋白质含量 15.25%，脂肪含量 3.16%，赖氨酸含量 0.19%。经黑穗病人工接种鉴定，为感病。旱棚人工耐盐鉴定，为耐盐。1991 年在太原市山西农科院试验地参加优异资源丰产性鉴定，折合每公顷产量 2 194.5kg。

综合评价　该种质为耐盐种质，在含盐量 3‰以内的盐碱地能正常生长结实。蛋白质量较高，脂肪和赖氨酸含量中等。籽粒糯性，是当地较好的黏糕用种质。

二、雁头

种质来源　黑龙江阿城县农家种。由黑龙江农科院作物育种所品种资源室提供，国编号 0210。

特征特性　株高 142cm，密穗型，穗长 22cm，单株粒重 4.2g，千粒重 5.6g。籽粒白色。生育期 111d。籽粒蛋白质含量 13.79%，脂肪含量 4.18%，赖氨酸含量 0.19%。经黑穗病人工接种鉴定，为高感。旱棚人工耐盐鉴定，为耐盐。1991 年在太原市山西农科院试验地参加优异资源丰产性鉴定，折合每公顷产量 1 852.5kg。

综合评价　该种质为耐盐种质，是开发盐碱地的推广利用种质。籽粒糯性，品质中等，是当地黏糕用种质。抗黑穗病性差，播种前需用退菌特拌种，以防黑穗病发生。

三、80-4064

种质来源　黑龙江农科院通过有性杂交培育的品系。由黑龙江农科院作物育种所品种资源室提供，国编号 0293。

特征特性　株高 145cm，侧穗型，穗长 43cm，单株粒重 8.8g，千粒重 6.7g。籽粒黄色。生育期 120d。籽粒蛋白质含量 12.03%，脂肪含量 5.45%，赖氨酸含量 0.22%。经黑穗病人工接种鉴定，为感病。旱棚人工耐盐鉴定，为耐盐。1991 年在太原市山西农科院试验地参加优异资源丰产性鉴定，折合每公顷产量 1 342.5kg。

综合评价　该种质为耐盐种质，可在盐碱地种植。脂肪和赖氨酸含量高，因此又是高脂肪和高赖氨酸种质。丰产性较好，但适应性不广，异地引种种植后，产量大幅度下降。

四、伊盟一点棕

种质来源　内蒙古伊盟农科所用系选法培育的种质。由内蒙古伊盟农科所提供，国编号 0700。

特征特性　株高 141cm，侧穗型，穗长 33.9cm，单株粒重 9.5g，千粒重 7.3g。籽粒白色，上有一点棕，故名"伊盟一点棕"。生育期 114d。籽粒蛋白质含量 12.19%，脂肪含量 3.86%，赖氨酸含量 0.19%。经黑穗病人工接种鉴定，为抗病。旱棚人工耐盐鉴定，为耐盐。1991 年在太原市山西农科院试验地参加优异资源丰产性鉴定，折合每公顷产量 2 221.5kg。

综合评价　该种质为耐盐种质，也是抗病种质，丰产性较好，因此不仅是耐盐和抗病育种的良好材料，而且在盐碱地和大田生产都有利用价值。籽粒糯性，品质中等。

五、水红硬糜子

种质来源　甘肃合水县农家种。由甘肃农科院粮作所提供，国编号 0724。

特征特性　株高 101cm，侧穗型，穗长 42.5cm，单株粒重 10.9g，千粒重 7.5g。籽粒红色。生育期 138d。籽粒蛋白质含量 16.11%，脂肪含量 2.29%，赖氨酸含量 0.16%。经黑穗病人工接种鉴定，为感病。旱棚人工耐盐鉴定，为耐盐。1991 年在太原市山西农科院试验地参加优异资源丰产性鉴定，折合每公顷产量 2 281.5kg。

综合评价　该种质为耐盐种质，可作为盐碱地的推广利用种质。蛋白质含量高，属高蛋白种质。籽粒糯性，但糯性中又带有粳性，是由于自交退化所致。丰产性较好，如果注意种质的提纯复壮，将会进一步改善品质，提高产量。

六、紫盖头糜

种质来源　陕西靖边县农家种。由陕西榆林地区农科所提供，国编号 1656。

特征特性　株高 176cm，侧穗型，穗长 44.2cm，单株粒重 11.2g，千粒重 7.3g。籽粒白色。生育期 92d。籽粒蛋白质含量 12.90%，脂肪含量 2.59%，赖氨酸含量 0.16%。经黑穗病人工接种鉴定，为感病。旱棚人工耐盐鉴定，为耐盐。1991 年在太原市山西农科院试验地参加优异资源丰产性鉴定，折合每公顷产量 2 323.5kg。

综合评价　该种质为耐盐种质，可作为盐碱地的开发利用种质。籽粒糯性，品质中等，是当地黏糕用种质。丰产性较好，在较好的土地上种植，一般每公顷产量 3 000kg 以上。耐寒性强，适宜高寒地区种植。

七、白软糜

种质来源　陕西定边县农家种。由陕西榆林地区农科所提供，国编号 1675。

特征特性　株高 167cm，侧穗型，穗长 41cm，单株粒重 12.7g，千粒重 8.9g。籽粒白色。生育期 86d。籽粒蛋白质含量 13.92%，脂肪含量 2.64%，赖氨酸含量 0.17%。经黑穗病人工接种鉴定，为感病。旱棚人工耐盐鉴定，为耐盐。1991 年在太原市山西农科院试验地参加优异资源丰产性鉴定，折合每公顷产量 2 467.5kg。

综合评价　该种质为耐盐种质，可在盐碱地推广种植。品质中等，皮薄，出米率高。丰产性好，在水肥条件好的情况下，一般每公顷产量 4 500kg 左右。抗病性差，但在一般年份，发病率很低，不会造成大幅度减产。

八、粮糜

种质来源　陕西清涧县农家种。由陕西榆林地区农科所提供，国编号 1753。

特征特性　株高 181cm，侧穗型，穗长 44cm，单株粒重 10.6g，千粒重 7.59g。籽粒灰色。生育期 98d。籽粒蛋白质含量 14.04%，脂肪含量 2.17%，赖氨酸含量 0.16%。经黑穗病人工接种鉴定，为感病。旱棚人工耐盐鉴定，为耐盐。1991 年在太原市山西农科院试验地参加优异资源丰产性鉴定，折合每公顷产量 2 602.5kg。

综合评价　该种质为耐盐种质，可作为盐碱地推广利用种植。丰产较好，在当地大田生产中也是主干种质。籽粒糯性，为当地黏糕用主食种质。茎秆较高，在肥沃土地种植易倒伏减产。八成熟收获，以防落粒减产。

九、疙瘩糜

种质来源　陕西延川县农家种。由陕西榆林地区农科所提供，国编号 1800。

特征特性　株高 180cm，密穗型，穗长 29cm，单株粒重 12.3g，千粒重 7g。籽粒白色。生育期 102d。籽粒蛋白质含量 14.67%，脂肪含量 2.37%，赖氨酸含量 0.17%。经黑穗病人工接种鉴定，为抗病。旱棚人工耐盐鉴定，为耐盐。1991 年在太原市山西农科院试验地参加优异资源丰产性鉴定，折合每公顷产量 2 511kg。

综合评价　该种质为耐盐种质，可做盐碱地推广种质。抗黑穗病性好，在黑穗病高发地区可推广种植，为双抗种质，不仅在生产上有利用价值，也是抗病和耐盐育种的优良材料。丰产性较好，一般每公顷产量 3 000kg 左右。

十、白糜子

种质来源　陕西大荔县农家种。由陕西榆林地区农科所提供，国编号 1901。

特征特性　株高 196cm，散穗型，穗长 36cm，单株粒重 6.3g，千粒重 5.4g。籽粒白色。生育期 109d。籽粒蛋白质含量 12.97%，脂肪含量 4.45%，赖氨酸含量 0.19%。经黑穗病人工接种鉴定，为感病。旱棚人工耐盐鉴定，为耐盐。1991 年在太原市山西农科院试验地参加优异资源丰产性鉴定，折合每公顷产量 2 152.5kg。

综合评价　该种质为耐盐种质，是盐碱地的开发利用种质。品质中等，但脂肪含量较高，是当地黏糕用种质，植株高大，在较肥沃的土地种植易倒伏减产。丰产性中等，一般每公顷产量为 2 250kg 左右。皮薄，出米率高。

十一、散尾儿

种质来源　江苏如皋县农家种。由山西农科院品种资源所提供，国编号 4189。

特征特性　株高 107cm，侧穗型，穗长 28cm，单株粒重 3.2g，千粒重 3g。籽粒白色。生育期 102d。籽粒蛋白质含量 15.22%，脂肪含量 3.25%，赖氨酸含量 0.19%。经黑穗病人工接种鉴定，为感病。旱棚人工耐盐鉴定，为耐盐。1991 年在太原市山西农科院试验地参加优异资源丰产性鉴定，折合每公顷产量 1 284kg。

综合评价　该种质为耐盐种质，蛋白质含量也较高，可作为耐盐和高蛋白育种基因利用。该种质是南方小粒生态型，从南方引入太原种植，生育期明显延长，成熟度不好，丰产性较差，在生产上利用价值不高。

十二、017

种质来源　黑龙江农科院作物育种所，用有性杂交育种法培育的品系。由黑龙江农科院作物育种所品种资源室提供，国编号 1995。

特征特性　株高 65cm，侧穗型，穗长 30cm，单株粒重 2.4g，千粒重 6.8g。籽粒红色。生育期 104d。籽粒蛋白质含量 12.36%，脂肪含量 4.31%，赖氨酸含量 0.19%。经黑穗病人工接种鉴定，为感病。旱棚人工耐盐鉴定，为耐盐。1991 年在太原市山西农科院试验地参加优异资源丰产性鉴定，折合每公顷产量 1 206kg。

综合评价　该种质为耐盐种质。籽粒粳性，品质中等，丰产性差，适应性不广，异地引种种植，生育期明显缩短，穗小、粒小、植株矮小，每公顷产量很低。

十三、046

种质来源　黑龙江农科院作物育种所，用有性杂交育种法培育的品系。由黑龙江农科院作物育种所品种资源室提供，国编号 2020。

特征特性　株高 120cm，密穗型，穗长 31cm，单株粒重 3.1g，千粒重 5.4g。籽粒白色。生育期 115d。籽粒蛋白质含量 13.30%，脂肪含量 4.57%，赖氨酸含量 0.19%。经黑穗病人工接种鉴定，为感病。旱棚人工耐盐鉴定，为耐盐。1991 年在太原市山西农科院试验地参加优异资源丰产性鉴定，折合每公顷产量 1 903.5kg。

综合评价　该种质为耐盐种质，适宜盐碱地推广利用。籽粒粳性，品质中等，为米饭或炒米用种质。丰产性中等。适应性不广，异地引种种植后，生育期明显缩短，产量降低。

十四、红糜子

种质来源　吉林延吉市农家种。由吉林白城地区农科所提供，国编号 2044。

特征特性　株高 172cm，侧穗型，穗长 35.3cm，单株粒重 7.5g，千粒重 8.1g。籽粒红色。生育期 90d。籽粒蛋白质含量 14.89%，脂肪含量 3.50%，赖氨酸含量 0.20%。经黑穗病人工接种鉴定，为感病。旱棚人工耐盐鉴定，为耐盐。1991 年在太原市山西农科院试验地参加优异资源丰产性鉴定，折合每公顷产量 1 884kg。

综合评价　该种质为耐盐种质，适宜盐碱地推广利用。籽粒粳性，品质较好，为米饭或炒米用种质，也可做煎饼用。丰产性较好，在当地种植，一般每公顷产量 2 250kg 左右。穗头脱粒后是做笤帚的良好原料。

十五、兴和小青糜

种质来源　内蒙古乌盟兴和县农家种。由内蒙古伊盟农科所提供，国编号 2150。

特征特性　株高 95cm，散穗型，穗长 31.3cm，单株粒重 5.1g，千粒重 6.7g。籽粒条灰色。生育期 85d。籽粒蛋白质含量 11.64%，脂肪含量 4.47%，赖氨酸含量 0.20%。经黑穗病人工接种鉴定，为高感。旱棚人工耐盐鉴定，为耐盐。1991年在太原市山西农科院试验地参加优异资源丰产性鉴定，折合每公顷产量1 479kg。

综合评价　该种质为耐盐种质，可作为盐碱地推广种质利用，由于生育期短，当地作为救灾种质用。籽粒粳性，当地主要做"炒米"用。落粒性强，易感黑穗病，播前最好药剂处理种子。及早收获，以防落粒减产。

十六、前期二黄糜子

种质来源　内蒙古巴盟前旗农家种。由内蒙古伊盟农科所提供，国编号2188。

特征特性　株高109cm，散穗型，穗长24.6cm，单株粒重5.3g，千粒重6.6g。籽粒黄色。生育期89d。籽粒蛋白质含量12.84%，脂肪含量2.93%，赖氨酸含量0.18%。经黑穗病人工接种鉴定，为抗病。旱棚人工耐盐鉴定，为耐盐。1991年在太原市山西农科院试验地参加优异资源丰产性鉴定，折合每公顷产量1 851kg。

综合评价　该种质为耐盐种质，对黑穗病属抗病级。因此可作为耐盐和抗病种质的育种基因。籽粒粳性，品质中等。丰产性一般，植株较低，穗小，单株粒重较低。在较好的土地种植，增产幅度较大，一般每公顷产量3 000kg左右。

十七、杭后糜子

种质来源　内蒙古巴盟杭后县农家种。由内蒙古伊盟农科所提供，国编号2280。

特征特性　株高118cm，侧穗型，穗长25.9cm，单株粒重8.9g，千粒重7.4g。籽粒黄色。生育期102d。籽粒蛋白质含量11.86%，脂肪含量3.72%，赖氨酸含量0.18%。经黑穗病人工接种鉴定，为感病。旱棚人工耐盐鉴定，为耐盐。1991年在太原市山西农科院试验地参加优异资源丰产性鉴定，折合每公顷产量1 947kg。

综合评价　该种质为耐盐种质，可供下湿盐碱地推广利用。籽粒粳性，品质中等，主要作为炒米用和煎饼用种质。丰产性一般，株高中等，穗短小，但籽粒集中，穗粒重和千粒重较高，在肥沃水地种植，增产幅度较大。

十八、杭后米仓155

种质来源　内蒙古巴盟杭后县农家种。由内蒙古伊盟农科所提供，国编号2291。

特征特性　株高120cm，散穗型，穗长26.9cm，单株粒重8.9g，千粒重6.9g。籽粒黄色。生育期95d。籽粒蛋白质含量12.53%，脂肪含量3.60%，赖氨酸含量0.19%。经黑穗病人工接种鉴定，为抗病。旱棚人工耐盐鉴定，为耐盐。1991年在太原市山西农科院试验地参加优异资源丰产性鉴定，折合每公顷产量2 224.5kg。

综合评价　该种质是耐盐种质，也是抗病种质，在育种上有较高的利用价值。籽粒粳性，为炒米用种质。丰产性较好，不耐干旱，在平坦肥沃的水地种植，每公顷产量可达4 500kg。适应性广，各地均可引种种植。

十九、巴盟二黄糜

种质来源　内蒙古巴盟农科所系选培育的种质。由内蒙古伊盟农科所提供，国编号 2311。

特征特性　株高 134cm，侧穗型，穗长 29.5cm，单株粒重 7.4g，千粒重 8.2g。籽粒黄色。生育期 100d。籽粒蛋白质含量 12.68%，脂肪含量 2.99%，赖氨酸含量 0.17%。经黑穗病人工接种鉴定，为感病。旱棚人工耐盐鉴定，为耐盐。1991 年在太原市山西农科院试验地参加优异资源丰产性鉴定，折合每公顷产量 1 987.5kg。

综合评价　该种质为耐盐种质，可作为盐碱地的开发推广种质。籽粒粳性，为炒米和米饭用种质。丰产性较好，虽然穗头中等，但结籽集中，单株粒重较高，籽粒较大，千粒重高，是优良的大粒型种质。

二十、66-3-10

种质来源　宁夏农科院作物所用系选法培育的种质。由宁夏农科院作物所品种资源室提供，国编号 2549。

特征特性　株高 110cm，侧穗型，穗长 30.1cm，单株粒重 8.7g，千粒重 7.4g。籽粒褐色。生育期 62d。籽粒蛋白质含量 13.44%，脂肪含量 3.96%，赖氨酸含量 0.19%。经黑穗病人工接种鉴定，为感病。旱棚人工耐盐鉴定，为耐盐。1991 年在太原市山西农科院试验地参加优异资源丰产性鉴定，折合每公顷产量 1 789.5kg。

综合评价　该种质为耐盐种质，由于生育期特短，又常常作为救灾种质。籽粒粳性，蛋白质含量较高，脂肪和赖氨酸含量中等。丰产性较好，籽粒皮壳较厚，出米率较低。

二十一、284

种质来源　宁夏农科院作物所用系选法培育的种质。由宁夏农科院作物所品种资源室提供，国编号 2652。

特征特性　株高 158cm，侧穗型，穗长 35.7cm，单株粒重 8.8g，千粒重 7.8g。籽粒红色。生育期 93d。籽粒蛋白质含量 13.00%，脂肪含量 3.87%，赖氨酸含量 0.18%。经黑穗病人工接种鉴定，为感病。旱棚人工耐盐鉴定，为耐盐。1991 年在太原市山西农科院试验地参加优异资源丰产性鉴定，折合每公顷产量 2 334kg。

综合评价　该种质为耐盐种质，可作为盐碱地推广利用种质。籽粒粳性，品质中等。丰产性较好，在较好的土地种植，每公顷产量可达 4 500kg 左右。穗头长短适中，是做笤帚的良好原料。

二十二、民勤小黑糜子

种质来源　甘肃省民勤县农家种。由甘肃农科院粮作所提供，国编号 2693。

特征特性　株高 83cm，侧穗型，穗长 24.4cm，单株粒重 5.4g，千粒重 7.4g。籽粒褐色。生育期 104d。籽粒蛋白质含量 14.62%，脂肪含量 2.15%，赖氨酸含量 0.17%。经黑穗病人工接种鉴定，为感病。旱棚人工耐盐鉴定，为耐盐。1991 年在太原市山西农科院试验地参加优异资源丰产性鉴定，折合每公顷产量 1 756.5kg。

综合评价　该种质为耐盐种质，可在盐碱地种植。籽粒粳性，为米饭用种质。蛋白质含量较高，脂肪和赖氨酸含量低。丰产性差，植株矮，穗小，单株粒重低，籽粒大小中等。皮壳较厚，出米率低，一般为 70%。

二十三、武威大红糜子

种质来源　甘肃省武威县农家种。由甘肃农科院粮作所提供，国编号 2698。

特征特性　株高 115cm，侧穗型，穗长 27.7cm，单株粒重 8.7g，千粒重 7.5g。籽粒红色。生育期 118d。籽粒蛋白质含量 14.52％，脂肪含量 2.22%，赖氨酸含量 0.17%。经黑穗病人工接种鉴定，为感病。旱棚人工耐盐鉴定，为耐盐。1991 年在太原市山西农科院试验地参加优异资源丰产性鉴定，折合每公顷产量 2 436kg。

综合评价　该种质为耐盐种质，在盐碱地种植，出苗较好，长势较旺，每公顷产量可达 3 000kg 左右。丰产性好，穗短但结籽集中，单株粒重和千粒重较高。品质中等，蛋白质含量较高。籽粒粳性，是当地做米饭用的主干种质。

二十四、甘糜一号

种质来源　甘肃农科院粮作所和会宁县农科所系选培育的种质。由甘肃农科院粮作所提供，国编号 2822。

特征特性　株高 100cm，侧穗型，穗长 23cm，单株粒重 8.4g，千粒重 8.1g。籽粒红色。生育期 118d。籽粒蛋白质含量 15.17%，脂肪含量 2.17%，赖氨酸含量 0.16%。经黑穗病人工接种鉴定，为高感。旱棚人工耐盐鉴定，为耐盐。1991 年在太原市山西农科院试验地参加优异资源丰产性鉴定，折合每公顷产量 2 203.5kg。

综合评价　该种质为耐盐种质。籽粒粳性，为米饭用种质。蛋白质含量高，脂肪和赖氨酸含量较低。丰产性好，植株低，穗子小，但千粒重和单株粒重较高。

二十五、会宁白黍

种质来源　甘肃省会宁县农家种。由甘肃农科院粮作所提供，国编号 2846。

特征特性　株高 113cm，侧穗型，穗长 23.8cm，单株粒重 6.8g，千粒重 6.9g。籽粒白色。生育期 127d。籽粒蛋白质含量 14.42%，脂肪含量 2.58%，赖氨酸含量 0.16%。经黑穗病人工接种鉴定，为感病。旱棚人工耐盐鉴定，为耐盐。1991 年在太原市山西农科院试验地参加优异资源丰产性鉴定，折合每公顷产量 2 214kg。

综合评价　该种质为耐盐种质，可作为盐碱地推广利用种质。在较肥沃的土地上种植，增产幅度较大，籽粒粳性，蛋白质含量较高，脂肪和赖氨酸含量较低。丰产性较好，结籽集中，株高适中。籽粒皮壳较薄，出米率高。

二十六、渭源黄糜

种质来源　甘肃省渭源县农家种。由甘肃省农科院粮作所提供，国编号 2870。

特征特性　株高 90cm，侧穗型，穗长 27.2cm，单株粒重 7.2g，千粒重 7.3g。籽粒黄色。生育期 103d。籽粒蛋白质含量 15.69%，脂肪含量 2.11%，赖氨酸含量 0.17%。经黑穗病人工接种鉴定，为高感。旱棚人工耐盐鉴定，为耐盐。1991 年在太原市山西农科院试验地参加优异资源丰产性鉴定，折合每公顷产量 1 867.5kg。

综合评价　该种质为耐盐种质，可在盐碱地推广种植。籽粒粳性，蛋白质含量高，脂肪和赖氨酸含量低。丰产性较好，植株矮，穗头小，但结籽集中，单株粒重和千粒重较高。抗倒伏，易感染黑穗病。

二十七、渭源黄黑糜

种质来源　甘肃省渭源县农家种。由甘肃省农科院粮作所提供，国编号 2871。

特征特性　株高 77cm，散穗型，穗长 26.9cm，单株粒重 3.5g，千粒重 6.6g。籽粒灰色。生育期 103d。籽粒蛋白质含量 14.23%，脂肪含量 3.39%，赖氨酸含量 0.19%。经黑穗病人工接种鉴定，为抗病。旱棚人工耐盐鉴定，为耐盐。1991 年在太原市山西农科院试验地参加优异资源丰产性鉴定，折合每公顷产量 1 705.5kg。

综合评价　该种质为耐盐种质，也是抗黑穗病种质，在黍稷育种上有较高的利用价值。籽粒粳性，为米饭用种质，品质较好，籽粒蛋白质含量较高，脂肪和赖氨酸含量中等。植株较矮，抗倒伏，但每公顷产量较低。

二十八、陇西大黄糜

种质来源　甘肃省陇西县农家种。由甘肃省农科院粮作所提供，国编号 2874。

特征特性　株高 85cm，侧穗型，穗长 23.9cm，单株粒重 2.8g，千粒重 7.2g。籽粒黄色。生育期 83d。籽粒蛋白质含量 15.40%，脂肪含量 2.10%，赖氨酸含量 0.17%。经黑穗病人工接种鉴定，为抗病。旱棚人工耐盐鉴定，为耐盐。1991 年在太原市山西农科院试验地参加优异资源丰产性鉴定，折合每公顷产量 1 450.5kg。

综合评价　该种质耐盐性强，可在盐碱地推广种植。抗黑穗病，在黑穗病高发地区和高发年份均不会引起减产。因此，是耐盐和抗病育种的良好材料。籽粒粳性，蛋白质含量较高，脂肪和赖氨酸含量低。丰产性差，产量较低。

二十九、合水竹叶青

种质来源　甘肃省合水县农家种。由甘肃省农科院粮作所提供，国编号 2916。

特征特性　株高 113cm，侧穗型，穗长 2.5cm，单株粒重 3.8g，千粒重 7.7g。籽粒黄色。生育期 120d。籽粒蛋白质含量 14.38%，脂肪含量 2.13%，赖氨酸含量 0.15%。经黑穗病人工接种鉴定，为感病。旱棚人工耐盐鉴定，为耐盐。1991 年在太原市山西农科院试验地参加优异资源丰产性鉴定，折合每公顷产量 1 954.5kg。

综合评价　该种质耐盐性强，可在盐碱地推广种植。籽粒粳性，蛋白质含量较高，脂肪和赖氨酸含量低。丰产性差，为旱地种质生态型；在肥沃的土地种植，增产幅度较大，一般每公顷产量可达 3 750kg 左右。出米率 75%。

三十、正宁红黏糜子

种质来源　甘肃省正宁县农家种。由甘肃省农科院粮作所提供，国编号 2919。

特征特性　株高 95cm，侧穗型，穗长 21.3cm，单株粒重 5.2g，千粒重 7.8g。籽粒红色。生育期 118d。籽粒蛋白质含量 15.87%，脂肪含量 1.82%，赖氨酸含量 0.17%。经黑穗病人工接种鉴定，为感病。旱棚人工耐盐鉴定，为耐盐。1991 年在太原市山西农科院试验地参加优异资源丰产性鉴定，折合每公顷产量 1 963.5kg。

综合评价　该种质耐盐性强，在土壤含盐较高的情况下，能正常生长发育，并能取得较高的产量。籽粒粳性，蛋白质含量高，脂肪和赖氨酸含量低。丰产性较差，为旱地种质生态型，出米率中等，为 75%。

三十一、镇原老虎爪

种质来源　甘肃省镇原县农家种。由甘肃省农科院粮作所提供，国编号 2946。

特征特性　株高 101cm，散穗型，穗长 19.1cm，单株粒重 4.8g，千粒重 7.5g。籽粒黄色。生育期 117d。籽粒蛋白质含量 13.95%，脂肪含量 2.17%，赖氨酸含量 0.16%。经黑穗病人工接种鉴定，为感病。旱棚人工耐盐鉴定，为耐盐。1991 年在太原市山西农科院试验地参加优异资源丰产性鉴定，折合每公顷产量 1 819.5kg。

综合评价　该种质在土壤含盐量 0.3% 的情况下仍能正常生长发育，适宜盐碱地推广利用。籽粒粳性，品质中等。丰产性较好，植株较矮，抗倒伏，穗头籽粒集中，千粒重较高，特别是在较肥沃的平水地种植，增产显著。

三十二、镇原二虎头

种质来源　甘肃省镇原县农家种。由甘肃省农科院粮作所提供，国编号 2948。

特征特性　株高 106cm，密穗型，穗长 18.8cm，单株粒重 5.3g，千粒重 7.7g。籽粒黄色。生育期 112d。籽粒蛋白质含量 13.95%，脂肪含量 1.74%，赖氨酸含量 0.15%。经黑穗病人工接种鉴定，为感病。旱棚人工耐盐鉴定，为耐盐。1991 年在太原市山西农科院试验地参加优异资源丰产性鉴定，折合每公顷产量 1 864.5kg。

综合评价　该种质为耐盐种质。籽粒粳性，为米饭用种质，适口性较好。丰产性较好，穗短，但籽粒集中，似高粱穗，籽粒大，千粒重高，植株较矮，抗倒性好。适应性广，在异地种植，一般每公顷产量 2 250~3 000kg。

三十三、镇原黑硬糜

种质来源　甘肃省镇原县农家种。由甘肃省农科院粮作所提供，国编号 2957。

特征特性　株高 112cm，侧穗型，穗长 23.7cm，单株粒重 5.9g，千粒重 7.3g。籽粒褐色。生育期 117d。籽粒蛋白质含量 14.59%，脂肪含量 1.68%，赖氨酸含量 0.15%。经黑穗病人工接种鉴定，为感病。旱棚人工耐盐鉴定，为耐盐。1991 年在太原市山西农科院试验地参加优异资源丰产性鉴定，折合每公顷产量 1 893kg。

综合评价　该种质耐盐强。籽粒蛋白含量高，但脂肪和赖氨酸含量低。籽粒粳性，为米饭用种质。丰产性中等，为丘陵旱地生态型，植株较矮，穗短，但结籽集中，籽粒较大，千粒重较高。出米率低，为 70%。

三十四、静宁东北糜

种质来源　甘肃省静宁县农家种。由甘肃省农科院粮作所提供，国编号 2997。

特征特性 株高 86cm，散穗型，穗长 25.3cm，单株粒重 3.7g，千粒重 7.5g。籽粒黄色。生育期 107d。籽粒蛋白质含量 14.39%，脂肪含量 2.56%，赖氨酸含量 0.18%。经黑穗病人工接种鉴定，为抗病。旱棚人工耐盐鉴定，为耐盐。1991 年在太原市山西农科院试验地参加优异资源丰产性鉴定，折合每公顷产量 1 939.5kg。

综合评价 该种质耐盐强，可在盐碱地推广种植。抗黑穗病。籽粒粳性，蛋白含量较高，但脂肪和赖氨酸含量较低，适口性好，是当地米饭主食种质。丰产性较差，植株矮，穗短小，结实率低，在较好土地上种植，增产幅度较大。

三十五、天水黄糜

种质来源 甘肃省天水县农家种。由甘肃省农科院粮作所提供，国编号 3015。

特征特性 株高 113cm，密穗型，穗长 26.4cm，单株粒重 6.5g，千粒重 6.5g。籽粒黄色。生育期 118d。籽粒蛋白质含量 13.91%，脂肪含量 2.05%，赖氨酸含量 0.16%。经黑穗病人工接种鉴定，为感病。旱棚人工耐盐鉴定，为耐盐。1991 年在太原市山西农科院试验地参加优异资源丰产性鉴定，折合每公顷产量 1 503kg。

综合评价 该种质耐盐性强，适宜盐碱地推广利用。易感黑穗病。籽粒粳性，是当地米饭用主食种质。丰产性较好，株高适中，穗大小中等，但结籽集中，籽粒中大，千粒重中等。在较肥沃的土地上种植，一般每公顷产量 3 000kg 左右。

三十六、天水黑炸糜

种质来源 甘肃省天水县农家种。由甘肃省农科院粮作所提供，国编号 3019。

特征特性 株高 103cm，散穗型，穗长 20.9cm，单株粒重 3.8g，千粒重 5.5g。籽粒灰色。生育期 110d。籽粒蛋白质含量 15.15%，脂肪含量 4.81%，赖氨酸含量 0.17%。经黑穗病人工接种鉴定，为抗病。旱棚人工耐盐鉴定，为耐盐。1991 年在太原市山西农科院试验地参加优异资源丰产性鉴定，折合每公顷产量 1 896kg。

综合评价 该种质耐盐性强，抗黑穗病，是良好的耐盐和抗病的育种材料。籽粒粳性，品质优良，蛋白质和脂肪含量高，赖氨酸含量低。丰产性中等，喜水肥，在水肥地种植，穗大，粒大，千粒重高，增产幅度较大。

三十七、东乡疙瘩狗黍

种质来源 甘肃省东乡县农家种。由甘肃省农科院粮作所提供，国编号 3037。

特征特性 株高 98cm，侧穗型，穗长 20.6cm，单株粒重 5.9g，千粒重 8.1g。籽粒灰色。生育期 107d。籽粒蛋白质含量 13.81%，脂肪含量 2.09%，赖氨酸含量 0.16%。经黑穗病人工接种鉴定，为感病。旱棚人工耐盐鉴定，为耐盐。1991 年在太原市山西农科院试验地参加优异资源丰产性鉴定，折合每公顷产量 1 752kg。

综合评价 该种质为耐盐种质，适宜在盐碱地推广利用。籽粒粳性，品质中等。丰产性一般，植株较矮，穗小，但结粒集中，粒大，千粒重高。异地种植，生育期缩短，喜水肥，在水肥地种植，增产幅度较大。

三十八、东乡杂麻糜

种质来源 甘肃省东乡县农家种。由甘肃省农科院粮作所提供，国编号 3039。

特征特性 株高 74cm，散穗型，穗长 25.1cm，单株粒重 4.5g，千粒重 6.3g。籽粒灰色。生育期 103d。籽粒蛋白质含量 14.25%，脂肪含量 2.37%，赖氨酸含量 0.17%。经黑穗病人工接种鉴定，为抗病。旱棚人工耐盐鉴定，为耐盐。1991 年在太原市山西农科院试验地参加优异资源丰产性鉴定，折合每公顷产量 1 906.5kg。

综合评价 该种质为耐盐种质，抗黑穗病，是耐盐和抗病的育种材料。籽粒粳性，蛋白质含量较高，脂肪和赖氨酸含量低。丰产性中等，喜水肥，在肥沃的水地种植，植株由矮变高，穗长大，结实率高，一般每公顷产量 3 000kg 左右。

三十九、广河大黄糜

种质来源 甘肃省广河县农家种。由甘肃省农科院粮作所提供，国编号 3042。

特征特性 株高 104cm，侧穗型，穗长 27.3cm，单株粒重 4.1g，千粒重 7g。籽粒黄色。生育期 102d。籽粒蛋白质含量 14.70%，脂肪含量 2.01%，赖氨酸含量 0.16%。经黑穗病人工接种鉴定，为感病。旱棚人工耐盐鉴定，为耐盐。1991 年在太原市山西农科院试验地参加优异资源丰产性鉴定，折合每公顷产量 2 313kg。

综合评价 该种质为耐盐种质。籽粒粳性，蛋白质含量较高，脂肪和赖氨酸含量低。在当地主要作为饭用种质。该种质在当地种植，一般每公顷产量 1 500kg 左右，为干旱生态型；在太原种植，水肥条件较好的情况下，产量较高。

四十、和政黄糜

种质来源 甘肃省和政县农家种。由甘肃省农科院粮作所提供，国编号 3045。

特征特性 株高 104cm，散穗型，穗长 33.3cm，单株粒重 3.9g，千粒重 7.6g。籽粒黄色。生育期 106d。籽粒蛋白质含量 14.90%，脂肪含量 2.19%，赖氨酸含量 0.16%。经黑穗病人工接种鉴定，为感病。旱棚人工耐盐鉴定，为耐盐。1991 年在太原市山西农科院试验地参加优异资源丰产性鉴定，折合每公顷产量 1 927.5kg。

综合评价 该种质为耐盐种质，可供盐碱地开发利用。籽粒粳性，蛋白质含量较高，脂肪和赖氨酸含量低。丰产性中等，植株较矮，穗长大，但结籽不集中，单株粒重不高，千粒重较高，易落粒，八成熟收获，以防落粒减产。

四十一、小黄糜

种质来源 陕西省府谷县农家种。由陕西榆林地区农科所提供，国编号 3579。

特征特性 株高 142cm，散穗型，穗长 42cm，单株粒重 10.6g，千粒重 8.6g。籽粒黄色。生育期 83d。籽粒蛋白质含量 12.92%，脂肪含量 2.58%，赖氨酸含量 0.15%。经黑穗病人工接种鉴定，为高感。旱棚人工耐盐鉴定，为耐盐。1991 年在太原市山西农科院试验地参加优异资源丰产性鉴定，折合每公顷产量 2 413.5kg。

综合评价 该种质为耐盐种质，但对黑穗病高感，因此，在种植前需要用药剂处理种子。籽粒粳性，品质中等。丰产性好，穗大，粒大，单株粒重高，植株高度适中。适应性广，各地引种均能获得较高的产量。

四十二、二红糜

种质来源 陕西省横山县农家种。由陕西榆林地区农科所提供，国编号 3624。

特征特性 株高 157cm，侧穗型，穗长 41cm，单株粒重 15g，千粒重 8.1g。籽粒红色。生育期 85d。籽粒蛋白质含量 12.84%，脂肪含量 2.57%，赖氨酸含量 0.15%。经黑穗病人工接种鉴定，为感病。旱棚人工耐盐鉴定，为耐盐。1991 年在太原市山西农科院试验地参加优异资源丰产性鉴定，折合每公顷产量 2 817kg。

综合评价 该种质为耐盐种质，丰产性很好，因此，不仅是生产上的主干种质，也是开发利用盐碱地的推广种质。籽粒粳性，品质中等。适应性广，各地均能引种种植。生育期短，可作为麦茬复播或救灾种质用。

四十三、红硬糜

种质来源 陕西省子洲县农家种。由陕西榆林地区农科所提供，国编号 3738。

特征特性 株高 169cm，侧穗型，穗长 45cm，单株粒重 12.1g，千粒重 7.4g。籽粒红色。生育期 91d。籽粒蛋白质含量 13.81%，脂肪含量 2.84%，赖氨酸含量 0.16%。经黑穗病人工接种鉴定，为高感。旱棚人工耐盐鉴定，为耐盐。1991 年在太原市山西农科院试验地参加优异资源丰产性鉴定，折合每公顷产量 3 216kg。

综合评价 该种质为耐盐种质，由于丰产性很好，不仅在大田生产中是主干种质，也是开发利用盐碱地的良好种质。籽粒粳性，品质中等。在较好的土地上种植，每公顷产量可达 6 000kg 左右。适应性广，各地均可引种种植。

四十四、黄狸糜

种质来源 陕西省安塞县农家种。由陕西榆林地区农科所提供，国编号 3793。

特征特性 株高 168cm，侧穗型，穗长 40cm，单株粒重 6.8g，千粒重 7g。籽粒黄色。生育期 96d。籽粒蛋白质含量 13.76%，脂肪含量 2.97%，赖氨酸含量 0.15%。经黑穗病人工接种鉴定，为感病。旱棚人工耐盐鉴定，为耐盐。1991 年在太原市山西农科院试验地参加优异资源丰产性鉴定，折合每公顷产量 2 187kg。

综合评价 该种质耐盐性强，适宜盐碱地种植，籽粒粳性，品质中等。丰产性好，特别是在较好的土地种植，丰产性更为突出，单株粒重能保持 12~14g，千粒重 7~8g，每公顷产量量可达 3 750kg 以上，穗脱粒后是做笤帚的良好材料。

四十五、大瓦灰糜

种质来源 陕西省安塞县农家种。由陕西榆林地区农科所提供，国编号 3795。

特征特性 株高 183cm，侧穗型，穗长 44cm，单株粒重 8.7g，千粒重 9g。籽粒灰色。生育期 99d。籽粒蛋白质含量 13.15%，脂肪含量 3.47%，赖氨酸含量 0.16%。经黑穗病人工接种鉴定，为感病。旱棚人工耐盐鉴定，为耐盐。1991 年在太原市山西农科院试验地参加优异资源丰产性鉴定，折合每公顷产量 2 404.5kg。

综合评价　该种质为耐盐种质，在盐碱地推广种植具有广阔前景。籽粒粳性，品质较优，是当地群众种植的主干种质。丰产性好，穗大，粒大，单株粒重高，在较好的水肥地种植，每公顷产量可达 5 250kg 左右，每公顷产量 6 000kg 出现倒伏现象。

四十六、长糜

种质来源　陕西省志丹县农家种。由陕西榆林地区农科所提供，国编号 3806。

特征特性　株高 179cm，散穗型，穗长 45cm，单株粒重 8.8g，千粒重 6.6g。籽粒白色。生育期 90d。籽粒蛋白质含量 14.49%，脂肪含量 3.50%，赖氨酸含量 0.15%。经黑穗病人工接种鉴定，为感病。旱棚人工耐盐鉴定，为耐盐。1991 年在太原市山西农科院试验地参加优异资源丰产性鉴定，折合每公顷产量 2 532kg。

综合评价　该种质为耐盐种质，是盐碱地的推广种质。籽粒粳性，蛋白质含量较高，脂肪含量中等，赖氨酸含量较低。丰产性较好，特别在盐碱地种植，更能表现出该种质的耐盐性和丰产性。皮壳薄，出米率 80%。

四十七、焦嘴糜

种质来源　陕西延川县农家种。由陕西榆林地区农科所提供，国编号 3831。

特征特性　株高 169cm，侧穗型，穗长 40cm，单株粒重 5.1g，千粒重 9g。籽粒白色，上有一点黑，故名"焦嘴糜"。生育期 94d。籽粒蛋白质含量 13.06%，脂肪含量 2.84%，赖氨酸含量 0.16%。经黑穗病人工接种鉴定，为感病。旱棚人工耐盐鉴定，为耐盐。1991 年在太原市山西农科院试验地参加优异资源丰产性鉴定，折合每公顷产量 2 224.5kg。

综合评价　该种质为耐盐种质，是盐碱地的开发利用种质。籽粒粳性，品质中等，是当地米饭用的主干种质。丰产性较好，粒大，千粒重高。穗大，但结籽率不是很高。

四十八、紫杆白糜

种质来源　陕西延长县农家种。由陕西榆林地区农科所提供，国编号 3847。

特征特性　株高 175cm，散穗型，穗长 42cm，单株粒重 9.3g，千粒重 7.2g。籽粒白色。生育期 102d。籽粒蛋白质含量 13.30%，脂肪含量 2.82%，赖氨酸含量 0.16%。经黑穗病人工接种鉴定，为感病。旱棚人工耐盐鉴定，为耐盐。1991 年在太原市山西农科院试验地参加优异资源丰产性鉴定，折合每公顷产量 2 557.5kg。

综合评价　该种质为耐盐种质，在盐碱地种植，比较高产、稳产，是开发盐碱地的良好种质。籽粒粳性，品质中等，是当地米饭用的主干种质。丰产性好，株高中等，抗倒伏。穗长，单株粒重高。粒较大，千粒重中等。

四十九、火糜子

种质来源　陕西韩城市农家种。由陕西榆林地区农科所提供，国编号 3943。

特征特性　株高 139cm，侧穗型，穗长 41cm，单株粒重 10.1g，千粒重 7.2g。籽粒黄色。生育期 86d。籽粒蛋白质含量 14.28%，脂肪含量 2.21%，赖氨酸含量 0.16%。经黑穗病人工接种鉴定，为感病。旱棚人工耐盐鉴定，为耐盐。1991 年在太原市山西农科院试验地参加优异资源丰产性鉴定，折合每公顷产量 2 337kg。

综合评价　该种质为耐盐种质，在盐碱地种植，减少幅度较小。籽粒粳性，是当地米饭用种质。品质中等，蛋白质含量较低，赖氨酸含量低。丰产性较好，适宜较肥沃的土地种植，在干旱瘠薄地，产量较低。

五十、麦糜

种质来源　陕西澄城县农家种。由陕西榆林地区农科所提供，国编号 3964。

特征特性　株高 159cm，散穗型，穗长 37cm，单株粒重 11.2g，千粒重 7.2g。籽粒黄色。生育期 94d。籽粒蛋白质含量 13.74%，脂肪含量 1.42%，赖氨酸含量 0.16%。经黑穗病人工接种鉴定，为感病。旱棚人工耐盐鉴定，为耐盐。1991 年在太原市山西农科院试验地参加优异资源丰产性鉴定，折合每公顷产量 2 125.5kg。

综合评价　该种质为耐盐种质，适宜盐碱地推广种用。籽粒粳性，品质一般，蛋白质含量较高，脂肪和赖氨酸含量低。丰产性较好，喜水肥，在较肥沃的土地种植，增产幅度较大，在无霜期较长的地区，可收麦后复播。

五十一、麻糜

种质来源　陕西富平县农家种。由陕西榆林地区农科所提供，国编号 4019。

特征特性　株高 158cm，散穗型，穗长 41cm，单株粒重 10.9g，千粒重 6.3g。籽粒灰色。生育期 103d。籽粒蛋白质含量 12.17%，脂肪含量 2.23%，赖氨酸含量 0.15%。经黑穗病人工接种鉴定，为感病。旱棚人工耐盐鉴定，为耐盐。1991 年在太原市山西农科院试验地参加优异资源丰产性鉴定，折合每公顷产量 2 455.5kg。

综合评价　该种质为耐盐种质。籽粒粳性，品质中等。丰产性较好，喜水肥，在平坦肥沃的土地种植，每公顷产量可达 5 250kg 左右。也可收麦后复播，复播生育期明显缩短，只需 80d 左右即可成熟。落粒性强，要及早收获脱粒。

五十二、鸡蛋糜

种质来源　青海民和县农家种。由青海农科院品种资源室提供，国编号 4162。

特征特性　株高 160cm，侧穗型，穗长 29.9cm，单株粒重 11.6g，千粒重 6.8g。籽粒白色。生育期 140d。籽粒蛋白质含量 13.50%，脂肪含量 3.97%，赖氨酸含量 0.19%。经黑穗病人工接种鉴定，为感病。旱棚人工耐盐鉴定，为耐盐。1991 年在太原市山西农科院试验地参加优异资源丰产性鉴定，折合每公顷产量 2 227.5kg。

综合评价　该种质为耐盐种质，可供盐碱地种植。籽粒粳性，是当地炒米用种质。蛋白质含量较高，脂肪和赖氨酸含量中等。丰产性较好，是当地大田生产的主干种质。皮壳薄，出米率高。米糠是良好的猪饲料。

第七节　高抗黑穗病优异种质资源综合评价

一、扫帚糜

种质来源　陕西宜川县农家种。由陕西榆林地区农科所提供，国编号1841。

特征特性　株高188cm，散穗型，穗长41cm，单株粒重8.2g，千粒重6.8g。籽粒红色。生育期101d。籽粒蛋白质含量12.97%，脂肪含量2.50%，赖氨酸含量0.16%。经黑穗病人工接种鉴定，为高抗。旱棚人工耐盐鉴定，为中敏。1991年在太原市山西农科院试验地参加优异资源丰产性鉴定，折合每公顷产量1 912.5kg。

综合评价　该种质是稀有的高抗黑穗病种质。在参加鉴定的4 224份种质中，只鉴定出4份高抗种质，该种质是其中之一，因此是极其珍贵的抗源。籽粒糯性，品质中等。皮壳薄，出米率高。落粒性强，要及早收获，以防落粒减产。

二、稷子

种质来源　黑龙江同江县农家种。由黑龙江农科院作物育种所品种资源室提供，国编号1982。

特征特性　株高47cm，散穗型，穗长31.8cm，单株粒重2.5g，千粒重6.4g。籽粒灰色。生育期64d。籽粒蛋白质含量11.85%，脂肪含量4.68%，赖氨酸含量0.20%。经黑穗病人工接种鉴定，为高抗。旱棚人工耐盐鉴定，为中敏。1991年在太原市山西农科院试验地参加优异资源丰产性鉴定，折合每公顷产量1 409.5kg。

综合评价　该种质是稀有珍贵的高抗黑穗病种质，是我国黍稷资源中难得的抗黑穗病抗源，是今后黍稷抗黑穗病育种的良好材料。籽粒糯性，品质中等。丰产性差。

三、巴盟小黑糜

种质来源　内蒙古巴盟地区农家种。由内蒙古伊盟农科所提供，国编号2342。

特征特性　株高120cm，散穗型，穗长27.9cm，单株粒重5.5g，千粒重7.2g。籽粒褐色。生育期102d。籽粒蛋白质含量12.53%，脂肪含量3.06%，赖氨酸含量0.17%。经黑穗病人工接种鉴定，为高抗。旱棚人工耐盐鉴定，为中耐。1991年在太原市山西农科院试验地参加优异资源丰产性鉴定，折合每公顷产量1 269kg。

综合评价　该种质是从参加黑穗病人工接种鉴定的4 224份种质中，筛选出来的4份高抗种质之一，是稀有珍贵的"抗源"，是今后培育抗病种质难得的育种材料。籽粒粳性，品质中等，丰产性较差，大田生产利用价值不大。

四、牛尾黄

种质来源　陕西甘泉县农家种。由陕西榆林地区农科所提供，国编号3878。

特征特性　株高131cm，侧穗型，穗长34cm，单株粒重11.9g，千粒重5.8g，生育期101d。在当地种植，一般每公顷产量1 950kg左右。籽粒粳性，品质中等。经黑穗病人工接种鉴定，为高感。旱棚人工耐盐鉴定，为中敏。1991 年在太原市山西农科院试验地参加优异资源丰产性鉴定，折合每公顷产量 1 282.5kg。

综合评价　该种质是稀有珍贵的高抗黑穗病种质，经多次反复鉴定，发病率均保持在 1%以内。在鉴定筛选出的 4 份高抗种质中，该种质在丰产性方面也是比较好的，耐盐性中等。该种质是难得的培育抗黑穗病种质的"抗源"。

第八节　丰产优质优异种质资源综合评价

一、太原 55

种质来源　山西农科院品种资源所系选培育的新种质，后经审定后定名为晋黍 2 号。由该所提供，国编号 4637。

特征特性　株高 153cm，侧散穗型，穗长 34cm，单株粒重 13.9g，千粒重 7.8g。籽粒黄色。生育期 81d。籽粒蛋白质含量 14.42%，脂肪含量 4.45%，赖氨酸含量 0.21%。经黑穗病人工接种鉴定，为抗病。旱棚人工耐盐鉴定，为耐盐。1991 年在太原市山西农科院试验地参加优异资源丰产性鉴定，折合每公顷产量 3 351kg。

综合评价　该种质丰产优质，是历年来我国培育的黍子新种质中，在各方面比较完美的一个种质，适应性很广，现已在我国北方各省黍稷主产区推广，种植面积达 33.3 万公顷。

二、太原 84

种质来源　山西农科院品种资源所系选培育的新种质，由该所提供，国编号 4638。

特征特性　株高 171cm，侧密穗型，穗长 28.2cm，单株粒重 11.29g，千粒重 7.5g。籽粒红色。生育期 91d。籽粒蛋白质含量 14.42%，脂肪含量 3.88%，赖氨酸含量 0.20%。经黑穗病人工接种鉴定，为感病。旱棚人工耐盐鉴定，为敏感。1991 年在太原市山西农科院试验地参加优异资源丰产性鉴定，折合每公顷产量 3 372kg。

综合评价　该种质品质较好，丰产性好，穗籽粒很集中，茎秆粗壮，抗倒伏，植株中等高低，耐水肥，增产潜力很大。抗寒性好，早霜降临后，茎叶变成紫红色，仍能正常生长。适应性不广，在无霜期较短的地方，产量较低。

三、8166-981

种质来源　内蒙古伊盟农科所培育的黍子品系。1989 年山西农科院品种资源所引入山西，由该所提供，国编号 6555。

特征特性　株高 96cm，侧穗型，穗长 35.1cm，单株粒重 11.8g，千粒重 9g。籽粒红色。生育期 84d。籽粒蛋白质含量 14.21%，脂肪含量 3.94%，赖氨酸含量 0.21%。经黑穗病人工接种鉴定，为抗病。旱棚人工耐盐鉴定，为敏感。1991 年在太原市山西农科院试验地参加优异资源丰产性鉴定，折合每公顷产量 3 027kg。

综合评价　该种质早熟，丰产性好，籽粒圆形，为特大粒种质，单株粒重较高，千粒重高。抗黑穗病。籽粒糯性好，品质优良，适口性好，可作为麦茬复播种质和救灾种质。

四、大白黍

种质来源　山西省天镇县农家种。由山西农科院品种资源所提供，国编号0885。

特征特性　株高111cm，侧穗型，穗长33.8cm，单株粒重9.1g，千粒重7.4g。籽粒白色，上有一点黄。生育期77d。籽粒蛋白质含量14.30%，脂肪含量3.88%，赖氨酸含量0.16%。经黑穗病人工接种鉴定，为抗病。旱棚人工耐盐鉴定，为中敏。1991年在太原市山西农科院试验地参加优异资源丰产性鉴定，折合每公顷产量3 127.5kg。

综合评价　该种质早熟，丰产性好，长势整齐，在栽培管理条件好的情况下，每公顷产量可达5 250kg。籽粒糯性，适口性好，是优良的黏糕用种质。皮薄出米率高，糠皮又是优良的猪饲料。

五、二瓦灰

种质来源　山西省阳高县农家种。由山西农科院品种资源所提供，国编号0906。

特征特性　株高78cm，侧穗型，穗长32cm，单株粒重8.2g，千粒重6.8g。籽粒白色。生育期77d。籽粒蛋白质含量14.71%，脂肪含量3.76%，赖氨酸含量0.20%。经黑穗病人工接种鉴定，为抗病。旱棚人工耐盐鉴定，为中耐。1991年在太原市山西农科院试验地参加优异资源丰产性鉴定，折合每公顷产量3 247.5kg。

综合评价　该种质丰产性好，同样的栽培条件下，比一般种质增产20%左右。籽粒糯性，品质好。抗黑穗病，耐盐性中等。生育期短，可作为复播和救灾种质用。植株矮，茎秆粗壮，抗倒伏。皮薄，出米率高。

六、红秆红黍

种质来源　山西省山阴县农家种。由山西农科院品种资源所提供，国编号1002。

特征特性　株高103cm，散穗型，穗长32.6cm，单株粒重8.6g，千粒重6.1g。籽粒红色。生育期76d。籽粒蛋白质含量14.62%，脂肪含量3.46%，赖氨酸含量0.19%。经黑穗病人工接种鉴定，为抗病。旱棚人工耐盐鉴定，为中耐。1991年在太原市山西农科院试验地参加优异资源丰产性鉴定，折合每公顷产量3 130.5kg。

综合评价　该种质丰产性好，特别是在平坦肥沃的水地种植，每公顷产量可达5 250kg左右。抗黑穗病，耐盐性中等，耐寒性好。籽粒糯性，蛋白质含量高，脂肪和赖氨酸含量中等。是良好的黏糕用种质。

七、黄狼黍

种质来源　山西省忻州市农家种。由山西农科院品种资源所提供，国编号1068。

特征特性　株高181cm，侧穗型，穗长36.2cm，单株粒重8.3g，千粒重6.2g。籽粒黄色。生育期95d。籽粒蛋白质含量13.64%，脂肪含量3.68%，赖氨酸含量0.19%。经黑穗病人工接种鉴定，为抗病。旱棚人工耐盐鉴定，为中耐。1991年在太原市山西农科院试验地参加优异资源丰产性鉴定，折合每公顷产量 3 079.5kg。

综合评价　该种质丰产性好，植株较高，穗长大，单株粒重和千粒重比较适中，产量较稳定。抗黑穗病，耐盐性中等。籽粒糯性，适口性好，是当地优良的黏糕用种质。该种质丰产优质，抗性强，是一个综合性状较好的种质。

八、灰黍子

种质来源　山西省静乐县农家种。由山西农科院品种资源所提供，国编号 1167。

特征特性　株高 142cm，侧穗型，穗长 39.5cm，单株粒重 7.8g，千粒重 6.5g。籽粒灰黄色。生育期 87d。籽粒蛋白质含量 14.03%，脂肪含量 4.03%，赖氨酸含量 0.20%。经黑穗病人工接种鉴定，为抗病。旱棚人工耐盐鉴定，为中耐。1991 年在太原市山西农科院试验地参加优异资源丰产性鉴定，折合每公顷产量 3 157.5kg。

综合评价　该种质丰产性好，不论植株高低，穗长、穗重和千粒重均比较适中，产量稳定，籽粒糯性，品质好，蛋白质、脂肪和赖氨酸含量均高。抗黑穗病、耐盐性中等。籽粒皮壳很薄，出米率高。

九、雁黍 1 号

种质来源　山西省农科院高寒作物所系选培育的种质。由山西农科院品种资源所提供，国编号 4636。

特征特性　株高 130cm，侧散穗型，穗长 38.2cm，单株粒重 8.3g，千粒重 7.0g。籽粒白色，上有一点灰。生育期 77d。籽粒蛋白质含量 14.21%，脂肪含量 3.17%，赖氨酸含量 0.19%。经黑穗病人工接种鉴定，为抗病。旱棚人工耐盐鉴定，为中耐。1991 年在太原市山西农科院试验地参加优异资源丰产性鉴定，折合每公顷产量 3 052.5kg。

综合评价　该种质丰产性好，高度适中，单株粒重和千粒重较高，产量稳定，每公顷产量高者可达 5 250kg。籽粒糯性，品质较好，但糕面颜色黄中带灰色。易感黑穗病，播前需药剂拌种。

十、金软黍

种质来源　山西省阳曲县良种场系选培育的新品种。由山西农科院品种资源所提供，国编号 1224。

特征特性　株高 131cm，侧散穗型，穗长 32.8cm，单株粒重 9.0g，千粒重 6.3g。籽粒黄色。生育期 92d。籽粒蛋白质含量 14.72%，脂肪含量 3.55%，赖氨酸含量 0.21%。经黑穗病人工接种鉴定，为感病。旱棚人工耐盐鉴定，为中耐。1991 年在太原市山西农科院试验地参加优异资源丰产性鉴定，折合每公顷产量 3 124.5kg。

综合评价　该种质丰产性好，比较稳产、高产，在当地种植面积较大，一般每公顷产量 3 750kg 左右。籽粒糯性，蛋白质含量较高，筋度较大，适口性好。感黑穗病，耐盐性中等。成熟后易落粒，因此，在八成熟即可收获。

第十一章

中国黍稷种质资源研究、创新与利用

第一节 优质丰产种质的筛选利用

黍稷属粟类作物，其营养价值高，是我国人民十分喜爱的传统的小杂粮。由于其具有抗旱、耐瘠、生育期短的特点，各地在增加复播指数的实践中，都选择黍稷作物来充分利用光热和土地资源。随着人民生活水平的提高，对小杂粮的需求量也越来越大，加之黍稷适应性广，我国南北各地均能种植，因此，黍稷在我国的种植面积正在不断扩大。特别是城郊地区，近年来在调整种植结构中，因地制宜复播黍稷，提高了土地利用率，增加了经济效益。本节就我国黍稷种质资源优质丰产种质的筛选利用情况作一介绍，以供大家在生产实践中参考应用。

一、材料和方法

黍稷起源于我国，是我国最古老的作物，在漫长的农耕历史中形成了极其丰富的种质资源，经整理归并后编入《中国黍稷（穄）品种资源目录》《中国黍稷（穄）品种资源目录（续编一）》《中国黍稷（穄）品种资源目录（续编二）》的种质共计7 516份。"七五"期间对其中的4 223份完成了蛋白质、脂肪、赖氨酸的3项品质分析，共筛选出蛋白质含量16%以上的高蛋白种质123个，脂肪含量5%以上的高脂肪种质45个，赖氨酸含量0.22%以上的高赖氨酸种质16个，优质种质（蛋白质含量15%，脂肪含量4%，赖氨酸含量0.20%）45个，共计229个。"八五"期间的头3年对这些筛选出的种质进行了进一步的深入研究。1991年对229个种质进行了丰产性鉴定，筛选出丰产高蛋白种质28个，丰产高脂肪种质2个，丰产高赖氨酸种质3个，丰产优质种质3个，共计36个。1992年对36个种质进行3点区域性试验，试点设在吉林省吉林市农科所、山西农科院品资所（太原）、山西农科院经作所（汾阳）。各试点均采用随机区组3次重复，小区面积13.33m²，播期、栽培密度、管理条件与各试点当地习惯相同。36个参试种质是：达旗大白黍（0634）、华池红软穄子（0718）、合水红硬穄子（0724）、高粱黍（0925）、小红黍（1037）、二黄黍（1045）、大红黍（1126）、白黍（1394）、红硬黍（1403）、软穄子（1453）、黑软黍（1460）、红黍子（1470）、黑黍子（1472）、扫帚软穄（1475）、白软黍（1502）、白硬穄（1505）、白软穄（1508）、红黍子（1511）、软黍（1512）、红穄

（1550）、红软黍（1555）、古选 2 号（1564）、黄糜（3103）、大黄糜（3205）、小红糜（3211）、大黄稷（3229）、60 天小黄糜（3281）、紫秆糜（3375）、黑骰黬（3363）、紫盖头糜（1722）、小红糜子（2601）、活剥皮糜子（0704）、软粥糜（1820）、红糜子（0353）、临河大黄黍（0577）、达旗黄秆大白黍（0635）。

二、结果与分析

参试的 36 个种质中，3 试点的小区平均产量可以分为 3 个档次，平均 3kg 以上的种质 7 个，即软糜子（1453），3.45kg；达旗黄秆大白黍（0635），3.35kg；白黍（1394），3.21kg；合水红硬糜子（0724），3.14kg；软粥糜（1820），3.09kg；黑骰黬（3363），3.05kg；红硬糜（1403），3.03kg。平均 2kg 以上的种质有 24 个，即红软黍（1555），2.94kg；白软黍（1502），2.85kg；黑软黍（1460），2.82kg；红黍子（1470），2.82kg；紫秆糜（3335），2.79kg；紫盖头糜（1722），2.78kg；红糜（1550），2.75kg；软黍（1502），2.65kg；华池红软糜子（0718），2.62kg；白硬糜（1505），2.60kg；白软糜（1508），2.58kg；古选 2 号（1564），2.57kg；60 天小红糜（2381），2.51kg；红糜子（0353），2.50kg；红黍子（1511），2.48kg；扫帚软糜（1475），2.38kg；达旗大白黍（0634），2.34kg；大黄糜（3229），2.33kg；黑黍子（1472），2.22kg；活剥皮糜子（0704），2.21kg；小红糜子（2601），2.19kg；小红糜（3211），2.15kg；临河大黄黍（0577），2.12kg；大红黍（1126），2.04kg。平均 1kg 以上的种质有 5 个，即大黄糜（3205），1.96kg；黄糜（3103），1.93kg；小红黍（1037），1.89kg；高粱黍（0925），1.78kg；二黄黍（1045），1.62kg。3 试点的小区（13.33m²）平均产量为：吉林 2.57kg，太原 3.51kg，汾阳 2.00kg。以太原试点产量最高。通过对小区产量结果进行方差分析，表 11-1 表明，各试点的区组间 F 值小于 1，说明试验误差很小，各试点区组间的田间管理，地力差异不大，试验是成功的。地点间的 F 值为极显著差异，说明参试种质的丰产性有明显的差别。种质×地点的 F 值为极显著差异，说明参试种质对各试点的适应性也有明显差别。对参试种质小区产量在 3kg 以上的 7 个种质进行主效与种质×地点互作效应的统计分析，表 11-2 表明，软糜子（1453）主效最高，说明该种质的丰产性是参试的 36 个种质最好的一个，种质×地点互作效应方差和变异系数居 7 个丰产性好的优质种质中的第 4 位，说明该种质的稳定性和适应性也是比较好的，可以在各地大面积推广种植。达旗黄秆大白黍（0635）主效居第 2 位，丰产性较好。互作效应方差和变异系数较小，说明适应性和稳产性较好，可以在各地大面积推广种植。合水红硬糜和软粥糜虽然丰产性差一点，但适应性和稳定性最好，可在各黍稷种植区大面积推广。鉴于合水红硬糜为典型的粳性种质，可在我国北方牧区推广，作为"炒米"用的丰产优质种质。黑骰黬（3363）和红硬黍（1403）丰产性、适应性和稳产性均较前 5 个种质差，但在参试的 36 个种质中又算较好的种质，因此，可在最适应地区推广种植。

表 11-1　方差分析表

变异来源	自由度	平方	方差	F 值
区组间	3	0.047 075	0.015 69	<1

（续表）

变异来源	自由度	平方	方差	F 值
地点间	2	93.361 239	46.680 6	92.228 28 **
种质间	35	54.375 614	1.553 588	3.069 47 **
种质×地点	70	68.069 87	0.922 427	1.921 252 *
试验误差	105	53.144 925	0.506 14	
总变异	215	268.998 748		

注：** 表示 0.01 水平差异极显著；* 表示 0.05 水平差异显著

表 11-2　参试种质主效与种质地点互作效应统计表

种质	丰产性		稳产性、适应性		特别适应地区
	折 667m² （kg）	主效	种质×地点		
			互作效应方差	变异系数	
软糜子	172.5	0.934 3	0.332 9	16.715 2	吉林
达旗黄秆大白黍	167.5	0.827 6	0.485 8	20.837 7	汾阳
白黍	160.5	0.694 3	0.092 8	9.488 1	汾阳
合水红硬糜子	157.0	0.619 3		0	吉林、太原、汾阳
软粥糜	154.5	0.574 3		0	吉林、太原、汾阳
黑骷髅	152.5	0.527 6	0.488 2	22.946 8	太原
红硬黍	151.5	0.512 6	0.442 7	21.958 9	汾阳

三、筛选的优质丰产种质的特征、特性及栽培特点

（一）软糜子（1453）

该种质系山西省临汾市农家种，株高 1.3m，主穗长 40cm，绿色花序，侧穗型，黄粒，黄米，单株粒重 16.9g，千粒重 7.8g，在当地收麦后复播，生育期 80d 左右，每公顷产 3 000kg。该种质蛋白质含量为 16.5%，脂肪含量 3.01%，赖氨酸含量为 0.19%，品质好，特别是蛋白质含量特高，为我国黍稷种质资源中丰产性好的高蛋白种质。栽培特点为施足底肥，以人粪尿为主，收麦后力争早播，以延长生长期。该种质喜水、喜肥，为城郊地区理想的复播种质。

（二）达旗黄秆大白黍（0635）

该种质系伊盟达旗种质，株高 1.6m，绿色花序，侧穗型，白粒、黄米，单株粒重 10g，千粒重 7.6g，在当地种植，生育期 120d 左右，每公顷产 2 625kg。向纬度较低的地区引种，生育期明显缩短，在山西太原种植，生育期约 90d 左右。该种质蛋白质含量 16.20%，脂肪含量 4.04%，赖氨酸含量 0.20%，各项指标均高，说明品质特好，是我国黍稷种质资源中少有的丰产优质种质。栽培特点为：播量不能过大，每公顷播 11.25kg，

拔节期结合浇水追施氮肥 15kg，灌浆期再浇水追肥一次可夺高产，一般每公顷产 3 750kg。

（三）白黍（1394）

该种质系山西省长治市农家种，在太原地区种植，株高 140cm，穗长 142cm，绿色花序，侧穗型，白粒、黄米，单株粒重 14.6g，千粒重 6.9g，生育期 90d 左右。一般每公顷产 2 250kg。在水肥条件较好的情况下，每公顷产量可达 3 750kg。该种质蛋白质含量 16.72%，脂肪含量 3.20%，赖氨酸含量 0.19%，是我国黍稷种质资源中丰产高蛋白种质。栽培特点为 3 叶期间苗稀植，株距 10cm。八成熟收获，以防落粒减产。

（四）合水红硬糜子（0724）

该种质系甘肃省合水县农家种，株高 100cm，穗长 22cm，绿色花序，侧穗型，红粒、黄米，单株粒重 12.8g，千粒重 7.5g，生育期 120d，在太原地区复播生育期 90d，每公顷产量一般 2 250kg，高者可达 3 750kg。该种质蛋白质含量 16.11%，脂肪含量 2.29%，赖氨酸含量 0.16%，是我国黍稷种质资源中的丰产高蛋白种质。栽培特点为以底肥为主，追肥为辅。底肥又以有机肥和磷肥为主。

（五）软粥糜（1820）

该种质系陕西省延安市农家种，在陕西榆林市种植，株高 1.8m，主穗长 45cm，绿色花序，侧穗型，红粒、黄米，单株粒重 10.6g，千粒重 6.2g，生育期 100d，一般每公顷产量 3 000kg。该种质蛋白质含量 14.25%，脂肪含量 3.66%，赖氨酸含量 0.22%，是我国黍稷种质资源中的高赖氨酸种质，栽培特点为，播量 10.5kg/hm^2，不宜过稠密。后期不追施氮肥，以防贪青徒长。适时收获，以防鸟害。

四、优质丰产种质在科研和生产中的利用

从 4 000 多份黍稷种质资源中筛选出的 5 份优质丰产种质，不论在科研或生产中都有很大的利用价值。在这 5 份种质中有 3 份是丰产高蛋白种质，1 份是 3 项指标均高的丰产优质种质，另一份是丰产高赖氨酸种质。这些来之不易的珍贵材料给黍稷育种提供良好的基因，为下一步培育出品质更好、产量更高的黍稷优良种质创造了条件。在黍稷生产上，这些优质丰产种质很快受到农民群众的欢迎，从 1993 年开始丰产高蛋白种质软糜子、白黍等种质已由山西省农科院品种资源所布点繁种，1994 年已在山西晋南、晋东南作为麦茬复播的主干种质。达旗黄秆大白黍将由内蒙古伊盟农科所负责繁种，将在内蒙古大面积推广，并作为伊盟地区的主干种质。合水红硬糜子将由甘肃省农科院粮作所繁种，作为甘肃会宁地区的黍稷主干种质，并逐步在甘肃、内蒙牧区等地推广。软粥糜将由陕西榆林地区农科所繁种，作为榆林地区的黍稷生产主干种质，并逐步在陕西省大面积推广。这些种质还可作为各地城郊型农业的间、套、复播种质。我们深信在当前以市场为导向，调整农业产业结构，发展高产、优质高效农业的研究和开发中，这些丰产优质的黍稷种质也将会发挥出它应有的作用。

第二节　优异种质综合评价利用

黍稷优异种质综合评价利用研究是列入"九五"期间的国家重点攻关课题，是"七五"和"八五"国家重点攻关课题的深入研究。研究内容是在"七五"和"八五"评选出的优异种质中，挑选的 120 份丰产性好、抗病、优质的种质作为参试材料，按不同生态区在全国设点 3 个，东北设在吉林省吉林市农科院，西北设在陕西省榆林地区农科所，华北设在山西省农科院农作物品种资源研究所。试验于 1997—1998 年完成。

一、材料和方法

在"七五"和"八五"期间对 6 000 余份黍稷种质资源完成 16 项农艺性状鉴定、品质分析（蛋白质、脂肪、赖氨酸）、抗黑穗病鉴定和耐盐性鉴定的基础上，挑选出综合性状好或单一性状优良的 120 份优异种质作为参试材料。1996 年由主持单位山西省农业科学院农作物品种资源研究所对 120 份参试材料统一繁种，并确定试验方案和记载项目。各点试验小区面积 13.33m²。2 年试验完成后，各试点对每个参试种质 2 年的产量数据进行平均，并把小区产量折合成 667m² 的产量，最后由主持单位把每个参试种质 3 个试点的平均产量进行平均，得出每个参试种质两年 3 点的平均值，然后根据每个参试种质的平均值进行顺序排队，并对所有参试种质进行产量比较分析，在此基础上又对排在前 10 名的丰产优异种质进行稳产性和适应性的统计分析，并对 10 个种质在 3 个试点的农艺性状、丰产性状进行比较分析。然后根据优异种质的评价标准综合评价，最后筛选出了 3 个 1 级优异种质提供生产利用。综合评价应用的品质分析数据来自《中国黍稷种质资源特性鉴定集》和《中国黍稷优异种质的筛选利用》。

二、结果与分析

（一）参试种质的产量分析

由于气候、土质、生态环境的不同和栽培管理水平的差异（表 11-3），120 个参试种质在 3 个不同生态试点的产量各不相同，从 120 个参试种质每 667m² 的平均产量来看，两年的试验结果都以吉林试点最高，为 314kg 和 336kg；太原次之，为 250kg 和 253kg；榆林最低，为 169kg 和 178kg。从表中可以看出各试点生态因子的不同，导致了产量的不同，但各试点降水量的高低，对黍稷产量的高低起到了关键的作用。从两年的平均产量来看，最高的种质黄糜子（总编号 5283），每 667m² 产量为 358kg；最低的种质临河黑大糜子（2681），为 116kg。在 120 个参试种质中，300kg 以上的种质共 12 份，占 10%；250~299kg 的种质共 45 份，占 37.5%；200~249kg 的种质 53 份，占 44.2%，150~199kg 的种质 9 份，占 7.5%；100~149kg 的种质 1 份，占 0.8%。可以看出，有 90% 以上的参试种质平均每 667m² 产量在 200kg 以上。一般来说 667m² 产量在 150kg 以上的种质在生产上都有直接利用的价值。有些可以作为无霜期较短地区的春播用种；有些特早熟种质可以作为救灾种质利用。特别是每 667m² 产 300kg 以上的种质，在生产上有更大的利用价值。平均 667m² 产量在 150kg 以下的种质，为数极少，虽然产量较低，但具有特殊单一的或多项的优良性状，因此在黍稷育种上仍有较大的利用价值。

表 11-3　太原、榆林、吉林试点的生态环境及主要栽培方式

试验点	海拔 （m）	经纬度	年日照 时数（h）	年平均 气温 （℃）	年降雨 量（mm）	无霜期 （d）	土质	行株距 （cm）	播种期 （月.日）
太原	777.9	112°33′E，37°47′N	2 641.0	9.4	494.5	160	沙粘	23×10	6.6
榆林	1 058.0	109°42′E，38°14′N	2 928.0	8.1	428.0	151	沙壤	50×10	6.3
吉林	110.4	126°89′E，43°93′N	2 835.0	5.6	575.8	145	沙壤	70×1.5	4.26

（二）10 个高产优异种质的产量稳定性和适应性分析

对排在前 10 名的种质进行了 3 个试点的产量稳定性和适应性分析，这 10 个种质 667m² 产量均在 300kg 以上，最高产量为 358.3kg；最低为 303.7kg。从表 11-4 可以看出，参试种质的稳定性参数 b_i 值小于 1 的种质有黄糜子（5283）、白鸽子蛋（5464），说明这两个种质产量稳定性较好，对各试点的生态环境都有很好的适应性，可在大范围推广种植；b_i 在 1 左右的种质有合水红硬糜（0724）、小红糜子（2601）、黄糜子（5272）、达旗黄秆大白黍（0635），说明这 4 个种质其产量稳定性中等，都有较好的适应性，可在较大范围内推广种植；b_i 大于 1 的种质有稷子（5159）、古城红糜子（2620）、韩府红燃（2621）和黄硬糜（5451），说明这 4 个种质对生态环境敏感，产量的稳定性较差，在环境有利时，具有较大的增产潜力，因此适应性不广，只能在特定的环境条件下种植。在高产的前提下比较种质的稳定性，才能看出种质的适应性，从而决定高产种质的推广种植范围，最大限度地发挥种质的增产潜力。

表 11-4　前 10 个高产优异种质 3 个试点的稳产性分析

总编号	种质名称	产量（kg/667m²）	回归系数 b_i	决定系数 r^2	适应地区
5283	黄糜子	358.3	0.671 0	0.979 8	太原，吉林，榆林
2601	小红糜子	331.8	1.057 0	0.977 7	太原，吉林，榆林
5464	白鸽子蛋	327.0	0.432 5	0.720 5	太原，吉林
5272	黄糜子	322.3	1.090 9	0.929 3	太原，吉林，榆林
0724	合水红硬糜	319.8	1.002 4	0.886 5	太原，吉林
2620	古城红糜子	318.5	2.055 0	0.887 5	太原，吉林
2621	韩府红燃	312.8	1.617 1	0.980 1	太原，吉林，榆林
5159	稷子	311.0	1.482 1	0.937 5	太原，吉林，榆林
0635	达旗黄秆大白黍	308.0	1.017 6	0.890 4	太原，吉林
5451	黄硬糜	303.7	1.326 5	0.924 1	榆林

（三）10 个高产优异种质在 3 个试点的农艺性状和丰产性状分析

由表 11-5 可以看出，10 个高产优异种质在不同生态试点农艺性状和丰产性状表现不一，从生育期来看，以太原试点最短，平均 74.7d，陕西榆林试点次之，平均 87.2d，吉林试点最长，平均 102.6d。吉林和太原两个试点的平均生育期相差 27.9d，分析原因，可能与吉林试点播期较早有很大关系，吉林的播期为 4 月 26 日，太原的播期为 6 月 5 日，一般播种后 7~10d 即可出苗，由于吉林试点播种较早，早期温度偏低，苗期生长缓慢，拉长了生长期。此外，不同生态点降水量的多少，光照的长短，温度的高低，都对生育期的长短影响很大，吉林试点的年日照时数在 3 个试点中居中，年平均温度最低，降水量却明显高于其他两个试点，在这里降水量的生态因子，对延长吉林试点的生长期起了决定性的作用。反之，在干旱的情况下就缩短了生育期，太原和榆林试点的生育期就相对比较短了。至于太原试点和榆林试点虽然播期相近，但平均生育期榆林试点却比太原试点长 12.5d，分析原因与榆林试点的平均气温低于太原试点的平均气温有直接关系。

从株高和穗长的情况来看，均和生育期的长短一致，生育期长的，株高、穗长也相应增加，但单株粒重和千粒重的情况却有所不同。单株粒重和千粒重是两项很重要的产量决定因素，这两项指标受光照、温度、总降水量和不同时期的降水量，以及栽培管理水平的高低等因素影响很大，所以和生育期、穗长、株高等性状不成正相关关系。从单株粒重来看，以吉林试点最高，太原试点次之，榆林试点最低。从千粒重来看，3 试点的差距很小，仍以吉林试点最高，太原和榆林试点一样。吉林试点的各项指标均居 3 试点的第一位，其原因，除土质、耕作方式（宽垄密植）与其他试点不同外，与生育期较长、早期生长缓慢、降水量较多有直接关系。此外，吉林试点的施肥和精细管理水平也起了相当重要的作用。

从各项指标在 3 个试点的最高值和最低值比较，悬殊较大，从生育期来看，最长的在吉林试点，为 120d，最短的在太原试点，仅 65d。从株高来看，最高的在吉林试点，为 224cm；最低的在太原试点，仅 88cm。从穗长来看，最长的 44cm，在吉林试点。最短的只有 30cm，在太原试点。从单株粒重来看，最高 15.8g，在吉林试点，最低的只有 2.9g，在榆林试点。从千粒重来看，最高的 8.2g，在吉林试点；最低的 5.4g，在太原试点。造成这种情况的原因，除种质自身特点的差异较大外，不同生态点生态环境多因子的差异，是造成这种情况的另一主要原因。但不论这 10 个种质各项指标的平均值，还是各项指标在 3 个生态试点的平均值，均达到黍稷优异种质的要求标准。

表 11-5 10个高产优异种质在 3 个试点的农艺性状和丰产性状

总编号	种质名称	生育期（d）			株高（cm）			穗长（cm）			单株粒重（g）			千粒重（g）		
		太原	榆林	吉林	太原	榆林	吉林	太原	榆林	吉林	太原	榆林	吉林	太原	榆林	吉林
5283	黄糜子	70	78	94	120	138	186	39	38	40	9.8	10.5	11.2	7.1	6.9	7.3
2601	小红糜子	66	86	107	88	78	224	37	37	40	10.6	4.4	13.2	7.5	7.4	7.5
5464	白鸽子蛋	83	86	102	130	148	178	33	36	38	14.5	13.9	13.3	6.5	6.5	6.6
5272	黄糜子	68	80	87	110	120	149	35	36	44	10.0	8.7	10.1	7.3	7.1	7.4
0724	合水红硬糜	86	86	88	170	168	174	45	41	43	10.5	2.9	10.0	7.5	7.5	7.4
2620	古城红糜子	65	84	114	150	145	159	30	32	40	9.1	4.1	9.3	7.8	7.4	8.2
2621	韩府红燃	66	90	120	140	142	155	38	40	32	11.8	4.4	10.2	7.8	7.7	7.9
5159	稷子	80	80	84	130	115	129	30	34	40	13.2	14.5	15.8	5.4	6.8	7.0
0635	达旗黄秆大白黍	80	107	120	150	154	183	29	30	38	8.5	10.0	11.5	7.6	7.4	7.9
5451	黄硬糜	83	95	110	150	168	204	41	38	33	8.8	9.4	10.0	7.5	7.0	7.9
	平均	74.7	87.2	102.6	129.8	147.6	174.1	35.7	36.2	38.8	10.7	8.3	11.5	7.2	7.2	7.5

（四）10 个丰产优异种质的综合评价

"九五"优异种质评价标准分为 3 级。1 级：株高 180cm 以下，生育期 120d 以内，穗长 30cm 以上，千粒重 6g 以上，单株粒重 7g 以上（以上指 3 点平均值），自然发病率不超过 5%，蛋白质含量在 13% 以上，脂肪含量在 3% 以上，赖氨酸含量在 0.20% 以上；2 级：农艺性状、丰产性状和抗病性达标，品质达两项指标者；3 级：农艺性状、丰产性状和抗病性达标，品质达 1 项指标者。前 10 个种质农艺性状和丰产性状均达标，在此基础上根据每个种质的蛋白质、脂肪、赖氨酸含量和黑穗病的发病率多少，评价 10 个种质的优异级别。从表 11-6 可以看出，达到 1 级的种质有 3 个，2 级的种质有 5 个，3 级的种质有 2 个。1 级的 3 个种质是黄糜子（5272）、韩府红燃（2621）、达旗黄秆大白黍（0635）。

表 11-6　前 10 个丰产优质种质的品质和抗逆性

总编号	种质名称	蛋白质（%）	脂肪（%）	赖氨酸（%）	黑穗病（%）	耐盐性	级别
5283	黄糜子	11.87	3.26	0.20	9.4	高耐 HT	2
2601	小红糜子	13.44	5.00	0.21	42.9	中耐 MT	2
5464	白鸽子蛋	12.86	5.49	0.21	1.1	敏感 S	2
5272	黄糜子	14.9	3.00	0.23	1.6	中耐 MT	1
0724	合水红硬糜	16.11	2.24	0.16	33.3	耐盐 T	3
2620	古城红糜子	12.9	3.95	0.20	5.9	敏感 S	2
2621	韩府红燃	13.07	3.24	0.21	1.1	敏感 S	1
5159	稷子	10.63	3.36	0.19	1.4	中敏 MS	3
0635	达旗黄秆大白黍	16.20	4.04	0.20	34.0	敏感 S	1
5451	黄硬糜	11.20	3.38	0.20	2.0	中耐 MT	2

（五）提供生产利用的 3 个 1 级优异种质简介

1. 黄糜子

3 个区域试验平均株高 126.3cm，生育期 78.3d，穗长 38.3cm，单株粒重 9.6g，千粒重 7.3g。黑穗病人工饱和接种发病率 1.6%，蛋白质含量 14.9%，脂肪含量 3.00%，赖氨酸含量 0.23%。3 个试点 2 年的试验，折合 667m² 产量为：太原 450kg 和 300kg，榆林 207kg 和 212kg，吉林 378kg 和 387kg。3 点 2 年的平均产量为 322kg，排名第 4。综合评价是抗黑穗病，高蛋白、高赖氨酸、脂肪达标，农艺性状和丰产性好。

2. 韩府红燃

3 点区域试验平均株高 145.7cm。生育期 92d。穗长 36.7cm，单株粒重 8.8g，千粒重 7.8g。黑穗病人工饱和接种发病率 1.1%，蛋白质含量 13.07%，脂肪含量 3.24%，赖氨酸含量 0.21%。3 个试点 2 年折合 667m² 的产量为：太原 390kg 和 260kg，榆林 161kg 和 171kg，吉林 432kg 和 463kg。3 点 2 年的平均产量为 313kg，排名第 7。综合评价是高抗黑穗病，高赖氨酸、蛋白质、脂肪达标，农艺性状和丰产性状好。

3. 达旗黄秆大白黍

3 点区域试验平均株高 162.3cm，生育期 102.3d，穗长 32.3cm，单株粒重 10.0g，千粒重 7.6g。黑穗病人工饱和接种发病率 34.0%。蛋白质含量 16.20%，脂肪含量 4.04%，赖氨酸含量 0.20%。3 个试点 2 年折合 667m² 的产量为：太原 270kg 和 320kg，榆林 230kg 和 214kg，吉林 399kg 和 415kg。3 点 2 年 667m² 的平均产量为 307kg，排名第 9。综合评价是品质好，蛋白质、脂肪、赖氨酸含量均高，农艺性状和丰产性状好。

三、结论与讨论

此项试验研究是在完成大批量黍稷种质资源农艺性状、特性鉴定的基础上，筛选出的综合性状好或单一性状特殊优良的种质，作为参试材料，通过对参试材料 3 个点 2 年的区域试验，以产量为依据顺序排队，从前 10 个种质中根据优异种质的评选标准，评选出高产、优质、适应性广的 1 级优异种质提供生产利用，这样层层选拔，就会起到优中选优的效果。因此，最后筛选出的种质是珍贵的丰产优质种质，提供生产利用一定会发挥其丰产优质的潜力，产生巨大的经济效益和社会效益。

第三节　黍稷种质资源的创新

一、主持单位创新培育的新品种简介

（一）优质丰产品种晋黍 2 号

1. 品种来源

晋黍 2 号原名太原 55，由山西省农科院种质资源研究从农家种天镇黍子的变异株系选育成，1989 年 3 月经山西省农作物品种审定委员会审定通过，正式命名为晋黍 2 号。

2. 特征、特性和品质分析

该品种株高中等，150cm 左右，茎粗抗倒，穗型侧散，单株穗重 18.5g，单株粒重 15.7g，千粒重 7.1g。粒黄色。为中熟种质，正茬生育期 90 余天，复播 80d 左右。抗旱、抗黑穗病、抗盐碱。适应性广，全国各地均能种植。

适口性好，糕面色泽金黄鲜亮，质软且筋度大。据山西农业大学测试中心分析，蛋白质含量 14.85%，脂肪含量 4.31%，赖氨酸含量 0.22%，均高于一般种质。

3. 历年区试和生产试验结果

1986—1988 年参加山西省品种区域试验，3 年 7 个点小区折合每公顷产量 2 685kg，居参试种质第 1 位。1987—1988 年在大同、忻州、清徐、临汾等地生产示范，2 年 8 个点平均每公顷产量 3 090kg，居示范品种的第 1 位。清徐示范点的麦茬复播产量最高，每公顷产量两年分别为 4 972.5kg 和 4 477.5kg，比当地对照品种增产 40% 左右。

4. 栽培要点

（1）播深 5cm，过深或过浅影响出苗。

（2）株距 10cm，行距 23cm，麦茬复播可稠一些，株距 5cm，行距不变。

（3）北部高寒区种植，要适当提早播种，以确保正常成熟。

（4）施足底肥，以农家肥为主，后期不可追施氮肥，以防贪青徒长。

（5）八成熟收获，以防鸟害和落粒减产。

（二）特早熟、优质、高产黍稷新品种晋黍 7 号的选育利用

针对黍稷生产长期以来一直存在优质、丰产、早熟、抗病黍稷种质短缺的现状，结合我们对大批量黍稷种质资源农艺性状和特性鉴定研究结果，我们选择丰产、抗逆性强的内蒙红黍作父本，矮秆、早熟、优质的山西小红黍作母本，经有性杂交后，在杂交后代中经过多年穗行选种圃、穗系圃、产量鉴定圃优胜劣汰的选择，评比出最理想的品系，参加省和国家品种区域试验和生产示范。2005 年 3 月经山西省农作物种质审定委员会七次会议审定通过，正式命名为晋黍 7 号。

1. 特征特性

（1）形态特征：在太原地区 6 月上旬正茬播种，株高 155cm，主茎节数 7.5 个，有效分蘖 1.4 个，主穗长 41.5cm，茎秆和花序绿色。穗分枝与主轴夹角小，并拢侧向一边，属侧穗类型。单株粒重 15.5g。籽粒大呈球圆形，色泽桔红亮丽。千粒重 10.0g。米色深黄。7 月上、中旬麦茬复播或救灾补种：株高 118cm，主茎节数 6.0 个，有效分蘖 1.1 个，主穗长 34.0cm，单株粒重 8.6g，千粒重 9.8g。

（2）生物学特性：在晋中地区种植，正茬播种生育期 75~85d；麦茬复播或救灾补种生育期 65~70d。在晋北高寒区种植，生育期延迟 15~20d，约 90~105d。在晋南麦茬复播生育期缩短，约 60~65d，属特早熟种质。适宜山西省忻州以南地区麦茬复播、救灾补种或晋北高寒区春播。抗逆性强，田间植株长势旺盛，整齐一致，株形和叶相好，田间群体通风透光和光合效率明显优于其他种质。抗旱、耐盐、抗病性好，大田未发现感染黑穗病、红叶病等病虫害。

2. 区域试验、生产试验结果

2003 年参加山西省特早熟黍子品种区域试验，试点设在山西北部的忻州、朔州、大同地区，共设试点 5 个。试验结果各试点均比对照晋黍 6 号增产，5 个点平均折合每公顷产 3 291kg，对照为 2 896.5kg，比对照增产 13.6%，排列第 1。生育期平均 96.8d，比对照平均 99d 短 2.2d。

2004 年参加省特早熟区生产试验，试点仍设在晋北 3 个地区，共 6 个试点。试验结果为 6 个试点均比对照晋黍 6 号增产，最高折合每公顷产量 5 374.5kg，对照 4 387.5kg，比对照增产 22.5%；最低折合每公顷产量 1 582.5kg，对照 1 500kg，比对照增产 5.5%。6 个点平均每公顷产量 3 109.5kg，对照 2 652kg，比对照平均增产 17.3%，排列第 1。平均生育期 103.5d，比对照 100.7d 长 2.8d。平均株高 139.7cm，比对照 130.1cm 高 9.6cm。平均穗长 29.2cm，比对照 26.8cm 长 2.4cm，穗粒重 4.9g，比对照 4.2g 高 0.7g，千粒重 9.7g，比对照 9.2g 高 0.5g，各项丰产性状均比对照晋黍 6 号好。大多数试点评价晋黍 7 号是难得的、高寒地区的一个高产、抗病、生长整齐一致的优良品种。

2004 年 9 月 14 日，由山西省农作物种质审定委员会，组织有关专家在大同市国家农

作物良种区域试验站对该品系进行了田间考察鉴定，专家一致认为：该种质遗传性状稳定，田间生长整齐一致，长势强，田间未发现明显病害。

3. 抗性鉴定及品质分析结果

山西省农业科学院农作物品种资源研究所，承担国家攻关全国黍稷种质资源的抗黑穗病鉴定和耐盐鉴定项目，经用 0.5% 黑穗病病源孢子对晋黍 7 号种子饱和接种，鉴定结果为抗病。2004 年田间考察鉴定，未发现感染任何病害。经苗期、芽期用 NaCl 复合溶液耐盐鉴定，为耐盐。

经山西农科院中心化验室对晋黍 7 号籽粒品质分析，结果为蛋白质含量 16.67%，脂肪含量 4.57%，赖氨酸含量 0.56%；又经山西省食品工业研究所对籽粒蛋白质、脂肪进行了重复测定，结果为蛋白质含量 17.08%，脂肪含量 4.75%，均比一般种质高。全国黍稷优质种质的标准为蛋白质含量 14.00% 以上，脂肪含量 4.00% 以上，赖氨酸含量 0.20% 以上。晋黍 7 号各项指标均超过优质种质指标。

4. 栽培技术要点

播种前施足底肥，特别以有机肥为主，适当拌入磷肥可获更高产量，每公顷播种量 11.25~15kg，每公顷留株数 120 万~150 万株。生育期间要及时中耕除草。苗高 5cm 要结合中耕除草进行疏苗。拔节后结合降雨每公顷追尿素 150kg。灌浆期间要采取防鸟措施，以防鸟害减产。八成熟收获，经后熟后脱粒，以防落粒减产。

5. 种子繁育技术要点

(1) 供种：由山西省农业科学院农作物品种资源研究所提供原原种，再由省、市原种场繁育出原种，然后经县良种场或繁种专业户繁育出良种，供生产使用。

(2) 隔离：黍子异交率较高，最高达 13%，原原种、原种繁种田一般选择品种间隔距离 60m 以上，3 年以内没有种过黍子的地块；良种繁殖田品种间隔距离 50m 以上，2 年没有种过黍子的地块，以防品种间串粉和残留在土壤中的种子出苗造成混杂。

(3) 去杂：在繁育生长期间，特别是开花后、收获前拔除杂株和劣株，及时中耕除草，防治病虫害。

(4) 采收：在种子收、脱、运、藏过程中要严格防止机械和人为混杂。

晋黍 7 号集特早熟、优质、高产和抗病等优点为一体，是目前我国黍稷种质中比较完美的一个黍子新品种。它是做黏糕的上好种质，也是酿造"黄酒"的优质原料，由于籽粒大而滚圆且色泽亮丽，深受外商青睐，又可作为出口创汇的主要种质开发利用。特别是对于干旱山区、高寒地区和旱灾、涝灾、雹灾等自然灾害频繁的地区作为救灾种质利用，更具有特殊重要的意义。

(三) 优质丰产粳性黍稷新品种品糜 1 号

1. 品种来源

由山西省农业科学院农作物品种资源研究所，对国家一级优异种质黄糜子 (5272)，以等离子 $6×10^{16}$ Ar$^+$/ cm^2 剂量诱变处理后，对穗大、粒大、抗逆性强的变异株进行逐年穗行圃选择，从中选择出综合性状表现最好的品系，参加山西省农作物品种区域试验和生产示范，2009 年通过田间鉴定，2010 年经山西省农作物品种审定委员会审定通过，正式命名为品糜 1 号。

2. 特征、特性

（1）形态特征：在太原地区 6 月上旬正茬播种，株高 145cm，主茎节数 7.5 个，有效分蘖 1.4 个，主穗长 41.5cm，茎秆和花序绿色。穗分枝与主轴夹角小，属侧穗型。单株粒重 17.5g。籽粒大呈卵形、黄色。千粒重 7.5g，米色深黄。7 月上、中旬麦茬复播或救灾补种：株高 95cm，主茎节数 6.0 个，有效分蘖 1.1 个，主穗长 35.3cm，单株粒重 13.6g，千粒重 7.5g，米色深黄。

（2）生物学特性：在晋中地区种植，正茬播种生育期 80～90d；麦茬复播或救灾补种生育期 60～70d。在晋北高寒区种植，生育期延迟 15～20d，为 95～105d。在晋南麦茬复播生育期缩短，为 60～65d，属特早熟种质。适宜山西省忻州以南地区麦茬复播、救灾补种或晋北高寒区春播。抗逆性强，田间植株长势旺盛，整齐一致，株形和叶相好，田间群体通风透光和光合效率明显优于其他种质。抗旱、耐盐、抗病性好，大田未发现感染黑穗病、红叶病等病虫害。

3. 产量表现

2008 年参加山西省中早熟黍稷品种区域试验，试点设在山西的忻州、朔州、大同、晋中地区，共设试点 6 个。试验结果各试点均比对照晋黍 5 号增产，6 个点平均折合每公顷产量 2 976kg，对照为 2 602.5kg，比对照增产 14.4%，排列第 1。

2009 年参加山西省中早熟区黍稷品种生产试验，试点设在山西的忻州、大同、朔州、阳泉的 6 个试点。试验结果，6 个试点均比对照晋黍 5 号增产，6 个点平均折合每公顷产量 3 022.5kg，对照 2 613kg，比对照平均增产 15.7%，排列第 1。各项丰产性状均比对照晋黍 5 号好。

4. 抗性鉴定及品质分析结果

山西省农业科学院农作物品种资源研究所用 0.5% 黑穗病病源孢子对品糜 1 号种子饱和接种，鉴定结果为抗病。2009 年田间考察鉴定，未发现感染任何病害。经苗期、芽期用 NaCl 复合溶液耐盐鉴定，为高耐盐。

经农业部谷物品质监督检验测试中心对品糜 1 号籽粒品质分析，结果为蛋白质含量 14.44%，脂肪含量 4.74%，直链淀粉含量 19.49%。全国稷（糜）优质种质的标准为蛋白质含量 14.00% 以上，脂肪含量 4.00% 以上，直链淀粉含量 17.00%～21.00%。品糜 1 号各项指标均达到优质标准。

5. 栽培技术要点

播种前施足底肥，特别以有机肥为主，适当拌入磷肥可获更高产量。每公顷播种量 7.5～11.25kg，每公顷留苗密度为 60 万～75 万株，过密易倒伏。生育期间要及时中耕除草。苗高 5cm 要结合中耕进行疏苗，拔节后结合降雨每公顷追尿素 150kg。灌浆期间要采取防鸟措施，以防鸟害减产。八成熟收获，以防落粒减产。

6. 种子繁育技术要点

同晋黍 7 号。

该品种除可在干旱、贫困地区推广种植外，也可以作为救灾种质，在各地旱灾、涝灾、雹灾、冻灾等自然灾害发生后，作为补种种质利用。在改造盐碱地、治理沙漠、新开垦荒地中也可作为先锋作物种质发挥重要作用。

（四）优质丰产糯性黍稷新品种品黍1号

针对山西省黍稷生产中优良种质短缺的现状，2003 年由山西省农业科学院农作物品种资源研究所从众多黍稷种质资源中筛选出的国家优异种质大红黍，以等离子 $6×10^{16}$ Ar^+/cm^2 剂量诱变处理后，对穗大、粒大、抗逆性强的变异株进行逐年穗行圃选择，从中选择出综合性状表现最好的品系，参加山西省品种区域试验和生产示范。2010 年通过田间鉴定，2011 年 5 月经山西省农作物种质审定委员会审定通过，并正式命名为品黍1号。

1. 特征、特性

（1）形态特征：在太原地区 6 月上旬正茬播种，株高 150cm，主茎节数 7.5 个，有效分蘖 1.8 个，主穗长 41.5cm，茎秆和花序绿色。穗分枝与主轴夹角小，属侧穗型。单株粒重 15.9g。籽粒大呈卵形、红色。千粒重 8.6g，米色深黄。7 月上、中旬麦茬复播或救灾补种：株高 95cm，主茎节数 6.0 个，有效分蘖 1.1 个，主穗长 35.3cm，单株粒重 13.6g，千粒重 8.3g，米色深黄。

（2）生物学特性：在山西晋中地区种植，正茬播种生育期 85~95d；麦茬复播或救灾补种生育期 65~75d；在山西晋北高寒区种植，生育期延迟 15~20d，为 95~105d；在晋南麦茬复播生育期缩短，为 60~65d，属早熟种质。适宜山西中南部地区麦茬复播、救灾补种或北部地区春播。抗逆性强，田间植株长势旺盛，整齐一致，株形和叶相好，田间群体通风透光和光合效率明显优于其他种质。抗旱、耐盐、抗病性好，大田未发现感染黑穗病、红叶病等病虫害。

2. 产量表现

2009 年参加山西省中早熟黍稷种质区域试验，试点设在山西的忻州市、朔州市、大同市、阳泉市，共设试点 6 个。试验结果各试点均比对照晋黍 5 号增产，6 个点平均折合每公顷产量 2 835kg，对照为 2 586kg，比对照增产 10.2%，排名第 2。

2010 年参加山西省中早熟区黍稷种质生产试验，试点设在山西的忻州市、大同市、朔州市、阳泉市等 6 个试点。试验结果为 6 个试点均比对照晋黍 5 号增产，6 个点平均折合每公顷产量 3 649.5kg，对照 3 028.5kg，比对照平均增产 20.5%，排列第 1。

参试 2 年平均折合每公顷产量 3 249kg，比对照 2 808kg 增产 15.7%。平均生育期 110.3d，比对照 105.3d 长 5d。

3. 抗性鉴定及品质分析结果

山西省农业科学院农作物品种资源研究所用 0.5% 黑穗病病源孢子对品黍 1 号种子饱和接种，鉴定结果为抗病。2010 年田间考察鉴定，未发现感染任何病害。经苗期、芽期用 NaCl 复合溶液耐盐鉴定，为高耐盐。

经农业部谷物品质监督检验测试中心对品黍 1 号籽粒品质分析，结果为蛋白质含量 14.21%，脂肪含量 4.02%，直链淀粉含量 0.34%（全国黍稷优质种质中黍的标准为蛋白质含量 14.00% 以上，脂肪含量 4.00% 以上，直链淀粉含量 1% 以内）。品黍 1 号各项指标完全达到优质标准。

4. 栽培技术要点

播种前施足底肥，特别以有机肥为主，适当拌入磷肥可获更高产量。每公顷播种量

7.5~11.25kg，留苗密度为60万~75万株，过密易倒伏。生育期间要及时中耕除草。苗高5cm要结合中耕进行疏苗，拔节后结合降雨每公顷追尿素150kg。灌浆期间要采取防鸟措施，以防鸟害减产。八成熟收获，以防落粒减产。

5. 种子繁育技术要点

同以上品种。

（五）优质、丰产、糯性黍稷新品种品黍2号

针对山西省中部和南部地区，黍稷生产中优质、丰产、糯性品种短缺的现状，急需选育出抗旱性强、适应性广、抗落粒性强、抗倒性和适口性好品质优良的糯性黍子新品种。使其产量和种植面积得到较大幅度的提高。2003年由山西省农业科学院农作物品种资源研究所，对从众多黍稷种质资源中筛选出的国家优异种质软黍，以等离子$6×10^{16}$ Ar^+/cm^2剂量诱变处理后，对穗大、粒大、抗逆性强的变异株进行逐年穗行圃选，从中选择出综合性状表现最好的品系，参加山西省品种区域试验和生产示范。2010年通过田间鉴定，2011年5月经山西省农作物种质审定委员会审定通过，并正式命名为品黍2号。

1. 特征特性

（1）形态特征：在太原地区6月上旬正茬播种，株高141.2cm，主茎节数8.7个，有效分蘖1.6个，主穗长35.7cm，茎秆和花序绿色。穗分枝与主轴夹角大，属侧散穗型。单株粒重15.9g。籽粒大呈卵形、褐色。千粒重8.7g，米色淡黄。7月上、中旬麦茬复播或救灾补种，株高98cm，主茎节数6.5个，有效分蘖1.3个，主穗长33.3cm，单株粒重13.9g，千粒重8.5g，米色淡黄。

（2）生物学特性：在山西晋中地区种植，正茬播种生育期90~95d；麦茬复播或救灾补种生育期70~75d。在山西晋北高寒区种植，生育期延迟20d以上，为110~120d；在晋南麦茬复播生育期缩短，为70~75d。属中晚熟种质。适宜中南部地区春播或麦茬复播。抗逆性强，田间植株长势旺盛，整齐一致，株形和叶相好，田间群体通风透光和光合效率明显优于其他种质。抗旱、耐盐、抗病性好，大田未发现感染黑穗病、红叶病等病虫害。

2. 产量表现

2009年参加山西省中、早熟黍稷品种区域试验，试点设在山西的忻州市、朔州市、大同市、阳泉市，共设试点6个。试验结果各试点均比对照晋黍5号增产，6个点平均折合每公顷产3 190.5kg，对照为2 586kg，比对照增产23.4%，排名第1。

2010年参加山西省中、早熟区黍稷种质生产试验，试点设在山西的忻州市、大同市、朔州市、阳泉市等6个试点。试验结果为6个试点均比对照晋黍5号增产，6个点平均折合每公顷产量3 669kg，对照3 028.5kg，比对照平均增产21.1%，排名第1。

参试2年平均每公顷产量3 430.5kg，比对照2 808kg，增产22.3%。

3. 抗性鉴定及品质分析结果

山西省农业科学院农作物品种资源研究所用0.5%黑穗病病源孢子对品黍2号种子饱和接种，鉴定结果为抗病。2010年田间考察鉴定，未发现感染任何病害。经苗期、芽期用NaCl复合溶液耐盐鉴定，为高耐盐。

经农业部谷物品质监督检验测试中心对品黍 2 号籽粒品质分析，结果为蛋白质含量 14.08%，脂肪含量 3.88%，直链淀粉含量 0.36%（全国黍稷优质种质中黍的标准为蛋白质含量 14.00% 以上，脂肪含量 4.00% 以上，直链淀粉含量在 1% 以内）。品黍 2 号除脂肪含量略低外，其他各项指标达到优质标准。

4. 栽培技术要点

前茬以豆类、马铃薯、玉米、小麦等茬口为好。播种前施足底肥，以有机肥为主，适当拌入磷肥可获更高产量。每公顷播种量 7.5~11.25kg，播种深度 5~8cm，每公顷留苗密度为：水地 52.5 万~82.5 万株，旱地 10.5~13.5 万株。3 叶期间苗，株距 12cm。分蘖期第 1 次中耕除草，拔节期第 2 次中耕除草，拔节和灌浆期结合追肥，浇水 2 次。灌浆期间要采取防鸟措施，以防鸟害减产。八成熟收获，避免大风天气收获，以防落粒减产。

5. 种子繁育技术要点

同以上品种。

二、提供利用后全国黍稷育种单位创新培育的新品种（1984—2012）

优质种质提供各地利用后，据不完全统计，在全国 10 个省（区）的 16 个黍稷育种单位在 1984—2012 年的 28 年中利用有性杂交和系统选育的育种手段，共创新培育出 66 个黍稷新品种，在各地黍稷生产上推广利用（表 11-7）。

表 11-7　提供利用后全国黍稷育种单位创新培育的新品种（1984—2012）

序号	品种选育单位	品种名称	育种方法	来源	审定时间(年)
1	黑龙江省农科院作物育种所	龙黍 22 号	杂交选育	（龙黍 12 号×龙黍 3 号）×（龙黍 9 号×龙黍 5 号）	1986
2	黑龙江省农科院作物育种所	龙黍 23 号	杂交选育	[龙黍 16×（龙黍 3 号×龙黍 12 号）]×{[（海伦黄糜子×龙黍 2 号）×小南沟黑糜子]×龙黍 5 号}	1989
3	黑龙江省农科院嫩江分院	年丰 3 号	杂交选育	63 黍 42×年丰	1985
4	黑龙江省农科院嫩江分院	年丰 4 号	杂交选育	63 黍 42×年丰	1986
5	黑龙江省农科院嫩江分院	年丰 5 号	杂交选育	年丰 2 号×70-4152	1988
6	黑龙江省农科院嫩江分院	年丰 6 号	杂交选育	6508×年丰 1 号	1990
7	黑龙江省农科院嫩江分院	齐黍 1 号	杂交选育	62 绿 1×标准	2010
8	吉林省吉林市农科所	九黍 1 号	系统选育	黄糜子 58	1992
9	辽宁省农业科学院作物育种所	辽糜 2 号	系统选育	大白黍	2002
10	辽宁省农业科学院作物育种所	辽引糜 1 号	引进种质	雁黍 8 号	2004
11	辽宁省农业科学院作物育种所	辽糜 3 号	系统选育	大白黍	2008
12	辽宁东亚种业有限公司	富友糜王 1 号	引进种质	白糜子（内蒙古赤峰）	1999
13	辽宁东亚种业有限公司	富友糜王 2 号	引进种质	黑旋风（吉林松原）	1999

（续表）

序号	品种选育单位	品种名称	育种方法	来源	审定时间(年)
14	辽宁省风沙地改良利用研究所	辽风糜1号	系统选育	农家种质	2006
15	内蒙古鄂尔多斯农科所	内黍3号	杂交选育		1989
16	内蒙古鄂尔多斯农科所	伊黍1号	杂交选育	杭锦旗小白黍×准旗紫秆红黍	1989
17	内蒙古鄂尔多斯农科所	伊选黄糜	杂交选育	准旗黄黍子×杭旗黄黍	2006
18	内蒙古鄂尔多斯农科所	伊糜5号	杂交选育	牛卵旦糜×白7219糜	1986
19	内蒙古鄂尔多斯农科所	内糜5号	杂交选育	伊选大红糜×内糜3号	1993
20	内蒙古鄂尔多斯农科所	内糜6号	杂交选育	达旗青糜×和林大黄糜子	2010
21	内蒙古鄂尔多斯农科所	内糜7号	杂交选育	准旗糜子×临河黄糜	2010
22	内蒙古鄂尔多斯农科所	内糜14号	杂交选育		2011
23	内蒙古赤峰市农牧科学研究院	赤黍1号	系统选育	本地大红黍	2009
24	内蒙古赤峰市农牧科学研究院	赤糜1号	系统选育	本地大红糜	2009
25	内蒙古赤峰市农牧科学研究院	赤糜2号	杂交选育	大黄糜×内糜5号	2011
26	内蒙古赤峰市农牧科学研究院	赤黍2号	杂交选育	本地大白黍×目标性状基因库	2011
27	河北省承德职业学院	冀黍1号	系统选育	滦平黄黍子	2002
28	山东省潍坊地区农科所	鲁黍1号	系统选育	广饶黏黍子	1991
29	陕西省榆林市农业科学研究院	榆黍1号	系统选育	定边小日月糜	1995
30	陕西省榆林市农业科学研究院	榆糜2号	系统选育	神木红糜子	1998
31	陕西省榆林市农业科学研究院	榆糜3号	系统选育	黄秆黑小糜	2003
32	甘肃省农科院作物所	陇糜3号	杂交选育	会宁大黄糜×甘糜1号	1988
33	甘肃省农科院作物所	陇糜4号	杂交选育	山西雁北大黄黍×会宁大黄糜	1994
34	甘肃省农科院作物所	陇糜5号	杂交选育	（野糜子×皋兰鸡蛋青）×丰双-4	1993
35	甘肃省农科院作物所	陇糜6号	系统选育	丰双-4	1992
36	甘肃省农科院作物所	陇糜7号	杂交选育	糜子野生种杂交创新材料与优异中间材料通过复合杂交选育	2008

（续表）

序号	品种选育单位	品种名称	育种方法	来源	审定时间(年)
37	甘肃省农科院作物所	陇糜 8 号	杂交选育	采用新育种质作母本，钴 60（3.0 万伦琴）辐射种质作父本组配杂交	2008
38	甘肃省农科院作物所	陇糜 9 号	杂交选育	黑笊篱头×陇糜 6 号	2010
39	甘肃省农科院作物所	陇糜 10 号	杂交选育	伊 87-1×中间材料 8115-3-2	2012
40	甘肃省农科院作物所	陇糜 21 号	杂交选育		2012
41	宁夏固原市农科所	紫秆大明	系统选育	紫秆大明	1984
42	宁夏固原市农科所	宁糜 8 号	系统选育	额敏（代号：742-8）	1988
43	宁夏固原市农科所	宁糜 9 号	杂交选育	固糜 1 号×海原紫秆红（代号：78184-1-3）	1993
44	宁夏固原市农科所	宁糜 10 号	杂交选育	固糜 1 号×海原紫秆红（代号：78193-1-5-8-10-9-8-2）	1997
45	宁夏固原市农科所	宁糜 11 号	系统选育	榆 6-14（代号：86-1-6）	1998
46	宁夏固原市农科所	宁糜 12 号	系统选育	代县一点红	1998
47	宁夏固原市农科所	宁糜 13 号	杂交选育	70-1046×紫秆大日月（78234-1-4-5-11-3-3-9-3）	2001
48	宁夏固原市农科所	宁糜 14 号	杂交选育	鼓鼓头×62-02（995634-3）	2006
49	宁夏固原市农科所	宁糜 15 号	杂交选育	（鼓鼓头×紫秆红）×45-6	2006
50	宁夏固原市农科所	宁糜 16 号	系统选育	固糜 5 号	2007
51	宁夏固原市农科所	宁糜 17 号	系统选育	鼓鼓头×62-02	2009
52	山西省农科院高寒作物所	晋黍 1 号	系统选育	农家种马乌黍子系选	1989
53	山西省农科院高寒作物所	晋黍 3 号	系统选育	代县农家种紫罗带自然变异株	1994
54	山西省农科院高寒作物所	晋黍 4 号	杂交选育	内黍 2 号×伊黍 1 号	1996
55	山西省农科院高寒作物所	晋黍 5 号	杂交选育	981×伊黍 1 号	1998
56	山西省农科院高寒作物所	晋黍 6 号	杂交选育	小红黍×伊黍 1 号	2004
57	山西省农科院高寒作物所	晋黍 8 号	杂交选育	34-22×24-3	2007
58	山西省农科院高寒作物所	晋黍 9 号	杂交选育	8114-15-8×8106-983-3	2009
59	山西省农科院高寒作物所	雁黍 7 号	杂交选育	伊选黄黍×大白黍	2005
60	山西省农科院高寒作物所	雁黍 8 号	杂交选育	雁黍 4 号×8106-981	2006
61	山西省农科院高寒作物所	雁黍 9 号	杂交选育	雁黍 4 号×8106-981	2011
62	山西省农科院品资所	晋黍 2 号	系统选育	农家种质	1987
63	山西省农科院品资所	晋黍 7 号	杂交选育	内蒙红黍×山西小红黍	2005

（续表）

序号	品种选育单位	品种名称	育种方法	来源	审定时间(年)
64	山西省农科院品资所	品糜1号	GPIT诱导	优203	2010
65	山西省农科院品资所	品黍1号	等离子注入	晋024	2011
66	山西省农科院品资所	品黍2号	等离子注入	晋08	2011

第四节 中国黍稷核心种质的构建

为了进一步了解现有黍稷种质资源多样性组成特点和分布状况，促进黍稷种质资源的深入研究和有效利用，胡兴雨、王纶等利用《中国黍稷（糜）品种资源目录》（1~4册）、《中国黍稷种质资源的筛选利用》的相关资料，对材料先分组，对各组进行聚类，组内按比例法取样，构建核心种质，并对核心种质进行检验，为提高国家种质库中种质的利用效率，开展种质创新及种质资源的深层研究提供理论依据。

一、材料和方法

（一）材料

截至2007年，国家种质库贮存黍稷种质资源8 016份，分别来自于23个不同省（区），其中河南20份、山东513份、湖北31份、河北667份、北京40份、山西1 389份、陕西1 702份、甘肃712份、内蒙古1 156份、宁夏309份、青海203份、黑龙江531份、吉林306份、辽宁122份、西藏19份、新疆89份、海南6份、广东2份、云南8份、江苏7份、安徽3份、四川1份、国外180份。

（二）方法

1. 数据整理

在研究的11个农艺性状中，有5个质量性状，即花序色、穗型、粒色、米色、抗倒伏性；6个数量性状，即株高、主穗长、主茎节数、单株粒重、千粒重、生育期。对质量性状根据《黍稷种质资源描述规范和数据标准》进行赋值。黍稷花序色：绿=1，紫=2；穗型：散=1，侧=2，密=3；粒色：白=1、灰=2，黄=3，红=4，褐=5，复色=6；米色：白=1，淡黄=2，黄=3；抗落粒性：强=3，中=5，弱=7。对6个数量性状进行6级分类，1级<X-2δ，6级≥X+2δ，中间每级间差1δ，δ为标准差。

计算各组shannon-weaver遗传多样性指数。

$$H' = -\sum P_i \ln P_i$$

其中，H'为某性状的遗传多样性指数；P_i为某性状的第i个代码出现的频率；n为某性状的代码数。

2. 数据分组

根据不同地理来源分组。国外材料比较少，共180份，归为一组。国内材料按省区划分，包括海南、广东、云南、江苏、安徽、山东、湖北、河北、北京、山西、陕西、甘肃、四川、内蒙古、宁夏、青海、黑龙江、吉林、辽宁、西藏、新疆、河南，加上国外，共 23 组。

3. 聚类分析

以组为单位进行各性状的系统聚类分析，对 11 个数据转换后的性状采用 NTSYSpc2. 1 软件进行聚类分析。

4. 取样

（1）各组取样数量　根据比例法取样 Si = Ai×a。其中，Si 是第 i 组所要抽取的样品数；Ai 是第 i 组的样品数；a 是总体取样百分数。

按照各组取样 10% 为核心样品的原则，根据多样性指数和各组的材料数量进行适当调整。多样性指数高的组适当增加取样数，材料少的组适当增加取样比例。

（2）组内取样方法　各组内，首先利用离差平方和法进行聚类分析，并根据确定的取样比例确定类群的多少，在每一类群中随机抽取一份资源作为预选核心样品，再增加一些特殊种质材料，构建初选核心种质。

5. 核心种质评价

对建成的核心种质的有效性进行检验，必须对核心种质遗传多样性的代表性进行分析。核心种质质量的检验由任何一个参数单独完成都有局限性，所以应该用多个参数同时进行检验，以达到对核心种质综合评判的目的。

（1）各特征值比较　利用基础收集品和核心种质的 11 个性状的平均值、最大值、最小值、均值、标准差、变异系数 6 个特征值检验构建的初选核心样品是否能很好的代表原种质群体的遗传多样性。

（2）各特征值符合度检验

$$符合度\ R = \frac{\sum_i M_i}{\sum_i M_i 0} \times 100\% \tag{3}$$

其中，$M_i 0$ 为总体样本中第 i 个性状表现型的个数，M_i 为初选核心种质样本中第 i 个性状表现性的个数。

（3）核心种质多样性指数的 t 检验

多样性指数的 t 检验。为了检验初选核心收集品对全部收集品变异的代表性，用 Var（H′）计算多样性指数变异方差，公式如下：

$$Var\ (H') = [\ \sum\ (Pj\ lnPj)^2 - (\sum Pj\ lnPj)^2\ ] / N + (n-1) / (2N^2)$$
$$t = (H'1 - H'2) / [Var)\ H'1) + Var\ (H'2)\ ] / 2 \tag{4}$$
$$m = [Var\ (H'1) + Var\ (H'2)\ ]^2 / [Var\ (H'1) / N1 + Var\ (H'2) / N2]$$

式中，H′1、H′2 分别代表全部收集品和初选核心收集品某一性状的多样性指数。n 为某一性状的代码数，N、N1、N2 为样本数，m 为自由度，Var（H′1）、Var（H′2）为方差，t 为检验 t 值。

二、结果与分析

(一)黍稷种质资源多样性评价

对本研究中黍稷种质资源大于 10 份的 17 组的遗传多样性指数进行计算,结果见表 11-8。从表中可以看出,17 组 11 个性状的平均多样性指数介于 0.742~1.102。遗传多样性指数最高的是山西,最低的是河南。总体来说,黄土高原地区的遗传多样性指数高于内蒙古、东北、华北、长江中下游和西部地区。这可能和黍稷的地理起源有关,黄土高原是黍稷的遗传多样性中心。

表 11-8　中国黍稷种质资源 23 组各组的份数和遗传多样性指数

组号	省(区)	材料份数	x1	x2	x3	x4	x5	x6	x7	x8	x9	x10	x11	平均数
1	河南	20	1.081	0.857	0.746	0.423	0.997	1.235	0.325	0.562	0.982	0.562	0.562	0.758
2	山东	513	0.817	0.655	0.899	0.189	0.662	1.399	0.38	1.157	0.732	0.278	0.996	0.742
3	湖北	31	1.273	0.883	1.129	0.68	0.491	1.296	0.571	0.284	0.602	1.402	1.06	0.879
4	河北	667	1.361	1.378	1.428	0.316	0.718	1.514	0.615	0.318	1.164	1.197	0.907	0.992
5	北京	40	0.97	1.126	1.355	0.692	1.04	1.383	0.536	0.518	1.181	0.697	0.527	0.911
6	山西	1 389	1.449	1.201	1.305	0.577	0.739	1.734	0.77	1.009	1.139	1.128	1.069	1.102
7	陕西	1 702	1.084	1.166	1.313	0.54	0.806	1.589	0.67	1.077	1.102	0.939	0.179	0.951
8	甘肃	712	1.042	1.052	1.18	0.521	0.759	1.524	0.712	0.616	1.228	1.474	0.913	1.002
9	内蒙古	1 156	1.203	0.892	1.166	0.556	0.593	1.432	0.753	0.958	1.244	1.113	0.759	0.97
10	宁夏	309	1.48	1.262	1.179	0.506	0.858	1.444	0.494	0.398	0.889	1.216	1.08	0.982
11	青海	203	1.09	1.051	1.245	0.611	0.629	1.525	0.97	1.262	1.1	1.235	0.811	1.048
12	黑龙江	531	1.364	1.54	1.297	0.417	0.822	1.505	0.64	0.589	1.291	1.191	0.84	1.045
13	吉林	306	1.245	1.431	1.122	0.306	0.632	1.586	0.616	0.738	1.15	0.882	0.439	0.9
14	辽宁	122	1.321	1.47	1.463	0.322	0.944	1.457	0.667	1.197	1.167	1.057	0.569	1.057
15	西藏	19	1.412	1.257	1.094	0.515	0.535	0.826	1.046	0.206	1.297	1.08	0.943	0.928
16	新疆	89	1.032	0.714	0.964	0.416	1.076	1.444	0.721	0.336	0.788	0.815	0.691	0.818
17	国外	180	1.154	1.194	1.702	0.468	1.13	1.084	0.558	0.618	0.974	1.308	1.038	1.021
18	海南	6	/	/	/	/	/	/	/	/	/	/	/	/
19	广东	2	/	/	/	/	/	/	/	/	/	/	/	/
20	云南	8	/	/	/	/	/	/	/	/	/	/	/	/
21	江苏	7	/	/	/	/	/	/	/	/	/	/	/	/
22	安徽	3	/	/	/	/	/	/	/	/	/	/	/	/
23	四川	1	/	/	/	/	/	/	/	/	/	/	/	/

x1~x11 分别代表株高、主穗长、主茎节数、花序色、穗型、粒色、米色、单株粒重、千粒重、生育期和落粒性 11 个性状

(二)黍稷核心种质的构建

8 016 份黍稷资源按不同来源分成 23 组,按比例法确定各组取样量。对各组材料分别

进行聚类，根据确定的取样比例划群取样。材料份数小于 10 的组每组中选取 1 份材料。其余 17 个组按一定比例取样，构建核心种质。在 8 016 份材料中选取 780 份材料作为初级核心种质，占总数的 9.73%。其中，取样比例最高的组为辽宁省（12.30%），取样比例最低的组为山东（8.77%）（表 11-9），这主要是根据各个组的遗传多样性指数对 10% 的取样比例做了适当调整。

表 11-9　中国黍稷种质资源总收集品和初选核心种质收集品的份数、遗传多样性指数

组号	省（区）	材料份数			多样性指数 I	
		总收集品	初选核心种质	取样比例（%）	总收集品	初选级核心种质
1	河南	20	2	10.00	0.758	0.735
2	山东	513	45	8.77	0.742	0.774
3	湖北	31	3	9.68	0.879	0.883
4	河北	667	60	9.00	0.992	0.987
5	北京	40	4	10.00	0.911	0.915
6	山西	1 389	141	10.15	1.102	1.113
7	陕西	1 702	156	9.17	0.951	0.942
8	甘肃	712	73	10.25	1.002	1.019
9	内蒙古	1 156	105	9.08	0.97	
10	宁夏	309	32	10.36	0.982	0.993
11	青海	203	21	10.34	1.048	1.036
12	黑龙江	531	55	10.36	1.045	1.029
13	吉林	306	31	10.13	0.922	0.935
14	辽宁	122	15	12.30	1.057	1.051
15	西藏	19	2	10.53	0.928	0.937
16	新疆	89	9	10.11	0.818	0.823
17	国外	180	20	11.11	1.021	1.009
18	海南	6	1	/	/	/
19	广东	2	1	/	/	/
20	云南	8	1	/	/	/
21	江苏	7	1	/	/	/
22	安徽	3	1	/	/	/
23	四川	1	1	/	/	/

（三）核心种质的评价

1. 核心种质与基础品各性状特征值的比较

利用 11 个性状分析所构建的核心种质与基础收集品的多个统计数据进行比较（表

11-10)。核心种质与基础收集品在 11 个性状的最大值、最小值、平均值、标准差、变异系数和多样性指数方面均表现一致，表明基础品中各性状的变异在核心种质中均存在，因此本研究建立的核心种质是有效的，能很好地代表基础收集品。

表 11-10　中国黍稷种质资源总收集品与初选核心种质收集品性状特征值比较

性状	总收集品						初选核心种质					
	最大值 Max	最小值 Min	均值 Mean	标准差 SD	变异系数 CV	多样性指数 I	最大值 Max	最小值 Min	均值 Mean	标准差 SD	变异系数 CV	多样性指数 I
株高（cm）	246	41	137	34	24.8	1.464	240	53	134	31	23.13	1.455
主穗长（cm）	72	2	34	8	23.5	1.409	69	10	35.2	8.2	23.3	1.398
主茎节数	14	1	8	1	12.5	1.44	14	2	7.6	1	13.16	1.393
花序色	2	1	1.21	0.41	33.7	0.508	2	1	1.22	0.39	31.93	0.564
穗型	5	1	1.96	0.67	34	0.869	5	1	1.81	0.62	35.74	0.923
粒色 Seed	8	1	3.52	1.5	42.7	1.641	8	1	3.36	1.42	42.36	1.667
米色	4	1	2.64	0.52	19.8	0.724	4	1	2.74	0.53	19.23	0.785
单株粒重（g）	29	1	9	6	66.7	1.111	29	3	9.3	5.7	61.29	1.106
千粒重（g）	10	1	7	1	14.3	1.432	10	1	7.2	0.96	13.89	1.498
生育期（d）	132	53	94	16	17	1.44	128	63	90.5	15.8	17.46	1.409
落粒性	7	3	3.98	1.39	35	0.891	7	3	4.03	1.28	31.76	0.871

表 11-11　初选核心种质收集品与总收集品各性状的符合率

性状	均值	标准差 SD	变异系数 SV	多样性指数 I
株高（cm）	97.81	91.18	93.26	99.38
主穗长（cm）	96.59	97.56	99.15	99.28
主茎节数	95.00	100	94.98	96.70
花序色	99.18	95.12	97.75	90.17
穗型	92.35	92.53	95.13	93.54
粒色	95.45	94.67	99.20	98.44
米色	96.35	98.11	97.12	92.26
单株粒重（g）	96.77	95.00	91.89	99.55
千粒重（g）	97.22	96.00	97.13	95.60
生育期（d）	96.28	98.75	97.37	97.85
落粒性	98.76	92.09	90.74	97.79

2. 核心品与基础品各性状的符合率

通过对 11 个性状符合度的计算分析，获得的核心收集品与基础品的各性状特征值的符合率列于表 11-11。从核心种质与基础收集品在 11 个性状的各个特征值的符合率看，11 个性状的平均值符合率均在 90% 以上，最高符合率为 100%（主茎节数）。变异系数的符合率也都在 90% 以上，最高符合率为 99.2%。多样性指数符合率均在 90% 以上，最高符合率为 99.55%。表明本研究构建的核心种质是有效的。

3. 多样性指数的 t 测验

中国黍稷种质资源总收集品与初选收集品各性状多样性指数比较结果见表 11-12，可以看出，初选核心收集品与总收集品 11 个农艺性状和多样性指数经过 t 测验均未达到显著水平，说明初选核心收集品能代表总收集品的遗传多样性。

表 11-12　中国黍稷种质各个性状的总收集品与初选核心种质收集品的多样性指数比较

性状	总收集品	初选核心种质	t 值[①]
株高（cm）	1.464	1.455	0.222
主穗长（cm）	1.409	1.398	0.209
主茎节数	1.44	1.393	1.374
花序色	0.508	0.564	−1.582
穗型	0.869	0.923	−1.119
粒色	1.641	1.667	−0.587
米色	0.724	0.785	−1.66
单株粒重（g）	1.111	1.106	0.107
千粒重（g）	1.432	1.498	−1.397
生育期（d）	1.44	1.409	0.631
落粒性	0.891	0.871	0.434

注：①$t_{0.05} = 1.96$，$t_{0.01} = 2.617$。

三、讨论

（一）核心种质的建立

截至 2007 年年底，中国收集保存的黍稷种质资源已经超过 8 000 份，为黍稷遗传研究和育种利用提供了大量的材料。然而如此众多的资源给保存、评价、鉴定及利用带来了困难。核心种质是用科学的方法从一种作物的全部材料中选出尽量少的材料来代表全部材料尽可能多的遗传变异。在国内外不同作物核心种质的构建中，核心种质的比例总数为总收集品的 5%~30%，一般在 10% 左右。李自超等认为，核心种质所占总资源的比例应根据总收集品的大小来决定，总收集品份数较少的物种核心种质所占比例可相对大一些。Diwan 等对美国一年生苜蓿资源的研究表明，7% 是最适宜的核心收集品规模，魏兴华等对 450 份浙江籼型地方种质稻种资源的变异研究，建立了 12.5% 的核心种质。

本研究基于中国黍稷资源的地理来源，农艺性状鉴定资料，首先以省（区）为单位进行分组，根据比例法确定各组取样比例，组内进行性状离差平方和法混合聚类，然后根据确定好的取样比例抽取样品，进行适当调整，构成核心种质。这种采用先分组、后聚类取样的策略已被许多研究证明是合理有效的。从 8 016 份黍稷种质资源中选取 780 份种质资源作为核心种质（表 11-13），比例为 9.73%，基本符合核心种质的规模。

（二）核心种质的评价

李自超等分析地方稻种核心种质时认为遗传多样性指数、表型方差、表性频率方差、变异系数、表型保留比率等是衡量核心种质的重要参数。张洪亮等比较不同表性评价参数对水稻核心种质的检验后，提出多样性指数、表型方差、变异系数等是比较不同核心种质取样方法的有效参数。本研究通过比较核心种质与所有材料的特征值，可以看出，核心种质 11 个性状的最大值、最小值、平均值、标准差、变异系数和多样性指数与基础收集品一致；从符合率看，11 个性状的平均值、标准差、变异系数、多样性指数的符合率均在 90% 以上，其中绝大部分性状的符合率在 96% 以上。可见本研究构建的核心种质具有遗传多样性的代表性。通过核心种质与全部种质多样性指数的测验结果表明，两者之间无显著差异，可见已构建的核心样品具有良好的代表性。

（三）核心种质的利用和发展

中国是黍稷的起源中心，遗传多样性极为丰富，所以中国在黍稷研究方面有得天独厚的优势。核心种质的构建是保持中国这种优势的关键，也是黍稷资源研究和利用的基础。由于群体的极大缩小，因而可对整个核心种质群体进行系统研究，研究其遗传多样性、起源等，筛选优异基因，最大限度地发挥资源的作用。核心资源并不是固定不变的，还必须在研究应用中不断发展、完善。将研究筛选的优异材料应用于育种及生物技术，再将此过程中创造的新的资源不断增加到核心资源中，同时也把核心资源中已被更好资源代替的材料淘汰。

农艺性状作为研究核心样品的指标，有简便和研究费用低的优点，但形态性状受到环境和人为影响较大，不能真实地反映种质材料的遗传本质，要尽量利用比较稳定的农艺性状特征性状来评价种质材料。利用分子标记技术如 AFLP、SSR 等技术检测样品之间全基因组上的遗传差异是一种更加准确、有效的方法。在不同作物种质资源的遗传多样性研究中已得到应用。徐雁鸿等从 46 对豇豆 SSR 引物中鉴定筛选出扩增带单一、稳定清晰且多态性强的 13 对引物，用这 13 对引物对来自中国、非洲和亚洲其他国家的共 316 份栽培豇豆资源的 DNA 进行 SSR 扩增，以研究其遗传多样性。Wang 等用 185 对 SSR 引物对 52 份中国西部特有小麦的遗传多样性进行了研究分析，结果显示，西藏小麦和云南小麦群体内的平均遗传距离要高于新疆小麦，而云南小麦和西藏小麦间的平均遗传距离低于两者与新疆小麦的平均遗传距离，聚类分析结果也表明，云南小麦和西藏小麦的亲缘关系较近，但两者与新疆小麦的亲缘关系相对较远。同样随着分子生物学的发展，分子标记在核心种质构建后的遗传多样性检测方面应用也较为广泛，Skroch 等利用 RAPD 标记墨西哥普通大豆核心种质，Kobilijsk 等利用 SSR 标记南斯拉夫小麦核心种质。Gabriella 等利用分子标记对构建的小扁豆种质进行了遗传多样性分析。

由于黍稷是区域重要性作物，产量比较低，国内外对黍稷的研究非常少，现有的研究主要集中在对种质资源评价和育种等几个方面，目前还没有黍稷特有的标记，这方面工作还有待进一步进行研究。

四、结论

按地理来源可以将中国黍稷种质资源中的 8 016 份材料划分为 23 个组，各组内在 11 个表型性状聚类的基础上，按比例法取样，并依各组遗传多样性指数进行适当调整，构建了有 780 份黍稷材料构成的核心种质，占原始材料的 9.73%。

对核心种质各性状特征值、符合率的检测结果表明，初选种质较好地代表了全部供试种质。根据对 11 个性状遗传多样性指数的 t 检验，无显著差异，表明本研究建立的核心种质是有效的。

表 11-13　来源于不同省（区）的 780 份黍稷核心种质的国编号和名称

国编号	种质名称	国编号	种质名称	国编号	种质名称
		河南			
00004829	阿令白	00005521	稷子		
		山东			
00004329	笊篱头	00004592	红黍子	00006611	500-2-13
00004344	白黍子	00004594	馈馈谷	00006612	1986-1-1
00004345	黏掉牙黍	00004615	大白苗黍子	00006632	黄黍子
00004368	白粒黍	00004626	白黍子	00007340	大白糜
00004375	笊篱头	00005053	黄稷子	00007404	600-2-6
00004411	蚂蚱眼	00005068	黄稷子	00007405	600-3-2
00004415	白黍子	00005098	黄稷子	00007579	B75-23
00004456	笊篱头	00005101	白日禄	00007716	A85-45
00004489	水黍子	00005115	黑稷子	00005169	黑稷子
00004490	红汉腿	00005126	窝子稷子	00005187	白粒稷子
00004509	黑皮黍子	00005130	稷子	00005191	塞盖德斯
00004567	黍子	00005137	黑稷子	00006580	黍子
00004580	黍子	00005139	白稷子	00006607	越金黄
00006575	黄糜	00005140	稷子	00006609	老来黑
00006577	花粒黍	00005167	笊篱头	00004325	狼尾巴黍
		湖北			
00006583	白壳糜	00006633	黍子	00006639	黍子
		河北			
00006257	青龙黄黍	00006423	黍子	00007215	黄黍
00006266	黍子	00006582	大白黍	00007220	白黍子
00006305	浅紫脖	00007034	糜子	00000751	白紫来带
00006308	小花黍	00007039	灰糜子	00000756	小黍子
00006310	紫秸白	00007046	黄黍子	00000760	笊篱头

（续表）

国编号	种质名称	国编号	种质名称	国编号	种质名称
00006315	红脖梗	00007063	糜子	00000798	大紫秆
00006319	黑黍子	00007071	黍子	00000804	骨都白
00006343	紫秆	00007090	糜子	00000815	黑糜子
00006347	黄黍子	00007094	黄黍子	00000817	黑壳黍
00006357	小红黍	00007119	糜子	00000822	黏黍子
00006154	黍子	00007131	白黍子	00000825	高粱黍
00006159	蚂蚱眼	00007135	黏黍	00003130	黄糜子
00006161	黄黍子	00007138	泊头黍	00003135	黍子
00006163	黍谷	00007178	小黄黍	00006036	小红黍
00006170	白黍子	00007203	大黄黍	00006042	小白黍
00006175	大黄黍	00007206	黄黍	00006049	疙瘩黍
00006178	疙瘩黍	00006251	白黍子	00006052	糜黍
00006181	小白黍子	00006253	黍子	00006099	蔓子
00006189	疙都黍	00006248	小红黍	00006127	黍子
00006200	大紫秆	00006234	白黍子	00006140	粘黍子

北京

00005978	红黍子		00006011	白黍子	00006032
00007700	A85-29				

山西

国编号	种质名称	国编号	种质名称	国编号	种质名称
00000829	小白黍	00001530	红糜子	00001182	小白黏糜
00000832	鸭爪白	00001534	红软黍	00001191	白梨黏糜
00000840	60天小红黍	00001547	白黍	00001233	大白黍
00000845	老来红	00001551	红黍子	00001242	大白黍
00000878	紫龙带	00001553	黑黍	00001251	小黑黍
00000895	紫秆白黍	00001559	红软黍	00001283	笤帚软糜
00000906	二瓦灰	00001564	古选2号	00001298	灰黍子
00000936	跳蚤黍	00001567	黑粒黍	00001300	称锤红
00000937	马乌黍	00001581	白软黍	00001301	五爪子糜
00000955	紫罗带	00003144	糜子	00001311	白黏黍
00000957	污咀黍	00003148	野糜	00001312	白黏黍
00000970	小白黍	00003153	60天	00001315	红糜子
00001454	白软糜	00003167	小青糜	00001316	鸡爪红
00001457	黄软黍	00003170	一点青	00001331	狗尾蛋
00001467	白黍	00003177	花糜	00001337	黑糜子
00001478	软黍	00003178	野糜	00001364	黄阳糜

（续表）

国编号	种质名称	国编号	种质名称	国编号	种质名称
00001484	黄软糜	00003191	白糜子	00001369	黑黍子
00001500	黑灰软黍	00003204	小红糜	00001398	软黍
00001511	红黍子	00003220	小红糜	00001409	红黍子
00001512	软黍	00003237	小黄黍	00001416	怎糜
00001524	红硬黍	00003255	大青糜	00001425	白黍
00001528	黑软黍	00003273	紫罗带	00001453	软糜子
00000998	大瓦灰	00003288	小灰糜	00003395	葡萄糜子
00001005	套拉头黍	00003289	紫秆黍	00003405	白糜子
00001020	黄落黍	00003292	峪杂 1 号	00003421	大红糜
00001022	二白黍	00003296	黄糜子	00003422	大黄糜
00001023	二黄黍	00003316	小青糜子	00003483	黍子
00001026	白黍	00003331	黄罗伞	00003488	白硬糜
00001045	二黄黍	00003350	灰糜子	00003514	黑黍子
00001047	大黄黍	00003368	黍子	00003522	浅黄硬糜
00001055	鸡冠黍	00003374	大黄黍	00003531	蒿黍子
00001056	灶黑白	00003376	黄硬黍	00003532	红糜子
00001066	紫骆驼糜	00003383	黄黍	00003559	黄硬黍
00001090	大红黍	00003385	小黑黍	00003561	当地糜
00001102	灰黍子	00000980	葡萄白	00006541	太原 1098
00001104	一点红	00000991	小白黍	00006543	太原 1231
00001121	黄罗黍	00007536	A75-20	00006550	太原 0872
00001122	白黍子	00007544	A75-28	00006551	太原 1213
00001126	大红黍	00007606	E75-4	00006557	榆 3-39
00001150	小白黍	00007616	G75-1	00006559	太原 33
00001151	大白黍	00007623	C75-8	00006587	一点青
00001160	黑黍子	00007647	雁黍 5 号	00007261	梨糜子
00007362	黄糜	00007656	753112	00007261	梨糜子
00007910	A85-63	00007677	A85-6	00007265	太原 3164
00008016	紫秆糜	00007681	A85-10	00007269	太原 3048
00007357	白糜	00007854	A75-55	00007354	白散糜
00007360	红硬糜	00007869	A75-70	00007361	雁北天糜
陕西					
00001611	一点黄黍	00001814	红软糜	00003633	黄硬
00001624	活剥皮糜	00001816	黄老软糜	00003640	小红糜
00001626	紫秆软糜	00001818	黄软糜	00003642	红小糜

（续表）

国编号	种质名称	国编号	种质名称	国编号	种质名称
00001636	大瓦灰	00001835	大瓦灰	00003651	三黄糜
00001649	牛卵蛋糜	00001839	扫帚软糜	00003656	二黄糜
00001652	小软糜	00001860	红软糜	00003678	小红糜
00001662	瓦灰软糜	00001897	红糜	00004825	粘糜子
00001665	大红糜	00001901	白糜子	00004826	黑糜子
00001677	白软糜	00001905	黏糜	00005214	黄糜子
00001724	白散散糜	00001914	红糜	00005218	红硬糜
00001742	圪塔软糜	00001927	黑粘糜	00005225	长心糜
00001767	大瓦灰	00001930	糯糜子	00005239	黄糜子
00001768	白软糜	00001941	糜子	00005241	灰糜子
00001785	黑软糜	00001942	白散芒糜	00005245	红硬糜
00001788	麻软糜	00001943	黑糜子	00005260	红糜子
00001789	红软糜	00001947	黑糜子	00005285	黄糜子
00001812	小红软糜	00001951	黄黍子	00005310	黑糜子
00005404	紫盖头	00001963	黄糜	00005313	灰糜子
00005415	黄小糜	00003586	黑糜子	00005322	灰糜子
00005441	黑糜子	00003616	牛卵蛋糜	00005323	黄硬糜
00005452	糜子	00003628	二黄硬糜	00005368	红硬糜
00005454	黑硬糜	00001587	大红黍	00005369	红硬糜
00005459	黑糜子	00001599	灰软糜	00005390	紫秆糜
00005472	枭头糜	00001601	紫秆红黍	00005403	黄糜
00005474	圪糜	00003689	灰硬糜	00004750	白软糜
00005480	白糜子	00003727	黄糜子	00004763	瓦灰软糜
00005494	60天糜	00003743	牛眼睛	00004790	红糜
00007561	B75-5	00003744	黄糜子	00004800	红糜
00007564	B75-8	00003751	大瓦灰	00004806	红软糜
00007572	B75-16	00003761	黄糜子	00007785	B85-55
00007575	B75-19	00003801	大黄糜	00007795	B85-65
00007613	E75-11	00003820	白硬糜	00007798	B85-68
00007709	A85-38	00003835	黄老糜	00007805	B85-75
00007718	A85-47	00003870	二瓦糜	00007927	A85-80
00007734	B85-4	00003872	灰糜子	00007927	A85-80
00007736	B85-6	00003887	紫秆老糜	00007940	A85-93
00007740	B85-10	00003888	黑灰糜	00007947	A85-100
00007743	B85-13	00003900	黄硬糜	00007948	A85-101

（续表）

国编号	种质名称	国编号	种质名称	国编号	种质名称
00007744	B85-14	00003907	白落散	00007951	A85-104
00007745	B85-15	00003942	茄秆糜	00007963	B85-62
00007750	B85-20	00003947	扫帚糜	00007964	B85-63
00007755	B85-25	00003963	天糜	00007965	60
00007773	B85-43	00003971	黄火糜 Huo	00007969	B85-68
00004082	牛尾稍	00003984	黄疙瘩糜	00007973	B85-72
00004110	饭糜子	00003997	蛐蟆串	00007974	B85-73
00004111	红糜子	00004002	灰糜子	00007976	B85-75
00004642	大红黍	00004036	丰产糜	00007989	B85-88
00004644	紫杆红黍	00004041	黄糜子	00007991	B85-90
00004646	软粥糜	00004048	麻糜子	00007996	B85-95
00004648	大白黍	00004057	白糜子	00008011	B85-110
00004677	红软糜	00004070	灰麻糜	00004743	瓦灰糜
00004704	白壳糜	00004079	黑糜子	00004706	焦咀软糜

甘肃

国编号	种质名称	国编号	种质名称	国编号	种质名称
00002801	小红糜	00004945	小黄糜	00007314	安西糜
00002878	紫秆红小糜	00004955	黑糜	00007332	鼓鼓头糜
00002899	红紫秆	00004959	768-32-3-1	00000710	鸭蛋青
00002901	黄草红糜	00004974	紫秆红小糜	00000723	白糯糜
00002902	红二汉	00004985	饿死牛	00000735	猩猴头
00002914	黑硬糜	00004995	大糜子	00000742	红粘糜
00002930	黄硬糜	00005001	鸡蛋皮糜	00000747	粘糜
00002931	大黄硬糜	00005006	黄糜子	00002665	灰糜
00002932	大黄黏糜	00005008	麻糜子	00002670	60
00002979	红糜	00005012	白鸡蛋糜	00002674	小黄糜子
00003006	红糜	00005042	黄糜	00002684	老黄糜
00003015	黄糜	00005969	草糜子	00002687	红糜
00003018	黑糜	00005971	黄糜	00002703	红疙瘩
00003031	黄糜	00005976	马尾散糜	00002706	60
00003039	麻糜	00006682	半个红	00002712	疙瘩红
00003006	红糜	00005042	黄糜	00002684	老黄糜
00003015	黄糜	00005969	草糜子	00002687	红糜
00003018	黑糜	00005971	黄糜	00002703	红疙瘩
00003031	黄糜	00005976	马尾散糜	00002706	60 天黄糜
00003039	麻糜	00006682	半个红	00002712	疙瘩红

（续表）

国编号	种质名称	国编号	种质名称	国编号	种质名称
00003041	黄糜	00006861	玉米大糜	00002719	黑草红
00004312	白黏糜	00006864	小青糜	00002730	黄糜子
00004314	红黏糜	00006866	山丹糜	00002739	小黄糜
00004323	黑糯小糜	00006877	小青糜	00002740	小白糜
00004633	紫盖头	00007844	A75−45	00002741	小黑糜
00004922	黄糜	00007889	E75−30	00002770	鸡蛋皮 J
00004933	老黄糜	00007917	A85−70	00002778	半脸红
00002792	小黑糜	00007920	A85−73	00002788	红糜子
00002800	紫秆红糜	00007922	A85−75	00006879	大散头红糜
00007334	紫秆红糜				
		内蒙古			
00002187	糜子	00002430	黄糜子	00005852	8403−11−2
00002194	黄糜子	00002473	大红糜	00005870	8311−4−6
00002231	小黄糜	00002502	75066−5−2	00005874	8308−1−11
00002265	红糜子	00004267	小白黍	00005884	8311−4−5
00002267	红糜子	00004268	小红	00000478	糜子
00002271	黄糜子	00004279	一点红	00000482	黑黏糜
00002290	散糜子	00004284	74210−3	00000484	狸黍子
00002300	红糜子	00004287	20−Jan	00000492	高粱糜
00002332	大白糜	00004297	82319	00000519	高粱黍
00002335	白糜子	00004301	082−15	00000525	疙瘩黍
00002340	黑糜子	00004866	红糜子	00000544	疙瘩黍
00002355	大黄糜	00004877	小青糜	00000561	大白黍
00002368	大黄糜	00004881	狼山 462	00000569	黑黍子
00002382	大黄糜	00004888	红糜	00000570	黑黍子
00002385	青糜子	00004894	笤帚糜	00000572	大青黍
00002387	小红糜	00004896	二黄糜	00000573	一点青
00002395	二黄糜	00004919	82037	00000582	双粒黍 S
00002416	紫秆红糜	00005812	黑黍	00000592	一点青
00002418	二红糜	00005827	8114−15−8−1	00000607	小青黍
00002421	紫秆红糜	00005839	8403−7−2	00000608	黄黍子
00000610	黄黍子	00006395	黄酒香	00000609	黄黍子
00000633	大白黍	00006433	印 790044	00002141	农石 3 号
00000650	黄黍	00006435	印 790053	00002142	农乌 4 号
00000684	伊盟良 56−2	00006438	乌克兰黍	00002155	大白糜

（续表）

国编号	种质名称	国编号	种质名称	国编号	种质名称
00000699	青黍子	00006439	白法兰西黍	00002158	小红糜
00002050	稷子	00006523	黄黍	00002160	红糜子
00002055	红散稷	00006528	一点红	00002180	小青糜子
00002062	黄糜	00006672	8304-1-1-2	00005900	二白黍
00002080	黄糜子	00006677	8412-1-3-3	00005924	8312-14-3
00002098	黄糜子	00006717	8401-8-11	00005927	小红黍
00002104	红糜子	00006725	8406-1-2	00005932	大黄黍
00002110	黍谷	00006729	8406-4-4	00005943	紫根黍子
00002111	红糜子	00006730	8406-4-5	00007672	A85-1
00002114	黄糜子	00006764	紫秆野糜	00007712	A85-41
00002119	青糜子	00007280	62-33	00007282	笨头黄糜
宁夏					
00006843	丰双-2	00000702	黄黏黍	00002633	黑头黄
00006852	波多果斯克	00000708	花软糜子	00002641	小黄糜
00006854	红花糜子	00002527	红糜子	00002651	宁糜6号
00006858	米泉（2260）Quan2260	00002530	贺兰二黄	00006776	紫秆红
00007291	平罗二黄	00002547	白糜子	00006780	小黑糜
00007297	贺兰大红	00002548	66-3-98	00006798	黄糜
00007306	灰糜	00002566	大黄糜	00006804	牛旦糜子
00007310	903	00002580	紫秆	00006811	羊眼睛
00007311	紫秆糜	00002583	密穗红	00006842	丰双-4
00007695	A85-24	00002603	同子红糜子	00002628	大红糜子
00007935	A85-88	00002614	小黄糜子		
青海					
00004152	糜子	00005555	糜子	00007455	牛尾
00004157	黄糜子	00005566	粮大糜 ang	00007468	灰糜子
00004172	小黑糜	00005574	黄糜子	00007478	白圪塔
00005527	黑麻糜	00005583	黑子	00007479	黄粒糜
00005532	大黄糜	00007417	腊黄糜	00007491	二白糜
00005545	鸡蛋糜	00007420	金糜子	00007502	黄皮糜
00007449	圪塔红糜	00007430	土黄糜	00007513	金糜子
黑龙江					
00000001	64黍120	00000268	7077	00004863	034-2
00000014	黑糜子	00000276	Feb-66	00006457	2048
00000024	双粒糜子	00000277	5-Feb	00006470	2043

（续表）

国编号	种质名称	国编号	种质名称	国编号	种质名称
00000058	大红糜子	00000281	Jan -55	00006483	2096
00000082	黄糜子	00000297	80-4018	00006484	2275
00000101	白糜子	00000303	龙黍 18 号	00006493	2228
00000102	黑鹅头	00001986	稷子	00006503	2085
00000121	红鹌鹑尾	00001987	熟谷	00006510	63 黍 41
00000122	鹌鹑尾	00001988	7	00006511	丰收一号
00000132	鹌鹑尾	00001994	13	00006514	68 黍 233
00000147	麦糜子	00001997	19	00006534	太原 1036
00000149	小麦糜子	00002005	27	00007559	B75-3
00000165	黑糜子	00002011	41	00007832	嫩黍 23 Nen23
00000166	黑糜子	00002015	14	00000039	黑鹅头 Tou
00000180	大粒黄	00002020	46	00004208	52
00000183	黑糜子	00002023	15	00004204	64 黍 62
00000219	糜子	00002032	6	00004210	黑红糜子
00000220	黄糜子	00002033	24	00004217	大粒糜子
00000255	早熟糜子				

吉林

国编号	种质名称	国编号	种质名称	国编号	种质名称
00000330	黎糜子	00000388	黑糜子	00005666	黄糜子
00000333	黄糜子	00000405	黑糜子	00005671	白糜子
00000339	白糜子	00002039	红糜子	00005684	黄糜子
00000337	糜子	00004228	黑糜子	00005688	黑糜子
00000382	糜子	00004229	灰糜子	00005700	黄糜子
00000385	蛤蟆头	00004230	糜子	00005705	白糜子
00004248	黑糜子	00005730	红糜子	00005708	黄糜子
00005604	灰糜子	00006563	紧穗白黍	00005711	千斤糜
00005618	黑糜子	00006570	眼皮薄	00005715	黑糜子
00005632	黑糜子	00007629	吉林黍	00005638	九黍一号
00000326	红糜子				

辽宁

国编号	种质名称	国编号	种质名称	国编号	种质名称
00000424	糜子	00000440	大白黍	00005760	黄糜子
00000436	黄糜子	00000454	蚂蚱眼	00005766	黍子
00000437	大红黍	00000475	黄糜子	00007518	A75-2
00005748	大红黍	00005742	黑糜子	00007604	E75-2
00005756	高粱黍	00005785	糜子	00007258	黄糜子

国编号	种质名称	国编号	种质名称	国编号	种质名称
		西藏			
00006002	黍子	00006681	札达糜		
		新疆			
00000750	白糜子	00003111	红糜	00003127	糜子
00003051	黄糜	00003117	黄糜子	00005051	黄糜子
00003056	黄糜子	00006766	野糜子	00007344	糜子
		国外			
00007366	78（Russia）	00007664	黍子（Amica）	00007007	Ftod2
00007367	黍子（Russia）	00007666	黍（Amica）	00007375	790035（India）
00007017	Ⅲ-574（Japan）	00007667	黍子（Amica）	00007391	790051（India）
00007011	SEMu878/47（cana）	00007668	黍子（Amica）	00007369	黍子（Poland）
00007008	WhiteFrench（Austraa）	00007669	黍（Amica）	00007371	灰糜（Poland）
00005990	糜子（Pakistan）	00007671	黍（Amica）	00006892	黍（France）
00006911	Ipm1585	00006926	Ms4953		
		其他			
00006649	黍子	四川	00006655	糯黍	海南
00004203	白稷子	江苏	00004200	黄稷	安徽
00004198	金守黍	广东	00004858	靠陆	云南

第五节　中国黍稷种质资源研究与利用
（"六五"至"十五"期间）

从"六五"期间开始，至十五期间，中国黍稷种质资源研究项目，一直列入国家重点科技攻关计划，使我国黍稷种质资源从收集、保存到研究、创新与利用，进行了全面系统的研究，填补了国内外黍稷研究多项空白，取得了明显的经济和社会效益。

一、中国黍稷种质资源的收集、编目和繁种入库

（一）黍稷种质资源的收集、编目

从"六五"期间开始，由山西省农科院种质资源所主持，从我国山西、陕西、内蒙古、甘肃、黑龙江、宁夏、吉林、河北、新疆、辽宁、青海、江苏、西藏、广东、安徽共15省（区）收集到黍稷种质资源5 500余份，完成16项农艺性状鉴定，对同种异名、同名异种的种质资源进行归并，于1985年编写出版了《中国黍稷（糜）种质资源目录》，入编种质资源4 203份。"七五"期间从山东、河南、湖北、云南4省（区）收集到黍稷种质资源500余份，从陕西、甘肃、内蒙、青海、吉林、黑龙江、山西、新疆8省（区）

补充收集到黍稷种质资源近 1 000 份，经整理归并后，于 1987 年出版了《中国黍稷（糜）种质资源目录（续编一）》，入编种质资源 1 384 份。"八五"期间从我国北方部分省（区）在过去种质收集中遗漏的地区，如内蒙古赤峰地区，宁夏固原地区，河北承德地区和坝上地区收集到黍稷种质资源 1 400 余份；从北京、海南和四川收集黍稷种质资源 199份；从内蒙、宁夏等省（区）收集到人工创造的、已经稳定的新种质资源 300 余份；还收集到从国外引入、"七五"神农架和西藏考察收集的黍稷种质资源，以及少数近缘野生植物等 200 余份，共计 2 200 余份。经种植整理归并后，于 1994 年出版了《中国黍稷（糜）种质资源目录（续编二）》，入编种质资源 1 929 份。"九五"期间从内蒙、陕西、甘肃、宁夏、黑龙江、山西等省（区）的育种单位收集新育成的新种质（品系），以及从美国引入的少量种质，共计 500 余份，经种植整理归并后，于 1999 年编写出版了《中国黍稷（糜）种质资源目录（续编三）》，入编种质 504 份。"十五"期间从山西太原、大同、汾阳以及内蒙伊盟、陕西榆林、吉林省吉林市、青海西宁、河北邢台、甘肃兰州等黍稷育种单位收集农家种、新品种（品系）500 余份，经种植整理归并后，于 2004 年编写出版了《中国黍稷种质资源目录（续编四）》，入编种质 495 份。历时 22 年，从全国23 省（区）收集黍稷种质资源约 10 500 份，经整理归并后，编入 5 本《中国黍稷种质资源目录》的种质共计 8 515 份。这些种质已全部入国家长期种质库贮存，16 项农艺性状鉴定数据也全部输入国家数据库贮存利用。和世界各国相比，我国黍稷种质资源的拥有量居世界第 1 位。

（二）黍稷种质资源的繁种入库

黍稷种质资源的繁种入库是一项技术性很强的工作，必须持有认真、科学严谨的态度，不能有丝毫的马虎。特别是大批量种质资源的繁种，对全国统一编号、种质名称一定要核实清楚，在生育期间一定要认真观察记载，以避免张冠李戴。为保证黍稷种质的纯度和质量，繁种过程中的各个环节都要严格把关。

（1）黍稷异交率较高，最高达 13%，因此种质间最少要有 50cm 的间隔距离，以防花序盘结交错，相互授粉。

（2）播种前对每份种质仔细粒选，去除杂粒、秕粒。

（3）生育期间要及时间苗、中耕、除草，收获前要根据种质花序色、穗型、粒色等典型性状去除杂株。

（4）不同的黍稷种质，生育期相差很大，最长的 130d，最短的只有 55d，要根据生育期的长短，采用专用网罩防护，成熟一个收获一个。在大部分种质灌浆期，每天要有人看护，以防鸟害。

（5）野生性状的种质，落粒性很强，除在八成熟收获外，还要加大繁种面积，以保证入库种量。

（6）收获时要避开雨天，以防种子霉变，并要人工剪穗，单收单打，不用机械，以防混杂。

（7）收获后的种质要装入大牛皮种质袋，写明全国统一编号和名称，于每天 8~17h进行日晒，连续 10d，含水量降到 12% 以下。

（8）经日晒后的种质要进行人工粒选，去除杂粒、秕粒和杂质，粒选后的种质要称重计量，按入库种质重量，另装入袋，写明全国统一编号、保存单位编号、种质名称。

（9）包装好的种质要专人、专车运种面交国家种质库，办理相关入库手续，以确保入库种质准确无误、万无一失。

二、中国黍稷种质资源类型及其分布

对已编目、保存的 8 515 份种质，以穗型、花序色、粒色、米色等质量性状进行了分类，同时根据不同类型种质的来源和生态环境，对其分布情况进行了分析，结果如下。

（一）以穗型分类

中国黍稷种质资源的穗型分为侧、散、密 3 大类型（见表 11-14）。8 515 份种质中，侧穗型种质占了主导地位，散穗型种质次之，密穗型种质最少。黍稷种质的不同穗型与种质的抗旱性有一定关系，侧穗型种质抗旱、耐瘠性强，多种植在丘陵旱地，是长期以来形成的一种抗旱种质穗型生态特点；散穗型和密穗型种质抗旱、耐瘠性较差，生育期短，多种植在平川水地，也是长期以来形成的一种固有的生态型。因此，侧穗型种质一般以高海拔的山区、丘陵旱地分布较多，如山西北部、河北张家口地区以及甘肃、宁夏等省（区）；散穗和密穗型种质一般在低海拔、平川地区分布较多，如辽宁、河北保定、山西晋南等地区。中国黍稷大多种植在干旱的丘陵山区，这是中国黍稷种质资源以侧穗类型占主导地位的主要原因。

（二）以花序色分类

中国黍稷种质资源的花序色分为绿色和紫色两大类型（见表 11-14）。以绿色花序为主。花序色与种质原生态环境的气候有很大关系，一般海拔较高、气候特别寒冷的地区，紫花花序种质分布较多，如青海省、河北张家口地区、山西大同地区，说明紫色花序种质是高寒地区种植的一种特有的生态类型。

（三）以粒色分类

黍稷种质粒色分类标准全国统一定为红、黄、白、褐、灰、复色 6 种（见表 11-15）。中国黍稷种质资源的粒色以红、黄、白、褐 4 种粒色为主，以黄粒种质最多，灰粒和复色粒种质最少。各省（区）不同粒色的种质比例都有侧重，如红粒种质比例以吉林省最高；黄粒种质比例以宁夏最高；白粒种质比例以河北最高；褐粒种质比例以黑龙江最高；灰粒种质比例以青海最高；复色粒种质比例以内蒙古最高。不同粒色的种质分布与海拔高度也有很大关系。红粒种质多分布于低海拔的平川地区，高海拔、高寒地区分布很少；黄粒种质多分布于海拔 1 000m 以上、2 000m 以下地区，在海拔低的地区和 2 000m 以上的地区分布很少；白粒种质多分布于海拔 700m 以下的地区，在高海拔地区分布较少；褐粒种质在海拔 200m 以下的地区分布较多，在海拔 700m 左右的地区分布较少；灰粒种质大都分布在海拔 2 000m 以上的高海拔地区，在海拔 2 000m 以下的地区分布很少；复色粒种质在海拔 600～1 500m 的范围内分布较多，在海拔 200m 以下的低海拔地区均没有分布。

表 11-14 中国黍稷种质资源的穗型和花序色分类

	穗型			花序色	
	侧	散	密	绿	紫
数量（份）	6 172	1 826	517	6 774	1 741
占比（%）	72. 48	21. 45	6. 07	79. 55	20. 45

（四）以米色分类

中国黍稷种质资源的米色分为黄、淡黄、白 3 种类型（见表 11-15）。主要以黄色和淡黄色两种为主，白色的极少数。米色与种质的粳糯性有很大关系。粳性种质的米为角质，一般呈黄色的多；糯性种质的米为粉质，一般呈淡黄色的多。白米粒与粳糯性关系不很密切。我国黍稷种质资源的分布，西部以稷（粳性）为主，东部以黍（糯性）为主，因此黄米粒的分布主要在西部，淡黄米粒的分布主要在东部。白米粒主要分布在东北 3 省，可能与当地的食用习惯有很大关系。

表 11-15 中国黍稷种质资源的粒色和米色分类

	粒色						米色		
	红	黄	白	褐	灰	复色	黄	淡黄	白
数量（份）	1 569	2 905	1 873	1 130	477	561	5 882	2 456	177
占比（%）	18. 43	34. 12	22. 00	13. 27	5. 60	6. 59	69. 08	28. 84	2. 08

三、中国黍稷种质资源的特性鉴定评价

（一）品质分析（蛋白质、脂肪、赖氨酸）

采用美国进口的 7000 型红外线分光光度计（NIR—7000 model）对 6 020 份种质进行了品质分析，共筛选出蛋白质含量 16% 以上的高蛋白种质 142 个；脂肪含量 4% 以上的高脂肪种质 67 个；赖氨酸含量 0.22% 以上的高赖氨酸种质 88 个；蛋白质含量 15%、脂肪含量 4%、赖氨酸含量 0.20% 以上的优质种质 45 个，共计 342 个。

（二）耐盐鉴定

采用芽期鉴定和苗期鉴定相结合。芽期鉴定以 1.8% 的 NaCl 溶液处理，以清水发芽作对照，最后计算盐害系数。盐害系数 % =（CK 发芽率–T 发芽率）/CK 发芽率×100；苗期鉴定在旱棚营养钵内进行，对鉴定种质以 1.3% ~ 1.5% 的 NaCl 溶液加营养液处理，以死苗率多少，制定 5 个耐盐级别。最后以苗期为依据，芽期为参数，评价每个种质的耐盐性。

对 6 023 份种质进行了耐盐性鉴定评价，筛选出高耐盐种质 19 份，耐盐种质 83 份。

（三）抗黑穗病鉴定

以人工饱和0.5%的黑穗病菌种接种，以植株发病率的多少，制定5个级别，评价每个种质的抗病性。

对6 031份种质进行了抗黑穗病鉴定，共筛选出高抗种质9份，抗病种质182份。

四、优异种质的深入研究及评价利用

对农艺性状鉴定和特性鉴定筛选出的单一、多项和综合性状优良的种质，经丰产性试验后再经不同生态区多年、多点区域试验，最后鉴定筛选出的种质提供生产和育种利用。

（一）优异种质的丰产性鉴定和多点区域试验

"八五"期间对254份优异种质统一在太原进行丰产性鉴定，筛选出36份丰产、优异种质，以36份丰产、优异种质为供试种质，分别在吉林省吉林市、山西省太原市和汾阳市设点3个，采用随机区组3次重复，连续3年完成区域试验，最后筛选出优质、丰产、抗逆性强、适应性广的5个种质，即软糜子（1453）、达旗黄秆大白黍（0635）、白黍（1394）、合水红硬糜子（0724）、软粥糜（1820），直接提供生产和育种利用。

（二）优异种质的进一步试验筛选

"九五"期间对"八五"期间鉴定筛选出的单一性状突出和综合性状优良的优异种质和"八五"期间对"七五"期间鉴定筛选出的优异种质，通过区域试验鉴定筛选的丰产性好、适应性广的优异种质，共计120份，扩大生态区试验，在东北、华北、西北3个不同的生态点，进行多年、多点的试验，试验完成后综合评价每个种质的农艺性状、丰产性、抗逆性、品质和适应性等，从中进一步筛选出3份特别优异种质（黄糜子5272、达旗黄秆大白黍0635、韩府红燃2621），2001年被农业部评为国家科技攻关计划"九五"重大科技成果优异种质1级1个，2级2个，以综合性状比较完美的最优异的种质，在全国黍稷生产上大面积推广利用。

五、中国黍稷种质资源在育种和生产上的利用及其经济效益

中国黍稷种质资源的研究，大大推动了我国黍稷育种的发展进程，改变了我国黍稷生产长期应用农家种的落后状况，使我国黍稷生产不仅在产量上有了大幅度的提高，而且在品质育种上也上了一个新的台阶。

（一）在育种上的应用

优良的黍稷种质资源提供育种单位利用后，从"六五"到"十五"期间，我国共培育审定的黍稷新品种共有54个，其中大面积推广的就有31个，这些品种是黑龙江的年丰4号、5号、6号、双粒糜子、龙黍5号、16号、18号、22号；吉林的九台1号；山东的鲁黍1号；山西的晋黍1~9号；内蒙古的内黍2号、伊黍1号、内糜1号、2号、5号、

580 黄糜；甘肃的陇糜 2 号、3 号、4 号；宁夏的宁糜 8 号、9 号；陕西的榆黍 1 号等。这些新品种不仅丰产性好，而且优质、抗逆性强。表明我国黍稷育种的水平大大向前迈进了一步。

（二）在生产上的应用极其经济效益

我国每年种植黍稷面积约 173.3 万 hm²，黍稷新品种和优异种质的推广利用，大大促进了我国黍稷生产的发展，就山西而言，近年来新培育审定的新品种和鉴定筛选的优异种质在生产上已基本取代了传统的农家种，从 1986—2003 年累计推广 166.6 万 hm²，新增经济效益 59 940 万元。内蒙古赤峰地区近 3 年推广种植新品种和优异种质，累计推广面积 21.3 万 hm²，新增经济效益 9 600 万元。内蒙古锡盟地区引种山西省培育的晋黍 2 号新种质，累计推广 36 万 hm²，新增效益 16 200 万元，河北沽源县引种晋黍 2 号，累计推广 3.3 万 hm²，新增效益 1 500 万元，河北尚义县引种优异种质和晋黍 2 号，累计推广 3 万 hm²，新增经济效益 1 350 万元。上述统计，仅以山西和周边局部地区以山西培育的晋黍 2 号和鉴定筛选的优异种质为主，总计推广面积 230 万 hm²，新增经济效益 88 590 万元。其中近 3 年经济效益 19 140 万元。我国新培育的黍稷新种质和鉴定筛选出的优异种质，在全国各省（区）大面积推广种植后，产生了很大的经济和社会效益。

六、讨论

中国黍稷种质资源研究虽然取得了一些成果，但研究的深度和广度还远远不能满足生产和育种的需要，在特性鉴定的内容上还有许多空白，例如，抗逆性鉴定中的抗旱性、耐寒性、耐涝性和抗风沙性等；品质鉴定中支链淀粉、直链淀粉含量和微量元素钙和铁的含量；抗病虫鉴定中的红叶病、锈病等，都需要尽快开展研究。有些鉴定内容还需要进一步的深入研究，如抗黑穗病种质对不同生理小种的抗性，黍稷种质资源异地种植和翌年种植品质的变化规律和耐盐性种质对土壤不同盐份的抗性等。

随着黍稷种质资源研究的不断深入，黍稷的野生种和野生近缘植物的收集、研究和保护，黍稷种质资源的核型以及指纹图谱与分子标记等项研究也需要尽快深入开展工作。同时，黍稷种质资源研究的成果转化，也需要加快步伐，以进一步提高经济效益。

第十二章

黍稷种质的细胞学和遗传学研究

第一节　黍稷的染色体组型与 Giemsa C—带的研究

黍稷的染色体组型和 C—带带型研究，目前国内外尚未见报道。王润奇采用陈瑞阳等人的制片方法，获得了成功。

一、材料和方法

（一）供试材料

农家种糯性黍种质金黄黍

（二）试验方法

1. 种子萌发

取发芽势强、干燥的种子用 0.3% 升汞液浸泡 1h，冷开水冲洗多次，然后在 25℃ 温箱中发芽 32h。在上午 7~9 时根尖分生组织分裂旺盛时，切取长度为 0.5cm 的根尖备用。

2. 前处理

将切取的根尖放入 0.1% 秋水仙碱和对二氯苯 1∶1 的混合液中处理 2.5h。

3. 前低渗

弃去前处理液，然后加入 0.075MKCI 溶液，在 25~30℃ 温度下处理 0.5h，后用蒸馏水清洗 1 次。

4. 酶解

将洗净的根尖浸入果胶酶和纤维素酶（各占 2.5%）的混合液中，在 30℃ 时处理 2.5h。

5. 后低渗

将酶解去壁后的根尖用 25℃ 蒸馏水浸泡 0.5h，换液 4~5 次。

6. 固定

将后低渗处理的根尖浸泡在甲醇—冰醋酸（3∶1）固定液中固定 1d（24 h）。

7. 制片

取 3~5 个根尖放在经冷冻蒸馏水浸泡过的的载片上，切取根尖分生组织，加少量固定液。迅速捣碎根尖并去掉未分散物质，滴数滴固定液，将载片在酒精灯上加热，此时起火，起火后离开灯焰，火熄后将片子再烤干。

8. 风干

风干制片 2d。

9. 染色

将风干的片子在室温下用 1∶19Giemsa 染液（Giemsa 原液 1 份∶19 份 pH=6.8 的 1/15M 磷酸缓冲液）染色 0.2h，冲净染液，晾干。

10. 显带

制片的显带要经 5%NaHCO₃ 溶液处理即变性处理，水洗，再经 2s 复性处理，染色即可。

11. 观察照相

显微镜观察片子，挑取染色合适、视野背景好，分散相好的片子进行显微照相。

二、结果

（一）黍稷染色体组型

观察大量前中期和中期分裂相的细胞，发现它们的染色体都是 2n＝36，其中有 2 对随体染色体（测量数据见表 12-1）。

表 12-1　金黄黍染色体组型和 Giemsa C—带带型

项目 编号	染色体长度				臂比	组型	带型	备注
	长臂（μ）	短臂（μ）	总长（μ）	相对长度（%）				
1	4.844	3.776	8.620	13.04	1.283	M	C/C	
2	3.642	1.836	5.478	8.29	1.964	SM	W/C	
3	3.179	2.038	5.217	7.89	1.560	M	C/C	
4	3.963	1.119	5.082	7.69	3.542	ST	C/C	
5	3.321	1.351	4.672	7.07	2.458	SM	C/C	
6	2.605	1.426	4.031	6.10	1.827	SM	C/C	
7	2.139	1.545	3.684	5.57	1.384	M	C/C	
8	2.418	1.105	3.523	5.33	2.188	SM	W/C	
9	2.448	0.978	3.426	5.18	2.503	SM	W/C	本表绝对长度为 5 个细胞染色体组的平均值
10	1.803	1.239	3.042	4.60	1.455	M	C/C	
11	1.679	1.023	2.702	4.09	1.641	M	C/C	
12	1.433	0.979	2.412	3.65	1.464	M	C/C	
13	1.232	0.933	2.165	3.28	1.320	M	C/C	
14	1.015	0.985	2.000	3.03	1.030	M	C/C	
15	1.038	0.881	1.919	2.90	1.178	M	C/C	
16	0.896	0.843	1.738	2.63	1.026	M	C/C	
17	2.649	1.331	4.000	6.06	1.826	SM	CN/C*	
18	1.754	0.632	2.386	3.61	2.775	SM	CN/C	

关于着丝点的命名，本试验采用 Levan 的标准，AR（臂比），（arm ratio）= L（长臂）/S 短臂。臂比等于 1.0~1.7 的为中部着丝点染色体，以 M 表示；臂比在 1.7~3.0 的为近中部着丝点染色体，以 SM 表示；臂比在 3.0~7.0 的为近端着丝点染色体，以 ST 表示。染色体的绝对长度容易受分裂时期的影响而变化，故以相对长度表示。某染色体相对长度（%）= 某染色体绝对长度/全组染色体总绝对长度×100。

从表 12-1 看出，黍子体细胞染色体组型分 3 组。

A 组：近中部着丝点染色体，有 2、5、6、8、9、17、18 共 7 对。

B 组：中部着丝点染色体，有 1、3、7、10、11、12、13、14、15、16 共 10 对。

C 组：近端着丝点染色体有 1 对，即第 4 对。

随体染色体有 2 对，即第 17、18 对染色体。

黍子体细胞染色体绝对长度变幅为 1~9μm，而相对长度在 2.63~13.04 范围，其中最长的第 1 对为最短的第 16 对染色体的近 5 倍。

黍子染色体组型可用下式表示：

$$K（zn）= 36 = 14A^{SM} + 20B^{M} + 2C^{ST}$$

根据测量数据，绘制黍子染色体组型模式图（见图 12-1）。

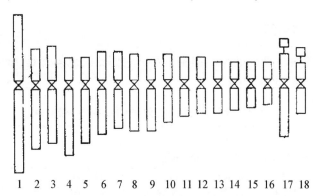

1 2 3 4 5 6 7 8 9 10 11 12 13 14 15 16 17 18

图 12-1 黍子染色体组型模式图

（二）黍子染色体 Giemsa C—带带型

从大量的分带片子中选取 6 个染色体数目全，分散较好，带纹清楚的前中期分裂细胞，进行配对观察结果。

黍子的 Giemsa C—带带型主要是着丝点带（13 对），用 C/C 表示，另有 2、8、9 共 3 对染色体的短臂为全着色，长臂为着丝点带，用 W/C 表示。第 17、18 两对染色体的带型为次缢痕带，用 CN/C 表示。根据黍子带型绘制的染色 Giemsa C—带带型模式图（见图 12-2）。

金黄黍的带型是：$2n = 36 = 26\dfrac{C}{C} + 6\dfrac{W}{C} + 4\dfrac{CN}{C}$。

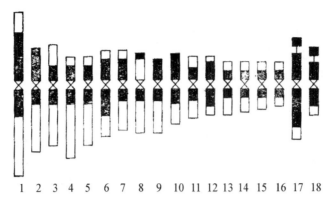

图 12-2 黍子染色体 Giemsa C-带型模式

三、讨论

（1）关于黍子染色体的 Giemsa C—带带型。在观察的材料中，清楚地看到分裂中期的大部分染色体为着丝点带，且比较明显、稳定。变化最大的是 W/C 型带型，3 对染色体几乎都有变化。第 2 对染色体短臂有的非常清晰，有的却淡而模糊。第 8 对染色体长臂着丝点带纹为 C 带，而短臂带纹离着丝点远的一处较深，离着丝点近的淡一些。第 9 对染色体长臂同第 8 对基本相同，不同的是短臂不分远近，而且带纹一致。

第 17、18 两对染色体为次缢痕带型，随染色体显带在不同的细胞中有较大变化。随体染色体在每个细胞中都有明显的随体带，但有的随体与染色体臂距离近（如第 18 对），有的却距离很远，这种情况给同源染色体配对带来一定困难。据报道谷子、高粱染色体 Giemsa 显带也发现过类似情况。这一技术问题有待进一步研究和探讨。

（2）本试验在染色体分带程序中，用 $NaHCO_3$ 的变性处理和 2s 复性处理，其结果较为成功，而且克服了钡膜污染片子的问题。

第二节 黍稷种质的核型分析

陈瑞阳等虽然单提出黍的染色体数目为 2n＝36，而有关黍的核型分析，至今尚未见报道。为此，杨秀英等对 8 个黍稷种质的核型进行了研究探讨，现将获得的初步结果报告如下。

一、材料和方法

（一）材料

红黍子（5978），产地：北京延庆。

黍子（5979），产地：北京延庆。

密穗黄粒（5987），产地：北京延庆。

黄粒大壳黍（4197），产地：海南。

金守黍（4198），产地：海南。

大黄米白黍子（4195），产地：西藏。

底雅黍稷（6891），产地：西藏。

IPM1600（6919），产地：印度。

（二）方法

种子用自来水浸泡约 20h，在 26℃下发芽 24h 以上。根尖长 1cm 左右，在 0.03%秋水仙素+0.000 3ml/L 的 8-羟基喹啉溶液中，26℃预处理 2~2.5h。在甲醇 3 份，冰醋酸 1 份的固定液中固定过夜。用蒸馏水洗去固定液后，在 0.075mol/L KCl 溶液中，28℃前低渗处理 40min，再用 2.5%纤维素酶+果胶酶于 28℃酶解 2.5~3h，最后在无离子水中（28℃）后低渗处理 45min。用甲醇 3 份，冰醋酸 1 份的固定液中固定过夜，采用植物染色体制片技术制片，再用 40∶1 的 Giemsa 染液染色 1h。对每个材料的中期染色体进行计数，并按照 Levan（1964）核型分析以及参照李懋学等提出的核型分析标准，如着丝点的位置及命名：m 为中部着丝点，sm 为近中部着丝点，SAT 为随体。对每个材料测量 5 个图像清晰的细胞染色体图片，求出平均数、相对长度、臂比、绘制成核型模式图。染色体的相对长度系数（I.R.L）按照郭幸荣等的方法，即 I.R.L≥1.26 为长染色体（L）；1.01≤I.R.L≤1.25 为中长染色体（m_2）；0.76≤I.R.L≤1.00 为中短染色体（m_1）；I.R.L<0.76 为短染色体（S）。

核型不对称系数（Ask%=长臂总长/全组染色体总长）按照 Arano 的方法，比值越大，越不对称。

染色体的核型不对称性按 Stebbins 的方法划分，按对称到不对称的核型分类，"1A"为最对称，"2B"居中，偏向对称，"4C"最不对称。臂比 95%置信区间，按照洪德元提出的方法计算和比较（表 12-2）。

表 12-2　按对称到不对称核型分类

最长/最短	臂比值大于 2∶1 的染色体百分比			
	0.0	0.01~0.50	0.50~0.99	1.00
<2∶1	1A	2A	3A	4A
2∶1-4∶1	1B	2B	3B	4B
>4∶1	1C	2C	3C	4C

二、结果

（一）核型组成

红黍子、黍子、密穗黄粒、黄壳大粒黍、金守黍、大黄米白黍子、底雅黍稷和 IPM1600 核型分析结果见图 12-3、图 12-4 及表 12-3、表 12-4、表 12-5。黍子、密穗黄粒、金守黍、底雅黍稷的核型公式为 2n=36=28m+4sm+4sm（SAT）；黄壳大粒黍与大黄米白黍子的核型公式为 $2n=36=26m+6sm+4sm$ （SAT）；红黍子的核型公式为 $2n=36=30m+2sm+4sm$ （SAT）；IPM1600 的核型公式为 $2n=36=32m+4sm$ （SAT）。

（二）核型类型

核型分类见表（12-4）。由于最长/最短染色体之比值是：红黍子、黍子、蜜穗黄粒、黄壳大粒黍、金守黍、大黄米白黍子、底雅黍稷、IPM1600 分别为 2.71、2.54、2.49、2.94、2.54、2.27、2.43、2.28，均大于 2，臂长>2 的染色体比例除 IPM1600 为 0.056 外。其余 7 个黍均为 0.11，所以 8 个黍稷种质的核型类型均为 2B。

（三）染色体相对长度系数组成

染色体相对长度系数组成见表（12-3）。供分析的 8 个黍种质，可划分为 7 个类型，其中红黍子和底雅黍稷为一个类型 $2n=36=6L+10m_1+6S$，其余 6 个材料各为一个类型，其中黍子为 $2n=36=4L+12m_2+16m_1+4S$；密穗黄粒为 $2n=36=4L+14m_2+12m_1+6S$；大黄米白黍子 $2n=36=4L+12m_2+18m_1+2S$；IPM1600 为 $2n=36=4L+14m_2+10m_1+8S$；黄壳大粒黍为 $2n=36=6L+8m_2+16m_1+6S$；金守黍为 $2n=36=6L+10m_2+14m_1+6S$。

三、讨论

（1）按照 Levan（1964）核型分析方法，我们分析的 8 个黍的种质中，黍子、密穗黄粒、金守黍、底雅黍稷 4 个黍的核型组成为 $2n=36=28m+4sm$ （SAT）。虽然红黍子的核型组成为 $2n=36=30m+2sm+4sm$ （SAT），差异在于红黍子的第 4 染色体臂比为 1.68，属于 m 类型染色体，进一步分析其臂比 95%置信区在 1.60~1.76，与其第 3 sm 类型染色体置信区重叠，其差异在统计学上无意义，故红黍子也属于这一核型组成。此外，IPM1600 的核型公式为 $2n=36=32m+4sm$ （SAT），差异在于其第 3、4 染色体臂比较小，其臂比置信区分别在 1.40~1.54 和 1.50~1.70（表 12-4），不能与 sm 类型染色体置信区重叠，差异为显著。第 3 种核型公式 $2n=36=26m+6sm+4sm$ （SAT），sm 染色体数增加 2 条，相应 m 型染色体减少 2 条，差异在于属于这一核型组成的黄壳大粒黍其第 8 染色体臂比为 1.82，属于 sm 染色体，大黄米白黍子的第 7 染色体臂比 1.77 为 sm 染色体。

黍的第一种核型组成 $2n=36=28m+4sm+4sm$ （SAT），1 号、2 号染色体是中部着丝点染色体，且臂比也很接近（表 12-2），3 号、4 号染色体是近中部着丝点，11、12 对染色体含异染色质比较多，且臂比较接近，黍的 13、14 号染色体上均有随体，每 2 条黍的染色体在形态结构臂比及大小以及类型上绝大多数一致。8 个黍的种质 13、14 号染色体臂比在 3.00 以下、2.00 以上为 sm 染色体。

此外还观察到黍的 2 对同组群染色体，常常一对大些，另一对小些，如 1 号、2 号、3 号、4 号、15 号、16 号，前面的染色体大于后面的染色体，在染色体臂比方面，有的黍的第 7、8 对染色体臂比值增加为 sm 染色体，这样导致核型组成的不同，经 Giemsa 染色显示第 7、8 对染色体中有一对染色体异染色质含量也比较多。

（2）相对长度系数组成。在黍中发现的 2 对同组群染色体，常有一对大些，另一对小些，有的比较明显，通过染色体相对长度系数组成比较，也证实了这一点。

供分析的 8 个黍稷种质中，仅有"黍子"的染色体相对长度系数组成为 $2n=36=4L+12m_2+16m_1+4Sm$，其成双的同组群染色体较为一致。其他 7 个材料中，红黍子 $2n=36=6L+10m_2+14m_1+6S$，其第 2 同组群中有 1 对 4 号染色体为 m_2，3 号染色体为 L，第 8 同组群中，15 号染色体为 m_1，16 号染色体为 S；密穗黄粒第 5 同组群有 9 号染色体为 m_2，而 10 号为 m_1，15 号为 m_1，16 号为 S；黄壳大粒黍，第 2 组群中的 3 号染色体为 L，4 号染色体为 m_2，7 号为 m_2，8 号为 m_1；第 8 组群中，15 号为 m_1，16 号为 S；金守黍中的 3 号为 L，4 号为 m_2，15 号为 m_1，16 号为 S；大黄米白黍子仅有 1 个同组群染色体相对长度系数组成不同，17 号为 m_1，18 号为 S；底雅黍稷，3 号为 L，4 号为 m_2；IPM1600 的 9 号染色体为 m_2，10 号染色体为 m_1，均有 1~2 个同组群染色体相对长度系数不同，集中在第 2 组群和 4、5、8 四个同组群中。

（3）按照 Stebbies 细胞分类方法，所分析的 8 个黍稷种质最长/最短染色体比值全部在 2.00 以上；臂比大于 2.00 的染色体比例，有 7 个种质为 0.11，有 1 个种质 IPM1600 为 0.56，因其 14 号染色体臂比为 1.91，臂比小于 2，这样种质的核型全部为 2B。

黍稷的核型分析表明，黍稷的染色体组成与谷子很相似，染色体数目是谷子的 2 倍，在分类上谷子和黍同属于黍亚科作物，推测在进化过程中，黍稷可能由某种 2 倍体植物经过杂交加倍而成，可能是一种同源异源多倍体植物。

表 12-3　染色体的相对长度（%）臂比和类型

染色体编号	材料	红黍子（北京延庆）	黍子（北京延庆）	密穗黄粒（北京延庆）	黄壳大粒黍（海南）	金守黍（海南）	大黄米白黍子（西藏）	底雅白黍（西藏）	IPM1600（印度）
1	相对长度	8.8	9.16	8.43	9.66	8.49	7.68	8.18	8.31
	臂比	1.25	1.23	1.19	1.11	1.19	1.12	1.20	1.17
	类型	m	m	m	m	m	m	m	m
2	相对长度	7.71	7.10	7.32	7.52	7.84	7.53	7.64	7.62
	臂比	1.31	1.11	1.28	1.07	1.23	1.14	1.23	1.12
	类型	m	m	m	m	m	m	m	m
3	相对长度	7.34	6.67	6.94	6.98	7.68	6.51	7.12	6.91
	臂比	1.79	1.74	1.82	1.73	1.91	1.76	1.74	1.47
	类型	sm	sm	sm	sm	sm	sm	sm	sm
4	相对长度	6.87	6.60	6.92	6.70	6.88	6.30	6.33	6.70
	臂比	1.68	1.76	1.99	1.71	1.83	1.79	1.72	1.62
	类型	m	sm	sm	sm	sm	sm	sm	m
5	相对长度	6.36	6.75	6.74	6.80	6.42	6.74	6.70	6.86
	臂比	1.42	1.32	1.39	1.36	1.37	1.37	1.30	1.18
	类型	m	m	m	m	m	m	m	m

（续表）

染色体编号	材料	红黍子（北京延庆）	黍子（北京延庆）	密穗黄粒（北京延庆）	黄壳大粒黍（海南）	金守黍（海南）	大黄米白黍子（西藏）	底雅白黍（西藏）	IPM1600（印度）
6	相对长度	6.24	6.71	6.44	6.58	6.06	6.42	6.27	6.48
	臂比	1.38	1.53	1.28	1.19	1.52	1.34	1.20	1.24
	类型	m	m	m	m	m	m	m	m
7	相对长度	5.94	6.19	6.12	5.96	5.79	6.15	5.83	6.14
	臂比	1.54	1.54	1.42	1.55	1.25	1.77	1.35	1.65
	类型	m	m	m	m	sm	sm	m	m
8	相对长度	5.69	5.90	5.86	5.45	5.60	5.64	5.78	6.58
	臂比	1.56	1.65	1.57	1.82	1.30	1.48	1.38	1.61
	类型	m	m	m	sm	m	m	m	m
9	相对长度	5.50	5.55	5.74	5.23	5.38	5.34	5.44	5.71
	臂比	1.33	1.51	1.35	1.48	1.29	1.42	1.31	1.21
	类型	m	m	m	m	m	m	m	m
10	相对长度	5.21	5.29	5.34	5.15	5.22	5.10	5.43	5.33
	臂比	1.35	1.34	1.43	1.27	1.31	1.36	1.27	1.63
	类型	m	m	m	m	m	m	m	m
11	相对长度	4.94	4.64	5.02	5.07	5.04	4.91	5.11	4.91
	臂比	1.22	1.18	1.10	1.20	1.14	1.24	1.24	1.36
	类型	m	m	m	m	m	m	m	m
12	相对长度	4.78	4.47	4.75	4.72	4.84	4.67	4.71	4.66
	臂比	1.21	1.14	1.23	1.18	1.19	1.13	1.20	1.08
	类型	m	m	m	m	m	m	m	m
13	相对长度	4.60	4.48	4.43	5.00	4.70	5.11	4.57	4.72
	臂比	2.85	2.39	2.08	2.43	2.30	2.11	2.18	2.11
	类型	sm *	sm *	sm *	sm *	sm *	sm *	sm *	sm *
14	相对长度	4.41	4.41	4.44	4.83	4.63	4.94	4.60	4.27
	臂比	2.77	2.52	2.04	2.40	2.08	2.15	2.24	1.91
	类型	sm *	sm *	sm *	sm *	sm *	sm *	sm *	sm *
15	相对长度	4.35	4.62	4.22	4.29	4.53	4.48	4.68	4.16
	臂比	1.30	1.26	1.21	1.20	1.20	1.36	1.28	1.30
	类型	m	m	m	m	m	m	m	m
16	相对长度	4.10	4.29	4.14	3.96	4.02	4.13	4.43	3.88
	臂比	1.31	1.29	1.28	1.45	1.20	1.38	1.30	1.33
	类型	m	m	m	m	m	m	m	m

（续表）

染色体编号	材料	红黍子 （北京延庆）	黍子 （北京延庆）	密穗黄粒 （北京延庆）	黄壳大粒黍 （海南）	金守黍 （海南）	大黄米白黍子（西藏）	底雅白黍 （西藏）	IPM1600 （印度）
17	相对长度	3.78	3.72	3.70	3.84	3.59	4.23	3.74	3.82
	臂比	1.14	1.24	1.16	1.05	1.18	1.23	1.23	1.29
	类型	m	m	m	m	m	m	m	m
18	相对长度	3.28	3.61	3.38	3.29	3.34	3.39	3.37	3.64
	臂比	1.13	1.18	1.24	1.21	1.16	1.14	1.18	1.17
	类型	m	m	m	m	m	m	m	m

注：* 表示染色体具有随体。

表 12-4 核型组成

材料	核型公式	染色体相对长度组成	染色体长度比（最长/最短）	臂长>2染色体比较	核型类型	核型不对称系数（%）
红黍子	$2n=36=30m+2sm+4sm$（SAT）	$2n=36=6L+10m_2+14m_1+6s$	2.71	0.11	2B	59.16
黍子	$2n=36=28m+4sm+4sm$（SAT）	$2n=36=4L+12m_2+16m_1+4s$	2.54	0.11	2B	58.97
密穗黄粒	$2n=36=28m+4sm+4sm$（SAT）	$2n=36=4L+14m_2+12m_1+6s$	2.49	0.11	2B	60.22
黄壳大粒黍	$2n=36=26m+6sm+4sm$（SAT）	$2n=36=6L+8m_2+16m_1+6s$	2.94	0.11	2B	58.84
金守黍	$2n=36=28m+4sm+4sm$（SAT）	$2n=36=6L+10m_2+14m_1+6s$	2.54	0.11	2B	58.06
大黄米白黍子	$2n=36=26m+6sm+4sm$（SAT）	$2n=36=4L+12m_2+18m_1+2s$	2.27	0.11	2B	58.56
底雅黍稷	$2n=36=28m+4sm+4sm$（SAT）	$2n=36=6L+10m_2+16m_1+4s$	2.43	0.11	2B	57.62
IPM1600	$2n=36=32m+4sm$（SAT）	$2n=36=4L+14m_2+10m_1+8s$	2.28	0.056	2B	57.87

表 12-5 染色体臂比置信区间（95%）

材料 \ 染色体编号	1	2	3	4	5	6	7	8	9
红黍子	1.19~ 1.31	1.24~ 1.38	1.70~ 1.81	1.60~ 1.76	1.35~ 1.49	1.31~ 1.45	1.46~ 1.62	1.48~ 1.64	1.26~ 1.40
黍子	1.17~ 1.29	1.05~ 1.17	1.65~ 1.83	1.67~ 1.85	1.25~ 1.39	1.45~ 1.61	1.46~ 1.62	1.57~ 1.73	1.43~ 1.59
密穗黄粒	1.14~ 1.26	1.22~ 1.35	1.73~ 1.91	1.90~ 2.0	1.32~ 1.46	1.22~ 1.34	1.35~ 1.49	1.50~ 1.65	1.28~ 1.42
黄壳大粒黍	1.05~ 1.17	1.02~ 1.12	1.64~ 1.82	1.64~ 1.80	1.29~ 1.43	1.13~ 1.25	1.47~ 1.63	1.73~ 1.91	1.41~ 1.55
金守黍	1.13~ 1.25	1.17~ 1.29	1.81~ 2.01	1.74~ 1.92	1.30~ 1.44	1.44~ 1.60	1.19~ 1.31	1.24~ 1.36	1.23~ 1.35
大黄米白黍子	1.06~ 1.18	1.18~ 1.20	1.67~ 1.85	1.70~ 1.88	1.30~ 1.44	1.27~ 1.41	1.68~ 1.85	1.41~ 1.55	1.35~ 1.49

（续表）

材料 ＼ 染色体编号	1	2	3	4	5	6	7	8	9
底雅黍稷	1.14~1.26	1.17~1.29	1.65~1.82	1.63~1.80	1.24~1.37	1.13~1.25	1.28~1.42	1.31~1.44	1.24~1.37
IPM1600	1.11~1.23	1.06~1.18	1.40~1.54	1.50~1.70	1.12~1.24	1.18~1.30	1.57~1.73	1.73~1.69	1.15~1.27
红黍子	1.28~1.42	1.16~1.28	1.15~1.27	2.71~2.99	2.63~2.91	1.24~1.37	1.24~1.37	1.08~1.20	1.07~1.19
黍子	1.27~1.41	1.12~1.24	1.08~1.20	2.27~2.51	2.39~2.65	1.20~1.32	1.23~1.35	1.18~1.30	1.12~1.24
密穗黄粒	1.36~1.50	1.05~1.16	1.17~1.29	1.97~2.18	1.94~2.15	1.15~1.27	1.22~1.34	1.10~1.22	1.18~1.30
黄壳大粒黍	1.21~1.33	1.14~1.26	1.12~1.24	2.31~2.55	2.28~2.55	1.14~1.26	1.38~1.52	1.00~1.10	1.15~1.27
金守黍	1.24~1.38	1.08~1.20	1.13~1.25	2.19~2.41	1.98~2.18	1.14~1.26	1.14~1.26	1.12~1.24	1.10~1.22
大黄米白黍子	1.29~1.43	1.18~1.30	1.07~1.19	2.00~2.22	2.04~2.26	1.29~1.43	1.31~1.45	1.17~1.29	1.08~1.20
底雅黍稷	1.21~1.33	1.18~1.30	1.13~1.25	2.07~2.28	2.13~2.35	1.22~1.34	1.23~1.35	1.17~1.29	1.12~1.24
IPM1600	1.55~1.71	1.29~1.43	1.03~1.13	2.00~2.22	1.81~2.01	1.24~1.37	1.26~1.40	1.23~1.35	1.11~1.23

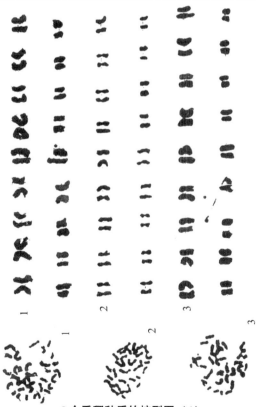

8个黍稷种质的核型图（1）

1. 红黍子的核型　2. 黍子的核型　3. 密穗黄粒的核型

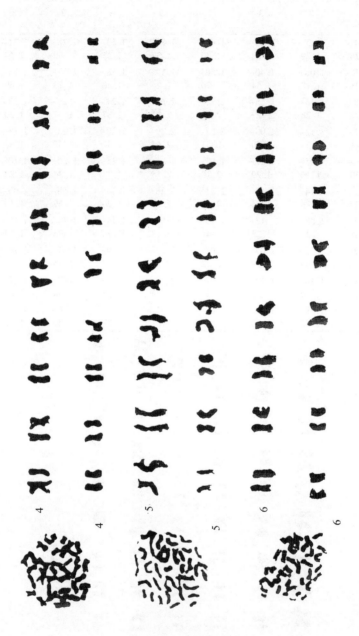

8 个黍稷种质的核型图（2）
4. 黄壳大粒的核型　5. 金守黍的核型　6. 大黄米白黍子的核型

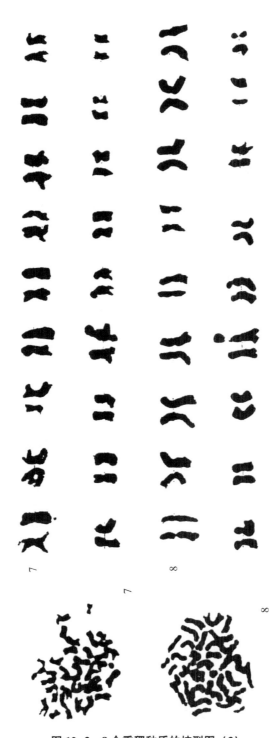

图 12-3　8 个黍稷种质的核型图（3）

7. 底雅黍稷的核型　8. IPM1600 的核型

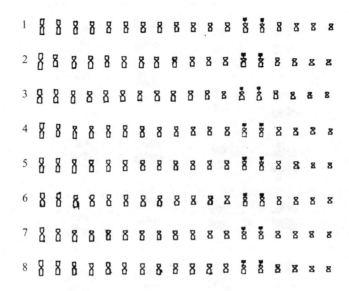

图 12-4　8 个黍稷种质的核型模式

1. 红黍子的核型模式图；2. 黍子的核型模式图；3. 密穗黄粒的核型模式图；4. 黄壳大粒的核型模式图；
5. 金守黍的核型模式图；6. 大黄米白黍子的核型模式图；7. 底雅黍稷的核型模式图；8. IPM1600 的核型模式图

第三节　黍稷种质酯酶同工酶的研究

同工酶是指具有相同生物反应催化功能，但结构不同、分子量也不同的一些相似的蛋白质分子。同工酶酶谱是基因的表达形式。近年来，国内外许多学者利用酯酶同工酶谱来分析农作物的亲缘关系、起源、进化、分类和杂种优势，在这些方面已有许多报道。如 Payne. R. C et. al（1978）在大豆，中川原正弘（1978）、周光宇（1979）、朱英国（1982）在水稻，Fields，M. A. et. al（1973）在亚麻等作物中进行了酯酶同工酶的研究，并取得了可喜的结果。在黍稷方面还未见报道，本试验由高俊山等利用聚丙烯酰胺凝胶电泳对国内外的 118 份黍稷材料干种胚及胚乳的酯酶同工酶谱进行分析，初步探讨黍稷酯酶同工酶谱的表型、种质的变异情况与分类的关系。

一、材料和方法

（一）供试材料

主要来源于内蒙古伊盟农科所，包括不同生态型和不同穗粒性状的黍稷栽培种质 118 份（其中国内 93 份、国外 25 份，及野生种 10 份。

（二）样品制备及电泳

取 0.1g 种子，加入 1ml 10.02M 的 tris 缓冲液，研碎，12 000 转/分离心 10min（4℃），取上清液 100μl 加入点样槽中。采用杨太兴的垂直平板聚丙烯胺凝胶电泳方法，分离胶 7%，pH8.9。电极缓冲液为低离子浓度 pH8.7，应用 BS423 型电泳仪于 4℃冰箱中进行电泳，电压 250V，两次重复。

(三) 染色方法 (染两板用量)

a 取 α-醋酸奈脂和 β-醋酸奈脂各 0.1g，加入 3ml 丙酮溶解；b 取 0.2g 固兰 RR 盐加入 100ml0.1M，pH6.4 的磷酸缓冲液溶解。将 a、b 混合于 37℃恒温箱中染色 1h。

(四) 公式

同工酶谱表型间的相似值按照 Siddig（1972 年）提出的公式：相似值=相似带条数/相似带条数+不同带条数。

（五）分级与模型图

同工酶谱带分级标准如图 12-5 所示；种质酯酶同工酶谱模型图如图 12-6 所示。

图 12-5　黍稷种质酯酶同工酶的分级标准　　图 12-6　黍稷种质酯酶同工酶的谱模型

二、结果与分析

(一) 黍稷种质酯酶同工酶酶谱表型

分析 118 份黍稷栽培种的种质酯酶同工酶谱，共获得 9 条正级带，最少的为 6 条。由负极到正极依次分为慢带区（Est-A）、中间带区（Est-B）和快带区（Est-C），3 个带区分别包括 2、3、4 条同工酶谱带，如图 12-6 所示。其中 1A、2A、2B、1C、2C、3C 出现于所有供试种质中，为稳定酶带，重复性强，是黍稷酯酶同工酶的基本酶带，可作为同工酶表型划分的依据。1B 和 3B 只出现于 15 个供试种质中，频率为 12.7%，在酯酶同工酶的同一位置上具有强弱不同的酶带形式。

按照主要同工酶谱带的迁移率和酶带表型的强弱分成 7 种酯酶同工酶表型，如图 12-7 所示。各表型的比率为：Ⅰ类占 71.2%，Ⅱ类占 5.1%，Ⅲ类占 1.8%，Ⅳ类占 5.9%，Ⅴ类占 11.0%，Ⅵ类占 2.5%，Ⅶ类占 2.5%。如图 12-5 所示。其中Ⅰ类同工酶表型的比率最大，是黍稷种质酯酶同工酶谱的优势类型。具有 1B 和 3B 同工酶谱带的Ⅲ、Ⅳ、Ⅵ、

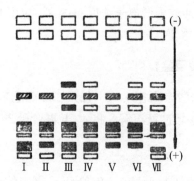

图 12-7　黍稷栽培种种子酯酶同工酶表型

Ⅶ表型所占的比率最小，形成了特殊的同工酶谱表型。

从各酯酶同工酶谱表型的相似性来看，其相似值一般都大于 60%，如表 12-6 所示。其中表型Ⅰ和Ⅱ、Ⅲ和Ⅴ、Ⅳ和Ⅶ、Ⅵ和Ⅶ间的相似值达 85%以上，表明黍稷种质在酯酶同工酶谱表型上的相对一致性。

表 12-6　黍稷栽培种酯酶同工酶表型频率

表型序号	种质数	占供试种质	代表种质
Ⅰ	84	71.2	东胜小黄糜
Ⅱ	6	5.1	达旗大黄糜
Ⅲ	2	1.8	太原-55
Ⅳ	7	5.9	雁黍一号
Ⅴ	13	11.0	兴和小黑糜
Ⅵ	3	2.5	太原84
Ⅶ	3	2.5	年丰3号

表 12-7　酯酶同工酶表型间的相似值

Ⅰ	Ⅱ	Ⅲ	Ⅳ	Ⅴ	Ⅵ	Ⅶ	Ⅰ*	Ⅱ*
	85.7	77.8	77.8	71.4	55.6	66.7	77.8	77.8
	Ⅱ	66.7	66.7	85.7	66.7	77.8	66.7	66.7
		Ⅲ	77.8	55.6	55.6	66.7	100	77.8
			Ⅳ	55.6	77.8	88.9	77.8	100
				Ⅴ	75	66.7	55.6	55.6
					Ⅵ	88.9	55.6	77.8
						Ⅶ	66.7	88.9
							Ⅰ*	77.8
								Ⅱ*

注：* 为野生黍稷

（二）黍稷种质酯酶同工酶谱表型与地理分布关系

在供试的 118 份黍稷种质中，按其地理分布进行分类，共分成 8 类，各地区的种质数和酯酶同工酶谱表型的分布情况见表 12-8。从表中可以看出：一是黄土高原和南方地区种质的酯酶同工酶谱的表型较多，供试的黄土高原的 19 份种质出现 6 种同工酶谱表型（Ⅰ、Ⅲ、Ⅳ、Ⅴ、Ⅵ、Ⅶ）；9 份南方种质出现了 4 种同工酶谱表型（Ⅰ、Ⅳ、Ⅴ、Ⅶ）。由此说明这些地区黍稷种质的酯酶同工酶表型十分丰富，变异广泛而复杂，反映了其种质演变、分化的复杂性和遗传上的多样性。二是内蒙古高原、欧洲、印度及其他地区黍稷种质的酯酶同工酶表型相对较小，供试的 55 份内蒙古高原种质共出现 3 种同工酶谱表型（Ⅰ、Ⅱ、Ⅴ）；25 份欧洲和印度种质出现两种同工酶谱表型（Ⅰ、Ⅴ）。说明这些地区同工酶谱表型变异简单，显示了其演变、分化和遗传上的单一性。

表 12-8　黍稷种质酯酶同工酶谱表型的地理分布

地区类型	种质产地	种质数	酶谱类型
1	内蒙古高原（内蒙古、宁夏）	55	3（Ⅰ、Ⅱ、Ⅴ）
2	黄土高原（山西、陕西、甘肃）	19	6（Ⅰ、Ⅲ、Ⅳ、Ⅴ、Ⅵ、Ⅶ）
3	南方（湖南、湖北、江苏）	9	4（Ⅰ、Ⅳ、Ⅴ、Ⅶ）
4	山东	2	1（Ⅰ）
5	青海、西藏	3	2（Ⅰ、Ⅳ）
6	新疆	4	1（Ⅰ）
7	辽宁	1	1（Ⅰ）
8	欧洲及印度	25	2（Ⅰ、Ⅴ）

从各个酯酶同工酶谱带出现的频率与地理分布的关系来看，如表 12-9 所示：一是 1A、2A、2B、1C、2C、3C 出现于所有不同地区类型的黍稷种质中，酶带稳定，变异范围小。二是 1B 和 3B 酯酶同工酶带的变异范围较大，在不同地区类型的种质中出现的频率不同。在黄土高原地区的种质中出现的频率较大，频率为 63.2%；其次在南方和西藏地区的种质中，频率分别为 22.2% 和 33.3%；其余地区的种质中未发现 1B 和 3B 酶带，形成了这些地区种质类型中所具有的特殊的酯酶同工酶谱带。

表 12-9　黍稷种质酯酶同工酶谱带出现的频率（%）与地理分布的关系

地区类型	1A	2A	1B	2B	3B	1C	2C	3C	4C
1	100	100	0	100	0	100	100	100	80.8
2	100	100	63.2	100	63.2	100	100	100	68.4
3	100	100	22.2	100	22.2	100	100	100	66.7
4	100	100	0	100	0	100	100	100	100
5	100	100	33.3	100	33.3	100	100	100	100
6	100	100	0	100	0	100	100	100	100

（续表）

地区类型	1A	2A	1B	2B	3B	1C	2C	3C	4C
7	100	100	0	100	0	100	100	100	100
8	100	100	0	100	0	100	100	100	96.0

（三）栽培黍稷与野生稷的酯酶同工酶表型

分析材料来源于内蒙古东胜、甘肃、和新疆的 10 份黍稷野生种的酯酶同工酶谱，共获得 9 条正极带，两种同工酶谱带表型，其频率分别为Ⅰ*30%和Ⅱ*70%，如图 12-8 所示。

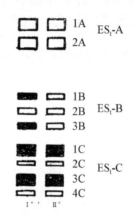

图 12-8　野稷子种子酯酶同工酶酶谱表型

野生稷和栽培黍稷的酯酶同工酶谱相比较：

（1）从差异性来看，野生黍稷的酯酶同工酶谱中具有 1B 和 3B 两条特殊的酶带，而大多数栽培黍稷的同工酶谱未出现这两条谱带。只在少数种质的酶谱中具有这两条谱带，频率为 12.7%。出现这种差异的原因还有待于进一步研究。

（2）从相似性来看，野生稷与栽培黍稷的同工酶谱都具有 1A、2A、2B、1C、2C、3C6 条基本相同的基本酶带；野生稷和栽培黍稷各同工酶谱表型间的相似值多在 60%以上（如图 12-8 所示），其中野生稷的两种同工酶表型Ⅰ*和Ⅱ*分别与栽培黍稷中的Ⅲ、Ⅳ表型相同，而且与出现频率较高的Ⅰ表型的相似值为 77.8%。反映出栽培黍稷与野生稷在酯酶同工酶表现上的相对一致性，说明它们有较近的亲缘关系。栽培黍稷中具有 1B 和 3B 酶带而与野生稷同工酶表型相同或相似的少数种质，可能是栽培种与野生种在长期的自然和人工选择过程中形成的杂合型或中间过渡型。

（四）黍稷酯酶同工酶谱表型与形态特征

1. 黍稷酯酶同工酶谱表型与种质性状类型的关系

内蒙古高原和黄土高原地区的黍稷种质按穗、粒性状所划分的类型在酯酶同工酶谱表型中的分布频率见表 12-10、表 12-11。从表中可以看出，按穗粒性状所划分的不同类型如侧穗、散穗、密穗；红色、白色等，其在酯酶同工酶谱表型上的表现较为一致。内蒙古高原地区不同性状种质中，除灰色粒外，其他性状类型的种质60%分布于第Ⅰ类同工酶谱表型中，说明将种质按其表关性状归纳为一类是合理的。而在不同的生态地区内，黍稷种质相同形态类型在酯酶同工酶谱表型上的表现可能不一致。如内蒙古高原地区的红粒种质主要分布于同工酶谱表型Ⅰ中，频率为90%；黄土高原地区的红粒种质主要分布于同工酶谱表型Ⅰ、Ⅳ中，其频率分别为57.1%和42.9%。说明黍稷种质形态相同的类型在酯酶同工酶谱表型上的表现可以受生态因素的影响而改变。其他形态类型具有同样的趋势。

表 12-10　内蒙古高原黍稷种质穗、粒性状类型在同工酶谱表型中的频率分布（%）

同工酶谱表型		Ⅰ		Ⅱ		Ⅲ		Ⅳ		Ⅴ		Ⅵ		Ⅶ	
		占表型内	占本身性状	占表型内	占本身性状	占表型内	占本身性状	占表型内	占本身性状	占表型内	占本身性状	占表型内	占本身性状	占表型内	占本身性状
粒色	红	20.5	90.0	0	0	0	0	0	0	20.0	10.0	0	0	0	0
	黄	34.1	68.2	100	27.3	0	0	0	0	20.0	4.5	0	0	0	0
	褐	11.4	100	0	0	0	0	0	0	0	0	0	0	0	0
	灰	9.1	57.1	0	0	0	0	0	0	60.0	42.9	0	0	0	0
	白	13.6	100	0	0	0	0	0	0	0	0	0	0	0	0
	复色	11.3	100	0	0	0	0	0	0	0	0	0	0	0	0
穗型	侧	9.1	66.6	16.7	16.7	0	0	0	0	20.0	16.7	0	0	0	0
	散	11.4	83.3	16.7	16.7	0	0	0	0	0	0	0	0	0	0
	密	79.5	81.4	66.6	9.3	0	0	0	0	80.0	9.3	0	0	0	0

表 12-11　黄土高原黍稷种质穗、粒性状类型在同工酶谱表型中的频率分布（%）

同工酶谱表型		Ⅰ		Ⅱ		Ⅲ		Ⅳ		Ⅴ		Ⅵ		Ⅶ	
		占表型内	占本身性状	占表型内	占本身性状	占表型内	占本身性状	占表型内	占本身性状	占表型内	占本身性状	占表型内	占本身性状	占表型内	占本身性状
粒色	红	100	57.1	0	0	0	0	60.0	42.9	0	0	0	0	0	0
	黄	0	0	0	0	50.0	14.3	0	0	100	42.9	33.3	14.3	100	28.5
	白	0	0	0	0	50.0	25.0	40.0	50.0	0	0	33.3	25.0	0	0
	黑	0	0	0	0	0	0	0	0	0	0	33.4	100	0	0
穗型		100	21.1	100	0	100	10.5	100	26.3	100	15.8	100			

2. 黍稷种质类型在进化中的地位

我国黍稷种质性状的分布情况见表12-12。从表中可看出，侧穗、黄粒是具有明显优势的性状。

表12-12　我国黍稷种质不同性状的频率分布（%）

种质数（份）	粒色							穗型			
	红	黄	白	褐	灰	复色	合计	侧	散	密	合计
4188	20.1	34.1	20.0	13.8	6.9	5.1	100	72.1	21.3	6.6	100

供试的不同类型种质在酯酶同工酶谱表型中的频率分布见表12-13。侧穗、黄粒、白粒、红粒、褐粒等性状的酯酶同工酶表型丰富，变异广泛，尤其是侧穗、黄粒性状更为突出。

同时从表12-12、12-13中还可看出：不同类型黍稷种质所具有的同工酶谱表型与其在整个黍稷种质中的分布频率相适应，也就是在黍稷种质中分布频率较大的某一性状类型的种质，其所含的酯酶同工酶谱的表型也比较丰富；反之，同工酶谱表型较少。

表12-13　黍稷种质不同性状的酯酶同工酶表型频率分布（%）

酶谱表型		I	II	III	IV	V	VI	VII	酶谱类型数
粒色	红	76.5	0	0	17.6	5.9	0	0	3
	黄	51.8	20.7	3.4	0	13.8	3.4	6.9	6
	白	55.6	0	11.1	22.2	0	11.1	0	4
	褐	50.0	0	0	0	37.5	12.5	0	3
	灰	100	0	0	0	0	0	0	1
	复色	100	0	0	0	0	0	0	1
穗型	侧	62.9	6.5	3.2	8.1	11.3	4.8	3.2	7
	散	66.6	16.7	0	0	16.7	0	0	2
	密	83.3	16.7	0	0	0	0	0	2

三、讨论

（1）黄土高原地区种质的酯酶同工酶谱表型较多，变异广泛、复杂，是遗传变异的多样性中心。

（2）野生稷和栽培稷共同具有1A、2A、2B、1C、2C、3C6条基本酶带，反映出其在同工酶谱表现上的相对一致性和较近的亲缘关系；同时少数黍稷栽培种具有与野生稷相同或相似的同工酶谱表型，这可能是杂合型或中间过渡型。

（3）侧穗、黄粒性状在整个黍稷种质中的分布和同工酶谱上的表现都具有优势，它们在进化中相对处于较基本的地位。

第十三章

黍稷种质的特征和特性

第一节 黍稷种质根、茎、叶、花、籽粒的植物学特征

黍稷种质是一年生草本作物。植株由根、茎、叶、花和颖果（籽粒）等部分所构成（图13-1），各器官之间在植物学特征、组织结构和生理功能上有明显差异，但彼此又是紧密联系，在其生长发育过程中，互为条件相互促进，相互制约和相互协调，构成一个完整的植物体。

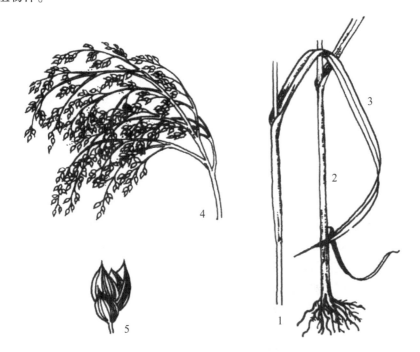

图13-1 黍稷

1. 根 2. 茎 3. 叶 4. 花序 5. 籽粒

一、黍稷种质根的植物学特征

黍稷种质的根系属须根系，丛生，入土深度 80~105cm，扩展范围 100~105cm，主要根群分布在 0~20cm 土层之内。据测定，黍稷在 0~10cm 土层内根系的重量占全根重量的 79.6%。按根的外部形态，发生时期、部位和功能的不同，可将其分为种子根、次生根和支持根三种。在种子根与次生根之间有一段根状茎，称为地中茎，又称根茎。地中茎长短与播种深度有关，播种较深，地中茎能够长出不定根，这是黍稷种质不同于小麦等其他禾谷类作物的一个特点。

种子根是种子萌发时，胚根突破种皮后生长形成的。种子根只有一条，入土后长出许多分支。种子根生长迅速，一般每天可伸长 2cm 长。当地上部分只有 3~4 片叶子时，种子根入土深度可达 40~50cm，在干旱条件下，只要种子根不被损伤，幼苗就不易旱死。

次生根由分蘖节形成，每条根上都能生出许多侧根，是黍稷种质全生育期主要的根系。黍稷种质主茎上可生出 3~6 层根，主茎的次生根数一般为 20~40 条，全株的次生根数最多可达 80 条以上。次生根的数量与品种特性、播期早晚、分蘖强弱、土壤水分状况、营养好坏、培土与否等因素有关。一般情况下，晚熟品种，早播种，分蘖强，土壤水分状态良好，营养面积大，次生根数目就多。黍稷种质大量的根系正常情况下是在抽穗前形成的。

支持根发生于近地面的茎节上，一般 1~2 层，土壤表面湿润时易形成支持根。支持根入土较浅，但粗而坚硬。入土后能分生侧根，吸收养分、水分，对防止倒伏具有重要作用。

黍稷种质根系是其从土壤中吸收养分、水分的重要器官，根系发育的好坏、寿命的长短，对整个植株发育的是否健壮，植株抗倒能力的强弱，籽粒品质的优劣和产量高低都有密切的关系。

二、黍稷种质茎的植物学特征

黍稷种质的茎是由胚芽突出地面后拔节时节间伸长而形成的。黍稷种质的茎分为主茎、分蘖茎和分枝茎。主茎只有一个，分蘖茎由分蘖节的腋芽发育而成，一般有 1~3 个，分枝茎由地上部茎节上的腋芽发育而成，多少不等，一般早熟品种较多。分蘖茎和分枝茎多少与品种类型、土壤水分、肥力状况及种植密度有很大关系，在干旱稀植的条件下，分蘖茎最多可达 20 多个，但最终只有 1~3 个分蘖可以发育成穗。分枝茎是在主茎圆锥花序抽出后才形成的，同一植株上的分枝穗成熟很不一致，籽粒不饱满，结实率低，对生产意义不大，在生产实践中要适当控制分蘖和分枝，以防止过多的无籽穗和大量的秕粒造成减产。

黍稷种质的茎由若干个节和节间组成，呈直圆柱形，单生或丛生，节间中空。茎的高度依品种和栽培条件而有不同，矮秆类型株高只有 30~40cm，高秆类型株高可达 200cm 以上。据《中国黍稷（糜）品种资源目录》各省（区）种质抽样统计，我国黍稷种质资源株高最高的省（区）是辽宁省，为 187.20±17.74cm；最低的省（区）是甘肃省，为 99.00±12.57cm，其他省（区）种质的株高在 115.78±21.59~174.83±23.11cm。

茎粗依种质而不同，一般为 5~7mm，秆壁厚约 1.5mm 或更厚。茎的颜色与花序的颜色相同，有绿色和紫色两种类型，我国黍稷种质资源颜色以绿色居多。茎秆表面着生绒毛，着生绒毛多的种质类型，抗旱、抗风沙和抗病虫的能力就相应增强。

黍稷种质的主茎一般有 7~16 个节，可见节有 4~11 个。我国黍稷种质资源的主茎节数最多是辽宁省，为 9.73±0.98 个；最少的是新疆维吾尔自治区，为 5.73±0.59 个，其他省（区）在 6.43±1.16~8.79±0.66。基部节间较短，中部较长，穗茎节的节间较长。节间数的多少与种质性状、土壤肥力、播种早晚等因素有关。茎基部有分蘖节，可产生分蘖，同时产生大量次生根。

黍稷种质的茎是输送水分和养分的主要器官，有支撑整个植株并且使叶片均匀分布于空间，还有制造和贮存养分的作用。

三、黍稷种质叶的植物学特征

黍稷种质的叶分为叶片、叶鞘、叶舌、叶枕等部分，没有叶耳。叶片是叶的主要部分。除第一片真叶顶端稍钝外，其余叶片为条状披针形。叶片上有明显的中脉和其他平行小脉。由于中肋比支脉短，以至叶片边缘呈波浪形，但也有边缘是平直的。叶的正反面及叶鞘表面都是浓密的茸毛。叶鞘在叶的下方，基部呈圆筒形包着茎的四周，两缘重合部份为膜状，边缘着生浓密的茸毛，毛长达 3~4mm，是黍稷植株上表皮毛最多最长的部位。叶鞘对增强茎秆韧性也有一定作用。叶舌是叶鞘与叶片结合处内侧的茸毛部分，能防止雨水、昆虫和病原孢子落入叶鞘内，起保护茎秆的作用。叶枕是叶鞘与叶片相接处外侧稍突起的部分。叶片与叶鞘的颜色分绿色与紫色。

黍稷种质的叶片一般为 7~16 片，同一植株叶片数和茎节数是相同的。发生在不同节位上的叶片大小、形状不同。初生叶片较小，长度不超过 10cm，宽度 1~1.5cm，早期枯黄脱落。后生叶较宽大，长度为 10~45cm，宽为 1.3~1.8cm，品种间有较大差异，一直维持到黍稷成熟。在黍稷生长发育过程中常见叶片只有 5~12 片。叶片的颜色一般为绿色，深浅有差别。紫色花序种质叶片颜色常带紫色，但紫色出现的早晚和紫色的深浅因种质不同差异很大。发生于不同节位上的叶片，不仅大小、形状不同，中肋是否明显，以及中肋延伸多长，也有差别。叶片是黍稷进行光合、呼吸和蒸腾作用的主要器官。

四、黍稷种质花序与花的植物学特征

（一）黍稷种质花序的植物学特征

黍稷种质的花序为开展或较紧密的圆锥花序，一般称穗子，由主轴和若干分枝组成。穗子主轴直立或弯向一侧，长 15~60cm，我国黍稷种质的主穗平均最长为 39.65±9.49cm，为辽宁省的品种；最短为甘肃省的种质，为 21.98±2.79cm。分枝呈螺旋形排列或基部轮生，分枝上部形成小穗，小穗上结种子，一般每穗结种子 1 000~3 000 粒。我国的黍稷种质资源单株粒重平均最大为 18.20±5.92 克，为青海省的种质；最小为 3.73±0.93 克，为甘肃省的种质。分枝呈棱角状，边缘有粗糙刺毛，下部裸露，上部密生小枝与小穗。最多有 5 级分枝，一级分枝数 10~40 个，分枝的多少，取决于生长发育条件。

分枝有长有短，光滑或稍有茸毛，有弹性或下垂。分枝与主轴的位置是相对稳定的性状。根据花序的长度、紧密度、穗轴直立或弯曲度、扩张度、分枝角度和分枝基部的叶关节状结构，可将黍稷种质穗形分为侧穗型、散穗型和密穗型三种（图13-2）。

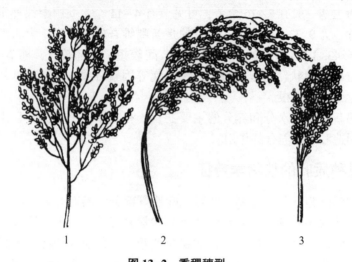

图13-2 黍稷穗型

1. 散穗型　2. 侧穗型　3. 密穗型

1. 侧穗型

分枝与主轴展开角大部分小于35°，多数分枝集中于主轴一侧，以长分枝为主，花序较密，穗长大。

2. 散穗型

分枝与主轴展开角大部分在45°左右，穗分枝较长，并向主轴四周散开，分枝茎部有穗枕，花序较疏散，穗长大。

3. 密穗型

主轴与分枝展开角小于35°，多数分枝密集于主轴周围，主轴直立或稍弯曲，分枝短，花序密集。穗短小，一般只有15～20cm。

我国的黍稷种质资源中，以侧穗型种质为主，散穗型种质次之，密穗型种质最少。根据编入《中国黍稷（糜）品种资源目录》1～4册的8 020份黍稷种质的穗型统计，侧穗型种质5 735份，占71.51%；散穗型种质1 781份，占22.21%；密穗型种质504份，占6.28%。

（二）黍稷种质花的植物学特征

黍稷种质的小穗呈卵圆形，长4～5mm，颖壳无毛。小穗由护颖和数朵小花组成，有两片护颖，呈膜状。护颖里面包着两朵小花，其中第一小花发育不完全或退化，不能结实。第二朵花位于颖片和退化花之间，能正常结实，其结构由内外稃、两个浆片、3枚雄蕊和一枚雌蕊组成。雄蕊生出花粉，成熟的花粉呈圆球形，外形与小麦、水稻等禾谷类作物相似，为3个细胞型，有一萌发孔，内含一个大而明显的营养核和两个精子的核。雌蕊位于花的中央，由子房、花柱和柱头组成，子房是雌蕊基部膨大的部分，外围为子房壁，内有两枚倒生胚珠，花柱较短，着生于子房顶端，有两个分枝。柱头是花柱的膨大部分，呈分枝羽毛状，适于承受花粉，同时能分泌液体，使花粉粒易于粘着和萌发（图13-3）。胚珠的中心部分是珠心，珠心中部经过一系列的变化形成胚囊，通过双受精，受精卵发育成胚，初生胚乳核发育成胚乳，珠被发育成种皮。

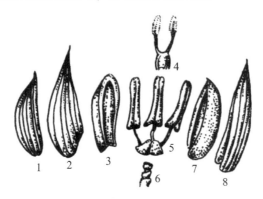

图 13-3　黍稷小穗的结构
1. 第一颖　2. 第一退化花外稃　3. 内稃　4. 雌蕊　5. 雄蕊　6. 小穗轴　7. 第二花外稃　8. 第二颖

五、黍稷种质籽粒的植物学特征

（一）黍稷种质籽粒外表植物学特征

黍稷的籽粒是由子房通过受精的胚珠，与内外稃一起发育形成的。外层覆盖物为内外稃，光滑而坚硬，具有黄、红、灰、褐、白、和复色等 10 多种颜色。根据编入《中国黍稷（糜）品种资源目录》1~4 册的 8 020 份黍稷种质资源中粒色的统计：黄粒的 2 721 份，占 33.93%；白粒的 1 767 份，占 22.03%；红粒的 1 443 份，占 17.99%；褐粒的 1 066 份，占 13.29%；复色粒 560 份，占 6.98%；灰粒的 463 份，占 5.77%。以黄粒色、白粒色和红粒色的种质为主，褐粒色的次之，复色粒和灰粒色的最少。内外稃占籽粒重量的百分率，为皮壳率，我国黍稷籽粒的皮壳率一般为 15%~20%。皮壳率的高低主要取决于种质特性和籽粒的饱满程度，也与籽粒种皮颜色有一定的相关性，一般白壳的皮壳率低，褐壳或红壳类型的皮壳率就高。籽粒去掉内外稃后就是米粒，具有黄、淡黄和白三种颜色。我国 8 020 份黍稷种质资源中，黄米粒的 5 492 份，占 68.48%；淡黄米粒的 2 351份，占 29.31%；白米粒的 177 份，占 2.21%。以黄米粒的种质为主，淡黄米粒的种质次之，白米粒的种质最少。籽粒中部有明显的凹沟，背部隆起，凹沟自基部向上延伸至中部，为胚所在的位置。腹面光滑平坦，在基部有一凸起的种脐，是种子萌发时胚芽伸长之处。

黍稷种质的籽粒形状有球形、卵圆形和长圆形三种。我国黍稷种质资源多为卵圆形，籽粒较小长 2.5~3.2mm。宽 2.0~2.6mm，厚为 1.4~2.0mm。千粒重一般为 3~10g，我国黍稷种质资源的千粒重平均最高为 7.74±0.70 克，为内蒙古自治区；最低为黑龙江，为 6. 13±0. 98 克。糯性籽粒较粳性籽粒略高。

（二）黍稷种质籽粒的解剖构造和植物学特征

从黍稷种质籽粒的纵切面，可以看到其构造分为籽粒皮、胚、子叶和胚乳。籽粒皮由不易分离的果皮和种皮紧密结合而成，因此黍稷的籽粒又叫颖果。果皮是籽实的外层细胞，由子房壁发育而成。种皮则是由两层珠被发育而成。籽实皮内为胚乳，位于籽实上部，占籽实的大部分，包括糊粉层及淀粉层。糊粉层在胚乳的最外层，内侧为含淀粉的薄壁胚乳组织，这是贮存营养最多的地方，细胞较大，其中充满淀粉粒。粳性籽实成熟正常为角质，成熟不良为粉质，淀粉中以直链淀粉为主，与碘液呈兰黑色反应；糯性籽实粉质无光泽，淀粉主要是支链淀粉，并含少量糊精和麦芽糖，与碘液呈紫红色反应。子粒的这种特点，成为我们鉴别粳性的稷和糯性黍的方法。胚位于籽实的下部，由胚芽、胚根、胚轴和子叶少部分组成。胚芽位于胚轴的上方，为生长点和包被在生长点之外的叶原基组成，外为胚芽鞘所包围。胚轴较短，上接胚芽，下接胚根，侧边与子叶相接。子叶着生胚轴一侧，主要由薄壁细胞所组成，形如盾状，称为盾片。胚根为根冠所覆盖，根冠外又被胚根鞘所包围。子叶与胚乳相接，有从胚乳吸收和运转营养物质到胚的生长部位的作用。

第二节　黍稷种质的生物学特性

一、黍稷种质的耐旱特性

黍稷种质是禾谷类作物中最耐旱的作物之一，对于干旱具有多方面的适应性。

黍稷种质根、茎、叶的形态和结构近似旱生植物，如叶面气孔小，根茎疏导组织发达，小麦等禾谷类作物只有 2 行导管，黍稷有 3 行。种子根生长迅速，地上部分只有 3~4 片叶时入土深度达 40~50cm，使苗期具有高度的耐旱特性。

黍稷种质的蒸腾系数为 151~341，虽随不同种质、环境条件而变化，但在禾谷类作物中是最低的。如果以黍稷的蒸腾系数是 100，则谷子为 107，高粱 114，玉米 131，大麦 194，小麦 209，燕麦 218。说明黍稷是最能经济地利用水分的禾谷类作物。

黍稷是 C4 型作物，二氧化碳同化结构效率高、强度大，能适应干旱、高温、强光照条件。

据研究黍稷种质苗期有 0.70~0.86Mpa 的渗透调节效应。钾离子、蔗糖和游离氨基酸是其主要的渗透调节物质，在干旱条件下有效的维持了植株的生长。

黍稷种质的熟性多种多样，能够适应不同的干旱条件，共同的特点是能在较短的生育期内迅速结实，获得较好的产量。

黍稷种质的抗旱特性归纳起来一共有 6 个方面：（1）生长发育对干旱的适应性。在干旱条件下，生长发育缓慢，地上部、地下部干重下降，从而减少水分蒸发。（2）受旱后的光合强度相对较高，不仅高于小麦、玉米、高粱等作物，而且明显地高于耐旱的谷子。（3）受旱后过氧化酶活性较低，新陈代谢活动缓慢，消耗较低。（4）干旱对籽粒产量影响较小，若以田间持水量 70%时的产量为 100，当严重干旱时，即土壤湿度为田间持水量 40%时，黍稷三个种质的产量分别为 87.9、84.0、83.2，而谷子三个种质的产量分别为 74.0、60.5、44.2。（5）遇干旱后蒸腾效率高；严重干旱时黍稷蒸腾效率为 7.03～9.36（籽粒）g/kg（水），而谷子为 2.65～4.62g/kg；（6）极端干旱时还能结籽，当土壤湿度为田间持水量的 30%时，玉米、谷子死亡，高粱虽能抽穗，但不能结实，只有黍稷虽然产量大幅度下降，但能结实，凋萎系数也以黍稷最低，为 3.20%，而高粱为 3.30%，谷子为 4.97%，玉米为 6.12%。

二、黍稷种质对温度需求的特性

黍稷是典型的喜温作物，整个生育期都需要较高的温度。种子发芽的下限温度为 8～10℃，最适温度为 20～30℃。形成营养器官的最低温度为 10～11℃，形成繁殖器官的为 12～15℃，开花为 16～19℃。植株在 35℃下生长最快，根在 25℃下生长最快，但次生根最适合生长温度为 15～18℃，分蘖期最适温度为 15～20℃，开花最适温度为 24～30℃，籽粒灌浆以 20.7℃速度最快。上述资料是在不同的地点、不同的参试种质所得到的结果。对于特定地区的某一种质来说，需要经过试验才能得到精确的结论。

黍稷不同种质不同播期全生育期所需活动积温变化较大，特早熟种质晚播时全生育期所需活动积温为 1 100℃，特晚熟种质春播时需积温 2 600℃。同一种质，早播与晚播的活动积温最大可相差 500～600℃。黍稷和其他作物比较，生育期较短。生育期的长短是一个种质较为稳定的性状，但也随着环境条件的变化而剧烈变化。同一种质，由于种植地点的不同，或者同一地点由于播期的不同而有较大幅度的变动。我国各省（区）种植的黍稷种质资源，平均生育期相差较大。青海省的黍稷种质生育期最长，平均生育期 135.25±9.56；新疆维吾尔自治区的种质生育期最短，平均生育期 73.25±4.84，其他各省（区）的种质平均生育期在 83.35±13.44 至 118.80±11.29。低纬度、低海拔地区的种质，引到高纬度、高海拔地区种植，生育期延长；高纬度、高海拔地区的种质，引到低纬度、低海拔地区种植，生育期缩短。

黍稷种质对低温反应敏感，幼苗-3～-2℃严重受冻，-4～-3℃植株死亡。灌浆后期，-2～3℃穗颈节冻死。生育后期大于 0℃的低温刺激，降低植株体内的生长素，增加脱落酸，加速成熟过程。黍稷种质有较强的抗热性，土壤湿度为田间持水量的 70%时，叶片能忍受 42℃的临界温度。

三、黍稷种质对光照反应的特性

黍稷是短日照作物，对每日光照时间的长短反应敏感。以每日 13～14h 光照为适宜。日照延长，推迟成熟；日照缩短，发育加快。黍稷种质在日照长短影响下生育期的变化，主要表现在出苗到抽穗所需天数的变化上，同一生态型或同一产地的种质，对缩短日照的反应较为近似。同一产地的种质群，生育期长的种质对短日照较为敏感。缩短日照对黍稷的生长发育和籽实产量影响较大，不仅会降低株高，减少叶片数，而且使穗子变短，花枝梗减少，导致产量降低。因此，对黍稷种质的异地引种应持慎重态度，异地种质，通过 2～3 年的引种鉴定后，证实在当地适宜栽培，才能大面积推广种植。

黍稷种质喜较强的光照，具有较强的净光合能力，在良好的光照条件和高水肥条件下，选用抗倒伏种质增产潜力较大。

四、黍稷种质对不同土壤适应性的特性

黍稷种质对土壤的适应性很强，除低洼易涝地外，从沙土到黏土都可生长。黍稷种质耐瘠性强，是开荒的先锋作物，古农书《齐民要求》记载："凡黍穄（稷）田，新开荒为上……"。在新开垦的荒地上，其他作物多不适应，而黍稷却能生长良好。中国农民常在新开垦的土地上，种一茬黍稷，以熟化土壤，然后再种其他作物。

黍稷种质耐盐碱性较强，在土壤含盐量不超过 0.20%~0.25%时都不会遭受盐害，几种主要作物的耐盐递减顺序为稗子—向日葵—蓖麻—棉花—黍稷—高粱—玉米—小麦—马铃薯—大豆。可见黍稷对盐碱有较强的适应性。

黍稷种质对沙化土地耐性较强也适应在风沙土上种植，我国内蒙古境内耕地除黄河灌区外，多为风沙土，在这些贫瘠的风沙土上，黍稷的播种面积占粮食作物播种面积的40%左右，这是当地农民在长期生产实践中所积累的经验，也反映了黍稷对沙质土壤的耐性和适应性。

五、黍稷种质籽粒营养品质和保健功效的特性

（一）营养品质特性

黍稷种质有粳、糯性之分，糯者为黍，粳者为稷，也称糜。黍米俗称大黄米、黄糯米，也有简称黄米的，米质粘有筋性；稷米称硬黄米、糜米，质粳性不粘。黍稷种质具有很高的营养价值和药用价值，籽粒中含有丰富的蛋白质、脂肪、维生素和矿物质元素，含量普遍高于小麦、大米，是一种营养价值很高的粮食作物（表13-1）。

表 13-1　黍稷与禾谷类粮食营养成分比较

成分 ＼ 食物	糯黄米	硬黄米	小麦 粉	大米	玉米面
蛋白质（%）	13.60	9.70	11.20	7.40	8.00
脂 肪（%）	2.70	1.50	1.50	0.80	4.50
食用纤维（%）	3.50	4.40	2.10	0.70	6.20
碳水化合物（%）	67.60	72.50	71.50	77.20	66.90
维生素 B_1（mg/100g）	0.30	0.09	0.28	0.11	0.34
维生素 B_2（mg/100g）	0.09	0.13	0.08	0.05	0.06
尼克酸（mg/100g）	1.40	1.30	2.00	1.90	3.00
维生素 E（mg/100g）	1.79	4.61	1.80	0.46	6.89
钾（mg/100g）	201.00	—	190.00	103.00	276.00
钠（mg/100g）	1.70	3.30	3.10	3.80	0.50
钙（mg/100g）	30.00	—	31.00	13.00	12.00

（续表）

成分＼食物	糯黄米	硬黄米	小麦 粉	大米	玉米面
镁（mg/100g）	116.00	—	50.00	34.00	111.00
铁（mg/100g）	5.70	—	3.50	2.30	1.30
锰（mg/100g）	1.50	0.23	1.56	1.29	0.40
锌（mg/100g）	3.05	2.07	1.64	1.70	1.22
铜（mg/100g）	0.57	0.90	0.42	0.30	0.23
磷（mg/100g）	244.00	—	188.00	110.00	187.00

资料来源：中华预防医学科学院营养与食品卫生研究所，1991

1. 蛋白质与氨基酸

黍稷种质籽粒蛋白质含量相当高，特别是糯性种质，其含量一般在 13% 左右，最高可达 17.9%，比小麦、大米和玉米都高。黍稷种质类型不同，蛋白质含量也不同，糯性种质普遍高于粳性种质；同一种质在不同地区种植，由于生态条件的差异，籽粒蛋白质及其组分含量也不同。蛋白质含量随海拔升高而降低、随纬度升高而升高。

从蛋白质组分来分析，黍稷种质子粒蛋白质主要是清蛋白，平均占蛋白质总量 14.01%，其次为谷蛋白和球蛋白，分别占蛋白质总量的 12.39% 和 5.65%，醇溶蛋白含量最低，仅占 2.56%；另外，还有 64.67% 的剩余蛋白。与小麦籽粒蛋白质相比较，二者差异较大，小麦籽粒蛋白中醇溶蛋白含量高，占蛋白质含量的 71.2%，粘性强，不易消化；黍稷种质籽粒蛋白主要是水溶性清蛋白、盐溶性球蛋白及谷蛋白，这类蛋白质黏性差，近似于豆类蛋白。因此，黍稷蛋白质优于小麦、大米及玉米。

表 13-2 黍稷与禾谷类食物中氨基酸含量比较 （单位：mg/100g）

氨基酸＼食物	黄米	大米	小麦粉	玉米面
苏氨酸	366	277	309	257
缬氨酸	581	481	514	428
旦氨酸	299	147	140	149
亮氨酸	1 330	512	768	981
赖氨酸	304	286	280	256
色氨酸	198	145	135	78
异亮氨酸	436	258	403	308
苯丙氨酸	592	394	514	407
胱氨酸	319	222	254	226
酪氨酸	363	307	340	289
精氨酸	383	445	488	374
组胺酸	228	157	227	204

（续表）

食物 氨基酸	黄米	大米	小麦粉	玉米面
丙氨酸	992	400	382	592
天冬氨酸	825	656	529	514
谷氨酸	1 628	1 256	3 704	1 571
甘氨酸	263	322	433	286
脯氨酸	896	—	1 185	638
丝氨酸	560	387	506	334

资料来源：中华预防医学科学院营养与食品卫生研究所，1991

评价食物中蛋白质的品质，主要取决于它所含氨基酸的种类、数量及相互比例是否近似于人体蛋白质。黍稷种质籽粒中含有多种氨基酸，数量丰富，从表 13-2 中可以看出，黍稷种质蛋白质中 18 种氨基酸的含量都比较高，其中人体必需的 8 种氨基酸的含量均高于小麦、大米和玉米，尤其是旦氨酸含量，每 100g 小麦、大米、玉米分别为 140mg、147mg 和 149mg，而黍稷为 299mg，是小麦、大米和玉米的 2 倍多；色氨酸含量，每 100g 小麦、玉米分别为 135mg 和 78mg，而黍稷种质为 198mg，是小麦的 1.5 倍，玉米的 2.5 倍。对于植物蛋白的评价，一般偏重于赖氨酸、甲硫氨酸、苏氨酸与色氨酸的含量。上述 4 种氨基酸，黍稷都有中等以上的含量。经与多种禾谷类作物比较，一般公认为黍稷的甲硫氨酸丰富，苏氨酸较丰富。其含量均高于小麦、大米和玉米。而且黍稷种质蛋白质中氨基酸的组分比较平衡，所以黍稷种质蛋白质品质在禾谷类作物中是比较好的。

黍稷种质蛋白质含量较其他谷物多。它容易受外界物理、化学因素的作用而发生水解和变性。蛋白质水解后，肽键发生一系列变化，产生游离氨基酸，使酸度增加；肽链相互凝结成块，使蛋白质由溶胶变为凝胶，溶解度下降。

2. 淀粉

黍稷种质籽粒淀粉含量在 70% 左右，其中糯性品种为 67.6%，粳性品种为 72.5%。不同地区、不同品种及不同栽培条件下的淀粉含量差异较大，最大变幅可达 15.7%。同一品种在不同地区、同一地区的不同品种间的淀粉含量差异也很大。黍稷粳性种质中直链淀粉的比例比糯性种质高，糯性种质中直链淀粉含量很低，仅为淀粉总量的 0.3%，优质的糯性种质几乎不含直链淀粉。而粳性黍稷种质中直链淀粉含量为淀粉总量的 4.5%～12.7%，平均为 7.5%。

直链淀粉所占的比例与适口性密切相关。糯性种质，一般情况下，直链淀粉含量愈少，糯性好，粘性大，适口性好。粳性种质，直链淀粉的含量与米饭的膨胀性、粘性密切相关。直链淀粉含量低，米饭的胀性差，黏性好，一般人较喜爱。黍稷种质淀粉中直链淀粉的比例明显低于小麦、玉米及非糯型水稻，表现为粘性大、适口性好。

黍稷种质淀粉在贮存期间，由于淀粉酶的作用，使淀粉水解，产生还原糖，还原糖进一步氧化，生成低分子酸类，使淀粉黏度降低，带酸味，品质变坏，失去食用价值。因此，黍稷面粉不宜久存，在食用时可随时加工随时食用。

3. 脂肪

黍稷种质籽粒中脂肪含量比较高，平均为3.08%，高于小麦粉和大米的含量。黍稷种质的脂肪在常温下呈固形物，淡黄色，含有多种脂肪酸，其中硬脂酸含量为12.0p/100，与玉米、高粱相近，而亚油酸含量较高，为5.5~7.8p/100。黍稷种质的酸指数和氢氧基指数较高，说明含有较多短链脂酸。

在贮存过程中，脂肪的变化主要以氧化型变质为主。黍稷种质是脂肪含量较多的谷物，含有大量不饱和脂肪酸，易于水解产生游离脂肪酸，在空气中放置过久，受到氧气的氧化作用，产生挥发性的低分子羧基化合物，发出难闻的气味，以至变质，称为酸败，俗称哈喇，降低了黍稷种质的食用品质，甚至无法食用。这也是黍稷种质籽粒脱壳后不能久贮的另一原因。

4. 维生素

黍稷种质籽粒中含有等多种维生素，其中β-胡萝卜素、维生素E、维生素B_6、B_1、B_2的含量均高于大米（表13-3）。

从表中可以看出，每100g黄米中β-胡萝卜素的含量为0.015 mg，是荞麦米的2.5倍，而大米、燕麦米、大麦仁中几乎不含胡萝卜素。黍稷种质籽粒中维生素E和维生素B_5的含量也比较高，其中维生素E的含量约为大米的6倍，维生素B_5的含量与大米相近，维生素B_6的含量也较其他食用米含量高。

表 13-3 各种米粒中的维生素含量 （单位：mg/100g）

维生素种类	荞麦米	大米	黄米	燕麦米	大麦米
β-胡萝卜素	0.006	0	0.015	微量	0
维生素 E	6.65	0.45	2.60	3.40	3.70
维生素 B_6	0.40	0.18	0.52	0.27	0.36
尼克酸	4.19	1.60	1.55	1.10	2.00
冷酸	—	0.40	—	0.90	0.50
维生素 B_2	0.20	0.04	0.04	0.11	0.60
维生素 B_1	0.43	0.08	0.42	0.49	0.12
叶酸（μg/100g）	32.00	19.00	40.00	29.00	24.00

注：引自（苏）《荞麦育种和良种繁育》

5. 无机盐与微量元素

黍稷种质籽粒中常量元素钙、镁、磷及微量元素铁、锌、铜的含量均高于小麦、大米和玉米。其中，镁的含量极高，每100g籽粒中含量为116 mg，是大米的3.4倍，小麦的2.3倍，玉米的1.05倍；钙的含量每100g为30 mg，为大米和玉米的2.3倍。铁的含量每100g为5.7 mg，是小麦的1.6倍，大米的2.5倍，玉米的4.4倍（表13-1）。可见，黍稷种质籽粒经过加工，可制成老人、儿童和病患者的营养食品。在其他食品中添加黍稷面粉，可提高营养价值。

6. 食用纤维

黍稷种质籽粒中食用纤维的含量在4%左右，高于小麦和大米。纤维素是膳食中不可缺少的成分。在人体内起着非常重要的作用。在禾谷类作物中，黍稷种质籽粒中食用纤维的含量较高，多食用黍稷食品，对防止胃肠道肿瘤及冠心病的发生有良好的作用。

总之，从现有的检测手段对黍稷种质营养成分的测定结果来看，黍稷种质籽粒中的各种营养素的含量比较平衡，是一种营养价值很高，兼有一定药用价值的谷类作物，可作为进一步开发利用的营养源。

（二）保健功效特性

黍稷种质不仅具有很高的营养价值，也有一定的药用价值，是我国传统的中草药之一，在《内经》《本草纲目》《名医别录》《古籍药理》等书中都有记载。

1. 性味

黍稷种质性味：甘、平、微寒、无毒。

2. 主治与功效

据《名医别录》记载：稷米"入脾、胃经"。功能"和中益气、凉血解暑"。主治气虚乏力、中暑、头晕、口渴等症。煮食和研末食。黍米"入脾、胃、大肠、肺经"。功能"补中益气、健脾益肺、除热愈疮"。主治"脾胃虚弱、肺虚咳嗽、呃逆烦科渴、泄泻、胃痛、小儿鹅口疮、烫伤等症。煮粥或淘取泔汁服均可。

（1）有滑润散结之功效。黍稷种质表面滑润，取材方便，价格低廉，使用简单，无毒无副作用，在治疗急性乳腺炎中的应用效果好，疗效佳，值得推广应用。

（2）可治疗"胃下垂"。中医中利用黍稷种质"整胃法"治疗"胃下垂"，通过黍稷种质胃部按摩排空胃内容物，调整胃肠蠕动力量，改善胃部血液循环，增加胃平滑肌的收缩能力，达到治疗的目的。

（3）治疗颈椎病、褥疮病。黍稷籽粒圆润光滑，现代医学又新推出黍稷种质颈椎枕、褥疮垫等医疗保健产品，这些产品具有活血、按摩、柔软、随体移动的特点，可促进人体的血液循环，对颈椎病的治疗和因久病卧床引起的褥疮具有很好的防治作用。

（4）降血脂。体外实验表明，黍稷提取物对 HMG-Go 酶有显著的抑制作用，而此酶为体内胆固醇合成的加速酶。此提取物有可能开发为降血脂保健食品。据国外研究报道，黄米蛋白对不同品种的大、小鼠有预防其动脉粥样硬化和肝损伤的功效。

（5）维生素有治疗功效。胡萝卜素在人体小肠壁里转化为维生素 A，它可以维持眼睛在黑暗状态下的视力；维持上皮组织的健康（如呼吸道、消化道、泌尿道等），促进生长发育；增加对传染病的抵抗力。黍稷种质籽粒中维生素 E 和维生素 B_5 的含量也比较高，其中维生素 E 的含量约为大米的 6 倍，它可以维持人体肌肉正常代谢以及中枢神经系统、血管系统的完整机能，防止出现生殖系统疾病，还具有防止衰老和抗癌作用；维生素 B_5 的含量与大米相近，它可以防止赖皮病，调节神经系统、肠胃道及表皮细胞的活性。

（6）无机盐的功效。无机盐是构成人体组织的重要材料，同时能为生命活动提供适宜的内在环境，在调节生理机能、维持正常的新陈代谢等方面起着重要作用。微量元素是人体所必须的一类具有高度生物活性的营养元素，需求量虽小，但作用巨大。

（7）纤维素的功效

一方面纤维素吸水浸胀后，使粪便的体积增加，可促进肠道蠕动，有利于粪便排出，减少细菌及其毒素对肠壁的刺激，可降低肠内憩室及肿瘤的发病率；另一方面，纤维素还能与饱和脂肪酸结合，防止血浆胆固醇的形成，从而减少了胆固醇沉积在血管内壁的数量，有利于防止冠心病的发生。

3. 食疗验方

（1）气滞食积方：肉食成积，胸满面赤不能食，饮黄米泔水。

（2）胃寒、泄泻方：脾胃虚寒、泄泻及肺结核低热、盗汗者，黄米煮粥，常食。

（3）妊娠流黄水方：黄米、黄芪各 30g，水煎，分 3 次服；黄米煮粥，常食。

（4）食苦瓠毒：煮汁饮之即止（《本草纲目》）。

（5）肺病方：肺病煮，宜食黄米酒（《食物本草会纂》）。

（6）治人、六畜，天行时气豌豆疮方：浓煮的黍穰汁洗之（《千金方》）。

（7）河西米汤粥：中老年人阳气不足，气血两亏，体虚消瘦，腰膝酸软，畏寒等症：羊肉 250g，河西米（稷米）400g，葱、盐适量。先将羊肉洗净，切块，熬汤，下河西米、葱、盐同煮粥。任意食，以秋冬服食为宜（《饮膳正要》）。

（8）黄酒核桃泥汤：神经衰弱、头痛、失眠、健忘、久喘、腰痛、习惯性便秘等症：核桃仁 5 个，白糖 50g，黄酒 50ml。前两味放入瓷碗中捣成泥状，入锅中，加黄酒，小火煎煮 10 分钟，顿服。每日 2 次。

（9）党参黄米茶：党参 15~30g，炒米 30g。2 味入锅内，加水 4 碗煎至 1 碗半，代茶饮，隔日服 1 次。适用于脾阳虚食少、倦怠、形寒肢冷，大便溏泄，或完谷不化，肠鸣腰痛，妇女白带清稀、舌淡苔白、脉虚弱沉迟者（《饮食疗法》）。

六、黍稷种质的繁育特性

黍稷是自花授粉作物，但在自花授粉作物中它的天然异交率较高。异交率为 0~14%，平均为 2.7%。不同种质间的天然异交率有很大差别，散穗型种质穗与穗之间互相交错攀结，异交率较高。此外，黍稷种质开花结束后，柱头还外露，多数柱头授粉后次日就干萎凋落。也有少数柱头可以数日不干萎凋落，仍能接受外来花粉，黍稷的这种开花习性，也是造成异交率较高的原因之一。除此之外，开花时间迅速、风向和异常的气候条件，对天然异交也提供了条件。因此在选育新品种，保存原始材料和繁育黍稷良种时，应从土地的合理安排，试验设计等方面采取措施，防止天然杂交。在大量的种质资源繁育种子时，种质与种质之间行距不能太近，一般要保持 50~70cm 的距离。在抽穗后收获前要仔细观察拔除不同穗型、不同粒色的异株。在播种前要粒选种子，去掉不同粒色的种子。黍稷的鸟害十分严重，在繁育种子时要进行人工看管或有效的防鸟措施，特别是对生育期只有 50~70d 的特早熟种质，在抽穗后灌浆至收获前要罩网防护，以保证不遭受鸟害。大多数黍稷种质资源落粒性较强，因此要在籽粒八成熟时收获。脱粒时要严格把关，以防人工或机械混杂。黍稷种质资源繁种时，要根据每个种质的繁种重量决定种植面积，一般繁种 100g 纯种，需种植行长 1.5m，并排 3 行，占地 1.5m² 左右，对特早熟种质和鸟害严重的年份，还要适当加大种植面积，以保证繁种量。收获后的种子要进行凉晒和人工粒选，去除秕粒、杂粒和杂物，以保证繁种质量。

第三节 黍和稷种质资源主要农艺性状的差异

黍和稷同种，糯者为黍，粳者为稷。籽粒的粳糯性是区分黍种质和稷种质的唯一标准。由于籽粒粳性和糯性的不同主要由直链淀粉所占比例来决定，糯性种质直连淀粉含量很低，仅为所含淀粉总量的0.3%，优质的糯性种质几乎不含直链淀粉，粳性种质直链淀粉含量为所含淀粉总量的4.5%~12.7%，平均为7.5%。所以糯性的黍种质和粳性的稷种质在主要农艺性状的表现上也会出现相应的差异。再加之从黍稷起源最初的野生稷表现的性状来看，粳性的稷属于初级阶段。糯性的黍属于进化程度较高的高级阶段。在种质资源主要的农艺性状表现上也会出现一定的倾向性差异。黍和稷虽然是同种，但必定在人们生活中的食用方法也各不相同。为了进一步摸清黍种质和稷种质在农艺性状的表现上究竟还存在哪些差异，我们以全国黍稷种质资源中最有代表性的，山西省的1 192份黍稷种质主要农艺性状鉴定数据为基础，分别进行了以黍和稷种质资源穗型、花絮色、株高、主茎节数、单株粒质量、千粒质量、籽粒营养品质和出米率的统计比较，分别归类，得出了黍和稷种质资源在主要农艺性状中存在的差异，以便为黍稷种质资源在育种、生产和食品加工的利用中提供更多的参考依据。

一、材料和方法

（一）材料

山西地处黄河中游，是华夏文明的发祥地之一，也是黍稷起源和遗传多样性中心，山西的黍稷种质资源在全国也最具代表性。2013—2016年在国家种质资源平台和农业部保种项目的支持下，对各省（区）保存在国家长期种质库的8 000余份种质进行了繁殖更新，在繁殖更新的过程中又重新进行了农艺性状鉴定，鉴定内容也由原来的16项增加到50项，在此基础上，我们又参考原目录中鉴定数据，对山西省的1 192份黍稷种质，对其中黍和稷中有代表性的质量性状和数量性状分别进行了统计，从而得出黍和稷种质资源在主要农艺性状上存在明显差异的结果。

（二）统计方法

采用分类统计的方法，包括质量性状类和数量性状类。质量性状类包括穗型和花序色；数量性状类包括株高、主茎节数、单株粒质量、千粒质量、营养品质和出米率等。

1. 质量性状类的统计方法

先统计出1 192份黍稷种质资源中，侧、散、密3种穗型的种质数量和所占比例，然后在3种穗型的种质中，分别统计出黍和稷的种质数量，并计算出黍和稷在3种穗型中所占的数量和比例。

2. 数量性状类的统计方法

先统计出 1 192 份种质中黍和稷的种质数量，分别计算出黍和稷种质资源株高、主茎节数、单株粒质量、千粒质量的平均值。

先统计出有代表性的 90 份种质资源中黍和稷种质的数量，分别计算出黍和稷种质资源粗蛋白、粗脂肪、赖氨酸、可溶性糖和出米率的平均值。

二、结果与分析

（一）黍和稷种质资源穗型的差异

1. 在 1 192 份黍稷种质资源中，3 种穗型数量和比例的差异

黍稷的穗型分侧、散、密 3 种，侧穗型种质的数量最多，比例最大；散穗型种质居中；密穗型种质数量最少，比例最低。侧穗型种质比散穗型种质数量多 705 份，比例高 59.14 个百分点。比密穗型种质数量多 917 份，比例高 76.93 个百分点。散穗型种质虽然数量和比例远低于侧穗型种质，但比密穗型种质的数量多 212 份，比例高 17.79 个百分点。相比之下，侧穗型种质在黍稷的 3 种穗型中占了绝对优势，在黍稷生产上利用价值最高，散穗型种质虽然比侧穗型种质有所逊色，但在黍稷生产上仍然占有不可取代的重要地位，只有密穗型种质优势不大，在生产上处于逐渐被淘汰的趋势（表13-4）。实际上，生产实践表明，侧穗型种质比散穗型种质更加抗旱、耐瘠，在我国北方广袤干旱贫瘠的丘陵山地上，表现出比散穗种质产量更高的优势；而散穗型种质虽然也具有抗旱耐瘠的特性，但相对来说，在平坦水浇地的产量又表现出比侧穗种质增产的优势，所以散穗种质大多种植在平坦的水浇地上。由于山西大多为山地和丘陵，这就为侧穗种质提供了发挥作用的条件，因此，这也是导致侧穗型种质数量最多、比例最大的原因之一。其次，从黍稷起源演化的角度来看，其穗型的演变过程是周散穗型→侧散穗型→密穗型→侧穗型。直到现在，从收集到的野生黍稷来看，只有粳性的，没有糯性的，也就是说野生稷是稷和黍的先祖，由野生稷演化成稷，黍是由稷演化而来。而从野生稷的穗型来看，全部都是周散穗型，由此说明，周散穗型是黍稷穗型中最原始的表现形式。这种穗型的种质在生产上已经很少见到，大多已演变成侧散穗型，我们在中国黍稷种质资源的穗型分类中，把周散穗型和侧散穗型统一归为散穗类型。散穗类型的种质大多存在籽粒灌浆期易落粒的缺点，而且穗与穗之间又容易相互盘结交错，极易造成籽粒的异交，影响种质的纯度，使种质的优良种性在短时期内迅速退化。所以散穗型种质在人工选择的情况下又逐步进化为密穗型种质，密穗型种质的出现，虽然相对来说克服了散穗种质的缺点，穗支梗与主轴的夹角很小，籽粒稠密集中，颖壳较紧不易落粒，但穗长很短，一般只有 20cm 左右，严重影响产量的提高。因此，密穗型种质虽然进化程度较高，但在生产上利用的时间很短，很快被进化程度更高的、有密穗型种质优点，但又比密穗型种质穗型长大、产量更高的侧穗型种质所取代。这是至今密穗型种质资源数量很小，比例最低，侧穗型种质数量最多，比例最大的另一主要原因。

2. 黍和稷种质资源穗型的差异

在 1 192 份黍稷种质资源中，有 938 份侧穗型种质，在这些侧穗型种质中，黍比稷多 330 份，比例高 35.18 个百分点。可以看出，黍在侧穗型种质中，和稷相比占有很大优势；在 233 份散穗型种质中，稷比黍多 11 份，比例高 4.72 个百分点。稷在散穗型种质中，比黍占有优势，但优势不是很大；在 21 份密穗型种质中，黍比稷多 13 份，比例高 61.90 个百分点，黍在密穗型种质中，比稷占有绝对优势（表 13-4）。从以上结果可以看出，黍种质资源的穗型以侧穗和密穗为主；稷种质资源的穗型以散穗型为主。这与黍由稷演化而来的规律是一致的。由于黍的籽粒是糯性的，稷的籽粒是粳性的，黍的进化程度高于稷，自然在穗型的体现上，也表现出进化程度高的密穗和侧穗比稷占有优势的结果。其实，在特定的农耕历史阶段，稷的穗型均为周散穗或侧散穗型（归散穗类型）；黍的穗型均为密穗型和侧穗型。在我国古农书中就记载着"以黍穗聚而稷穗散"，作为区分黍和稷的依据。既然如此，为什么在 3 种穗型中均有黍和稷的种质出现呢？分析原因，由于黍和稷同种，在漫长的农耕历史中，黍和稷种质之间的相互异交，引起种质的退化，以致出现了当今黍和稷在穗型上界限不清的现状，但是仍然不能完全改变进化后黍和稷原本定型的面貌，保留着黍种质在密穗型和侧穗型，稷种质在散穗型占有优势的结果。尽管在穗型上不能作为区分黍和稷的标准，但这个结果对黍稷种质资源的研究和利用上仍有重要的参考价值。

表 13-4　黍和稷种质资源穗型的差异

穗型	种质数（份）	占比（%）	黍种质数（份）	占比（%）	稷种质数（份）	占比（%）
侧	938	78.69	634	67.59	304	32.41
散	233	19.55	111	47.64	122	52.36
密	21	1.76	17	80.75	4	19.05

（二）黍和稷种质资源花序色的差异

1. 1 192 份黍稷种质资源中 2 种花序色数量和比例的差异

黍稷的花序色分绿色和紫色 2 种，以绿色花序为主，紫色花序为辅，绿色花序的数量比紫色花序多 724 份，比例高 60.74 个百分点（表 13-5）。绿色花序和紫色花序的区分主要取决于花序和叶片中叶绿素和花青素的含量。绿色花序的种质中其花序和叶片中只有叶绿素的含量，没有花青素的含量；而紫色花序的种质中，花序和叶片中除了叶绿素含量外，还有花青素的含量。紫色花序的种质耐寒性极强，大多分布在无霜期短的高寒山区，因此，紫色花序是表明种质耐寒性强弱的一种形态特征。紫色花序的种质全株叶片也伴随着花序变成紫色，紫色的的程度越深，种质耐寒的程度越高。由于黍稷作物的适应性很广，生育期短，所以大多数种质资源在不同的生态区在早霜降临之前均能正常成熟，只有少量的种质资源在高寒的生态环境下，为了在早霜降临之后继续延长生命力，以保证籽粒成熟，导致了在花序和叶片中"花青素"的出现，以提高御寒能力。这是在山西省 1 192 份黍稷种质资源中绿色花序种质占了大多数，紫色花序的种质只占少数的主要原因。但是在这些少数的紫色花序种质中，又会出现一些丰产性特好的种质，这是黍稷种质资源中不可多得的，也是比较珍贵的高耐寒、丰产种质资源，不论在黍稷的育种中，还是在生产的直接应用上，均有较高的研究和利用价值。

2. 黍和稷种质资源花序色的差异

在 1 192 份黍稷种质资源中的 958 份绿色花序种质中，黍的种质数量比稷的种质数多 182 份，比例高 19.00 个百分点；在 234 份紫色花序种质中，黍种质数比稷种质数量多 150 份，多 64.10 个百分点（表 13-5），可以看出，不论是在绿色花序还是紫色花序种质中，黍的种质数量和比例均大于稷的种质，其中在紫色花序种质中，黍种质大于稷种质的比例比绿色花序中黍种质大于稷种质的比例高 45.10 个百分点。说明黍种质在紫色花序中所占的份量比在绿色花序中更大。至于为什么会出现这样的情况，这与山西人民对黍和稷的食用习惯有关，山西人民特别是北部人民的生活习惯常年把黍作为生活中的主要食粮，更是把黍米面做的油炸糕作为婚丧大事和待客的上乘佳品。只有晋西北的河曲、保德等少数地区具有传统的食用"稷米酸粥"的习惯，以及少数地区具有食用"稷米捞饭"的习惯。因此导致黍的种植面积远远超过稷的种植面积，使黍的种质资源数量也大大超过稷的种质资源数量。在山西黍和稷的种质资源中以黍的种质资源占了主导地位。这样就出现了不论是绿色花序还是紫色花序的种质数量和比例黍比稷均大的结果，以至于出现在紫色花序种质中黍种质大于稷种质的比例比在绿色花序中黍种质大于稷种质的比例高出 45.10 个百分点，占绝对优势的结果。这就更加说明黍对于高寒山区的人民生活来说尤为重要，因为黍和稷均生育期短，特别适宜高寒山区种植，但从食用习惯来说，这些地区的人民仍以食用黍为主，当地人民历史以来就流传着"30 里的莜面，40 里的糕（黍），20 里的玉米面饿断腰"的说法，而紫色花序的种质，是长期在高寒的生态条件下，形成一种适应生存环境的形态特征，这就是在紫色花序种质中黍比稷占有更大优势的主要原因。追根溯源，这也与在长期的农耕历史中人工选择的结果是分不开的。

表 13-5 黍和稷种质资源花序色的差异

花序色	种质数	占比（%）	黍种质数	占比（%）	稷种质数	占比（%）
绿	958	80.37	570	59.50	388	40.50
紫	234	19.63	192	82.05	42	17.95

（三）黍和稷种质资源在株高、主茎节数、单株粒质量和千粒质量的差异

通过对 1 192 份黍稷种质资源黍和稷种质在株高、主茎节数、单株粒质量和千粒质量的平均值计算，结果表明（表 13-6），黍种质的株高大于稷种质的株高 5.5cm，主茎节数大于稷 0.2 个，单株粒质量大于稷 0.7g，千粒质量大于稷 0.1g。株高和主茎节数的多少决定着茎和叶的质量，植株高大茎的质量就高，主茎节数多，叶的数量多，导致叶的质量也高。茎和叶是黍和稷种质生物学产量的主要组成部分，茎和叶的质量提高了，自然

生物学产量也会提高。黍种质的株高和主茎节数均高于稷种质，表明黍种质的生物学产量明显高于稷种质。单株粒质量和千粒质量是黍和稷主要的经济性状，黍种质的单株粒质量和千粒质量均高于稷种质，表明黍种质的经济产量也明显高于稷种质。在黍种质的生物学产量和经济产量均高于稷种质的前提下，再加之在 1 192 份黍稷种质资源中，黍种质的数量也远远超过稷种质的数量，黍种质的数量比稷种质的数量多 332 份，多出 77.21个百分点的绝对优势下，说明黍种质在人们生活中的食用和综合利用价值也远高于稷，这就为频繁的人工择优选择创造了更加有利的条件。因此，黍种质的株高、主茎节数、单株粒质量和千粒质量均高于稷种质的优势绝非偶然，是人类长期以来择优选择的结果，也是黍比稷进化程度高的植物学形态特征表现。

表 13-6　黍和稷种质资源株高、主茎节数、单株粒质量和千粒质量的差异

	种质数	株高/cm X±S	主茎节数/个 X±S	单株粒质量/g X±S	千粒质量/g X±S
黍	762	133.9±22.15	7.5±1.32	9.1±3.16	6.5±0.63
稷	430	128.4±20.36	7.3±1.21	8.4±2.84	6.4±0.86

（四）黍和稷种质资源籽粒营养品质、口感品质和出米率的差异

区分黍和稷的唯一标准是籽粒的粳糯性，而决定籽粒粳糯性的根本原因在于籽粒中不同类型淀粉的含量的差异。同时，也会影响到黍和稷籽粒营养品质、口感品质和出米率的差异。根据对山西省 1 192 份黍稷种质资源中生产上利用的、有代表性的90 份种质，其中黍种质 63 份，稷种质 27 份，进行了籽粒粗蛋白、粗脂肪、赖氨酸、可溶性糖和出米率的测定，结果见表 13-7，从粗蛋白和粗脂肪的含量来看，稷种质的粗蛋白平均含量高于黍种质 0.34 个百分点，稷种质的粗脂肪平均含量高于黍种质0.26 个百分点；从赖氨酸和可溶性糖的含量来看，黍种质的赖氨酸平均含量高于稷种质 0.005 个百分点，黍种质的可溶性糖平均含量高于稷种质 0.29 个百分点。粗蛋白和粗脂肪含量的高低是决定籽粒营养品质好坏的主要指标；赖氨酸和可溶性糖含量的高低是决定籽粒口感品质好坏的主要指标。从以上的结果可以看出，稷种质的营养品质好于黍，黍种质的口感品质好于稷。尽管差别较小，但在生活实践中人们也会明显感到黍的适口性好于稷。正因为如此，使黍在人们生活中的食用价值和综合利用价值也明显地高于稷，导致种植面积也远远大于稷。这也是黍比稷进化程度高的一项指标体现。

从籽粒出米率的平均值来看，黍的出米率高于稷 4.79 个百分点，说明黍的皮壳厚度明显地比稷的皮壳薄，从黍稷的演化过程来分析，籽粒的粳性是初级阶段，糯性是高级阶段。籽粒皮壳的演化过程是从厚到薄，皮壳越薄进化程度越高。由此说明，黍种质比稷种质在进化程度高的前提下，皮壳的变薄，使出米率提高，也是一项黍比稷进化程度提高在籽粒皮壳上的体现。

表 13-7　黍和稷种质资源籽粒营养品质、口感品质和出米率的差异

类型	种质数（份）	粗蛋白（%） X±S	粗脂肪（%） X±S	赖氨酸（%） X±S	可溶性糖（%） X±S	出米率（%） X±S
黍	63	11.71±1.1	3.56±0.36	0.196±0.01	2.18±0.73	80.21±2.41
稷	27	12.05±1.3	3.82±0.42	0.191±0.02	1.89±0.34	75.42±3.53

三、结论与讨论

黍稷同种，区分黍和稷唯一的标准就是籽粒的粳糯性，由于籽粒粳糯性的差异，也导致了黍和稷在主要农艺性状上的差异。在质量性状中，从 3 种穗型的差异中可以看出，黍种质在侧穗和密穗型中占的优势较大，稷种质在散穗型中占的优势较大；从花序色的差异中，黍种质在绿色和紫色中均占优势，在紫色花序中的优势要大于绿色花序中的优势。在数量性状中，株高、主茎节数、单株粒质量和千粒质量是黍种质的平均值均大于稷种质的平均值；籽粒的粗蛋白、粗脂肪稷种质的含量平均值均大于黍种质的含量平均值，赖氨酸、可溶性糖和出米率，黍种质含量的平均值大于稷种质的平均值。虽然黍种质和稷种质在主要农艺性状中的质量性状和数量性状的比较各有各的优势，但总体来说，黍种质比稷种质的优势多，更何况稷种质比黍种质的优势，在生产和人民生活中的综合利用价值并不大，例如，稷种质的散穗型优势不仅容易造成籽粒的异交，引起种质的退化，而且耐旱性也远不如侧穗型种质。稷种质籽粒中粗蛋白和粗脂肪含量比黍种质占有优势，但黍种质籽粒中支链淀粉发热量高又耐饥的优势以及适口性好的优势，又压倒了稷种质的优势。总之，黍种质比稷种质在农业生产上占有优势的结果，是在长期的农耕历史中人工选择的结果，也是黍比稷更加进化的具体表现。

除了以籽粒的粳糯性作为区分黍和稷的唯一标准外，在黍和稷主要农艺性状的差异中，特别是质量性状的差异，比如穗型和花序色，黍比稷占有的优势，即可作为在籽粒未成熟之前作为鉴别黍和稷的重要参考依据，因为在侧穗和密穗型种质中黍占的比例很大，稷占的比例很小；反之在散穗型种质中稷又占的比例很大。毕竟在黍的进化过程中粳糯性也是在籽粒上的进化体现，粳性是初级阶段，糯性是高级阶段。在穗型的体现上散穗型是初级阶段，密穗型和侧穗型是高级阶段。难怪在我国古籍中以"黍穗聚而稷穗散"来区分黍和稷的记载，在今天看来，在特定的历史条件下，也是不无道理的。

黍种质比稷种质在主要农艺性状中数量性状上占有较大的优势，也为今后黍稷高产田的选择和黍稷适口性的选择上提供了参考依据。例如，高产田的用种，黍种质单产要大于稷种质，适口性好的种质自然以黍种质作为首选。当然，有些地区的传统特色食品，比如河曲、保德县的"稷米酸粥"以及"稷米捞饭"等，对单一的丰产、优质的稷种质的选择，属于例外。

黍和稷在穗型中各占优势也不是一成不变的，进化程度高的黍以侧穗型为主，但在特定的生态环境下，穗型又会出现可逆的"返祖"现象。例如，在第 1 年种黍种质的地块，遗留下来的黍种质，第 2 年会自然生长，穗型保持不变，但会出现容易落粒的"返祖"现象，第 3 年再自然生长出来，不仅会出现易落粒的"返祖"现象，而且穗型也会

逆转，恢复原来野生稷的周散穗型，这种情况在黍稷学术研究中叫作"再生境"野生稷。不仅穗型如此，籽粒的粳糯性也同样会出现这种情况，例如，一个新培育的黍品种，在生产上种植多年后，籽粒的糯性会随着种植年代的长短，变得越来越粳，最后会完全由黍变为"稷"。因此，黍种质和稷种质也不是一成不变的。其实在以粳和糯作为区分黍种质和稷种质的过程中，也会出现一些处于中间状态不粳也不糯的种质，这种情况是属于黍稷种质种植多年后的还原退化现象，是黍稷的自然异交产生的中间类型。我们在黍和稷的归类中，为了保证黍的纯糯性，就归在粳性的稷种质类型中。采用的鉴定方法是以0.67%的碘化钾加0.33%碘的混合溶液，滴定黍和稷种质籽粒粉碎后的淀粉，呈红色为糯性的黍，蓝色为粳性的稷，紫色为黍和稷的中间类型，归类到粳性的稷种质。在实践中，为了更加准确方便快捷地鉴别黍和稷的种质，采用物理的鉴别方法比化学的鉴定方法更加便捷，即观察黍和稷米色的差异，黍种质为粉质、无光泽、不透明、淡黄色；稷种质为角质、有光泽、半透明、黄色。总之，黍种质和稷种质在主要农艺性状上存有一定的差异，但随着种植年代的长短，也会产生一定的变异，尽管如此，在以粳糯性作为区分黍种质和稷种质唯一标准的前提下，本项研究对于黍种质和稷种质的区分，以及黍种质和稷种质在黍稷的科研、育种、生产和食品加工利用中，仍然具有重要的参考价值。

第十四章

黍稷种质的遗传改良

黍稷是自花授粉作物，天然异交率一般为 $0 \sim 2\%$，不同种质间天然异交率有很大差别，最高异交率可达 14%。黍稷繁殖系数大，染色体 $2n = 36$，为 4 倍体。黍稷种质的遗传改良从质量性状和数量性状的遗传来论述。

第一节　黍稷种质质量性状的遗传

一、黍稷种质籽粒的粳糯性

黍稷种质籽粒糯性与粳性是由胚乳中所含淀粉种类不同所决定的。糯性籽粒所含淀粉几乎全部都是支链淀粉，或者含有少量的直链淀粉，断面粉质，遇碘液呈紫红色；粳性子粒含有一定比例的直链淀粉，断面呈角质，遇碘液呈兰黑色。粳糯型种质杂交，F_0 胚乳直感，粳型为显性。F_1 为粳糯型杂合株，粳糯型的比例接近 $3 : 1$。F_2 出现糯型株、粳型株和粳糯杂合株三类植株。以上情况说明，粳糯型符合一对等位基因的分离规律。

二、黍稷种质小穗结实粒数

黍稷种质一般种质每小穗结子一粒，但也有少数种质结子两粒。单粒和双粒一对性状中，单粒为显性，双粒为隐性，如以内蒙古双粒糜为母本，准旗青糜为父本的组合。F_1 为单粒株；F_2 单粒 189 株，双粒 11 株。F_3 双粒株的后代全部是双粒株；单粒株的后代，多数株系全部是单粒株，少数株系分离出少数双粒株。

三、黍稷种质的花序颜色

黍稷种质的花序颜色只有紫色和绿色两类，宜在乳熟期观察。紫色系花青素所致，紫色的深浅和出现的时间种质间有差别。F_1 紫色为显性，此性状在杂交育种中常作为 F_1 淘汰假杂种的标志性状。F_2 紫色与绿色植株之比，有的组合为 $3 : 1$，有的则为 $9 : 7$。后者表现为 2 对基因杂交种的双基因互补作用规律。

四、黍稷种质的穗型

中国黍稷种质资源的穗型分为侧、散、密 3 种类型。穗型的遗传多数为双亲的中间型。例如，侧穗型与散穗型杂交，F_1为较紧凑的散穗型或侧散穗型；侧穗与密穗型杂交，F_1是短侧穗；密穗与散穗杂交，F_1为半密穗或短分枝的散穗。F_2除出现两亲本穗型外，还分离出较多的中间类型，说明穗型是不完全显性性状。

五、黍稷种质的籽粒颜色

黍稷种质的籽粒颜色是粮食作物中最丰富的，单色有红、黄、白、褐、灰；复色有红嘴、褐嘴、灰嘴、浅灰、黄灰、灰红、黄红等色。由于粒色较易观察，也常作为淘汰假杂种的标志性状。以五种籽粒单色，红、黄、白、褐、灰的籽粒种质互相杂交时杂种后代粒色的遗传传递为例。

白粒与黄粒：F_1白粒是显性，F_2白粒株居多。白粒与黄粒株的比例，组合间有差异。

白粒与红粒：有两类情况。一类F_1白粒是显性，F_2白粒占明显优势，还分离出白红、红嘴、红粒等多种颜色；二类F_1为白红粒，属不完全显性，F_2多数为白色和红色组成的中间型，少数为白粒株和红粒株。上述两种类型的组合，都能育成稳定的白粒品系和红嘴品系。

白粒与褐粒：F_1为中间型，F_2分离杂交。多数组合中间型占优势，其次是褐粒株；个别组合褐粒株超过中间型；有一个组合只出现褐粒和白粒两类组合。

条灰粒与黄粒：F_1条灰黄粒。F_2分离有两种情况：一类条灰黄粒占优势，条灰粒与黄粒次之，三者比例接近2：1：1，一类条黄粒占明显优势，黄粒株较少。

条灰粒与红粒：F_1为条灰红粒，F_2分离为条灰、红灰、红等颜色。

条灰粒与黑粒：F_1为褐粒，F_2多数为褐粒株，少数为条灰粒株。说明褐色是显性，条灰色为隐性。

褐粒与黄粒：F_1为褐粒，F_2多数植株为褐粒，少数黄粒。

褐粒与红粒：F_1为褐粒，F_2褐粒：黄粒：红粒接近12：3：1的理论比例。据前苏联 И. В. Ящовский 研究，黍稷为4倍体，控制褐色和红色类型具有2对彼此之间不是连锁的基因，褐色亲本具有褐色显性上位基因 CC 和黄色下位等位基因 yy。而红色亲本具有2个下等位基因 ccyy。褐粒与红粒杂交，F_2就可观察到褐12黄3红1的分离比例。这个学说可以解释为什么会出现黄色，以及为什么褐、黄、红粒的比例为12：3：1。

黄粒与红粒：F_1为黄粒，F_2有两种情况，多数组合 F_2 只出现黄粒和红粒株，黄粒：红粒接近3：1。少数组合除黄粒与红粒株外，还出现黄红粒株，并且以黄粒株最多，黄红粒株次之，红粒株最少。

第二节 黍稷种质数量性状的遗传

数量性状的特点是连续变异，遗传受微效多基因控制。作物的主要经济性状多为数量性状，所以在遗传改良上十分重要。

一、黍稷种质的生育期

出苗至成熟的天数为生育期。杂种后代生育期的长短与双亲有关，F_1的生育期与双亲平均值相近。F_2生育期的平均值也与双亲平均值相近，但个体间差别较大，约有一半组合出现一定比例的超早熟亲本的个体。生育期是较为典型的数量性状，杂种后代的分离是连续性的、较典型的常态分布，但也有个别例外的，F_2生育期的分离是不连续的，类似质量性状。生育期的遗传力高而稳定，据我们研究，F_2遗传力的平均值为69.7%。F_3遗传力的平均值为92.4%，高代品系的遗传力为99.7%。上述情况说明，生育期可以在早代进行选择和淘汰。

二、黍稷种质的秆高

分蘖节至穗第一分枝节基部的长度为茎秆高度。F_1的秆高在双亲之间，并接近双亲的平均值，F_2的秆高平均值与双亲平均值接近，但个体间变异较大。中高秆材料之间相互杂交，杂种后代没有真正的矮秆株。中晚熟材料与早熟植株较矮的材料杂交，从杂交后代中选出的中晚熟品系，没有发现矮秆类型。密穗型种质，穗长一般不超过20cm，秆高100cm左右，与中高秆大粒侧穗型种质杂交，也没有实现育成矮秆品种的愿望，说明黍稷矮秆育种还需要进一步探索。

三、黍稷种质的千粒重

千粒重的遗传力中等偏高且较稳定。F_1的千粒重多数在双亲之间，并稍大于双亲的平均值，也可能超过大粒亲本。F_2千粒重的平均值与双亲的平均值接近，但个体间差异较大，F_2千粒重变异系数较亲本高2~3.5倍。若双亲千粒重差异大，如小粒种质与大粒种质杂交，F_2没有发现超大粒的个体，甚至和大粒亲本千粒重相近的个体也没有。因此选择千粒重高的杂交种，在F_1代中选择较好。

四、黍稷种质的其他性状

皮壳率的高低决定出米率，所以是一个重要的经济性状。皮壳率的遗传力高而稳定，选育低皮壳率的高产种质是完全能够实现的。结实率的遗传力也较稳定，结实率与植株粒重呈显著正相关，在育种过程中重视结实率的鉴定与选择是必要的。穗长的遗传力中等但不稳定，与株粒重的相关性多数为显著的正相关。其他数量性状，一般情况下遗传力低而不稳定，早代不宜进行选择。

第三节　黍稷种质主要特性性状的遗传改良

一、抗黑穗病遗传改良

利用抗病种质防治病害，是最经济有效的手段，且不会污染环境，受到普遍欢迎。以增强作物种质抗病性为主要目标的育种工作，称抗病育种。黍稷抗病育种重点是抗黑穗病育种，前苏联这方面已取得一定成就，他们已育成一批能抗不同生理小种的丰产品种，并筛选出一批免疫抗源。中国这方面的工作还在起步阶段，只有零星报道。参考有关资料，现对黍稷抗黑穗病育种做一简介。

（一）黍稷种质抗黑穗病遗传改良的两种学说

有的学者认为免疫性是受单基因控制的，抗病是显性。此为垂直抗性，随着病原生理小种的变化，抗病性易丧失。根据这个学说，抗病遗传改良首先应获得抗源。有的学者认为还存在水平抗性，抗病性受多个隐性基因的控制。每个遗传改良材料，都存在水平抗性和垂直抗性。由于水平抗性是受隐性基因控制，较难发现。根据这个学说，两个感病亲本杂交，通过一定的遗传改良方法，也有可能育成抗病品种。

（二）筛选抗源

在广泛搜集种质资源的基础上进行抗病性鉴定，筛选对当地生理小种抵抗的材料。据山西省农业科学院王星玉等（1986—1996）用太原菌种对全国 6 000 余份黍稷种质资源的鉴定结果，只发现极少数高抗黑穗病材料，没有发现免疫资源。据内蒙古伊克昭盟农科所用东胜市菌种鉴定内蒙古 700 余份黍稷种质资源和少数外省（自治区）种质资源，也没有发现免疫材料，只有极少数高抗资源。根据上述情况，有必要从国外引进免役材料，通过接种鉴定，选出对中国某些地区菌种的免役材料，或者用多种技术手段从中国的高抗材料中选育免疫资源。

（三）利用抗源进行抗病育种

用抗源作抗病亲本，与综合性状好的当地种质杂交，将两者的优点结合到一起，育成抗病性、丰产性、适应性都好的品种。

在遗传改良的各后代群体，都需要创造适当发病的条件，利于抗病个体和系统的选择。

在遗传改良实践中，常采用回交的方法，把抗病性与丰产性结合起来。

（四）远缘杂交

利用野生稷作亲本选育抗病材料，这种方法常常第一步选育抗源，第二步育成丰产抗病品种。

二、黍稷种质的品质遗传改良

随着生产的发展，人民生活的提高，品质育种将逐渐成为黍稷育种的迫切任务。

（一）品质的含义

品质的含义是多方面的，对黍稷来讲至少包含 3 个方面。

①工艺品质：粒色、糙米率、精米率和精米整粒率。

②食味品质：根据用途做成制品，品尝评分。由于各人口味不同，同一材料可能有不同的评价，所以常采用间接指标。常用的间接指标有糊化温度、直链淀粉含量、胶稠度、香味和胀性。

③营养品质：重点是蛋白质含量、赖氨酸含量和脂肪含量。

（二）品质遗传改良技术

常采用有性杂交遗传改良法。根据遗传改良目标选择亲本，根据性状的特点，决定杂交方法和选择方法。品质遗传育种关联到众多性状，有的是质量性状，有的是数量性状。对于单基因或寡基因控制的性状，可采用单交或回交的方法，进行选育；对于遗传改良目标较广泛的，二个亲本难以满足要求的，可采用复式杂交方法；对于多基因控制的性状，可通过轮回选择，将较多的微效基因逐渐集中起来。

第四节　黍稷种质遗传改良的方法和技术

黍稷种质遗传改良的方法和技术，主要分为引种、选择育种、杂交育种、诱变育种等。

一、引种

引种是黍稷种质重要的遗传改良方法，正确的引种，能够促进生产的发展。例如，龙黍 16 号引到吉林北部，内糜 5 号引到陕北西部，陇黍 4 号从会宁引到庆阳地区，对引入地区黍稷生产的发展都起到积极的推动作用。但是，盲目引种教训也是深刻的，黍稷是短日照喜温作物，北方种质引到南方、高海拔地区的种质引到同纬度低海拔地区种植，生育期缩短；南方种质引到北方、低海拔地区种质引到同纬度的高海拔地区种植，生育期延长，甚至不能抽穗。但是种质本身的感光性和感温性也各不相同，有的种质敏感，有的种质迟钝，对光、温度反应迟钝的种质相对来说适应性强。因此引种要有针对性，并且要经过试验，与对照相比确实增产的种质才能在当地生产上应用。

二、选择育种

选择育种是以自然变异为基础的育种方法，一般的做法是根据当地生产上提出的育种目标，在生产上大面积栽培的品种中，选择符合育种目标的变异单株或某种特殊性状的变异株，翌年种植在选种圃，一般每株种 1 行，也可种 3 行，中行留种，防止天然异交。行长 1~2m。行距一般为 23cm，每隔 9 行（区）设一对照行（区），常采用逢 1 设对照的方法。生长期进行的观察、鉴定等工作，都应以邻近对照行（区）为比较标准。根据田间观察、鉴定结果和产量选出几个、十几个株系，进行升级试验，其余淘汰。考种株应在中行随机取样。入选系除去两端边株后，中行收获的种子留做下年使用，若单株产量较高，也可用考种株的种子供下年使用。

第 3~4 年进行品系比较试验，小区面积 13.34m²，随机区组 3 次重复。第 5 年进行区域试验，第 6 年进行生产示范。生产示范要求以当地主推品种或种子管理部门指定的品种做为对照品种，示范的面积一般应不少于 333.5~667m²。增产幅度符合种子部门的规定，经省品种审定委员会命名后，即可逐步推广种植。

三、杂交育种

杂交育种是多种作物进行遗传改良的主要方法。黍稷育种也不例外，采用不同基因型的材料，通过有性杂交获得杂种，然后在杂种后代中根据黍稷性状的遗传传递特点进行选择鉴定，育成符合要求的新品种。黍稷杂交育种技术由 5 个环节组成。

（一）调节开花期

首先需要 2 亲本花期相遇，父本开花要提前 1~2d，若父母本的花期不能相遇，需要通过人工栽培措施调节双亲的开花期。常用的方法是分期播种，一般播第一期后，每隔7~10d 再播第二、三期。若亲本之一是外地晚熟种，正常播期下花期不可能相遇，则应采用黑布罩短日照处理，每天 10~12h，当植株开始拔节，生长锥进入穗分化时，停止处理。

（二）选株整穗

首先在母本行里选择健壮的单株进行整穗。整穗的时期以穗顶部有少数小穗开花的穗子，此时整穗不仅效率高，而且质量好。整穗的时间应在当天开花结束后进行。人工去雄的每穗留 20~30 个小穗，温水杀雄的每穗留 100 小穗左右。温水杀雄的最好选择高度一致的相邻 2 个穗一起整穗。这样温水杀雄时，同时可浸泡两穗。整穗时先去掉已开花的小穗和幼嫩小穗，保留的小穗尽可能是第 2 天开花的。整好的小穗一般应在当天进行人工去雄或温水杀雄。

（三）去雄

有人工去雄、温水杀雄、化学杀雄等方法。

人工去雄法：一般以下午为宜。去雄工具以去雄针（类似解剖针）为主，配以细尖的镊子。去雄时用一只手的拇指与食指拿住小穗两侧，用针尖从小穗内外稃的顶部拔开一细缝，用针尖沿外稃外侧轻拨雄蕊，可以拨出 1 蕊。然后沿内稃内侧轻拨雄蕊，有时可以拨出 2 蕊，但常常是拨出 1 个留下 1 个。能否取出第 3 蕊常是去雄成败的关键。去雄要净，切勿有遗漏。

温水杀雄法：黍稷雌蕊的耐热性高于雄蕊，因此可以用温水杀雄的方法去雄。根据多年的实践，水温 46.5~47.8℃浸泡 5~15 分钟都具有不同程度的杀雄效果。多数种质水温超过 48℃浸泡 5 min，雌雄蕊全部杀死；部分种质水温 48℃浸泡 5 分钟，还有较高的结实率。若采用容器加盖恒温杀雄，浸泡时间可不受气候影响，若采用广口保温瓶不加盖浸泡杀雄，则浸泡时间随气候而异。天气晴朗，气温高，温水不易降温，可按规定时间浸泡；反之，需延长浸泡时间。温水杀雄一般避免在阴天进行。去雄或杀雄后要及时套袋进行隔离。

化学杀雄法：在特定的发育时期，喷施某些化学药剂，造成雄性不育，称化学杀雄。这是大规模配置杂交种时采用的经济有效方法。化学杀雄是一项新技术，世界各国在多种作物上试用，据前苏联库班农业科学研究所研究，有效成分约 80%的乙烯利，在黍稷孕穗期喷施浓度为 0.25%~1.0% 的水溶液，结果表明 0.25%~0.5% 的浓度，效果不好，0.8%~1.0% 的浓度，可达到雄性不育，供试的一个种质，喷药后结实率仅 13.0%~41.3%，而对照为 70%。我国在黍稷作物上还没有见到应用化学杀雄的研究报告，所以在应用化学杀雄时必须先进行不同浓度的药效试验，获得可靠结果后才能在杂交育种中应用。

（四）授粉

黍稷种质有性杂交的授粉技术，通用的有 3 种方法。①用镊子取成熟花药放在去雄柱头上，翌日小穗内外稃闭合，说明授粉成功；②对未去雄的小花，待其刚开放时快速去雄，然后用毛笔蘸花粉快速授粉；③选择花期较母本略早，位置相近、株高相近的父本健株，用羊皮纸袋将父母本穗子套在同一袋内，让其自由授粉。套袋授粉省时省工，但父母本必须相邻种植，若做不到这一点，可采用其他授粉法。

（五）授粉后的管理

授粉后的茎秆上需挂标签，标明父母本名称、杂交日期与杂交方法、杂交人员。授粉后一、二日需检查效果，必要时可补充授粉。授粉后 7~10d 去净穗基部的小穗。在纸袋上部剪去一角，利于通风，防止霉变。杂交后 30d 左右即可成熟，可按组合进行收获，收获的穗子干燥后及时脱粒。

四、诱变育种

常用的有辐射诱变和化学诱变两类。辐射诱变育种常用的射线有 X 射线、α 射线、β 射线、γ 射线、中子、紫外线和质子等。目前应用较多的是 ^{60}Co 和 ^{137}C$_s$γ 射线源。由于中子诱变力强于 γ 射线，目前在诱变育种中应用日益增多，常用的有热中子和快中子。根据孔繁瑞等提供的资料，用 γ 射线处理黍稷干种子，适宜剂量 2.5 万 R。我们曾做过一次半致死剂量试验，认为 3.0 万~3.5 万 R 比较好，即和粟的剂量相同。γ 射线的诱变效果，一般认为不理想，由于未做深入的工作难下结论。黑龙江省农业科学院育种所曾用热中子 5×10^{11} 中子/cm^2 处理，育成 74-3012 新品系。孔繁瑞等提供的资料，粟等多种作物快中子应用较多的注量范围为 10^{11}~10^{12} 中子/cm^2，都可作为黍稷诱变遗传改良时的参考数据。

在化学诱变方面，几十年来，科学工作者筛选出一些能够有效地诱发植物变异的物质，有的物质还具有与辐射相类似的生物化学效应。这些化学物质主要有烷化剂、碱基类似物和有关化合物、抗生素、中草药、亚硝酸等。但在黍稷作物上还未见采用化学诱变遗传改良的报道。

第五节　我国黍稷品种的演变

一、20 世纪 80 年代前我国黍稷推广品种及其主要特点

长期以来中国黍稷生产基本上都是沿用古老的农家品种。中国近代黍稷育种工作始

于 20 世纪 40 年代，当时的绥远省（今内蒙古自治区）狼山农事试验场，陕甘宁边区延安兴华农场先后收集地方品种进行观察、鉴定、选育。狼山农事试验场采用系统育种法，于 1947 年从地方品种中育成了狼山 462 和米仓 155 两个稷子新品种。它们都是黄秆、黄粒、粳性、散穗、耐盐品种，比地方品种增产二成左右，曾在内蒙古自治区的临河、五原、抗后等旗县大面积推广，到 70 年初期还有数千公顷栽培面积。

20 世纪 50 年代到 60 年代，中国黍稷主产区的农业科研单位先后开展了黍稷育种工作，这些单位主要有：陕西省农业综合试验场延安分场、宁夏回族自治区王太堡农业试验场、黑龙江农业科学院作物育种所、甘肃省农业科学院作物所、内蒙古自治区王太堡巴彦淖尔盟和伊克昭盟农科所、黑龙江省农业科学院嫩江农科所、宁夏回族自治区固原地区农科所和陕西榆林地区农科所。多数育种单位都是先征集黍稷地方品种资源，然后通过整理评选和多点示范，迅速扩大优良地方品种面积，如陕西省的大瓦灰黍、紫盖头糜、靖边二红糜、甘肃省的保安红糜、内蒙古自治区的东胜二黄糜等。同时，对优良地方品种的混合群体进行系统选择或多次混和选择，育成一批优良品种用于生产。起步较早的是宁夏王太堡农业试验场，该场从当地的二黄糜中，采用系选法育成 142 号糜子，从 1987 年起在宁夏、甘肃等地推广，以后命名为宁糜 1 号。在系统选育的基础上，结合抗性鉴定和适应性鉴定，育成一批高抗型和适口性好的品种。如高度耐盐的内蒙古巴盟 13 号糜，糯性好的黑龙江龙黍 5 号等。60 年代初期，黑龙江、内蒙古、甘肃、宁夏等省（自治区）的农业科研单位，先后开展了品种间有性杂交育种工作。采用有性杂交法最早育成并在生产上大面积推广的品种有龙黍 16 号、龙黍 18 号和内糜 2 号。上述三品种都是 1963 年开始杂交，70 年代在生产上示范推广的。在 70 年代一批育种单位和农民育种家还从自然突变的个体中育成了一批双粒品种，双粒型品种每个小穗能结 2 个籽粒，属特异性状的黍稷类型，如黑龙江省的克山双粒糜，在当地推广曾达数万亩，内蒙古的双粒黑粘糜、商都双仁黍，陕西省的靖边双粒红糜等，都曾经在当地生产上发挥过较大的作用。

二、20 世纪 80 年代后我国黍稷推广品种及其主要特点

中国的黍稷育种，长期以来都是由各省（自治区）育种单位独立进行，着眼于本省（自治区）的应用，全国的省际之间没有开展协作，育种的基础工作也很薄弱。自 1982 年中国农科院和中国作物学会在沈阳召开的小杂粮、小油料、小食用豆的"三小"作物学术会议上，与会代表一致推选山西省农业科学院作物品种资源所牵头，组建全国黍稷科研协作网，开展黍稷科研全国大协作，在中国农业科学院作物品种资源所的大力支持下，山西省农业科学院作物品种资源所在很短的时间内组建了我国北方 11 省（自治区）参加的黍稷品种资源科研协作组，以后发展为全国 23 个省（自治区）38 个单位参加的中国黍稷品种资源科研协作组。这对当时我国落后的黍稷育种是一个大的促进，同时也奠定了良好的基础。在开展全国黍稷品种资源科研大协作的同时，也相应地培育出一批丰产优质的黍稷优良品种应用于生产。1987 年以后，在育成品种中，年度推广面积曾达到 3.33 万公顷以上的品种有：黑龙江省农业科学院育成的龙黍 3 号、5 号、14 号、16 号、18 号、23 号，黑龙江嫩江农科所育成的年丰 1 号、2 号、3 号，内蒙古自治区巴盟农科所育成的巴盟 13 号，内蒙古自治区伊盟农科所育成的内糜 2 号、3 号、4 号、5 号（曾名伊

糜 2 号)、伊糜 1 号（曾名伊糜 5 号）、伊选大红糜、内糜 2 号，山西省农业科学院高寒作物所育成的晋黍 1 号，山西省农业科学院品种资源所育成的晋黍 2 号，宁夏回族自治区固原地区农科所育成的宁糜 1 号、5 号、9 号。推广面积较大，但不足 3.33 万公顷的品种有：黑龙江省农业科学院育成的龙黍 22 号，黑龙江嫩江农科所育成的年丰 4 号，内蒙古伊克昭盟农科所育成的内黍一点红，内蒙巴彦淖尔盟农科所育成的巴 826 黄黍，甘肃农业科学院粮作所育成的陇糜 3 号、4 号，宁夏固原地区农科所育成的宁糜 4 号，辽宁省农业科学院育种所育成的辽糜 56 等。黑龙江省品种区试工作组织得好，试点多，又重视生产示范和良种繁殖工作，所以育成品种推广速度快，面积大。

这一段时期有一批黍稷新品种先后获奖，龙黍 16 号获农牧渔业部科技进步三等奖，内糜 4 号、内黍 2 号获内蒙古自治区科技进步三等奖，晋黍 1 号、2 号获山西省科技进步三等奖，内糜 1 号、3 号，龙黍 18 号，年丰 2 号都分别获省级科技成果四等奖。

20 世纪 80 年代后在生产上推广的黍稷育成品种，不仅在丰产性方面较地方品种有了很大的提高，在抗逆性方面也大大增强。例如，黍稷较易落粒，在栽培技术上往往适当提早收获，防止落粒损失，这样势必降低千粒重，中国黍稷育成品种多数较抗落粒，如黑龙江省育成的龙黍号品种，绝大多数落粒轻或极轻。黍稷是耐旱性强的作物，但品种间有差别。甘肃省的陇糜 3 号，宁夏的宁糜 9 号、内蒙古的伊选大红糜，都是高度耐土壤干旱的品种。黍稷品种的耐盐性也很重要，内蒙古巴彦淖尔盟农科所育成的巴盟 13 号和 580 黄糜，伊克昭盟农科所育成的内糜 3 号、5 号和内黍 2 号，苗期能在以硫酸盐和氯化物为主要盐类，全盐量为 0.7% 的土壤中成活，生育后期能在含盐量为 0.4% 的土壤中抽穗结实。黑龙江北部地区冷凉低湿，在该地区推广种植的龙黍 22 具有耐冷凉的特点，黑龙江农科院嫩江农科所育成的年丰 5 号具有耐湿性强的特点，内蒙古伊克昭盟农科所育成的内糜 5 号具有高度耐湿、抗倒、抗落粒、抗旱、适应性强的特点。除此之外，黑龙江的龙黍 19 号和稷丰，内蒙古的内糜 2 号，宁夏回族自治区的宁糜 8 号等品种，具有特早熟的特点，可以作为救灾品种利用。在品质育种方面也大大向前迈进了一步，由于在中国黍稷品种资源中鉴定出一批高蛋白、高脂肪和高赖氨酸材料，山西省农科院品种资源所培育出的晋黍 2 号、山西省农科院高寒作物所培育出的晋黍 1 号、辽宁的辽糜 56、黑龙江省的龙黍 5 号、河北坝下的二白黍都具有适口性好，糯性好的特点。宁糜 9 号、伊糜 1 号是良好的粳性品种，具有米饭食味好，口感筋的特点。内糜 2 号、5 号和伊选大红糜也是口感很好的粳性品种，具有品质优良的特点，是适合牧区制作炒米的优良品种。晋黍 2 号除作为糯性好的年糕品种外，还是制作黄酒的上好原料。

三、近年来我国黍稷推广品种及其主要特点

进入 20 世纪 90 年代中后期，随着人民生活水平的提高和市场的需求，人们对优质黍稷品种的需求不断增加，这个时期由山西农科院品种资源所主持的国家攻关中国黍稷种质资源的研究内容，也重点进入了优异种质的筛选和综合评价利用的轨道上来，评选出一批优质、高产、抗逆性强的优异种质提供生产利用，这些优异种质主要是软糜子（1453）、白黍（1394）、合水红硬糜子（0724）、白鸽子蛋（5464）、黄糜子（5272）、古城红糜子（2620）、韩府红燃（2621）、稷子（5159）、达旗黄秆大白黍（0635）、黄硬糜

（5451）等。其中，黄糜子（5272）被农业部评为国家一级优异种质，韩府红燃（2621）和达旗黄秆大白黍（0635）被评为国家二级优异种质。这些优异种质除在山西、陕西、吉林等试点大面积推广种植外，还在内蒙、宁夏、甘肃等黍稷主产区推广种植。优异种质在生产上的利用不仅满足了市场的需求，而且带动了贫困山区经济的发展。这个时期各黍稷育种单位又相继培育出一批优良品种应用于生产，各省（区）生产上推广应用的品种，不仅注重了丰产性，更加注重品种的营养品质和适口性。

黑龙江省主要推广由黑龙江农业科学院育种所用 [（龙12×龙3）×（龙9×龙5）] 杂交育成的龙黍22。该品种蛋白质含量15.12%，米质黏，糯性好，早熟，生育期100d左右，主要在黑龙江牡丹江山区和半山区栽培。用 [龙16×（龙3×龙12）] × {[（海黄×龙2）×小南沟]×龙5} 杂交育成的龙黍23。该品种不仅赖氨酸含量高于一般品种，而且支链淀粉含量100%，品质和适口性特好，主要在黑龙江松花江地区和绥化地区种植。此外，龙黍5号、龙黍16、龙黍18在黑龙江的呼兰、双城等地也有一定种植面积。年丰5号、年丰6号在齐齐哈尔、嫩江等地也种植面积较大。吉林省吉林市农业科学院从地方品种中系统选育出九黍1号黍子新品种。该品种籽粒蛋白质含量14.3%，脂肪含量3.9%，抗旱、耐盐碱，主要在吉林省东南部丘陵区种植。内蒙古伊盟农科所用小白黍×紫秆红黍育成的内黍3号黍子品种，适应性广，米质糯性好，黍糕色、香、味俱全，主要在内蒙古黄河南岸平原区和土默川平原区种植。此外，内黍2号、伊黍1号等品种在伊盟地区也有较大种植面积。山西省是黍稷的主产区，由山西农科院品种资源所在20世纪90年代培育的优质品种晋黍2号，这个时期仍作为生产主干品种利用。此外，近年来鉴定筛选的优异种质，韩府红燃、黄糜子、达旗黄秆大白黍等品种随着市场需求也在大面积推广种植。山西雁北地区历史以来黍稷就是当地人民的主要食粮。由山西农科院高寒作物所近年来由地方品种中系选出的晋黍3号、晋黍4号、晋黍5号新品种也以其生育期短、适口性好等特点在山西北部地区大面积推广种植。陕西省近年来黍稷生产的主干品种，主要以陕西榆林地区农科所用定边地区农家种小明糜作为原始群体，通过单株混合选择育成的榆黍1号黍子品种。该品种蛋白质含量13.6%，脂肪含量4.7%，支链淀粉含量100%，是黏糕用的上好品种，加之生育期只有75~80d，是麦茬复播的二季作品种，主要在陕北干旱丘陵地推广种植。除此之外，近年来在陕北干旱地区推广面积较大的黍子品种，还有由陕西榆林地区农科所从神木地方品种红糜子中系选的榆糜2号稷子品种。该品种蛋白质含量13.5%，丰产性好，是优良的米饭用品种。宁夏回族自治区近年来的黍稷生产主干品种主要是宁糜10号。该品种是宁夏固原地区农科所继宁糜8号、宁糜9号之后用固糜1号×海原紫秆红杂交选育成的优质品种。该品种粳性，蛋白质含量13.7%，丰产性好，是米饭用优良品种，主要在宁夏固原、同心、盐池等地推广种植。此外，在甘肃会宁、灵台、平川和内蒙的伊盟等地也引种种植。甘肃省的黍稷生产用种多年来以陇糜2号、陇糜3号、陇糜4号为主干品种，近年来由甘肃农科院粮食作物研究所用皋兰鸡蛋青×野糜子×丰收4杂交育成的陇糜5号新品种，籽粒粳性，蛋白质含量13.72%，赖氨酸含量0.26%，是米饭用优良品种，主要在陇中旱作区和与之相毗邻的陕、甘、宁、蒙地区推广种植。山东省潍坊市农科所从广饶黏黍子中系选出鲁黍1号黍子新品种。该品种皮壳率低、适口性好，是黏糕用优良品种，主要在山东省平原区种植，河北省承德地区也引种推广。

第六节 黍稷种质遗传改良展望和发展趋势

黍稷种质的遗传改良要符合当地大面积生产和人民生活的需求，因此，要有针对性制定遗传改良目标，培育出适合当地种植的优质、高产品种。

一、制定黍稷遗传改良目标的一般原则

（一）黍稷种质遗传改良要符合当地当前大面积生产水平的需要

黍稷在中国的地位是小杂粮作物，虽然不同地区其重要性有所不同，但一般情况下均是较次土地才种植黍稷，不能回避这个现实。制定遗传改良目标时，应以当地大面积种植的地方品种（或推广品种）生态特性作为标准，这样育成的新品种既继承了原主栽品种的优点，又改进了它的主要缺点，还能适应当前生产水平，所以易于推广。

（二）分清主次、抓住重点

生产上对黍稷品种总的要求是高产、优质、高抗和适应性强。黍稷品种的高产性状大致可分为产量因子、株型和高光效三方面内容。产量因子是受多基因控制的数量性状，高产品种需要穗数、穗粒数、粒重三要素良好的搭配。株型关系到形态特征、生理特性和生态特点。对于黍稷来讲，首先应在矮秆育种方面有所突破。黍稷是 C_4 型植物，但现有品种光合能力并不高，需要在高光效育种方面多下功夫。优质表现在适口性、加工工艺和营养成分三方面。当前比较重视适口性，其次是营养成分。仅营养成分中，主要考虑蛋白质、赖氨酸和脂肪的含量。抗性包含对病虫害的抵抗性和对不良气候土壤条件的适应性两个方面。高产与优质、高产与抗性呈负相关关系，通过育种工作者的努力，可以将三者协调到一定程度，使它们符合遗传改良目标。

适应性，首先要求具有地区适应性，可以在当地自然、土壤条件下获得较高产量。近十几年来，国内外各种作物的育种工作者，普遍注意品种的广泛适应性。这个要求对黍稷品种来说，也是十分重要的。国内黍稷育种单位不多，目前地方品种还略占优势。无论是地方品种，还是现在推广的育成品种适应范围都较小，若能育成具有广泛适应性的新良种，在生产上将起重要作用。

高产、优质、抗性、适应性都达到理想的要求是困难的。不同地区、不同时期生产上存在的主要矛盾不同，遗传改良目标也会相应发生变化。应抓住主要矛盾，找出关键性状做为遗传改良的主攻目标。

（三）适当考虑耐肥高产和备荒早熟品种的选育

考虑到农业生产的发展，选育耐肥高产品种，使省水肥、优质的黍稷能在灌溉地上占有一席之地是必要的。黍稷主产区自然条件差，灾害频繁，黍稷是首选的补救作物。

选育早熟高产的黍稷备荒品种，也是一项迫切任务。

二、不同产区的主要遗传改良目标

（一）黄土高原区

本区以旱作春播品种为主体，东部和南部地区夏播复种品种也占一定比重。以侧穗大粒型品种为主，植株较高大，根系发达，抗旱性较强。本区南北纬度相差 6°，产区之间海拔相差 1 200m，品种的熟性多种多样，但以中熟和晚熟品种占多数，本区的主要遗传改良目标是：熟性应符合当地生态要求，以中晚熟品种为主体。抗性不同地区各有侧重，多数地区应重视抗旱性，复种地区要注意抗倒性；全区要重视抗黑穗病和红叶病；西部多风区要重视抗落粒性。品质方面，糯型品种需注意粒色和适口性；以粳性品种为主食的地区，应重视高蛋白和高赖氨酸品种的选育。

（二）内蒙古高原区

中国黍稷主产区之一，以旱作春播中晚熟品种为主体，备荒的早熟品种也占一定比重，侧穗大粒型品种占较大优势。本区南北纬度相差 10°，产区之间海拔相差 1 200m，区内地区之间的差异也是十分明显的。本区的主要遗传改良目标：熟性以中晚熟为主，早熟品种适当搭配。抗性应特别重视耐旱性，高寒区注意耐寒性，风沙区重视耐风沙性。抗病性与品质要求与黄土高原基本相同，但是本区需重视适于制作民族食品"炒米"品种的选育。

（三）东北平原区

以糯型品种为主体。地方品种以侧穗型占绝对优势，育成品种多数为散穗型。茎叶茸毛较短、较稀，籽粒以中小粒型为主。本区南北纬度相差 8°，北部为中早熟品种，株高中等，南部为晚熟品种，植株高大。主要遗传改良目标：熟性应符合当地的生态条件。抗性品种地区间有差别。西部注意耐旱性，东部重视耐湿性。抗病应重视抗黑穗病和细菌性条斑病（褐条病）。对耐肥抗倒品种的选育，应给以充分重视。品质应重视糯型优质品种的选育。

（四）华北平原区

以侧穗、中粒型、糯型品种为主体，山东省散穗型品种占一定比重。熟性多种多样，现以夏播品种为主体。主要遗传改良目标：熟性符合当地栽培制度要求，要重视耐盐、耐湿和抗倒性，易干旱区也应重视耐旱性，特别要重视糯型优质品种的选育。

（五）西北干旱灌区

地方品种以侧穗型为主、散穗型为辅，育成品种散穗型占绝大多数。茎叶茸毛较浓密，耐盐性强，也较耐大气干旱。本区 20 世纪 50 年代黍稷还占一定比例，目前栽培面积已经缩小。主要原因是被耐肥增产潜力更大的玉米和小麦所取代。主要遗传改良目标：

早熟、耐肥、抗倒、高产、适于复种的新品种。还应兼顾高度耐盐，适于盐碱地栽培的新品种。

新疆、西藏和中国南方诸省，生态条件变化复杂，只有零星栽培，应根据地方品种优缺点和生产上提出的要求确定遗传改良目标。

第十五章

中国黍属的种

黍稷（*Panicum miliaeum* L.）属禾本科黍属。黍属（*Panicum* L.）的主要特征是：一年生或多年生草本，根丛生或有根茎。茎秆直立或匍匐、攀援，叶片线形或披针形，花序为绿色或紫色，穗分枝角度较大，为周散穗形，小穗内有两朵小花，第一小花退化不结实，第二小花结实，第一护颖较小穗短，第二护颖与小穗等长，第一内稃其作用和形态与护颖相同，第二外稃成熟时变硬，小花内有 3 个雄蕊和 1 个雌蕊，雌蕊由子房和两个分枝羽状柱头组成。染色体是 9 和 10 的倍数。我国有 18 种两变种。根据其形态特征分为 6 个组：黍组、二歧黍组、匍匐黍组、攀匍黍组、皱稃组、点稃组。

第一节　组 1. 黍组——Sect. *Panicum*

一、柳枝稷　*Panicum virgatum* L.

图 15-1　柳枝稷
1. 植株　2. 小穗（背面）　3. 小穗（腹面）　4. 谷粒

特征特性：多年生草本。根有根茎，茎秆硬而直立，株高 1～2m。叶片线形，叶长 20～40cm，叶表面无茸毛。花序绿色成熟时浅紫色，穗形为周散穗型，穗长 20～30cm，小穗分布稀疏，第一颖长稍短于小穗，第二颖与小穗等长，第一小花雄性，第二小花能正常结实。（图 15-1）染色体 2n=21，25，30，32、36、72。6～10 月为开花结实期。原产北美；我国引种作为多年生栽培牧草利用，无性繁殖力极强。

二、旱黍草 *Panicum trypheron* Schult.

别名为"毛叶黍"。特征特性：多年生簇生草本。茎秆直立，株高 20～60 厘米。叶线形，叶长 7～25 厘米，茎叶茸毛多。花序绿色成熟时紫褐色，穗形周散，穗长 10～30cm，小穗稀疏。籽粒椭圆形。染色体 2n=36，与栽培黍稷相同。抗干旱和风沙力强。5～10 月为开花结实期。分布于广东、广西、台湾和西藏等省（区），野生于草坡和干旱丘陵地带。

三、黍稷　*Panicum miliaceum* L.

别名为稷、糜（略）

四、南亚稷　*Panicum walense* Mez

别名为"矮黍"。特征特性：一年生丛生草本。须根系。茎秆细软易弯曲，株高 10～40cm。叶片狭长线形，长 3～15cm。茎叶及叶鞘无茸毛，花序绿色，成熟时紫红色。穗长 5～10cm，穗分枝四周散开，着生稀疏小穗，颖及第一外稃无横脉，籽粒小呈椭圆形。染色体 2n=18。8～12 月为开花结实期。分布于广东、广西、海南、台湾和西藏等省（区）。野生于旷野和田间地边。

五、大罗网草　*Panicum cambogiense* Balansa

别名为网脉稷。特征特性：一年生草本。茎秆单生或丛生，柔软易倒，株高 30～60 厘米，茎叶密生茸毛。叶片披针形，叶长 5～15 厘米。花序绿色成熟时带紫色，周散穗型，长 15～30cm，小穗椭圆形，颖及第一外稃有横脉。染色体 2n=18。抗干旱与风沙力强，8～10 月为开花结实期。分布于台湾、广东、广西等省（区），野生于田边及林缘一带。

第二节　组 2. 二歧黍组——Sect. *Dichotomiflora* Hitchc. et A. Chase

一、细柄黍 *Panicum psilopodium* Trin.

特征特性：一年生草本。茎秆单生，少数丛生、直立，无地下根茎，株高 30～60cm，有分枝。叶片线形，长 10～15cm，有茸毛。花序灰绿色，后期变浅褐色，穗分枝开展，穗长 15～20cm，小穗卵状披针形，长 2.5～3mm，第一颖长为小穗的 1/3，第二颖与小穗等长。籽粒椭圆形，长约2.2mm。7~10月为开花结果期。染色体2n=54。抗旱耐瘠性强。分布于海南、云南、浙江、江苏、山东等省（区），野生于荒野道旁。

一a、细柄黍（原变种） var. *psilopodium*

特征特性：一年生草本。茎秆单生或丛生、直立，茎基部茎节长，软而易倒，无地下根茎，株高20~60cm。叶片线形，长8~15cm，茎叶茸毛少。花序绿色，穗分枝与主轴夹角大于45°，穗枝梗开展，小穗稀疏着生于上面，小穗卵状，长圆形，第一颖宽卵形，顶部尖，长约为小穗的1/3，第二颖长卵形，与小穗等长，第一外稃与第二颖等长，第一小花内稃存在。7~10月为开花结实期。染色体2n=54，抗旱耐瘠性强。分布于我国东南部、西南部和西藏等地，野生于干旱丘陵地荒野路边。

一b、无稃细柄黍（变种） var. *epaleatum* Keng

特征特性：与细柄黍（原变种）基本相同，区别于第一小花内稃退化。分布于贵州、云南等省。野生于山坡、道路边。

二、水生黍 *Panicum paludosum* Roxb.

特征特性：多年生草本。茎秆扁平，柔软不直立，茎节生气生根，茎长1m左右。叶鞘松弛，质薄，叶舌薄膜质，顶端具长纤毛。叶片披针形，长5~25cm，宽4~10毫米，阳面粗糙，阴面光滑。花序绿色或桔黄色，穗形为周散穗型，穗长5~20cm，小穗长圆形，长3.5~4mm，第一颖长为小穗的1/5~1/4，第二颖与小穗等长，第一外稃与第二外稃等长，内稃退化（图15-2）。染色体2n=54，9~11月为开花结实期。喜潮湿，不耐干旱。分布于广东、广西、云南、福建、台湾等省（区）。野生于水池或沼泽地。

图15-2 水生黍
1. 植株　2. 小穗（背面及腹面）　3. 谷粒

三、洋野黍 *Panicum dichotomiflorum* Michx

别名为"禾草"。特征特性：一年生草本。茎秆直立，茎上有分枝，株高 30~100cm。叶片长宽，长 15~40cm，宽 1~2cm。花序绿色，穗分枝与主轴夹角大，穗形周散，小穗稀疏，第一颖长为小穗的 1/4~1/5，第二颖与小穗等长。染色体 2n＝36，6~10 月为开花结果期。原产北美，我国台湾引种作为牧草利用。

第三节　组 3. 匍匐黍组——Sect. *Repentia* Stapf

一、铺地黍　*Panicum repens* L.

别名为"枯骨草"。特征特性：多年生草本。植株具地下根茎，无性繁殖力极强，茎秆直立，质地坚硬，株高 50~100cm。叶片硬、线形，长 5~15cm。茎叶密生纤毛，花序绿色。穗分枝聚合，籽粒成熟时散开，穗长 5~20cm，小穗长圆形，第一颖长为小穗的 1/4，第一小花退化，第二小花结实。染色体 2n＝40。6~11 月为开花结实期。喜潮湿，抗大气干旱。分布于我国东南各地。野生于水边、潮湿之地，为优良高产的牧草。

二、滇西黍（拟）　*Panicum Khasianum* Munro

特征特性：多年生草本。茎下部不能直立，匍匐于地面，茎节生气生根，茎上部可直立，株高 1~2m。叶片线状披针形，长 10~20cm，宽 1.8~2.5cm，茎叶密生纤毛。花序深绿色，成熟时紫色，穗分枝长，层次多，穗长 15~30cm，小穗椭圆形，长 2~3mm，第一颖很短，长为小穗的 1/8，第一内稃退化。7~12 月为开花结实期。分布于云南西部海拔 1000~2500 米的高海拔山区，野生于水池边及潮湿地带。

第四节　组 4. 攀匍黍组——Sect. *Sarmentosa* Pilger

一、心叶稷 *Panicum　notatum* Retz.

别名为"山黍""硬骨草"。特征特性：多年生草本。无根茎，属须根系。茎秆直立但基部软易倒伏，株高 60~120cm。叶片披针形，长 5~12cm，宽 1~2.5cm，叶基部呈心形，茎叶茸毛稀疏。花序绿色，成熟时紫色，穗形周散，穗长 10~30cm，小穗椭圆形，第一颖长为小穗的 1/2 以上。染色体和栽培黍稷同，2n＝36。5—11 月为开花结果期。喜潮湿。分布于福建、台湾、广东、广西壮族自治区（全书简称广西）、云南和西藏等省（区），野生于森林边缘地带。

二、可爱黍（拟）*Panicum amoenum* Balansa

特征特性：多年生草本。茎秆匍匐或攀援，茎节生气生根。叶片基部圆形，叶长 10~20cm，宽 1~1.5cm，茎叶无茸毛。穗长 30~40cm，小穗宽卵形，第一颖为小穗的 1/2 以上，第一小花内稃退化。7~12月为开花结实期。喜阴湿。分布于云南西双版纳，野生于森林边沿。

三、冠黍（拟） *Panicum cristatellum* **Keng**

特征特性：多年生草本。茎秆硬而纤细，匍匐蔓生，长约30~60cm。叶片长圆状披针形，长3~10cm，着生茸毛。穗分枝散开，长20cm，小穗第一颖长为小穗的1/2~3/4，第一小花内稃退化。6~8月为开花结实期。分布于江苏省，野生于海拔较低的沼泽地带。

四、藤竹草（海南）*Panicum incomtum* **Trin.**

特征特性：多年生草本。茎秆木质，攀援似藤，长1m到10余米。叶片披针形，长8~20cm，宽1~2.5cm，叶面着生茸毛。穗周散穗型，长10~15cm，染色体与黍稷同，2n=36。7到翌年3月为开花结实期。分布于海南、广东、广西、江西、福建等省（区），野生于林地草丛中。

五、糠稷（日名）*Panicum bisulcatum* **Thunb.**

特征特性：一年生草本。茎秆细硬，直立或匍匐于地面，株高0.5~1m。叶条状披针形，长5~20cm。穗长30cm，分枝细，疏生小穗，小穗长2~3mm，含两小花，仅第二小花结实，第一颖长为小穗1/3~1/2（图15-3）。染色体与黍稷同2n=36。9~11月为开花结实期。分布于我国华南、西南及东北、湖北等省（区），野生于水边或荒野潮湿处，当地作为牧草利用。

图15-3　糠稷

1. 植株　2. 小枝　3. 小穗（背面及腹面）　4. 第一颖　5. 第二颖　6. 第一花外稃及内稃　7. 谷粒

第五节 组 5. 皱稃组——Sect. *Maxima* Hitchc. et A. Chase

一、大黍 *Panicum maximum* Jacq.

别名为"羊草"。特征特性：多年生丛生高大草本。茎秆木质、直立、粗壮，株高1~3m。叶片宽线形，叶长 20~60cm，宽 1~1.5cm，质硬。花序大而周散，长 20~35cm，小穗第一颖长为小穗的 1/3，第二颖与小穗等长，第二小花内稃有横皱纹（图 15-4）。染色体 2n＝32。8~10 月为开花结实期，正好与黍稷开花结实期相遇。抗逆性特强，山西农科院品种资源所在开花结实期与栽培黍稷有性杂交，不能结实。分布于广东、台湾等省（区），我国作为栽培牧草利用，已编入《中国牧草品种资源目录》。

图 15-4 大黍
1. 植株 2. 小穗（背面） 3. 小穗（腹面） 4. 谷粒

第六节　组 6. 点稷组——Sect. *Trichoides*　Hitchc

一、发枝稷 *Panicum trichoides* Swartz

特征特性：一年生草本。茎秆纤细，分枝多，匍匐地面，茎长 15~40cm。叶片薄，卵状披针形，长 4~8cm，宽 1~2cm，有稀疏茸毛。穗长 10~15cm，周散形。小穗卵形，第一颖长为小穗的 1/2，第二颖稍短于小穗，第二小花内稃有乳突（图 15-5）。染色体 2n=18。9~12 月为开花结实期。分布于海南、广东等省（区），野生于荒野路旁。

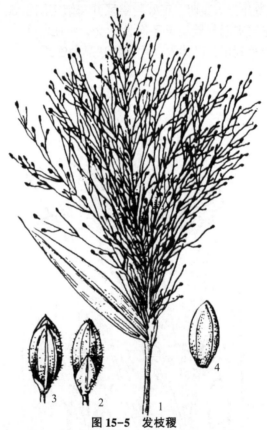

图 15-5　发枝稷
1. 植株　2. 小穗（背面）　3. 小穗（腹面）　4. 谷粒

二、短叶黍　*Panicum brevifolium* L.

特征特性：一年生草本。茎秆匍匐，茎节生气生根，茎长 10~50cm。叶卵形或卵状披针形，长 2~6cm，宽 1~2cm，有茸毛，穗形周散，长 5~15cm，小穗长 1.5~2mm，含两小花，第二花结实，外稃有乳突，第一颖稍小于小穗，第二颖于小穗近等长。染色体与栽培黍稷同，2n=36。5~12 月为开花结实期。喜阴湿，分布于广东、广西、云南、贵州、江西、等省（区），野生于阴湿地和森林边缘。

附件 1

黍稷种质资源描述规范和数据标准

1　黍稷种质资源描述规范和数据标准制定的原则和方法

1.1　黍稷种质资源描述规范制定的原则和方法

1.1.1　原则

1.1.1.1　应优先采用现有数据库中的描述符和描述标准。

1.1.1.2　结合当前需要，以种质资源研究和育种需求为主，兼顾生产与市场需要。

1.1.1.3　立足中国现有基础，考虑将来发展，尽量与国际接轨。

1.1.2　方法和要求

1.1.2.1　描述符类别分为 6 类。

　　（1）基本信息

　　（2）形态特征和生物学特性

　　（3）品质特性

　　（4）抗逆性

　　（5）抗病虫性

　　（6）其他特征特性

1.1.2.2　描述符代号由描述符类别加两位顺序号组成，如"110""208""501"等。

1.1.2.3　描述符性质分为 3 类。

　　M 必选描述符（所有种质必须鉴定评价的描述符）

　　O 可选描述符（可选择鉴定评价的描述符）

　　C 条件描述符（只对特定种质进行鉴定评价的描述符）

1.1.2.4　描述符的代码应是有序的，如数量性状从细到粗、从低到高、从小到大、从少到多排列，颜色从浅到深，抗性从强到弱等。

1.1.2.5　每个描述符应有一个基本的定义或说明，数量性状应指明单位，质量性状应有评价标准和等级划分。

1.1.2.6　植物学形态描述符应附模式图。

1.1.2.7　重要数量性状应以数值表示。

1.2   黍稷种质资源数据标准制定的原则和方法

1.2.1   原则

1.2.1.1   数据标准中的描述符应与描述规范相一致。

1.2.1.2   数据标准应优先考虑现有数据库中的数据标准。

1.2.2   方法和要求

1.2.2.1   数据标准中的代号应与描述规范中的代号一致。

1.2.2.2   字段名最长 12 位。

1.2.2.3   字段类型分字符型（C）、数值型（N）和日期型（D）。日期型的格式为 YYYYMMDD。

1.2.2.4   经度的类型为 N，格式为 DDDFF；纬度的类型为 N，格式为 DDFF，其中 D 为度，F 为分；东经以正数表示，西经以负数表示；北纬以正数表示，南纬以负数表示如 "12136" "3921"。

1.3   黍稷种质资源数据质量控制规范制定的原则和方法

1.3.1   采集的数据应具有系统性、可比性和可靠性。

1.3.2   数据质量控制以过程控制为主，兼顾结果控制。

1.3.3   数据质量控制方法应具有可操作性。

1.3.4   鉴定评价方法以现行国家标准和行业标准为首选依据；如无国家标准和行业标准，则以国际标准或国内比较公认的先进方法为依据。

1.3.5   每个描述符的质量控制应包括田间设计，样本数或群体大小，时间或时期，取样数和取样方法，计量单位、精度和允许误差，采用的鉴定评价规范和标准，采用的仪器设备，性状的观测和等级划分方法，数据校验和数据分析。

2   黍稷种质资源描述简表

序号	代号	描述符	描述符性质	单位或代码
1	101	全国统一编号	M	
2	102	种质库编号	M	
3	103	引种号	C/国外种质	
4	104	采集号	C/野生资源和地方品种	
5	105	种质名称	M	
6	106	种质外文名	M	
7	107	科名	M	
8	108	属名	M	
9	109	学名	M	
10	110	原产国	M	

（续表）

序号	代号	描述符	描述符性质	单位或代码
11	111	原产省	M	
12	112	原产地	M	
13	113	海拔	C/野生资源和地方品种	m
14	114	经度	C/野生资源和地方品种	
15	115	纬度	C/野生资源和地方品种	
16	116	来源地	M	
17	117	保存单位	M	
18	118	保存单位编号	M	
19	119	系谱	C/选育品种或品系	
20	120	选育单位	C/选育品种或品系	
21	121	育成年份	C/选育品种或品系	
22	122	选育方法	C/选育品种或品系	
23	123	种质类型	M	1：野生资源　2：地方品种 3：选育品种　4：品系　5：遗传材料　6：其他
24	124	图像	O	
25	125	观测地点	M	
26	201	幼苗颜色	M	1：淡绿　2：绿　3：深绿
27	202	生长习性	M	1：单生　2：丛生
28	203	分蘖率	O	%
29	204	有效分蘖率	M	%
30	205	主茎高	M	cm
31	206	主茎粗	M	cm
32	207	主茎节数	M	节
33	208	茎叶茸毛	M	1：少　2：中　3：多
34	209	分枝性	O	0：无　1：少　2：中　3：多
35	210	叶片长	M	cm
36	211	叶片宽	M	cm
37	212	叶片数	M	片
38	213	叶相	M	1：下垂　2：中间　3：上举
39	214	花序色	M	1：绿　2：紫
40	215	穗型	M	1：散　2：侧　3：密
41	216	穗分枝与主轴偏角	O	1：小2：中　3：大
42	217	穗分枝与主轴位置	O	1：一侧　2：周围　3：顶部或周围
43	218	穗主轴弯直	O	1：直立　2：稍弯曲　3：弯曲

（续表）

序号	代号	描述符	描述符性质	单位或代码
44	219	穗分枝长短	O	1：短　2：中　3：长
45	220	花序密度	O	1：疏　2：中　3：稍密　4：密
46	221	穗分枝基部凸起物	O	0：无　1：少　2：多
47	222	主穗长	M	cm
48	223	小穗数	O	个
49	224	小穗粒数	O	1：单粒　2：双粒　3：3 粒
50	225	单株穗重	M	g
51	226	单株粒重	M	g
52	227	单株草重	M	g
53	228	粮草比	M	
54	229	千粒重	M	g
55	230	粒色	M	1：白　2：灰　3：黄　4：红；5：褐　6：复色
56	231	粒形	O	1：球形　2：卵形　3：长圆形
57	232	结实率	O	%
58	233	皮壳率	M	1：低　2：中　3：高
59	234	出米率	M	1：低　2：中　3：高
60	235	米色	M	1：白　2：淡黄　3：黄
61	236	播种期	M	
62	237	出苗期	M	
63	238	分蘖期	M	
64	239	拔节期	M	
65	240	抽穗期	M	
66	241	开花期	O	
67	242	始熟期	O	
68	243	成熟期	M	
69	244	生育期	M	d
70	245	出苗至成熟活动积温	M	℃
71	246	熟性	M	1：特早　2：早　3：中　4：晚；5：极晚
72	301	粳糯性	M	1：粳　2：糯
73	302	食用类型	M	1：米饭或煎饼　2：软粥或黏糕
74	303	口感	M	1：筋　2：软　3：涩　4：绵
75	304	粗蛋白质含量	O	%
76	305	粗脂肪含量	O	%

（续表）

序号	代号	描述符	描述符性质	单位或代码
77	306	赖氨酸含量	O	%
78	307	可溶糖含量	O	%
79	308	粗淀粉含量	O	%
80	309	支链淀粉含量	O	%
81	310	直链淀粉含量	O	%
82	311	粗纤维含量	O	%
83	312	维 E 含量	O	μg/g
84	313	β 胡萝卜素含量	O	μg/g
85	314	维 B_2 含量	O	μg/g
86	315	钙含量	O	μg/g
87	316	铁含量	O	μg/g
88	317	水分含量	O	%
89	401	抗落粒性	O	3：强　5：中　7：弱
90	402	抗旱性	O	1：高抗　3：抗旱　5：中抗 7：不抗　9：极不抗
91	403	抗倒伏性	O	0：高抗　1：抗倒　3：中抗 5：不抗
92	404	芽期耐盐性	O	1：高耐　3：耐盐　5：中耐 7：中敏　9：敏感
93	405	苗期耐盐性	O	1：高耐　3：耐盐　5：中耐 7：中敏　9：敏感
94	406	苗期耐湿性	O	3：强　5：中　7：弱
95	407	花乳期耐湿性	O	3：强　5：中　7：弱
96	408	抗风沙性	O	3：强　5：中　7：弱
97	409	抗寒性	O	3：强　5：中　7：弱
98	501	黑穗病抗性	O	0：免疫　1：高抗　3：抗病 7：感病　9：高感
99	502	红叶病抗性	O	0：免疫　1：高抗　3：抗病 7：感病　9：高感
100	503	细菌性条斑病抗性	O	0：免疫　1：高抗　3：抗病 7：感病　9：高感
101	504	黍瘟病抗性	O	0：免疫　1：高抗　3：抗病 7：感病　9：高感
102	505	锈病抗性	O	0：免疫　1：高抗　3：抗病 7：感病　9：高感
103	601	核型	O	
104	602	指纹图谱与分子标记	O	
105	603	备注	O	

3 黍稷种质资源描述规范

3.1 范围

本规范规定了黍稷种质资源的描述符及其分级标准。

本规范适用于黍稷种质资源的收集、整理和保存，数据标准和数据质量控制规范的制定，以及数据库和信息共享网络系统的建立。

3.2 规范性引用文件

下列文件中的条款通过本规范的引用而成为本规范的条款，凡是注日期的引用文件，其随后所有的修改单（不包括勘误的内容）或修改版均不适用于本规范。但是，鼓励根据本规范达成协议的各方研究是否可使用这些文件的最新版本。凡是不注日期的引用文件，其最新版本适用于本规范。

ISO 3166　Codes for the Representation of Names of Countries

GB/T 2659　世界各国和地区名称代码

GB/T 2260　中华人民共和国行政区划代码

GB/T 12404　单位隶属关系代码

GB/T 3543—1995　农作物种子检验规程

3.3 术语和定义

3.3.1　黍稷

禾本科（Gramineae）黍属（*Panicum* L.）中的一个种（*P. miliaceum* L.），一年生草本植物，学名 *Panicum miliaceum* L.，别名糜子，染色体 $2n = 2x = 36$。以籽粒脱壳后供食用。

3.3.2　黍稷种质资源

黍稷野生资源、地方品种、选育品种、品系、遗传材料等。

3.3.3　基本信息

黍稷种质资源基本情况描述信息，包括以下描述符：全国统一编号、种质库编号、引种号、采集号、种质名称、种质外文名、科名、属名、学名、原产国、原产省、原产地、海拔、经度、纬度、来源地、保存单位、保存单位编号、系谱、选育单位、育成年份、选育方法、种质类型、图像、观察地点等。

3.3.4　形态特征和生物学特性

黍稷种质资源的植物学形态、产量性状、物候期等特征特性。

3.3.5　品质特性

黍稷种质资源的感官品质和营养品质性状。感官品质性状包括粳糯性、食用类型、口感等；营养品质性状包括蛋白质含量、脂肪含量、赖氨酸含量、可溶糖含量、粗淀粉含量、支链淀粉含量、直链淀粉含量、粗纤维含量、维 E 含量、β 胡萝卜素含量、维 B_2 含量、钙含量、铁含量、水分含量等。

3.3.6　抗逆性

黍稷种质资源对各种外界胁迫的适应性或抵抗能力，包括落粒性、抗旱性、抗倒伏性、芽期耐盐性、苗期耐盐性、苗期耐湿性、花乳期耐湿性、抗风沙性、抗寒性等。

3.3.7　抗病虫性

黍稷种质资源对各种生物胁迫的适应性或抵抗能力，包括对黑穗病抗性、红叶病抗性、细菌性条斑病抗性、黍瘟病抗性、锈病抗性等。

3.3.8　其他特征特性

包括核型、指纹图谱与分子标记、备注等描述符。

3.3.9　黍稷的生育周期

分为出苗期、三叶期、分蘖期、拔节期、孕穗期、抽穗期、开花期和成熟期。特别重要的是出苗、拔节、抽穗、成熟四时期。成熟期又可细分为乳熟期、蜡熟期和完熟期。一个穗子的基部籽粒达到蜡熟，标志着单穗的成熟。群体中大多数穗子成熟，标志着这个群体达到了成熟期。

3.4　基本信息

3.4.1　全国统一编号

种质资源的惟一标识号。黍稷种质资源的全国统一编号由 8 位顺序号组成。

3.4.2　种质库编号

黍稷种质资源在国家农作物种质资源长期库中的编号，由"I1J"加 5 位顺序号组成。

3.4.3　引种号

黍稷种质从国外引入时赋予的编号。

3.4.4　采集号

黍稷种质在野外采集时赋予的编号。

3.4.5　种质名称

黍稷种质的中文名称。

3.4.6　种质外文名

从国外引入黍稷种质的外文名或国内种质的汉语拼音名。

3.4.7　科名

禾本科（Gramineae）。

3.4.8　属名

黍属（*Panicum* L.）。

3.4.9　学名

黍稷学名为 *Panicum miliaceum* L.。

3.4.10　原产国

黍稷种质原产国家名称、地区名称或国际组织名称。

3.4.11　原产省

国内黍稷种质原产省份名称；国外引进种质原产国家一级行政区的名称。

3.4.12　原产地

国内黍稷种质的原产县、乡、村名称。

3.4.13　海拔

黍稷种质原产地的海拔高度。单位为 m。

3.4.14　经度

黍稷种质原产地的经度，单位为（°）和（′）。格式为 DDDFF，其中 DDD 为度，FF 为分。

3.4.15　纬度

黍稷种质原产地的纬度，单位为（°）和（′）。格式为 DDFF，其中 DD 为度，FF 为分。

3.4.16　来源地

国外引进黍稷种质的来源国家名称，地区名称或国际组织名称；国内种质的来源省、县名称

3.4.17　保存单位

黍稷种质提交国家种质资源长期库前的原保存单位名称。

3.4.18　保存单位编号

黍稷种质在原保存单位中的种质编号。

3.4.19　系谱

黍稷选育品种（系）的亲缘关系。

3.4.20　选育单位

选育黍稷品种（系）的单位名称或个人。

3.4.21　育成年份

黍稷品种（系）培育成功的年份。

3.4.22　选育方法

黍稷品种（系）育种方法。

3.4.23　种质类型

黍稷种质包括的类型，共分为 6 类。

1　野生资源

2　地方品种

3　选育品种

4　品系

5　遗传材料

6　其他

3.4.24　图像

黍稷种质的图像文件名。图像格式为 .jpg。

3.4.25　观察地点

黍稷种质形态特征和生物学特性观测地点的名称。

3.5 形态特征和生物学特性

3.5.1 幼苗颜色
幼苗叶片的颜色。

1 淡绿

2 绿

3 深绿

3.5.2 生长习性
茎秆直立，单生、丛生（见图1）。

1 单生

2 丛生

图1 生长习性

3.5.3 分蘖率
分蘖节处的小芽突出叶鞘即为分蘖。

主茎与分蘖茎的总数除以植株数为分蘖率，用%表示。

3.5.4 有效分蘖率
有效穗数除以植株数为有效分蘖率，用%表示。

3.5.5 主茎高
主茎分蘖节至穗基部的长度（见图2）。单位为cm。

图2 主茎高

3.5.6　主茎粗

主茎基部节间的直径。单位为 cm。

3.5.7　主茎节数

地面以上主茎的节数。单位为节。

3.5.8　茎叶茸毛

茎和叶表面、叶鞘着生茸毛的长短、稠密度（见图 3）。

1　少

2　中

3　多

图 3　茎叶茸毛

3.5.9　分枝性

黍稷植株地上茎节叶腋间长出的分枝的多少（见图 4）。

0　无

1　少

2　中

3　多

图 4　分枝性

3.5.10 叶片长

抽穗后主茎顶部第三片叶基部至叶顶端的长度（见图5）。单位为cm。

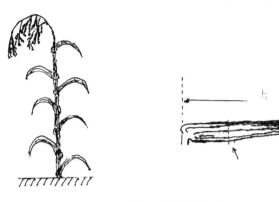

图5 叶片长和宽

3.5.11 叶片宽

抽穗后主茎顶部第三片叶最宽处的宽度（见图5）。单位为cm。

3.5.12 叶片数

抽穗后主茎叶片数。单位为片。

3.5.13 叶相

抽穗前茎秆上部二片叶的长相；抽穗后旗叶的长相（见图6）。

1 下垂

2 中间

3 上举

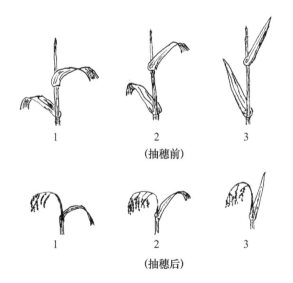

1 2 3

（抽穗前）

1 2 3

（抽穗后）

图6 叶 相

3.5.14　花序色

抽穗开花后花序的颜色。

1　绿

2　紫

3.5.15　穗型

穗子的形态类型（见图7）。

1　散

2　侧

3　密

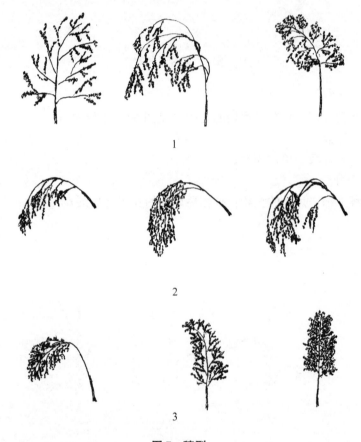

图7　穗型

3.5.16　穗分枝与主轴偏角

穗基部分枝与主轴之间的角度（见图8）。

1　小

2　中

3　大

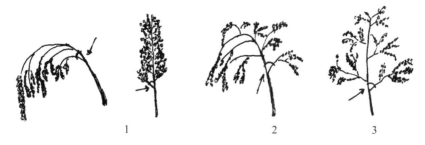

图8　穗分枝与主轴偏角

3.5.17　穗分枝与主轴的位置

穗分枝围绕主轴分布的相对位置（见图9）。

1　一侧

2　周围

3　顶部和周围

图9　穗分枝与主轴的位置

3.5.18　穗主轴弯直

穗主轴的弯直形态（见图10）。

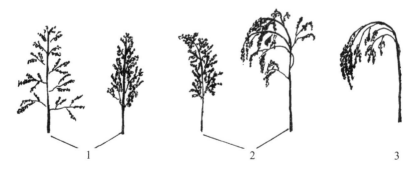

图10　穗主轴方向

1　<u>直立</u>

2　稍弯曲

3　弯曲

3.5.19　穗分枝长短

穗分枝基部至顶端的距离（见图11）。

1　短

2　中

3　长

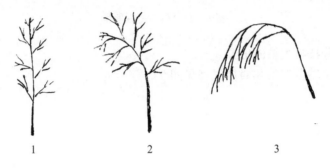

图11　穗分枝长短

3.5.20　花序密度

小穗在穗分枝上分布的疏密（见图12）。

1　疏

2　中

3　稍密

4　密

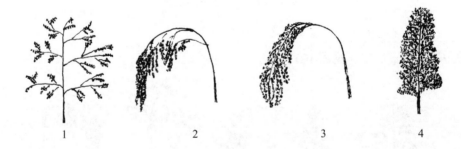

图12　花序密度

3.5.21　穗分枝基部凸起物

穗一级分枝基部的叶关节状结构（见图13）。

0　无

1　少

2　多

图13 穗分枝基部凸起物

3.5.22 主穗长

主穗第一分枝基部到穗头的长度（见图14）。单位为 cm。

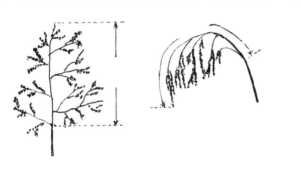

图14 主穗长

3.5.23 小穗数

穗分枝上分布的所有小穗的数量。单位为个。

3.5.24 小穗粒数

黍稷一个小穗中籽粒的数量。

1 单粒

2 双粒

3 3粒

3.5.25 单株穗重

单株主穗和分蘖成穗的重量。单位为 g。

3.5.26 单株粒重

单株主穗和分蘖穗脱粒后的籽粒重量。单位为 g。

3.5.27 单株草重

单株切去穗和根后的茎、叶重量。单位为 g。

3.5.28 粮草比

单株粒重除以单株草重的值。

3.5.29 千粒重

风干后1000粒成熟种子的重量。单位为 g。

3.5.30　粒色

籽粒的表皮颜色。

1　白

2　灰

3　黄

4　红

5　褐

6　复色

3.5.31　粒形

籽粒的形状（见图 15）。

1　球形

2　卵形

3　长圆形

1   2   3

图 15　粒形

3.5.32　结实率

饱满籽粒占总小穗数的百分率。以%表示。

3.5.33　皮壳率

皮壳占籽粒重量的高低。

1　低

2　中

3　高

3.5.34　出米率

米粒占籽粒重量的高低。

1　低

2　中

3　高

3.5.35　米色

米粒的颜色。

1　白

2　淡黄

3　黄

3.5.36 播种期

进行黍稷种质资源形态特征和生物学特性鉴定时的种子播种日期，以"年月日"表示，格式"YYYYMMDD"。

3.5.37 出苗期

幼苗出土后目测成行的日期，以"年月日"表示，格式"YYYYMMDD"。

3.5.38 分蘖期

50%的植株长出第一分蘖的日期，以"年月日"表示，格式"YYYYMMDD"。

3.5.39 拔节期

50%的植株主茎茎节伸长达2cm时的日期，以"年月日"表示，格式"YYYYMM-DD"。

3.5.40 抽穗期

50%的茎秆顶部叶鞘露出穗头的日期，以"年月日"表示，格式"YYYYMMDD"。

3.5.41 开花期

50%的穗开始开花的日期，以"年月日"表示，格式"YYYYMMDD"。

3.5.42 始熟期

50%的籽粒达到乳熟的日期，以"年月日"表示，格式"YYYYMMDD"。

3.5.43 成熟期

90%以上穗基部籽粒进入蜡熟的日期，以"年月日"表示，格式"YYYYMMDD"。

3.5.44 生育期

出苗至成熟的天数。单位为d。

3.5.45 出苗至成熟活动积温

全生育阶段的日平均温度之和。单位为℃。

3.5.46 熟性

生育期的长短。依据从出苗到成熟所历天数把黍稷种质的熟性分为5级。

1 特早熟

2 早熟

3 中熟

4 晚熟

5 极晚熟

3.6 品质特性

3.6.1 粳糯性

米粒蒸熟后的硬软性。粳者为稷（硬黄米），糯者为黍（软黄米）。

1 粳性

2 糯性

3.6.2 食用类型

以米粒和面粉食用的主要方式。

1 米饭或煎饼（粳性）

2 软粥或黏糕（糯性）

3.6.3 口感

米粒或面粉做成食品时的口感。

1 筋

2 软

3 涩

4 绵

3.6.4 粗蛋白质含量

米粒蛋白质的含量，以占样品风干基的%表示。

3.6.5 粗脂肪含量

米粒粗脂肪的含量，以占样品风干基的%表示。

3.6.6 赖氨酸含量

米粒赖氨酸的含量，以占样品风干基的%表示。

3.6.7 可溶糖含量

米粒可溶糖的含量，以占样品风干基的%表示。

3.6.8 粗淀粉含量

米粒粗淀粉含量，以占样品风干基的%表示。

3.6.9 支链淀粉含量

米粒支链淀粉的含量，以占样品风干基的%表示。

3.6.10 直链淀粉含量

米粒直链淀粉的含量，以占样品风干基的%表示。

3.6.11 粗纤维含量

米粒粗纤维的含量，以占样品风干基的%表示。

3.6.12 维E含量

米粒维生素E的含量，以每g样品中维生素E的含量μg表示。单位为μg/g。

3.6.13 β胡萝卜素含量

米粒β胡萝卜素的含量，以每g样品中β胡萝卜素的含量μg表示。单位为μg/g。

3.6.14 维B$_2$含量

米粒维生素B$_2$的含量，以每g样品中维生素B$_2$的含量μg表示。单位为μg/g。

3.6.15 钙含量

米粒微量元素钙的含量，以每g样品中微量元素钙的含量μg表示。单位为μg/g。

3.6.16 铁含量

米粒微量元素铁的含量，以每g样品中微量元素铁的含量μg表示。单位为μg/g。

3.6.17 水分含量

米粒水分的含量，以占样品风干基的%表示。

3.7　抗逆性

3.7.1　抗落粒性
黍稷成熟后抵抗籽粒在田间自然脱落的能力。

3　强

5　中

7　弱

3.7.2　抗旱性
黍稷植株忍耐或抵抗干旱的能力。

1　高抗

3　抗旱

5　中抗

7　不抗

9　极不抗

3.7.3　抗倒伏性
黍稷植株在高水肥条件下抵抗倒伏的能力。

0　高抗

1　抗倒

3　中抗

5　不抗

3.7.4　芽期耐盐性
黍稷种子在盐碱地条件下的发芽能力。

1　高耐

3　耐盐

5　中耐

7　中敏

9　敏感

3.7.5　苗期耐盐性
黍稷幼苗抵抗盐碱侵害的能力。

1　高耐

3　耐盐

5　中耐

7　中敏

9　敏感

3.7.6　苗期耐湿性
黍稷幼苗忍耐和抵抗多湿水涝的能力。

3　强

5　中

7 弱

3.7.7 花乳期耐湿性

黍稷植株开花灌浆期忍耐和抵抗多湿水涝的能力。

3 强

5 中

7 弱

3.7.8 抗风沙性

黍稷植株茎叶忍耐和抵抗风沙的能力。

3 强

5 中

7 弱

3.7.9 抗寒性

黍稷植株忍耐或抵抗低温或寒冷的能力。

3 强

5 中

7 弱

3.8 抗病虫性

3.8.1 黑穗病抗性

黍稷植株对黑穗病菌种 [*Sphacelotheca destruens*（*Schlecht.*）*Stevensonet* A. G. Johnson 和 *S. manchurica*（Ito）Wong] 的抗性强弱。

0 免疫（IM）

1 高抗（HR）

3 抗病（R）

7 感病（S）

9 高感（HS）

3.8.2 红叶病抗性

黍稷植株对红叶病，即甘蔗普通花叶病病毒 *Saccharum virus* Smith（*Marmor sacchari* Holmes）的抗性强弱。

0 免疫（IM）

1 高抗（HR）

3 抗病（R）

7 感病（S）

9 高感（HS）

3.8.3 细菌性条斑抗病性

黍稷植株对细菌性条斑病病原菌（*Pseudomonas panici* Elliott）的抗性强弱。

0 免疫（IM）

1 高抗（HR）

3　抗病（R）

7　感病（S）

9　高感（HS）

3.8.4　黍瘟病抗性

黍稷植株对黍（粟）瘟病病原菌（*Pyricularia* setariae Nishik）的抗性强弱。

0　免疫（IM）

1　高抗（HR）

3　抗病（R）

7　感病（S）

9　高感（HS）

3.8.5　锈病抗性

黍稷植株对黍（粟）锈病病原菌 [*Uromyces setariae–italicae*（Diet.）Yoshino] 的抗性强弱。

0　免疫（IM）

1　高抗（HR）

3　抗病（R）

7　感病（S）

9　高感（HS）

3.9　其他特征特性

3.9.1　核型
表示染色体的数目、大小、形态和结构特征的公式。

3.9.2　指纹图谱与分子标记
黍稷种质指纹图谱和重要性状的分子标记类型及其特征参数。

3.9.3　备注
黍稷种质特殊描述符或特殊代码的具体说明。

4　黍稷种质资源数据标准

序号	代号	描述符	字段名	字段英文名	字段类型	字段长度	字段小数位	单位	代码	代码英文名	例子
1	101	全国统一编号	统一编号	Accession number	C	8					00002113
2	102	种质库编号	库编号	Genebanknumber	C	8					I1J05494
3	103	引种号	引种号	Introduction number	C	8					19920123

（续表）

序号	代号	描述符	字段名	字段英文名	字段类型	字段长度	字段小数位	单位	代码	代码英文名	例子
4	104	采集号	采集号	Collectingnumber	C	10					1995126500
5	105	种质名称	种质名称	Accessionname	C	30					兔子争窝
6	106	种质外文名	种质外文名	Alien name	C	40					Dove Proso
7	107	科名	科名	Family	C	30					Gramineae（禾本科）
8	108	属名	属名	Genus	C	40					Panicum L.（黍属）
9	109	学名	学名	Species	C	50					Panicum miliaceum L.（黍稷）
10	110	原产国	国家	Country of origin	C	16					中国
11	111	原产省	省	Province of origin	C	6					黑龙江
12	112	原产地	原产地	Origin	C	20					北安县
13	113	海拔	海拔	Altitude	N	5	0	m			270
14	114	经度	经度	Longitude	N	6	0				12630
15	115	纬度	纬度	Latitude	N	5	0				4814
16	116	来源地	来源地	Samplesource	C	24					黑龙江
17	117	保存单位	保存单位	Donorinstitute	C	40					黑龙江省农业科学院
18	118	保存单位编号	单位编号	DonorAccessionnumber	C	10					黑1036
19	119	系谱	系谱	Pedigree	C	70					龙黍8号/龙黍7号
20	120	选育单位	选育单位	Breedinginstitute	C	40					山西省农业科学院作物品种资源研究所
21	121	育成年份	育成年份	Releasingyear	N	4					1990
22	122	选育方法	选育方法	Breedingmethods	C	20					系选
23	123	种质类型	种质类型	BiologicalStatus ofaccession	C	12			1：野生资源 2：地方品种 3：选育品种 4：品系 5：遗传材料 6：其他	1：wild 2：Traditional cultivar/Landrace 3：Advanced/improved cultivar 4：Breeding line 5：Genetic stocks 6：Other	地方品种
24	124	图像	图像	Image filename	C	30					00002113-1.jpg
25	125	观测地点	观测地点	Observation location	C	16					山西太原

（续表）

序号	代号	描述符	字段名	字段英文名	字段类型	字段长度	字段小数位	单位	代码	代码英文名	例子
26	201	幼苗颜色	幼苗颜色	Seedling color	C	4			1：淡绿 2：绿 3：深绿	1：Light green 2：Green 3：Dark green	淡绿
27	202	生长习性	生长习性	Growthhabit	C	6			1：单生 2：丛生	1：Individual 2：Bushiness	丛生
28	203	分蘖率	分蘖率	Tiller rate	N	6		%			200
29	204	有效分蘖率	有效分蘖率	Effective tiller rate	N	6		%			180
30	205	主茎高	主茎高	Main stem height	N	6	0	cm			115
31	206	茎粗	茎粗	Main stem diameter	N	4	1	cm			0.8
32	207	主茎节数	主茎节数	Nodes per main stem	N	4	1	节			10.5
33	208	茎叶茸毛	茎叶茸毛	Hair density of stem and leaf	C	4			1：少 2：中 3：多	1：Sparse 2：Intermediate 3：Dense	少
34	209	分枝性	分枝性	Branching habit	C	4			0：无 1：少 2：中 3：多	0：None 1：Few 2：Intermediate 3：Many	无
35	210	叶片长	叶片长	Leafblade length	N	4	1	cm			25.6
36	211	叶片宽	叶片宽	Leaf blade width	N	4	1	cm			1.5
37	212	叶片数	叶片数	Number of leaf blade	N	4	1	片			8.5
38	213	叶相	叶相	Lobiform	C	4			1：下垂 2：中间 3：上举	1：Drooping 2：Spreading 3：Erect	下垂
39	214	花序色	花序色	Inflorescencecolor	C	4			1：绿 2：紫	1：Green 2：Purple	绿
40	215	穗型	穗型	Panicle type	C	4			1：散 2：侧3：密	1：Panicled 2：Lateral 3：Dense	散
41	216	穗分枝与主轴偏角	穗分枝偏角	The branch of ear of grain and main shaft drift angle	C	14			1：小 2：中 3：大	1：Small 2：Intermediate 3：Large	小
42	217	穗分枝与主轴位置	穗分枝位置	The branch of ear of grain and main shaft position	C	10			1：一侧 2：周围 3：顶部或周围	1：Side2；Penicled 3：Top or panicled	一侧
43	218	穗主轴弯直	穗主轴弯直	The main shaft of ear direction	C	6			1：直立 2：稍弯曲 3：弯曲	1：Erect 2：Little bend 3：Bend	弯曲
44	219	穗分枝长短	穗分枝长短	The branch of ear length	C	4			1：短 2：中 3：长	1：Short 2：Intermediate 3：Long	长

（续表）

序号	代号	描述符	字段名	字段英文名	字段类型	字段长度	字段小数位	单位	代码	代码英文名	例子
45	220	花序密度	花序密度	Density of inflorescence	C	4			1：疏 2：中 3：稍密 4：密	1：Sparse 2：Intermediate 3：Little dense 4：Dense	疏
46	221	穗分枝基部突起物	分枝基部突起物	Projection on branch base	C	4			0：无 1：少 2：多	0：None 1：Few 2：Many	无
47	222	主穗长	主穗长	Main panicle length	N	6	1	cm			42.6
48	223	小穗数	小穗数	Spikelet number per panicle	N	4	0	个			1500
49	224	小穗粒数	小穗粒数	Grain number per spikelet	C	6			1：单粒 2：双粒 3：3粒	1：Single grain 2：Double grain 3：Three grain	单粒
50	225	单株穗重	单株穗重	Panicle weight per plant	N	6	1	g			12.5
51	226	单株粒重	单株粒重	Seed weight per plant	N	6	1	g			10.3
52	227	单株草重	单株草重	Straw weight per plant	N	6	1	g			14.8
53	228	粮草比	粮草比	Seeds-traw ratio	N	4	1				0.4
54	229	千粒重	千粒重	1000-seed weight	N	4	1	g			6.0
55	230	粒色	粒色	Seed color	C	4			1：白 2：灰 3：黄 4：红 5：褐 6：复色	1：White 2：Grey 3：Yellow 4：Red 5：Brown 6：Compound	白
56	231	粒形	粒形	Seed shape	C	6			1：球形 2：卵形 3：长圆形	1：Globose 2：Ovate 3：Long round	球形
57	232	结实率	结实率	Seed setting percentage	N	2	0	%			82
58	233	皮壳率	皮壳率	Chaff rate percentage	C	4			1：低 2：中 3：高	1：Low 2：Intermediate 3：High	低
59	234	出米率	出米率	Hulled grain yield	C	4	1		1：低 2：中 3：高	1：Low 2：Intermediate 3：High	高
60	235	米色	米色	Hulled grain color	C	4			1：白 2：淡黄 3：黄	1：White 2：Light yellow 3：Yellow	白
61	236	播种期	播种期	Sowing date	D	8					19900611
62	237	出苗期	出苗期	Seeding date	D	8					19900615
63	238	分蘖期	分蘖期	Tillering date	D	8					19900710
64	239	拔节期	拔节期	Elongation date	D	8					19900810
65	240	抽穗期	抽穗期	Heading date	D	8					19900820

（续表）

序号	代号	描述符	字段名	字段英文名	字段类型	字段长度	字段小数位	单位	代码	代码英文名	例子
66	241	开花期	开花期	Blooming date	D	8					19900910
67	242	始熟期	始熟期	First maturation date	D	8					19900930
68	243	成熟期	成熟期	Maturation date	D	8					19901002
69	244	生育期	生育期	Period of duration	D	4	0	d			80
70	245	出苗至成熟活动积温	活动积温	Action cumulative temperature form seeding to maturity	N	6	1	℃			1905.2
71	246	熟性	熟性	Maturity	C	4			1：特早 2：早 3：中 4：晚 5：极晚	1：Very early 2：Early 3：Intermediate 4：Late 5：Very late	特早
72	301	粳糯性	粳糯性	Japonica rice ghtinous	C	4			1：粳 2：糯	1：True type 2：Waxy type	粳
73	302	食用类型	食用类型	Edible type	C	10			1：米饭或煎饼 2：软粥或黏糕	1：Rice or batter cake 2：Soft conjeeor or sticky cake	米饭或煎饼
74	303	口感	口感	Palatability	C	4			1：筋 2：软 3：涩 4：绵	1：Muscle 2：Softness 3：Strong 4：Sponge	筋
75	304	蛋白质含量	蛋白质	Proteid content	N	6	2	%			13.45
76	305	脂肪含量	脂肪	Fat content	N	6	2	%			4.32
77	306	赖氨酸含量	赖氨酸	Lying content	N	6	2	%			0.23
78	307	可溶糖含量	可溶糖	Soluble sugar content	N	6	2	%			3.21
79	308	粗淀粉含量	粗淀粉	Crude amylum content	N	6	2	%			67.53
80	309	支链淀粉含量	支链淀粉	Amylopectin content	N	6	2	%			98.99
81	310	直链淀粉含量	直链淀粉	Amylose content	N	6	2	%			16.50
82	311	粗纤维含量	粗纤维	Crude fiber content	N	6	2	%			8.63
83	312	维 E 含量	维 E	V_E content	N	6	2	μg/g			25.50
84	313	β 胡萝卜素含量	β 胡萝卜素	β-Carotene	N	6	2	μg/g			0.16
85	314	维 B_2 含量	维 B_2	V_{B2} content	N	6	2	μg/g			0.54
86	315	钙含量	钙	Calcium content	N	6	2	μg/g			350.45
87	316	铁含量	铁	Iron content	N	6	2	μg/g			57.50
88	317	水分含量	水分	Water content	N	6	2	%			12.80
89	401	抗落粒性	抗落粒性	Resistance to shattering	C	4			3：强 5：中 7：弱	3：Strong 5：Intermediate 7：Weak	强

（续表）

序号	代号	描述符	字段名	字段英文名	字段类型	字段长度	字段小数位	单位	代码	代码英文名	例子
90	402	抗旱性	抗旱性	Drought resistance	C	6			1：高抗 3：抗旱 5：中抗 7：不抗 9：极不抗	1：High resistance 3：Resistance 5：Moderate resistance 7：Non-resistance 9：Very non-resistance	高抗
91	403	抗倒伏性	抗倒伏性	Lodging Resistance	C	4			0：高抗 1：抗倒 3：中抗 5：不抗	0：High resistance 1：Resistance 3：Moderate resistance 5：Non-resistance	高抗
92	404	芽期耐盐性	芽期耐盐性	Salt tolerance of sprouting	C	4			1：高耐 3：耐盐 5：中耐 7：中敏 9：敏感	1：High tolerance 3：Tolerance 5：Moderate tolerance 7：Moderate susceptive 9：Susceptive	高耐
93	405	苗期耐盐性	苗期耐旱性	Drought tolerance of seedling	C	4			1：高耐 3：耐旱 5：中耐 7：中敏 9：敏感	1：High tolerance 3：Tolerance 5：Moderate tolerance 7：Moderate susceptive 9：Susceptive	高耐
94	406	苗期耐湿性	苗期耐湿性	Waterlogging tolerance of seedling	C	4			3：强 5：中 7：弱	3：Strong 5：Intermediate 7：Weak	强
95	407	花乳期耐湿性	花乳期耐湿性	Waterlogging tolerance of Florescence	C	4			3：强 5：中 7：弱	3：Strong 5：Intermediate 7：Weak	强
96	408	抗风沙性	抗风沙性	Wind resistance	C	4			3：强 5：中 7：弱	3：Strong 5：Intermediate 7：Weak	强
97	409	抗寒性	抗寒性	Cold resistance	C	4			3：强 5：中 7：弱	3：Strong 5：Intermediate 7：Weak	强
98	501	黑穗病抗性	黑穗病	Resistance to dustbrand	C	4			0：免疫 1：高抗 3：抗病 7：感病 9：高感	0：Immune 1：High resistant 3：Resistant 7：Susceptive 9：High susceptive	免疫
99	502	红叶病抗性	红叶病	Resistance to Reddened leaf disease	C	4			0：免疫 1：高抗 3：抗病 7：感病 9：高感	0：Immune 1：High resistant 3：Resistant 7：Susceptive 9：High susceptive	高抗
100	503	细菌性条斑病抗性	条斑病	Resistance to bacterial leaf stripe	C	4			0：免疫 1：高抗 3：抗病 7：感病 9：高感	0：Immune 1：High resistant 3：Resistant 7：Susceptive 9：High susceptive	抗病
101	504	黍瘟病抗性	黍瘟病	Resistance to blast of millet	C	4			0：免疫 1：高抗 3：抗病 7：感病 9：高感	0：Immune 1：High resistant 3：Resistant 7：Susceptive 9：High susceptive	感病

（续表）

序号	代号	描述符	字段名	字段英文名	字段类型	字段长度	字段小数位	单位	代码	代码英文名	例子
102	505	锈病抗性	锈病	Resistance to rust	C	4			0：免疫 1：高抗 3：抗病 7：感病 9：高感	0：Immune 1：High resistant 3：Resistant 7：Susceptive 9：High susceptive	高感
103	601	核型	核型	Karyotype	C	20					2n = 2x = 36 = 32m + 4sm (SAT)
104	602	指纹图谱与分子标记	分子标记	Fingerprinting and molecular marker	C	40					
105	603	备注	备注	Remarks	C	30					

5 黍稷种质资源数据质量控制规范

5.1 范围

本规范规定了黍稷种质资源数据采集过程中的质量控制内容和方法。
本规范适用于黍稷种质资源的整理、整合和共享。

5.2 规范性引用文件

下列文件中的条款通过本规范的引用而成为本规范的条款，凡是注日期的引用文件，其随后所有的修改单（不包括勘误的内容）或修改版均不适用于本规范。但是，鼓励根据本规范达成协议的各方研究是否可使用这些文件的最新版本。凡是不注日期的引用文件，其最新版本适用于本规范。

ISO 3166　Codes for the Representation of Names of Countries

GB/T 2659 世界各国和地区名称代码

GB/T 2260 中华人民共和国行政区划代码

GB/T 12404 单位隶属关系代码

GB/T 3543—1995 农作物种子检验规程

GB/T 2905—1982 半微量凯氏法测定蛋白质含量

GB/T 2906—1982 索氏脂肪提取法

GB/T 4801—1984 染料结合赖氨酸（DBL）法

GB/T 5006—1985《谷物籽粒淀粉测定法》

GB/T 7648—1987《水稻、玉米、谷子籽粒直链淀粉测定法》

GB/T 6193—1986《谷物籽粒粗纤维测定法．快速法》

GB/T 7629—1987《谷物维生素 B_2 测定方法》

GB/T 12398—1990《食物中钙含量测定——原子吸收分光光度法》

GB/T 12396—1990《食物中铁、镁、锰测定方法——原子吸收分光光度法》

GB/T 3523—1983《谷物、油料作物种子水分测定法》

5.3 数据质量控制的基本方法

5.3.1 形态特征和生物学特性观察试验设计

5.3.1.1 试验地点

试验地点的气候和生态条件，应能够满足黍稷植株的正常生长及其生育阶段的形态特征和生物学特性的正常表达。

5.3.1.2 田间设计

按照当地的生产习惯适期播种，根据当地的气候特点可春播，也可夏播。春播的播种期一般为5月上旬至6月中旬；夏播的播种期一般为7月上旬至7月中旬。供试验的每份种质播种一行，行长4m，每份种质重复2~3次，每次重复留苗50株，株距8cm，行距23cm。每份种质前后左右之间的间隔距离为50cm左右。每3份种质种一小畦。试验田应设计灌水渠道。条播，播后镇压。形态特征和生物学特性的观察试验应设置对照品种，试验地周围应设1~2m的保护行。

5.3.1.3 栽培环境条件控制

试验地土质应具有当地代表性，前茬一致，肥力中等均匀。试验地要远离污染。无人畜侵扰，附近无高大建筑物。试验地应有灌水条件，试验地各个时期的栽培管理与大田生产基本相同，但在四叶期需人工间苗，拔节期定苗，以保证试验株数。生育期间要及时防治病虫害，保证幼苗和植株正常生长。灌浆期间要采取防鸟措施，以防鸟害。八成熟收获，以防落粒减产，影响试验数据的准确性。

5.3.2 数据采集

在每份黍稷种质正常生长状态情况下，采集各自的形态特征和生物学特性观测试验的原始数据。如遇不可抗拒的自然灾害等因素，使试验种质植株生长受到影响，则应重新种植进行观测试验和采集数据。

5.3.3 试验数据统计分析和校验

每份黍稷种质的形态特征和生物学特性观测数据依据对照品种进行校验。根据每年2~3次重复，2年度的观测校验值，计算每份种质性状的平均值、变异系数和标准差，并进行方差分析，判断试验结果的稳定性和可靠性。取校验值的平均值作为该种质的性状值。

5.4 基本信息

5.4.1 全国统一编号

全国统一编号由8位顺序号组成。从00000001到00009999，代表具体黍稷种质的编号，如"00001248"，全国统一编号具有唯一性。

5.4.2 种质库编号

种质库编号，由I1J和5位数码组成，如"I1J00015"代表黍稷的某份种质，"I"代表农作物大类，"1"代表禾谷类作物，"J"代表黍稷，后5位为顺序号，从"00001"到

"99999"，代表具体黍稷种质的编号。只有已进入国家农作物种质资源长期库保存的种质，才有种质库编号，每份种质具有唯一的种质库编号。

5.4.3　引种号

引种号是由从境外引种的年份加 4 位顺序号组成的 8 位字符串，如"20020132"。前 4 位表示种质从境外引进的年份，后 4 位为顺序号，从"0001"到"9999"。每份引进种质只有唯一的引种号。

5.4.4　采集号

黍稷种质在野外或地方采集时赋予的编号，由采集时的年份加 2 位省份代码加顺序号组成。

5.4.5　种质名称

国内种质的原始名称，如果有几个名称，可以放在英文括号内，用英文逗号分隔，如"种质名称1（种质名称2，种质名称3）"；国外引进种质如果没有中文译名，可以直接填写种质的外文名。

5.4.6　种质外文名

国外引入种质的外文名和国内种质的汉语拼音名。每个汉字的汉语拼音之间空一格，每个汉字汉语拼音的首字母大写，如"Huang MI"。国外引进种质的外文名应注意大小写和空格。

5.4.7　科名

科名由拉丁文名加英文括号内的中文名组成，如 Gramineae（禾本科）。如没有中文名，直接填写拉丁文名。

5.4.8　属名

属名由拉丁文名加英文括号内的中文名组成，如 *Panicum* L.（黍属）。如没有中文名，直接填写拉丁文名。

5.4.9　学名

学名由拉丁文名加英文括号内的中文名组成。如 *Panicum miliaceum* L.（黍稷）。如没有中文名，直接填写拉丁文名。

5.4.10　原产国

黍稷种质原产国家名称、地区名称或国际组织名称。国家和地区名称参照 ISO3166、GB/T 2659。如该国家已不存在，应在原国家名称前加"原"，如"原苏联"。国际组织名称用该组织的外文缩写，如"IPGRI"。

5.4.11　原产省

黍稷种质原产省份，省份名称参照 GB/T 2260；国外引进种质原产省用原产国家一级行政区的名称。

5.4.12　原产地

黍稷种质的原产县、乡、村名称。县名参照 GB/T 2260。

5.4.13　海拔

黍稷种质原产地的海拔高度，单位为 m。

5.4.14　经度

黍稷种质原产地的经度，单位为度和分。格式为 DDDFF，其中 DDD 为度，FF 为分。东经为正值，西经为负值，例如，"13548"代表东经 135°48′。"−12415"代表西经 124°15′。

5.4.15　纬度

黍稷种质原产地的纬度，单位为度和分。格式为 DDFF，其中 DD 为度，FF 为分。北纬为正值，南纬为负值，例如，"4112"代表北纬 41°12′。"−3105"代表南纬 31°5′。

5.4.16　来源地

国内黍稷种质来源的省、县名称，国外引进种质的来源国家名称、地区名称或国际组织名称。国家、地区和国际组织名称同 4.10，省和县名称参照 GB/T 2260。

5.4.17　保存单位

黍稷种质提交国家作物种质资源长期库前的原保存单位名称。单位名称应写全称，例如，"山西省农业科学院作物品种资源研究所"。

5.4.18　保存单位编号

黍稷种质在原保存单位中的种质编号。保存单位编号在同一保存单位应具有唯一性。

5.4.19　系谱

黍稷选育品种（系）的亲缘关系。例如，晋黍 7 号的系谱为"内蒙红黍/山西小红黍"。

5.4.20　选育单位

选育黍稷品种（系）的单位名称或个人。单位名称应写全称，例如，"山西省农业科学院作物品种资源研究所"。

5.4.21　育成年份

黍稷品种（系）培育成功的年份。例如，"1986""2004"等。

5.4.22　选育方法

黍稷选育品种（系）的育种方法。例如，"系选""杂交""辐射"等。

5.4.23　种质类型

收集保存的黍稷种质资源的不同类型，分为：

1　野生资源
2　地方品种
3　选育品种
4　品系
5　遗传材料
6　其他

5.4.24　图像

黍稷种质的图像文件名。图像格式为 .jpg。图像文件名由统一编号加半连号"−"加序号加".jpg"组成。如有多个图像文件，图像文件名用英文分号分隔，如 00000140−1.jpg；00000140−2.jpg。图像对象主要包括植株、花、果实、特异性状等。图像要清晰，对象要突出。

5.4.25　观测地点

黍稷种质形态特征和生物学特性的观测地点名称。记录到省和市（县）名，如"山西太原"。

5.5　形态特征和生物学特性

5.5.1　幼苗颜色

幼苗进入四叶期调查，以每份种质试验小区的幼苗为观测对象，在正常一致的光照条件下，顺行目测幼苗的颜色，根据观测结果，按最大相似原则，确定幼苗的颜色。

1　淡绿

2　绿

3　深绿

5.5.2　生长习性

以整体试验区的植株为观测对象，从每个试验小区随机抽样10株，调查每株的茎秆总数，计算平均数，精确到整数位。

根据黍稷植株茎秆单茎、多茎的观察结果，并结合模式图和下列说明，确定种质植株的生长习性。

1　单生（只有主茎）

2　丛生（除主茎外有若干分蘖茎）

5.5.3　分蘖率

出苗后30d左右调查。在每份种质试验小区随机抽样10株，调查每株的分蘖数（连主茎），以10株的分蘖总数除以样株数，为分蘖率，精确到0.1，以%表示。

5.5.4　有效分蘖率

植株成熟期调查。在每份种质试验小区随机抽样10株，调查每株的有效穗数，以10株的有效总穗数除以植株数，为有效分蘖率，精确到0.1，以%表示。

5.5.5　主茎高

植株成熟期调查。在每份种质试验小区随机抽样10株，用直尺测量每株主茎基部至穗基部的长度，然后取平均值，单位为cm，取整数。

5.5.6　主茎粗

植株成熟期调查。在每份种质试验小区随机抽样10株，用卡尺测量每样株主茎基部节间的直径（测量扁的一面），然后取平均值，单位为cm，精确到0.01cm。

5.5.7　主茎节数

植株成熟期调查。在每份种质试验小区随机抽样10株，用目测法数出每个样株主茎地面以上的茎节数，然后取平均值，单位为节，精确到0.1节。

5.5.8　茎叶茸毛

植株生长盛期调查。以每份种质试验小区的植株为观测对象，采用目测的方法，观察茎秆、叶鞘和叶的正反面茸毛的长短和稠密程度。

通过与对照品种或模式图比较，确定每份种质的茎叶茸毛多少。

1　少

2　中

3　多

5.5.9　分枝性

在成熟期调查，目测茎节叶腋间分枝的情况，根据观察结果及下列标准确定分枝的多少。

0　无（全部植株茎节叶腋间无分枝）

1　少（50%以上植株有1个分枝）

2　中（50%以上植株有2个分枝）

3　多（50%以上植株有2个以上分枝）

5.5.10　叶片长

植株抽穗期调查。从每份种质试验小区随机抽样10株，用直尺测量每株主茎顶部第三片叶的基部至叶尖端的长度，然后取平均值，单位为cm，精确到0.1cm。

5.5.11　叶片宽

植株抽穗期调查。从每份种质试验小区随机抽样10株，用直尺测量每株主茎顶部第三片叶最宽处的宽度，然后取平均值，单位为cm，精确到0.1cm。

5.5.12　叶片数

植株抽穗期调查，从每份种质试验小区随机抽样10株，用目测法数出每株主茎地上部分的所有叶片数，然后取平均值，单位为片，精确到0.1片。

5.5.13　叶相

抽穗前或抽穗后调查。抽穗前用目测法观察每份种质试验小区上部二片叶的长相，抽穗后用目测法观察每份种质试验小区顶部一片叶的长相。

根据观察结果和参照叶相模式图，确定种质叶相的类型。

1　下垂

2　中间

3　上举

5.5.14　花序色

籽粒乳熟期调查。以每份种质试验小区的植株花序为观测对象，采用目测的方法，观察植株花序的颜色，根据观察结果，按最大相似原则确定种质花序颜色。

1　绿

2　紫

5.5.15　穗型

籽粒乳熟期调查。以每份种质试验小区的穗子为观测对象，采用目测的方法，观察穗子的形态。

根据观察结果和参照穗型模式图，确定种质穗型。

1　散

2　侧

3　密

5.5.16　穗分枝与主轴偏角

植株完全抽穗后调查。在每份种质的试验小区随机抽样 10 株，采用量角器测量每株主茎第一分枝与主轴之间的自然角度，然后取平均值，单位为度，精确到整数位。

根据观察结果和参照模式图，按下列标准确定穗分枝与主轴偏角的大小。

1　小（与主轴偏角小于 35°）

2　中（与主轴偏角 45°左右）

3　大（与主轴偏角 50°以上）

5.5.17　穗分枝与主轴的位置

植株完全抽穗后调查。在每份种质的试验小区，以全部植株的穗子为观察对象，采用目测法观察穗分枝与主轴的相对位置。

根据观察结果及参照模式图，确定种质穗分枝与主轴的位置。

1　一侧

2　周围

3　顶部和周围

5.5.18　穗主轴弯直

植株完全抽穗后调查。在每份种质的试验小区，以全部植株的穗子为观察对象，采用目测法观察穗子主轴的弯直。

根据观察结果及参照模式图，确定穗主轴的弯直。

1　直立

2　稍弯曲

3　弯曲

5.5.19　穗分枝长度

植株完全抽穗后调查。在每份种质的试验小区，随机抽样 10 株，用直尺测量每一株主茎穗第一分枝的长度，然后取平均值，单位为 cm，精确到 0.1cm。

根据第一分枝的长度，按照下列标准，确定种质穗分枝长度的类型。

1　短（第一分枝长度<10cm）

2　中（第一分枝长度 10~20cm）

3　长（第一分枝长度≥20cm）

5.5.20　花序密度

植株完全抽穗后调查。在每份种质的试验小区，以全部植株的花序为观察对象，采用目测法观察小穗在穗分枝上的着生疏密程度。

根据观察结果和参照模式图，确定种质花序密度

1　疏

2　中

3　稍密

4　密

5.5.21　穗分枝基部突起物

植株完全抽穗后调查。在每份种质的试验小区，以穗分枝基部为观察对象，采用目

测法观察穗分枝基部有无肥大象关节状的结构。

根据这种突起物的有、无、多少，结合模式图，确定种质属于那种类型。

0　无（全部分枝无突起物）

1　少（只有下部分枝有突起物）

2　多（全部分枝有突起物）

5.5.22　主穗长

植株完全抽穗后调查。在每份种质的试验小区随机抽样 10 株，用直尺测量每一株主茎穗第一分枝节到穗顶的长度，然后取平均值，单位为 cm，精确到 0.1cm。

5.5.23　小穗数

植株完全抽穗后调查。在每份种质的试验小区随机抽样 10 株，用目测的方法数出每一株主茎穗上的小穗数，然后取平均值，单位为个，精确到整数位。

5.5.24　小穗粒数

在成熟期调查，目测黍稷种质一个小穗中籽粒的粒数。按小穗籽粒的粒数分为 3 种类型。

1　单粒

2　双粒

3　3 粒

5.5.25　单株穗重

穗全部籽粒完全成熟后调查。在每份种质的试验小区随机抽样 10 株，将每株的所有穗子用剪刀从穗第一分枝起全部剪下，所有的穗子称重，然后取平均值，单位为 g，精确到 0.1g。

5.5.26　单株粒重

将 5.25 全部样株的穗子脱粒后称重，取平均值，单位为 g，精确到 0.1g。

5.5.27　单株草重

将 5.25 去掉穗子的样株，再剪掉全部根，只留全部茎秆称重，取平均值，单位为 g，精确到 0.1g。

5.5.28　粮草比

用每份种质的单株粒重除以该份种质的单株草重，即该份种质的粮草比，精确到 0.1。

5.5.29　千粒重

每个试验小区收获脱粒后将籽粒晾晒风干，并进行清选，从清选后的籽粒中随机取样数两个 500 粒种子，用天平称重，2 次相差不超过 0.1g，两者相加即为种质千粒重。若 2 次相差超过 0.1g，需重新取样，单位为 g，精确到 0.1g。

5.5.30　粒色

每个试验小区收获脱粒风干清选后的籽粒为观测对象，采用目测的方法观测种皮的颜色。

根据观测结果，按最大相似原则，确定种质籽粒的粒色。

1　白

2　灰

3　黄

4　红

5　褐

6　复色（两种或多种颜色）

种皮为复色的籽粒主要指白色种皮上面有一点红色，为一点红或白红色；白色种皮上面有一点灰色，为一点灰或白灰色；白色种皮上有一点黄色，为一点黄或白黄色等。还有灰色种皮的又可分为条灰色、浅灰色、灰黄色；黄色种皮的又可分为深黄色、浅黄色；红色种皮的又可分为深红色、浅红色、橘红色；褐色种皮又分为深褐色、浅褐色、褐黄色等。这些情况需要另外给予详细的描述说明。

5.5.31　粒形

每个试验小区收获脱粒风干清选后的籽粒为观测对象，采用目测的方法观测籽粒的形状。根据观测结果和模式图，确定种质籽粒形状。

1　球形

2　卵形

3　长圆形

5.5.32　结实率

籽粒成熟期调查，在每份种质的试验小区随机抽样 10 株，剪下主茎穗子，用目测的方法数出每一株主茎穗上的小穗数，取平均值（可和 5.22 在籽粒成熟后同时结合进行），然后脱粒计数每一株主茎穗上的饱满籽粒数，取平均值，以每株饱满籽粒数除以每株小穗数，再乘 100，得出种质结实率，以％表示，精确到 1％。双粒种质的结实率可超过100％，3 粒种质小穗极少，可忽略不计。

5.5.33　皮壳率

每个试验小区收获脱粒后将籽粒晾晒风干，并进行清选，从清选后的籽粒中随机取样，用天平称取 2g 样品，用粗砂纸细心磨去内外稃，称出原来重量，计算出皮壳重量，用皮壳重量除以样品重量，再乘以 100，得出皮壳率，用％表示，精确到 0.1％。

根据皮壳率的多少和下列标准，确定种质皮壳率的高低。

1　低（<15.0％）

2　中（15.0％~20.0％）

3　高（≥20.0％）

5.5.34　出米率

根据 5.30 皮壳率的计算方法计算出米率，即用米粒的重量除以样品的重量，再乘100，得出出米率，以％表示，精确到 0.1％。也可以 100％减去每份种质的皮壳率，得出每份种质的出米率。

根据出米率的多少和下列标准，确定种质出米率的高低。

1　低（<75％）

2　中（75％~85％）

3　高（≥85％）

5.5.35 米色

以每份种质的晾晒风干和清选后的籽粒为观测对象，随机取样 10 余粒，用粗纱纸细心磨去内外稃，用目测的方法观测米粒的颜色。

根据目测的结果，按最大相似原则确定种质米粒的颜色。

1 白

2 淡黄

3 黄

5.5.36 播种期

参与试验和鉴定的种质播种的具体日期。表示方法为"年月日"，格式为"YYYYM-MDD"，如"20040530"，表示 2004 年 5 月 30 日播种。

5.5.37 出苗期

每个试验小区幼苗出土为出苗。在土壤墒情较好的情况下播种后 5～6d 左右即可出苗，确定记载出苗的标准，采用目测的方法观测，一般 50%出苗或目测成行即可定为出苗的日期，表示方法和格式同"5.36"。

5.5.38 分蘖期

从出苗到分蘖约需 15～30d，一般在 25d 左右。在这期间用目测的方法，观测记载每一份参试种质主茎基部分蘖节处的小芽突出叶鞘的情况，50%的植株长出第一分蘖为分蘖期。条播不间苗的可不记分蘖期。表示方法和格式同"5.36"。

5.5.39 拔节期

分蘖后 10～20d 开始拔节，在这一时期以每份种质的试验小区为观测对象，采用目测和手摸相结合的方法，50%的植株主茎茎节伸长达 2cm 时定为拔节期。表示方法和格式同"5.36"。

5.5.40 抽穗期

拔节后 10～20d 开始抽穗，在这一时期以每份种质的试验小区为观测对象，采用目测的方法，记录 50%以上的植株主茎穗子顶部露出叶鞘的日期，定为抽穗期，表示方法和格式同"5.36"。

5.5.41 开花期

抽穗后 2～7d 之内开始开花，一般早熟种质 2～5d，晚熟种质 4～7d，开花先自顶部而后延至基部。在这一时期以每份种质的试验小区为观测对象，采用目测的方法，于每日上午 9～12 时观测穗顶部是否开花，开花的植株占整个小区植株 50%以上的日期记录为开花期，表示方法和格式同"5.36"。

5.5.42 始熟期

开始开花至开花结束一般需 11～20d，开花结束后 10～15d 内进入始熟期，也就是乳熟期。进入始熟期的日期一般在记录开花期后 21～35d 内进行，在这一时期以每份种质的试验小区为观察对象，采用目测和切掐籽粒相结合的方法，50%以上的植株穗基部籽粒达到乳熟的日期，记录为始熟期。表示方法和格式同"5.36"。

5.5.43 成熟期

始熟期后 7～15d 籽粒进入成熟期，也就是完熟期，也叫蜡熟期。这一时期以每份种质为观察对象，采用目测和手切相结合的方法，绝大部分植株穗基部籽粒达到蜡熟的日期，记录为成熟期。表示方法和格式同"5.36"。

5.5.44　生育期

以每份种质的试验小区为统计对象，从出苗期算起，至成熟期止的累计天数。计算方法是出苗至成熟的总天数减去1天。单位为"d"。

5.5.45　出苗至成熟活动积温

以每份种质的试验小区为观察地点，统计生育期内每天的平均温度累计相加数。单位为℃，精确到0.1℃。

5.5.46　熟性

根据黍稷每份种质在太原地区种植的生育期长短。按照下列标准，确定种质的熟性类别。

1　特早熟（<90d）

2　早熟（90~100d）

3　中熟（100~110d）

4　晚熟（110~120d）

5　极晚熟（≥120d）

5.6　品质特性

5.6.1　粳糯性

粳糯性是鉴别黍和稷的唯一标准。粳者为稷，也叫穄；糯者为黍。黍主要含支链淀粉；稷主要含直链淀粉。支链淀粉遇碘呈红色或紫红色；直链淀粉遇碘呈蓝色或蓝黑色。根据这一特点利用碘化钾溶液来鉴别每份黍稷种质的粳糯性。

样品准备

将1g成熟干燥后的籽粒脱皮磨碎后备用。

碘液的配制

用天平称取2g碘化钾放入5ml蒸馏水中加热溶化，然后加1g结晶性碘，加水稀释至300ml，装入棕色瓶在暗处保存备用。

测定

用滴管吸一点碘液滴在磨碎样品上，根据反映颜色及下列说明确定每份种质的粳糯性。

1　粳性（遇碘呈蓝色或蓝黑色）

2　糯性（遇碘呈红色或紫红色）

5.6.2　食用类型

以籽粒的粳糯性，确定种质的食用类型。

1　米饭或煎饼（粳性）

2　软粥或黏糕（糯性）

5.6.3　口感

根据每份种质籽粒的粳糯性，分别做成熟食。粳性种质以做成米饭品尝为主；糯性种质以做成黏糕品尝为主，根据下列指标，确定种质的口感。

1　筋

2　软

3　涩

4　绵

其中以粳性种质做成的米饭，主要指标为涩、绵；糯性种质做成的黏糕，主要指标为筋、软。

5.6.4　粗蛋白质含量

以近红外反射光谱法测定。采用从美国进口的 7000 型近红外线分光光度计（NIR—7000model）。NIR 分析是利用有机化合物在近红外光范围所具有的吸收特性来进行的快速测试技术。它具有制备样品容易、所需分析材料少、分析速度快而且准确的特点，特别适用于大批量种质资源的测试，是近年来国际和国内通用测试大批量种质资源品质的先进手段。黍稷"七五""八五"期间大批量种质的蛋白质、脂肪、赖氨酸的测试均用此法。

分析样品

以每份参试黍稷种质的成熟、干燥、清选过的籽粒为蛋白质测试对象，随机取样30~50g，用小型脱壳机脱壳成米后，再经粉碎后装入磨口玻璃瓶中，贮于阴凉处待测。

测试方法

定标：在大批量黍稷种质中，随机取 50 个种质作为定标品种，用 GB/T2905—1982 中华人民共和国标准半微量凯氏法测出蛋白质含量，然后定标，制定出黍稷籽粒蛋白质含量的定标方程参数。

用 NIR—7000model 分析仪测定定标样品在不同波长处的光密度值 $10g/R$，仪器自动将这些数据输入计算，同时把用凯氏法测得的定标样品蛋白质含量值相应地输入计算机，用多元回归法求得几组最佳滤光片组合，即求得最佳定标方程。

预测：将定标中建立起的定标方程输入仪器，利用这些方程测定 20 个预测样品的蛋白质含量，同时又把这 20 个样品的重复样品，再用半微量凯氏法测定蛋白质含量，经过回归分析，验证予测样品两组数据之间差异不显著，定标方程可信。通过预测，最后再定最佳定标方程，用于测定样品。

测定：把备用的每份黍稷种质的分析样品输入仪器，自动测定粗蛋白质含量。平行结果用算术平均值表示，测定黍稷籽粒粗蛋白含量的准确度，要求与"国标"半微量凯氏法相同。平行测定结果 15% 以下时，其相对相差不得大于 3%；15%~30% 时，为 2%；30% 以上时为 1%。以 % 表示，精确到 0.01%。

5.6.5　粗脂肪含量

参照 5.6.4 的测定方法，采用仪器、样品准备与数据校验和数据分析与蛋白质测试相同。但在定标和预测制定定标方程、最佳定标方程以及数据校验和分析过程中，定标品种脂肪的测定采用 GB/T2906—1982 中华人民共和国索氏脂肪提取法。平行结果用算术平均值表示，测定黍稷籽粒粗脂肪含量的准确度要与"国标"索氏脂肪提取法相同，平行测定结果相对相差不得大于 2%。以 % 表示，精确到 0.01%。

5.6.6 赖氨酸含量

参照 5.6.4 的测定方法，采用仪器、样品准备与数据校验和数据分析与蛋白质测试相同。但在定标和预测制定定标方程、最佳定标方程以及数据校验和分析过程中，定标品种赖氨酸的测定采用 GB/T4801—1984 中华人民共和国标准染料结合赖氨酸（DBL）法。平行结果用算术平均值表示，测定黍稷籽粒赖氨酸含量的准确度要与"国标"DBL 法相同，平行测定结果之差不得大于 0.03%，以%表示，精确到 0.01%。

5.6.7 可溶糖含量

采用高效液相色普法测定籽粒可溶糖的含量。

分析样品

和"5.6.4"的取样方法相同。样品重量 2.50g。

测定方法

可溶性糖的提取：用 80%的乙醇浸提黍稷样品中的可溶性糖，用铁氰化钾和醋酸锌溶液处理，Sepak C_{18} Cartriages 过滤，除去蛋白质、色素等。

色谱分析：用高效液相色谱进行分离分析。利用保留时间进行定性，用内标法进行定量分析，得出可溶性三糖、双糖和葡萄糖的含量。

结果计算和表示

计算公式：$D = \dfrac{M \times V_2}{V_1 \times m} \times 100\%$

式中：

D——可溶性糖（干基）

M——所进样品量中某种可溶性糖的含量，μg；

V_1——进样量体积，μl，本实验为 $10\mu l$；

V_2——最终体积，ml，本实验为 10 ml；

m——样品重量，g，本实验为 2.5g。

平行测定双糖的相对相差不超过 8%；三糖相对相差不超过 8%，以%表示，精确到 0.01%。

5.6.8 粗淀粉含量

参照中华人民共和国标准 GB/T5006—1985《谷物籽粒粗淀粉测定法》进行黍稷籽粒粗淀粉含量的测定。

分析样品

和"5.6.4"的取样方法相同。样品重量 2.50g。

测定方法

水解：以氯化钙—乙酸溶液为分散介质，与淀粉形成稳定的具有旋光性的物质，其旋光度的大小与淀粉含量成正比，故用旋光仪测定。

测定：测定前用空白液（氯化钙—乙酸液：蒸馏水 = 6：4）调整旋光仪零点，再将滤液装满旋光管，在 20±1℃下进行旋光测定。取 2 次读数的平均值。

结果计算和表示

计算公式：$S = \dfrac{\alpha \times 10^6}{Lm(100 - H) \times 203} \times 100\%$

式中：

S——淀粉（干基）；

α——在旋光仪上读出的旋光角度；

L——旋光管长度，dm；

m——样品重量，g；

203——淀粉比旋光度；

H——样品水分含量，%。

平行测定的数据用算术平均值表示。两次平行测定结果的相对相差不得超过 1%。以%表示，精确到 0.01%。

5.6.9　支链淀粉含量

参照中华人民共和国标准 GB/T7648—1987《水稻、玉米、谷子籽粒直链淀粉测定法》进行黍稷籽粒支链淀粉含量的测定。

分析样品

和"5.6.4"的取样方法相同，样品重量 20g。

测定方法

碘—淀粉配合物的配制：碘与淀粉有特殊颜色的反应。支链淀粉与碘生成棕红色配合物；直链淀粉与碘生成深蓝色配合物。在淀粉总量不变的条件下，将这两种淀粉分散液按不同比例混合，在一定条件下与碘混合，生成由红至蓝一系列颜色，代表不同的支链淀粉与直链淀粉比例。

混合校准曲线绘制：根据 620nm 处的吸光度，以支链淀粉或直链淀粉的毫克数为横坐标，吸光度为纵坐标，绘制支链淀粉或直链淀粉的校准曲线或回归方程。

采用 721 型或相同性能其他型号的分光光度计测定。

结果计算与表示

计算公式：$S_1 = \dfrac{c \times 100}{m_1 \times 5} \times 100\%$

$$S_2 = \dfrac{c \times 100}{m_2 \times 5(1 - H)} \times 100\%$$

式中：

S_1——支链淀粉（占淀粉总量）

S_2——支链淀粉（占样品干重）

c——从相应的混合校准曲线或回归方程求出的支链淀粉重量，mg；

m_1——称取样品中所含淀粉的重量，100mg；

m_2——称取样品的重量，100mg；

H——水分率。

两次平行测定的结果，用算术平均值表示，两次平行测定值的相对相差不得超过 2%。以%表示，精确到 0.01%。

5.6.10 直链淀粉含量

与 "5.6.9" 支链淀粉的测定完全相同。但在结果计算与表示中将公式中的 "支链淀粉" 改为 "直链淀粉"。

5.6.11 粗纤维含量

参照中华人民共和国标准 GB/T6193—1986《谷物籽粒粗纤维测定法．快速法》测定黍稷籽粒粗纤维含量。

分析取样

与 "5.6.4" 的取样方法相同。样品重量 4.00g。

测定方法

脱脂肪，按 GB/T2906—1982《谷类、油料种子粗脂肪测定法》脱脂；

水解：样品经适当浓度的硫酸和氢氧化钠溶液处理，在沸腾条件下加热水解，除去淀粉、蛋白质及部分半纤维素和木质素；

测定：以重量法测算纤维素含量，因其中含有木质素和半纤维素，故称粗纤维素含量。

结果计算与表示

计算公式：$E = \dfrac{(A_1 - A_2)}{m} \times \dfrac{100}{100 + F} \times 100\%$

式中：

E——粗纤维素含量（干基）

A_1——古氏坩埚+粗纤维+残渣中灰分的重量，g；

A_2——古氏坩埚+残渣中灰分的重量，g；

m——称取风干样品重量，g；

F——脂肪含量，%。

黍稷籽粒中粗纤维含量低于 5% 时，平行测定结果相对相差不得超过 5%；含量高于 5% 时，相对相差不得超过 3%。以 % 表示，精确到 0.01%。

5.6.12 维生素 E 含量

参照中国光学学会光谱委员会维生素和其他营养物《AOAC 分析方法手册》，采用荧光分光光度计测定黍稷籽粒维生素 E 含量。

分析样品

与 "5.6.4" 的取样方法相同。样品重量 3.00g。

测定方法

皂化和萃取：样品用乙醇回流提取脂肪，用正乙烷萃取未皂化的部分，用氧化铝层析柱分离维生素 E；

标准荧光发射强度的制定：根据溶于正己烷中的维生素 E，以一定的荧光激发波长与发射波长激发时，产生荧光，其荧光发射强度与溶液中的维生素 E 含量成正比的原理，制订标准的激发波长、发射波长和标准溶液的浓度。

测定：用分光光度计对每一份种质样品进行测定。

结果计算与表示

计算公式：$V_E\ (\mu g/g) = \dfrac{S_f - B_f}{D_f - B_f} \times \dfrac{c \times V_1}{0.1 \times V_2 \times V \times m}$

式中：

V_E——维生素 E 含量，$\mu g/g$；

S_f——样品液荧光强度的峰值；

B_f——空白溶液荧光强度的峰值；

D_f——标准溶液荧光强度的峰值；

C——标准工作溶液的浓度，$5\mu g/ml$；

V_1——萃取时加入正己烷体积，10ml；

V_2——加氢氧化铝柱的正己烷体积，ml；

V——皂化时样品提取液体积，30ml；

0.1——正己烷体积换算因子；

m——样品重量，1.00g。

单位为 $\mu g/g$，精确到 $0.01\mu g/g$。

5.6.13　β 胡萝卜素含量

参照中国光学学会光谱专业委员会干植物和混合饲料中的胡萝卜素和叶黄素分光光度法《AOAC 分析方法手册》，利用荧光分光光度计测定黍稷籽粒的胡萝卜素含量。

分析样品

与 "5.6.4" 的取样方法相同。样品重量 1.00g。

测定方法

皂化和萃取：样品用乙醇—石油醚提取脂类化合物，用石油醚萃取未皂化部分，用氧化镁层析柱分离 β 胡萝卜素。

标准荧光发射强度的制定：根据溶于石油醚中的 β 胡萝卜素与吸收光波成正比的关系，制定标准的荧光发射强度和标准液浓度。

测定：测定记录仪器显示的每一份种质的吸光度值。

结果计算与表示

计算公式：$R = \dfrac{A}{B} \times c \times \dfrac{V}{m}$

式中：

R——β 胡萝卜素含量，$\mu g/g$；

A——样品溶液的吸光度值；

B——标准溶液的吸光度值；

c——β 胡萝卜素标准溶液浓度，$\mu g/ml$；

V——样品提取液体积，30ml；

m——样品重量，1.00g。

单位为 $\mu g/g$，精确到 $0.01\mu g/g$。

5.6.14　维生素 B_2 含量

参照中华人民共和国标准 GB/T7629—1987《谷物维生素 B_2 方法》，采用荧光分光光度计测定黍稷籽粒维生素 B_2 含量。

分析样品

与 "5.6.4" 的取样方法相同。样品重量 1.50g。

测定方法

制备样液：在样品中加盐酸和乙酸钠溶液提取样液，再加高锰酸钾和过氧化氢溶液，对杂质进行氧化；

标准荧光发射强度制定：根据在一定浓度范围内荧光强度与维生素 B_2 浓度成正比的关系，制定标准的荧光发射强度和标准液浓度。

测定：用连二硫酸钠还原维生素 B_2 成无荧光物质，由还原前后荧光强度之差与标准荧光强度的比值，计算样品中维生素 B_2 的含量。

结果计算与表示

计算公式：$W = \dfrac{A - B}{C - D} \times R \times V \times \dfrac{1}{m(1 - H)}$

式中：

W——维生素 B_2（干基），$\mu g/g$；

A——试管 A（样液）的荧光强度；

B——试管 B（样空白）的荧光强度；

C——试管 C（标液）的荧光强度；

D——试管 D（样空白）的荧光强度；

R——维生素 B_2 标准工作液浓度，$\mu g/ml$；

V——样液的初始体积，ml；

m——样品重量，g；

H——样品的水分率。

平行测定结果用算术平均值表示，平行测定结果的相对差不得超过 5%。单位为 $\mu g/g$，精确到 $0.01\mu g/g$。

5.6.15　钙含量

参照中华人民共和国标准 GB/T12398—1990《食物中钙含量测定—原子吸收分光光度法》，测定黍稷籽粒钙的含量。

分析样品

与 "5.6.4" 的取样方法相同。样品重量 1.00g。

测定方法

制备样液：样品烘干灰化后，用 0.02mol/L HCl 溶解，制备成待测溶液。

标准液配置：以 0.02mol/L HCl 溶液稀释，配置钙元素从低浓度到高浓度的标准系列溶液。

测定：用原子吸收分光光度计测定。在钙元素特定独有的波长下，测定试样所产生的原子蒸汽对辐射光的吸收值，计算试样中钙元素的吸收值和试样中钙元素的浓度。

结果计算与表示

计算公式：$Ca = \dfrac{C \times V \times n}{m}$

式中：

Ca——钙含量（干基），μg/g；

C——样品溶液中钙元素的浓度，μg/ml；

V——样品溶液定溶体积，ml；

n——稀释倍数；

m——样品重量，g。

平行测定的结果用算术平均值表示。平行测定结果相对标准偏差<10%。单位为 μg/g，精确到 0.01μg/g。

5.6.16　铁含量

参照中华人民共和国标准 GB/T12396—1990《食物中铁、镁、锰的测定方法——原子吸收分光光度法》，测定黍稷籽粒铁的含量。

分析样品

与"5.6.4"的取样方法相同。样品重量 1.00g。

测定方法

与"5.6.15"钙含量的方法相同。

结果计算与表示

与"5.6.15"钙含量相同，把 Ca 含量改为 Fe 含量。

平行测定结果相对标准偏差<3%。单位为"μg/g"，精确到 0.1μg/g。

5.6.17　水分含量

参照中华人民共和国标准 GB/T3523—1983《谷物、油料作物种子水分测定法》测定黍稷籽粒水分含量。

分析样品

与"5.6.4"的取样方法相同。样品重量 30g。

测定方法

试样制备：将黍稷籽粒脱壳、粉碎过 40 目筛孔装瓶备用。

测定：在 105℃直接烘烤 8h，由试样烘干失重后测定籽粒含水量。

结果计算与表示

计算公式：$X（风干基）= \dfrac{m - m_1}{m} \times 100\%$

式中：

X——试样的水分含量（风干基），%；

m——烘干前试样的重量，g；

m_1——烘干后试样的重量，g。

平行测定法结果用算术平均值表示，平行测定结果之差不得超过 0.2%，以%表示，精确到 0.01%。

5.7　抗逆性

5.7.1　抗落粒性

黍稷的落粒性是造成减产的主要因素之一，落粒的程度因种质而异。鉴定黍稷品种落粒性的方法，目前国内普遍采用"坠地法"。具体方法是成熟时在每份种质试验小区随机取样 10 穗，离地 1.7m，让每穗自由落地 3 次，然后测定落粒百分率。

结果计算与表示

计算公式：$P = \dfrac{m_2}{m_1 + m_2} \times 100\%$

式中：

P——落粒率

m_1——穗子落地后人工脱下籽粒的重量，g；

m_2——穗子落地后落下籽粒的重量，g。

以%表示，精确到 0.1%。

根据落粒率和下列的标准，确定每份种质抗落粒性类型。

3 强（落粒率<3.0%）

5 中（落粒率 3.0%~5.0%）

7 弱（落粒率≥5.0%）

5.7.2　抗旱性

黍稷是一种抗旱性较强的作物，但种质之间的抗旱程度差异较大，鉴定黍稷种质抗旱性的方法，目前国内普遍采用"反复干旱法"。

播种

以规格为 69cm×48cm×19cm 的塑料箱作为播种箱，内装肥土 25kg，播种前灌水至田间持水量，每箱播 30 份种质，每份种质的营养面积为 110cm²，每份种质播 25 粒种子，3 次重复，出苗后定苗 10 株。

干旱处理

当苗龄进入三叶期时进行干旱处理，使大部分种质叶片萎蔫 5~6d，土壤含水量在 4.5%左右时灌第 1 次水，使其达到田间持水量，灌水 2d 后调查存活率。第 2、3 次浇水均在上次浇水后大部分种质叶片萎蔫 8~9d，土壤含水量下降到 3.0%左右进行，浇水 2d 后调查存活率。第 3 次干旱处理结束时，参试种质处于抽穗期。

存活率调查和计算

一共进行 3 次存活率调查，每份种质取平均值，3 次重复取算术平均值。以%表示，精确到 0.1%。存活率越高，抗旱性越强。根据参试种质存活率和下列标准分为 5 级。

级别　　存活率

1 级　　存活率≥70%

2 级　　存活率 60%~70%

3 级　　存活率 45%~60%

4 级　　存活率 25%~45%

5 级　　存活率<25%

抗旱性鉴定结果的统计分析和校验参照 5.3.3

根据抗旱级别和下列标准,确定种质抗旱性:

1　高抗（1 级）

3　抗旱（2 级）

5　中抗（3 级）

7　不抗（4 级）

9　极不抗（5 级）

5.7.3　抗倒伏性

倒伏性是影响黍稷产量的重要因素,但种质之间有差异,鉴定黍稷种质的抗倒伏性,目前国内普遍用高水肥鉴定法.在有灌溉条件的高水肥地上种植鉴定种质,在成熟期以每个种质的试验小区为观察对象,目测倒伏程度。按下列标准进行分级。

级别　　倒伏程度

0 级　　基本不倒伏

1 级　　倒伏 16°~30°

2 级　　倒伏 31°~60°

3 级　　倒伏 60°以上

倒伏面积达 50%以上,按上述标准记载。

根据倒伏分级和下列标准,确定种质抗倒伏性。

0　高抗（0 级）

1　抗倒（1 级）

3　中抗（2 级）

5　不抗（3 级）

5.7.4　芽期耐盐性

芽期是黍稷耐盐性的重要阶段,芽期耐盐性的强弱直接影响到出苗的好坏。黍稷芽期耐盐性鉴定目前国内外均采用"NaCl 溶液胁迫种子发芽的方法"。

用 1.8%NaCl 溶液发芽作处理（T）,以自来水发芽为对照（CK）,在恒温 28℃条件下发芽。处理设 3 次重复,对照设 2 次重复,随机排列,每个重复放置种子 50 粒,以滤纸为发芽床。发芽记载标准为胚根与种子长度等长、芽长等于种子长度的一半为发芽。处理发芽期为 7d,对照发芽期为 3d。通过调查处理发芽率和对照发芽率,计算盐害系数 M。

$$M = \frac{CK\,发芽率 - T\,发芽率}{CK\,发芽率} \times 100\%$$

黍稷芽期耐盐鉴定根据盐害系数,按下列标准定为 5 个耐盐级别。

级别　　盐害系数

1 级　　0~20.00%

2 级　　20.01%~40.00%

3 级　　40.01%~60.00%

4 级　　60.01%~80.00%

5 级　　80.01%~100.00%

黍稷芽期耐盐性结果的统计分析和校验参照 5.3.3

根据芽期耐盐级别和下列标准，确定种质芽期耐盐性。

1　高度耐盐（1 级）

3　耐盐（2 级）

5　中度耐盐（3 级）

7　中度敏感（4 级）

9　敏感（5 级）

5.7.5　苗期耐盐性

苗期也是黍稷耐盐性的重要阶段，苗期的耐盐性强弱决定死苗的多少。黍稷苗期耐盐性鉴定目前国内外也是采用 NaCl 胁迫幼苗生长的方法。

试验设施

在有防水条件的干旱棚下设置长 3m、宽 0.45m、深 0.12m 的水泥槽若干个，在附近建造一个长 2m、宽 1.5m、深 1.5m 的配水池。用低压聚乙烯塑料管将各个水泥槽于配水池连通，形成循环供排水系统。

在各个水泥槽内放置 15cm×12cm×10cm 塑料育苗钵 75 个，钵内装满建筑用粗沙作为育苗基质，通过育苗钵底部的小孔，营养液可迅速浸润钵内粗砂，当钵内粗砂水分饱和时，将水泥槽中的营养液排回配水池保存；当钵内的粗砂缺水时，又可将配水池中的营养液泵入水泥槽以浸润钵内粗砂。

试验方法

每个供试种质重复 3 次，按顺序排列种植于育苗钵内，播种后反复供应营养液，待幼苗长到 3 叶 1 心时，给营养液加 NaCl 达到 1.3%~1.5% 的浓度，将营养液泵入水泥槽反复浸泡幼苗根系，使幼苗受盐害，待幼苗盐害症状明显出现时（一般处理 10d 左右）进行盐害程度调查记载。

黍稷苗期盐害程度调查记载分级标准

级别　　　　　　　盐害程度

1 级　生长基本正常，80% 以上植株有 3 片绿叶，无死苗

2 级　生长受阻，50% 以上植株有 3 片绿叶，有 20% 以下死苗

3 级　生长严重受阻，50% 左右植株有 2 片绿叶，有 20%~60% 植株死亡或接近死亡

4 级　停止生长，60%~80% 植株死亡或接近死亡

5 级　80% 以上植株死亡或接近死亡

凡在鉴定中筛选出来的 1、2 级种质，都在下一年度重复鉴定，根据 2 年的表现确定其苗期的耐盐级别。

随机选择 20 个种质在平均浓度为 1.2% NaCl 溶液灌溉条件下种植，测定其生长 20d 时的鲜重，参照 5.3.3 进行统计分析和校验。

根据苗期耐盐级别和下列标准，确定种质苗期耐盐性。

1　高度耐盐（1 级）

3　耐盐（2级）

5　中度耐盐（3级）

7　中度敏感（4级）

9　敏感（5级）

5.7.6　苗期耐湿性

黍稷出苗后至分蘖前遇到长期阴雨，会造成死苗或生长不良，严重影响产量，特别是麦茬复播种质，苗期耐湿性弱的种质会使产量大幅度降低，因此筛选和培育苗期耐湿性种质对提高黍稷产量也很重要。苗期耐湿性鉴定方法国内一般采用幼苗灌水法。在黍稷出苗后至分蘖前对参试种质反复灌水，使幼苗处于较长时间的浸水或潮湿环境，然后观察幼苗受害情况，目测幼苗受害程度，根据目测结果和下列标准，确定黍稷种质苗期耐湿性类型。

3　强（幼苗颜色基本正常，无枯萎死苗现象）

5　中（幼苗颜色变黄，无枯萎死苗现象）

7　弱（幼苗颜色变黄，有枯萎死苗现象）

5.7.7　花乳期耐湿性

黍稷花乳期遇长期阴雨，大大降低结实率，因而严重影响产量，但不同的种质花乳期耐湿性的强弱也各不相同。黍稷的花乳期一般都处在"霉雨季节"，因此，黍稷花乳期耐湿性鉴定，一般是通过结实率的高低来确定，结实率的测定见（5.29）。根据鉴定种质的结实率和下列标准，确定黍稷种质花乳期耐湿性。

3　强（结实率≥90%）

5　中（结实率70%~90%）

7　弱（结实率<70%）

5.7.8　抗风沙性

黍稷多种植在生态环境较恶劣的干旱丘陵地区，要求抵抗风沙的能力较大，才能保证正常发育生长，特殊的生态环境，造就了黍稷适应环境的外部形态特征，越是风沙较大地区生长的黍稷种质，茎叶茸毛就长而密，反之茎叶茸毛就相对疏而短。根据不同黍稷种质茎叶茸毛的长短疏密，就可看出黍稷种质抗风沙的能力。

黍稷抗风沙性鉴定采用目测茎叶茸毛的鉴定方法。以每个鉴定种质的鉴定小区为观察对象，目测茎叶茸毛长短疏密的程度，与对照种质相比较，参照下列标准，确定种质的抗风沙性。

3　强（茎叶茸毛多。茎秆裸露部分、叶鞘、叶正反面布满茸毛，茸毛长2mm以上。）

5　中（茎叶茸毛中。茎秆裸露部分、叶鞘、叶正反面有较短茸毛，茸毛长2mm以下，叶表面茸毛很少。）

7　弱（茎叶茸毛很少。茎秆裸露部分、叶鞘、叶正反面茸毛稀疏或无茸毛。）

5.7.9　抗寒性

黍稷是喜温作物，整个生育期需要的温度都较高，出苗时最低温度为10~11℃，形成营养器官的最低温度为10~11℃，形成繁殖器官和开花为12~15℃，结实为10~12℃。

在 1~2℃时幼苗就遭受冻害，在-3~-2℃时幼苗受到毁灭性的冻害。

黍稷抗寒性鉴定在苗期进行。采用人工模拟气候鉴定法。

播种

同 "5.7.2" 抗旱性鉴定播种方法相同。

低温处理

当苗龄进入四叶期时，将鉴定种质移入人工模拟气候室，温度控制在 1~2℃，处理 3d 后观察幼苗的冷害程度，根据冷害程度和下列标准，确定每份种质的抗寒性。

3　强（叶片不萎蔫或轻度萎蔫）

5　中（叶片严重萎蔫）

7　弱（叶片萎蔫死亡）

5.8　抗病虫性

5.8.1　黑穗病抗性 ［*Sphacelotheca destruens*（Schlecht.）*Stevensonet* A. G. Johnson 和 *S. manchurica*（Ito）Wong］

黍稷黑穗病抗性鉴定方法，采用籽粒人工饱和接种鉴定法。

接种方法

播种前用菌粉传染种子，接种量为种子总量的 0.5%，使种子表面均匀沾上菌粉。

鉴定种质播种及管理

每份种质播一行，行长 5m，设感病种质为对照（CK），幼苗出土后适期间苗，每份种质留苗 50 株，田间管理按常规进行。

病情调查

植株完全抽穗后，调查记载每份种质的总株数和病株数，然后计算发病率，精确到 0.1%。

为了增加试验的可靠性，避免鉴定中的偏误，对苗数偏少和发病率在 10% 以下的种质再作重复鉴定，然后取其发病率高的数值。

根据发病率高低，制定分级标准

病级　　发病率

1 级　　发病率=0

2 级　　0<发病率<5.0%

3 级　　5.0%≤发病率<15.0%

4 级　　15.0%≤发病率<50.0%

5 级　　发病率≥50.0%

根据发病率级别确定黍稷种质抗黑穗病类型。

0　免疫（IM）（1 级）

1　高抗（HR）（2 级）

3　抗病（R）（3 级）

7　感病（S）（4 级）

9　高感（HS）（5 级）

5.8.2　红叶病抗性（*Saccharum virus Smith Marmor sacchari* Holmes）

黍稷红叶病是病毒病，黍稷产区都有此病。玉米蚜虫是主要传病昆虫，其次是麦长管蚜和麦二叉蚜。红叶病毒寄主非常广泛，包括45种禾本科植物，如谷子、高粱、玉米、小麦等作物，还有许多杂草，如狗尾草、画眉草、黍草、茅草等。在自然环境条件下带毒有翅蚜飞落在黍稷植株上，吸食5min就可诱发红叶病。

国内对黍稷红叶病的鉴定方法采用在有翅蚜寄主和红叶病病毒寄主的高发区进行。

试验地选择

试验地周围同时有一种或几种粮食作物，如谷子、高粱、玉米、小麦等，作为玉米蚜、麦长管蚜和麦二叉蚜的寄生作物和红叶病病毒的寄主作物。

保留试验田地边外围的各种禾本科杂草，这些杂草在自然条件下都是红叶病病毒的感染杂草。

鉴定种质播种及管理

参照5.8.1黑穗病抗性鉴定

病情调查

开花乳熟期后，调查每份种质的总株数和病株数，然后计算发病率，精确到0.1%。

根据发病率的高低，制定分级标准。

病级　　发病率

1级　　发病率=0

2级　　0<发病率<5.0%

3级　　5.0%≤发病率<10.0%

4级　　10.0%≤发病率<15.0%

5级　　发病率≥15.0%

根据发病率级别，确定黍稷种质抗红叶病类型。

0　免疫（IM）（1级）

1　高抗（HR）（2级）

3　抗病（R）（3级）

7　感病（S）（4级）

9　高感（HS）（5级）

5.8.3　细菌性条斑病抗性（*Pseudomonas panici* Elliott）

黍稷细菌性条斑病由黍假单胞杆菌侵染发生。此病的抗病性鉴定方法采用喷雾接菌法进行。

鉴定种质播种及管理

参照5.8.1黑穗病抗性鉴定

接种液制备

采用上年度的病叶粉末或室内培养的菌种，加无菌水配置成孢子悬浮液，浓度为6~9×10⁸孢子/ml。

接种方法

在黍稷拔节后抽穗前，用喉头喷雾器接菌，为了有利于细菌侵染，在接种前半小时，用竹竿轻轻敲打苗子，人为地制造伤口，接菌后28~30d进行病情调查。

根据发病情况，制定分级标准。

病级　病情

1级　无病斑

2级　叶片上有零星病斑，病斑占叶面积1/10以下

3级　条斑不连接，病斑占叶面积1/10~1/5以下

4级　条斑互相连接，病斑占叶面积1/5~2/5以下

5级　病叶上相连接的病斑局部枯死，病斑占叶面积2/5~3/5以下

6级　病叶大部分枯死，病斑占叶面积3/5以上

根据病情级别确定种质细菌性条斑病抗性。

0　免疫（IM）（1级）

1　高抗（HR）（2级）

3　抗病（R）（3级）

7　感病（S）（4~5级）

9　高感（HS）（6级）

5.8.4　黍瘟病抗性（*Pyricularia setariae* Nishik）

黍瘟病是为害黍稷茎和叶鞘的细菌性病害，黍瘟病的抗病性鉴定方法采用喷雾接菌法进行。

鉴定种质播种及管理

参照5.8.1黑穗病抗性鉴定

接菌液制备

采用上年度的病叶鞘、茎秆粉末或室内培养的菌种，加无菌水配置成孢子悬浮液，浓度为 10^6 孢子/ml。

接种方法

参照5.8.3细菌性条斑病抗性接种方法。接种后28~30d后进行病情调查，根据发病情况，制定分级标准。

病级　病情

1级　叶鞘和茎无病斑

2级　叶鞘或茎有针头大小病斑

3级　叶鞘和茎有1~2mm大小病斑

4级　叶鞘和茎病斑面积占10%~20%

5级　叶鞘和茎病斑面积占21%~40%

6级　叶鞘和茎病斑面积占41%以上

根据病情级别和下列标准，确定种质黍瘟病抗性。

0　免疫　（IM）（1级）

1　高抗　（HR）（2级）

3　抗病　（R）（3级）

7　感病　（S）（4~5级）

9　高感　（HS）（6级）

5.8.5　锈病抗性 [*Uromyces setariae-italicae*（Diet.）Yoshino]

黍稷锈病是为害黍稷茎、叶、叶鞘的细菌性病害。黍稷锈病的抗病性鉴定方法仍采用喷雾接种法进行。

鉴定种质播种及管理

参照5.8.1黑穗病抗性鉴定

接种液制备

在隔离条件下，分别繁殖采自主要黍稷产区有代表性的黍锈菌，接种时刮取新鲜夏孢子，在28~32℃温度下，培养菌种，分别配置成夏孢子悬浮液，浓度为$2×10^6$孢子/ml。

接种方法

参照5.8.3细菌性条斑病抗性接种法。接种后28~30d后进行病情调查。

根据发病情况制定分级标准

病级　　病情

1级　　全株无夏孢子堆；

2级　　夏孢子堆针尖大小，破裂时叶表皮撕裂不明显；

3级　　夏孢子堆较小，破裂时叶表皮撕裂易见；

4级　　夏孢子堆中等大小，破裂时叶表皮撕裂较明显；

5级　　夏孢子堆较大，破裂时叶表皮撕裂明显。

根据病情级别和下列标准，确定种质锈病抗性类型划分。

0　免疫（IM）（1级）

1　高抗（HR）（2级）

3　抗病（R）（3级）

7　感病（S）（4级）

9　高感（HS）（5级）

5.9　其他特征特性

5.9.1　核型

采用细胞学遗传学方法对染色体的数目、大小、形态和结构进行鉴定。以核型公式表示，如$2n=2x=36=32m+4sm$（SAT）。

5.9.2　指纹图谱与分子标记

对进行过指纹图谱分析或重要性状分子标记的黍稷种质，记录指纹图谱或分子标记的方法，并注明所用引物、特征带的分子大小或序列以及所标记的性状和连锁距离。

5.9.3　备注

黍稷种质特殊描述符或特殊代码的具体说明。

5.6 黍稷种质资源数据采集表

1 基本信息			
全国统一编号（1）		种质库编号（2）	
引种号（3）		采集号（4）	
种质名称（5）		种质外文名（6）	
科名（7）		属名（8）	
学名（9）		原产国（10）	
原产省（11）		原产地（12）	
海拔（13）		经度（14）	
纬度（15）		来源地（16）	
保存单位（17）		保存单位编号（18）	
系谱（19）		选育单位（20）	
育成年份（21）		选育方法（22）	
种质类型（23）	1：野生资源　2：地方品种　3：选育品种　4：品系　5：遗传材料　6：其他		
图像（24）		观测地点（25）	
2 形态特征和生物学特性			
幼苗颜色（26）	1：淡绿　2：绿　3：深绿	生长习性（27）	1：单生　2：丛生
分蘖率（28）	%	有效分蘖率（29）	%
主茎高（30）	cm	茎粗（31）	cm
主茎节数（32）	节	茎叶茸毛（33）	1：少　2：中　3：多
分枝性（34）	0：无　1：少　2：中　3：多		
叶片长（35）	cm	叶片宽（36）	cm
叶片数（37）	片	叶相（38）	1：下垂　2：中间　3：上举
花序色（39）	1：绿　2：紫	穗型（40）	1：散　2：侧　3：密
穗分枝与主轴偏角（41）	1：小　　2：中		3：大
穗分枝与主轴位置（42）	1：一侧　　2：周围		3：顶部或周围
穗主轴弯直（43）	1：直立　　2：稍弯曲		3：弯曲
穗分枝长度（44）	1：短　2：中　3：长	花序密度（45）	1：疏　2：中　3：稍密　4：密
穗分枝基部突起物（46）	0：无　　1：少　　2：多		
主穗长（47）	cm	小穗数（48）	个
小穗粒数（49）	1：单粒　　2：双粒　　3：3 粒		
单株穗重（50）	g	单株粒重（51）	g
单株草重（52）	g	粮草比（53）	
千粒重（54）	g ｜ 粒色（55）	1：白　2：灰　3：黄　4：红　5：褐　6：复色	
粒形（56）	1：球形　　2：卵形　　3：长圆形		
结实率（57）	%	皮壳率（58）	1：低　2：中　3：高

（续表）

出米率（59）	1：低　2：中　3：高	米色（60）	1：白　2：淡黄　3：黄
播种期（61）		出苗期（62）	
分蘖期（63）		拔节期（64）	
抽穗期（65）		开花期（66）	
始熟期（67）		成熟期（68）	
生育期（69）	d	出苗至成熟活动积温（70）	℃
熟性（71）	1：特早　2：早　3：中　4：晚　5：极晚		
3 品质特性			
粳糯性（72）	1：粳　2：糯	食用类型（73）	1：米饭或煎饼　2：软粥或黏糕
适口性（74）	1：筋　2：软　3：涩　4：绵	蛋白质含量（75）	%
粗脂肪含量（76）	%	赖氨酸含量（77）	%
可溶糖含量（78）	%	粗淀粉含量（79）	%
支链淀粉含量（80）	%	直链淀粉含量（81）	%
粗纤维含量（82）	%	维 E 含量（83）	μg/g
β 胡萝卜素含量（84）	μg/g	维 B_2 含量（85）	μg/g
钙含量（86）	μg/g	铁含量（87）	μg/g
水分含量（88）	%		
4 抗逆性			
抗落粒性（89）	3：强　　5：中　　7：弱		
抗旱性（90）	1：高抗　3：抗旱　5：中抗　7：不抗　9：极不抗		
抗倒伏性（91）	0：高抗　1：抗倒　3：中抗　5：不抗		
芽期耐盐性（92）	1：高耐　3：耐盐　5：中耐　7：中敏　9：敏感		
苗期耐盐性（93）	1：高耐　3：耐盐　5：中耐　7：中敏 9：敏感		
苗期耐湿性（94）	3：强　5：中　7：弱		
花乳期耐湿性（95）	3：强　5：中　7：弱		
抗风沙性（96）	3：强　5：中　7：弱	抗寒性（97）	3：强　5：中　7：弱
5 抗病虫性			
黑穗病抗性（98）	0：免疫　1：高抗　3：抗病　7：感病　9：高感		
红叶病抗性（99）	0：免疫　1：高抗　3：抗病　7：感病　9：高感		
细菌性条斑病抗性（100）	0：免疫　1：高抗　3：抗病　7：感病　9：高感		
黍瘟病抗性（101）	0：免疫　1：高抗　3：抗病　7：感病　9：高感		
锈病抗性（102）	0：免疫　1：高抗　3：抗病　7：感病　9：高感		

（续表）

6 其他特征特性	
核型（103）	
指纹图谱与分子标记（104）	
备注（105）	

填表人：　　　　　　审核：　　　　　　日期：

7　黍稷种质资源利用情况报告格式

7.1　种质利用概况

当年提供利用的种质类型、份数、份次、提供单位数等。

7.2　种质利用效果及效益

括当年和往年提供利用后育成的种质、品系、创新材料、生物技术利用、环境生态，开发创收等社会经济和生态效益。

7.3　种质利用存在的问题和经验

重视程度，组织管理、资源研究等。

8　黍稷种质资源利用情况登记表

种质名称						
提供单位			提供日期		提供数量	
提供种质 类　　型	地方品种□　育成品种□　高代品系□　国外引进品种□　野生种□ 近缘植物□　遗传材料□　突变体□　其他□					
提供种质 形　　态	植株（苗）□ 果实□ 籽粒□ 根□ 茎（插条）□　叶□ 芽□ 花（粉）□ 组织□　细胞□　DNA□　其他□					
统一编号		国家种质资源圃编号				
国家中期库编号		省级中期库编号				

提供种质的优异性状及利用价值：

利用单位		利用时间	
利用目的			

利用途径：

取得实际利用效果：

种质利用单位盖章　　　　　种质利用者签名：

　　　　　　　　　　　　　　　　　　　　　　　　　年　　月　　日

附件 2

黍稷种质资源遗传多样性图谱

　　黍稷是禾本科（Gramineae）黍属（*Panicum* L.）中的一个种，一年生草本植物，学名 *Panicum miliaceum* L.，糯者为黍，粳者为稷（也称糜），染色体数 2n＝2x＝36。黍稷起源于中国，是中国最古老的、具有早熟、耐瘠和耐旱特性的禾谷类作物，据考古发掘，已有 10 700 年的栽培历史。到 2017 年为止，中国黍稷种质资源共收集保存 9 885 份，保存数量居世界第一。

　　黍稷的茎秆直立，有单生或丛生两种类型。茎的颜色有绿色和紫色。茎秆表面着生茸毛，不同种质的茸毛长短、稠密度各不相同，着生绒毛多的种质类型，抗旱、抗风沙和抗病虫的能力就相应增强。黍稷是既能分蘖又能分枝的谷类作物，不同种质的分蘖和分枝性差异很大。

　　黍稷叶片的形态、颜色等方面均有一定差异，根据抽穗前茎秆上部二片叶或抽穗后旗叶的长相，叶相具有下垂、中间、上举三种类型。颜色一般为绿色，深浅有差别，有的种质抽穗后绿中带紫。

　　黍稷有不同的穗型（侧穗型、散穗型、密穗型），但侧穗又包括侧穗和侧密穗，散穗又包括周散穗和侧散穗。不同的穗分枝与主轴位置（一侧、周围、顶部和周围）、不同穗主轴弯直（直立、稍弯曲、弯曲）、不同穗分枝长短（短、中、长）、不同花序密度（疏、中、稍密、密）、不同的花序色（绿色、紫色）、不同的小穗粒数（单粒、双粒）、不同穗分枝基部凸起物（无、少、多）等。均有明显的差异。

　　黍稷籽粒颜色类型十分丰富，有白、灰、黄、红、褐单色和多种复色等 10 多种颜色。籽粒去掉内外稃后就是米粒，有白、淡黄和黄三种颜色。黍稷的籽粒形状有球形、卵形和长圆形三种，我国黍稷种质多为卵形。根据籽粒支链淀粉和直链淀粉的含量，分为粳性和糯性。粳者为稷，糯者为黍。

　　黍稷优异种质资源丰富，有被评为国家一级优异种质的黄糜子（5272）、二级优异种质达旗黄秆大白黍（0635）和韩府红燃（2621）。还有通过综合评比鉴定筛选出的小红糜子（2601）、白鸽子蛋（5464）、黄糜子（5283）、合水红硬糜（0724）、古城红糜子（2620）稷子（5159）、黄硬糜（5451）等高产、优质、抗逆性强的优异种质；通过品质鉴定评选出的高粱黍（0925）、大白黍（1319）、红软糜（1452）、白软糜（1508）、紫秆糜（3335）等高蛋白种质；紫盖头糜（1722）、稷子（1977）、小红糜子（2601）、黑黍子（4326）等高脂肪种质；白糜子（0350）、千斤黍（0461）、鄂旗白软糜（0672）等高赖氨酸种质；通过耐盐鉴定评选出的大黄糜子（0041）、黑雁头（0204）、灰白糜子（0212）、紫秆糜子（0458）、灰黍（1431）等高度耐盐种质；通过抗黑穗病鉴定评选出的扫帚糜（1841）、稷子（1982）、巴盟小黑黍（2342）、牛尾黄（3878）、紫穗糜（5423）等高抗黑穗病种质等。

野生黍稷为丛生，多为周散穗型，籽粒为褐色或条灰色，粒形多为长圆形，落粒性极强，以粳性居多。

  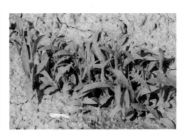

淡绿　　　　　　　　　　绿　　　　　　　　　　深绿

黍稷图 1　幼苗颜色

单生　　　　　　　丛生

黍稷图 2　生长习性

少　　　　　　　　　　中　　　　　　　　　　多

黍稷图 3　茎叶茸毛

无　　　　　　　少　　　　　　　中　　　　　　　多

黍稷图 4　分枝性

下垂   中间   上举

黍稷图 5   叶相

绿   紫

黍稷图 6   花序色

周散   侧散   侧

侧密   密

黍稷图 7   穗型

小　　　　　　　　　　中　　　　　　　　　　大

黍稷图 8　穗分枝与主轴偏角

一侧　　　　　　　　　周围　　　　　　　　顶部和周围

黍稷图 9　穗分枝与主轴的位置

直立　　　　　　　　稍弯曲　　　　　　　　弯曲

黍稷图 10　穗主轴弯直

短　　　　　　　　　　中　　　　　　　　　　长

黍稷图 11　穗分枝长短

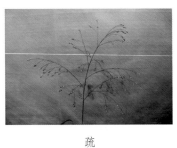

疏　　　　　　　　　　　较疏　　　　　　　　　　　中

稍密　　　　　　　　　　　密

黍稷图 12　花序密度

无　　　　　　　　　　　少　　　　　　　　　　　多

黍稷图 13　穗分枝基部凸起物

单粒　　　　　　　　　　　双粒

黍稷图 14　小穗粒数

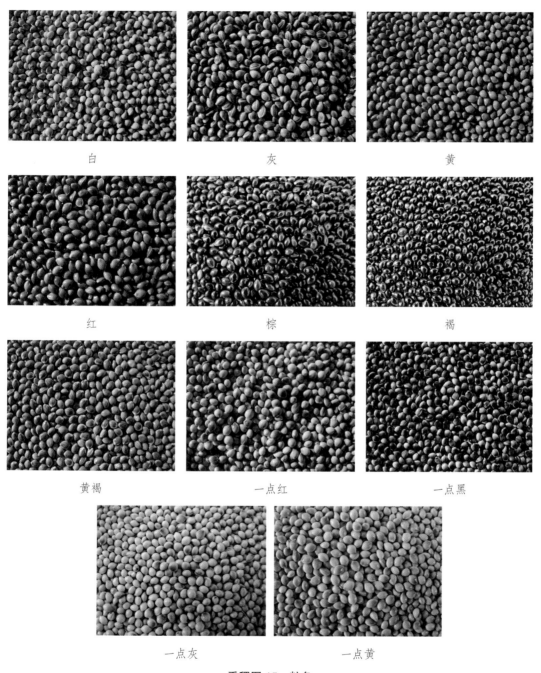

黍稷图 15 粒色

球形

长圆形

卵形

黍稷图 16　粒形

白　　　　　　　淡黄　　　　　　　黄

黍稷图 17　米色

黄糜子（00005272）

达旗黄秆大白黍（0000635）

韩府红燃（00002621）

小红糜子（00002601）

白鸽子蛋（00005464）

黄糜子（00005283）

合水红硬糜（00000724）　　　　　　　　古城红糜子（00002620）

稷子（00005159）　　　　　　　　　黄硬糜（00005451）

大红粘糜（00001176）　　　　紫秆糜（00003335）　　　　高粱黍（00000925）

黍稷图 18　特异资源

野生黍稷1　　　　　　野生黍稷2　　　　　　野生黍稷3

野生黍稷4　　　　　　　　　　野生黍稷5

野生黍稷6　　　　　　　　　　野生黍稷7

黍稷图 19　野生资源

参考文献

董玉深，郑殿升．2006．中国作物及其野生近缘植物．粮食作物卷．黍稷［M］．北京：中国农业出版社．331-357.

胡兴雨，王纶，张宗文，等．2008．中国黍稷核心种质的构建［J］．中国农业科学，41（11）：3489-3502.

胡兴雨、陆平、王纶，等．2008．黍稷农艺性状的主要成分分析和聚类分析［J］．植物遗传资源学报，9（4）：492-496

焦广音，降彩霞，王纶．1997．中国黍稷种质资源特征及区域分布［J］．山西农业科学，25（4）：25-29.

卢庆善，赵廷昌．2011．作物遗传改良．杂粮作物．黍稷［M］．北京：中国农业科技出版社．1057-1091.

王纶，王星玉，温琪汾．2005．特早熟优质高产黍稷新品种晋黍7号［J］．中国种业，9：68.

王纶，王星玉，温琪汾．2005．中国黍稷种质资源研究与利用［J］．植物遗传资源学报，6（4）：474-477.

王纶，王星玉，温琪汾．2007．黍稷抗旱种质筛选及抗旱机理研究［J］．山西农业科学，35（4）：31-34.

王纶，王星玉，温琪汾．2007．中国黍稷（糜）种质资源蛋白质和脂肪含量的鉴定分析［J］．植物遗传资源学报，8（2）：165-169.

王纶，王星玉，温琪汾．2007．中国黍稷（糜）种质资源耐盐性鉴定［J］．植物遗传资源学报，8（4）：426-429.

王纶，王星玉，温琪汾．2008．中国黍稷种质资源抗黑穗病鉴定评价［J］．植物遗传资源学报，9（4）497-501.

王纶，王星玉，温琪汾．2010．优质丰产粳性黍稷新品种晋品糜1号［J］．中国种业，11：75.

王纶，王星玉，温琪汾．2012．黍稷种质资源繁殖更新技术［J］．山西农业科学，40（3）：227-232.

王纶，王星玉，温琪汾．2012．优质丰产糯性黍稷新品种品黍1号［J］．中国种业，1：70.

王纶，王星玉，温琪汾.2013. 黍稷新品种品黍 2 号及种子繁育技术［J］. 中国种业，7：90-91.

王纶，王星玉，温琪汾.2013. 黍稷种质资源粒色分类及其特性表现［J］. 山西农业科学，41（11）：1162-1170.

王纶，王星玉，温琪汾.2013. 黍稷种质资源穗型与主要农艺性状的关系［J］. 山西农业科学，41（8）：789-796.

王纶，王星玉.2011. 我国丰富多彩的黍稷品种资源［J］. 植物遗传资源学报，12（4）：封面、封 3.

王星玉，郭学鉴.1992. 苏联黍育种和良种繁育论文选（译）［M］. 北京：中国农业科技出版社.36-84.

王星玉，王纶，温琪汾.2009. 山西是黍稷的起源和遗传多样性中心［J］. 植物遗传资源学报，10（3）：465-470.

王星玉，王纶，温琪汾.2010. 黍稷名实考证及规范［J］. 植物遗传资源学报，11（2）：132-138.

王星玉，王纶.2004. 中国黍稷品种资源目录（续编四）［M］. 太原：内部资料，山西省农业科学院作物品种资源研究所.1-36.

王星玉，王纶.2006. 黍稷种质资源描述规范和数据标准［M］. 北京：中国农业出版社.1-72.

王星玉，魏仰浩.1985. 中国黍稷品种资源目录［M］. 北京：农村读物出版社.1-9.

王星玉，魏仰浩.1987. 中国黍（穈）稷品种资源目录（续编一）［M］. 太原：内部资料，山西省农业科学院作物品种资源研究所.1-114.

王星玉，魏仰浩.1990. 中国黍稷品种志［M］. 北京：中国农业出版社.21-294.

王星玉，王纶，温琪汾.2000. 中国黍稷优异种质资源综合评价利用研究［J］. 植物遗传资源学报，1（3）：43-47.

王星玉，王纶.1999. 中国黍稷（穈）品种资源目录（续编三）及优异种质评价［M］. 内部资料. 山西省农业科学院作物品种资源研究所.1-60.

王星玉.1984. 我国黍稷（穈）品种资源类型和生态型研究［J］. 山西农业科学（11-12）：19-22.

王星玉.1986. 山西黍稷品种资源研究［M］. 北京：农村读物出版社.1-27.

王星玉.1986. 黍稷（穈）的经济系数［J］. 作物杂志（1）：17-18.

王星玉.1986. 我国黍稷（穈）品种资源的品质研究［J］. 种子通讯（2）：22-27.

王星玉.1986. 我国黍稷（穈）品种资源在太原种植的生态表现［J］. 种子（2）：12-17.

王星玉.1990. 中国黍稷品种资源特性鉴定集［M］. 北京：中国农业出版社.1-18.

王星玉.1992. 黍稷在我国旱作农业中的地位和前景［J］. 粟类作物（1）：33-35.

王星玉.1994. 中国黍稷（穈）品种资源目录（续编二）［M］. 北京：中国农业科技出版社.2-131.

王星玉.1995. 中国黍稷优异种质资源的筛选利用［M］. 北京：中国农业科技出版

社 . 90-171.

王星玉 . 1996. 中国黍稷 ［M］. 北京：中国农业出版社 . 13-34

王星玉 . 1997. 晋黍 2 号 ［J］. 山西农业科学，25（4）：27.

王雅儒，吕金凤，王星玉 . 1999. 高粱、谷子、黍稷优异资源 ［M］. 北京：中国农业
　　科技出版社 . 128-152.

魏仰浩，王星玉，柴岩 . 1990. 中国黍稷论文选 ［M］. 北京：中国农业出版社 . 34-
　　40，58-69.